Fred Kurt

Das Reh in der Kulturlandschaft

Sozialverhalten und Ökologie eines Anpassers

Mit 126 Abbildungen und 18 Tabellen

1991

Verlag Paul Parey · Hamburg und Berlin

Für Kurt Onderscheka

CIP-Kurztitelaufnahme der Deutschen Bibliothek
Kurt, Fred:
Das Reh in der Kulturlandschaft : Sozialverhalten und Ökologie eines Anpassers / Fred Kurt. – Hamburg ; Berlin : Parey, 1991
ISBN 3-490-17618-9

Anschriften: Spitalerstraße 12, W-2000 Hamburg 1; Lindenstraße 44–47, W-1000 Berlin 61, Bundesrepublik Deutschland.

Printed in Germany.

Satz und Druck: Westholsteinische Verlagsdruckerei Boyens & Co., Heide/Holstein.

Buchbinderei: Buchbinderei Hunke & Schröder, Iserlohn.

Umschlaggestaltung: Jan Buchholz und Reni Hinsch, Hamburg, unter Verwendung eines Photos von Ernst Müller.

ISBN 3-490-17618-9

Rehwildphoto gegenüber Titel: Anton Kaiser

Einleitung

Als ich vor einem Vierteljahrhundert mit Beobachtungen an wildlebenden Rehen begann, ließ sich die gesamte Fachliteratur bequem in einer Schultasche mittragen – einschließlich FERDINAND V. RAESFELDS Standardwerk. Heute sammelt ROLF ANDEREGG von der Schweizerischen Dokumentationsstelle für Wildforschung an der Universität in Zürich die entsprechende Fachliteratur. Er führt zur Zeit 40 Titel wissenschaftlicher Bücher, die sich auf die eine oder andere Art mit Rehen beschäftigen, und 1080 Beiträge aus Fachzeitschriften. Sie allein füllen 24 Ordner – eine Dokumentenmenge von vier Metern Länge.

Warum, so kann man sich angesichts einer solchen gedruckten Wissensflut über das Rehwild fragen, also noch ein neues Rehbuch? Warum eine stark erweiterte Auflage des längst vergriffenen „Sozialverhalten des Rehes"?

Ich finde, gerade *weil* es dermaßen viel Fachliteratur gibt. Denn sie ist zerstreut in wissenschaftlichen Zeitschriften, die für Jäger, Förster, Naturschützer, Studenten und ihre Lehrer, für Beamte und Politiker oft schwer erhältlich und, da meist in der Fachsprache der jeweiligen Teilwissenschaften abgefaßt, auch schwer verständlich sind.

Der von einem der intimsten Rehkenner, dem Polen ZYGMUNT PIELOWSKI auf wenigstens 3 Millionen geschätzte europäische Rehbestand regt zwangsläufig Naturfreunde, Schüler und Studenten zur Beobachtung an. Und es gibt wohl kaum einen Biologielehrer, der nicht früher oder später in seinem Unterricht auf das fast allgegenwärtige Reh eingeht.

Die Biologie des kleinen Hirsches muß jeden, der sich näher mit dem Verhalten und der Ökologie wildlebender Tiere beschäftigt, faszinieren. So lassen sich leicht die Gesetzmäßigkeiten bestimmen, nach denen Rehe ihre selbst für Laien leicht auszumachenden Liegeplätze wählen und ihre „Straßen", die Wechsel, anlegen. Jedermann entdeckt die Fegestellen an kleinen Bäumen und Büschen, wo die Rehböcke ihren Rivalen durch Duftmarken ihre Anwesenheit mitteilen. Wenn man zudem noch weiß, daß Rehe von Artgenossen lernen, was sie äsen sollen und was nicht, daß sie ihre Nachwuchsrate den Umweltgegebenheiten anzupassen wissen, indem sie mehr oder weniger Junge, mehr oder weniger Geiß- oder Bockkitze aufziehen, so lohnt sich die nähere Beobachtung um so mehr. Rehe wählen zudem je nach ihren Umweltbedingungen verschiedene soziale Organisationsformen: Sie leben als Einzelgänger, in Weibchensippen, Ein-Mann-Gruppen oder in offenen Gesellschaften, kurz, es sind Anpasser in einer sich rasch wandelnden Landschaft.

Rehe werden aber nicht nur von ihrer Umwelt beeinflußt. Auch sie beeinflussen ihre Lebensgemeinschaft: Indem sie vor allem lichthungrige Pflanzenarten auf Lichtungen äsen, beschleunigen sie in naturnah gebliebenen Waldgesellschaften das Aufwachsen des Hochwaldes, tragen zur Artenvielfalt der Vegetation bei und bewegen beachtliche Nährstoffmengen auf nährstoffarme Kuppenlagen, wo sie ruhen und sich lösen.

Doch in einer sich rasch verändernden Umwelt spielt diese bedeutende Schlüsselart ihre ökologische Rolle häufig falsch: Rehe verursachen ernstzunehmende Schäden am ohnehin durch giftigen Regen arg in Mitleidenschaft gezogenen Wald, ohne den ein Leben in Europa nicht denkbar wäre. Sie gefährden bedrohte Pflanzen wie Orchideen und Lilien. Nachgewiesen wurde bereits, daß seltene Tierarten, etwa Schmetterlinge oder Singvögel, in Folge des Rehwildschadens an der Vegetation des Waldes zusätzlich gefährdet werden. Aber auch die Rehe selbst überleben die dramatischen, von ihnen mitverursachten Umweltveränderungen nicht unbeschadet. Ihr Körpergewicht und die Geweihqualität nehmen ab. Kurz: Es gibt in mehrfacher Hinsicht ein Rehwildproblem, das nach einer Lösung verlangt.

Die Jäger, eine von der Masse und ihren Medien argwöhnisch beobachtete, weil als privilegiert betrachtete Minderheit, sollen nun das Problem durch vermehrten Abschuß lösen. Aufgrund heutiger, nach wildbiologischen und tierschützerischen Kriterien ausgelegter Jagdgesetze ist dies aber gar nicht möglich. Der Rehbestand kompensiert meist innerhalb Halbjahresfrist den entstandenen Verlust. Ebensowenig läßt sich die Misere aber mit ausgesetzten Luchsen aus der Welt schaffen, wie blauäugige Naturschützer vielleicht meinen, obwohl sich die pinselohrigen Raubkatzen besonders in der Schweiz, einem der rehreichsten Länder Mitteleuropas, ganz erfreulich vermehren und ausbreiten.

So gesehen sollte das sogenannte Rehwildproblem zum Nachdenken anregen, weil es sich eben nicht durch einfache, gezielte Eingriffe lösen läßt. Schlichte Slogans wie „geringer Abschuß – viele Rehe – hoher Wildschaden; massiver Abschuß – wenig Rehe – geringer Wildschaden" stimmen nicht. Das Rehwildproblem verkörpert vielmehr die Spitze eines Eisberges, will heißen, ein aus allen Fugen geratenes Fließgleichgewicht der Arten, von dessen Wiederherstellung das Schicksal unserer Landschaft und damit unserer Zukunft abhängt.

Selbstverständlich rief das Rehwildproblem auch die Forschung auf den Plan. Veterinärmediziner, Förster, Zoologen und Botaniker beteiligten sich an der Wildforschung, und bald fehlte es nicht an Rezepten zur Lösung des Rehwildproblems: „Ein Spritzer Bubenik, einige Tropfen Wagenknecht, zwei Eßlöffel Raesfeld, eine Handvoll Umweltpolitik, zehn Gramm Ökologie, abgeschmeckt mit etwas Wildbiologie und abgeschreckt mit Forstwirtschaft und Wildschaden", schimpft dazu der streibare Jäger Giacomo Maggio mit spitzer Feder.

In der Tat eilten besorgte Jäger und Förster von einem zum anderen Guru, die so schnell auftauchten und wieder verschwanden, wie die Wildforschung voranschritt. Dabei verfielen sie dem Rumpelstilzchen-Effekt. So nannte Smith einmal die trügerische Vorstellung, daß ein Rätsel gelöst sei, wenn man es beim Namen nennt. Eilig schufen die Experten Begriffe wie „tragbare Wilddichte", „Standortziffern" oder „Unterkieferindex", ohne darüber nachzudenken, wie solche Werte in der Praxis zu erbringen sind.

Mehr noch: Die Praktiker wurden immer wieder verunsichert, weil die Vertreter verschiedener Schulen der Rehwildforschung sich in unsinnige theoretische und methodische Streitigkeiten verwickelten und dabei das Gemeinsame an ihren Erkenntnissen aus den Augen verloren.

Im vorliegenden Bericht versuche ich alle mir zur Verfügung stehenden Erkenntnisse der modernen Wildforschung zu einem Bild über das Verhalten und die Ökologie des Rehes zu vereinigen, und ich hoffe, daß Jäger, Förster und Naturschützer das sogenannte Rehwildproblem als eines von vielen ähnlichen Anzeichen für eine tiefgreifend veränderte Umwelt verstehen lernen.

Seine Lösung hängt damit zusammen, ob wir tatsächlich bereit sind, unsere Landschaft in Zukunft von unnötigen Übernutzungen, Vergiftungen und vielen anderen menschlichen Störungen zu entlasten. Wissenschaftliche Erkenntnisse, wie ich sie hier in allgemein verständlicher Form zusammengetragen habe, können dabei helfen. „Es kann aber nicht die Aufgabe der Forschung sein, Ruhebetten für Denkfaule zu schaffen", meinte dazu einmal der große Forstmann Hans Leibundgut: „Die Praxis muß sich damit abfinden, daß ihr die Forschung auch in Zukunft nicht durch Rezepte die beruhigende und bequeme Sicherheit zu geben vermag, alles auf wissenschaftlicher Grundlage ‚richtig' zu machen. Der persönliche verantwortungsvolle Entschluß wird auch zukünftig für den Erfolg maßgebend bleiben."

★

Mein Dank gilt insbesondere jenen Kollegen, die mich ermutigten, diesen Bericht zu schreiben und mir jederzeit dabei mit Rat und Tat zur Seite standen: Dennis C. Turner von der Abteilung für Ethologie und Wildforschung an der Universität Zürich, Kurt Onderscheka, Friedrich Reimoser, Günther Hartl und Friedrich Völk vom Institut für Wildtierkunde an der Veterinärmedizinischen Universität in Wien, Rolf Anderegg von der Schweizer Dokumentationsstelle für Wildforschung in Zürich, A. Volken vom Eidgenössischen Jagdinspektorat in Bern sowie Giacomo Maggio aus St. Gallen. Zusammen mit meinen ehemaligen Kollegen und Mitarbeitern von der Abteilung für Ethologie und Wildforschung der Universität Zürich befinde ich mich in tiefer Schuld beim Schweizerischen Nationalfond, der unsere Studien finanziell unterstützte, und bei all denjenigen Jägern und Wildhütern, in deren Revieren wir seinerzeit Rehe beobachten durften. Schließlich danke ich Herrn Dr. Dr. Friedrich Georgi vom Verlag Paul Parey, insbesondere den Herren Schwennesen und Dietz, die die Veröffentlichung des Berichtes ermöglicht haben, und meiner Frau Renate Collin-Kurt für die Durchsicht des Manuskriptes.

Inhalt

1 Rehwildforschung

Vor 23 Jahren erschien die erste Studie über das Sozialverhalten der Rehe. Sie entstand im Schweizer Mittelland und im Oberengadin. Ihr folgten neben vielen Detailstudien zwei umfangreiche, längst klassisch gewordene Monographien von STRANDGAARD (1972) aus Kalö in Dänemark und von ELLENBERG (1978), der vor allem in einem 130 ha großen, stark bewaldeten Gatter bei Stammham (Bayern) arbeitete. In keinem dieser beiden Forschungsgebiete wurde, von wenigen Ausnahmen abgesehen, gejagt. Das dänische Forschungsgebiet war aber von einer waldarmen, stark bejagten Region umgeben, so daß die von STRANDGAARD beobachteten Rehe laufend in dünn besiedelte Gebiete abwandern konnten. Abwanderungen gab es dagegen im Gatter von Stammham nicht. ELLENBERGS Versuchsanordnung wurde absichtlich so gewählt, daß sich der künstlich beigefütterte Bestand von Jahr zu Jahr vermehren und verdichten konnte.

Allein an der Abteilung für Ethologie und Wildforschung an der Universität Zürich, wo ich 1970 meine Studien an Rehen wiederaufnahm, ergründeten zwischen 1970 und 1983 zwei Dutzend Assistenten und Studenten in fünf Forschungsrevieren und einem Versuchsgehege die Lebensgewohnheiten des kleinen Hirsches und schrieben darüber gut 50 Berichte.

Das Reh, so darf füglich behauptet werden, gehört inzwischen zu den am besten erforschten wildlebenden Wiederkäuern – und zwar weltweit. Heute liegen aus großen Teilen Europas Forschungsergebnisse vor über bejagte und unbejagte, künstlich gefütterte und sich selbst überlassene Rehbestände aus den Alpen und aus dem Tiefland, aus Regionen mit hohem Waldanteil und aus Zonen, in denen Monokulturen das Landschaftsbild beherrschen (Tab. 1, s. S. 14).

Doch die Fülle von Ergebnissen aus all den Untersuchungen mit laufend verfeinerten Methoden erbrachten kein einheitliches Bild über die Lebensweise des fast allgegenwärtigen Rehes. Ganz im Gegenteil! Widersprüche entzünden sich schon an scheinbar trivialen Fragen wie: Sind Rehe dämmerungsaktiv oder nicht? oder: Kann irgendein Rehbestand innerhalb nützlicher Frist zuverlässig geschätzt werden, und wie?

Dringt man tiefer in die heute vorhandene Datenfülle über das scheinbar bis ins letzte Detail erforschte Rehleben ein und fragt nach der sozialen Organisation, z. B.: Wer ist mit wem zusammen, macht was mit wem, wenn, wo, warum und wozu?, dann scheint die Konfusion nahezu perfekt. Die Ergebnisse aus den vielen Rehstudien erscheinen häufig so, als stammten sie nicht von einer, sondern von verschiedenen Tierarten, so grundlegend verschieden sind sie voneinander.

1.1 Vier Formen sozialer Organisation

Zur Beantwortung der Frage, wie sich Böcke, Ricken und Nachkommen organisieren, stehen wenigstens vier Theorien zur Verfügung: alle sind erhärtet durch mehrjährige Feldstudien an Beständen, deren Mitglieder zum großen Teil mit individuell verschiedenen, gut sichtbaren Ohrmarken oder Halsbändern gekennzeichnet waren:

1. Ein erwachsener, im Sommerhalbjahr territorialer Bock lebt zusammen mit einer oder mehreren Ricken und deren Nachwuchs. Soziale Einheit ist in diesem Fall die ‚Ein-Mann-Gruppe', wie sie etwa von Vikunja *(Vicugna vicugna)*, (PILTERS 1956; KOFORD 1957; FRANKLIN 1978), Mantelpavianen *(Papio hamadryas)* (KUMMER und KURT 1963 und KUMMER 1968) oder Zebras und Wildpferden (KLINGEL 1978) beschrieben wurde. Allerdings lebt diese soziale Einheit in einem zeitweise vom Bock markierten und verteidigten Aktionsraum. Die sozio-ökologische Organisation entspricht demnach derjenigen

von Klippspringer *(Oreotragus oreotragus)* (CUNEO 1965), Dik-Dik *(Madoqua kirki)* (HENDRICHS und HENDRICHS 1970) und möglicherweise Pudu *(Pudu pudu)* (VANOLI 1967) und Moschustier *(Moschus moschiferus)* (EGOROV 1965). Derartige ‚Rehfamilien' wurden von ELLENBERG (1978) in einem waldreichen Gatterrevier gefunden und andeutungsweise bereits in sehr frühen Rehstudien erwähnt (z. B. DARLING 1937, EIBERLE 1962 und HENNIG 1962b).

2. Rehe können aber auch in stabilen Sippen, die aus verwandten Ricken und ihren weiblichen Nachkommen gebildet werden, zusammenleben. Böcke halten sich nur vorübergehend in diesen Sippen auf. Soziale Einheit wäre in diesem Fall die erweiterte Mutterfamilie. Dieses Prinzip gleicht der Sozialorganisation des Rotwildes *(Cervus elaphus)* (SCHLOETH 1961) oder der des asiatischen Elefanten *(Elephas maximus)* (KURT 1978 und 1986). Es wurde von mir für Rehbestände im Schweizer Mittelland beschrieben (KURT 1968).

Schließlich wurden beim Reh aber auch soziale Organisationen gefunden, die kaum oder gar nicht auf Verwandtschaft ihrer Mitglieder beruhen. Dazu gehören: 3. kurzfristig stabile Clans oder 4. offene Gesellschaften, sogenannte Aggregationen, die – wie ein Fischschwarm – dauernd ihre Mitglieder wechseln. Solche Organisationsprinzipien wurden von FREY (1972), GEIGER (1983) und STRANDGAARD (1972) von Rehbeständen beschrieben, die in waldarmen Lebensräumen leben.

Der rätselhaften Vielfalt an sozialen Organisationsformen steht eine Vielfalt an möglichen Lebensräumen gegenüber: In Mitteleuropa bewohnen Rehe zwischen den Dünen von Nord- und Ostsee und der klimatischen Waldgrenze in den Alpen nahezu alle Wald- und Agrarlandschaften. So liegt der Schluß nahe, daß Rehe über ein ganzes Repertoir von sozialen Organisationen verfügen und daß sie in einer bestimmten Umwelt immer nur einen Teil davon nutzen.

Eine erstaunliche Variabilität und Anpassungsfähigkeit sozialer Organisation wurde an einer Reihe von Wiederkäuerarten (und auch anderen Säugetierarten) beschrieben, so z. B., um nur einige zu erwähnen, von Weißwedelhirsch *(Odocoileus virginianus)* (HIRTH 1973), Sambar *(Cervus unicolor)* (KURT 1978) und Wasserbüffel *(Bubalus bubalis)* (KUMMER und KURT 1972, KURT 1982).

Wichen die Resultate einzelner Untersuchungen am Reh gelegentlich voneinander ab, so erblickten die beteiligten Forscher darin nicht immer eine denkbare Plastizität und Anpassungsfähigkeit des Verhaltens. Häufig wurden Abweichungen als methodischer Fehler in der älteren Arbeit bewertet, die meist einem breiteren Interessenspektrum folgte und mit weniger technischen Hilfsmitteln erbracht wurde.

In den ersten modernen Studien über das Reh in der Kulturlandschaft befaßten sich Einzelforscher mit Themen wie: ‚Qualität, und Quantität der Äsung' (KLÖTZLI 1965), ‚Das Sozialverhalten' (KURT 1968), ‚Bestandesregulierende Faktoren' (STRANDGAARD 1972) oder ‚Populationsökologie' (ELLENBERG 1978).

In späteren Untersuchungen befaßten sich kleinere Arbeitsgruppen mit einzelnen Beständen. Die dem Einzelforscher zukommenden Fragen betrafen etwa ‚Analysen von Verhaltenssequenzen', ‚Experimente zur Erkundung von unbekannten Objekten', ‚Nährstoffweisheit' oder ‚Reaktionen auf energetischen Streß' (MERTENS und TURNER 1983).

Eine derartig mannigfaltige Palette von Forschungsthemen und die damit verbundene Vielfalt an Methoden und Resultaten mag zu Mißverständnissen einer allgemein für die Art gültigen Interpretation führen. Deshalb versuche ich in den folgenden Abschnitten näher auf einige methodische Punkte, die zu Fehldeutungen Anlaß geben können, einzugehen.

1.2 Bestandesschätzung und Bestandesdichte

Laien und Journalisten fragen Wildbiologen zuerst immer nach der Anzahl von Tieren in einem bestimmten Lebensraum und sind dann überrascht, wenn sie erfahren, daß genaue Bestandeserhebungen nicht möglich sind, weder für so große Tiere wie Afrikanische Elefanten *(Loxodonta africana)* in scheinbar so übersichtlichen Gebieten wie ostafrikanischen Savannen geschweige denn für eher kleine, heimlich lebende Wesen wie Rehe in so unübersichtlichen Gebieten wie den Wäldern und Agrarlandschaften Mitteleuropas.

Um es gleich vorwegzunehmen: „Nur tote Rehe lassen sich zählen!" Mit dieser vielleicht etwas zynischen Feststellung trifft HESPELER (1988) exakt den Kern des Problems und provoziert dabei sicher viele traditionsbewußte Jäger und Jagdfunktionäre, die wider besseres Wissen immer noch Abschußquoten und andere Hegemaßnahmen aufgrund völlig unrichtiger *Wildzählungen* erstellen. Die Tatsache, daß sich wildlebende, nicht individuell durch künstliche Marken bekannte Rehe nun einmal nicht so einfach zählen, sondern mit zeitraubenden Methoden höchstens einigermaßen schätzen lassen, ist seit fast 40 Jahren bekannt.

Klassische Beispiele über die krassen Unterschätzungen des Rehbestandes lieferte ANDERSEN (1953) aus Kalö und anderen Gebieten Dänemarks, wo den Bestandesschätzungen Totalabschüsse folgten. In Kalö schätzten Fachleute auf einer Fläche von rund 10 000 Hektar unabhängig voneinander je etwa 70 Rehe. Ohne daß Einwanderungen stattgefunden hatten, erlegten die Jäger dann 213, also rund dreimal so viel. In einem anderen Gebiet von Seeland entsprach der Totalabschuß dem Doppelten des auf Grund direkter Beobachtungen geschätzten Bestandes. STRANDGAARD (1972), der später im Beobachtungsrevier von Kalö praktisch den ganzen Rehbestand individuell markiert hatte, sah selten mehr als die Hälfte der tatsächlich vorhandenen Rehe.

Die Schätzfehler in Dänemark sind keine Ausnahmen. Gleiches gilt für alle anderen Gebiete, in denen Rehe leben. Im aargauischen Beobachtungsrevier von Staffelbach schätzten wir zusammen mit erfahrenen Wildhütern den Rehbestand nach der konventionellen Methode der direkten Beobachtung auf 30. Tatsächlich lebten dort aber wenigstens dreimal soviele, wie indirekte Methoden (siehe Seite 20) ergaben. Ähnliches erwähnt auch SCHMID (1976) aus dem Revier von Kestenholz im Kanton Solothurn.

Selbst in Gattern werden die Bestände unterschätzt: In demjenigen von Stammham (133 ha) rechnete der zuständige Revierförster 1969 mit zwölf bis 15 Rehen, gefangen wurden dann 29. 1972 sah ELLENBERG (1974) „selbst unter günstigen Bedingungen in der Zeit größter Beobachtbarkeit nur selten über 20 Rehe", obwohl damals 37 Rehe (ohne Kitze) im Gatter lebten. Wiederum betrug der wirkliche Bestand nahezu das Doppelte. In einem lediglich 20 Hektar umfassenden Gehege mit 30 % offenen Flächen, so zitiert HESPELER (1988) ein weiteres Beispiel, lebten drei individuell bekannte Rehe. Im Abstand von etlichen Tagen fanden Zähltreiben statt. „Dabei durchkämmten vier bis sieben Treiben in einem Abstand von etwa 50 Metern das Gehege, ohne daß in insgesamt acht Treiben auch nur ein einziges Reh gesehen wurde. Erst bei einem Einsatz von je zehn bis 15 Treibern kamen im Laufe von 22 Treiben insgesamt 26 mal Rehe in Anblick; im Durchschnitt 1,2 Rehe pro Treiben oder, anders ausgedrückt, zwei Fünftel des Bestandes."

Unterschätzungen des tatsächlich vorhandenen Bestandes entstehen, weil häufig die Fluchtdistanz der Rehe größer ist als die Sichtdistanz des Beobachters und weil in der Regel äsende und ziehende Rehe leichter ausgemacht werden können als sitzend ruhende. Dazu möchte ich die Beobachtungen von TURNER (1979) an den ‚Feldrehen' auf dem Zizerser Feld im Kanton Graubünden erwäh-

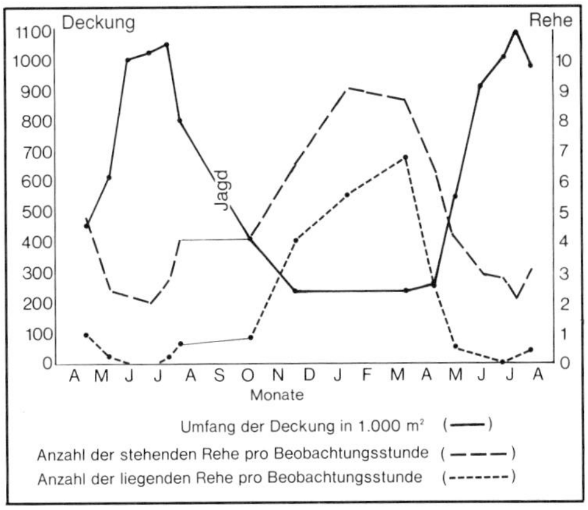

Abb. 1: Beziehungen zwischen Deckung, dargestellt in 1000 m², und der Anzahl der tagsüber beobachteten stehenden und liegenden Rehe auf dem Zizerser Feld (nach TURNER 1979): Je umfangreicher die Deckung ist, desto weniger Rehe werden beobachtet. Zudem werden weniger liegende Rehe gesehen als stehende, obwohl Rehe mindestens gleich häufig liegen wie stehen

nen. Diese 50 bis 60 Rehe leben in einem praktisch waldlosen Gebiet, und man muß deshalb annehmen, daß sie leicht auszumachen sind, was nicht unbedingt stimmt: sitzende Rehe sah TURNER etwa halb so häufig wie stehende (Abb. 1), obwohl Rehe hier wenigstens gleich häufig bis doppelt so oft ruhen wie stehen. Die Ruheplätze wählen sie eben so geschickt, daß sie dort nur schwer auszumachen sind (siehe Seite 43).

Für die Bestandesermittlung gilt es weiter zu bedenken, daß Rehe nicht zu jeder Jahreszeit gleich häufig ruhen und zudem schlechtes Wetter (Regen, Schnee, starker Wind) die Rehe zu vermehrten und längeren Ruhepausen zwingt (Abb. 2a, b). Ferner gilt, daß das Aktivitätsmuster eines Bestandes selten koordiniert ist. Das bedeutet, daß nicht alle Mitglieder gleichzeitig das gleiche tun (siehe Seite 64), also beispielsweise äsen oder ziehen und sich somit leichter sehen und zählen lassen. Das bedeutet, daß selbst in übersichtlichem Gelände nie alle Rehe, die dort leben, gleichzeitig beobachtet werden können. TURNER sah im Zizerser Feld selbst während der vegetationsärmsten Zeit (November bis April) höchstens ein gutes Drittel des tatsächlich vorhandenen Bestandes.

Aber nicht nur das Aktivitätsmuster einzelner Rehe und des ganzen Bestandes, Jahreszeit und Witterung sowie das Ausmaß der Vegetationsdecke bestimmen die Zuverlässigkeit des Schätzergebnisses. Es wird ebenso beeinflußt vom Vertrautheitsgrad des Wildes dem Menschen gegenüber.

Dazu möchte ich nur ein Beispiel erwähnen. In meinem ersten Beobachtungsgebiet im Oberaargau setzte ich seinerzeit sechs markierte Kitze aus, eine Geiß und fünf Bökke. Alle waren von Hand aufgezogen worden, deshalb mit dem Menschen vertrauter als wildlebende Rehe. Ihre Fluchtdistanz gegenüber dem Beobachter betrug 20 bis 30 Meter, während wilde Rehe schon bei 60 Metern oder mehr das Weite suchten. Logischerweise sah man die ‚zahmen Wilden' häufiger als die wirklich wilden Rehe im selben Gebiet. Das zeigt folgender Vergleich (KURT 1974):

In der Zeitspanne zwischen dem 1. April und dem 31. Mai beobachtete ich die handaufgezogene Kitzgeiß 34mal. Jedes der sechs wilden Geißkitze, das durch Lauschermarken oder natürliche Marken unterschieden werden konnte, sah ich zur gleichen Periode sieben- bis 22mal. Das Mittel betrug zwölf Beobachtungen pro Geißkitz. Jedes der fünf ausgewilderten Bockkitze sah ich zwischen 26- und 35mal. Das Mittel betrug 29 Beobachtungen. Acht bekannte wilde Bockkitze ließen sich aber nur ein- bis 15mal, im Mittel 10mal sehen. Kurz: die mit dem Menschen vertrauten ‚zahmen Wilden' wurden rund dreimal häufiger beobachtet als die gleichaltrigen echten Wilden.

Tabelle 1: Ergebnisse von ‚Rehwildzählungen' im Amt Aarwangen (Berner Oberaargau) während 5 Jahresperioden, in denen mit ungefähr gleichem Aufwand (Zeit, zurückgelegte Strecken) vom Pkw aus beobachtet wurde. GV = Geschlechterverhältnis männliches : weibliches Wild

	Setzzeit 16. 5.–15. 7.	Brunft 16. 7.–15. 8.	Herbst 16. 8.–31. 10.	Winter 1. 11.–15. 3.	Terr. Phase 16. 3.–15. 5.
Beobachtete Rehe	109 (100 %)	136 (100 %)	227 (100 %)	363 (100 %)	1191 (100 %)
davon					
mehrj. Böcke	31 %	40 %	19 %	18 %	15 %
Bockkitze	5 %	10 %	23 %	24 %	20 %
mehrj. Geißen	47 %	26 %	26 %	25 %	29 %
Schmalrehe	11 %	13 %	8 %	11 %	14 %
Geißkitze	6 %	11 %	24 %	22 %	22 %
Verhältniszahlen:					
GV (insgesamt)	1 : 1,8	1 : 1,0	1 : 1,4	1 : 1,4	1 : 1,9
GV (Mehrj.)	1 : 1,9	1 : 1,0	1 : 1,8	1 : 2,0	1 : 2,9
Mehrj. : Kitze	1 : 0,1	1 : 0,3	1 : 0,9	1 : 0,8	1 : 0,7

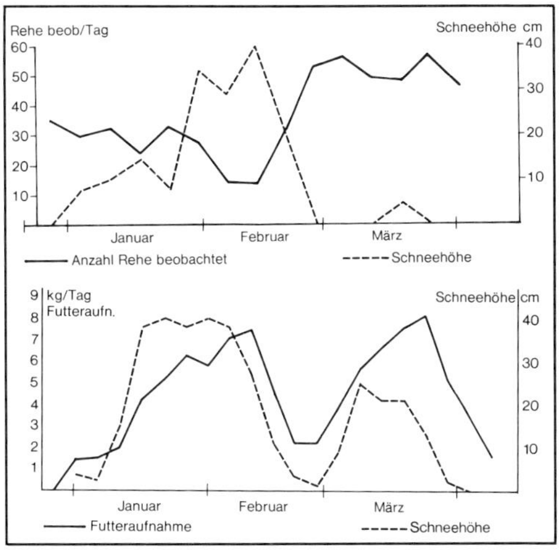

Abb. 2a, b: Beziehungen zwischen Schneehöhe und Aktivität des Rehwildes. Oben: Auf dem Zizerser Feld verringern Rehe ihre Tagesaktivität bei hoher Schneelage, das heißt es werden weniger beobachtet (nach Bärtschi 1983). Unten: Im Gatter, wo künstlich gefüttert wird und die Aktivität der Rehe anhand der täglich aufgenommenen Futtermenge gemessen werden kann, verhalten sich Rehe anders als in freier Wildbahn. Mit zunehmender Schneedecke werden sie aktiver und äsen mehr (nach Vodnaski 1987)

In dem erwähnten Beobachtungsgebiet lebten nun aber auch vier mehrjährige Böcke, fünf Schmalrehe und acht erwachsene Geißen, die eindeutig angesprochen werden konnten. Jeden der Böcke sah ich zwischen dem 1. April und dem 31. Mai ein- bis 20mal (Mittel acht Beobachtungen pro Tier), jede erwachsene Geiß ein- bis 23mal (Mittel 16) und jedes der Schmalrehe ein- bis 14mal (Mittel acht). Vergleicht man den prozentualen Anteil aller Beobachtungen einer bestimmten Alters- und Geschlechterklasse (A) mit der tatsächlich vorhandenen prozentualen Verteilung dieser Klassen im Bestand aller bekannten Tiere (P) und berechnet damit die ‚relative Beobachtbarkeit', so zeigt sich, daß die einen häufiger, die anderen seltener gesehen werden: Für den erwähnten Zeitabschnitt April bis Mai werden erwachsene Böcke (A: 16 %; P: 13 %) und erwachsene Geißen (A: 32 %; P: 26 %) häufiger, Bockkitze (A: 20 %; P: 26 %) und Geißkitze (A 16 %; P: 19 %) seltener gesehen als erwartet. Lediglich bei den Schmalrehen entsprechen sich Beobachtungshäufigkeit und Bestandesanteil (A: 16 %; P: 16 %).

Die Beobachtbarkeit einzelner Alters- und Geschlechterklassen – übrigens auch ihre Bejagbarkeit (siehe Seite 246) – verändert sich im Jahresablauf, wie jeder erfahrene Jäger und Wildbeobachter weiß. Wie *diffus* die Ergebnisse von *Rehzählungen*, die während des ganzen Jahres mit gleichem Zeitaufwand pro Beobachtungsperiode durchgeführt werden, sein können, zeigen die Zahlen, die ich zusammen mit dem Wildhüter Schmid seinerzeit im Amt Aarwangen des Berner Mittellandes zusammenstellte (Tab. 1).

Am meisten Rehe sahen wir zwischen Mitte März und Mitte Mai, also just in jener Zeitspanne, in der es sicher am wenigsten Rehe gibt. Jagd und Wintersterben haben ihren Zoll gefordert, und die Kitze des laufenden Jahres sind zu dieser Zeit noch nicht gesetzt. Umgekehrt sieht man dann am wenigsten Kitze, wenn es am meisten gibt, nämlich während Setzzeit und Brunft. Die Verhältniszahl zwischen den einzelnen beobachteten Altersklassen, mit der Jagdstatistiker so gerne operieren, ändert sich folglich im Jahresverlauf; ganz zu schweigen vom Geschlechterverhältnis (GV), einer anderen, von Abschuß- und Hegeplanern hochgeschätzten Größe! Für die mehrjährigen Rehe beträgt es im Oberaargau während der Setzzeit 1:1,3 (Böcke:Geißen), während der Brunft 1:1,0, im Herbst 1:1,8, im Winter 1:2,0 und während der Territorialphase im Frühjahr 1:2,9. In der Zeit zwischen der zweiten Augusthälfte und der ersten Maihälfte werden demnach mehr Geißen gesehen (GV = 1:2,2) als im Sommer (GV = 1:1,2). Zu gleichen Ergebnissen gelangten Beobachtungen in den weitgehend deckungslosen Feldern der Isar-Aue nördlich von München, in Schwaben und ebenso im Rehgatter von Stammham.

Hier berechnete Ellenberg (1974) aus seinen Beobachtungen an individuell markierten Rehen den Wert der *absoluten Beobachtbarkeit*. Darunter versteht er die Anzahl Beobachtungen an einer bestimmten Alters- und Geschlechterklasse pro Zeiteinheit im Laufe des Jahres. Da er nun für jede Klasse die Zahl der ihr zugeordneten Tiere kannte, konnte er den Wert wie folgt verfeinern: $B = N/n \times t$. Dabei entspricht N der Anzahl beob-

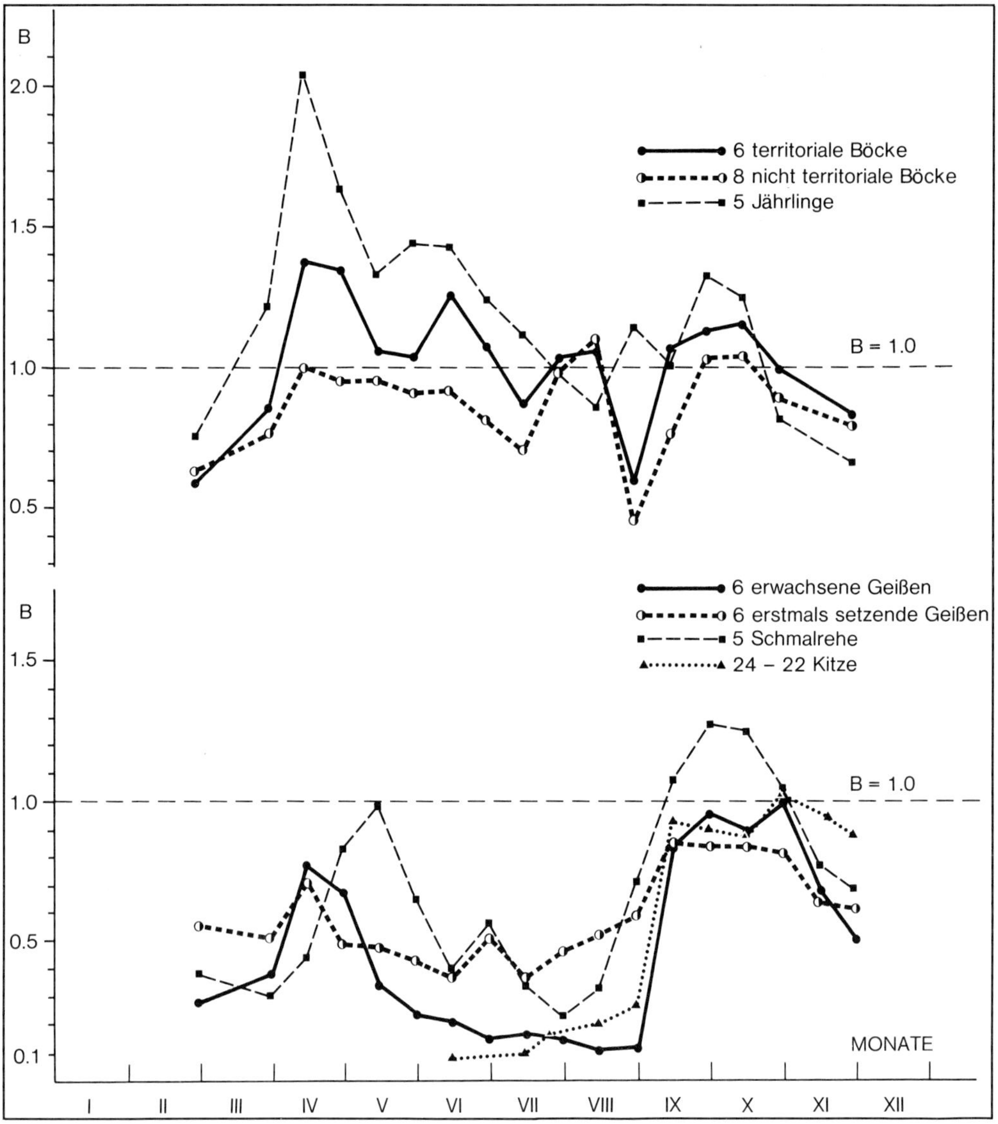

Abb. 3: Absolute Beobachtbarkeit „B" von Rehen im Gatter von Stammham (nach ELLENBERG 1974). B wird berechnet aus der Anzahl der einer bestimmten Alters- und Geschlechterklasse angehörenden Rehe, die während einer bestimmten Periode beobachtet wurden, gemessen an der Zahl der zu dieser Klasse gerechneten Rehe im Bestand. Je größer der Wert B ist, um so mehr Tiere der betreffenden Klasse werden gesehen

achteter Tiere der entsprechenden Klassen, n der tatsächlich vorhandenen Zahl aller Mitglieder dieser Klasse und t der aufgewendeten Beobachtungszeit in Stunden. Ein Beispiel: Wenn während 20 Beobachtungsstunden (t) insgesamt 36 erwachsene Böcke (N) gesehen werden, von denen in Wirklichkeit 6 im Gebiet leben, so beträgt B, der Wert der absoluten Beobachtbarkeit, 3.0. Der Wert sagt also, ob sich eine bestimmte Alters- und Geschlechterklasse zu einer bestimmten Jahreszeit selten, häufig oder sehr häufig sehen läßt.

Vergleichen wir die von ELLENBERG in Stammham festgestellten B-Werte (Abb. 3), stellen wir fest, daß Böcke vom Spätwinter bis zum Ende der Blattzeit zwei- bis dreimal häufiger gesehen werden als Geißen. Sie bewohnen dann in der Regel einen größeren Lebensraum, markieren diesen, verteidigen ihn oder werden von einem territorialen Bock vertrieben. Schließlich sind sie damit beschäftigt, brunftige Geißen zu suchen. Kurz, sie sind aktiver als Geißen.

Erwachsene Geißen bewohnen während des ganzen Sommers kleine Lebensräume in deckungsreichen Gebieten, wo sie ihre Kitze aufziehen und alles Lebensnotwendige auf kleinster Fläche finden. Sie werden deshalb selten gesehen. Erstmalig setzende Geißen bewohnen ‚durchsichtigere' Gebiete und werden deshalb häufiger beobachtet. Schmalrehe sieht man deshalb häufiger, weil sie sich im Frühjahr von ihrer Ricke lösen oder von dieser vertrieben werden, sich Böcken anschließen und mit diesen teilweise herumziehen. Kitze bleiben bis zur Blattzeit oft verborgen.

Soweit eine stichwortartige Zusammenfassung über die Aktivitäten einzelner Klassen. Ich werde noch im einzelnen darüber berichten. Halten wir hier lediglich fest: Spätestens von März an bis in den August sind Böcke aktiver als Geißen. Deshalb sieht man sie häufiger. Von September bis Februar dagegen entsprechen sich die B-Werte von Böcken und Geißen eher.

Die Verhältniszahlen zwischen den beobachtbaren mehrjährigen Böcken und mehrjährigen Geißen folgen offenbar gewissen Gesetzmäßigkeiten, die für viele Rehbestände zutreffen. Gleiches ließe sich beispielsweise auch für Bockkitze oder Schmalrehe nachweisen. Solche Werte sagen aber lediglich etwas aus über die unterschiedliche Beobachtbarkeit einzelner unterscheidbarer Alters- und Geschlechterklassen, aber nichts über das tatsächlich vorhandene Geschlechter- und Altersklassenverhältnis oder gar über die Bestandesgröße. Trotzdem können sie Grundlage sein für eine zuverlässige Bestandesschätzung, wenn sie zur richtigen Jahres- und Tageszeit von erfahrenen Beobachtern gemacht werden, die den erheblichen Zeitaufwand nicht scheuen und in der Lage sind, einzelne Rehe (vor allem Böcke) aufgrund natürlicher Merkmale zu unterscheiden.

Fragen wir zunächst nach den tatsächlich vorhandenen Verhältnissen der Alters- und Geschlechterklassen. Um diese festzustellen, genügt es nicht, lediglich während einer Jahreszeit zu zählen, in der möglichst viele Rehe gesehen werden, sondern dann, wenn die Bestandesaktivität möglichst koordiniert ist, also alle unterscheidbaren Alters- und Geschlechterklassen zur gleichen Zeit das Gleiche tun und sich damit gleichzeitig mit gleicher Wahrscheinlichkeit sehen lassen. Diese Jahres- und Tagesabschnitte lassen sich logischerweise aus herkömmlichen ‚Rehzählungen' nicht bestimmen.

Nun haben ja BRAMLEY (1970) in Südengland, STRANDGAARD (1974) im dänischen Kalö und ELLENBERG (1974 und 1978) im großen Rehgatter von Stammham mit Rehbeständen gearbeitet, deren Mitglieder mehr oder weniger vollständig mit individuell verschiedenen Marken gekennzeichnet waren. Damit kannten sie nicht nur die tatsächlich vorhandene Bestandesgröße, sondern auch jedes Reh und konnten es einer bestimmten Alters- und Geschlechterklasse zuordnen. Anhand ihrer Beobachtungen lassen sich deshalb Rückschlüsse über die Aussagekraft herkömmlicher ‚Zählungen' von Rehen ziehen, die nicht anhand künstlicher Marken unterschieden werden können, vorausgesetzt, die Befunde sind vom Herleitungsgebiet auf andere Gebiete übertragbar.

Fragen wir uns also, in welcher Jahreszeit wir damit rechnen können, daß die beobachteten Verhältniszahlen der Alters- und Geschlechterklassen am ehesten den tatsächlich vorhandenen entsprechen. Dazu bleiben wir bei dem ausführlich zitierten Beispiel des Stammhamer Rehgatters: Dort bestimmte ELLENBERG den bereits aus meinem ehemaligen Beobachtungsgebiet im Berner Oberaargau erwähnten Wert der *relativen Beobachtbarkeit*. Dabei werden die beobachteten Rehe nach Klassen geordnet und in Prozenten der insgesamt Festgestellten ausgedrückt. Befinden sich beispielsweise unter 120 angesprochenen Rehen 30 Schmalrehe, so beträgt ihr A-Wert 25 %. Diesen Wert kann man nun vergleichen mit dem tatsächlich im bekannten Bestand vorhandenen Anteil (P) an Schmalrehen. Nehmen wir beispielsweise an, es wäre P = 12 %. Somit beträgt die *relative Beobachtbarkeit* (R = A/P) 2.1. Das heißt,

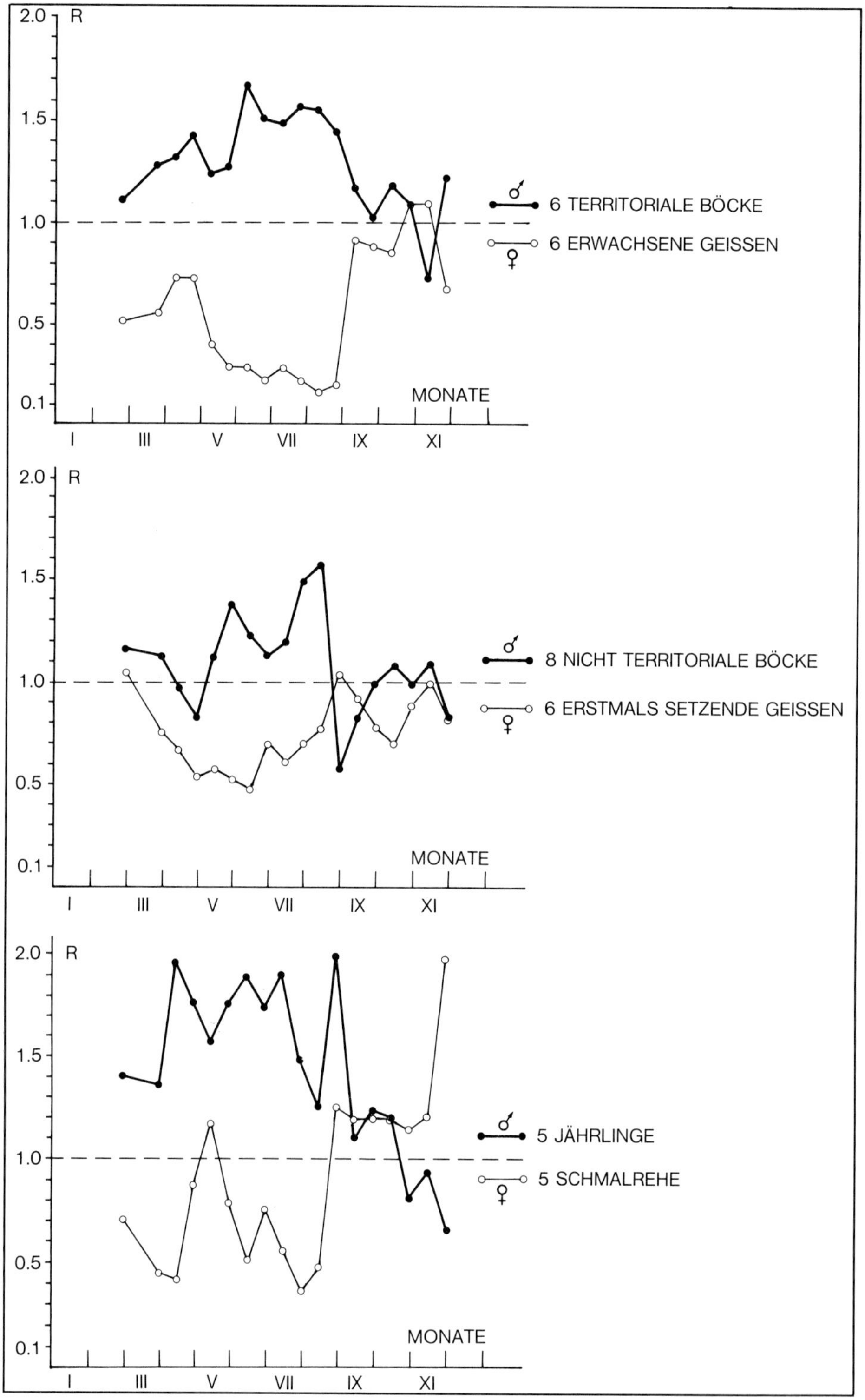
2.0
R
1.5
1.0
0.5
0.1
MONATE
I
III
V
VII
IX
XI
♂ 6 TERRITORIALE BÖCKE
♀ 6 ERWACHSENE GEISSEN
2.0
R
1.5
1.0
0.5
0.1
MONATE
I
III
V
VII
IX
XI
♂ 8 NICHT TERRITORIALE BÖCKE
♀ 6 ERSTMALS SETZENDE GEISSEN
2.0
R
1.5
1.0
0.5
0.1
MONATE
I
III
V
VII
IX
XI
♂ 5 JÄHRLINGE
♀ 5 SCHMALREHE

Abb. 4: Relative Beobachtbarkeit „R“ von Rehen im Rehgatter von Stammham (nach Ellenberg 1974): R wird berechnet aus dem prozentualen Anteil der zu einer bestimmten Alters- und Geschlechterklasse gehörenden, innerhalb eines Zeitraumes beobachteten Rehe am Total aller im gleichen Zeitraum beobachteten Rehe, gemessen mit dem Prozentsatz der gleichen Klasse im tatsächlich vorhandenen Bestand. Entspricht R dem Wert 1, so werden die Rehe im gleichen Verhältnis gesehen, wie sie in Wirklichkeit vorkommen, ist er größer als 1, so werden sie häufiger, ist er kleiner als 1, so werden sie seltener beobachtet. Um einigermaßen genaue Schätzungen der Verhältniszahlen zwischen Alters- und Geschlechterklassen zu erreichen, empfehlen sich Herbstzählungen. In dieser Periode erreichen alle Klassen R-Werte, die nahe bei 1 liegen

wir haben im Verhältnis zu anderen Klassen gut doppelt so viele Schmalrehe gesehen, wie tatsächlich im Bestand vorkommen. Denn: Ist der R-Wert größer als 1, so wird der jeweilige Klassenanteil überschätzt. Ist er kleiner, so wird die entsprechende Klasse unterschätzt. Beträgt er dagegen 1, so werden die Mitglieder einer Alters- und Geschlechterklasse in dem Maße gesehen, wie sie tatsächlich im betreffenden Bestand vorkommen.

Die Stammhamer Ergebnisse von Ellenberg (Abb. 4), aber auch die Erkenntnisse von Bramley, Strandgaard und die von meinen Mitarbeitern und mir erarbeiteten Daten bestätigen, daß im Herbst (September bis November) die R-Werte aller unterscheidbaren Klassen mehr oder weniger 1 betragen. Im Herbst können wir also das tatsächlich im Bestand vorhandene Verhältnis zwischen Alters- und Geschlechterklassen ermitteln – nicht aber die wirkliche Bestandeshöhe. Dazu sehen wir zuwenig Rehe.

Viele lassen sich dagegen zwischen April und Anfang Juni sehen. Vor allem sind es Böcke. Sie lassen sich zu dieser Jahreszeit auf Grund ihres Geweihes, ‚Gesichtsausdruckes‘ und ihres jeweiligen, sich allerdings rasch verändernden Verfärbungsmusters individuell unterscheiden und damit auch zählen.

Nehmen wir an, wir hätten in unserem Revier einen Bestand von 22 Böcken geschätzt und das später im Herbst ermittelte Geschlechterverhältnis betrüge 1:1,91. Es lebten also 1,91mal mehr Ricken als Böcke im Gebiet, nämlich rund vierzig. Der Gesamtbestand beliefe sich somit auf 62 Stück. Von diesen müßten noch die im Sommer erlegten Böcke abgezogen werden.

Wahrscheinlich lassen sich nun aber nicht alle Böcke individuell ansprechen, weil wir einige zu selten sehen, sie sich zu sehr gleichen usw. Nehmen wir also an, wir könnten in unserem Revier nur neun Böcke unterscheiden. Während unserer Frühjahrsbeobachtung sehen wir diese neun Bekannten insgesamt 110mal. 159mal sehen wir aber irgendeinen nicht identifizierbaren Bock. Das Verhältnis zwischen den Beobachtungen an Unbekannten und Bekannten beträgt demnach 159:110 oder 1:1,44. Es gibt als 1,44mal mehr Unbekannte als Bekannte, das sind dann 13 Stück. Zählen wir jetzt noch die neun Bekannten dazu, haben wir einen Gesamtbestand von 22 Böcken ermittelt.

Diese Methode heißt *Lincoln-Index.* Sie wird in der Rehwildforschung zur Schätzung von Beständen angewendet, die individuell sichtmarkierte Tiere enthalten. Die Bestandesgröße wird aus den Beobachtungshäufigkeiten von individuell markierten und nicht markierten Rehen nach der Formel $N = \frac{n \cdot M}{m}$ berechnet. Dabei entspricht N der Anzahl unmarkierter Tiere, n der Anzahl Beobachtungen an unmarkierten, m der Anzahl der Beobachtungen an markierten und M der Anzahl individuell markierter Tiere.

Strandgaard (1972) beschäftigte sich anläßlich seiner Studien in Kalö eingehend mit der Zuverlässigkeit dieser scheinbar so eleganten Schätzungsmethode und kam zum Schluß, daß sie in seinem Beobachtungsgebiet erst bei einem Anteil an individuell markierten Tieren von rund 70 % des Gesamtbestandes stimmige Resultate liefert. Bei geringerer Häufigkeit von eindeutig bekannten Tieren treten aus verschiedenen Gründen Fehler auf:

Die zum Teil jahreszeitlich bedingten Aktivitätsunterschiede zwischen einzelnen Altersund Geschlechterklassen sind zu groß, um von (wenigen) markierten auf viele unmarkierte Tiere zu schließen, zumal unmarkierte in der Regel nur sehr ungenau auf ihr Alter angesprochen werden können. Zudem ist anzunehmen, daß sich markierte Rehe anders verhalten als unmarkierte. Sie können entweder so vertraut sein mit dem Menschen, daß sie sich immer wieder fangen lassen. Umgekehrt können Fang und Markierung, wie ich noch ausführlich zeigen werde, ihr Fluchtverhalten dermaßen beeinflussen, daß sie weniger häufig beobachtet werden.

Immerhin – und das bestätigen die Studien von STRANDGAARD, ELLENBERG und der ehemaligen Zürcher Arbeitsgruppe für Wildforschung – sind Bestände, in denen 20 bis 25 % aller Rehe mit individuell verschiedenen Marken gekennzeichnet sind, mit Hilfe des Lincoln-Index wesentlich genauer zu schätzen als unmarkierte Bestände durch Direktbeobachtungen.

Einigermaßen genaue Bestandesschätzungen sind selbst dann noch äußerst zeitaufwendig, wenn die Rehzähler vom jahres- und tageszeitlich verschiedenen Verhalten des Wildes wissen und dies entsprechend ausnützen, also besonders im Frühjahr und Herbst während der Morgen- und Abenddämmerung schätzen, dabei kaum einen windfreien Schönwettertag auslassen und ihre Reviere pro Beobachtungsperiode 50- bis 100mal so begehen, daß alle Gebiete gleichmäßig berücksichtigt werden. In der Praxis sind schon aus diesen Gründen Eingriffe wie Rehwildmarkierung oder der Einsatz von Suchscheinwerfern vor beziehungsweise nach der Dämmerung (wenn im Frühjahr und Herbst die meisten Rehe aktiv sind) kaum zu empfehlen.

Für die Praxis empfiehlt sich auch die von SCHMID (1976) und EIBERLE (1978) beschriebene *Rehwildkartierung*: Zwischen Anfang Januar und Ende März – während dieser Periode sind die Sichtverhältnisse optimal, die Sprünge verhältnismäßig groß und stabil und die Rehe einigermaßen standortstreu – wird das gesamte Gebiet von einem Beobachter wenigstens zehnmal in der Morgen- und Abenddämmerung begangen. Alle beobachteten Rehe werden, falls möglich, nach Alters- und Geschlechterklassen getrennt, notiert und ihre Standorte auf einer Karte eingetragen.

Auf dieser Karte lassen sich bald Aktivitätszentren bzw. einzelne Gruppen unterscheiden. Von diesen werden wahrscheinlich nicht immer alle Mitglieder gesehen. Deshalb ist es wichtig, daß bei jedem Beobachtungsgang möglichst viele Tiere auf Alters- und Geschlechterklassen angesprochen werden. Die Gesamtzahl jeder einzelnen Gruppe wird berechnet aus der Summe der Maximalzahlen für jede der dort angetroffenen Klassen. Der Gesamtbestand ergibt sich aus der Summe der Gruppenbestände.

Auch nach dieser Methode kann der Bestand noch unterschätzt werden. Sie hilft aber immerhin mit, wesentliche Bestandesveränderungen aufzudecken und reicht als Hilfsmittel für die Jagdplanung aus, falls sich diese auch an der Verjüngungsfähigkeit bestimmter Baumarten orientiert (siehe Seite 257).

Bestandesschätzungen an ‚anonymen', weder durch künstliche noch natürliche Merkmale wenigstens teilweise bekannten Rehen sind, nach allem, was wir heute wissen, in der Regel mehr oder weniger krasse Unterschätzungen. Diesen Nachteil versucht die Wildbiologie seit Jahrzehnten mit einer Reihe von indirekten Schätzmethoden aus der Welt zu schaffen. Dabei verfolgt sie zwei Ansätze. Beim einen wird versucht, durch indirekte Beobachtungsmethoden (z. B. Zählen von Losungshaufen, Fährten oder Betten) die Gesamtpopulation möglichst genau hochzurechnen. Beim anderen Ansatz zieht man von Anfang an in Betracht, daß der absolute Bestand höchstens mit großem Aufwand ermittelt werden kann, begnügt sich mit relativen Bestandeszahlen und versucht, die sie verursachenden Fehler zu standardisieren. Leider sind aber auch solche *systematischen Fehler*, die auf Grund der Übersichtlichkeit eines Gebietes, der Aktivitätsrhythmen des Wildes, seiner Vertrautheit mit dem menschlichen Beobachter und vieler anderer Faktoren entstehen, zwischen mehreren Rehgebieten meistens nicht vergleichbar.

Indirekte Schätzmethoden halten sich an Lebensspuren, meistens Losungshaufen, seltener Wechsel und Lager, die entlang von Transekten, das sind zufällig bestimmte Beobachtungslinien in den Beobachtungsgebieten, auf einer bestimmten Breite ausgezählt werden. Dann wird ihre Zahl für das gesamte Gebiet hochgerechnet und, im Fall von Losungshaufenzählungen, durch die Haltbarkeitsdauer der Losung wie durch die Anzahl Haufen pro Stück und Tag dividiert. Die Fehlerquellen dieser und ähnlicher Methoden sind vielfältig: Einmal werden im Unterwuchs nicht alle Losungshaufen gefunden. Die

Haltbarkeitsdauer ist sehr unterschiedlich, hängt u. a. vom aufgenommenen Futter, der Wärme des Bodens sowie seinem Feuchtigkeits- und Besonnungsgrad ab. Zudem schwankt die Anzahl der Haufen pro Tier und Tag je nach Art und Menge des aufgenommenen Futters.

Wichtig scheint mir, daß Rehbestände, deren Größe zu Forschungszwecken möglichst genau bekannt sein soll, mittels mehrerer direkter oder indirekter Methoden geschätzt werden. Die Methoden sind dabei so zu wählen, daß sie sich verschiedener Variablen bedienen, wie das Beispiel aus unserem ehemaligen Beobachtungsgebiet von Staffelbach im Kanton Aargau zeigt:

In diesem 250 Hektar umfassenden Revier schätzten zuverlässige Wildhüter den Rehwildbestand auf 20 bis 30 Stück. Im Winter 1970/71 beschäftigte sich mein damaliger Mitarbeiter KURT MÜLLER (1972) mit den Lagern der Rehe. Diese im Schnee deutlich auszumachenden Lebensspuren schienen uns ein brauchbares Maß zu sein für die Verteilung und die Bestandesdichte. Nachdem MÜLLER mit einer großen Anzahl von freiwilligen Helfern nach einem Neuschneefall alle in Staffelbach vorhandenen Lager ausgezählt hatte, drückten wir mit Hilfe von Treibern und Niederlaufhunden die Rehe aus einem übersichtlichen Teilgebiet heraus auf das offene Feld, wo sie gezählt wurden. Dann berechneten wir das Verhältnis zwischen den gezählten Rehen aus dem Teilgebiet und den dort gefundenen Lagerstellen und berechneten so den Gesamtbestand, unter der Annahme, daß sich die Rehe im übrigen Teil des Revieres bezüglich ihrer Lager gleich verhielten. Obwohl bei dem Zähltreiben – wie Spuren zeigten – einige Stücke nicht erfaßt werden konnten, kamen wir auf 96 Rehe.

Ein nahezu gleiches Ergebnis lieferten in Staffelbach Schätzungen, die auf der Anzahl der kartierten Setzplätze beruhen. Der Gesamtbestand wurde berechnet unter den Annahmen, daß erstens alle Setzplätze erfaßt werden konnten und daß zweitens das im März festgestellte Klassenverhältnis dem tatsächlich vorhandenen entspreche. Auf diese Art schätzten wir, ohne Kitze, 106 Tiere, also drei- bis viermal mehr, als die Schätzungen der Wildhüter mittels direkter Beobachtungen ergaben.

Die im vorliegenden Bericht erwähnten Untersuchungen entstanden an Beständen, deren Größe in der Regel ziemlich genau geschätzt werden konnte, sei es, weil ein Großteil der in ihnen lebenden Rehe individuell bekannt war oder mittels mehrerer indirekter Schätzmethoden gearbeitet wurde. Wesentlich werden sie besonders, wenn verschiedene Bestände miteinander verglichen werden, die in unterschiedlichen Bestandesdichten leben.

Der Begriff der Rehwilddichte, wie er im folgenden verwendet wird, bezieht sich, wenn nicht anders vermerkt, auf die Anzahl Rehe pro Flächeneinheit von Wald-, Wiesen- und Ackerland. Dabei handelt es sich um die *grobe Bestandesdichte* (crude density), da dieser Wert allein nichts darüber aussagt, welche Ausschnitte der jeweiligen Beobachtungsgebiete vom Rehwild besonders häufig bzw. selten oder nie aufgesucht worden sind. So ist es durchaus wahrscheinlich, daß innerhalb ursprünglicher Waldgebiete, wo Rehe sprichwörtlich selten vorkommen, die wenigen von ihnen bewohnbaren Gebiete, das sind Altwälder und vor allem Lichtungen, sehr dicht besiedelt sein können, während geschlossene Hochwälder nicht oder nur während besonderer Perioden benutzt werden.

Die Wilddichte beeinflußt Sozialverhalten und Ökologie des Rehes. Nicht jeder Waldtyp birgt gleich viel Äsung. LEIBUNDGUT (1978) nennt für verschiedene europäische Waldgesellschaften ganz unterschiedliche ökologisch tragbare Dichten. Darunter versteht man die Bestandesdichte, bei der sich eine Vegetationsdichte trotz Rehverbiß weiterhin natürlich vielfältig verjüngt und entwickelt. Im äsungsarmen Torfmoos-Fichtenwald ist die ökologische tragbare Dichte bereits bei zwei Rehen auf 100 Hektar erreicht, im äsungsreichen Zweiblatt-Eschenmischwald oder im Ahorn-Eschenwald aber erst bei zwölf Rehen auf 100 Hektar.

Solche Tatbestände gilt es selbstverständlich immer in Betracht zu ziehen, wenn von der gefundenen Wilddichte auf Konstitution, Kondition, Fortpflanzungsleistung oder Sozialorganisation geschlossen wird.

1.3 Soziale Klassen

Die soziale Organisation einer Tiergesellschaft ist nach Auffassung des ostdeutschen Verhaltensforschers TEMBROCK (1964) nur dann erforschbar, wenn das Verhaltensinventar jedes in ihr vorkommenden Individuums bekannt ist. Diese Forderung – sie wurde bis heute wohl in keiner der vielen entsprechenden Studien erfüllt – könnte nur befriedigt werden, wenn der jeweilige Beobachter zunächst in der Lage ist, jedes der Individuen aufgrund eines typischen Merkmals zu erkennen. In einem Wildbestand, dessen Dichte nur annähernd geschätzt werden kann und von dem nur einige wenige Mitglieder durch natürliche Kennzeichen eindeutig erkennbar sind, erwies es sich als zweckmäßig, Sozialverhalten und soziale Organisation anhand von leicht und eindeutig erkennbaren Alters- und Geschlechterklassen zu beschreiben, so wie es KUMMER und ich (1963 und 1965) bei wildlebenden Mantelpavianen *(Papio hamadryas)* in Ostäthiopien oder WALTHER (1965) bei verschiedenen afrikanischen Schalenwildarten durchführten.

Beim Reh unterschied ich in meinen ersten Studien vor mehr als 20 Jahren fünf nach Alter und Geschlecht voneinander verschiedene soziale Klassen: 1. Böcke im Alter von einem und mehr Jahren; 2. Bockkitze (Männchen im ersten Lebensjahr); 3. Geißen im Alter von zwei und mehr Jahren; 4. Schmalrehe (Weibchen im 2. Lebensjahr) und 5. Geißkitze (Weibchen im 1. Lebensjahr). Den 1. Juni wählte ich gewissermaßen als ‚Neujahr', das heißt als den Termin, wo ein Geißkitz zum Schmalreh, ein Schmalreh zur erwachsenen Geiß oder ein Bockkitz zum erwachsenen Bock wurde. Dieser Zeitpunkt macht deshalb Sinn, weil die Setzzeit in der letzten Mai- und der ersten Juni-Woche ihren Höhepunkt erreicht.

Subadulte Böcke (Männchen im 2. Lebensjahr) und adulte Böcke können mit Sicherheit nur dann unterschieden werden, wenn das Alter der Tiere eindeutig aus individuellen, meist künstlichen Marken hervorgeht. Ebenso bin ich überzeugt, daß sich erwachsene Böcke nicht mehr aufs Lebensjahr genau ansprechen lassen. Damit widerspreche ich dem traditionellen Wissensgut der meisten Jäger. Wie unzuverlässig Ansprechmethoden in Wirklichkeit sind, die sich etwa am Geweih, an der Gesichtsfärbung oder am Erscheinungsbild des Bockes orientieren, berichtete der Berufsjäger HESPELER (1988) eindrücklich. Geweihe oder gar ihre Endenzahl sagen herzlich wenig aus über das Alter ihrer Träger. In dünnbesiedelten Gebieten erreichen Böcke schon in jungen Jahren kräftige Stangen, in dichtbesiedelten eher gegen Ende ihres Lebens.

Ein junger Bock, dem es gelingt, bereits im zweiten Lebensjahr ein eigenes Territorium zu erwerben, sieht plötzlich ‚alt' aus, trägt Träger und Haupt aufrecht, ferner fällt er auf durch das weiße, tiefhängende Kurzwildpret. Umgekehrt erscheint ein gleichaltriger, dem noch kein Eigenbezirk gehört, ‚jung'. Mit tiefgehaltenem Träger schleicht er durchs Gebiet; sein Kurzwildpret ist klein und braun.

In jeder intensiven Untersuchung über wildlebende Rehe gelingt es dem Beobachter, ganz bestimmte Rehe durch natürliche Marken zu identifizieren. Während meiner ersten Rehstudien im Berner Oberaargau und im Oberengadin kannte ich so 90 Rehe, allerdings nur während bestimmter Zeitspannen, wie etwa der drei- bis vierwöchigen Verfärbungsphase im Frühjahr. In dieser Zeit treten verschiedene Deckenmuster auf, die die eindeutige Bestimmung eines Stückes zulassen.

Auch die Geweihformen variieren so stark, daß viele Böcke in der Zeit zwischen Fegen und Abwerfen aufgrund dieser Merkmale gekennzeichnet sind. Bleibende natürliche Marken – wie etwa deformierte Lauscher, lahmer Gang, einseitige Blindheit oder sichtbare Gewächse der Aktinomykose – kamen damals bei 23 mir individuell bekannten Rehen vor. Derartige Kennzeichen beruhen meist auf Unfällen oder Krankheiten. Folglich ist anzunehmen, daß sich ihre Träger unnatürlich verhalten. Die an diesen Tieren gefundenen Verhaltensweisen sind deshalb mit Vorsicht zu interpretieren.

Allgemein gilt, nicht nur beim Reh, sondern auch bei anderen Säugetieren, daß das Alter von Jungtieren viel genauer geschätzt werden kann als das Alter älterer Tiere. Diese lassen sich aber aufgrund individueller, natürlicher Marken leichter unterscheiden als jüngere.

Natürliche Merkmale allein genügen für moderne Studien über das Verhalten und die Ökologie freilebender Rehe längst nicht mehr. Deshalb wurden verschiedene Systeme künstlicher Markierung entwickelt und angewendet, von denen ich noch sprechen werde. Vorerst möchte ich aber festhalten, daß in den meisten Untersuchungen über das Sozialverhalten einer Säugetierart Verhaltensweisen bestimmter Alters- und Geschlechterklassen, wie beispielsweise erwachsener Weibchen, neugeborener Männchen usw., beschrieben wurden.

Ausnahmen von dieser Regel machen allerdings die beachtlichen Studien von Goodall (1987) an Schimpansen oder Moss (1988) und Douglas-Hamilton (1975) an Afrikanischen Elefanten. Beim Reh haben zwar bereits Strandgaard (1972) und vor allem Ellenberg (1978) mit einer Fülle von Informationen über einzelne, dem Beobachter durch künstliche Marken bekannte Tiere auf Verhaltensunterschiede innerhalb definierbarer Alters- und Geschlechterklassen aufmerksam gemacht. Und in den modernsten Verhaltensstudien über Rehe, wie sie etwa Müri (1983) oder Turner (1983) über Rollenverhalten durchführten, ging es in erster Linie um die möglichst genaue Beschreibung einzelner, genau bekannter Rehindividuen. Das ändert aber nichts an der Tatsache, daß in den vorliegenden Studien klassenspezifische Verhaltensweisen präsentiert werden.

Das häufige Fehlen von Daten über individuelle Verhaltensweisen mag auch darauf zurückgehen, daß Rehforscher innerhalb ihrer Forschungsgebiete und innerhalb bestimmter Abschnitte im Jahre des Rehes (etwa Brunft oder Setzzeit) zwar genügend Rehe bestimmter Alters- und Geschlechterklassen sehen, aber selten ein bestimmtes Individuum, so daß sich nur die Daten über die Verhaltensweisen bestimmter sozialer Klassen, nicht aber die Daten von bestimmten Tieren statistisch weiterverarbeiten lassen.

Manchmal erhält man aber auch das Gefühl, als sei die künstliche Markierung, der vorangegangene Einfang und die permanente Störung des Tieres durch Lauschermarken und/oder Halsband (das gelegentlich noch einen Sender trägt) ein dermaßen tiefer Eingriff des Menschen in das Verhalten des Tieres, daß es diesen fortan meidet und sich folglich weniger häufig vor ihm sehen läßt. Auf diesen Punkt werde ich im nächsten Abschnitt näher eingehen.

1.4 Künstliche Markierung

In der zweiten Hälfte des Jahrhunderts wurden die technischen Hilfsmittel in der Rehforschung wesentlich verbessert. Eines davon ist die künstliche Rehmarkierung. In Deutschland wurden bereits zwischen 1903 und 1910 rund 95 000 Ohrmarken abgegeben. Das Schicksal der als Kitze so gekennzeichneten Rehe wurde in 33 Hauptbüchern mit je 250 Doppelseiten geführt (Eckstein 1910). Aus den numerierten, am lebendigen Reh auf Distanz aber nicht auszumachenden Lauschermarken ließen sich später lediglich Daten erarbeiten, die die Lebenserwartung, die Wanderungsdistanzen, die altersbedingte Zahn- oder die Geweihentwicklung betrafen. So einfach und selbstverständlich uns diese Daten heute auch scheinen, sie wurden während vieler Jahre mit dem kleinstmöglichen Eingriff (kleine Ohrknöpfe) an Hunderten von Rehen erarbeitet.

1964 konnte ich erstmals im Berner Oberaargau Rehkitze mit Ohrmarken kennzeichnen, denen ein kleiner Plastikstreifen unterlegt worden war. Damit wurden markentragende Tiere sichtbar gemacht. Die gleiche Markierungsmethode verwendeten meine Kollegen und ich später in verschiedenen Schweizer Forschungsgebieten, vor allem aber in jenem von Staffelbach (Abb. 5).

Mit derart sichtmarkierten Rehen ließen sich Daten über Wohnraumgröße ermitteln, möglicherweise auch solche über das Partnerspektrum. Voraussetzung dazu war die Markierung möglichst vieler Kitze eines Jahrganges während möglichst vieler aufeinanderfolgender Jahre. Diese Methode hatte einen großen Vorteil: Das Alter der neugeboren markierten Kitze war genau bekannt. Sie hatte aber zwei Nachteile: Ohrmarken, besonders wenn sie noch mit zusätzlichem Plastik versehen wurden, reißen leicht aus; bis alle Altersklassen eines Bestandes markiert waren, vergingen Jahre.

Kitzmarkierungen verzeichnen auch, um einen weiteren Nachteil zu erwähnen, geringe Rückmeldequoten. In Österreich wurden von 3284 markierten Kitzen später nur 11 % jagdlich genutzt oder als Fallwild gefunden. In der Schweiz waren es zwischen 1971 und 1983 rund 18 %. Neben dem Verlust der Ohrmarken ist mit einer Abwanderung in Reviere zu

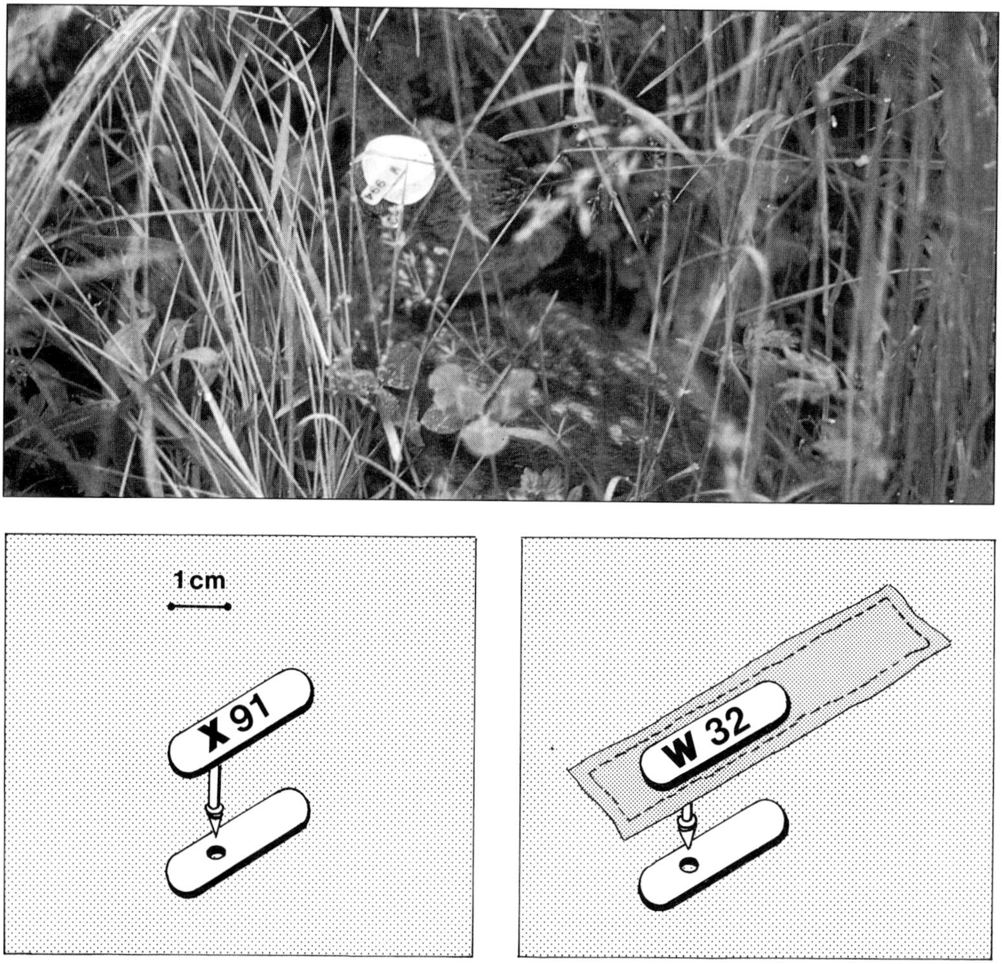

Abb. 5: Kitzmarkierung mit Lauschermarken. Der Eingriff ist verhältnismäßig gering. Den kleinen, am in freier Wildbahn lebenden Tier kaum sichtbaren Marken können farbige Zusatzstreifen unterlegt werden (Foto: D. Turner)

rechnen, die nicht an den Markierungsaktionen beteiligt sind und/oder aus denen keine Rückmeldungen erfolgen. Wesentlich bedeutender dürften jedoch natürliche Todesfälle besonders im ersten Lebensjahr sein, die in der Regel unterschätzt werden, da Fallwild meist an unzugänglichen Stellen liegt und durch Raubwild, Mäuse und Fliegenmaden rasch gefressen und zersetzt wird (REIMOSER und ZANDL 1986 und 1988).

Bei Kitzmarkierungen mit sichtbaren Farbstreifen oder Scheiben ist der Eingriff immer noch klein. Spezielle Fragen über Wohnraumgrößen oder Partnerspektrum konnten nur für einzelne Rehe oder verhältnismäßig geringe Bestände beantwortet werden. Die Sichtmarkierung von älteren Rehen ist nur mittels Fangaktionen möglich. Nicht in jedem Gebiet lassen sich erwachsene Rehe aber fangen. Kesselfallen und sogenannte Zwangswechsel waren nicht in jedem Fall erfolgreich (KURT 1970). Am geeignetsten dafür erwiesen sich Bestände, die im Winter an künstliche Futterstellen gehen. Hier ließen sich verschiedene Fallen bauen, in denen futtersuchende Rehe auch eingefangen werden konnten (ROBIN 1973).

Bei solchen Aktionen konnte das Alter der

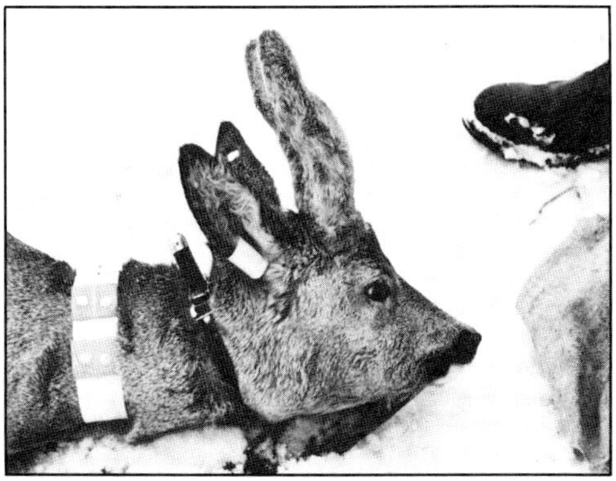

Abb. 6: Der Markierung von erwachsenen, wildlebenden Rehen mit Ohrmarken und Halsband geht eine umständliche Fangaktion voraus. Deutlich sind an diesem markierten Bock die drei verschiedenen Systeme von Marken zu erkennen: am rechten Lauscher eine Sichtmarke aus polyäthylenbeschichtetem Nylongewebe, am linken Lauscher eine leichte, numerierte Kaninchenohrmarke aus Messing. Das farbige Kunststoff-Halsband trägt beidseitig zwei aufgenietete, andersfarbige Kunststoffblättchen, um die Wirkung des Merkmals noch zu verstärken. Der dünne Riemen dient lediglich der Sicherung des gefangenen Bockes und wird vor dessen Freilassung entfernt

(Fotos: K. Robin, D. Turner)

Jährlinge genau und dasjenige älterer Rehe nur in Jahresspannen geschätzt werden. Aber wenigstens standen den Forschern innerhalb kurzester Zeit gut sichtbar markierte Tiere mehrerer Altersklassen zur Verfügung.

Neben Ohrmarken erhielten erwachsene Rehe Halsbänder aus Leder oder Kunststoff mit aufgedruckten oder aufgenieteten Nummern und anderen Zeichen (Abb. 6). Diese Methode wurde erstmals von ANDERSEN (1962) im dänischen Beobachtungsgebiet von Kalö verwendet und dort später von STRANDGAARD (1972) verbessert, so daß schließlich jedes markierte Reh fünf verschiedene individuelle Marken an den Ohren und am Hals trug. Auch die von ELLENBERG (1978) im Gatter Stammham studierten Rehe trugen neben Ohrmarken farbige Halsbänder wie diejenigen im Forschungsgebiet von Grabs-Ost im St. Galler Rheintal (ROBIN 1973) und im Zizerser Feld bei Chur (MERTENS und TURNER 1983).

Der Einsatz von Betäubungsgewehren an wildlebenden Rehen war bis heute eher die Ausnahme. Nach den mir zugänglichen Erfahrungen ist das Reh zu klein, um den Aufprall eines mit der nötigen Energie abgeschossenen und ziemlich ungenau fliegenden Drogenprojektils schadlos zu überstehen. Ein Gewehr der Firma ‚DistInject‘ von Peter Ott (Therwil, CH), das während kurzer Zeit im Forschungsgebiet von Staffelbach erprobt wurde, hatte eine Reichweite von lediglich 40 Metern. Eine doppelt so weite Mindestreichweite wird aber für die Anwendung an freilebenden Wildtieren gefordert (KLINGLER und KRÄMER 1966). In Staffelbach wurde zwar tatsächlich einmal eine Geiß getroffen; dabei durchschlug das Geschoß den Hinterlauf aber derart, daß das Reh in der Folge verendete (ROBIN 1973). Auf weitere Unternehmen dieser Art wurde verzichtet.

Anschließend wurde eine eigens zum Zweck des Rehfanges entwickelte Armbrust getestet. Mit ihr konnten mit hervorragender Treffsicherheit bis 40 Meter Entfernung (auf Scheiben) Pfeile abgeschossen werden, an deren Spitzen die Injektionsspritzen aufgeschraubt waren. Doch auch ‚Tells Geschoß‘ bewährte sich nicht für den Rehfang: Beide diesbezüglichen Versuche scheiterten, weil die Geschosse zu langsam flogen und die Rehe, durch das Schwirren der Armbrustsehne aufmerksam gemacht, rascher auswichen, als die Giftpfeile ihre Keulen erreichten. Als dann schließlich noch versucht werden sollte, den Rehen mittels Pfeil und Bogen das Betäubungsmittel einzuspritzen, mußten die Experimente abgebrochen werden. – Es fehlte an einem geübten Bogenschützen.

Von Ausnahmen abgesehen (zum Beispiel v. Berg et al. 1977) gelangten in der Rehwildforschung bis heute wenig Peilsender zum Gebrauch. Was die äußerst seltene Anwendung dieser Geräte in unseren ehemaligen Beobachtungsgebieten anbelangt, ist zu sagen, daß Rehe meist in dichter Vegetation und hügeligem Gelände leben, wo genügend Hindernisse vorhanden sind, um, besonders bei regnerischem Wetter, die Signale der Sender abzulenken und die Resultate zu verfälschen. Zweifellos würden Peilsender – vorausgesetzt, sie können mit den bestmöglichen Frequenzen arbeiten, was Aktivitätsmuster und Lebensraum anbelangt – die ‚objektivsten' Daten liefern, so müßte man meinen.

Sicher haben die immer größeren Kunstmarken die Rehbeobachtung ‚objektiviert', denn zu Verwechslungen zwischen einzelnen Tieren kann es kaum noch kommen. Sie sind aber mit schwerwiegenden Eingriffen an wildlebenden Tieren verbunden. Ob es daher besonders objektiv ist, derartige Studienobjekte stellvertretend für ungestörte, wildlebende Rehe zu untersuchen, ist eine berechtigte und nicht ohne weiteres zu beantwortende Frage.

An dieser Stelle scheint es mir wichtig, auf die Zusammenstellung von Hediger (1984) über die psychologischen Auswirkungen von künstlichen Markierungen auf das Tier hinzuweisen. Der Begründer der Tiergartenbilogie und subtile Kenner vieler Tierarten bezieht sich dabei u. a. auf die Studien von Estes (1967) über Gnus, Kruuk (1972) über Fleckenhyänen und Curio (1976) über ethologische Beziehungen zwischen Räuber und Beute. Bereits scheinbar kleine Markierungseingriffe (z. B. Färben der Hörner von Gnus) macht diese Tiere dem Beobachter gegenüber scheuer und anfälliger gegenüber Beutegreifern. Markierte Tiere, die beispielsweise einen Senderkragen tragen, werden von Artgenossen gemieden, usw.

Ähnliches gäbe es sicher auch über das Verhalten von künstlich markierten Rehen zu sagen. Bereits solche, die lediglich kleine, mit zusätzlichen Plastikstreifen versehene Lauschermarken tragen, kratzen sich nach meinen Beobachtungen viel häufiger als Unmarkierte, weil sie sich offenbar dauernd durch die Fremdkörper gestört fühlen. Beim Zusammenstellen meiner Forschungsdaten über das Reh erhielt ich den Eindruck, daß markierte Tiere eine geringere Lebenserwartung haben als unmarkierte. Bis heute fehlt allerdings eine fundierte Studie über Verhaltensunterschiede zwischen markierten und unmarkierten Rehen, sieht man von wenigen Berichten ab, die vor allem auf das technische Vorgehen bei Fang und Markierung, kaum aber auf deren Folgen für das Leben des Tieres eingehen. Es ist – schon aus tierschützerischen Gründen – zu hoffen, daß alle diesbezüglichen Erfahrungen in Zukunft veröffentlicht werden. Denn nur so lassen sich unnötige Wiederholungen von Fehlern vermeiden.

Robin (1973), der die Erfahrungen mit verschiedenen Fallen aus dem ersten Fangwinter (1970/71) in unserem damaligen Forschungsgebiet von Grabs-Ost zusammengefaßt hat, kam zwar zum Schluß, „daß der Fallenfang generell nicht als gefährlich und verlustreich bezeichnet werden kann... Die Zahl der Verendeten blieb wesentlich unter dem erwarteten und prophezeiten Prozentsatz". Aber immerhin gab es bei 50 markierten Rehen zehn Unfälle: eine Geiß brach sich einen Sakralwirbel und mußte getötet werden; eine andere erlitt innere Verletzungen und ging in der Folge ein; bei acht Böcken wurde der Bast mehr oder weniger stark verletzt.

Wie stark das Ausmaß der Störungen für Rehe durch Sichtmarken ist, die sie tragen müssen oder für ihre Artgenossen, die mit ihnen in Kontakt treten wollen, wissen wir bis heute nicht. Diesbezügliche Forschungen fehlen. Ellenberg (1978) trug möglichen Zwischenfällen Rechnung, indem er die von ihm benutzten Halsbänder mit einer Sollbruchstelle versah. Bei Böcken, die erstmals territorial wurden und entsprechend heftig kämpften, brachen die Bänder immer. Halsbänder beeinflussen, so kann daraus sicher geschlossen werden, zweifellos das Kampfverhalten.

Nicht nur Marken können das Verhalten der Rehe verändern. Auch die Fangaktion hat ihren Einfluß auf das Verhalten der Tiere. Es gibt neben äußerst zahmen, die regelmäßig die mit Futter beschickten Fallen aufsuchen und sich ohne große Gegenwehr immer wieder fangen lassen, ausgesprochen vorsichtige Rehe. Nicht einmal im großen Gatter von Stammham war es möglich, alle dort lebenden Rehe einzufangen, obwohl sie stark vom gebotenen Kunstfutter abhingen. ELLENBERG (1978) gibt dazu ein Beispiel: „Die Geiß Nr. 325 ließ sich nie in einer Falle fangen und hat vermutlich keinen der Futterautomaten regelmäßig besucht. Sie wurde als Kitz im ersten Lebenswinter im eingezäunten Kohlacker gegriffen. Nur eines von ihren sieben aufgewachsenen Kitzen wurde im Laufe von vier Wintern gefangen.“ Ähnliches erlebten wir im Beobachtungsgebiet von Staffelbach. Hier gelang es dem Förster AESCHBACH, einen Sechserbock, der regelmäßig in einer ‚rehsicheren‘ Umzäunung äste und Menschen gegenüber wenig Scheu zeigte, zu fangen. Er wurde mit einem Halsband und einem Radiosender markiert; der Fangschock war offenbar so groß, daß dieser Bock heimlich wurde und sich nie mehr sehen ließ, obwohl er noch weitere sechs Jahre lebte.

Fang und Markierung können nicht nur lange nachwirkende Schocks verursachen, sie machen auch Unterschiede zwischen verschiedenen Reh-Charakteren deutlich. Schlechte (Fang-)Erfahrungen, so geht es aus den Studien von ELLENBERG (1978) hervor, werden an die Nachkommen weitergegeben. Wenn nun in einem Forschungsrevier ausschließlich unmarkierte Tiere gejagt werden, um beispielsweise den Anteil markierter Rehe zu erhöhen, so muß damit gerechnet werden, daß der Bestand zu Gunsten von ‚Anpassern‘ verändert wird.

Will man auf aufwendige, mit starken Schocks verbundene Treibjagden in breiten Netzbahnen verzichten, so ist Fang und Wiederfang mit massiver Zusatzfütterung in den Fallen verbunden. Auch deshalb mag man sagen, die modernen Rehstudien seien nicht an ungestörten Beständen durchgeführt worden. STRANDGAARD (1972) verfügte in Kalö über 17 Fallen, in denen im Winter während drei bis vier Monaten gefüttert und gefangen wurde.

Erstaunlicherweise fiel bis heute niemandem auf, daß zwischen Beobachtungshäufigkeit markierter Rehe und Ausmaß des Eingriffes durch die Markierung ein direkter Zusammenhang zu bestehen scheint, wie folgender Vergleich deutlich macht: Während der Setzzeit (Mai und Juni) 1971 gelang es MÜLLER und anderen Mitarbeitern der Abteilung für Ethologie und Wildforschung an der Universität Zürich im Aargauer Forschungsrevier von Staffelbach, 32 frisch gesetzte Kitze mit Ohrmarken (Metallklammern und Plastikstreifen) zu kennzeichnen. Im darauffolgenden November begann KLEIBER (1973) mit deren Beobachtung. Er beobachtete davon bis im kommenden April regelmäßig lediglich noch zwölf. Der scheinbar geringe Erfolg beruht möglicherweise darauf, daß die eine oder andere Ohrmarke ausriß oder markierte Kitze mit ihren Müttern aus dem Forschungsgebiet wegzogen. Vor allem ist er meiner Meinung nach aber auf die hohe natürliche Kitzmortalität zurückzuführen. Sie beträgt im Schweizer Mittelland zwischen Setzzeit und November etwa 65 % (KURT 1968). Das heißt von den 32 ursprünglich markierten Kitzen gingen wahrscheinlich wenigstens 20 an den gleichen Ursachen ein (z. B. Füchse oder Unterkühlung) wie unmarkierte. Unter Berücksichtigung des natürlichen Sterblichkeitsfaktors hat KLEIBER sämtliche Kitze, die nach statistischen Erwägungen im November noch überlebt haben mußten, gesehen, nämlich zwölf. Das sind etwas mehr als die erwarteten 35 %. Zu seiner Beobachtungstechnik im Revier Staffelbach ist folgender Punkt im vorliegenden Zusammenhang wichtig: Er bearbeitete Fragen zur Raumnutzung durch Rehe. Deshalb suchte er nicht gezielt nach markierten, sondern beobachtete gleich häufig in jedem Ausschnitt des Forschungsreviers und notierte die dort ‚zufällig‘ angesprochenen Rehe. Jedes von ihnen sah er im Durchschnitt rund 30mal, das ‚häufigste‘ 108mal, das ‚seltenste‘ lediglich neunmal.

Obwohl alle Beteiligten das Gegenteil erwarteten, war der Beobachtungserfolg an den 50 Rehen, die im Winter 1971 von Mitarbeitern der Abteilung für Ethologie und Wildforschung in Grabs neben Lauschermarken auch mit massiven Halsbändern aus Hartplastik markiert wurden, viel bescheidener. Die Rehe waren in Fallen gefangen, vermessen und gewogen worden; in 25 Fällen wurden Kotproben aus dem Enddarm entnommen und in vier Fällen an ihnen Versuche mit der Betäubungsdroge ‚Rompun‘ durchgeführt. Die Marken der Rehe von Grabs waren auch für nicht Eingeweihte auffällig. Somit wurde praktisch jedes markierte Reh, das sich Jägern und Bauern im und um das Forschungsgebiet zeigte, gemeldet. Trotzdem finden sich in den Zusammenstellungen von ROBIN (1973 und

1975), bei denen er auch auf Daten der Wildforscher Voser-Huber und Krämer zurückgreifen konnte, für den kommenden Sommer nur noch 32, also nicht ganz zwei Drittel der ursprünglich markierten Tiere.

Robin (1975) bediente sich in Grabs einer anderen Beobachtungsmethode als Kleiber in Staffelbach. Darüber schreibt er: „Im Sommer 1971 versuchte ich, möglichst viele markierte Rehe ausfindig zu machen. Dazu mußte das Untersuchungsgebiet laufend ausgedehnt werden, was zur Folge hatte, daß jene Gebiete, deren Bestand an Markierten bekannt war, nur selten aufgesucht wurden." Trotz gezielter Suche nach Markierten, was Kleiber aufgrund einer anderen Fragestellung seines Forschungsthemas vermied, gelang es in Grabs, wie gesagt, lediglich 64 % der Markierten wieder zu beobachten.

Nach eigenen Erfahrungen in Staffelbach und Grabs glaube ich nicht, daß Rehwildbeobachtungen im einen oder anderen der beiden Forschungsreviere schwieriger gewesen wären. In Grabs, wo weniger markierte Rehe gesehen wurden als man erwartet hatte, hielten sich mehr Wildforscher für längere Zeit auf als in Staffelbach, wo ziemlich genau so viele markierte Rehe regelmäßig gesehen wurden, wie man unter Berücksichtigung natürlicher Sterblichkeit erwarten konnte.

Natürliche Sterblichkeit und Abwanderungen könnten auch in Grabs die Häufigkeit der Beobachtungen beeinflußt haben. Beide Ereignisse treten besonders bei ein- bis dreijährigen Rehen auf. Doch just diese ließen sich sehen. Von neun, die im ersten Lebensjahr markiert wurden (acht Böcke und eine Geiß) ließen sich im kommenden Sommer sieben sehen. Von 14 im zweiten bis dritten Lebensjahr markierten waren es zwölf. Doch von den mehr als drei Jahre alten, deren Mortalität geringer ist als bei jüngeren, die zudem als besonders standortstreu gelten, aber auch als besonders vorsichtig, wurden von insgesamt 27 Markierten nur 14 je wiedergesehen.

In Grabs waren die mit breiten, farbigen Halsbändern markierten Rehe, wie gesagt, viel auffälliger als die lediglich mit Lauschermarken gekennzeichneten von Staffelbach. Sie konnten also viel leichter von Jägern und auch von Laien angesprochen werden – falls sie sich überhaupt sehen ließen. Gerade dies schienen die markierten Grabser Rehe meiner Meinung nach zu vermeiden, und zwar deshalb, weil der Schock durch Fang, Messung, Markierung und teilweise weitere Eingriffe wahrscheinlich ihr Verhalten dem Menschen gegenüber massiv negativ beeinflußt hatten. Kitzmarkierung ist dagegen ein kurzer Eingriff, der zu einem Zeitpunkt stattfindet, in dem Kitze vor Menschen noch nicht fliehen und sich widerstandslos behändigen lassen, von ihrer Mutter noch nicht individuell erkannt werden. Zudem müssen Marken, die an Kitzen angebracht werden, zwangsläufig klein sein. Das heißt, sie verändern das Erscheinungsbild des später erwachsenen Rehes kaum. Erwachsene Rehe, deren Lauscher verhältnismäßig groß sind und deren Halsumfang sich zeitlebens nicht mehr wesentlich verändert, lassen sich demgegenüber mit Marken förmlich beladen. Der dazu nötige Eingriff ist äußerst massiv, weil erwachsene Rehe im Menschen eindeutig einen Feind sehen und sich auch dementsprechend verhalten.

Den Eingriff, der durch Fang und Markierung von erwachsenen Rehen entsteht, versuchte man immer wieder dadurch zu verharmlosen, daß markierte Rehe ja gelegentlich innerhalb kürzester Zeit wieder an die zu Fallen umfunktionierten Futterstellen zurückkehren. Dies war auch in Grabs der Fall. „Einzelne Markierte suchten trotz der Störungen die Fallen regelmäßig auf und wurden nicht scheuer", schreibt dazu Robin (1973). Trotzdem erschienen ein Jahr später (Winter 1971/72) nur noch 19 der ursprünglich 50 Markierten bei den Futterfallen. „Mit einer Ausnahme hielten sich alle beobachteten Rehe während des Winters an Futterstellen auf", so Robin (1975): „Es ist allerdings zu berücksichtigen, daß von 32 Tieren, die 1972 noch lebten, im Winter 1971/72 nur deren 23 gesehen wurden (19 davon an den Fallen, in denen sie ein Jahr früher gefangen wurden). Ob die nicht beobachteten Tiere sich an einer Fütterung aufhielten, läßt sich nicht entscheiden, doch kann dies aufgrund der Beobachtungsintensität an den Futterstellen mit einiger Wahrscheinlichkeit verneint werden."

Die Tatsache, daß von ursprünglich 50 an Futterstellen gefangenen und markierten Rehen nur 19 (das sind 38 % des Ausgangsbestandes oder 59 % jenes Bestandes der ursprünglich Markierten, die ein halbes Jahr später mit Sicherheit noch lebten) Fallen aufsuchen, kann zweifellos verschieden interpretiert werden. Eine der möglichen Erklärungen: Die Tiere mieden jene künstlichen Futterstellen, an denen sie ein Jahr früher schlechte Erfahrungen gesammelt hatten, sie damals aber wegen Futtermangels und extrem hoher Schneedecke nicht verlassen konnten. Regelmäßige (Wieder-)Fänge sind offenbar nur dort möglich, wo Rehe (beispielsweise in Gattern) ausgesprochen stark von künstlichem Futter abhängen (wie etwa in Stammham), oder dort, wo an allen Futterstellen gefangen wird (wie etwa in Kalö).

Robin (1973), der ausführlich über Fang und Markierung von 50 Rehen berichtet hat, berechnete auch Zeitaufwand und Kosten der Aktionen in Grabs. Bau der Fallen, Konstruktion von Halsbändern, Ansitzen, Behändigung und Markierung der gefangenen 50 Rehe verlangten einen Gesamteinsatz von etwas mehr als 300 Arbeitsstunden, das sind rund anderthalb Mann-Monate oder sechs Arbeitsstunden pro markiertes Tier. Die Kosten betrugen damals insgesamt 670,– Schweizerfranken (ohne die teuren Halsbänder und einen Teil des Materials zum Fallenbau). Für Fang und Markierung mußten wenigstens zwei bis drei Wildbiologen oder Jäger zusammenarbeiten. Während der gesamten Fangperiode ruhte der Forschungsbetrieb wegen der massiven Störungen des Wildes.

Ganz anders verliefen die Kitzmarkierungs-Aktionen in Staffelbach. Die Kosten (knapp ein Schweizerfranken pro markiertes Kitz) sind vernachlässigbar. Der Zeitaufwand ist viel geringer, sieht man davon ab, daß die Kitze gefunden werden müssen. Doch dies war im Fall der Untersuchungen von Müller ein Teil seines Forschungsprogrammes. Denn während Kitzmarkierungs-Aktionen muß der Forschungsbetrieb nicht ruhen, die Eingriffe sind ja minimal, im Gegenteil, der Forschungsbetrieb wird durch sie extrem gesteigert.

Bei diesem Exkurs über Zusammenhänge zwischen dem Verhalten der Rehe und möglichen Schocks und anderen Störungen, die (ein- oder mehrmaliger) Fang und andauerndes Tragen von Marken hervorrufen können, ging es mir nicht darum, diese moderne Methode der Wildbiologie generell zu kritisieren. Ohne individuell sichtmarkierte Rehe wäre heute vieles aus dem Leben der kleinen Hirschart nicht bekannt. Ich will lediglich darauf hinweisen, daß durch möglichst eindeutige, auffällige, mit entsprechend großen Eingriffen verbundene Rehmarkierung just jenes Ziel, für das sie geschaffen wurde, nämlich die Objektivierung von Beobachtungsergebnissen, nicht in jedem Fall erreicht, ja, die Objektivierung vielleicht sogar verhindert wird. Zudem kann es auch nicht das Ziel der Feldforscher sein, die Feindbedeutung, welche Menschen für Wildtiere nun einmal haben, noch zu vergrößern, das heißt, deren Fluchtbereitschaft und Fluchtdistanz durch massive, direkte Eingriffe am Tier noch zu verstärken.

Längst wird in Fachkreisen über einige der verhältnismäßig wenigen Forschungsvorhaben mit radiomarkiertem Rehwild gemunkelt, daß die mit Peilgeräten ausgerüsteten, ihre Studienobjekte verfolgenden Forscher eigentlich nicht mehr aufgezeichnet haben als ihren eigenen Weg durch den Wald, weil sie das durch den Fangeingriff besonders scheu gewordene Wild laufend vor sich hergetrieben haben. Telemetrische Studien sollten deshalb von festen Peilstationen aus durchgeführt werden, wie beispielsweise im Nationalpark von Berchtesgaden (z. B. d'Oleire-Oltmanns 1987).

Der Forscher, der sich während Monaten oder Jahren mit dem Verhalten wildlebender Tiere abgibt, erhält sicher dann objektive Resultate, wenn er für Tiere eine möglichst neutrale Bedeutung hat, also weder *Feind* ist, der seine Studienobjekte regelmäßig einfängt, wägt, vermißt und markiert, noch *Freund*, der sie regelmäßig füttert. Ziel dieser Technik der neutralen Beobachterposition ist es, die Fluchtbereitschaft und die Fluchtdistanz der Tiere auf ein Minimum zu verkleinern, ohne dabei den Tagesablauf und das Verhalten (z. B. durch Kunstfütterung) zu verändern. Sie erbrachte auch außerordentlich eindrückliche Resultate, weil es dank möglichst neutralem Verhalten geduldiger Forscher gelang, Fluchtdistanzen von sprichwörtlich scheuen oder sogar gefährlichen Tieren auf ein Minimum von 20 bis 50 Metern zu verkleinern, ja in einzelnen Fällen gänzlich aufzuheben. Ich erinnere dabei nur an Goodall (Schimpanse), Fossey (Berggorilla), Moss und Douglas-Hamilton (Afrikanischer Elefant),

GEIST (Wildschafe), LEUTHOLD (verschiedene afrikanische Huftiere) oder KUMMER und seine Mitarbeiter (Mantelpaviane). Selbstverständlich arbeiteten alle diese Forscher mit individuell, also persönlich bekannten Tieren. Sie unterschieden sie aber an natürlichen Merkmalen. Künstliche Markierungen gebrauchten sie selten oder nie.

Die Technik, nach der sich der Beobachter möglichst neutral gibt, läßt sich auch bei Rehen anwenden. In meinem ehemaligen Beobachtungsgebiet bei Pontresina im Oberengadin leben Rehe just dort, wo regelmäßig Touristen wandern. Diese Menschen haben weder die Bedeutung der Jäger noch die der fütternden Heger. Sie sind also neutral und beeinflussen das Verhalten der Rehe kaum. Die Beobachtungsdistanzen messen hier oft nur 20 Meter, und logischerweise ließen sich die meisten Rehe auch individuell an natürlichen Merkmalen unterscheiden, weil ich sie während langer Zeit aus kurzer Distanz zu sehen bekam.

Mit diesen Beispielen will ich in Erinnerung rufen, daß der technisch hochentwickelten und äußerst kostenintensiven Beobachtungstechnik mit Hilfe künstlicher Wildmarkierung durch Halsbänder und/oder gar Peilsender und damit verbundenen Fang- und Wiederfangaktionen eine qualitativ bessere und viel billigere gegenübersteht, von der – nach allem, was wir heute wissen – anzunehmen ist, daß sie objektivere Daten liefert, weil diese unter günstigeren Mensch-Tier-Beziehungen erbracht werden. Von dieser Technik der neutralen Beobachterposition ist – last but not least – zu sagen, daß sie den Beobachter mehr fordert und mehr schult, weil er, allein schon was die Identifizierung der Tiere anbelangt, auf kleinste Details achten muß. Mit einem dermaßen trainierten Beobachtungsvermögen werden aber sicher auch mehr, für das Forschungsthema möglicherweise sogar ausschlaggebende Details entdeckt.

Wie bei vielem, das heute im Zusammenhang mit ehrgeizigen Forschungsvorhaben und ausgeklügelter Methodik zu erreichen versucht wird, gilt sicher auch bei der (Reh-)Wildmarkierung, daß weniger oft mehr ist. Dabei denke ich nicht daran, gänzlich auf individuelle Sichtmarkierungen zu verzichten. Nach langjähriger Erfahrung in wildbiologischen Studien weiß ich, wie schwer oder gar unmöglich es ist, ein bestimmtes unmarkiertes Reh, das in einem vom Menschen stark gestörten Raum lebt, mit Sicherheit wiederzuerkennen. Rehe tragen auch keine individuellen Streifenmuster wie etwa Gnus, Kudus oder Zebras, und auch keine zeitlebens vorhandenen Stirnwaffen, die zur längerfristigen Identifizierung dienen könnten. Ich meine aber, daß ein einfaches System von kleinen Kerben, die frischgesetzten, noch nicht vor dem Menschen flüchtenden Kitzen in die Lauscher gestanzt werden oder die oben beschriebenen Lauschermarken den meisten Forschungsvorhaben vollauf genügen würden. Damit wäre durch einen verhältnismäßig geringen, einmaligen Eingriff ein Tier bekannten Alters während seines ganzen Lebens eindeutig zu erkennen. Dermaßen markierte Rehe lebten nicht nur ungestört, sie würden auch nicht fortwährend (negative) Interessen von Artgenossen und Widersachern auf sich ziehen. Ganz zu schweigen von den Schwierigkeiten, die der Wildforschung durch Jäger, Förster und jene Jagd- und Forstinstanzen entstehen können, die in auffälliger Markierung einen tiefen Eingriff in das Leben des Wildes sehen.

Rehwildforschung in der Schweiz, wie ich sie zwischen 1963 und 1974 aktiv betrieb, hing nicht zuletzt auch davon ab, ob Fang und Markierung von den betreffenden Behörden und Jagdgesellschaften erlaubt wurden. Oft forschte man dann schließlich dort, wo dies der Fall war, und nicht dort, wo andere Beobachtungsbedingungen besser oder das Wildschadenproblem krasser war.

1.5 Wildlebende und gefangene Rehe

Seit Kunstfutter (sogenannte Pellets), Medikamente gegen Krankheitserreger und saubere Unterkünfte die Haltung des an und für sich empfindlichen Rehes ermöglichen, beziehen sich viele der modernen Rehstudien nicht mehr auf wildlebende Tiere, sondern auf solche in Gefangenschaft, die ihr Futter nicht mehr selber suchen müssen, keine natürlichen Widersacher kennen, ja in extremen

Fällen sogar nicht einmal richtige Artgenossen, weil sie von Menschenhand aufgezogen und auf den Pfleger geprägt worden sind.

Für viele meiner Kollegen, die über Sozialverhalten und Ökologie von Rehen oder anderen Säugetieren arbeiteten, und für mich selbst auch war die Beschäftigung mit handaufgezogenen Pfleglingen eine ungemein faszinierende und lehrreiche Phase von großem heuristischem Wert. Ohne handaufgezogene Rehkitze wäre es wohl kaum möglich gewesen, das Trinkverhalten genau zu beschreiben. Ebenso wenig wüßte man heute genau Bescheid über das Folgeverhalten der Jungen, beziehungsweise die ‚Führungsrolle' des Muttertieres, wenn nicht forschende Menschen zwangsläufig Huftiermutter gespielt hätten. Über Prägungen auf Sozialpartner, zum Beispiel auf Kampfpartner, wüßten wir heute sicher auch weniger Bescheid, wenn es nicht gelegentlich zu tragischen Unfällen gekommen wäre zwischen handaufgezogenen Rehböcken und ihren vermeintlichen menschlichen Rivalen.

Selbstverständlich ist das Verhalten von Tieren, die in derart engem Kontakt mit dem Menschen aufwachsen, nicht in jedem Fall demjenigen wildlebender Artgenossen gleichzusetzen. Häufig ist schon das Wachstum solcher in freier Wildbahn behändigter Geschöpfte verzögert, weil sie anfänglich zuwenig, möglicherweise sogar falsche Nahrung aufnehmen. Der genaue Altersvergleich mit wildlebenden Tieren ist damit fraglich. Fraglich kann auch der Vergleich von Verhaltensformen sein.

Zwar sind viele der Verhaltensweisen den Rehen angeboren. Doch sie werden in artgemäßen Wechselbeziehungen mit der Mutter und den Geschwistern koordiniert. Der menschliche Ersatzkumpan, der plötzlich gleichzeitig Mutter- und Geschwisterrolle übernimmt, verhält sich sicher häufig falsch und beeinflußt damit zwangsläufig die psychische Entwicklung seiner Schützlinge. Sicher ist einem Rehkitz das Wissen darüber angeboren, was es zu äsen hat. Trotzdem erlernt es Verhaltensweisen der Futterwahl und Futtersuche von älteren Rehen, meist der Mutter. Seine Futterkenntnisse verarmen zwangsläufig in der künstlichen Umwelt des Menschen, weil dort nicht die Mannigfaltigkeit an verschiedenen Pflanzen und Pflanzenteilen geboten werden kann, die Rehe in freier Wildbahn äsen. Umgekehrt kommt es im sozialen Nahbereich zum Menschen und seiner Umwelt zur Ausbildung von Verhaltensweisen, wie sie in freier Wildbahn nie gesehen werden können, beispielsweise zu ‚Freundschaften' mit Haushunden, die für wildlebende Rehe als Raubfeinde gelten.

Die modernen Forschungsvorhaben zur Verfügung stehenden Gatterrehe stammen entweder von handaufgezogenen Vorfahren ab oder von Wildfängen. Sie leben oft schon seit vielen Generationen in Gehegen. Hier steht ihnen beispielsweise ausgewogenes Kunstfutter ad libitum in Futterautomaten zur Verfügung. Damit wird der Nahrungsverbrauch ebenso meßbar wie die oft handzahmen Rehe selbst. Sie können regelmäßig eingefangen und gewogen werden. Ohne derartige Manipulationen wäre es bis heute nicht möglich gewesen, Wachstum, Futterverbrauch, Energiebudget und dergleichen zu berechnen und zu beschreiben.

Auch an der Abteilung für Ethologie und Wildforschung in Zürich verlagerte sich die Rehforschung von freilebenden Beständen in den Kantonen Aargau, Graubünden und St. Gallen zusehends in das Gehege bei Staffelbach im Kanton Aargau. Die Hälfte der letzten 22 Studien, die zwischen 1975 und 1983 durchgeführt wurden, entstanden an gefangenen und künstlich gefütterten Rehen (MERTENS und TURNER 1983). Anders wäre es nicht möglich gewesen, Beobachtungen und Versuche über Futterwahlverhalten (MÜRI 1983) oder Revier-Markierung mittels Duftdrüsen bei Rehböcken (MEIER 1983) durchzuführen.

Kritiker werfen der modernen Wildbiologie vor, sie würde ihre Erkenntnisse immer mehr von Beobachtungen an gefangenen Rehen ableiten und weisen darauf hin, daß nur der Einblick ins Leben ‚ungestörter', in ‚natürlicher' Umwelt vorkommender Tiere der ‚einzig wahre' sei. In der Tat fehlen bis heute aber Beobachtungen an wirklich natürlich und von menschlichen Einflüssen völlig unbehelligt lebenden Rehen. Derartige Studien fehlen aber auch von den anderen wildlebenden Tieren. Denn es gibt – weltweit – keine ungestörten Lebensräume mehr (z. B. HEDIGER 1984)!

Dies trifft ganz besonders für das Reh in Europa zu. Sein natürlicher Lebensraum, das einstige Waldland Europa, wurde größtenteils gerodet. Wilde Wälder sind längst durchforsteten Nutzwäldern und Kultursteppen gewichen. Viele der einstigen Äsungspflanzen verschwanden ebenso wie die natürlichen Widersacher Wolf, Luchs und Bär. In der intensiv genutzten Kulturlandschaft lebt das sprichwörtlich wählerische Reh unter Umständen nur noch von vier oder fünf Äsungspflanzen und erobert sich immer neue Lebensräume, während einst typische Wildtiere der Felder und Äcker, namentlich Feldhase und Rebhuhn, verschwinden. Rehe wurden, was die übriggebliebene Vielfalt, aber auch die Belastung unserer Landschaft mit radioaktivem Fallout wie Cäsiumisotopen anbelangt, zu ‚Zeigerarten', also gewissermaßen zu lebendigen Meßinstrumenten (HECHT 1987a, b; TATARUCH und SCHÖNHOFER 1987).

Selbst in den verbliebenen Reservaten leben Rehe, wie alle anderen größeren Tiere auch, nicht mehr unter natürlichen Bedingungen. In diese letzten Refugien ziehen sich – wie etwa im Schweizer Nationalpark – heute die großen Schalenwildarten, namentlich der Rothirsch, zurück, übernutzen die Pflanzendecke und schaffen so ‚unnatürliche' Lebensbedingungen, deren Ursachen wiederum im Wirken des Menschen und in der von ihm geschaffenen Umwelt liegen.

Wie andere Wildtiere werden auch Rehe immer deutlicher vom Menschen ‚gemanaged': Wildzäune und andere Hindernisse verwehren im Wirtschaftswald häufig den Zugang zur Nahrung. Jagdliche Eingriffe erfolgen nicht nur, um den Bestand zu senken, sie sollen zugleich auch züchterische Eingriffe sein, bei denen das Rehwild ‚aufgeartet' wird. Durch Zuchtwahl über Kimme und Korn versuchen Jäger Durchschnittsgewichte anzuheben, die Gesundheit und die Geweihqualität zu verbessern. Auch wenn, wie in den meisten Fällen, durch einen über längere Zeit planmäßig praktizierten Abschuß kein nennenswerter Einfluß auf die ins Auge gefaßten Merkmale im Bestand erkennbar wird, „so kann trotzdem eine Selektion stattfinden", schreibt der Wildgenetiker HARTL (1984), „wenn auch im Hinblick auf völlig andere, nicht in Betracht gezogene erbliche Eigenschaften". Dabei schließt er auch andere mögliche, ungewollte, durch den Menschen bewirkte Selektion nicht aus, die beispielsweise durch moderne Erntemaschinen (Ausmähen von Rehkitzen) oder durch Aussetzen von Zuchtrehen zur Bestandesgründung oder -verbesserung erfolgt.

TSCHIDERER (1977) testete während zehn Jahren 55 Rehe auf ihren ‚Erbwert'. Aus den besten Tieren erhielt er durch planmäßige Inzucht schließlich zehn besonders schwere. Das Geweih des besten Hauptbockes erzielte 200,65 Internationale Punkte (IP). Derartige Zuchtrehe sollen schließlich zur Qualitätsverbesserung wildlebender Artgenossen wieder ausgewildert werden.

Der Unterschied zwischen solcher und ähnlicher künstlicher und natürlicher Selektion besteht darin, daß der künstliche Ausleseprozeß nicht unbedingt mit dem Anpassungsgrad der Art an ihren Lebensraum übereinstimmen muß. Dieser entscheidet aber letztlich über den Erfolg jeglicher Art von Wildbewirtschaftung (HARTL 1984).

Wie unsinnig, weil unbiologisch, züchterische Eingriffe sind, die planmäßig die Geweihqualitäten zu verbessern suchen, geht aus allen Verhaltensstudien an Rehböcken hervor: Just das Geweih, die von Jägern hochgeschätzte Trophäe, spielt bei Rehböcken als Rangabzeichen keine Rolle. Zwischen Geweihqualität und Fortpflanzungserfolg gibt es keinen Zusammenhang. Das heißt, Rehe bewerten ihre Artgenossen nach ganz anderen Kriterien als Jäger.

Von allen Lebensraumveränderungen muß angenommen werden, daß sie die Effektivität natürlicher Selektionsfaktoren hemmen oder ausschalten und damit Selektionsprozesse verändern, sei dies durch die Ausschaltung von natürlichen Widersachern (Wolf und Luchs), Konkurrenten (größere Schalenwildarten wie Rothirsch, Elch oder Wisent), Nahrungsknappheit (durch Kunstfütterung), Krankheit oder Parasiten (Medikamente im Kunstfutter).

Besonders in osteuropäischen Staaten wie etwa der Tschechoslowakei, werden heute Wild- und ganz besonders Rehbestände regelmäßig mit Medikamenten gegen Parasitenkrankheiten behandelt, um den wirtschaftlich bedeutenden Jagderfolg zu heben. Äußerst günstig war das Ergebnis bei der Rehwilddictyocaulose (Lungenwurmbefall), die bis dahin die erstrangige Todesursache war, und bei den meisten Magen-Darm-Nematoden (Fadenwürmern). So schreibt CHROUST vom

Abb. 7: Im Winterhalbjahr bilden Rehe größere Gruppen (Sprünge) Foto: J. Behnke

Institut für Wildtierkrankheiten an der Tierärztlichen Hochschule in Brno: „Die Mortalität ging in den Jahren 1983 bis 1985 um 30 bis 50 Prozent zurück, die durch Parasiten bedingten Verluste sanken von ursprünglich 50 auf 19 Prozent... Im Jahre 1985 wurde mit der systematischen, dreijährigen Tilgung der Nasen- und Rachen-Dasselfliege begonnen."

Tiere können sich künstlichen Bedingungen anpassen und Verhaltensweisen entwikkeln, die bei ihren noch natürlich lebenden Artgenossen nie beobachtet werden, und umgekehrt. Denn in einer ganz bestimmten Umwelt erscheinen nicht alle phänotypischen Modifikationen, deren ein Genotyp fähig ist (KUMMER 1967). Deshalb ist es von Vorteil, wenn eine Art und ihre Lebensäußerungen unter möglichst verschiedenen Bedingungen, auch derjenigen der Gefangenschaft, studiert wird.

Allerdings zwingen zwei Gründe Ökologen und Verhaltensforscher, sich ins Freiland zu bemühen. Die Bedeutung bestimmter Verhaltensweisen für das Überleben der Art kann hier direkt ergründet werden. Die natürliche Umwelt, in der eine Tierart heute lebt, ist aller Wahrscheinlichkeit nach diejenige, welche sie genetisch geformt hat – oder ihr zumindest sehr ähnlich. Ihr ist sie in ihrem Verhalten am besten angepaßt, weil ihre genetischen Grundlagen durch sie oder eine ähnliche Umwelt selektioniert wurden oder weil diese die genetischen Grundlagen der heute lebenden Generation zu angepaßten Modifikationen des Verhaltens anregt.

Der zweite Grund, der Rehforscher weiterhin zwingen wird, sich mit wildlebenden Beständen abzugeben, ist die Notwendigkeit, Beziehungen zwischen einzelnen Gruppen oder Individuen zu untersuchen, die wir auf ‚natürliche' Weise in Gefangenschaft nicht halten können. Dazu ein Beispiel: Einzelbökke lassen sich verhältnismäßig leicht in einem Gehege unterbringen. Hier werden sie allerdings kein echtes Kampf- und Territorialverhalten entwickeln, weil die Konkurrenz durch arteigene Rivalen fehlt. Auch viele Böcke lassen sich auf kleinem Raum halten. Das bewies ELLENBERG (1978). Sie kämpfen anfänglich miteinander und erstellen dann eine gewisse Rangordnung. Territorialverhalten bilden sie aber nicht aus, weil die Konkurrenz zu groß ist (siehe Seite 127). Hielte man dagegen nur einige wenige Böcke in einem Gehege, dann würden sie sich zwar rücksichtslos bekämpfen, da keiner ausweichen kann. Trotzdem entstünde kein echtes Territorialverhalten, weil der Raum eines Geheges zu klein ist. Wildforschung an gefangenen Tieren im Gehege kann die eigentliche Feldforschung nicht ablösen. Sie kann sie aber mit Detailstudien, die mit der virtuosen Feinheit heutiger Labormethoden bei Wildbeständen schlicht nicht durchführbar wären, ergänzen. So gesehen ist jeder generelle Streit über die Überlegenheit von Studien an freilebenden oder gefangenen Tieren unsinnig. Die eine oder andere Wahl kann nur in bezug auf die gestellte Frage ‚gut' oder ‚schlecht' sein. Auch dazu ein Beispiel:

Es scheint durchaus logisch, den Energieverbrauch eines Tieres u. a. an der Menge des aufgenommenen Futters zu messen. Moderne, mit normierten Kunstfutterwürfeln beschickte Automaten machen dies leicht möglich. Wenn im Winter Neuschnee auf den Gehegeboden gefallen ist, so wird man leicht feststellen, daß der Futterverzehr und damit der Energieverbrauch steigen (Abb. 2). Die Schneedecke hindert ja Ortsverschiebungen und verlangt nach mehr Anstrengung. Gefangene Rehe wissen, daß ihnen das Kunstfutter ad libitum zur Verfügung steht. Ihre ‚Kosten-Nutzen-Rechnung' ist rasch gemacht. Sie nehmen unter diesen Bedingungen mehr Nahrung auf (HARTFIEL und DISSEN 1988; VODNANSKI 1988).

Bei wildlebenden Rehen ist es anders (Abb. 2). Sie wissen, daß bei winterlichem Neuschnee die ohnehin schon kärglichen Futtervorkommen noch schwerer erreichbar sind und verzichten sofort darauf, sie zu nutzen, weil sie durch Aufsuchen der Nahrungsstellen, Graben im Schnee usw. mehr Energie verlieren würden, als sie dabei aufnehmen könnten. Sie tun gar nichts, bleiben sitzen und lassen sich vorübergehend sogar einschneien. Winterdecke und Schnee isolieren sehr gut, somit geht wenig Wärme verloren. Neuschnee erhöht ihren Energiebedarf keinesfalls (ELLENBERG 1978; KURT 1970; REIMOSER 1986). Selbstverständlich gebrauchen und verbrauchen wildlebende Rehe aber mehr Energie, wenn man Gefangenschaftsbeobachtungen falsch interpretiert und sie künstlich füttert. Sie werden sofort merken, daß ihre Futterquellen nicht versiegen und folglich auch mehr äsen.

1.6 Katalog der Verhaltenselemente (Ethogramm)

Wenn ich mich in der Einleitung zu diesem Bericht über die soziale Organisation des Rehes (selbst-)kritisch mit der einen oder anderen Methode von Verhaltensforschern und Wildbiologen auseinandersetzen will, so muß ich zweifellos auch darauf eingehen, was der menschliche Beobachter tatsächlich von sozialen Auseinandersetzungen zwischen Rehen merkt. Seine Sinne, namentlich der Gehör- und der Geruchssinn, sind ja vergleichsweise nur mäßig ausgebildet. Deshalb erstaunt es auch nicht, daß wir fast alles, was wir von Rehen bezüglich ihres Verhaltens und ihrer sozialen Organisation wissen, mit unseren Augen wahrnehmen können. Wir beschreiben Gruppengröße und -zusammensetzung und meinen damit jene Tiere, die gleichzeitig am selben Ort sind, sich in gleicher Richtung bewegen und nicht mehr als 50 Meter auseinander stehen.

Auch das Ethogramm des Rehes – das ist der Katalog der Verhaltenselemente – umfaßt vor allem Verhaltenselemente, die für uns sichtbar sind. Dazu gehören rund 70 Verhaltensweisen, die sich, wie beispielsweise Drohen, Imponieren oder Prellsprünge, als bestimmte Körperhaltungen oder Bewegungsabläufe voneinander unterscheiden. Schon die Lautäußerungen, davon werden sechs beschrieben, kann der Rehe beobachtende Mensch nicht alle hören (weil sie zu leise sind und möglicherweise auch außerhalb unseres eigenen Hörbereiches liegen). Über olfaktorische Kommunikation wissen wir noch weniger. Wie geradezu frustrierend Verhaltensstudien an Rehen sein können, versuche ich durch vergleichende Untersuchungen an einer sehr gut bekannten Affenart darzulegen:

Kurz bevor ich 1963 mit der Erforschung des Sozialverhaltens der Rehe begann, hatte ich die einmalige Gelegenheit zusammen mit Hans Kummer, heute einer der führenden Primatologen und Verhaltensforscher, während eines Jahres in Ostäthiopien das Sozialverhalten des Mantelpavians *(Papio hamadryas)* zu studieren (Kummer und Kurt 1963 und 1965). Meine Erfahrungen an diesen tagesaktiven, bodenlebenden und mehr oder weniger offene Buschsavannen bewohnenden Augentieren beeinflußte selbstverständlich sehr stark die anschließenden Rehstudien. Deshalb berechnete ich nach der gleichen Methode, wie sie Kummer und ich bei Pavianen angewandt haben, die Häufigkeit von sozialen Verhaltenselementen bestimmter Alters- und Geschlechterklassen.

Die Resultate waren eher enttäuschend: Ein erwachsener Pavian-Mann beispielsweise zeigte in 43 von 100 Minuten, während welcher wir ihn morgens oder abends am Schlaffelsen beobachteten, für uns feststellbares, soziales Verhalten mit einem seiner Artgenossen, indem er etwa gegen ihn drohte, ihn ‚lauste‘, beruhigte oder vielleicht sogar mit ihm spielte. Bei erwachsenen Rehböcken notierte ich zwischen September und Juli in den (gelegentlich seltenen) Zeitabschnitten, in welchen sie sich mit Artgenossen in derselben Gruppe aufhalten, nur in vier von 100 Beobachtungsminuten irgendeine soziale Verhaltensweise. Das ist zehnmal weniger als bei Mantelpavian-Männern. Lediglich in der kurzen Beobachtungszeit während der Rehbrunft im August registrierte ich, falls sich Böcke und die sie begleitenden Artgenossen wegen der dichten Vegetation überhaupt sehen ließen, gleiche Häufigkeiten von sozialen Verhaltenselementen wie beim Mantelpavian, nämlich 46 in 100 Beobachtungsminuten.

Paviankinder machten im ersten Lebensjahr in der Zeitspanne höchster sozialer Aktivität, das heißt wenn die Gruppen sich an den Schlaffelsen aufhalten, in 58 von 100 Minuten irgend etwas mit Artgenossen, das für den Menschen mit bloßem Auge beobachtbar war, Rehkitze dagegen nur in fünf von 100 Minuten, in denen sie sich überhaupt zusammen mit Artgenossen aufhielten.

Während ein ausgewachsenes Pavian-Weibchen die Hälfte der zur Verfügung stehenden Zeit vor und nach der Nachtruhe am Schlaffelsen für Sozialverhalten einsetzt, benutzt eine Rehgeiß während der Brunft in Gruppen mit Bock und/oder Kitzen lediglich ein Viertel ihrer Zeit für soziales Verhalten, das sich vom Beobachter als solches ansprechen läßt.

Diese Gegenüberstellung kann als Warnung dienen für Verhaltensforscher, die Rehe oder andere ursprünglich waldbewohnende Huftiere lediglich studieren wollen, indem sie einen Verhaltenskatalog aus sichtbaren Verhaltenselementen anlegen und dann zahlenmäßig festhalten, wer was mit wem wie oft macht. Dazu eignen sich Mantelpaviane begreiflicherweise besser. Sie sind tagaktive Bewohner offener Landschaften, orientieren sich in erster Linie optisch und gebrauchen zur gegenseitigen Verständigung auch in erster Linie optische Signale. Wenn es sich dabei noch um einen verhältnismäßig nahen Verwandten des Menschen handelt, der zudem in einer Landschaft lebt, in der unsere eigene Art einst entstanden ist, dann darf angenommen werden, daß die von uns an dieser Art registrierten Verhaltensabläufe sinngemäß interpretiert werden können, im Gegensatz zu Verhaltensvorgängen bei einer Tierart wie dem Reh, das uns nicht besonders eng verwandt ist und zudem in einer Umwelt lebt, in der nicht in erster Linie optische, sondern vor allem olfaktorische Signale innerartliche Beziehungen regeln.

Wenn ich hier auf die große, bisher kaum bekannte Bedeutung geruchlichen Sozialverhaltens hinweise, soll dies nicht heißen, optische Signale und Sehvermögen würden in den Auseinandersetzungen zwischen Rehen, ihren Artgenossen und ihrer Umwelt keine Rolle spielen. Bei entsprechenden Windverhältnissen können olfaktorische Informationen abgelenkt oder verhindert werden.

Rehe erkennen beispielsweise ihre Artgenossen eindeutig auch ‚gegen den Wind', was erstaunen mag; denn einzelne Rehe gleichen sich dermaßen stark, daß sie von menschlichen Beobachtern auch auf kurze Distanzen oft nur schwer auseinandergehalten werden können, und unterscheiden sich voneinander nicht durch auffällige, individuell verschiedene Streifenmuster, wie sie von steppenbewohnenden Huftieren wie etwa Zebras oder Gnus bekannt sind. Dies deutet darauf hin, daß jenes bekannte Zitat von Hamburger (1908) nicht zutrifft. Es besagt, daß Rehe „kleine Gegenstände nicht wahrnehmen können, sondern nur große Gebilde, Bäume, Wiesen, Felder; diese Objekte werden auch von schwachsichtigen Augen gesehen".

Die in vielen Rehmonographien zitierte Schwachsichtigkeit der Rehe dürfte nach der Zusammenfassung von Reimoser (1986) über ihre Sinnesleistungen „nur im Hinblick auf die Fähigkeit zur Identifikation kleiner und unbewegter Gegenstände zutreffen. Bewegungen können hingegen auch auf große Entfernungen außerordentlich gut erkannt werden". Ihre seitliche Augenstellung bewirkt nach Hofmeister (1979) ein vorwiegend monoskopisches, das heißt nicht räumliches Sehen, wodurch sie die Entfernung optischer Reize wahrscheinlich nur schlecht einschätzen können.

Wie bei allen Wiederkäuern bewirken auch beim Reh optische Eigenschaften der Augenlinsen und die ungleichmäßige Wölbung des Augenhintergrundes einen Astigmatismus. Durch diesen ‚Augenfehler' sehen Rehe Punkte als Striche, unscharfe und verzerrtere Bilder mit geringer Tiefenschärfe. Doch – und hier liegt nun der Vorteil des Wiederkäuer-Auges – bewirkt die geringste Bewegung eines Objektes und somit sein optischer Reiz auf der Netzhaut große Unterschiede im Verzerrungsgrad. Deshalb sind Wiederkäuer in der Lage, auch unscheinbarste Bewegungen sofort wahrzunehmen, während sie unbewegte Objekte wegen des geringen Auflösungsvermögens ihrer Augen nicht oder nur schlecht erkennen. Aus demselben Grund, so glaube ich, heben und senken Rehe beim Sichern gegenüber einem stillstehenden Objekt auch auffällig das Haupt, um so dem ruhenden Bild eine gewisse Bewegung zu verschaffen.

Das besondere Sehvermögen der Rehe und ihre Verhaltensweisen sind aufeinander abgestimmt. Dies betrifft nicht nur die Wahl der Ruheplätze, die Feinderkennung und -vermeidung, auf die ich noch ausführlich eingehen werde (siehe Seite 43), sondern selbstverständlich auch die optischen Elemente des Sozialverhaltens. Drohen, Imponieren, Auffordern zum Nachfolgen oder zur Paarung u. a. sind vor allem ‚Bewegungselemente', bei denen der ganze Körper oder zumindest Läufe, Hals und Kopf auffallend in Bewegung sind. Bei Katzen- und Affenarten dagegen sind die entsprechenden Ausdrucksformen meist auf Gesichtsmimik beschränkt (Entblößen der Zähne, Anlegen der Ohren usw.). Aber auch Rehe verfügen, wie andere Huftiere auch, trotz mangelhaft entwickelter Gesichtsmuskulatur über eine gewisse Gesichtsmimik. Sie drehen zum Beispiel die Ohren nach hinten, kneifen die Augenlider zusammen, verdrehen ihre Augäpfel, öffnen ‚keuchend' ihre Äser und entblößen gelegentlich ihre (selten oder nicht vorhandenen) oberen ‚Eckzähne'. Doch offenbar genügt Gesichtsmimik allein dem ‚Bewegungsseher' nicht, um Mißverständnisse in innerartlichen Auseinandersetzungen auszuschalten. Unmißverständliche Körperbewegungen verdeutlichen daher die Bedeutung einzelner Verhaltenselemente. Verdeutlicht werden sie wahrscheinlich zusätzlich auch noch durch Duftinformationen, über welche heute erstaunlich wenig bekannt ist.

Zwar hat schon SCHUMACHER VON MARIENFRIED (1939) auf die Bedeutung von Hautdrüsenorganen im Sozialverhalten und ihre jahreszeitlichen Veränderungen hingewiesen. Ansatzweise können wir auch vermuten, daß Drüsensekrete jahreszeitlich verschieden und geschlechtsspezifisch sind. Doch wissen wir heute lediglich genauer Bescheid über die Funktion der Drüsenfelder an Wangen, Stirn und Nacken (olfaktorische Territorialmarkierung). Die Zwischenklauendrüse dient möglicherweise der Warnung. Über die Bedeutung der auffälligen Hautdrüsen an den hinteren Fersengelenken dagegen ist nichts bekannt. Meines Wissens beschäftigten sich bis heute lediglich einige wenige Pilotstudien mit der Histologie von Hautdrüsen, so etwa diejenigen von RUNGGER, WANDELER und mir (1963) und diejenigen von BURGER (Zit. ELLENBERG 1978). Der langen Rede kurzer Sinn: Das Sozialverhalten des Rehes ist schon deshalb schwer zu beobachten, weil der Beobachter viele Signale nicht merkt, weil er sie nicht riechen kann und die jeweilige Bedeutung der Hautdrüsen und ihrer Sekrete, also gewissermaßen die *Sender*, nicht oder nur ungenügend kennt.

Lichtmikroskopische Untersuchungen über den *Empfänger*, das Riechepithel, führte KOLB (1975) durch, nachdem VON FRISCH bereits 1926 auf die morphologisch-anatomischen Verhältnisse des olfaktorischen Bereiches der Nase beim Reh hingewiesen und betont hatte, daß durch Einrollungen und Abspaltungen in den Siebbeinmuscheln und durch Hinzukommen von sekundären Faltenbildungen eine großartige Flächenentwicklung der Nasenschleimhaut entsteht, die den Nasenraum in ein Labyrinth verwandelt. „Die mannigfach gearteten und verzweigten Muscheln", schreibt KOLB, „liegen tatsächlich derartig dicht, daß sie aneinanderstoßen und ihr Verlauf makroskopisch schwer zu verfolgen ist". Mit Hilfe verschiedener Verfahren und unter Berücksichtigung eines gewissen Unsicherheitsfaktors berechnete er eine Gesamtfläche des Riechepithels von 90 cm^2. Auf dieser Schleimhaut ist die Verteilung der Riechzellen sehr ungleichmäßig und schwankt zwischen vier Zellen pro 1000 μ in dünn besetzten Bereichen und 62 Zellen an sehr dicht besetzten Stellen. Dazwischen gibt es alle Übergänge.

KOLB (1975 und 1979) nimmt aufgrund seiner Studien an, daß auf dem 90 cm^2 umfassenden Riechepithel des Rehes rund 320 Millionen Riechzellen vorkommen. Somit ist das Riechepithel des Rehes wesentlich größer als dasjenige des Menschen mit 5 Quadratzentimetern. Es entspricht ungefähr demjenigen des Hundes, das je nach Größe der untersuchten Tiere zwischen 60 und 120 cm^2 umfaßt. Es ist aber wesentlich kleiner als das des Hausschafes mit 183 cm^2. Die Riechleistung hängt aber neben der Größe des Riechepithels auch von anderen Werten ab, vor allem von der Größe der einzelnen Riechzellen und der Zahl der Riechzellen pro Flächeneinheit.

Beim Menschen beträgt diese Dichte durchschnittlich 100 000 pro cm^2, beim Hund 1,3 Mio., beim Schaf 1,7 Mio., beim Reh aber 3,5 Mio. KOLB fand beim Reh auch verschiedene Zelltypen bzw. Riechzellen mit wahrscheinlich unterschiedlichen Funktionen. Dies wurde elektronenmikroskopisch vorher bei keinem anderen Säugtier gefunden (SEIFERT 1970). „Die Möglichkeit des Auftretens verschiedener Typen von Riechzellen dürfte beim Reh", so schreibt er, „auch deswegen naheliegend sein, weil es als herbivores Tier bei der Äsungssuche bzw. bei der Nahrungswahl Pflanzendüfte, dagegen im Sozialleben, zur Feindvermeidung und dergleichen ebenso präzise und auf erhebliche Entfernung Säugergerüche zu analysieren in der Lage ist. In diesem Zusammenhang darf erwähnt werden, daß die Duftstoffe von Säugern in ihrem chemischen Aufbau immer Stickstoff enthalten, während den pflanzlichen Düften dieses Element sehr häufig fehlt und somit in der chemischen Zusammensetzung der zu analysierenden Düfte ein erheblicher Unterschied besteht."

Über die Bedeutung des Geruchs im Verhalten des Rehes wissen wir heute lediglich, daß Rehe Artgenossen aufgrund ihres ‚Geruchsporträts' und ihrer Geruchsfährten erkennen, daß sich bestimmte Tiere in den Windschatten bestimmter anderer Tiere stellen, also dorthin, wo sie sie besser riechen können (Kurt 1966), und daß Geruch und Geschmack ausschlaggebend sind bei Futterwahl und Wiedererkennen bekannter Äsungspflanzen.

Der Hinweis auf bisher praktisch unbekannte olfaktorische Verhaltensweisen scheint mir deshalb wichtig, weil wir das Verhalten des Rehes heute lediglich aufgrund sichtbarer, also optischer, und gelegentlich akustischer Elemente beschrieben haben. Dabei ist es aber kaum zu erwarten, daß alle möglichen Auseinandersetzungen mit Artgenossen oder der Umwelt erfaßt werden. So ist es durchaus denkbar, daß zwei Rehe, die nie miteinander im gleichen Sprung, das heißt in der gleichen Gruppe, gesehen werden, miteinander in akustischem und vor allem in olfaktorischem Kontakt stehen, ohne daß der Beobachter etwas davon merkt.

1.7 Sozialverhalten und Umwelt

Schwierigkeiten in der Interpretation des Rehverhaltens treten nicht nur im Vergleich zwischen gefangenen und freilebenden Rehen auf, sie stellen sich auch in der Betrachtung wildlebender Tiere ein. Viele Verhaltensforscher, zu denen ich mich auch zähle, begannen ihre Arbeit ohne nennenswerte Kenntnisse der Pflanzendecke oder anderer ökologischer Gegebenheiten der natürlichen Umwelt ihrer Studienobjekte. Was in erster Linie interessierte, waren Größe und Zusammensetzung der Sprünge, Auseinandersetzungen zwischen Artgenossen, Ethogramm, Frequenzen (Häufigkeiten) und Sequenzen (Abläufe) von Verhaltenselementen.

Von ökologischen Gegebenheiten wurden anfänglich lediglich Jahreszeiten mitprotokolliert, da man von den saisonal gebundenen Zyklen der Fortpflanzung oder des Geweihwechsels wußte. Tageszeiten notierte man, um Aktogramme zu erstellen. Die jeweiligen Standorte zeichnete man auf Karten ein, aus denen der Verhaltensforscher ersehen wollte, wo sich bestimmte Tiere wie oft aufhielten, wo Böcke ihre Territorien markierten, wo Geißen ihre Kitze setzten oder wie groß die Aktionsräume einzelner bekannter Tiere waren. Dabei genügte dem Verhaltensforscher meist die Unterscheidung zwischen Wald und Feld. In welchen Vegetationstypen sich Rehe bevorzugt aufhielten, welche Pflanzen sie ästen, welche sie mieden, an welchen Böcke ihre Geweihe schlugen und die Hautdrüsen rieben, war nicht Gegenstand der ersten Studien über das Sozialverhalten und die soziale Organisation des Rehes.

Förster und Botaniker, die sich mit Wildschäden und dem Nahrungsspektrum des Rehes beschäftigten, widmeten sich dagegen begreiflicherweise nicht besonders dem Verhalten oder der Sozialorganisation. Die zwei Standpunkte, der ethologische der Verhaltensforscher und der ökologische der Förster und Botaniker, führten dann auch zu Kontroversen. Etwa derjenigen über Verbiß- und Fegeschäden.

Für Förster und Botaniker gibt es auf den ersten Blick ganz einfach zu viele Rehe, wenn Schäden auftreten. Deshalb liegt für sie die Forderung nach vermehrten Abschüssen auf der Hand, und zwar nach dem Motto: Zahl vor Wahl. Anders kann das Problem vom Verhaltensforscher interpretiert werden, der aufs Intimste mit einem Bestand vertraut ist. Denn nach aller Wahrscheinlichkeit sind es nicht alle Böcke, die mit Geweihschlagen Schäden verursachen, sondern vor allem Junge, die vom Territoriuminhaber dauernd zum ‚Fegen' provoziert werden. Möglicherweise werden besonders alte, territoriale Böcke erlegt. Vermehrte Kämpfe und das damit verbundene Geweihschlagen führen in diesem Fall zum Fegeschaden. Die Empfehlung des Verhaltensforscher hieße dann eher ‚gezielter Wahlabschuß besonderer Böcke oder Bockklassen'.

Jagd nach dem Motto *Wahl vor Zahl* kann auch bei Verbißschäden durchaus Sinn machen, etwa dann, wenn Rehfamilien durch Abschuß der führenden Geiß oder der Kitze zerfallen. Die Überlebenden können sich dann den Sprüngen (Gruppen) anderer Sippenmitglieder anschließen. Somit erhöht sich unter Umständen die örtliche Bestandesdichte und das Schadensbild.

In der modernen Wildbiologie sind die Grenzen von derart extremen Standpunkten, wie ich sie soeben erwähnt habe, längst verwischt. Der Verhaltensforscher ist sich der Bedeutung von Pflanzendecke, Verteilung von Deckung und Äsung für das Verhalten und die soziale Organisation bewußt geworden; deswegen liegt der heutige Trend der Forschung ja auch in sozio-ökologischen Fragestellungen. Nur sie, so scheint es heute jedenfalls, können komplexere Zusammenhänge einigermaßen deuten.

Wie schwierig es im einzelnen sein kann, selbst scheinbar einfache Phänomene in der Sozialorganisation des Rehes richtig zu deuten, kann folgendes Beispiel erläutern: Rehe vereinigen sich besonders im Winter zu großen Verbänden, die Dutzende von Mitgliedern umfassen können. Solche Aggregationen entstehen auf großflächigen Monokulturen weitab von Wäldern und Feldgehölzen, aber auch bei regelmäßig beschickten künstlichen Futterstellen, vor allem in nahrungsarmen Gebirgswäldern. In beiden Fällen gruppieren sich solche Großverbände laufend um, weil einige Mitglieder wegziehen und neue hinzukommen.

Im Fall der künstlichen Futterstelle im Wald ist die Ursache, wieso sich hier Rehe versammeln, klar. Natürliche Nahrung ist im verschneiten Gebirgswald sehr selten oder nicht vorhanden, an der Futterstelle aber reichlich. Das Vorhandensein eines wichtigen Requisits in der Umwelt des Rehes zwingt zur Konzentration. Großverbände auf offenen Feldern leiden dagegen auch im Winter keinen Hunger, wie Turner (1983) etwa für die Feldrehe im Zizerser Feld nachwies. In der deckungslosen Landschaft entstehen sie gewissermaßen als Schutzverbände, in denen jedes Mitglied seinen Nachbarn als Deckung vorschiebt. Zwei ganz gegensätzliche ökologische Gegebenheiten – eng begrenztes Futtervorkommen und reiche Deckung in einem, weitverbreitet vorkommende Äsung, aber Fehlen von Deckung im andern Fall – bewirken ein für den Beobachter gleiches Bild: die Häufung von Rehen auf kleiner Fläche.

Mit diesem Beispiel will ich sagen, daß Sozialorganisation nicht allein mit Beschreibungen von Gruppengröße, Gruppenzusammensetzung und Auseinandersetzungen zwischen den Mitgliedern einer Gruppe erklärt werden kann. Beziehungen zwischen Rehen und Bestandteilen ihres Lebensraumes wie Nahrung, Feinde, Deckung und dergleichen beeinflussen die Sozialorganisation eines Bestandes ebenso, wie sie mitbestimmt wird von Geschlecht, Alter oder fortpflanzungsphysiologischem Zustand jedes einzelnen Mitgliedes. Ich werde deshalb dieses Buch mit einem Kapitel beginnen, in dem die wichtigsten umweltbezogenen Lebensäußerungen im Jahres- und Tagesverlauf dargestellt sind.

2 Lebensraum, Nahrung und Alltag

Jedes Reh ist, wie viele andere Tiere auch, gewissermaßen ein Gefangener seiner Umwelt (HEDIGER 1985). Es hält sich innerhalb eines bestimmten definierbaren Lebensraumes auf, den es in der Regel nicht verläßt oder wegen seiner territorialen Nachbarn nicht verlassen kann. Dieser Lebensraum enthält alle lebenswichtigen Requisiten wie Nahrung, Deckung vor Feinden und Witterungseinflüssen, Liegezonen, Aufzuchtsplätze, Markier- und Kotstellen. Solche Fixpunkte werden häufig auf ganz bestimmten Wegen, den sogenannten Wechseln, aufgesucht und verlassen.

In diesem Kapitel geht es darum, Grenzen und Zentren der Wohnräume, Wechsel und Fixpunkte und ganz besonders die Äsung (Angebot und Nachfrage) kurz zu beschreiben.

Ebenso wie die Umwelt, beispielsweise das Angebot an Nahrung oder Deckung, von der jeweiligen Jahreszeit beeinflußt wird, unterliegen auch Brunft- und Setzzeit und somit das Sozialverhalten einem Regime der Jahreszeiten, auf das hier ebenfalls kurz eingegangen werden soll.

2.1 Grenzen und Zentren der Wohnräume

Die Grenzen von Aktionräumen einzelner Rehe oder Gruppen lehnen sich an bestehende topographische Linien an, wie Gewässer, Gräben, Böschungen, Mauern, Hecken, Feldgehölze, Feldränder, Waldränder, Feldwege und Straßen. Wie deutlich sich Rehe an solche, ja nicht von ihnen selbst geschaffene, sondern ohnehin vorkommende Grenzen halten, geht aus den Beobachtungen von GEIGER und KRÄMER (1974) hervor. Sie untersuchten im Beobachtungsrevier von Grabs im St. Galler Rheintal die Rangordnung von Rehen. Zwei territoriale Böcke betrachteten hier, und zwar selbst im Winter, wenn Territorialverhalten normalerweise gar nicht beobachtet wird und Rehböcke ihre Reviere gelegentlich verlassen, beispielsweise einen Waldweg als absolute, a priori vorhandene Grenzlinie zwischen ihren Aktionsräumen. Je nachdem wo sie sich zusammen aufhielten, ob einige Meter links oder rechts des schmalen Waldweges und damit im Revier des einen oder anderen, veränderten sich jeweils die Rangpositionen. Jeder war in seinem Revier jeweils der Ranghöhere und griff den andern an.

Auch einzelne oder nahe verwandte Rehgeißen, die nebeneinander ihre Kitze aufziehen, schaffen, wenn es möglich ist, nicht neue Grenzen für jene wichtigen Zonen, in denen sie ihre Kitze aufziehen (dies wäre ihnen nach meinen Beobachtungen wahrscheinlich sogar möglich, und zwar durch Näß- und Losungsstellen, an denen sie während der Setz- und Aufzuchtszeit sehr streng festhalten). Vielmehr modellieren sie ihre Aufzuchtsgebiete gewissermaßen in die Gegebenheiten der Landschaft, indem sie ihre Grenzen an die bereits vorhandenen topographischen Linien wie Feldwege, Böschungen und dergleichen anlehnen.

Derartiges Verhalten macht durchaus Sinn: Rehe, die sich darauf geeinigt haben, die Grenzen ihrer Wohnräume an bestehende Strukturen ihrer Umgebung anzupassen, verlieren weniger Zeit und Energie mit Markieren, Kontrollieren und Verteidigen ihrer Eigenbezirke. Zudem wirkt dieses Prinzip der Nutzung bestehender Geländemarken wahrscheinlich auch dahin, daß Individual- und Gruppenwohnräume über ihren Minimalumfang hinaus vergrößert werden. Was in Ausnahmesituationen, wie etwa bei extremem Schneefall, wiederum zugunsten des Energiebudgets wirkt. Ich werde noch einmal auf das Phänomen der Ausnutzung bestehender Umweltstrukturen bezüglich der Abgrenzung von Eigenbezirken zurückkommen, da auch Böcke, die ja aktiv ihre Territorien durch Geweihschlagen und Wangenreiben markieren und dabei mit Hautdrüsensekreten kenn-

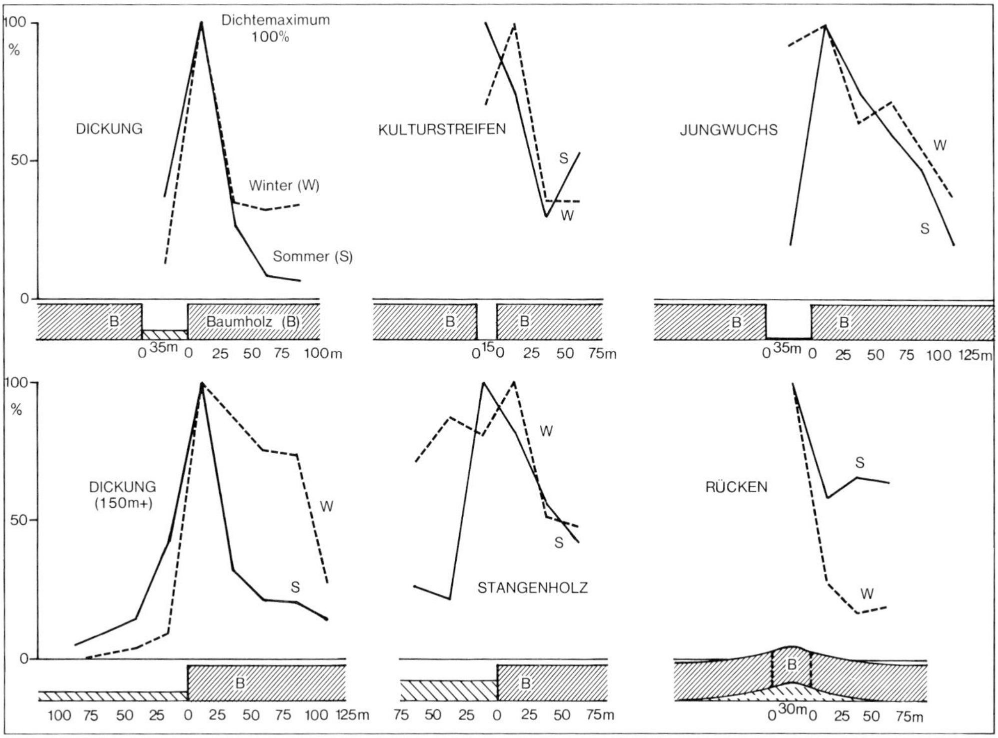

Abb. 8: Relative Veränderungen der Rehfärtendichte (max. 100 %) im Bereich von Waldbestandesrändern und Geländerücken (nach Reimoser 1987). An markanten Geländelinien, das machen diese Ergebnisse eindeutig klar, findet eine erhöhte Rehaktivität statt

zeichnen, just jene Baum- und Straucharten bevorzugen, deren verletzte Rinden und Baste stark duften. Doch vorerst sei festgehalten, daß bestehende Grenzen, vor allem jene zwischen verschiedenen Vegetationstypen, nicht nur trennen. Sie bilden oft auch deren Zentren, was einmal mehr beweist, daß in der Verhaltensökologie nicht das Prinzip des *Entweder-Oder*, sondern des *Sowohl-als-Auch* herrscht.

Auf die Tatsache, daß Grenzen zwischen verschiedenen Vegetationstypen auch Aktivitätszentren sind, wies Reimoser (1986 und 1988) am deutlichsten hin. In einem steirischen Bergwaldrevier (800 bis 1300 m Seehöhe) analysierte er im Rahmen einer umfassenden wildökologischen Studie durch minutiöse Fährtenkartierungen und Losunghaufenzählung die Attraktivität unterschiedlicher Waldbestandesgrenzen auf den Rehbestand in verschiedenen Jahreszeiten. Dabei hielt er sich nicht nur an ‚äußere Randlinien' (Waldränder), sondern auch an ‚innere Randlinien'; das sind beispielsweise Grenzen zwischen einem Jungwuchs oder einer Dickung und einem älteren Baumholz, zwischen Stangen- und Baumholz usw. In jedem seiner aufgeführten Fälle (siehe Abb. 8) fand er am Rand der verschiedenen Vegetationstypen mehr Fährten als innerhalb der einzelnen Vegetationstypen. Auch Geiger (1972), der in einem Jagdrevier des Kantons Thurgau die Verteilung des Rehbestandes aufgrund von Losunghaufen-Zählung beschrieb, fand, daß Rehe sich im Wald dort am häufigsten aufhalten, wo verschiedene Vegetationstypen kleinflächig aneinandergrenzen.

Derartige Grenzeffekte (edge effects) sind in der Wildbiologie schon sehr früh beschrieben worden (z. B. Leopold 1933). Die auffälligen Zunahmen der Bestandesdichte in Grenzzonen zwischen verschiedenen Lebensraumtypen ließen sich zwar nicht in jedem Fall erklären. Wo sie aber zu deuten sind, können sie etwa auf die Möglichkeit zum Zutritt zu mehr als einem für die betreffende Art lebenswichtigen Ausschnitt des Wohnraumes zurückgeführt werden. In Grenzbereichen, wo mehrere Bedürfnisse des Wildes in nächster Nähe und damit besonders energiesparend und risikoarm befriedigt werden können, besteht ein günstigeres Zeit- und Energiebudget (MOEN 1973, GOSSOW 1977).

Grenzen können aber auch deshalb häufig reich an Tier- und Pflanzenarten sein, weil sie lichtreicher sind als etwa der Hochwald (an Dickung-Baumholz-Grenzen trifft dies beispielsweise aber nicht zu). Diese einfache Feststellung geht aus den Untersuchungen des Züricher Biologen WILDERMUTH (1980) hervor: Er zählte die Pflanzenarten, die er auf 75 Meter langen Strecken entlang von Waldrändern fand. Es waren jeweils rund 80 Arten. Auf ebenso langen Strecken, die senkrecht vom Waldrand in den Wald hineinführten, ließen sich lediglich 40 bis 45 Arten finden.

Neben den häufig sehr arten- und äsungsreichen Waldrändern untersuchte KLÖTZLI (1965) weitere Grenzräume wie Schneisen, Böschungen, Wege und Wegränder, auf ihr Äsungsangebot. Er fand, daß solche Bestandeslücken, wenn sie nicht lediglich mit minderwertigen Gräsern wie dem Roten Straußgras *(Agrostis tenuis)* und dem Weichen Honiggras *(Holcus mollis)* oder der Zittergras-Segge *(Carex brizoides)* bewachsen sind, wesentlich günstigere Äsungsbedingungen aufweisen. Auch verkrautete Waldwege können äußerst wertvoll sein als Äsung, vor allem wenn sie reich sind an Weiß-Klee *(Trifolium repens)* und arm an größeren Seggen und Binsen.

Allerdings erklärt der einfache Schluß ‚viele Grenzen, viel zugängliche Nahrung, folglich viele Rehe' allein nicht die Vorliebe des Rehes für Grenzlinien und Randzonen. Ebensowenig lassen sie sich allein durch die Nähe verschiedener Lebensraumtypen deuten. Besonders bei der Untersuchung von inneren Randzonen stellen sich für REIMOSER folgende knifflige Fragen: 1. Warum sind optisch auffällige Bestandesgrenzen, wie sie sich bei Kahlschlägen ergeben, wesentlich attraktiver als fließende Grenzen verschiedener Waldentwicklungsphasen bei Naturverjüngungsbetrieb, obwohl letztere meist ein günstigeres Äsungsangebot aufweisen als kahlschlagbedingte Grenzen, bei denen auch günstig erscheinende Deckungsmöglichkeiten vorhanden sind? 2. Warum sind optisch auffällige Bestandesgrenzen aus Kahlschlägen auch dann noch attraktiv, wenn im Randbereich kein vermehrtes oder besseres Äsungsangebot besteht, wie zum Beispiel an den Grenzen zwischen Fichtendickung und dichtem Baumholz oder zwischen Stangenholz und Baumholz?

In erster Linie, so vermutet REIMOSER, bevorzugen Rehe diejenigen Räume mit den klarsten optischen Bestandesgrenzen. Sie erleichtern ihnen offenbar jede Art der Orientierung und jeden Standortwechsel. Dies dürfte mit ihrem geringen optischen Differenzierungsvermögen (siehe Seite 36) bei mehr oder weniger unbewegten Objekten (Astigmatismus) und ihrem geringen räumlichen Sehvermögen (seitliche Augenstellung) zusammenhängen. Beide Eigenschaften haben wahrscheinlich zur Folge, daß Rehen nur scharfe und auffällige Grenzlinien größeren Ausmaßes als eindeutige Grenzen erscheinen, „in deren Nähe sich ihr Sicherheitsgefühl und Wohlbefinden durch die bessere Orientierungsmöglichkeit erhöht".

So gesehen scheinen also Rehe ihre Sehschwäche insofern zu minimieren, indem sie Lebensräume bevorzugen, wo diese optischen Nachteile weniger stark wirken, also z. B. auf dem von REIMOSER erwähnten kleinflächigen Kahlschlagbetrieb. Jedenfalls bevorzugen sie Zonen, wo sie gleichsam von einer klaren Grenzlinie zur anderen äugen können. Möglicherweise ist ihnen dieser Vorteil, dank welchem sie Sozialpartner und vor allem Feinde besser erkennen, so viel wert, daß sie äsungsärmere Gebiete den äsungsreicheren, für sie jedoch unübersichtlicheren, wie etwa Naturverjüngungen, vorziehen.

2.2 Fixpunkte

Geländerelief, Vegetation, Mikroklima und andere Eigenschaften des Lebensraumes beeinflussen die Standortwahl der Rehe dermaßen, daß viele Verhaltensweisen nur innerhalb bestimmter Ausschnitte, den Fixpunkten, auftreten. Insbesondere wird deren Wahl stark mitbeeinflußt von den jeweiligen Möglichkeiten, Feinde möglichst frühzeitig zu erkennen und zu vermeiden.

Wie geschickt Rehe ihre Ruheplätze auswählen, geht aus folgender Schilderung von REIMOSER hervor: „Ein starker Rehbock wurde im Sommer zuerst zufällig vom Forsthaus aus an einem etwa 150 Meter entfernten aufgelockerten Altholzrand, nahe zu einer Fichtendeckung, im Lager sitzend entdeckt. Wie sich später herausstellte, saß er an dieser Stelle häufiger. Der Sitzplatz war genau so gewählt, daß der Bock den Bereich des Forsthauses und das dort stattfindende Getriebe optisch gut kontrollieren konnte. Diese Möglichkeit war in der Umgebung seines Bettes sonst nirgends gegeben. Als dann wiederholt versucht wurde, sich dem Bock unauffällig zu nähern, hatte er bei der nächsten Einblicksmöglichkeit auf circa 50 Meter sein Bett im Altholz in der Regel bereits verlassen und konnte meist erst aus nächster Nähe zur Flucht aus der angrenzenden Dickung, in die er sich rechtzeitig zurückgezogen hatte, veranlaßt werden. Dies zeigt wie gut Rehe ihr Aufenthaltsgebiet kennen und wie sehr sie in der Lage sind, bei Gefahr von ihren normalerweise bevorzugten Standorten zu verschwinden, noch bevor sie vom Menschen gesehen werden."

Rehe ruhen aber nicht nur ausgesprochen häufig im Nahbereich von übersichtlichen Vegetationsgrenzen. Sie bevorzugen auch andere, ebenso übersichtliche Ausschnitte ihres Lebensraumes.

Im Beobachtungsgebiet von Staffelbach im Kanton Aargau kartierte MÜLLER (1973) Liegeplätze. Das sind jene gut sichtbaren Stellen, ‚Betten' oder ‚Lager', an denen sich Rehe hinsetzen, um zu ruhen und wiederzukäuen, nachdem sie Bodenstreu oder Schnee mit den Vorderläufen weggescharrt haben. Die Betten waren nicht regelmäßig oder zufällig verteilt: Im Winter saßen die Rehe nur im Wald. Zwischen Februar und März verschoben sich die Lager gegen den Waldrand. Im April saßen die ersten Rehe auf den Feldern. Liegeplätze traten an immer wieder aufgesuchten Stellen gehäuft auf. So ließen sich Liegezonen definieren, bei denen einzelne Lagerplätze nicht weiter als zehn Meter auseinanderlagen. Auch diese Liegezonen waren nicht regelmäßig oder zufällig verteilt. Die Rehe saßen entweder auf flachen Hügelkuppen oder auf Hangterrassen. Diese waren gelegentlich so schmal, daß nur ein einziges Reh sich darauf niedertun konnte.

Die Staffelbacher Rehe mieden als Ruheplätze dichten Unterwuchs ebenso wie geneigte Flächen. Der äußerste Teil der flachen Hügelkuppen, ein etwa zehn Meter breiter Hügelkuppenrand, wurde dem Rest der Kuppe signifikant vorgezogen (Abb. 9). Gleiches fand später auch REIMOSER (1986) in seinem steirischen Beobachtungsrevier. MÜLLER interpretierte seine Befunde wie folgt: „Die Liegezonen werden vermutlich weniger nach klimatischen Gegebenheiten, sondern offenbar mehr nach Gesichtspunkten der optimalen Feindvermeidung gewählt. Die zum Sitzen bevorzugten Hügelkuppenränder und Hangterrassen erlauben nämlich bestmögliches Erkennen der Feinde auf große Distanz und rasches Entziehen durch Sichducken oder kurze Flucht. Gegen Straßen wird der Lagerplatz oft so gewählt, daß Sichtkontakt wie Sichtkontaktvermeidung durch Ducken oder Rückzug gegenüber potentiellen Feinden möglich ist. Aus diesen Fällen wird klar, daß der kurzen Flucht aus dem Sichtdistanzbereich und dem Sichducken in der Feindvermeidung eine viel größere Bedeutung zukommt als der raschen Flucht über größere Distanzen."

Die starke optische Ausrichtung des Rehes bei der Wahl von verhältnismäßig feindsicheren Ruheplätzen auf erhöhten Stellen verfolgt die Strategie, Aktivitätslinien oder -orte des Menschen (zum Beispiel Straßen, Wege, Hochsitze, Häuser) wie auch seine Artgenossen aus der Entfernung beobachten zu können. Rehe fühlen sich offenbar wohler, wenn sie eine mögliche Gefahr oder eine Beunruhigung ‚im Auge haben', um rechtzeitig unerkannt ‚unterzutauchen'. Bei einer überraschend auftretenden Gefahr, die ausschließlich oder in erster Linie optisch wahrgenommen wird, verfallen Rehe viel leichter in panikartige Zustände als bei Gefahrensituationen, die sie akustisch oder geruchlich wahrnehmen (wahrscheinlich können sie optische Reize weniger gut oder weniger rasch einschätzen).

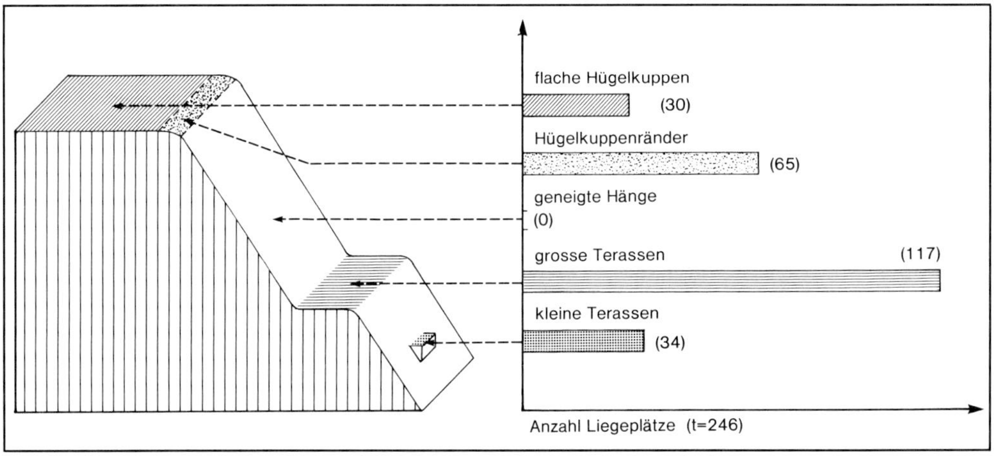

Abb. 9: Schematische Darstellung der fünf von Kurt Müller (1972) unterschiedenen topographischen Kategorien (flache Hügelkuppen, Hügelkuppenränder, geneigte Hänge, große und kleine Terrassen) und der darauf gefundenen Liegeplätze. Hügelkuppenränder und Terrassen werden bevorzugt. Auf flachen Hügelkuppen wurden beispielsweise 68 000 m² kontrolliert. Bei gleichmäßiger Verteilung hätten hier 84,5 und nicht nur 30 Liegeplätze gefunden werden müssen. Insgesamt wurden 8400 m² Hügelkuppenränder kontrolliert. Dabei wurden 65 Liegeplätze gefunden. Das sind sechsmal mehr, als bei gleichmäßiger Verteilung zu erwarten gewesen wäre

Hofmeister (1979) bestätigte dies durch biotelemetrische Messungen der Herzfrequenz. Ein krasser Fall solcher Panik geschah vor etwa 15 Jahren, als in einem Revier im Kanton Basel-Land ein internationaler Orientierungslauf-Wettbewerb mit Hunderten von Teilnehmern stattfand, die kreuz und quer durch den Wald rannten. Am Abend trugen Jäger und Wildhüter mehr als ein Dutzend Rehe aus dem Wald, die sich in panischer Flucht an Bäumen und Zäunen das Genick gebrochen hatten.

Erhöhte Stellen bieten neben ‚Deckungsvorteilen', so Reimoser, „als Liegeplätze auch Beobachtungsvorteile (besserer Überblick und frühzeitiges Erkennen von Feinden und Konkurrenten und somit die Möglichkeit, Überraschungen zu vermeiden), akustische Vorteile (erhöhte Hörweite durch weniger geräuschhemmende Hindernisse für Schallwellen) und olfaktorische Vorteile (erhöhte Riechweite durch stärkere Bewindung der Kuppen). Kuppen sind bei warmem Wetter dank starker Bewindung kühler. Sie tragen meist geringere Schneedecken, apern früher aus und trocknen rascher. Auf Kuppen bilden sich im Winter keine Kaltluftseen wie in Mulden, weil Kaltluft abfließt. Kuppen bieten einen einzigen Nachteil: kaltem und stürmischem Schlechtwetter sind sie vermehrter ausgesetzt als andere Orte. Extreme Witterungsphasen treten allerdings gemessen auf das ganze Jahr relativ kurzzeitig auf".

Weitgehend dunkle und unterwuchslose Stangen- und Baumhölzer bieten den besten Klimaschutz. So schließen sich Ruhe- und Äsungszonen am selben Ort aus. Allerdings werden die Liegestellen gemäß der bevorzugten Äszentren verschoben. Die Rehe im Beobachtungsgebiet von Staffelbach, um ein einfaches Beispiel zu wählen, finden ihre Winteräsung in erster Linie im Wald. Dementsprechend ruhen sie auch dort. Am Ende des Winters verlagern sich die Ruheplätze dagegen in Waldrandnähe, weil die Frühjahrsäsung meist auf dem Felde gesucht wird.

Die Ruheplätze der frischgesetzten Kitze, auf die ich in Kapitel 3 noch ausführlich zurückkommen werde, unterscheiden sich ganz wesentlich von denen erwachsener Rehe. Aufgesucht werden sie als eigentliche Verstecke mit gutem Sichtschutz gegen oben. Sie liegen entweder im dichten, halbmeterhohen Heugras oder im Wald an Stellen, wo das

Blätterdach der Bäume dicht geschlossen ist. Im Wald können Kitze auch an unterwuchsarmen Stellen liegen.

In der Wahl ihrer Ruheplätze und anderer Fixpunkte, von denen noch die Rede sein wird, werden Rehe aber nicht nur von der Topographie, dem Mikroklima und anderen Größen ihrer Umwelt beeinflußt; sie selbst beeinflussen durch ihre ortsspezifischen Tätigkeiten ebenfalls die Umwelt. Dazu ein Beispiel:

Wie erwähnt, liegen die Orte der Nahrungsaufnahme und die Ruheplätze, an denen die Äsung verwertet wird (Wiederkäuen und Verdauung), meist getrennt voneinander. In der Nähe des Ruheplatzes finden sich auch die Losungsstellen. Das Lösen erfolgt in der Regel immer am Ende einer Ruheperiode, wenn die Rehe aufstehen und sich strecken. Biologisch macht diese deutliche Trennung zwischen Ässtelle und Losungsplatz, die übrigens auch von sehr jungen, mutterlos gehaltenen Kitzen in Gehegen mit gleichförmigem Bewuchs eingehalten wird, durchaus Sinn. Die mit der Losung ausgeschiedenen Krankheitserreger gelangen so nicht wiederum über das Futter in den Wildkörper zurück.

Am meisten Losung wird an den nährstoffärmsten Geländeausschnitten deponiert, an den Kuppen, wo die Rehe auch am häufigsten sitzen und wiederkäuen. Dort tragen Regen und Wind Streu und Humusstoffe regelmäßig von der Bodenoberfläche weg, und der Hangwasserzug schwemmt ständig Nährstoffe aus dem Boden. Geringste Losungsmengen, das geht aus den detaillierten Untersuchungen von REIMOSER (1986) hervor, werden dort gefunden, wo sich die verfrachteten Nährstoffe sammeln, in den Mulden.

So gesehen unterhalten Rehe ein Nährstoff-Transportsystem, dessen Düngungseffekt nicht zu unterschätzen ist. Auf Kuppen konnten, so REIMOSER, etwa 156 kg Rehmist pro Hektar mehr oder minder gleichmäßig verstreut aufgefunden werden, im übrigen Gelände aber nur 72 kg. So wird auf natürlichen Degradationsstandorten den Bodenlebewesen wesentlich mehr Nahrung in Form von Rehlosung angeboten als an anderen, nährstoffreicheren Standorten.

In den polnischen *Feldreh*-Gebieten, das sind intensiv genutzte Agrarlandschaften, tragen Rehe 1 % zur gesamten Düngung bei. Dort, wo sie sich aber regelmäßig zur Ruhe sammeln, kann dieser Beitrag 50 % der gesamten Düngermenge ausmachen (PIELOWSKI 1977). Der eigentliche Düngungseffekt liegt aber nicht nur in der beachtlichen Losungsmenge, sondern vielmehr noch in der punktweise konzentrierten Verteilung der verhältnismäßig stickstoffreichen Losungshaufen. Sie bilden Kristallisationskerne, von denen aus der Abbau der Bodenstreu rascher und besser erfolgt als ohne solche nährstoffreichen Partikel.

Losung wird während des ganzen Jahres produziert. Wind und Wasser tragen sie weniger leicht weg als Fallaub. Dieses fällt im Herbst und damit vor dem Winter, in dem die Mineralisierungsvorgänge im Boden stark gedrosselt ablaufen und das Laub in Muldenlagen verfrachtet werden kann. „Was Wind und Wasser den Kuppen an organischer Substanz nehmen“, so REIMOSER, „bringen ihnen Rehe teilweise wieder zurück“.

Dieses Düngungsprinzip gilt nicht nur für Rehe, sondern für vieles andere Schalenwild, von der Hirschziegenantilope bis zum Vikunja (KURT 1982), das genau trennt zwischen Fixpunkten, wo es im reichlich vorhandenen Unterwuchs seine Äsung findet, und solchen, die es in unterwuchsarmen Geländeausschnitten wegen ihrer Übersichtlichkeit zur Ruhe und zur Verdauung aufsucht. In den Alpen treten auf Bergrippen oder Hangterrassen die sogenannten Lägerfluren auf, das sind Hochstaudenvegetationen, die inmitten nährstoffarmer Böden luxurieren. Sie verdanken ihr Vorkommen den Steinböcken, Gemsen oder Hirschen, die bevorzugt an diesen Stellen ruhen und sich meist in der Nähe des Lagers lösen.

Der Hinweis auf die Umverteilung und damit den Transport von Nährstoffen durch Schalenwild (in den mitteleuropäischen Wirtschaftswäldern vor allem durch das Reh) scheint schon deshalb wichtig, weil Schalenwild heute von Ökologen häufig gleich als ‚Schadwild‘ taxiert wird, ohne daß sie sich dabei wichtiger Wechselbeziehungen zwischen Wildtier und Umwelt bewußt sind.

Rehwildschäden entstehen nicht nur durch Verbiß, sondern auch durch Geweihschlagen (Fegen). Über die Entstehung und Bedeutung dieses Verhaltens als Kampfpartnerersatz und vor allem als geruchliche Markierungsstelle werde ich noch berichten. Hier geht es darum, Schlagstellen als Fixpunkte im Lebensraum der Rehe zu beschreiben. Allgemein gilt, daß Rehböcke zum Fegen einen lebenden, möglichst federnden und freistehenden Baum oder Busch von einem Stammdurchmesser von zwei bis fünf Zentimetern mit weichem Bast und wenig Seitenzweigen suchen, der sich in erster Linie durch *ungewohnte, zusagende* Gerüche oder durch relative Seltenheit auszeichnet (Klötzli 1965). Seltenheit und starker Duft bei verletztem Bast und Rinde verstärken offenbar die Wirkung der individuellen Duftmarke aus Sekreten der Hautdrüsen an Stirn, Nacken und Wangen der Böcke.

Wie das Prinzip der Auswahl von Schlagstellen arbeitet, geht aus den Untersuchungen von Meier (1983) im Beobachtungsgebiet von Staffelbach hervor, der während zweier Jahre auf 106 Probeflächen von je 100 m^2 Umfang das Vorkommen verschiedener Arten von Sträuchern und Jungbäumen kartiert und das Ausmaß des Fegens berechnet hat: Dort werden die sehr häufigen Rotbuchen nur dann benutzt, wenn andere geeignete Pflanzen fehlen. Holunder wird dagegen, von wenigen Ausnahmen abgesehen, immer angenommen. Meist ist er auch die am stärksten verfegte Pflanze, es sei denn, am selben Standort kommen andere beliebte Arten wie Tanne oder Ahorn vor. Die als Schlagstelle beliebte Tanne wiederum wird nur dann nicht oder jedenfalls nicht bevorzugt benutzt, wenn in ihrer Nähe eine andere, geruchlich offenbar noch attraktivere und/oder seltene Art vorkommt wie Vogelbeere, Föhre, Lärche oder Winterlinde.

Fegestellen sind, falls die Verteilung der Strauchschicht es zuläßt, ziemlich gleichmäßig im Wohnraum verteilt. Gehäuft treten sie allerdings an Kreuzungsstellen der Wechsel auf. An diesen wichtigen Fixpunkten markieren Rehböcke sogar an seit Jahren bereits abgestorbenen Stämmchen, die durch den häufigen Gebrauch gelegentlich nur noch wenige Zentimeter hoch sind.

Wechsel verbinden die Aktivitätszentren. Dies sind knapp 30 cm breite vegetationslose oder zumindest vegetationsarme Wege, die nicht geradlinig, sondern leicht bogig verlaufen. Wie dieses schlangenlinienförmige Muster entsteht, ist nicht ganz klar, möglicherweise durch regelmäßige Kurskorrekturen, möglicherweise dadurch, daß Tiere, die an der Spitze einer Gruppe gehen, regelmäßig abwechslungsweise links und rechts zurückäugen und dabei zwangsläufig von der geraden Ideallinie abkommen.

Topographie, Grenzlinien und Vegetationsdichte beeinflussen das Wechselsystem der Rehe. Wechsel verlaufen entweder parallel zu inneren und äußeren Bestandesgrenzen, wobei besonders bei Waldrändern zwei Wechsel nebeneinander liegen, einer im Wald der andere auf dem Feld, oder sie führen mehr oder weniger rechtwinklig auf Bestandesgrenzen zu. Rehwechsel folgen oft auffallend markanten Höhenlinien. Starke Gefälle überwinden sie in der kürzestmöglichen Distanz, das heißt senkrecht zu den Höhenschichtlinien. Damit unterscheidet sich das Wechselsystem der Rehe nicht wesentlich von demjenigen anderer größerer Säugetiere. Eine Ausnahme scheinen sie jedoch zu machen: Während Fuchs, Dachs oder Rothirsch das Wegsystem der Menschen häufig benutzen, folgen ihnen Rehe nur selten, sondern versuchen Forststraßen und Feldwege möglichst geradlinig zu überqueren (Reimoser 1986).

2.3 Äsung: Angebot und Nachfrage

Aufnahme und Verwertung der Äsung durch Wiederkäuen und Verdauung nehmen im Alltag der Rehe, abgesehen von den allgegenwärtigen Verhaltensweisen zur Feinderkennung und -vermeidung, den wesentlichsten Teil ein, nämlich bis zu 14 Stunden. Sie beeinflussen damit wesentlich das Aktogramm und möglicherweise die Zeitspanne, in der soziale Verhaltensweisen möglich sind. Vorkommen und Aufnahme von Äsung bestimmen aber auch die Kondition, gewissermaßen die körperliche Verfassung und damit den sozialen Rang eines Rehes, sie beeinflussen räumliche Verteilung, Brunft- und Setzzeiten, Konkurrenzverhältnisse und andere Größen, die zur Ausbildung besonderer sozialer Organisationsformen führen. Aus diesen Gründen scheint es mir wesentlich, hier kurz auf Wahl und Verwertung der Äsung, aber auch auf ihr Angebot und Nachfrage einzugehen.

Wiederkäuer sammeln die aufgenommene Äsung vorerst im Pansen. Pansenbakterien bauen dann, in Zusammenhang mit dem Wiederkäuen, Zellulose (Zellstoff), den Hauptbestandteil der pflanzlichen Zellwände, ab. Wiederkäuer können daher pflanzliche Zellwände ebenso nutzen wie die von ihnen eingeschlossenen Zellinhalte. Pansenbakterien sind wichtige ‚Helfer' für den Eiweißstoffwechsel der Rehe. Halten wir vorerst fest, daß die Aufnahme von verwertbarer chemischer Energie und essentiellen Bausteinen der Körpersubstanz (das sind über vierzig verschiedene Aminosäuren, ungesättigte Fettsäuren, Mineralstoffe und Vitamine) somit bestimmt wird durch das Fassungsvermögen des Pansens und die Verdaulichkeit der Nahrung (CAMPLING 1970).

Rehe haben nun aber, gemessen an ihrer Körpergröße, einen verhältnismäßig kleinen Pansen mit geringem Füllungsgrad, sie haben zwei anstatt drei ausgeprägte Blindsäcke, schwächere Muskelpfeiler, aber eine dichtere Besetzung mit Pansenzotten als viele andere wiederkäuende Huftiere (HOFMANN 1966 und 1973).

Über die mit einer großen Zahl von Zotten ausgestattete Pansenwand gelangt ein beträchtlicher Teil der von den Mikroorganismen gebildeten Spaltprodukte (u. a. eine größere Menge flüchtiger Fettsäuren wie auch Ammoniak) in den Blutkreislauf und dann zunächst in die Leber. Demnach sind Veränderungen der Pansenzotten (Dichte, Länge, Breite, Oberfläche) für die Passage von Stoffwechselprodukten und damit für die Energieaufnahme von ausschlaggebender Bedeutung:

Je dichter die Zotten mit großer Oberfläche vorhanden sind, um so größer ist die Gesamtoberfläche des Pansens und damit die dem Blutkreislauf pro Zeiteinheit zugeführte Stoffmenge. Die Grundfläche der Pansenschleimhaut mißt bei einem erwachsenen Reh zwischen 700 und 1100 cm^2 und ist damit ungefähr so groß wie zwei Bogen Schreibpapier. Bedenkt man aber, daß auf jedem Quadratzentimeter der Magenschleimhaut rund zehn Zotten stehen, von denen jede eine Gesamtoberfläche von etwa 10 mm^2 hat, dann erscheint die für die Nährstoffaufnahme wichtige Fläche schon beachtlich. Sie ist nämlich rund zehnmal umfangreicher als die Grundfläche des Pansens und entspricht damit etwa drei Viertel eines Quadratmeters. Die hohe Dichte der Zotten ermöglicht dem Reh, die aufgenommenen Futterrationen vergleichsweise schneller zu verdauen als Schaf oder Damwild es tun (HARTFIEL und ENZINGER 1987).

Allerdings sind die Pansenzotten nicht zu jeder Jahreszeit gleich häufig und gleich stark ausgebildet. Unter natürlichen Bedingungen wird die Zahl der Pansenzotten im Winter stark verringert (KÖNIG, HOFMANN und GEIGER 1976), was aufgrund der Untersuchungen an gegatterten Rehen, die HARTFIEL und ENZINGER (1987) durchführten, nicht zu erwarten gewesen wäre. Die beiden Bonner Tierernährungsspezialisten stellten nämlich bei höherem Kraftfutteranteil eine Abnahme der Zottenzahl und damit der Pansenabsorptionsfläche fest.

Wildlebende Rehe verhalten sich unter dem Regime der Jahreszeiten gerade umgekehrt. Sie bauen just zu der Zeit einen dichten Zottenteppich auf, in der die Nahrung leicht verdaulich und besonders energiereich ist, also im Sommerhalbjahr. Diese Anpassung macht durchaus Sinn, denn im Frühjahr und Sommer finden die äußerst energiezehrenden Kämpfe um Territorien statt, das Setzen und die Aufzucht der Kitze, die Brunft, und schließlich wird am Ende der Vegetationsperiode der für die karge Winterszeit notwendige Fettvorrat, der Feist, unter der Haut gespeichert (Abb. 10).

Rehe verdauen dank dichtem Pansenzottenteppich schneller als größere Wiederkäuer. Doch ihr relativ kleiner Pansen sowie andere anatomische Besonderheiten wollen es, daß er häufiger am Tag gefüllt wird, und zwar mit besonders leicht verdaulicher Nahrung. HOFMANN (1966) bezeichnet deshalb das Reh als *Konzentratselektionierer*, während ELLENBERG (1978) die Bezeichnung *Verdaulichkeitsselektionierer* für zutreffender hält.

Der Verdaulichkeitsgrad der Äsung verändert sich im Jahresablauf. Berechnet wurde er unter anderem von den beiden polnischen Ernährungsphysiologen DROZDZ und OSIEKKI (1973 und 1975). Sie wählten beliebte Nahrungspflanzen-Kombinationen aus und legten sie ihren Versuchsrehen vor. Dann maßen sie als Prozente der Trockenmasse, wieviel der dargebotenen Nahrung verdaut wurde. Die Verdaulichkeit ist im Mai am höchsten (minimal 67 %, maximal 87 %), bleibt vom Juni (65–72 %) bis in den Oktober (52–60 %) noch verhältnismäßig hoch, obwohl sie stetig abnimmt, und erreicht vom November (41–45 %) bis in den März (37–44 %) ihre tiefsten Werte.

EISFELD (1975b) maß die Verdaulichkeit der Nahrung bei wildlebenden Rehen, indem er den Rohproteingehalt der aufgenommenen Äsung verglich mit demjenigen von kaum verdautem Panseninhalt und von Losung. Dabei fand er, daß Rehe durch geschickte Wahl von Pflanzenteilen höhere Verdaulichkeitsgrade erreichen, z. B. bis zu 70 % im März eines milden Vorfrühlings oder noch über 60 % während eines schneefreien Februars. Dies ändert aber nichts an der Tatsache, daß Frühjahrsäsung höhere Verdaulichkeitswerte besitzt als jede andere. Denn Rehe halten sich, ganz allgemein betrachtet, an Schosse, Triebspitzen, junge Blätter und Blütenköpfe. Diese Organe enthalten während des Aufblühens der Pflanze Nährstoffe und Spurenelemente in höherer Konzentration als grobe, harte Pflanzenbestandteile (KLÖTZLI 1965).

KLÖTZLI (1965) beschrieb die Menge der dem Rehwild (und anderen Pflanzenfressern) zur Verfügung stehenden Äsung an zwei repräsentativen Pflanzenarten, einmal am Gro-

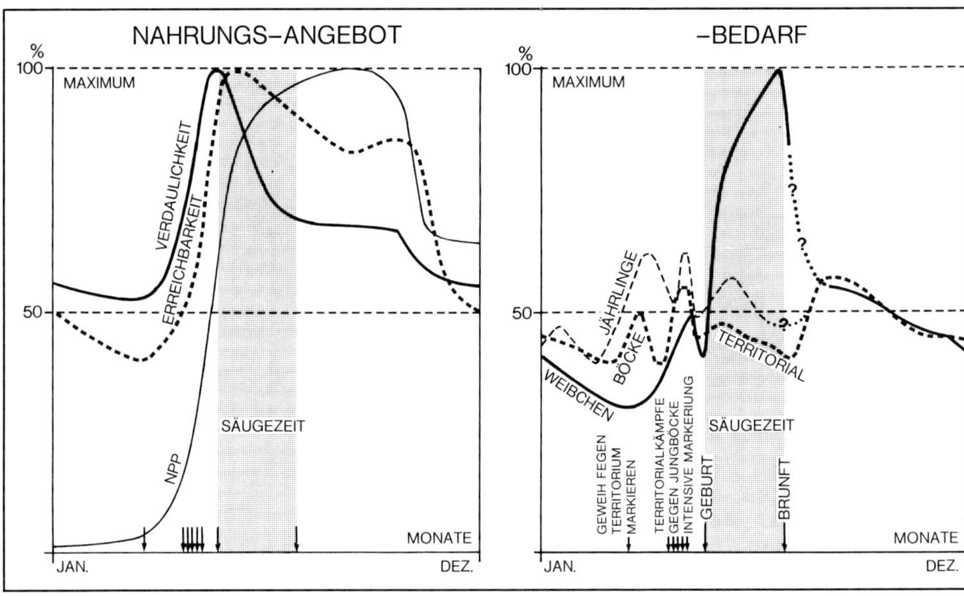

Abb. 10: Äsungsangebot und Äsungsnachfrage im Jahresverlauf, berechnet für einen hypothetischen mitteleuropäischen Laubmischwald (nach ELLENBERG 1978).
Links: Quantität als Nettoprimärproduktion (NPP), Erreichbarkeit (wieviel von der zur Verfügung stehenden Nahrung Rehe erreichen können) und Verdaulichkeit (wieviel der aufgenommenen Nahrung verdaut werden kann).
Rechts: Die mittleren Energieaufnahmen von je 8 bis 10 führenden Geißen, 6 bis 10 erwachsenen und 7 bis 10 Jährlingsböcken in Kleingehegen. Die Energieaufnahme ist gemessen an verdaulicher Energie in kcal pro Tag und Kilogramm „metabolischem Körpergewicht" (kg $KG^{0.75}$).
Verdaulichkeit und Erreichbarkeit der Äsung erreichen ihre Maxima zu Beginn der Säugezeit. Die Nettoprimärproduktion wächst bis zu Beginn der zweiten Jahreshälfte.
Stillende Geißen benötigen am meisten Energie. Ihre Energieaufnahme erreicht das Maximum am Ende der Säugezeit. Sie beträgt bei einer Abweichung von 10 % 375 kcal pro kg $KG^{0.75}$ und Tag. Böcke und besonders Jährlinge erreichen ihre Maxima der Energieaufnahme vor der Säugezeit (Geweihfegen, Territorialkämpfe) und am Sommerende

ßen Springkraut *(Impatiens noli-tangere)* – für mesophile und feuchtigkeitsliebende Wälder – sowie an der Heidelbeere *(Vaccinium myrtillus)* für trockenheitertragende oder heidelbeerreiche Wälder. Die Entwicklung des Großen Springkrautes entspricht derjenigen beliebter Äsungspflanzen wie zum Beispiel dem Gemeinen Hexenkraut *(Circaea lutiana)*, dem Wald-Ziest *(Stachys silvatica)* oder dem Gemeinen Hohlzahn *(Galeopsis tetrahit)*. Der Massenzuwachs der Heidelbeere gibt eine Vorstellung über den mittleren Zuwachs der Zwergsträucher und einiger in der Strauchschicht aufwachsender Laubbäume.

Das Angebot an Kräutern wie dem Großen Springkraut steigt von April bis Anfang August rasch an und erreicht an den entsprechenden Standorten ein Frischgewicht von 785 g bzw. ein Trockengewicht von 80 g/m^2 und fällt dann bis in den Dezember ebenso rasch ab. Zwergsträucher wie die Heidelbeere steigern ihren Laubzuwachs von Mai bis September und erreichen ihr Maximum im August. Dann sinkt das Angebot bis zum Laubfall gleichmäßig ab (siehe Abb. 10). Gleiches gilt für bevorzugte Ässträucher im Eichenwald wie Roter Hartriegel *(Cornus sanguinea)*, Liguster *(Ligustrum vulgare)* und Hasel *(Corylus avellana)*, die zwischen dem letzten August- und dem ersten Septemberdrittel maximale Blattmassen zur Verfügung stellen (Vanek 1955).

Viele der Äsungspflanzen, es sind nach Klötzli rund 70 % aller 500 in der Nordschweiz vorkommenden Arten, spielen als Nahrung nur während weniger Wochen oder Monate im Jahr eine wesentliche Rolle. Entweder sind sie nur kurze Zeit sichtbar oder sie werden meistens verschmäht. Ein Beispiel dafür sind die Seggen: Während des Winters und bis in den April werden die ausdauernden Blätter der meisten Arten geäst, verschmäht werden sie aber im Mai und Juni sowie im September und Oktober. Reifende und reife Fruchtstände spielen dagegen im Juli und August eine Rolle.

Für die Waldgesellschaften der Nordschweiz konnte Klötzli fünf verschiedene Äsungsperioden unterscheiden (Tab. 3): Von Mitte März bis Ende April werden vor allem Gräser und Knospen verbissen. Von Anfang Mai bis Ende Juni sind es Laubtriebe und einkeimblättrige Kräuter. Von Mitte Juni bis Mitte Oktober werden zweikeimblättrige Kräuter und Laubtriebe geäst, von Mitte Oktober bis Ende Dezember Pteridophyten (das sind Schachtelhalme, Farne und Bärlappgewächse), Knospen und Brombeeren und von Anfang Januar bis Mitte März Gräser, Knospen und Brombeeren. Die Zahl der als Äsungspflanzen generell in Frage kommenden Arten ist während der dritten Äsungsperiode (Mitte Juni bis Mitte Oktober) mit 134 Arten am größten.

Gemessen an ihrer Artenhäufigkeit werden vom Reh im Wald bevorzugt Sträucher und Jungbäume als Nahrungsquellen aufgesucht, Farne und Schachtelhalme sowie ein großer Teil der Grasartigen dagegen gemieden (Tab. 2a). Auf Wiesen und Äckern werden grasartige Pflanzen neben zweikeimblättrigen Kräutern bevorzugt. In Riedlandschaften wiederum sind es die hier schwach vertretenen Holzpflanzen, die bevorzugt verbissen werden. Gräser verzeichnen dagegen meist einen niedrigen Beliebtheitsgrad oder werden verschmäht.

Klötzlis Arbeit gilt als einmalige, bisher vollständigste Studie über die natürliche Rehäsung. Sie kann deshalb aber nicht verallgemeinert werden, weil Rehe nicht überall die gleichen Pflanzenarten mit gleicher Vorliebe äsen. Dazu einige Beispiele: Im Schweizer Mittelland wird die Tanne *(Abies alba)* regelmäßig stark verbissen. Auf der Schwäbischen Alb dagegen oft mäßig (Esser 1958). Die Walderdbeere *(Fragaria vesca)* umgekehrt gilt auf der Schwäbischen Alb als eine Pflanze der höchsten Beliebtheitsklasse (4), im Schweizer Mittelland ordnet Klötzli sie in die Klasse 2 ein. In beiden Gebieten wird der Türkenbund *(Lilium martagon)* vom Reh dermaßen stark verbissen, daß er kaum zum Blühen kommt. Doch auf den Muschelkalkböden der Höhen westlich des Leinetals bei Göttingen wird er ebensowenig verbissen wie in Weichselboden in der Steiermark (Ellenberg 1974). Der Faulbaum wiederum gilt in der Umgebung von Krakau, Polen, als besonders bevorzugt verbissene Pflanze (Bobek et al. 1972), in Deutschland dagegen als verbißfest.

Auf welchen Ursachen die oft so verschiedenen Äsgewohnheiten des Rehes beruhen, ist umstritten. Auf der einen Seite könnten sie

Tabelle 2a: Verteilung der Äsungspflanzen nach Familien und Beliebtheitsgrad. Der Beliebtheitsgrad (BG) ist auf Grund der Häufigkeit und Stärke des Verbisses berechnet (nach F. KLÖTZLI, 1956)

Pflanzenfamilien, – Gruppen	Anzahl Arten pro Lebensraum		
	Wald	Wiese/Acker	Ried
1. Regelmäßig stark verbissen: BG 4			
Pteridophyten	0	0	0
Grasartige	0	5	0
übrige Einkeimblättrige (Kräuter)	2	0	0
Jungbäume	6	0	3
Sträucher, Halbsträucher, Lianen	15	0	1
übrige Zweikeimblättrige (Kräuter)	14	12	6
2. Periodisch stark oder immer mäßig verbissen: BG 3			
Pteridophyten	1	0	0
Grasartige	2	6	1
übrige Einkeimblättrige (Kräuter)	3	0	0
Jungbäume	11	0	1
Sträucher, Halbsträucher, Lianen	6	0	2
übrige Zweikeimblättrige (Kräuter)	21	8	13
3. Oft mäßig verbissen: BG 2			
Pteridophyten	2	0	0
Grasartige	12	8	3
übrige Einkeimblättrige (Kräuter)	6	0	1
Jungbäume	7	0	3
Sträucher, Halbsträucher, Lianen	8	0	1
übrige Zweikeimblättrige (Kräuter)	29	14	25
4. Zuweilen schwach verbissen: BG 1			
Pteridophyten	5	0	1
Grasartige	11	4	10
übrige Einkeimblättrige (Kräuter)	2	0	0
Jungbäume	8	0	0
Sträucher, Halbsträucher, Lianen	6	0	0
übrige Zweikeimblättrige (Kräuter)	53	30	13
5. Praktisch nie verbissen: BG 0			
Pteridophyten	9	1	3
Grasartige	12	4	42
übrige Einkeimblättrige (Kräuter)	7	2	14
Jungbäume	1	0	0
Sträucher, Halbsträucher, Lianen	5	0	0
übrige Zweikeimblättrige (Kräuter)	43	15	50
TOTAL:	307 (100 %)	118 (100 %)	193 (100 %)
Total, Beliebtheitsgrad 4	37 (12 %)	17 (14 %)	10 (5 %)
Total, 3	44 (14 %)	14 (12 %)	17 (9 %)
Total, 2	64 (21 %)	22 (19 %)	33 (17 %)
Total, 1	85 (28 %)	43 (36 %)	24 (12 %)
Total, 0	77 (25 %)	22 (19 %)	109 (57 %)

das Produkt von bestimmten Ästraditionen sein, auf die ich in Kapitel 4 noch eingehend zurückkommen werde. Andererseits ist anzunehmen, daß dieselben Pflanzenarten auf verschiedenen Standorten unterschiedliche Nährstoffgehalte sowie Geschmacks- und Duftstoffe in unterschiedlichem Maße ausbilden.

Die Frage, nach welchen Kriterien die Äsung ausgewählt wird, ist nicht eindeutig

Abb. 11: Gehörnschiebender Bock im Januar
(Foto: B. Winsmann)

Abb. 12: Krokus äsende Rehe im Frühling
(Foto: J. Behnke)

geklärt. Die einen Autoren führen den Verbiß auf die Wuchsformen, ganz besonders aber auf den Gehalt an Vitaminen, Mineralstoffen oder Spurenelementen bestimmter Äspflanzen zurück; andere widerlegen solche Befunde. ELLENBERG (1987) wies nach, daß die meisten der beliebten Äskräuter stickstoffanzeigende, also eiweißreiche Pflanzen sind. Der von BRÜGGEMANN (1968) und DRESCHER-KADEN 1975 und 1977 im Pansen der Rehe gefundene hohe Eiweißgehalt, aber auch die bemerkenswerten Hegeerfolge mit ausgesprochen eiweißreichem Kunstfutter (VOGT und SCHMID 1950, VON BAYERN 1975) führten zu der Ansicht, daß Rehe für ihr Wohlergehen besonders eiweißreiches Futter benötigen. Die Versuche von EISFELD (1976) machten jedoch deutlich, daß Rehe, wie auch andere Wiederkäuer, wegen besonderer Eigenschaften in ihrem Verdauungssystem sehr sparsam mit ihrem Eiweißstoffwechsel umgehen können.

Die Besonderheit in der Ernährungsphysiologie der Wiederkäuer besteht unter anderem darin, daß ein großer Teil des Nahrungseiweißes zunächst von der Pansenflora abgebaut wird. Aus den Spaltprodukten entstehen dann die für die Bakterien wichtigen Stickstoffverbindungen und die für den Wiederkäuer essentiellen Aminosäuren.

Ist das Stickstoffangebot der Nahrung gering, so können Wiederkäuer die Stickstoffverluste über den Harn einschränken, indem sie Harnstoff zu einem hohen Grad wieder in das Verdauungssystem führen. So kann Harnstoff, der aus dem Kreislauf über den Speichel oder direkt durch die Pansenwand in den Pansen gelangt, zur Eiweißsynthese durch die Mikroorganismen im Pansen benutzt werden. Sie sichern dem Reh auch bei geringem Stickstoffangebot eine Grundversorgung mit hochwertigem Eiweiß. Allerdings ist, wie wir noch sehen werden, der Eiweißbedarf der Rehe stark leistungsabhängig. Säugende Ricken und schnellwachsende Kitze benötigen viel Eiweiß, erwachsene ohne besondere Leistungen wenig. Die Säugezeit und die Periode des schnellsten Kitzwachstums fallen in die Zeit des hohen Futterangebotes, in den Sommer.

Sicher ist, daß Rehe in Versuchen zwischen eiweißreichen und eiweißarmen Futterwürfeln unterscheiden können, wie RUSTERHOLZ und TURNER (1978) nachgewiesen haben. Entsprechende Beobachtungen sind in freier Wildbahn nur schwer, möglicherweise überhaupt nicht durchführbar. Denn der Gehalt an Roheiweiß ist nicht nur von Pflanzenart zu Pflanzenart verschieden. Er wechselt innerhalb derselben Art von Standort zu Standort, von Jahreszeit zu Jahreszeit und von Pflanzenteil zu Pflanzenteil (gleiches gilt übrigens auch für den Vitamingehalt). Häufig ist es so, daß leichtverdauliche Pflanzenteile, die vom Reh bevorzugt geäst werden, auch die relativ eiweißreichsten sind.

Was die Wahl der Äspflanzen durch das Reh anbelangt, mag erstaunen, daß die sichersten bis heute erarbeiteten Kriterien sich auf Duft- und Geschmackstoffe beziehen (KLÖTZLI 1965). Dies gilt ganz besonders für Gerbstoffe. Rund 15 % der Waldäsungspflanzen, aber nur 5 % der Nicht-Äsungspflanzen enthalten sie. Besonders auffällig ist die Bedeutung der ätherischen Öle, die ja die verschiedensten Geschmäcker enthalten können. Entweder werden die entsprechenden Pflanzen gerne geäst oder überhaupt nicht. Aus der Familien der Lippenblütler ist beispielsweise der Wald-Ziest *(Stachys silvatica)* eine gern geäste Pflanze, die Wasserminze *(Mentha aquatica)* wird dagegen trotz ähnlichem Nährwert verschmäht. Beide enthalten als Hauptwirkstoff ätherisches Öl (der Wald-Ziest zudem noch Betaine), das in einem Fall den Rehen zusagt, im anderen aber nicht.

Duft- und Geschmackstoffe wie ätherische Öle oder Gerbstoffe beeinflussen offenbar in erster Linie die Wahl der Äsungspflanzen. Dabei besteht, wie KLÖTZLI festhält, „ein Unterschied zwischen den chemischen Stoffgruppen, die das Rehwild wirklich nötig hat, und denen, die es durch Geruch und Geschmack bemerken kann". Damit werden aber Irrtümer wahrscheinlich, will heißen: Möglicherweise äsen Rehe auch Pflanzen, die ihnen zwar schmecken, vom Nährstoffgehalt her gesehen aber völlig unwichtig sind. Auch solche Fälle wies KLÖTZLI in seiner Studie nach, indem er sehr beliebte Arten miteinander verglich, nämlich Tanne *(Abies alba)*, Stinkenden Storchenschnabel *(Geranium robertianum)*, Schwarzen Holunder *(Sambucus nigra)* und Traubenholunder *(Sambucus racemosa)*.

Die Tanne ist die an Spurenelementen reichste Pflanze überhaupt. Auch die in ihr enthaltenen Nährstoffe sind günstig ausgewogen. Ausschlaggebend für das Ausmaß des Verbisses sind die Duft- und Geschmackstoffe. Deren Konzentration und Kombination ist aber viel mehr vom jeweiligen Standort abhängig als der Gehalt an Nähr- und Mineralstoffen. Die Produktion des für die Tanne charakteristischen ätherischen Öles hängt neben dem Alter der Pflanzenteile vor allem von der Besonnung ab. Folglich äst das Reh besonders einjährige Triebe von Tannen, die der Sonne ausgesetzt sind. Ältere Triebe sowie Tannen in schattigen Lagen werden dagegen kaum verbissen. Gleiches gilt für die beiden strauchförmigen Holunderarten. Auch sie sind reich an Nährstoffen besonders an Roheiweiß. Auch bei ihnen sind Geruchs- und Geschmackstoffe und damit der Verbiß nach Standorten verschieden stark.

Anders verhält es sich beim Stinkenden Storchenschnabel. Diese bevorzugte Äsungspflanze ist arm an Nährstoffen, und ihre Mineralstoffe sind in einem ungünstigen Verhältnis vorhanden. Der Stinkende Storchenschnabel, der im Sommer überall, wo er wächst, stark duftet, wird auch überall verbissen, was einmal mehr beweist, daß es in erster Linie Duft- und Geschmackstoffe sind, die den Verbißgrad bestimmen und nicht etwa der Nährstoffgehalt.

Duft- und Geschmackstoffen kommt, wie die Versuche von Müri (1983) eindeutig gezeigt haben, eine ausschlaggebende Rolle bei der Erkennung eines bestimmten Futters zu. Über Duft- und Geschmackstoffe lernen unerfahrene Rehe von besonders aktiven, erfahrenen Artgenossen, gewissermaßen von *Testäsern,* allmählich, welche Äsung bekömmlich und welche ungenießbar oder gar giftig ist. Dieser Befund, auf den ich im Kapitel 4 noch zurückkomme, ist eine Erklärungsmöglichkeit für die Tatsache, daß Rehe Äsungspflanzen mit einem bestimmten Gehalt an Gerbstoffen und bestimmten ätherischen Ölen bevorzugen, weil sie die anfänglich lediglich am Äser der Testäser abgelesenen Geruchs- und Geschmacksinformationen leicht wiedererkennen und so nicht Gefahr laufen, ungenießbares oder giftiges Futter aufzunehmen.

Ein weiterer Grund für die Bevorzugung von Äsungspflanzen mit Gerbstoffen und bestimmten ätherischen Ölen mag die Tatsache sein, daß beide Wirkstoffe sind (Flück 1978). Die Gerbstoffe besitzen die gemeinsame Eigenschaft, Eiweißstoffe ausfällen zu können (darauf beruht ihr Vermögen, wie der Name sagt, tierische Haut in Leder zu verwandeln). Unter anderem wirken sie so gegen bestimmte Bakterien.

Die Bedeutung der ätherischen Öle ist sehr verschieden. Einzelne wirken beruhigend oder erregend auf das Zentralnervensystem, viele anregend auf die Absonderung von Verdauungsfermenten, andere auf vermehrte Blutzufuhr und auf vermehrte Zufuhr von weißen Blutkörperchen. Zudem besitzen eine Reihe von ätherischen Ölen die Fähigkeit, Bakterien abzutöten. Ein solches ‚Phytonzid' ist ein abiotisch wirksamer Abwehrstoff der Pflanze (Tokin 1956), der beispielsweise im ätherischen Öl der Tanne enthalten ist.

Wenn nun Rehe stark duftende Tannentriebe bevorzugt äsen, übernehmen sie auch den Abwehrstoff der Pflanze, der möglicherweise auch ihnen nützt. Zschetzschke (1959) glaubt jedenfalls, daß Rehe ständig auf der Suche nach dem gerade benötigten Vorbeugungs- oder Kräftigungsmittel sind oder nach Abwehrstoffen als Gegenmittel gegen die Ausscheidungsgifte ihrer sprichwörtlich zahlreichen Parasiten. Damit erklärt er auch den sehr seltenen Verbiß von für den Menschen zumindest äußerst giftigen Medizinalpflanzen wie Seidelbast *(Daphne mezereum)* und Tollkirsche *(Atropa belladonna),* ferner der Orchideen und bestimmter Pilze.

Auch der Türkenbund *(Lilium martagon)* ist giftig für den Menschen. Vom Reh(bock) werden seine Knospen vielerorts im Juli und Anfang August trotzdem so stark und häufig verbissen, daß diese seltene Lilienart kaum noch zum Blühen kommt und ihre Verbreitung in Buchenwäldern stark eingeschränkt wird. Angeblich enthalten die Knospen des Türkenbundes ein Aphrodisiakum, also ein Mittel zur Anregung des Geschlechtstriebes (Müller 1952, Wirz 1960). Jedenfalls sind sie reich an Cholin, einem Baustein der Lecithine (Klötzli 1967).

So unsicher wissenschaftliche Erkenntnisse über die Bedeutung von Pflanzenwirkstoffen in der Rehäsung auch sein mögen, eines ist auffallend: Viele Drogen, die vom Menschen zu Kräuterkuren (Leistungssteigerung des Körpers und Veränderung des osmotischen Wertes im Gewebe) verwendet werden, sind beliebte Äsungspflanzen des Rehes. Von 41 durch KLÖTZLI (1967) als *regelmäßig stark verbissen* beschriebenen Waldäsungspflanzen zählen 13 (also jede dritte) zu den wesentlichsten mitteleuropäischen Heilpflanzen (FLÜCK 1978). Aber auch unter den nur ausnahmsweise oder nie verbissenen 76 finden sich noch 18 (22 %) Heilpflanzen. Doch bei dieser Gruppe handelt es sich um ausgesprochen gerbstoffreiche Arten wie Walnuß *(Juglans regia)*, Blutwurz *(Potentilla erecta)* oder Fünffingerkraut *(Potentilla reptans)*, um Arten mit wenig ätherischen Ölen und solche, die sich mit (Gift-)Haaren gegen Verbiß schützen wie Königskerze *(Verbascum thapsiforme)* oder große Brennessel *(Urtica dioica)*, vor allem aber um besonders giftige Arten wie Maiglöckchen *(Convallaria majalis)*, Seidelbast *(Daphne mezereum)*, Tollkirsche *(Atropa belladonna)* oder Roter Fingerhut *(Digitalis lutea)*.

Die große Bedeutung von Drogenpflanzen für die Ernährung des Rehwildes könnte in zweierlei Hinsicht mit eine Rolle für seine sprichwörtlich naschhafte Nahrungssuche spielen. Durch steten Wechsel von einer Futterpflanzenart zur anderen werden verschiedene Wirkstoffe aufgenommen. Gleichzeitig wird aber auch vermieden, daß eine giftig wirkende Dosis einer bestimmten Droge aufgenommen wird (WHITTAKER und FEENEY 1971). Wechsel könnte aber auch von den Pflanzen selbst erzwungen werden, wie ORIANS und RHOADES für Weiden und Erlen nachwiesen, die auf erhöhten (Insekten-)Fraß mit hoher Produktion von *Appetitzüglern* wie Alkaloiden und Terpenen reagieren. Diese Pflanzen scheinen offenbar sogar in der Lage zu sein, gleichartige Nachbarn auf bisher unbekannte Weise vor starker Verbißgefahr zu warnen und zur Produktion von Abwehrstoffen anzuregen (KURT 1985).

Naschhaftigkeit wird sicher dadurch gefördert, daß im Wald wegen ungleichmäßiger Sonneneinstrahlung nicht gleichzeitig alle Teile einer Pflanze gleich weit entwickelt sind, also zum Beispiel den gleichen Gehalt an Geruchs- und Geschmackstoffen oder den gleichen Verdaulichkeitsgrad besitzen. In der offenen Landschaft, vor allem in der landwirtschaftlich intensiv genutzten, ist dies anders. Gleichmäßige Sonneneinstrahlung fördert gleichmäßige Entwicklung aller Pflanzenteile.

Durch menschliche Eingriffe wurde die Zahl möglicher Äsungspflanzen stark eingeschränkt (z. B. durch chemische Unkrautbekämpfung) und pflanzeneigene Wirkstoffe, die als ‚Äsbremsen' wirken könnten, wie etwa Senföle beim Raps (siehe Seite 102), wurden bei allen wichtigen Nutzpflanzen züchterisch eliminiert mit dem Erfolg einer höheren Anfälligkeit gegen Wildverbiß und Schädlingsfraß. Dies führte dazu, daß Rehe in intensiv genutzten Agrarlandschaften mit äußerst wenig (Haupt-)Äsungspflanzen auskommen können.

Im Beobachtungsgebiet des Zizerser Feldes, einem intensiv genutzten Landwirtschaftsgebiet im Churer Rheintal, fand TURNER (1983), daß die verschiedenen Wiesentypen ganzjährig und Waldränder vom Herbst bis Frühling als Äsgebiete bevorzugt werden. Wie verhielten sie sich nun aber gegenüber den Nutzpflanzenarten Gerste, Hafer, Weizen und Raps?

Raps wird im Zizerser Feld im Winter und Frühjahr bevorzugt, Weizen entweder gemieden oder im Verhältnis zu seinem Vorkommen (weder gemieden noch bevorzugt) geäst, mit Ausnahme des Sommers, wenn er sogar bevorzugt gefressen werden kann wie Hafer, der zu dieser Jahreszeit höchste Beliebtheit erlangt. Gerste wird eher gemieden.

Im Versuchsgehege von Staffelbach prüfte anschließend BENZ (1983) bei acht Rehen in Wahlversuchen die Beliebtheit dieser vier, den Versuchstieren bisher unbekannten Nutzpflanzen während der Vegetationszeit (Frühling bis Hochsommer). Sie beobachtete ziemlich genau die gleichen Präferenzen wie TURNER bei den wildlebenden Rehen im Zizerser Feld. Gerste war immer unbeliebt, Raps im Frühjahr beliebt, am Ende der Vegetationszeit unbeliebt. Bei Weizen und Hafer verhielt es sich gerade umgekehrt. Im Frühjahr wurden sie gemieden, im Hochsommer bevorzugt geäst.

Die unterschiedliche Bevorzugung hängt mit zeitlich verschobenen Wachstumsvorgängen zusammen. Diese laufen, was ihre Bedeutung als Äsungspflanze für das Reh anbelangt, wie folgt ab: Junge Pflanzenblätter enthalten weniger Rohfasern und mehr leicht verfügbare Nährstoffe als ältere; sie sind also leicht verdaulich. Mit dem Pflanzenwachstum steigt der Rohfasergehalt, die Verdaulichkeit wird geringer. Während der Blütenbildung und Samenreifung wandern die Nährstoffe aus den allmählich verholzenden vegetativen Pflanzenteilen in die Samen.

Da nun Raps früher heranreift, mengenmäßig mehr Nahrung bietet und durch starke Geschmack- und Geruchstoffe ausgezeichnet ist, wird er früher verbissen als Getreide. Rapsverbiß hört erst auf, wenn die Pflanzen verdorren und die nährstoffreichen Samen offenbar von entsprechenden Stoffen vor Verbiß geschützt sind. Samen schützen sich auch durch lange, harte, unbewegliche und widerhakenartig gezähnelte Grannen wie bei der Gerste. Sie stechen in Zunge und Gaumen oder bleiben dort kleben. Deshalb äsen Rehe Gerste höchstens als ganz junge Pflanzen. Anders verhält es sich bei kurzgrannigen Weizen- und Hafersorten, bei denen die frischen Ähren gerne geäst werden. Der eigentliche Nährstoffgehalt beeinflußt aber die Wahl der Äsungspflanze nicht.

Der Vergleich der Beliebtheit von vier typischen Nutzpflanzen für das Reh macht deutlich, was bis heute über die Kriterien seiner Äsungswahl bekannt ist: Ausschlaggebend dabei ist nicht in erster Linie der Nährstoffgehalt der Pflanzen, sondern der Verdaulichkeitsgrad, das Vorhandensein von Geruchs- und Geschmackstoffen und die *Erreichbarkeit* (Arthäufigkeit und oder Fehlen von pflanzeneigenen Abwehrmechanismen).

2.4 Energiebedarf und Gewichtsentwicklung

Nahrung liefert neben essentiellen Körperbaustoffen Energie. Die geringste Energiemenge brauchen Rehe zur Erhaltung von Organfunktionen wie zum Beispiel der Verdauung und der Körpertemperatur. Sie läßt sich in sogenannten Stoffwechselkäfigen bestimmen als der Energiebedarf bei möglichst fehlender Bewegung. EISFELD (1976) hielt Rehböcke störungsfrei in Stallboxen. Sie erhielten Futter guter Qualität zur freien Annahme. Da der Stall durch Fenster nur mäßig beleuchtet war, wurde eine zusätzliche elektrische Lichtquelle eingebaut, die mit dem kalendergemäßen Sonnenauf- bzw. -untergang ein- und ausgeschaltet wurde. „Unter solchen Bedingungen nahmen unsere Rehböcke in zwei Perioden des Jahres stark an Gewicht zu (‚Feistzeiten'), einmal von März bis Juli, das andere Mal von Anfang September bis Anfang November. Die Gewichtszunahme betrug dabei bis zu 20 % des Ausgangsgewichtes." Das heißt, die jahreszeitlichen Unterschiede im Energiebedarf lassen sich offenbar zu einem beträchtlichen Grad auf Depotauf- und -abbau zurückführen. So werden die im Frühjahr aufgebauten Reserven während der Brunft im Juli und August wieder abgebaut. Bei den Versuchsböcken von EISFELD geschah dies übrigens auch, obwohl keine weiblichen Rehe anwesend waren. Die im Herbst angelegten Reserven dienen zur Überbrükkung des Energiedefizits im Winter. Unter gleichmäßig guten Ernährungsbedingungen, wie die Versuchstiere von EISFELD im Stall sie vorfanden, blieb dieser Abbau zwar aus. Andererseits legten sie aber trotz guter Fütterung keine weiteren Reserven an. Ihr Gewicht blieb weitgehend konstant.

Die Befunde der Versuche von EISFELD bedeuten nichts anderes, als daß Rehe ihren Erhaltungsbedarf an Energie angeborenermaßen der jeweiligen Jahreszeit und damit dem natürlichen Nahrungsangebot anpassen, und nicht etwa dem künstlichen, das im Versuch immer hoch gehalten wurde. Dies bestätigen übrigens auch die Beobachtungen von ELLENBERG (1978) in der ‚Rehfarm' von Stammham.

Der Energiebedarf wird, wie schon angedeutet, bei gefangenen Versuchstieren aus der Energieaufnahme (verdauliche Kalorien des jahrein jahraus gleichbleibenden Versuchsfutters) und Gewichtsveränderungen berechnet. Dargestellt wird er als verdauliche Kilokalorie (1 kcal = 4186 Joule = 4,2 kJ) pro Kilogramm metabolisches Körpergewicht und pro Tag. Das metabolische Körpergewicht entspricht dem Lebendgewicht potenziert mit dem Faktor 0,75 (KLEIBER 1967).

Körperliche Bewegung und Sozialverhalten, das, wie bereits erwähnt (Seite 36), beachtlichen Körpereinsatz erfordert, erhöhen den Energiebedarf erheblich. Flucht beispielsweise verlangt einen Energieaufwand, der um 130 bis 210 % höher liegt als der Grundstoffwechsel. Allein schon das Stehen verlangt 20 % mehr Energie als das ruhige Sitzen, Hochwerden und Umdrehen sogar 45 bis 100 Prozent mehr (WEINER 1971).

Der Energiebedarf, den Rehe durch die tägliche Futteraufnahme decken, hängt demnach von zwei Komponenten ab: erstens von der Jahreszeit und damit auch davon, ob ein Energiedepot aufgebaut oder abgebaut wird, und zweitens davon, was sie tun. So beträgt der tägliche Energiebedarf (kcal pro kg und Tag) für ruhende Rehe im Winter 103 bis 108, im Sommer (Juni) 136 und im Herbst 136 bis 153. Tiere in Bewegung verbrauchen mehr, nämlich 145 bis 164 im Winter, 168 bis 189 im Sommer und 165 bis 188 im Herbst (DROZDZ et al. 1975; EISFELD 1976; ELLENBERG 1978; WEINER 1975).

Dies sind Mittelwerte, bei denen tatsächlich vorhandene, von ELLENBERG (1978) auch detailliert beschriebene individuelle Unterschiede ebensowenig berücksichtigt sind wie Unterschiede zwischen einzelnen Alters- und Geschlechterklassen. Im Spätwinter und Vorfrühling entspricht die Energieaufnahme der Geißen offenbar weitgehend dem Erhaltungsbedarf. Obwohl trächtige Weibchen dauernd leicht an Gewicht gewinnen, weicht, so ELLENBERG, ihre Nahrungsaufnahme kaum von derjenigen nicht trächtiger ab. Beide ruhen meist, ganz im Gegensatz zu den Böcken. Im Vorfrühling etablieren und markieren sie ihre Territorien und verteidigen sie gegen Rivalen. Sie sind viel in Bewegung und dementsprechend hoch ist ihr Energiebedarf.

Tatsächlich wurden zwischen erwachsenen Böcken und Geißen Unterschiede im Futterwahlverhalten gefunden. So etwa von TURNER (1979). Unter besonderen Streßsituationen versuchen Böcke mehr und auch weniger genießbares Futter zu äsen als Geißen. Diese versuchen ein Energiedefizit vor allem durch vermehrtes Ruhen auszugleichen (siehe Seite 88). Zudem bevorzugen sie, nach den bereits erwähnten Versuchen von BENZ (1983) über die Bevorzugung von Kulturpflanzen im Frühjahr und Sommer zu schließen, im Gegensatz zu den Geißen eindeutig Weizen- vor Haferähren. Haferähren haben für Rehe einen geringeren Futterwert, weil ihre Verdaulichkeit durch einen hohen Spelzenanteil beim Wiederkäuen beeinträchtigt wird.

Etwa vier bis zwei Wochen vor dem Setzen steigert sich die Energieaufnahme hochbeschlagener Ricken im Vergleich zu nicht beschlagenen. Kurz vor dem Setzen geht dann die Äsungsaufnahme etwas zurück. Doch „während der Säugezeit erhöht sich der Bedarf laktierender Geißen naturgemäß und erreicht Werte, die im Mittel bis zu 150 % über denen nichtlaktierender Weibchen liegen“, meint dazu ELLENBERG.

Über den Energiebedarf der Kitze sind wir heute weniger genau orientiert als über denjenigen von erwachsenen Rehen, wie ich ihn oben kurz skizziert habe. Deshalb beschränke ich die Ausführungen lediglich auf das Wachstum junger Rehe. Ihre Gewichtszunahme kann als annäherndes Maß für den Äsungsbedarf betrachtet werden.

Das Geburtsgewicht weiblicher Kitze liegt zwischen 1200 und 1900 g und ist leichter als dasjenige der männlichen (1300 bis 2300 g). Beeinflußt wird es von der Konditon (Gewicht) und dem Alter der Mutter sowie der Anzahl der Geschwister (ELLENBERG 1978). Ältere und stärkere Geißen setzen stärkere Kitze, ebenso sind Einzelkitze schwerer als Mehrlingskitze. Bis zur Entwöhnung hängt die Gewichtsentwicklung allein von der Milchleistung der Mutter und den herrschenden klimatischen Verhältnissen ab (siehe Seite 72).

Die tägliche Gewichtszunahme während der Säugezeit beträgt zwischen 74 und 207 g (DRESCHER-KADEN et al. 1972, ELLENBERG 1978, KRAUS 1975, MASSL 1973, SÄGESSER und KURT 1966, WANDELER 1975). Die Gewichtsentwicklung verläuft nicht immer kontinuierlich. Feuchtkaltes Wetter bremst sie. Verzögert wird sie auch in der dritten bis vierten Lebenswoche, wenn die Kitze beginnen, selbst Grünfutter aufzunehmen, und in der siebenten bis zehnten Lebenswoche, wenn sie vollständig von Milch- auf Pflanzennahrung umstellen.

Von diesem Zeitpunkt an verläuft die Gewichtszunahme weniger rasch. Das Tagesmittel beträgt noch rund 55 g. Im Spätherbst, meist Ende November, erreichen Kitze ein vorläufiges Endgewicht von neun bis 20 kg, unter günstigen (Gefangenschafts-)Bedingungen bis zu 23 kg.

Das Herbstgewicht der Kitze ist von ausschlagender Bedeutung für ihre Überlebenschancen im Winter. Dazu schreibt ELLENBERG (1978): „Bei etwa 12,5 kg Lebendgewicht liegt anscheinend eine Grenze, unter der auch in milden Klimaten die Hälfte der Kitze eingeht, vermutlich weil die Relation zwischen energieabstrahlender Körperoberfläche und möglichem Energieumsatz im Pansen bei abnehmender Verdaulichkeit der Nahrung im Winter schließlich zu ungünstig wird. Diese Grenze dürfte in schneereicheren oder winterkälteren Gebieten höher, in milderen Gebieten, zum Beispiel Nürnberger Reichswald, auch tiefer liegen."

Die weitere Gewichtsentwicklung folgt dann dem bereits oben beschriebenen Muster mit zwei Feistzeiten (Frühling und Herbst). Abgeschlossen ist sie für Geißen im zweiten bis dritten, in seltenen Ausnahmen aber bereits im ersten Lebensjahr, bei Böcken im dritten Lebensjahr. Beeinflußt wird sie, jedenfalls bei Böcken, nun aber nicht mehr allein durch die Qualität des Lebensraumes und der Äsung, sondern auch durch die Wilddichte: Böcke können im ersten Lebensjahr bei guter Lebensraumqualität kräftig heranwachsen und dann, falls die Bestandesdichte hoch und damit die sozialen Auseinandersetzungen um günstige Aktionsräume groß sind, langsamer wachsen und als mehrjährige geringe Adultgewichte erreichen. Auch das Gegenteil tritt ein, nämlich verhältnismäßig geringes Wachstum im ersten Lebenshalbjahr bei schlechter Lebensraumqualität und beachtliche Adultgewichte bei geringer Dichte.

2.5 Fortpflanzungszeiten

Die Gewebe von Hoden und Nebenhoden des Rehbockes verändern sich im Jahresablauf, so daß die Brunft nur während einer verhältnismäßig kurzen Zeit im Sommer möglich ist (STIEVE 1950). Nach der Brunft erfolgt ein Stillstand in der Samenerzeugung, während diesem werden die Geweihe abgeworfen und neu geschoben (SHORT und MANN 1964). Die Zeitspanne, in der das Bastgehörn vereckt und der Bast abstirbt (Fegen), fällt in die Periode der zunehmenden Hodenaktivität. Deren Ansteigen und Absinken äußerst sich nicht nur in Größenveränderungen, sondern auch in zyklischen Veränderungen des generativen Bereiches *(Tubuli seminiferi)* und im Hodenzwischengewebe. Hier verändern sich jene Zellen, die das männliche Geschlechtshormon erzeugen, die sogenannten Leydigschen Zellen, entsprechend der Hodenaktivität.

Männliche Geschlechtshormone bedingen nicht nur Verhaltensänderungen, indem sie Kampf- und Brunftaktivitäten stimulieren; sie regulieren auch den Geweihzyklus*: Erhöhung des Testosteronspiegels stoppt das Geweihwachstum, fördert seinen Verkalkungsprozeß und löst schließlich das *Fegen* aus, das ist das Entfernen der inzwischen abgestorbenen Basthaut vom ebenfalls toten Geweihknochen. Erniedrigung des Steroidhormonspiegels dagegen führt zum Geweihabwurf (BUBENIK 1966; SCHAMS und BARTH 1987; STIEVE 1950). Fortpflanzungsbereitschaft, Geweihzustand und Sozialverhalten sind beim Rehbock aufgrund der gleichen hormonellen Auslöser miteinander synchronisiert. Ihrerseits werden sie gesteuert durch die tägliche Lichteinstrahlung. In Versuchen kann durch künstliche Verlängerung und Kürzung der täglichen Lichtmenge der Einfluß der Lichtperiodik auf den Geweihzyklus nachgewiesen werden. So gelang es BUBENIK (1966) durch entsprechende Maßnahmen, einen Rehbock während sechs Jahren jährlich zu zwei Geweihwechseln zu veranlassen.

Zwei- und mehrjährige Böcke fegen ihre Geweihe in der Regel während der zweiten Märzhälfte und damit vor dem Verfärben (Haarwechsel), das in die Monate April, Mai und gelegentlich in die erste Junihälfte fällt. Jährlingsböcke fegen ihr erstes Folgegeweih dagegen erst nach dem Verfärben und damit etwa sieben bis acht Wochen nach den älteren.

Der Geweihabwurf erfolgt während einer beträchtlich längeren Periode, nämlich zwi-

* Es ist ein Kuriosum der deutschen Jägersprache, daß sie bei Rehböcken den Kopfschmuck mit „Gehörn" bezeichnet, obwohl es sich gemäß zoologischer Definition eindeutig um ein „Geweih" handelt (im Gegensatz zu ständig weiterwachsenden Hörnern bei Muffelwild, Steinbock und Gams, die also wirklich „Gehörne" tragen). Deshalb ist hier der Eindeutigkeit halber weiterhin vom „Geweih" auch beim Rehbock die Rede.

schen Anfang Oktober und Mitte Januar. Gelegentlich finden Abwürfe schon im September statt. In der Regel werfen zwei- und mehrjährige Böcke vor den Jährlingen ab.

Nach den bisherigen Ausführungen werden Geweihwechsel und Brunftbereitschaft der Böcke also in erster Linie durch die Tageslänge ausgelöst und kaum mitbestimmt von jeweiligen anderen Umweltfaktoren. Das stimmt jedoch nicht ganz. Innerhalb eines Bockbestandes sorgen Rangordnungen für sozialen Streß, der das Hodenwachstum, die Senkung des Hodens in den Hodensack (Scrotum), die Größe des Hodens und des Hodensacks und dessen Färbung und damit die Bildung des männlichen Geschlechtshormons Testosteron sowie das von ihm ausgelöste Territorial- und Fortpflanzungsverhalten mitbestimmt.

Dieser Tatbestand fiel als erstem ELLENBERG (1974) auf. In der zweiten Maihälfte tragen territoriale Böcke deutlich sichtbare, tief herabhängende, meist weiße Hodensäkke. Nichtterritoriale zwei- und dreijährige Böcke sowie Jährlinge zeichnen sich durch kleinere, braunbehaarte, für den menschlichen Beobachter oft kaum erkennbare Scroten aus. Nach den bisher vorliegenden Beobachtungen ist die Hodengröße in beiden Fällen gleich. Territoriale und nichtterritoriale Böcke unterscheiden sich also lediglich durch die Lage der Hoden im Hodensack, die Färbung und Größe des Scrotums.

Damit unterscheiden sich Rehböcke nicht von vielen anderen erwachsenen Säugetiermännchen. Nach vergleichend morphologischen Betrachtungen ordnete PORTMANN (1965) das Scrotum als eines der Merkmale zur ‚Selbstdarstellung' ein. Es erreicht seine deutlichste Ausprägung bei Arten, deren ‚Sexualpol' auch durch andere auffällige Merkmale wie auffallende Zeichnung von Schwanz und Spiegel bei Huftieren, Haarwirbel bei Raubtieren oder gar Haarlosigkeit und geradezu grelle Färbung von Haut und Haaren bei Affen gekennzeichnet ist. Säugetierarten, bei denen der Hodenabstieg, der Descensus testiculorum, seinen ‚gestalterischen' Höhepunkt erreicht, sind auch durch Mähnen, maskenartige Gesichtszeichnung, durch mächtige Geweihe oder Hörner an ihrem ‚Gesichtspol' besonders ausgezeichnet.

Das sind Rehböcke im Vergleich zu den erwachsenen Männchen anderer Hirscharten zweifellos nicht (siehe Seite 168): Ihre Geweihe sind klein, und besonders markante Gesichtsfärbungen fehlen. Zudem ist ihr Spiegel im Winter, wenn sie sexuell völlig inaktiv sind, viel auffälliger als im Sommer, und den Rehen fehlt – ein Unikum unter allen Hirscharten – ein äußerlich sichtbarer Wedel. Trotzdem dient das Scrotum offenbar als soziales Signal. SCHMID (1965) entdeckte jedenfalls das Verhaltenselement ‚Scrotum präsentieren' und belegte es fotografisch.

Zu dem auffälligen Unterschied zwischen tiefhängendem weißen und hochgetragenen braunen Kurzwildpret kommt es unter Streß bzw. unter Fehlen von Streß. Im ersten Fall werden die parasympathischen Nerven aus dem Beckengeflecht *(Nervi pellvici)* und die sympathischen aus dem *Plexus mesentherícus caudalis* gereizt. Sie wirken auf den quergestreiften Retraktormuskel des Hodens *(Musculus cremaster externus)* sowie auf die glatte Muskulatur des Hodensackes *(M. cremaster internus)*. Diese ziehen nun den Hoden Richtung Körper nach oben. Gleichzeitig wird der Hodensack zusammengezogen und wirkt dadurch kleiner. Dabei wird die weiße Unterwolle von den nun dichter stehenden braunen Grannenhaaren überdeckt. Die Farbe des Hodensackes wechselt von Weiß zu Braun.

Übrigens ist diese Streßreaktion nicht allein auf soziale Spannungen gegenüber einem überlegenen Bock beschränkt. Sie wirkt auch rasch bei erhöhter Fluchtbereitschaft oder bei Kälte. In Gehegeversuchen, so bewies ELLENBERG, kann das Phänomen durch Wegnehmen beziehungsweise Zusetzen eines überlegenen Bockes provoziert werden. Gelegentlich verlassen territoriale Böcke ihre Eigenbezirke. Merken sie dann, daß sie sich in fremden Räumen bewegen, ändert sich sofort ihr Verhalten und ihre Erscheinung. Unter anderem ziehen sie die Hoden hoch und wirken auch in der Körperhaltung plötzlich wie nichtterritoriale Böcke.

Angezogene Hoden sind einer höheren Temperatur ausgesetzt als tiefhängende. Höhere Temperatur reduziert aber die Bildung des männlichen Geschlechtshormons Testosteron oder verhindert sie. Doch just unter der Wirkung von Testosteron werden die typisch männlichen, das sind vor allem die territorialen Verhaltensweisen gezeigt. Rehböcke mit kleinen, hoch getragenen Hodensäkken plätzen im April und Mai nie, markieren nur selten und schlagen nur ausnahmsweise mit den Geweihen gegen Büsche und kleine Bäume. Bei starken Böcken mit tiefhängenden weißen Scroten ist dieses Verhalten dagegen zu dieser Zeit häufig.

Territoriale und nichtterritoriale Böcke unterscheiden sich aufgrund des beschriebenen Hodensackmerkmals und der Häufigkeit des Markierverhaltens bis etwa Mitte Juni. Dann lassen sich kaum noch Unterschiede feststellen. Die Territorialen haben zu diesem Zeitpunkt ihre Reviere etabliert und markieren weniger. Jetzt wagen sich auch die ‚Besitzlosen' aus ihren Verstecken, plätzen, schlagen die Geweihe gegen Pflanzen und markieren. Dabei sind auch ihre Scroten tiefhängend und erscheinen weiß. Doch die nichtterritorialen Böcke zeigen auch jetzt noch gegenüber den territorialen höchsten Respekt. Zur Fortpflanzung kommen – jedenfalls bei waldbewohnenden Rehen – nur die territorialen Böcke (siehe Seite 127).

Soweit zum Fortpflanzungsverhalten der Böcke. Wenden wir uns nun aber zwei anderen, für die Fortpflanzung des Bestandes wichtigen Phänomenen zu, dem Setzen und der Fortpflanzungsbereitschaft der Geißen!

Geißen halten sich an eine erstaunlich kurze Brunftzeit zwischen Ende Juli und Anfang August (siehe Abb. 10). In der Regel paaren alte und konditionell starke Geißen früher als junge und schwach veranlagte. Nachbrunften treten im Sommer als eher seltene Ausnahmen auf (siehe Seite 147). Über das Vorkommen von Nachbrunften im Herbst oder Winter liegen aus Feldbeobachtungen praktisch keine Meldungen vor, sieht man von einigen Meldungen über trächtige Kitzgeißen ab, die zweifellos erst im Winter brunfteten und ihren Nachwuchs ohne Keimruhe zur Welt brachten.

Während über die Brunft nur wenig quantitatives Material vorliegt, sind wir heute hinreichend orientiert über den Verlauf der Setzzeit: 1955 legte RIECK eine Zusammenstellung der Setzzeiten von 4347 im Jahre 1936 und 12 340 zwischen 1938 und 1940 im damaligen Gebiet des deutschen Reiches markierter Rehkitze vor. Aufgrund dieses bis heute einmalig gebliebenen Datenmaterials werden die frühesten Kitze Anfang März, die spätesten im August und zu Beginn des Septembers gesetzt. Rund 97 % der Kitze kamen dagegen in den Monaten Mai und Juni zur Welt. In der Praxis wird daher der 1. Juni zu Recht als der mittlere Setztermin der Rehe angenommen. Diese Aussage bestätigen auch spätere Veröffentlichungen über die Setzzeit des Rehes in Österreich und in der Schweiz (BLANKENHORN 1976, HARTMANN 1972, REIMOSER et al. 1988, 1987, 1986a und b; SÄGESSER und KURT 1966).

Allerdings gibt es lokale Verschiebungen, wie bereits aus den Daten von RIECK (1955) hervorgeht. Demnach zeigen sie „eine von Südwesten nach Nordosten und von der Ebene ins Gebirge zunehmende Verschiebung der Zeichnungsdaten und damit der Setzzeiten in den Juni. Die Extreme bilden Mittelfranken mit 61 % Maizeichnungen und 37 % Junizeichnungen und Kärnten mit 5 % Maizeichnungen, 71 % Junizeichnungen und sogar noch 21 % Julizeichnungen. In Südwestdeutschland und in Schleswig-Holstein wird eine erhebliche Zahl der Kitze im Mai gesetzt, in den übrigen Gebieten überwiegt die Zahl der Junikitze, besonders stark in Nordostdeutschland und in den Alpenländern."

STRANDGAARD (1972b) beobachtete, daß Rehe auf den klimatisch milden, landwirtschaftlich intensiv genutzten Jungmoränen an der dänischen Ostküste 12 bis 14 Tage früher setzen als auf den Heidelandschaften der rauheren Westküste. Auch in Niederösterreich, wo zwischen 1980 und 1987 in 342 verschiedenen Jagdrevieren 3284 Rehkitze markiert wurden, ergaben sich signifikante Unterschiede in der Markierungszeit (und somit wahrscheinlich auch in der Setzzeit) zwischen verschiedenen Regionen, so etwa zwischen den Bezirken Melk (31. bzw. 23. Mai) und Zwettl (4. Juni bzw. 27. Mai) (REIMOSER et al. 1988).

Derartige Daten werfen eine Reihe von Fragen auf: Welche Umwelteinflüsse bewirken unterschiedliche Setztermine? Sind unterschiedliche Setzzeiten im Zusammenhang zu sehen mit gleichsinnig verschiedenen Brunftzeiten? Handelt es sich unter Umständen um eine modifikative Möglichkeit hochträchtiger Geißen, ihre Kitze während besonders günstiger klimatischer Bedingungen oder während bestmöglichem Nahrungsangebot zu setzen? Und schließlich könnte man sich auch fragen,

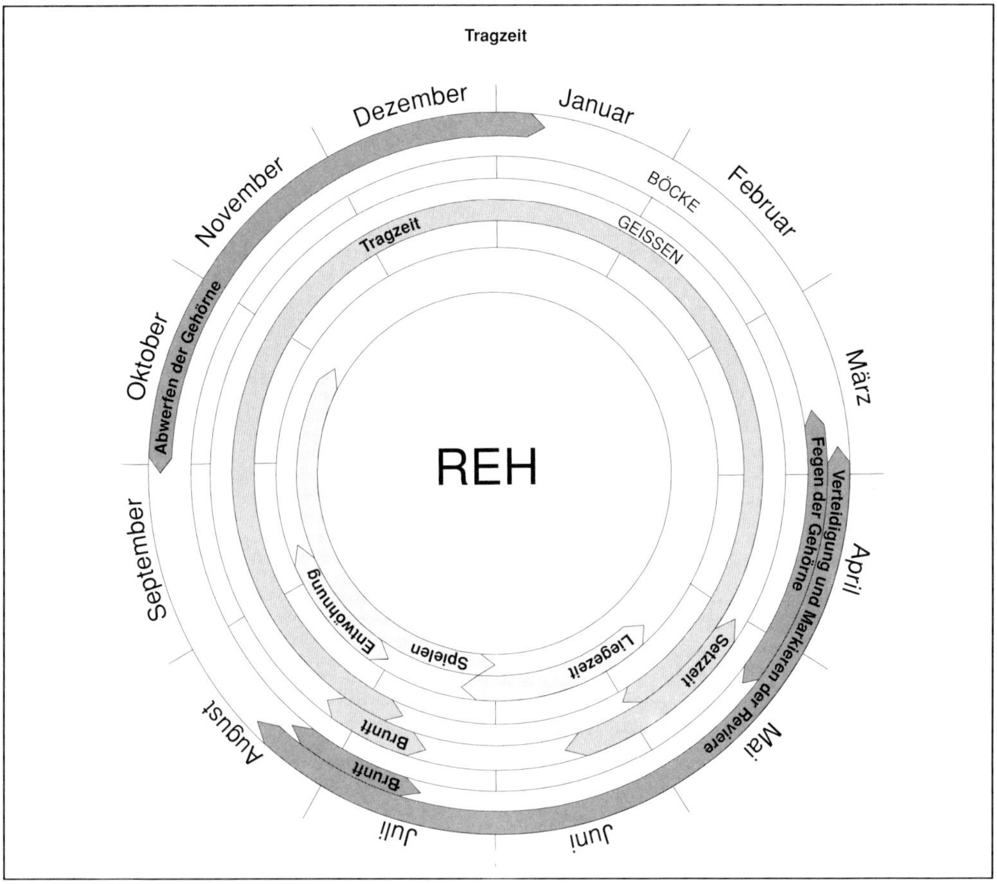

Abb. 13: Das Diagramm gibt die Verteilung der wichtigsten Aktivitäten von Rehkitzen (innerer Kreis), Geißen (mittlerer Kreis) und Böcken (äußerer Kreis) wieder. Im Sommerhalbjahr finden die wichtigsten sozialen Auseinandersetzungen statt: Böcke verteidigen und markieren ihre Territorien. Die Geißen gebären Kitze und ziehen sie auf. Die Brunft verläuft während sehr kurzer Zeit zwischen Ende Juli und Anfang August. Ins Winterhalbjahr, wenn die Rehe verträglich sind und größere Gruppen bilden, fallen Geweihwachstum und Entwicklung der Foeten

ob der Setztermin bei verschiedenen Beständen genetisch auf verschiedene Zeitpunkte fixiert sei.

Diese letzte Frage kann aufgrund des folgenden Befundes verworfen werden: Ein und derselbe Rehbestand kann von Jahr zu Jahr zu unterschiedlichen Zeitspannen den Höhepunkt seiner Setzzeit erreichen, wie folgende Beispiele zeigen: In Niederösterreich ergaben sich zwischen den Jahren 1987 (mittlerer Markierungstag 31. Mai; mittleres Setzdatum 23. Mai) und 1981 (5. Juni bzw. 28. Mai) signifikante Unterschiede in der Setzzeit. Das gleiche ist aus der Schweiz zu berichten, wo Sägesser und ich anläßlich der eher kühlen und regnerischen Setzzeit von 1965 anhand der geschätzten Setztermine der Kitze von 445 Geißen im Kanton Bern das mittlere Setzdatum und den Höhenpunkt der Setzzeit für die Woche vom 30. Mai bis zum 5. Juni bestimmten. Im eher milden Jahre 1971 lagen diese Werte für das Schweizer Mittelland aber bedeutend früher, nämlich in der Woche zwischen dem 17. und 23. Mai, 1972 dagegen zwischen dem 29. Mai und dem 4. Juni (Hartmann 1972, Müller 1972). Von ungleichen Setzdaten ein und desselben Bestandes berichtet auch Ellenberg (1978), auf dessen Befunde ich noch zu sprechen komme.

Vorerst möchte ich der Frage nachgehen,

ob Witterungseinflüsse während der Setzzeit direkt einwirken. SÄGESSER und ich konnten dies nicht nachweisen. Jedenfalls fanden wir keinen direkten Zusammenhang zwischen Tagessumme der registrierten Geburten und Luftdruck, täglicher Sonnenscheindauer, Niederschlagsmenge oder mittlerer Tagestemperatur. Spitzentage fanden wir sowohl bei Regen wie Trockenheit und bei höherem oder tieferem Barometerstand. Während der Hauptsetzzeit wurden eher tiefe Temperaturen und abnorm wenig Sonne festgestellt.

Solche und ähnliche Werte aus der unbelebten Umwelt wirken aber auch auf die Pflanzendecke ein, von der die Rehe leben und die besonders den Kitzen in den ersten Lebenswochen Schutz gibt. Um die phänologische Entwicklung der Pflanzendecke zu charakterisieren, zog ELLENBERG (1978) neben den Austreibe- und Blütenterminen weiterer häufiger Pflanzenarten den Zeitpunkt des Austreibens der ersten Rotbuchenblätter heran. Die Rotbuche *(Fagus sylvatica)* ist in mitteleuropäischen Lebensräumen des Rehes auf den unterschiedlichen Standorten weit verbreitet und eignet sich deshalb als Weiserpflanze über Witterungsverläufe in einzelnen Frühjahren.

Nach ELLENBERGS Beobachtungen verläuft der Höhepunkt der Setzzeit im Donautal bei Ingolstadt zehn bis zwölf Tage früher als auf den 150 Meter höher gelegenen Jurazügen, die nur etwa 20 Kilomter weiter nördlich liegen. Entsprechend unterschieden sich auch die Ergrünungsdaten der Rotbuchen. Gleiches stellte er im Versuchsgatter Stammham fest: Im verhältnismäßig milden Frühjahr von 1976 beispielsweise fiel das Ergrünungsdatum der ersten Rotbuchen auf den 18. April, im Frühjahr 1973, das sich durch einen strengen Nachwinter auszeichnete, aber erst auf den 29. April. Im milden Frühjahr von 1976 fiel der mittlere Setztermin auf den 18. Mai, im späten Frühjahr 1973 aber auf den 31. Mai. Somit war die Dauer der Tragzeit (unter Berücksichtigung der Fehler für die mittleren Brunft- und Geburtstermine) 1972/73 signifikant länger als 1975/76, nämlich rund 307 gegenüber 296 Tagen. Dies traf sogar zu, obwohl der Höhepunkt der Brunft 1975 um rund drei Tage früher als 1972 überschritten war.

In der Kochelsee-Niederung Oberbayerns, also in einem völlig anders strukturierten Lebensraum als im Stammhamer Gatter, fand auch KRAUS (1975) ähnliche Verschiebungen der Setzzeit. Im späten Frühjahr von 1973 war dort der Höhepunkt der Setzzeit auffallend später als 1974 und 1975.

„Das späte Frühjahr", so schreibt ELLENBERG über die Setzzeit von 1973, „verzögerte das Setzen um circa 14 Tage und verlängerte die Tragzeit um etwa zehn Tage. Diese Verzögerung fand statt, obwohl der Winter 1972/73 recht milde gewesen war, was die Bedeutung der Frühjahrswochen für den Setztermin unterstreicht . . . Rehe sind offenbar in der Lage, ihre Beschlagenheitsdauer äsungsabhängig modifikativ so zu steuern, daß ihre Kitze in die günstigste Jahreszeit hinein gesetzt werden." Diese ist ausgezeichnet durch verhältnismäßig hohe Temperaturen, durch einen Überschuß an leichtverdaulicher Nahrung und durch eine bereits weitgehend entwickelte geschlossene Pflanzendecke, die die Kitze vor Feinden und auch vor übermäßigen Wärmeverlusten durch Abstrahlung schützt.

2.6 Das Jahr des Rehes und der 24-Stunden-Tag

‚Richtig' leben Rehe eigentlich nur zwischen April und Mitte August. Zu Beginn dieser Zeitspanne etablieren die stärksten Böcke ihre Territorien, verteidigen sie gegenüber Konkurrenten und markieren sie mit Duftstoffen. Sie tragen jetzt ein gefegtes Geweih, das sie erst im Herbst abwerfen werden. Zwischen Mitte Mai und Mitte Juni ziehen sich die Ricken auf ihre Setzplätze zurück und setzen dort ihre Kitze. Ende Juni bis Mitte August findet dann die Brunft statt.

Territorialkämpfe, Setzen und Säugen der Kitze sowie Brunft sind sich rasch folgende, energiezehrende und für die Arterhaltung ausschlaggebende Höhepunkte im Jahr des Rehes. Sie fallen ganz genau in die Zeitspanne des besten Nahrungsangebotes (Abb. 10 und 13). Jetzt ist die Äsung besonders eiweißhaltig, zart und leicht verdaulich. Sie ist reichlich und meist in großen Teilen des Lebensraumes vorhanden. Folglich können Rehe während dieser vier bis fünf Monate vorüber-

Tabelle 2b: Verteilung der Äspflanzenarten nach Beliebtheit und Lebensraum (Daten aus KLÖTZLI 1956)

Pflanzengruppen	Beliebtheitsgrad (Anzahl Arten) 4.	3.	2.	1.	0.	total
Grasartige						
Wald	–	2	12	11	12	37
	–	(6 %)	(32 %)	(30 %)	(32 %)	(100 %)
Wiese/Acker	5	6	8	4	4	27
	(18 %)	(22 %)	(30 %)	(15 %)	(15 %)	(100 %)
Ried	–	1	3	10	42	56
	–	(2 %)	(5 %)	(18 %)	(75 %)	(100 %)
Übrige Einkeimblättrige (Kräuter)						
Wald	2	3	6	2	7	20
	(10 %)	(15 %)	(30 %)	(10 %)	(35 %)	(100 %)
Wiese/Acker	–	–	–	–	2	2
	–	–	–	–	(100 %)	(100 %)
Ried	–	–	1	–	14	15
	–	–	(7 %)	–	(93 %)	(100 %)
Jungbäume						
Wald	6	11	7	8	1	33
	(18 %)	(33 %)	(21 %)	(24 %)	(3 %)	(99 %)
Ried	3	1	3	–	–	7
	(43 %)	(14 %)	(43 %)	–	–	(100 %)
Sträucher, Halbsträucher, Lianen						
Wald	15	6	8	6	5	40
	(38 %)	(15 %)	(20 %)	(15 %)	(12 %)	(100 %)
Ried	1	2	1	–	–	4
	(25 %)	(50 %)	(25 %)	–	–	(100 %)
Übrige Zweikeimblättrige (Kräuter)						
Wald	14	21	29	53	43	160
	(9 %)	(13 %)	(18 %)	(33 %)	(27 %)	(100 %)
Wiese/Acker	12	8	14	30	15	79
	(15 %)	(10 %)	(18 %)	(38 %)	(19 %)	(100 %)
Ried	6	13	25	13	50	107
	(6 %)	(12 %)	(23 %)	(12 %)	(47 %)	(100 %)

gehend große Teile der Landschaft erobern. Motor dieser Ausbreitung ist eine erhöhte Unverträglichkeit zwischen Artgenossen. Sie geht vor allem von älteren und stärkeren Rehen aus.

Ganz anders leben Rehe dagegen zwischen August und April. Dem geringen, eiweißarmen, oft hartfasrigen und folglich schwerverdaulichen Nahrungsangebot begegnen sie mit verschiedenen energiesparenden Maßnahmen wie etwa einer dichten, gut isolierenden Winterdecke oder einer hohen innerartlichen Verträglichkeit. Kleine Gruppen und Einzelrehe rücken jetzt zusammen und bilden größere Verbände, die in waldarmen Landschaften 30, ja gelegentlich sogar mehr als 100 Mitglieder umfassen.

Jahreszeit und Pflanzendecke bestimmen also mit darüber, ob Rehe entweder mehr oder weniger unduldsame Einzelgänger sind oder fast lammfromme Herdentiere; sie entscheiden mit darüber, wie sich Rehe sozial organisieren müssen. Der Sonnenstand wirkt, wie die Versuche von BUBENIK, EISFELD und HOFMANN und seinen Mitarbeitern bestätigten, als Zeitgeber für eine angeborene innere

Tabelle 3: Äsungsperioden des Rehes in Waldgesellschaften des nördlichen Schweizer Mittellandes (nach F. Klötzli 1965) und die Anzahl der in jeder Periode geästen Pflanzenarten, unterschieden nach Beliebtheitsgrad (4: regelmäßig stark verbissen; 3: periodisch stark oder immer mäßig verbissen; 2: oft mäßig verbissen; 1: zuweilen schwach verbissen)

Äsungsperioden: (typ. Äsung)	Beliebtheitsgrad (Anzahl Arten)				
	4.	3.	2.	1.	total
16. 3.–30. 4. Gräser, Knospen	37	17	14	13	93
1. 5.–15. 6. Einkeimblättrige, Laubtriebe	37	23	22	17	99
16. 6.–15. 10. Zweikeimblättrige, Laubtriebe	37	30	29	38	134
16. 10.–31. 12. Pteridophyten, Knospen, Brombeere	37	20	19	11	87
1. 1.–15. 3. Gras, Knospen, Brombeere	37	16	16	25	94

Uhr, die, was Quantität und Qualität der Äsung anbelangt, in der bestmöglichen Jahreszeit rechtzeitig Geweihwechsel sowie Territorial- und Brunftverhalten ‚einschaltet'. Eine entsprechende innere Uhr, die ebenfalls vom Sonnenlicht angeregt wird, löst jene Prozesse aus, die das jeweile Äsungsangebot gemäß der benötigten Energiemengen regelt, so zum Beispiel die Bildung besonders zottenreicher Pansenwände oder eine gesteigerte Futteraufnahme.

Allerdings kann der strikte Zeitgeber des Sonnenstandes, der ja auch das Äsungsangebot bestimmt, nicht genau auf den Setztermin einwirken. Dazu orientieren sich die beschlagenen Geißen anscheinend rechtzeitig am von Jahr zu Jahr verschiedenen Ausbildungsgrad der Frühjahrsvegetation.

Soweit zum Jahresablauf des Rehes. Wenden wir uns nun seiner Tagesaktivität zu! Auch hier wirkt der jeweilige Stand der Sonne bis zu einem gewissen Grad als Zeitgeber.

Von Fluchtbereitschaft und Flucht abgesehen, gibt es keine anderen Aktivitäten des Rehes, die den Alltag dermaßen stark bestimmen wie Futtersuche, Äsen und Wiederkäuen. Sie diktieren seinen Alltag. Bubenik (1960) stellte an gegatterten Rehen die ersten diesbezüglichen Beobachtungen an: Im Frühjahr und Sommer werden je sechs Stunden zur Futteraufnahme und zum Wiederkäuen eingesetzt. Während sechs Stunden ruhten seine Versuchstiere, vier Stunden schliefen sie und zwei Stunden erfolgten Ortsverschiebungen. Im Herbst und Winter brauchten sie je sieben Stunden, um zu äsen und wiederzukäuen. Sie ruhten nur fünf, schliefen nur zwei Stunden, brauchten aber drei Stunden für Ortsverschiebungen. Nach meinen ersten Feldbeobachtungen im Berner Mittelland werden je ein Viertel des 24-Stunden-Tages für Äsen, Wiederkäuen, Ruhen bzw. Schlafen verbraucht. Das letzte Viertel fällt Ortsveränderungen, Körperpflege und Sozialverhalten zu (Kurt 1974).

Der hohe Anteil an Futtersuche, Äsen und Wiederkäuen im Alltag des Rehes hat einen verdauungsphysiologischen Grund: Rehe leben in der Regel von Pflanzen, die zwar häufig vorkommen, in der Regel jedoch einen niedrigeren Nährwert haben. Sie müssen also ihren Magen-Darm-Trakt kontinuierlich gefüllt halten, um möglichst viel Futter verwerten zu können. Nach dieser *Pansenfülle-*

Theorie (Moen 1973, Westoby 1974) wird die Futteraufnahme lediglich eingeschränkt durch die Zeit, die Rehe brauchen, um die Äsung wiederzukäuen und damit für die Verdauung vorzubereiten, und nicht durch die Zeit, in der sie sie beschaffen können.

Trifft diese Annahme tatsächlich zu, so sind Wechselwirkungen zwischen Aktivitätsmuster und Nahrungswahl zu erwarten. Dies ist der Fall, wie Turner (1983) im Zizerser Feld nachwies. Hier beobachtete er markierte erwachsene Geißen zwischen dem 4. Januar und dem 24. April bezüglich ihrer Aktivitäten. In dieser Periode werden die Tage um rund 5,5 Stunden länger. Mit zunehmender Tageslänge verbrachten die Rehe insgesamt mehr Zeit mit Stehen und Äsen als mit Sitzen und Wiederkäuen. Daraus könnte man jetzt kurzerhand schließen, Rehe seien eben *tagaktive* Tiere. Auf diese Frage werde ich noch zurückkommen.

Bleiben wir vorerst bei den Studien von Turner: Er fand, daß die einzelnen Aktivitätsabschnitte – die Bouts, wie Verhaltensforscher sagen –, in denen Rehe ihr Futter suchen und äsen, im Januar ebensolang dauern wie im Februar, März oder April, nämlich im Mittel 58 Minuten, also rund eine Stunde. Etwa die Hälfte dieser Zeit wird für die eigentliche Nahrungsaufnahme verwendet.

Nach einem solchen ‚Aktivitätsschub' ziehen sich Rehe auf ihre Ruheplätze zurück, tun sich nieder und käuen die aufgenommene Nahrung wieder. Mit zunehmender Tageslänge, so die Studien im Zizerser Feld, werden die Liegeperioden immer kürzer. Umfassen sie im Januar im Mittel 140 Minuten, betragen sie im März 100 und im April nur noch 70 Minuten. Ganz offensichtlich brauchen die Rehe jetzt weniger Zeit, um die aufgenommene Nahrung durch Wiederkäuen für die weitere Verdauung aufzubereiten. Mit dem Beginn der Vegetationsperiode wächst leichter verdauliche Nahrung. Diese wird bevorzugt geäst, während hartfasrige Äsung zunehmend gemieden wird.

Auch dies wies Turner nach: Im Januar halten sich die Rehe auf dem Zizerser Feld doppelt so lange in Rapsfeldern auf wie im April und äsen hier dreimal länger von den ölhaltigen und folglich wohl schwerer verdaulichen Pflanzen als im April. Zwar äsen Rehe im Januar und April etwa gleich häufig am Waldrand, doch nehmen sie im Januar sechzigmal mehr von holzigen, hartfaserigen Büschen und Jungbäumen auf als im April. Ganz offensichtlich meiden sie, wenn dazu die Möglichkeit besteht, hartfaserige oder sonst schwerverdauliche Nahrung und ziehen leichtverdauliche vor (damit ist die erwähnte Pansenfülle-Hypothese bestätigt).

Rehe können also, ganz besonders in der ersten Hälfte der Vegetationsperiode, durch die Wahl besonders leicht verdaulicher Äsung die Zeit des Wiederkäuens verkürzen und so mehr Zeit für vermehrte Äsungsaufnahme oder andere Aktivitäten freimachen. So optimieren sie ihr Aktivitäts- und Ruhezeitbudget. Dabei werden sie allerdings durch morphologisch-physiologische Eigenschaften ihres Verdauungssystems, vor allem des Pansens, eingeschränkt.

Präzise Angaben über Aktivitätsphasen machten Bubenik (1959, 1960, 1962), der Rehe in Kleingehegen studierte, und Klötzli (1965) anhand einer vierjährigen Studie an freilebenden Rehen. Beide erwähnen acht (im Winterhalbjahr) bis elf (im Sommerhalbjahr) Äsungszyklen. In den Dämmerungszeiten können jeweils zwei Zyklen miteinander verschmelzen. Beide Autoren sehen deshalb das Reh als ein *Dämmerungs-* und *Tagtier*, das aber auch in der Nacht Nebenaktivitäten zeigen kann. Das muß es in der Tat: Wie die oben erwähnten Untersuchungen von Turner im Zizerser Feld zeigen, braucht ein Reh rund eine Stunde, um seine Ässtellen aufzusuchen, seinen Pansen mit Äsung zu füllen und gut ebensoviel Zeit, um leichtverdauliche Nahrung wiederkäuend für die Verdauung vorzubereiten und zu ruhen.

Zwischen dem Beginn eines Äsungszyklus und dem Beginn des nächstfolgenden vergehen demnach im Zizerser Feld zwischen Januar und April also wenigsten zwei Stunden. Bei maximal elf täglichen Äsungszyklen sind dies insgesamt 22 Stunden. Zwangsläufig müssen Rehe also auch nachts auf Äsungssuche gehen. Dies beweisen die modernen Studien aus dem Zizerser Feld, bei denen Nachtsichtgeräte eingesetzt wurden (z. B. Lardi 1983).

Die Abfolge von Aktivitätszyklen hängt nicht zuletzt aber ab von den räumlichen Verhältnissen im Lebensraum. Wo Ruhe- und Äsungsplätze nahe beeinander liegen, verschwenden Rehe weniger Zeit mit dem Aufsuchen der jeweiligen Standorte. Hier können – vorausgesetzt, es finden keine massiven Störungen statt – die einzelnen Aktivitätsphasen schneller aufeinander folgen. In den waldreichen Gebieten des nördlichen Schweizer Mittellandes, so KLÖTZLI (1965), finden die Höhepunkte der elf Äsungsphasen wie folgt statt: 5.30 h, 9.00 h, 10.30 h, 12.00 h, 13.45 h, 15.00 h, 18.00 h, 21.00 h, 23.30 h, 1.00 h und 3.00 h.

Hinzu kommt, daß Rehe in der modernen Kulturlandschaft tagsüber zunehmend durch menschliche Aktivitäten gestört werden. Darauf wies PRIOR (1968) bei englischen Rehbeständen hin. Er stellte fest, daß sie nachtaktiv werden. Zwar war er nicht in der Lage, genaue Nachtbeobachtungen anzustellen. Er nahm aber an, daß sich ihre Aktivitätsrythmen gemäß der jeweiligen Mondphasen ausrichteten, und verglich die Zahl der Rehe, die er tagsüber beim Äsen beobachtete, mit dem Mondkalender. Dabei kam er zum Schluß, daß nach mondhellen Nächten weniger Rehe tagsüber angetroffen wurden als nach mondlosen.

Angeregt durch PRIORS Beobachtungen, ordnete ich meine eigenen Rehbeobachtungen, die ich während zweier Jahre zwischen Februar und Mai tagsüber im Beobachtungsgebiet des Berner Mittellandes gemacht hatte (KURT 1974). Während dieser Jahreszeit ästen die Rehe hier vorwiegend auf dem Feld. Folglich waren Beobachtungen über ihre Aktivitätsphasen verhältnismäßig leicht und zahlreich anzustellen. Alle Rehe, die ich zwischen 6 Uhr früh und 19 Uhr abends gezählt hatte, gruppierte ich nach Tagesstunden. Dann teilte ich die Beobachtungen in zwei Gruppen ein: in eine ‚Vollmondperiode' (zwischen zunehmendem, d.h. dem 1. Viertel, und abnehmendem Mond, d.h. dem 3. Viertel) und einer ‚Neumondperiode' zwischen abnehmendem und zunehmendem Mond. Beide Gruppe enthielten genau gleich viele Beobachtungstage. Zudem zählte ich während der ‚Vollmondperiode' tagsüber praktisch gleich viele Rehe wie während der ‚Neumondperiode', nämlich insgesamt 943 bzw. 1088. So gesehen hatte der Mond also keinen Einfluß auf die Zahl der aktiven, äsenden Rehe, die ich zählen konnte.

Unterscheidet man dagegen, wann die Rehe genau austreten, dann ergeben sich tatsächlich bemerkenswerte Unterschiede: Zwischen 6 und 8 Uhr früh zählte ich nach hellen Vollmondnächten insgesamt lediglich 110, nach dunklen Neumondnächten fast doppelt soviele, nämlich 208 Rehe. Zwischen 8 Uhr und mittags wurde der Unterschied noch deutlicher: In der ‚Vollmondperiode' sah ich während dieser vier Stunden nur 48 Rehe, in der ‚Neumondperiode' dagegen 198, also fast viermal soviele. Auch am Nachmittag war noch ein allerdings nicht mehr sehr deutlicher Unterschied festzustellen. In der Zeitspanne zwischen 16 und 19 Uhr dagegen veränderte sich das Bild. Jetzt standen in den ‚Vollmondperioden' mehr Rehe äsend auf dem Feld als während der ‚Neumondperioden', nämlich 704 bzw. 554.

Diese Ergebnisse lassen sich mühelos als Einwirkung des Mondkalenders deuten. Demnach nutzen die Rehe helle Mondnächte zum Äsen und Ruhen vermehrt bis zum späten Nachmittag. In dunklen Nächten dagegen ruhen sie eher und kompensieren die so verlorene Äsungszeit, indem sie vermehrt tagsüber austreten.

TURNER und seine Mitarbeiter haben diese Feststellung bei den Feldrehen in Zizers überprüft. Sie konnten sie nicht bestätigen. BÄRTSCHI (1983) meint dazu: „Dies könnte darin begründet liegen, daß in vom Menschen stark gestörten Gebieten, wie z. B. den landwirtschaftlich intensiv genutzten Zizerser Feldern das Rehwild die bevorzugte Tagesaktivität aufgibt und seine Aktivitäten hauptsächlich auf die Dämmerungszeit und Nachtstunden verlegen muß."

Tatsächlich können Störungen durch menschliche Einwirkungen wie Feld- und Forstarbeiten, Sport und Tourismus den Aktivitätsrythmus des Rehes wesentlich einschränken. Rehe verzichten dann in der Regel auf einen oder mehrere Äsungszyklen und halten sich verborgen oder äsen lediglich vom nächstbesten Futter. Aber auch eine Reihe von Eigenschaften der unbelebten Natur wirken hemmend auf die Aktivitätsperioden. Hohe Schneedecke zum Beispiel bremst die Äsungsaufnahme, jedenfalls solange keine künstliche Äsungsstelle zur Verfügung steht (Abb. 2a, b, s. S. 34). Das gleiche ereignet sich bei Regenwetter oder bei starkem Wind, der wahrscheinlich die Orientierung des stark auf

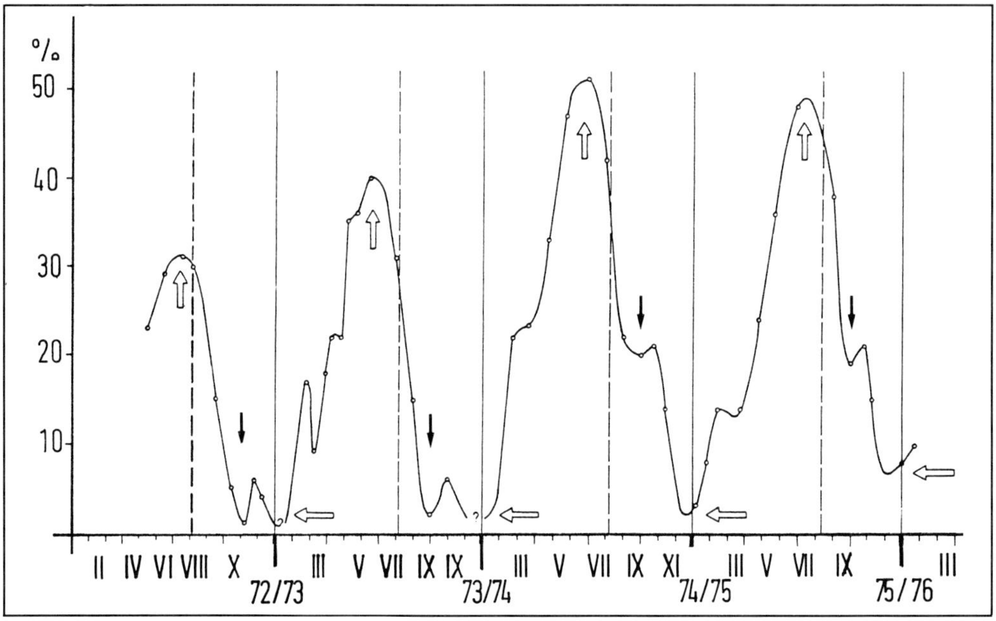

Abb. 14: Synchronisationskurve der Tagesaktivität der Rehe im Gatter von Stammham in vier Jahren (1972–1976) nach Ellenberg **(1978). In diesem Zeitraum stieg der Bestand von 37 auf 87 erwachsene Rehe an. Um die Synchronisation der Äsaktivität des Bestandes darzustellen, wurden Äsaktivitäts-Minima als Prozent der Maxima berechnet. Der Prozentwert wird groß, wenn der Unterschied zwischen Aktivitäts-Maxima und -Minima abnimmt und umgekehrt. Bei niedrigen %-Werten haben viele Bestandesmitglieder synchronisiertes Äsverhalten und umgekehrt. Im Sommer und bei hoher Dichte ist der Bestand weniger synchronisiert als im Winter und bei niederer Dichte**

Geruchsmarken geprägten Rehes zu sehr stört.

Folgendes haben alle Rehbestände, gestörte wie ungestörte, gemeinsam: Während der Morgendämmerung und in geringem Maße auch während der Abenddämmerung werden am meisten Rehe äsend angetroffen. Oder anders formuliert: Zu diesen Zeitpunkten machen die meisten Rehe gleichzeitig am selben Ort dasselbe. Kurz: Ihre Aktivitäten sind dann maximal synchronisiert.

Eine derartige Synchronisation macht aus mehreren Gründen durchaus Sinn: Rehe, die in demselben Gebiet leben, können sich beim wichtigen Vorgang des Wiederkäuens und der Verdauung nicht gegenseitig stören, wenn alle gleichzeitig äsen bzw. wiederkäuen. Ferner sind bei einer Tierart wie dem Reh, dessen Alltag stark durch die Verdauung und damit auch durch Äsungsaufnahme gesteuert wird, erfolgreiche Feindvermeidungs- und Fluchtstrategien ebenso wie ausgiebige soziale Beziehungen nur zwischen Individuen denkbar, die gleichzeitig am gleichen Ort das gleiche tun. Da sie nun aber nicht unbedingt gleichzeitig das gleiche Futter äsen, kann dessen jeweiliger Verdaulichkeitsgrad den gemeinsamen Rhythmus stören. Die Zeitpunkte von Sonnenaufgang und -untergang wirken hier, wie gesagt, synchronisierend. Auch bestimmte Temperaturen, so vermutet jedenfalls Turner, könnten in diesem Sinne wirken.

Zu diesem Ergebnis führen neben vielen Beobachtungen auch die Studien von Ellenberg (1974 und 1978). Ihm gelang es, die einzelnen Maxima und Minima der Aktivitäten innerhalb des 24-Stunden-Tages auf äußerst elegante Weise zu messen. Er versah seine Futterautomaten im Rehgatter von Stammham mit Geräten, die genau die zu jedem Zeitpunkt aufgenommene Futtermenge registrierten. Nach seinen Daten verlaufen die Aktivitätszyklen im Winterhalbjahr gleichförmiger als im Sommerhalbjahr (Abb. 14). Besonders während der Setz-, Säuge- und Brunftzeiten sind tagsüber kaum noch synchronisierte Aktivitätsmaxima und -minima festzustellen. Zu verschieden sind die Aktivitätsrhythmen der Bestandesmitglieder aufgrund ganz unterschiedlicher Tätigkeiten wie Markierung und Verteidigung eines Reviers, Ausweichen vor einem überlegenen Artgenossen, Ruhen, Fürsorge für den Nachwuchs u. v. a. m. Nicht nur die nach Alters- und Geschlechterklassen im Sommerhalbjahr verschiedenen Energiebudgets und folglich verschiedenen Aktogramme wirken desynchronisierend, sondern auch hohe Bestandesdichte (Abb. 14).

In diesem Fall spielen zweifellos innerartliche Unverträglichkeiten eine wesentliche Rolle. Denn dominante Rehe sind bemüht, besonders ergiebige Nahrungsquellen gegenüber unbekannten, das heißt nicht eng verwandten oder sonstwie unwichtigen Artgenossen zu verteidigen. Dermaßen verdrängte Unterlegene versuchen dann, just in den Zeitspannen, während welcher die Dominanten wiederkäuend ruhen, in die Äsungszentren einzudringen. Dazu müssen sie sich zwangsläufig Aktivitätsrhythmen aneignen, die denjenigen der Ranghohen entgegenlaufen.

Soweit ein erster Überblick über Lebensraum, Äsung, Jahr und Alltag des Rehes. Ich werde später, wenn ich über die Anpassungsfähigkeit des Rehes, seine natürliche Bestandesregulation und seine Bedeutung in der Lebensgemeinschaft berichte, noch einmal darauf zurückkommen. Zunächst aber zu den Merkmalen des Sozialverhaltens der Rehe.

3 Setzen, Nachgeburtsphase und kritische Periode

Neugesetzte Rehkitze, die man zufällig findet, sollen nicht angefaßt werden, heißt es. Die Ricke würde sie wegen des ihnen anhaftenden fremden Geruchs sonst nicht mehr als ihre eigenen Jungen erkennen und folglich auch nicht mehr annehmen. Tierschützerisch macht diese landläufige Meinung durchaus Sinn, denn Rehkitze gehören zu ihren Müttern und nicht in die Pflege von unerfahrenen Menschen, unter der sie meist rasch eingehen oder zu physischen und psychischen Krüppeln heranwachsen. Trotzdem ist sie falsch.

Rehgeißen nehmen sogar fremde Kitze an, jedenfalls innerhalb einiger Zeit nach dem Setzen. Dies wies als erster Bubenik (1965) nach. Er stellte anhand von Umtauschversuchen mit neun Kitzen und vier Ricken fest, daß in allen Fällen die fremden Kitze beziehungsweise die fremden Geißen angenommen wurden. Lediglich Ricken, denen die Zahl der Kitze verkleinert wurde, zeigten in den ersten drei bis vier Minuten nach der Adoption eine gewisse Unruhe. Bubenik bemerkte, daß Adoptionen bis in die dritte Woche nach dem Setzen vorkommen.

In drei Umtauschversuchen, bei denen bekannten Geißen fremde Kitze gegeben wurden, ohne dabei die Satzgröße (das ist die Anzahl Kitze pro Geiß) zu verändern, stellte ich ebenfalls Adoptionen fest. Dabei waren die Kitze in einem Fall eine, in den beiden anderen zwei und drei Wochen alt. Die getesteten Geißen führten vor dem Versuch gleich alte eigene Kitze. In einem weiteren Versuch erhielt eine Ricke, die ein einwöchiges Kitz führte, ein vier Wochen altes. Es kam nicht zur Adoption. Die Geiß verweigerte das fremde Junge und umgekehrt. Ebenso wollten zwei Ricken, die sechswöchige Kitze führten, nichts von dreiwöchigen Kitzen wissen.

Adoptionen kommen gelegentlich auch in freier Wildbahn vor: Zwei Geißen in meinem Beobachtungsgebiet im Berner Oberaargau, bei denen es sich vermutlich um Mutter und erstmals setzende Tochter handelte, setzten etwa 50 Meter auseinander und zogen ihren Nachwuchs auch in unmittelbarer Nähe voneinander auf. Die zuerst Setzende hatte drei, die rund zehn Tage später Setzende zwei Junge. Drei Tage nach dem Setzen hatte die zweite Geiß eines der drei Jungen der anderen adoptiert und später auch aufgezogen.

Doch nicht immer werden Kitze adoptiert oder fremde Mütter angenommen. Eine führende Geiß, die im August von einem Automobil getötet wurde, ließ zwei ungefähr sieben Wochen alte Kitze zurück. Diese suchten nach ihr und schlossen sich schließlich kurzfristig einer anderen Mutterfamilie an. Sie versuchten aber nie, an der führenden Geiß zu saugen. – Ein markierter Kitzbock verlor im September seine Mutter. Er zog zwar zu einer anderen Mutterfamilie, doch hier hielt er gegenüber der führenden Geiß immer eine größere Individualdistanz inne als deren eigene Kitze. Im Frühjahr löste er sich auch früher aus dem Sprung.

Nach all diesen Beobachtungen und Versuchen kann gesagt werden: Kitze wie Geißen sind bis etwa in der dritten Woche nach dem Setzen in der Lage, fremde Geißen bzw. fremde Kitze anzunehmen. Spätestens nach der fünften Woche konnte dies aber nicht mehr beobachtet werden. Das heißt, zwischen der dritten und fünften Woche nach dem Setzen werden Kitze auf ihre Mütter und diese auf ihre Kitze ‚geprägt'. Dieser Lernvorgang ist im großen und ganzen nicht mehr rückgängig zu machen, also irreversibel. Verglichen mit anderen bekannten Schalenwildarten finden beim Reh Prägungen sehr spät statt, und der sie bildende Prozeß dauert äußerst lang (Lent 1978).

Dies geht auch aus den Isolations- und Umtauschversuchen von Hersher, Richmond und Moore (1963) hervor, die das Mutter-Kind-Verhalten von Hausschafen und -ziegen studierten. Sie stellten dabei fest, daß das Muttertier während einer kurzen Periode von wenigen Stunden, die unmittelbar bei der Geburt einsetzt, in einigen Fällen sogar kurz vorher, einen erhöhten ‚Muttertrieb' (maternal drive) zeigt. Die Intensität dieses Triebes, der anfänglich auf alle Jungtiere gerichtet ist, zerfällt rasch, und die Mutter pflegt und stillt dann nur noch ihre eigenen Jungen, während sie fremde verstößt. Diese wichtige Zeitspanne zwischen der Geburt und dem Zeitpunkt, in dem das Junge als eigenes erkannt wird, bezeichnen die drei Autoren als die *kritische Periode.*

Im Folgenden sei dieser Begriff in einem erweiterten Sinne übernommen, indem ich die kritische Periode nicht nur für die Prägung der Mutter auf die Kitze, sondern auch für die Prägung der Kitze auf ihre Mutter definiere: Die kritische Periode für die Kitze ist die Zeitspanne zwischen der Geburt und dem Zeitpunkt, in welchem die führende Geiß als die eigene Mutter unverwechselbar angenommen wird.

Wie die Prägungsvorgänge im einzelnen ablaufen, ist nicht bekannt. Bekannt dagegen ist – das sei vorweggenommen –, daß sie beispielsweise im Trink- und Säugeverhalten starrer verlaufen als im Verhalten der Feindvermeidung und der Abwehr von Feinden. Die einzelnen Funktionskreise des Verhaltens unterscheiden sich bezüglich der Prägung.

Im Folgenden ordne ich deshalb die gefundenen Verhaltenselemente im Sinne von Lorenz (1935) und Walther (1964) verschiedenen Funktionskreisen zu: 1. Geburt und Nachgeburtsphase, 2. Kontaktverhalten, 3. Trinken und Säugen, 4. Abliegen und Folgen, 5. Feindvermeidung und Hilfeleistungen.

3.1 Setzen und Nachgeburtsphase

Rehgeißen setzen ein bis vier Junge. Von 573 Ricken aus dem ehemaligen Berner Beobachtungsgebiet hatten 224 Einzelkitze, 306 Zwillinge, 41 Drillinge und zwei Vierlinge. Die

Abb. 15: Geburt: Das zweite Kitz wird ausgetrieben. Das erste sucht bereits stehend nach der Milchquelle

Abb. 16: Geburt: Das zweite Kitz ist geboren und von den Embryonalhäuten befreit. Die Nachgeburt wird ausgetrieben. Das erste Kitz trinkt an der liegenden Mutter (Fotos: Ph. Schmidt)

Satzgröße wird, wie später noch ausführlich zu zeigen ist, (siehe Seite 132), vom Alter der Geiß mitbestimmt, aber auch von ihrer Konstitution und ihrer Kondition (momentane körperliche Verfassung) und von einer Reihe ökologischer Gegebenheiten.

Vor dem Setzen isoliert sich die hochbeschlagene Geiß von anderen Rehen. (Nur in ganz seltenen Fällen ist die Tochter aus dem Vorjahr anwesend). Sie sucht einen Setzplatz auf, der, so BUBENIK (1965), ein „ziemlich kahler, in der Nähe von guten Dickungen liegender Ort" ist. Nach eigenen Beobachtungen und auch nach TURNER (1979) stehen aber hochbeschlagene Geißen bevorzugt in trockenen, dichtbewachsenen, südexponierten Lagen. Dort werden auch die meisten Kitze gesetzt, jedenfalls die frischgesetzten am häufigsten gefunden. MÜLLER (1971) beschreibt Setzplätze in Heugraswiesen als Flächen, zwei mal einen Meter groß, wo durch das Herumwälzen der Geiß die Pflanzen niedergedrückt sind. Setzplätze, das sei hier angemerkt, unterscheiden sich von den Lagern der Kitze (siehe Seite 132) und den Aufzuchtzonen (siehe Seite 128).

Verschiedene Autoren haben das Setzen des Rehes (Abb. 14 und 15) mehr oder weniger genau beschrieben (BUBENIK 1965; ESPMARK 1969; FLORACK 1961; MÜRI 1978; RIECK 1956; SCHMIDT 1965; ZESCHTZSCHE 1958). Rehgeißen setzen seitlich liegend – wie die meisten anderen Huftiere auch (LENT 1978) – oder, allerdings seltener, stehend mit gegrätschten, leicht angewinkelten Hinterläufen. Die Vorgeburtsphase scheint sehr kurz zu sein und wird auch bei gefangenen Rehen meist nicht beachtet. Die Dauer der Austreibungsphase wird beeinflußt von der Anzahl der gesetzten Kitze und dauert gemäß der vorliegenden Daten zwischen 30 und 109 Minuten. Die Nachgeburtsphase, das heißt das Austreiben und das Aufnehmen der Nachgeburt und der Embryonalhüllen, währt zwischen 137 und 179 Minuten. Der gesamte Geburtsverlauf umfaßt somit rund vier bis fünf Stunden und gilt im Vergleich zu anderen Huftieren als verhältnismäßig lang.

Unmittelbar nach der Geburt versuchen sich die Kitze von den Embryonalhüllen zu befreien und geben drei bis zehn Minuten später erstmals leise, einsilbige, hohe Kontaktlaute ab. Diese stimulieren die Mutter. Sie beginnt, noch bevor die Nachgeburt ausgetrieben ist, das Neugeborene zu säubern und leckt es dabei rund eine Stunde lang, meist gegen den Haarstrich, bis die Haare aufgelokkert und trocken sind. Das Trocknen der Neugeborenen wirkt gegen den für Rehkitze gefährlichen Wärmeverlust (siehe Seite 131), erfüllt aber im weiteren eine ganze Reihe stimulierender Aufgaben (BLAUVELT 1955): Dank kräftiger Zungenmassage der Bauch- und Analgegend wird das Kitz zur Kot- und Urinabgabe angeregt. Kot und Urin werden von der Mutter meist aufgenommen.

Das Lecken beschleunigt die ersten Steh-, Geh- und Saugversuche des Neugeborenen. Bereits sechs bis 20 Minuten nach dem Setzen versucht das Kitz erstmals aufzustehen. Zum ersten Mal steht es aber erst nach einer halben bis anderthalb Stunden, und nach einer bis drei Stunden macht es den ersten Schritt. Die erste Bewegungsart ist – so BUBENIK (1965) – ein Kriechen in ‚Froschlage', das heißt mit weit voneinander gespreizten Beinchen. Kriechbewegungen werden häufig auch von der Muttergeiß selbst aktiviert, indem sie sich ziemlich weit von den Kitzen entfernt niedertut oder sie besonders kräftig leckt.

Übrigens säubern Ricken kurz nach der Geburt nicht nur ihre Nachkommen, sondern auch Pflanzen und Bodenteile, die von Blut, Embryonalhüllen und Nachgeburt befleckt wurden.

44 bis 105 Minuten nach dem Setzen saugen die Neugeborenen zum ersten Mal. In den ersten Lebensstunden (gelegentlich auch in den ersten Tagen) werden sie meist liegend gesäugt. Diese Stellung ist für Wiederkäuer untypisch, wurde aber vom Elch (HEDIGER 1941) beschrieben. Die Geiß liegt dabei auf einer Flanke, den oberen Hinterlauf leicht angezogen und abgespreizt.

Ricken setzen alle ihre Nachkommen an der gleichen Stelle. Spätestens einen Tag danach findet man diese Kitze aber meist 20 bis 80 Meter voneinander entfernt in dichtem Unterwuchs, wo sie den größten Teil des Tages in eingerollter Bauchlage ruhend verbringen. Die von ZSCHETZSCHE (1958) beobachteten Kitze saßen in den ersten Lebenstagen 50 bis 80 und später sogar 300 bis 400 Meter auseinander. Mit dem Verlassen, dem gezielten Auseinanderweichen der Kitze, der sogenannten gegenseitigen Aversion, und dem

Niedertun in Sichtdeckung ist die Nachgeburtsphase nach zwei bis fünf Stunden abgeschlossen. Diese drei Verhaltensweisen gehen eindeutig auf Initiativen der Neugeborenen zurück und werden von der Mutter nicht beeinflußt. Denn sie verfügt in den ersten Wochen nach der Geburt noch nicht über Verhaltensweisen, mit denen sie die Kitze gezielt an einer bestimmten Stelle zum Niedertun veranlassen könnte.

Das Wechselverhalten zwischen Mutter und Neugeborenen ist also in den ersten Stunden nach dem Setzen denkbar einfach und verläuft in drei Schritten: Die Kitze versuchen sich aus den Embryonalhüllen zu befreien und geben Kontaktlaute. Diese stimulieren die Mutter. Sie leckt ihre Kitze und nimmt (liegende) Säugestellung ein. Lecken stimuliert wiederum die Kitze. Sie saugen und machen erste Gehversuche. Trinken und Gesäugestoßen (s. unten) stimulieren ihrerseits den Milchfluß der Geiß. Schließlich entfernen sie sich vom Setzplatz und weichen dabei auseinander.

Zweifellos sind Feindvermeidung, rasche psychische und physische Entwicklung und Festigung der Mutter-Kind-Beziehung die drei wichtigsten Bereiche zur Überlebenssicherung der Neugeborenen. Jedem dieser wenigen, in der Nachgeburtsphase von Ricke und Kitzen gezeigten Verhaltenselemente kommt große Bedeutung in zwei oder allen drei Bereichen zu. Lecken beispielsweise verhindert nicht nur unnötige Wärmeverluste beim Neugeborenen und fördert Gehversuche, Harnen, Koten und Saugen und dadurch rasche Entwicklung, es läßt auch Witterungsspuren vom Setzen und vom Neugeborenen verschwinden. Zudem lernen sich Ricke und Kitz dadurch geruchlich kennen.

Das selbständige Auseinanderweichen und Niedertun der Kitze, um ein zweites Beispiel zu erwähnen, steht ebenso im Dienste rascher Entwicklung, weil Bewegungsenergie auf ein Minimum beschränkt wird, wie im Dienste der Feindvermeidung, weil Beutegreifer weit voneinander entfernt, ruhig in Deckung sitzende und zudem noch durch gefleckte Dekke getarnte Beute weniger gut ausmachen können. Wahrscheinlich fördert das gegenseitige Meiden der Kitze sogar die Prägungsvorgänge zwischen Ricke und Kitzen, weil es so kaum zu Verwechslungen kommen kann.

3.2 Kontaktverhalten

Kitze und ihre Ricken sind in den ersten Lebenswochen meist getrennt. Der Kontakt zwischen ihnen wird, was im Freiland verhältnismäßig leicht zu beobachten ist, durch die Kitze eingeleitet. Wenn sie längere Zeit nicht gesaugt haben, melden sie sich mit leisen Fiii-Lauten. Diese Kontaktlaute, die im Sitzen und Stehen fünf- bis zwanzigmal pro Minute abgegeben werden, treten erstmals bereits einige Minuten nach der Geburt auf. Erscheint die Ricke nicht sofort, so steigert der Kontaktlaut allmählich seine Frequenz und wird zum zweisilbigen Fiii-ie, zum Fiepen, das in Extremfällen 30 bis 40 Male in der Minute und nur stehend ausgestoßen wird. Aber auch Kitze, die getrunken haben, fiepen, wenn sie noch einige Schritte ihrer Mutter folgen. Tun sie sich dann nieder, so geben sie nochmals einige Kontaktlaute ab.

Möglicherweise weiß eine Geiß schon dadurch, wo ihre Kitze sitzen. Sicher kennt sie deren Lager aber auf Grund geruchlicher Informationen. Das sieht man schon dadurch, daß sie sich meist dort aufhält, wohin der Wind von den Liegeplätzen weht. Für Geruchskontakt der Ricke zu ihren Kitzen sprechen auch folgende Beobachtungen.

Auf Heugraswiesen, wo alle Kitze einer bestimmten Geiß vermäht wurden, habe ich mehrmals so lange gewartet, bis die betroffene Ricke auf dem Setzplatz erschien. Sie suchte in allen Fällen direkt die Stelle auf, an der die Kitze gesessen hatten. Dort sicherte sie gegen den Boden, scharrte, rannte von der Stelle weg und kehrte immer wieder dorthin zurück. Es ist kaum anzunehmen, daß diese Geißen die Stellen in erster Linie deshalb so direkt fanden, weil sie sich daran erinnerten, wo die Kitze zuletzt Kontaktlaute gegeben hatten. Denn die Umwelt war durch das Mähen optisch wesentlich verändert worden. Man muß also annehmen, daß die Geißen die Lager der Kitze allein aufgrund geruchlicher Marken finden.

Diese Geruchsmarken stammen allerdings nicht aus den drei für das Rehwild beschriebenen Hautdrüsenfeldern, nämlich Stirnlokke, Zwischenklauendrüse und Laufbürste (Schaffer 1940 und Schumacher 1935). Rungger, Wandeler und ich entdeckten mittels histologischer Untersuchungen bei

Kitzen, die jünger waren als drei Wochen, keine funktionsfähigen Talg- und apokrinen Schlauchdrüsen. Trotzdem haftet an jungen Kitzen ein typischer Geruch nach leicht saurer Milch und Harn. Er kann selbst vom Menschen wahrgenommen werden. Anscheinend gelangt der Milchfilm auf die Decke, wenn sich die Kitze nach dem Saugen selber lecken. Und da die Kitze anfänglich noch im Sitzen nässen, ohne danach den Liegeplatz zu wechseln, kann auch deren Decke mit Harn benetzt werden.

Dazu liefert A. B. Bubenik (1965) eine aufschlußreiche Beobachtung: Er versuchte vergeblich, zwei Rehkitze, die er während einiger Stunden Muffellämmern zugesellt und mit Ziegenmilch getränkt hatte, ihren Müttern zurückzugeben. Erst als die Kitze mit Rehmilch eingerieben worden waren, wurden sie angenommen. Er schließt aufgrund solcher und ähnlicher Vertauschungsversuche, daß der individuelle Geruch der Kitze in den ersten Lebenswochen eine untergeordnete Rolle spielt und sich die Geißen nach einem für Rehkitze im allgemeinen typischen Geruch richten.

Bis jetzt berichtete ich nur, daß Geißen aufgrund von Geruchsmarken, Kontakt- und Fieplauten Kitze finden können. Finden nun aber Kitze auch ihre Mütter oder wenigstens andere führende Ricken? Auf kurze Distanz ist dies sicher möglich. Dabei spielen, jedenfalls unmittelbar nach dem Setzen, geruchliche Informationen eine größere Rolle als optische. In ihren Verstecken sitzende Kitze dagegen geben, wenn sie durstig sind, Kontakt- und Fieplaute von sich und stehen schließlich auf, doch sie verlassen die Stelle erst, wenn sich die Ricke nach Stunden nicht eingefunden hat. Verlassen des Lagers und damit der verhältnismäßig feindsicheren Deckung steht sicher nicht im Dienst der Arterhaltung. Deshalb ist auch die gelegentlich in der Jagdliteratur geäußerte Meinung, Ricken könnten Neugeborene zu sich rufen, wahrscheinlich falsch. Jedenfalls wurde derartiges in wissenschaftlichen Berichten nie erwähnt.

Zusammenfassend kann gesagt werden, daß während der kritischen Periode die Muttergeiß wahrscheinlich dauernd in Geruchskontakt zu ihren Kitzen steht, diese aber nicht zu sich rufen kann, sondern von diesen gerufen wird.

3.3 Trinken und Säugen

Frisch gesetzte Kitze werden während der Nachgeburtsphase und gelegentlich auch noch während ihrer ersten Lebenstage liegend gesäugt. Später steht die Geiß. Dabei grätscht sie ihre Hinterläufe und knickt sie leicht ein. Das Gesäuge wird dem Nachwuchs also leicht erreichbar präsentiert.

Die Kitze grätschen beim Saugen an der seitlich liegenden Geiß die Vorderläufe oder ‚knien' auf den Handgelenken nieder. Bis etwa in die zweite Lebenswoche wird beim Saugen an der stehenden Geiß die Standfestigkeit durch Grätschen der Vorderläufe und durch das Zusammenpressen der Fußgelenke vergrößert. Saugende Kitze bilden zur Körperachse ihrer Mutter einen spitzen Winkel. Für das Kitz ist so die Milchquelle am leichtesten zu erreichen, andererseits kann die Geiß mit dem Lecker bei dieser Stellung am besten ihr Kitz während des Säugens an Bauch und Flanken massieren und so zur Kot- und Urinabgabe stimulieren, aber auch die Such- und Saugintensität anregen. Etwa nach zwei Wochen, wenn die Kitze einer Rikke bereits gesellig leben und meist versuchen gleichzeitig zu trinken, saugen sie auch von hinten.

In den ersten Lebensstunden suchen die Kitze häufiger nach dem Gesäuge und Trinken wird ihnen von der Geiß auch jederzeit gestattet. Doch spätestens vom vierten Lebenstag an sind die Muttertiere anscheinend nicht mehr gewillt, den Kitzen das Trinken jederzeit zu erlauben und weichen mit ruckartigen Schritten oder kleinen Fluchten aus (Bubenik 1965). Möglicherweise hängt dieses Abwehrverhalten damit zusammen, daß der Hunger der Kitze während der kritischen Periode größer ist als die Milchproduktion der Geiß. Bis vierwöchige Kitze saugen bei Gehegehaltung nach Bubenik (1965) täglich neun- bis elfmal während je 30 Sekunden je rund 40 ml Milch. Dies würde bei einer Geiß, die Drillinge aufzieht und täglich zehnmal säugt, eine tägliche Milchproduktion von 1,2 Litern bedeuten. Wildlebende Kitze trinken seltener, nämlich nur sechs- bis siebenmal am Tag (Espmark 1969). Ellenberg (1978) berechnete, daß eine Ricke, die Zwillinge zu versorgen hat, am Ende der kritischen Periode täglich etwa 1,7 kg Milch produzieren muß. Zu dieser Zeit nehmen die Kitze täglich wenigsten 800 g Milch auf und vergrößern bei günstigen Bedingungen ihr Gewicht täglich um 150 g. Ricken werden durch derartig hohen Milchverbrauch an den Rand ihrer Leistungsfähigkeit gebracht. Beim Verlust eines Kitzes schränken sie – jedenfalls unter Gefangenschaftsbedingungen – auch unverzüglich die während der Säugezeit hohe Futteraufnahme ein.

Die rasche Gewichtszunahme der Kitze erfährt am Ende der kritischen Periode eine Unterbrechung, die in der Umstellung von Milchnahrung auf Grünfutter besteht. (Die endgültige Umstellung erfolgt mit etwa zehn Wochen.) Zweitägige Kitze machen bereits Freßbewegungen, allerdings meist mit leerem Äser. Doch bereits im Alter von drei oder vier Tagen nehmen sie Erde als erste feste Nahrung auf. Bubenik (1965) vermutet, daß das Aufnehmen von Erde, Steinen und Holzkohle zur Förderung der Darmperistaltik oder als Absorbens dient. Nun nehmen aber frischgesetzte Kitze auch Losung der Mutter oder der Geschwister auf. Ob dabei die zur Verdauung der festen Nahrung notwendige Darmflora vermittelt wird, ist ungewiß. Pflanzliche Nahrung wird nach der ersten Woche immer häufiger und nach drei Wochen regelmäßig aufgenommen.

Abwehrverhalten der führenden Geiß gegenüber ihren durstigen Kitzen schont zweifellos die Mutter und kann Kitze zwingen, früh mit dem Pflanzenäsen zu beginnen. Es festigt aber auch den Zusammenhalt zwischen Geiß und Kitzen. Dies mag absurd klingen und bedarf deshalb der Erklärung: Unterbricht eine Ricke das Säugen durch Vorschritte oder kurze Fluchten, so folgen ihr die Kitze, und sie kann derartigen ‚Gehorsam' mit erneutem Säugen ‚belohnen'. In diesem Sinne wirkt auch das sogenannte Trostsäugen. Dabei läßt eine Ricke ihre durch Fluchten oder unbekannte Ereignisse beunruhigten Kitze kurz trinken und beruhigt sie dabei. Dies sind meines Wissens die einzigen Fälle, bei denen die Initiative zum Trinken nicht von den Kitzen, sondern von der Ricke ausgeht, sieht man von ganz seltenen Fällen ab, in denen eine Ricke ein sitzendes Kitz schleckt oder durch leichtes Betasten mit den Vorderläufen hochmacht und zum Saugen veranlaßt.

Rehgeißen helfen ihrem Nachwuchs allerdings durch Gesäugepräsentieren und gezielte, sanfte Windfangstöße, das Gesäuge zu finden. Doch Kitze finden die Milchquelle auch aufgrund eigenen Instinktverhaltens. Darauf möchte ich näher eingehen: Der angeborene auslösende Mechanismus (AAM) für Trinken spricht nämlich nicht auf den aus Hinterbeinen und Rumpflinie gebildeten Winkel an, wie dies für alle Wiederkäuerarten immer wieder behauptet wird. Rehkitze müssen die ungefähre Lage des Gesäuges erst kennenlernen. Dies wird bei Feldbeobachtungen leicht übersehen. Denn Frischgesetzte finden das Gesäuge erstaunlich rasch innerhalb von 45 bis 105 Minuten nach dem Setzen und scheinbar zielgerichtet, wie es auch Bubenik (1965) feststellt. Nähere Beobachtungen dazu konnte ich an zahlreichen, künstlich aufgezogenen Kitzen machen.

Bei Frischgesetzten treten fünf Verhaltenselemente im Zusammenhang mit der Milchaufnahme auf: Suchen (mit der Nase entlang der Rumpfunterseite der Mutter), Gesäugestoßen (ruckartige Stoßbewegungen gegen Strukturen, die die Suchbewegungen hemmen), Schlecken, Saugen (an Zitzen, Haarbüscheln u. ä.) und schließlich Trinken.

Diese fünf Elemente treten bei durstigen Kitzen auch auf, wenn die Mutter abwesend ist, ja sogar in völlig unnatürlicher Umgebung: Sechs ein bis fünf Tage alte Kitze, die ich zu Hause hielt, suchten mit angelegter Nase entlang von Flächen, die sie von unten, in seltenen Fällen von der Seite erreichen konnten, zum Beispiel an Stühlen, niederen Tischen und gelegentlich sogar an Wänden. Diesen Flächen folgten sie suchend so lange, bis sie Widerstand fanden; dadurch wurde das Gesäugestoßen ausgelöst. Bei diesen Frischgesetzten fiel weiter auf, daß sie an weichen Stellen wie Teppichfransen, Kissenecken oder Tuchzipfeln saugten.

Solche Gelegenheitsbeobachtungen überprüfte ich mit einem einfachen Attrappenversuch. Die Mutterattrappe (Abb. 17) bestand aus einem leicht nach hinten geneigten, von vier rehlauflangen Holzbeinen getragenen Brett, dessen Unterseite mit Schaumgummi gepolstert worden war. Hinter- und Vorderende des Brettes waren durch je eine fünf Zentimeter nach unten ragende Leiste abgeschlossen. Am hinteren Brettende konnten zwei Milchflaschen mit Lutschern von oben so durch zwei Löcher geschoben werden, daß auf der Unterseite nur die Lutscher aus dem Schaumgummipolster ragten. Frische lauwarme Milch wurde täglich fünf- bis achtmal aufgefüllt.

Mit dieser Attrappe konfrontierte ich nacheinander zwölf Kitze. Sechs davon waren ein bis fünf Tage alt. Sie fanden die Milchquelle nur zufällig, indem sie solange entlang der Fläche suchten, bis sie gegen eine der Endleisten stießen. Dort erfolgte Gesäugestoßen. Befanden sie sich am leichter erreichbaren, weil etwas tieferem Hinterende, fanden sie bald die beiden künstlichen Zitzen. Zwei Tage nach dem ersten Versuch suchten sie sie direkt im Winkel zwischen Brett und Beinen, und zwar hinten wie vorne gleich häufig. Nachdem sie zwei bis drei Tage länger von der Attrappe getrunken hatten, steuerten sie die Milchquelle ohne Fehler direkt an.

Kitze, die älter waren als sechs Tage und die Position des Euters schon bei der Mutterricke kennengelernt hatten, suchten spontan in Winkeln, vorerst hinten und vorne gleich häufig. Einen oder zwei Tage später fanden auch sie ohne Irrtum direkt die richtige Stelle. Sogar die simple Attrappe konnte bei ihnen das richtige Suchverhalten auslösen.

Wie verhielten sich nun aber Kitze, die zwar bereits älter waren, aber bisher den ‚Winkel' noch nicht kennengelernt hatten? Um dies zu prüfen, brachte ich Rehkitze, die ich zwar schon als ganz junge hielt, aber vorerst mit einer Flasche säugte, erst im Alter von rund zwei Wochen mit der Mutterattrappe zusammen. Sie steuerten hier nicht direkt den Winkel an, den hatten sie ja bisher nie kennengelernt, sondern mußten die richtige Stelle vorerst finden und kennenlernen wie Frischgesetzte. Das heißt, sie suchten entlang der Fläche und begannen zu stoßen, wenn sie Widerstand fanden, und zu saugen, wenn sie die Gummilutscher der Milchflaschen zu fassen bekamen.

Diese wenigen Versuche machen deutlich, daß auf den von Rumpflinie und Beinen gebildeten Winkel bei Rehen nicht der Angeborene Auslösende Mechanismus (AAM) für Trinken anspricht. Die Kenntnis von der Lage des Gesäuges erwerben Kitze erst dann, wenn sie gelernt haben, in einem Winkel zu suchen. Der Lernprozeß, so scheint es jedenfalls aufgrund meiner Beobachtungen, verläuft über die Elemente Gesäugesuchen, Gesäugestoßen und Saugen bzw. Trinken. Als Schlüsselreiz gilt für Gesäugesuchen eine Fläche, an der von unten gesucht werden kann, für Gesäugestoßen ein Widerstand auf dieser Fläche und für Saugen eine weiche, hervorragende Zone.

Kitze müssen aber während der kritischen Periode nicht nur lernen, wo sie das Gesäuge finden, sondern auch bei wem sie trinken können und dürfen. Verwechslungen von Kitzen und Müttern sind, darauf habe ich bereits in der Einleitung zu diesem Kapitel hingewiesen, bei Gehegehaltung wie in freier Wildbahn möglich. Was geschieht nun aber, wenn Kitze bei einem völlig falschen Partner, also einem Schmalreh, einer nicht laktierenden Geiß, einem Bock oder vielleicht sogar einem anderen Kitz versuchen zu ‚saugen'?

Nach meinen Beobachtungen im Berner Oberaargau hatten Rehkitze im Zeitraum zwischen dem 15. Mai und dem 15. Juni 92 (100 %) verschiedene Sprungpartner. Bei 47 % war dies ein anderes Kitz (wahrscheinlich ein Geschwister, möglicherweise auch das Junge einer benachbarten Geiß). Zu 36 % war der beobachtete Partner eine führende Geiß (wahrscheinlich die Mutter), zu 10 % war es ein Schmalreh und zu 4 % ein Bock. Kontakte mit Böcken sind am seltensten. Sie verlaufen verschieden; Böcke können Kitze in der kritischen Phase durchaus dulden. Sie können sie aber auch angreifen. Aggressionen zeigen auch Schmalrehe gegenüber Kitzen, die ihnen folgen und versuchen, bei ihnen zu säugen, wie das folgende Beispiel zeigt. Als ich zum erstenmal das schätzungsweise zwei Tage alte Kitz einer bekannten Geiß entdeckte, befand sich auch ein Schmalreh, die Tochter aus dem Vorjahr, bei der Geiß und dem neben ihr sitzenden Kitz. Als das Kitz aufstand, begann die Mutter es zu schlecken und säugte es stehend. Jetzt schloß das Schmalreh näher zur Mutter auf. Diese ging weg. Das Kitz folgte ihr. Dabei wurde es vom Schmalreh anal kontrolliert. Das Kitz begann nun erneut von seiner Mutter zu trinken, wurde aber vom Schmalreh mit der Stirn weggestoßen. Nach wiederholten Analkontrollen wurde das Kitz vom Schmalreh wiederum gestoßen. Das Kitz fiepte, und die Mutter schleckte es darauf. Das Schmalreh zog sich erst zu-

Abb. 17: Trinken am ‚falschen Objekt': a, b: Beobachtungsgehege mit Mutterattrappe c und d: Kleinere Kitze versuchen bei größeren zu trinken (Fotos: F. Kurt)

rück, nachdem die Mutter drohte. Erneut trank das Kitz. Das Schmalreh schloß wieder auf. Jetzt unterbrach die Mutter das Säugen und begann das Schmalreh zu jagen. Dieses floh, und das Kitz blieb nicht etwa bei der Mutter, sondern folgte dem vor seiner Mutter flüchtenden Schmalreh. Dieses bremste plötzlich und stieß nach dem Kitz, stärker als vorher. Nach jeder Attacke erfolgte ein Drehsprung. Die Mutter schloß auf, kontrollierte das Kitz. Trotzdem versuchte dieses wiederum, beim Schmalreh zu saugen und wurde erneut gestoßen. Wiederum vertrieb die Mutter das Schmalreh, wiederum folgte das Kitz nach. Es suchte sich erst einen Liegeplatz und tat sich nieder, nachdem es endlich ausgiebig bei seiner Mutter getrunken hatte.

Nach dem Abklingen der gegenseitigen Aversion sind Kitze die häufigsten Partner von anderen Kitzen. Deshalb wollte ich wissen, ob Jungtiere, welche weder die Ricke noch die Lage des Euters (genau) kennen, nicht irrtümlicherweise bei Geschwistern oder andern Kitzen zu trinken versuchen. Dazu setzte ich in eine Gitterarena pro Versuch je zwei Kitze und beobachtete das erste Kontaktverhalten, also Saugen (an Haarbüscheln), Schlecken und Kontrolle mit der Nase.

Kitze, die zwei Wochen alt waren oder jünger, zeigten in elf Versuchen neunmal Saugen und zweimal Schlecken als erstes Kontaktverhalten. Nasalkontrollen wurden nie beobachtet. Ältere Kitze zeigten in 28 Versuchen dagegen zweimal Saugen, zwanzigmal Schlecken und sechsmal Nasalkontrollen. Daraus geht hervor: In den ersten zwei Lebenswochen kommt vor allem Saugen als erstes Kontaktverhalten gegenüber andern Kitzen vor, während ältere Kitze vor allem Schlecken und bereits nasale Kontakte zeigen.

In 27 Begegnungen, in denen der Partner kleiner oder gleich groß war wie das beobachtete Kitz, fand ich zweimal Saugen, zwanzigmal Schlecken und fünfmal Nasalkontrolle als erstes Kontaktverhalten. In elf Begegnungen, bei denen der Partner größer war als das beoachtete Tier, wurde neunmal Saugen, einmal Lecken und einmal Nasalkontrolle notiert. Saugen wird somit häufig gegenüber größeren, Schlecken und Nasalkontrolle vor allem gegenüber gleichgroßen oder kleineren Partnern gezeigt. Ist der Partner größer, dann erfolgt das *richtige* Saugverhalten und meist auch an der *richtigen* Stelle, das heißt im Winkel.

Zu Irrtümern in Sachen Gesäugesuchen und Trinkversuchen kann es zwischen Geschwistern nicht kommen, weil sie während der kritischen Periode gleich groß sind und weil, das zeigten die erwähnten Versuche, das Saugverhalten zwischen ihnen nicht vorkommt, obwohl sie sich an den richtigen Stellen kontaktieren. Bei solchen ersten Kontakten entwickeln sich aber das Putzverhalten und die gegenseitigen Körperkontrollen.

3.4 Niedertun und Folgen

Rehkitze verbringen die ersten Lebenswochen meistens in eingerollter Bauchlage am Boden liegend. Sie sind *Liegetypen* (WALTHER 1965). Verglichen mit anderen Huftieren (z. B. LENT 1978) ist diese Liegeperiode mit zwei bis drei Wochen verhältnismäßig lang. In dieser Periode begleiten die Kitze ihre Mütter nur während kurzer Phasen von jeweils zwei bis 35 Minuten. Das Zusammentreffen erfolgt dann, wenn das Kitz nach seiner Mutter ruft und diese es aufsucht, um es zu säugen und zu putzen.

Mit zunehmendem Kitzalter verlängert sich die Zeitspanne, die Mutter und Kitz zusammen verbringen. So verbrachte ein zwei Tage altes Kitz, das ich während zehn Stunden ununterbrochen beobachten konnte, 120 Minuten im Verband mit seiner Mutter, also 20 % der Beobachtungszeit. Während der gleichen Zeit hielt sich dagegen ein sieben Tage altes Junges bereits während 170 Minuten bei seiner Mutter auf, also zu 28 % der Beobachtungszeit. Zwei etwa zehnwöchige Kitze, die ich an neun aufeinanderfolgenden Tagen während insgesamt zwölf Stunden sah, verbrachten aber bereits 65 % dieser Zeitspanne in Begleitung ihrer Mutter.

Auch die mutterlosen Frischgeburten, die ich zu Hause hielt, lagen 15 bis 22 Stunden des Tages. Als Liegeplätze suchten sie sich Stellen mit guter Sichtdeckung. Sie legten sich entweder unter Büsche mit tiefhängenden Ästen oder in Zonen mit 30 bis 60 cm hohen Gras- oder Krautschichten.

Rehkitze finden die passenden Liegestellen allein. Das machte der folgende Versuch deutlich, bei dem ich nacheinander 20 Kitze im Alter von zwei bis 20 Tagen in eine Gitterarena mit drei Metern Durchmesser brachte und feststellte, in welche Richtung sich die Kitze bewegten. Ein Viertel des Arenenumfangs grenzte an eine Gebüschpartie. Die Richtung, in die die Kitze in die Arena gelegt wurden, wechselte von Fall zu Fall. Doch alle strebten nach dem Gebüsch und taten sich nach längeren erfolglosen Versuchen am Gitter vor dem Gebüsch nieder. Ein bis zwei Wochen alte Rehkitze legten sich sofort hin, wenn man ein circa 1 m^2 großes Brett so über sie hielt, daß sie in dessen Schatten standen.

Zwischen 1971 und 1974 haben wir von der Abteilung für Ethologie und Wildforschung an der Universität Zürich zusammen mit den kantonalen Jagdinspektoraten und der Jägerschaft aus der gesamten Schweiz 903 Rehkitze markiert. HARTMANN (1971), MÜLLER (1971) und BLANKENHORN (1974) haben die Angaben über deren Fundorte und damit über die Liegeplätze der Kitze wie folgt zusammengefaßt:

In Getreidefeldern wurden lediglich 3 % der Kitze gefunden. 23 % lagen im Wald und 74 % auf Wiesen. Auf Wiesen wurden auch am meisten Kitze gesucht, denn unsere Markierungsaktion war verbunden mit Rettungsmaßnahmen, die neugesetzten Kitze vor dem Tod durch Mähmaschinen zu retten. Aufgrund vieler eigener Beobachtungen an Kitzen, beschlagenen und führenden Ricken glaube ich aber, daß im Schweizer Mittelland die meisten Ricken tatsächlich in Wiesen setzen.

Allerdings müssen diese Wiesen gewisse Voraussetzungen erfüllen. In solchen mit einer Grashöhe von höchstens 20 cm lagen nur 17 % Kitze, in solchen mit einer Grashöhe von 20 bis 50 cm waren es 51 % und in Wiesen mit über 50 cm hohem Gras fanden sich 32 % der Kitze. Zwar war das Verteilungsmuster der drei unterschiedenen Grashöhen nicht bekannt. Trotzdem glaube ich aus diesen Daten ableiten zu können, daß Gebiete mit Grashöhen von mehr als 20 cm bevorzugt aufgesucht werden.

Betrachtet man dagegen die Liegeplätze der im Wald gefundenen Kitze, so fällt sofort auf, daß die meisten von ihnen an praktisch unterwuchslosen Stellen waren. Im Forschungsrevier von Staffelbach, wo MÜLLER (1971) Kitze aufgrund von Beobachtungen hochbeschlagener Ricken gefunden hat, lagen dreimal mehr in dichtem Unterwuchs als an unterwuchslosen Stellen. Sicher fanden unsere freiwilligen Helfer bei der gesamtschweizerischen Markierungsaktion die Kitze am offenen Waldboden einfacher als in dichtem Unterwuchs. Trotzdem läßt sich der Mechanismus erkennen, von dem offenbar die Wahl des Kitzliegeplatzes abhängt: Wichtig scheint vor allem die Deckung nach oben. Auf Wiesen mit hohem Gras und im Wald ist sie gegeben. Die Deckung gegen die Sicht von der Seite ist zweitrangig. Übrigens tarnt das gefleckte Fell die Kitze auch auf völlig vegetationslosem Waldboden mit Fallaub ausgezeichnet.

Das selbständige Aufsuchen einer dekkungsreichen Zone und das Niedertun erfolgen bis in die zweite, gelegentlich bis in die dritte Lebenswoche und meist unmittelbar nach dem Trinken. Kitze, die längere Zeit nicht getrunken haben, stehen auf, melden sich mit leisen Kontaktlauten, die später in Fiepen übergehen können, ohne dabei den Ort zu verlassen.

Aufsuchen von Deckung und Niedertun sind aktive Leistungen des Kitzes und werden ausgelöst durch Sättigung und Vorhandensein von Deckung. Die Wahl des Liegeplatzes wird vom Kitz selbst getroffen und von seiner Mutter nur insofern beeinflußt, als sie versucht, als Setz- und Aufzuchtplatz Stellen mit reichem Unterwuchs und/oder guter Dekkung nach oben zu finden. Das häufige Liegen und Alleinsein der Kitze in den ersten Lebenswochen ist eine Instinkthandlung des Neugeborenen und beruht nicht etwa, wie man leicht annehmen könnte, auf Unfähigkeit zu koordinierten Bewegungen und Mangel an Ausdauer für größere Märsche.

Spätestens im Alter von drei Tagen sind die Ziehbewegungen voll koordiniert, während der Galopp dies erst nach etwa fünf Tagen ist. Auch ältere Rehkitze, die problemlos ziehen und flüchten können, sitzen meistens. Doch sie legen unter Umständen bereits am zweiten Lebenstag in Begleitung der Mutter problemlos größere Strecken zurück. Das erfuhr ich im Sommer 1965. Damals zwangen ausgiebige Regenfälle viele führende Geißen, die Setzplätze zusammen mit ihren Frischgesetzten zu verlassen, um anderswo trockenere Orte aufzusuchen. Dabei legten sie, gefolgt von ihren Kitzen, Distanzen von 500 bis 1000 Metern zurück.

Wie ausdauernd selbst dreitägige Kitze sein können, merkte ich eines Tages, als ich plötzlich eine Ricke entdeckte, die ihre Drillinge säugte, die ich gern markiert hätte. Ich verließ also sofort den Wagen und versuchte eines zu fangen. Doch die Kitze rannten der flüchtenden Mutter über eine Distanz von mehr als 500 Metern nach, ohne daß sie erschöpft gewesen wären. Jedenfalls ließen sie sich nicht fangen. Und dies in einem Alter, wo Kitze meist am Boden liegen und sich dort problemlos anfassen lassen.

Das Beispiel macht deutlich, daß neben der Abliegereaktion eine ebenso starke Folgereaktion existiert. Aktiviert wird diese dann, wenn Kitze während längerer Zeit nicht getrunken haben, wenn sie – was selten ist – in deckungslosem Gelände stehen und durch ein bewegtes Objekt zum Folgen veranlaßt werden. Wie verschieden solche Folgeauslöser sein können, will ich mit zwei extremen Beispielen erläutern.

Einmal erhielt ich von Bauern zwei drei bis fünf Tage alte Kitze in Pflege, weil sie ihnen nachgelaufen waren. Auf einer Beobachtungsfahrt entdeckte ich plötzlich, wie ein Kitz dem langsamfahrenden Wagen nachfolgte. Sein Unterkiefer war gebrochen. Die Fraktur stammte aller Wahrscheinlichkeit nach von einer früheren Begegnung mit einem Fahrzeug auf dem stark befahrenen Weg.

Die Nachfolgereaktion wird also anfänglich von irgendeinem bewegten Körper einer bestimmten Größe ausgelöst. HEDIGER (1961) gibt dazu ausführliche Beispiele von verschiedenen Schalenwildarten, und WALTHER (1964) unterschied bei Antilopen neun Kriterien, die ein Folgen auslösen. Wichtig erscheint mir im vorliegenden Zusammenhang, daß das Folgen sogar von einem ‚falschen' Partner ausgelöst werden kann, wenn die Mutter der Kitze anwesend ist. Ein solches Beispiel zwischen Kitz und Schmalreh habe ich im vorangegangenen Abschnitt erwähnt.

3.5 Feindvermeidung und Hilfeleistung

Liegen in Deckung mag als Anpassung an hohen Raubtierdruck gewertet werden. Rehkitze flüchten während der kritischen Periode auch nicht vor einer Gefahr (rasche Bewegungen, Lärm und ganz besonders fremder Geruch). Sie drücken sich und verharren starr an den Boden gepreßt. Dieses Verhalten bewährt sich gegen natürliche Widersacher wie Füchse, Greife, Eulen oder streunende Hunde. Nicht aber gegenüber Mähmaschinen.

Als ich zwischen 1963 und 1965 meine ersten Rehstudien unternahm, liefen im Schweizer Mittelland ungefähr ein Drittel aller gesetzten Kitze Gefahr, von einer Mähmaschine verstümmelt zu werden (KURT 1965). Heute sind es bedeutend weniger, wie mir die Wildhüter versichert haben. Dies liegt aber nicht etwa daran, daß Rehgeißen jetzt nicht mehr in hochstehenden Heugraswiesen setzen würden oder daß die Kitze ihr Verhalten geändert hätten. Heute wird das Heugras bereits geschnitten, bevor es ausgewachsen ist und blüht. Die Kitze werden demnach leichter entdeckt und gerettet, oder Geißen meiden kurzgrasige Wiesen als Setz- und Aufzuchtplätze.

Jedenfalls fliehen Kitze nicht vor den nahenden Erntemaschinen, sondern drücken sich und bleiben regungslos mit angewinkelten Läufen und gestrecktem Hals an den Boden gepreßt liegen. Das Fluchtverhalten (vor Mähmaschinen) tritt erst im Alter von drei bis vier Wochen auf, wie aus folgenden Zahlen hervorgeht: Von 296 in den Jahren zwischen 1960 und 1965 im Oberaargau vermähten Kitzen waren 74 % jünger als zwei Wochen, 10 % drei, 8 % vier, 6 % fünf Wochen alt und 2 % älter als fünf Wochen.

Wenn Rehkitze vom Menschen angefaßt und hochgehoben, von einem Raubtier ergriffen oder von der Mähmaschine verletzt werden, dann stoßen sie den Angstschrei aus, ein schriller heller Fieplaut, der die Mutter sofort alarmiert. Sie kommt unverzüglich zum schreienden Kitz und versucht durch Vorderlaufschläge Füchse, Hunde, Katzen, ja selbst Menschen zum Rückzug zu zwingen. Darüber liegen in der Jagdliteratur unzählige Beispiele vor. Gleiches Verhalten wird gelegentlich auch von Böcken beschrieben (z. B. RAESFELD 1956). Auch bei den Kitzen, die kurz aufschrien, wenn ihnen die Ohrmarken eingedrückt wurden, raste in den meisten Fällen die Geiß hinzu und umkreiste den Menschen bei ihrem Jungen in einer Distanz von zehn bis 30 Metern.

Um die Wirkung des Angstschreies zu prüfen, ist es übrigens nicht nötig, Kitze zu behändigen oder sie mit einem kurzen, schmerzvollen Eingriff zu markieren. Der Kitzschrei kann auch imitiert werden. Spannt man einen Grashalm zwischen die zusammengepreßten Daumen und Daumenballen beider Hände und bläst mit dem Mund Luft durch die so gebildete Saite, entsteht ein Ton, der trefflich dem Fiepen und – bei stärkerem Blasen – dem Angstschrei entspricht. Mit dieser Technik sind erfahrene Jäger und Wildhüter in der Lage, zu prüfen, ob sich in einem Grasfeld Rehkitze befinden oder nicht. Denn die führende Geiß wird, aufgebracht durch den Laut, ihren Standort verlassen und zur vermeintlichen Tonquelle sprengen.

Ich habe so imitierte Laute, die in ihrer Intensität ungefähr zwischen Fiepen und Angstschrei lagen, auf ein netzunabhängiges transportables Tonbandgerät aufgenommen und verschiedenen freilebenden Rehen vorgespielt. Ihre Reaktionen ordnete ich in vier Gruppen: 1. Weiterführen der laufenden Handlung (die Rehe lassen sich offenbar von den Lauten nicht beeinflussen, äsen ruhig weiter oder bleiben wiederkäuend sitzen); 2. Sichern (die Tiere unterbrechen die laufende Handlung – meist Äsen oder Wiederkäuen – werfen kurz auf und sichern gegen die Tonquelle); 3. Sichern und Aufsuchen einer be-

Tabelle 4: Reaktionen auf echte und imitierte Angstschreie der Kitze von führenden Geißen (♀ f) in den ersten Tagen (T) und Wochen (W) nach dem Setzen sowie von Schmalrehen und nicht führenden Geißen, ♀sa, ♀ao), erwachsenen Männchen und Jährlingen (♂a, ♂sa). In den ersten vier Wochen nach dem Setzen suchen die getesteten führenden Geißen immer die eigenen Kitze auf, wenn diese den Angstschrei ausstoßen. In den ersten zwei Wochen nach dem Setzen suchen sie auch meistens die Tonquelle des imitierten Angstschreies auf. Später geschieht dies selten, weil sie möglicherweise die Stimme der eigenen Kitze kennen. Nicht führende Weibchen und Böcke unterbrechen zwar gelegentlich die laufende Handlung und sichern, sie suchen aber die Tonquelle nicht auf

	1. Weiterführen der lfd. Handlung	2. Unterbrechen der lfd. Handlung und Sichern	3. Sichern und Aufsuchen eines anderen Ortes	4. Sichern und Aufsuchen der Tonquelle	total
Testlaute Angstschrei der eigenen Jungen ♀ (1–4 W)	0	0	0	15	15
imitierter Angstschrei					
1. ♀f (1–14 T)	1	2	1	15	19
2. ♀f (2–9 W)	1	7	7	5	20
3. ♀f total	2	9	8	20	39
4. ♀sa u. ♀ao	11	9	2	0	22
5. ♂a u. ♂sa	15	5	2	0	22

stimmten Stelle (die Tiere verlassen den Ort und bewegen sich auf eine andere Stelle zu. Ob es sich dabei im Falle von führenden Geißen um den Ort handelt, wo die Kitze liegen, konnte nur in zwei Fällen entschieden werden); 4. Aufsuchen oder Verschiebung in Richtung der Tonquelle.

Die Ergebnisse dieser Versuche (Tab. 4) habe ich verglichen mit den Beobachtungen, die ich anläßlich des Markierens von Kitzen gesammelt habe. Bei diesen wurde ja die Reaktion auf den Angstschrei des eigenen Kitzes geprüft. Dabei berücksichtigte ich aber nur diejenigen Protokolle, bei denen die Geiß schon in dem Moment, in dem ihr Kitz den Angstschrei ausstieß, unter Beobachtung stand.

Das Ergebnis der Versuche läßt sich wie folgt zusammenfassen: Nur führende Geißen suchen die Tonqelle auf. Geißen, die junge Kitze führen, lassen sich häufiger irreführen als solche, die schon ältere Kitze haben. Junge, erstmalig setzende Geißen konnten wiederholt mit dem imitierten Kitzlaut zum Aufsuchen der Tonquelle veranlaßt werden, dabei folgten ihnen ihre eigenen Kitze. Eine Beziehung zwischen dem Angstschrei und der Anwesenheit der eigenen Nachkommen schienen sie noch nicht herstellen zu können. Erfahrene Geißen dagegen suchten beim Ertönen des künstlichen Angstschreies überhaupt nie die Tonquelle, sondern höchstens ihre eigenen Kitze auf. Eine Geiß, die zwei Tage bevor sie setzte tagsüber meist in einer Mähgraswiese saß, reagierte lediglich mit Sichern auf den imitierten Angstschrei. Als sie aber zweitägige Kitze führte, rannte sie gegen die künstliche Tonquelle.

Bei den Reaktionen auf Angstlaute handelt es sich sicher um angeborene Verhaltensweisen, die auch von handaufgezogenen Rehgeißen gezeigt werden, wenn sie eigene Kitze führen. Das Verhalten wird erst nach der Geburt aktiviert. Die Beziehung zwischen dem Angstschrei und dem eigenen Kitz wird, wenn überhaupt, später erlernt.

3.6 Das Ende der kritischen Periode

Die kritische Periode ist nach Definition dann abgeschlossen, wenn die Kitze die führende Geiß als ihre Mutter und die führende Geiß die Kitze als ihre Kinder unverwechselbar erkennen. Für die sozialen Verhaltensweisen zwischen Mutter und Kindern hieße dies, daß sie nur noch von der Mutter beziehungsweise von den Kitzen ausgelöst werden. Vorwegnehmend sei gesagt, daß dies nicht für jedes Mutter-Kind-Verhalten zutrifft. Beim Trinken ist es aber der Fall.

Dies beweist das Verhalten von Kitzen, die ich seinerzeit künstlich aufgezogen habe: Nach einer gewissen Zeit wollte jedes von ihnen nur noch aus *seiner* Flasche und von *seinem* Lutscher trinken. Bald tranken sie dann auch nur noch, wenn eine bestimmte Person ihnen die Milch reichte. Kitze, die ich damals aus Platzgründen während der ersten drei Wochen bei Bekannten untergebracht hatte, verweigerten, nachdem sie in unseren Garten übergesiedelt wurden, zu trinken, obwohl ich ihnen die gleiche Milch aus denselben Flaschen mit denselben Lutschern anbot wie ihre bisherigen Pflegeeltern. Die wenigsten von ihnen konnten überhaupt noch umlernen und bei anderen Kumpanen trinken. Die meisten nahmen die Milch nur noch aus Schüsseln auf.

Das gleiche Bild ergab sich, wenn ich ältere Rehkitze zur künstlichen Aufzucht bekam: Sie verloren zwar innerhalb von zwei bis drei Tagen meist jegliche Scheu vor menschlichen Pflegern, verweigerten aber trotzdem in vielen Fällen das Trinken von der Flasche, wogegen sie die Milch aber bald aus einem Gefäß zu sich nahmen. Dazu möchte ich festhalten, daß ich die Kitze nie zwang, aus den Flaschen zu trinken. Sie wurden ihnen nur dann vorgehalten, wenn sie sich durch Kontaktlaute oder Fiepen meldeten. Die Tatsache, daß das Milchsaugen von einem bestimmten Zeitpunkt an nicht mehr auf ein anderes Objekt oder auf einen anderen Partner übertragen werden kann – oder höchstens durch langwierige Dressur, die ich vermied –, spricht für das Vorhandensein eines einmaligen Lernvorgangs in der Ontogenese des Kitzverhaltens (Abb. 18).

Wann dieser stattfindet, kann ungefähr durch folgende Angaben bestimmt werden: Zehn einwöchige Kitze tranken von der Milchflasche entweder sofort oder innerhalb des ersten Tages in menschlicher Obhut. Sie waren also weder auf ein bestimmtes Euter noch auf einen bestimmten Sozialpartner geprägt. Auch acht zweiwöchige Kitze lernten noch die Umstellung auf die künstliche Milchquelle, jedoch später, das heißt zwischen dem ersten und dem dritten Tag in Gefangenschaft. Neun drei- bis vierwöchige Kitze dagegen machten bereits Schwierigkeiten. Sieben von ihnen konnten noch umstellen, und zwar erst am dritten oder vierten Tag. Zwei dagegen waren dazu nicht mehr in der Lage. Das Gleiche ist von fünf Kitzen zu sagen, die fünfwöchig oder älter waren, als ich sie erhielt.

Die Prägung, das irreversible Lernen ‚auf den ersten Blick' (LORENZ 1935), verläuft für das Element Trinken also während einer langen sensiblen Phase. Sie beginnt mit der ersten Woche und endet zwischen der dritten und vierten Woche nach der Geburt. Die Prägung des Trinkverhaltens der Kitze und – aus den früher erwähnten Umtauschversuchen zu schließen – sicher auch die Prägung des Säugeverhaltens der Geißen verlaufen vollständig, das heißt, sie sind auf ganz bestimmte Individuen und nicht allgemein auf Artgenossen bezogen.

Fällt nach Abschluß der kritischen Periode, das heißt drei bis vier Wochen nach der Geburt, einer der Partner aus, so will und kann das Kitz bei keiner anderen führenden Geiß mehr trinken. Ebensowenig will und kann eine führende Geiß ein ihr fremdes Kitz säugen – selbst dann nicht, wenn sie alle eigenen Nachkommen verloren hat.

Bezogen auf den Verhaltenskomplex ‚Führen – Nachfolgen' vollzieht sich die Prägung aber nur teilweise. Das bedeutet: Sie ist nicht exklusiv auf ein ganz bestimmtes Individuum bezogen, sondern kann, nach Ausfall eines Partners, auch gegenüber anderen gezeigt werden. Verwaiste Kitze folgen beispielsweise bald anderen Rehen, und kitzlos gewordene Muttertiere gestatten fremden Rehen, ihnen zu folgen. Erstaunlicherweise lernen auch nicht alle Geißen mit der Zeit die Hilferufe ihrer eigenen Kitze kennen und damit von anderen zu unterscheiden, sondern reagieren auf alle, selbst auf imitierte Angstschreie und dies auch in Momenten, wo sie sogar von den eigenen Kitzen begleitet werden.

Die Prägung der einzelnen Verhaltenselemente tritt nicht gleichzeitig ein (Abb. 18) und kann unter Versuchsbedingungen sogar auf verschiedene Partner bezogen werden.

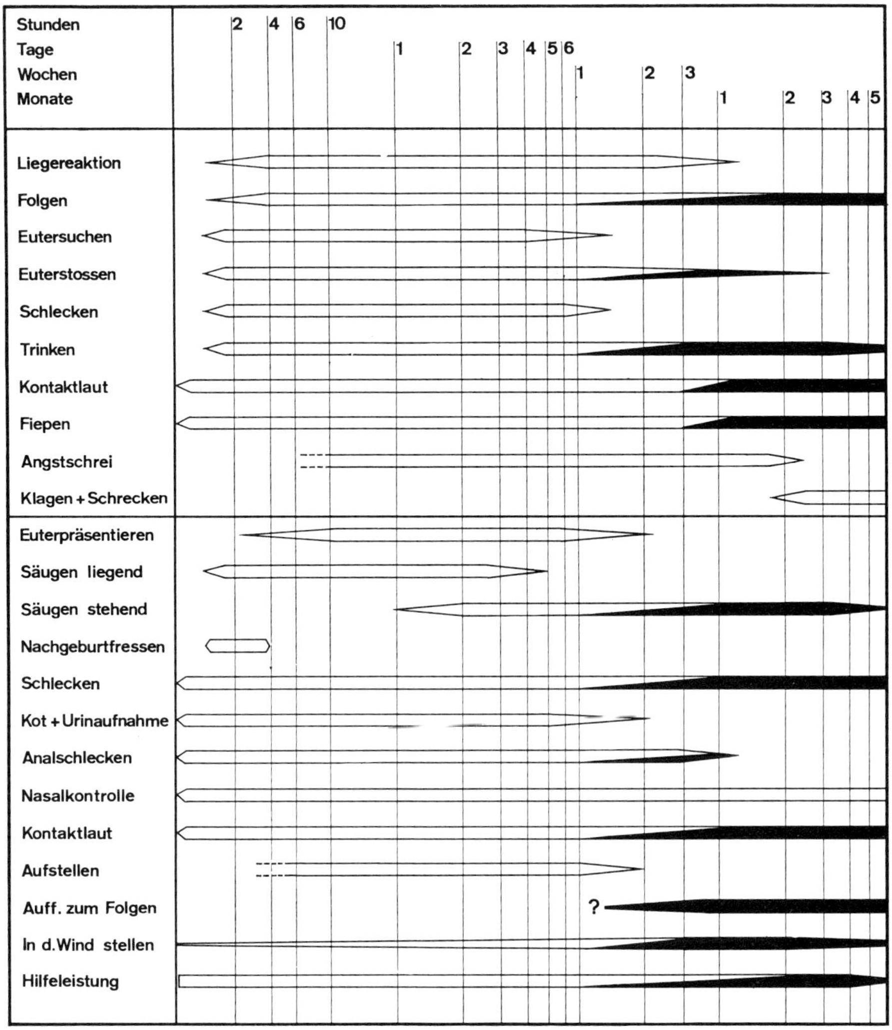

Abb. 18: Entwicklung der Beziehungen zwischen Mutter und Kind innerhalb der ersten zehn Stunden, der ersten Woche, des ersten Monates und des ersten Halbjahres nach der Geburt anhand von zehn Verhaltenselementen der Kitze (oben) und 13 Verhaltenselementen führender Geißen (unten). Die Zeitspanne, in welcher das betreffende Verhalten beobachtet wurde, ist durch ein Band markiert. Es beginnt dort, wo beim ersten Kitz bzw. der ersten Geiß das betreffende Verhalten zum erstenmal festgestellt wurde, und erreicht maximale Breite, wenn alle Kitze bzw. alle Geißen dieses Verhalten zeigen. Die Bänder sind schwarz eingezeichnet, wenn ein bestimmtes Verhalten nur noch gegenüber einem bestimmten Partner abläuft, wahrscheinlich also eine individuelle Prägung stattgefunden hat. Demnach verlaufen Prägungsvorgänge zwischen Mutter und Kind innerhalb einer erstaunlich langen Periode. Sie beginnt nach Ablauf der ersten Lebenswoche und ist am Ende des ersten Lebensmonates abgeschlossen

LORENZ (1935) spricht in diesem Zusammenhang von der Trennbarkeit der Funktionskreise. Dazu einige Beispiele: Den handaufgezogenen Kitzbock Pipo erhielt ich zu einem Zeitpunkt, zu dem er nicht mehr auf das Trinken aus der Flasche umlernen konnte. Trotzdem nahm er mich als ‚Folgekumpan' an und begleitete mich auf den täglichen Rundgängen im Wald.

Die Kitzböcke Chätschi und Himpi dagegen tranken beide bei mir aus der Flasche und nahmen mich damit als ‚Trinkkumpan' an. Ich nahm die beiden erstmals mit auf die Rundgänge, nachdem sie über ein halbes Jahr alt waren. Sie folgten mir jetzt aber nur nach, wenn ich von Fridolin und Pipo, die mich beide als ‚Folgekumpan' angenommen hatten, begleitet war. Sie folgten eigentlich nicht mir nach, sondern ihren beiden Stiefbrüdern, die offenbar ihre ‚Folgekumpane' geworden waren. Als später alle diese Kitzböcke wild lebten, folgten die beiden nie Menschen. Was das Element Folgen anbetraf, so waren sie eindeutig auf eigene Artgenossen geprägt.

3.7 Warum ist ein Nestflüchter ein Liegetyp?

Die Neugeborenen der Huftiere können sehr kurz nach der Geburt gehen, nach der Mutter rufen und ihr Euter finden. Ihre Augen sind geöffnet, Ohren und Nase rasch funktionsfähig und sie tragen ein isolierendes Fell. Verglichen mit Vertretern anderer Säugetiergruppen sind es wahre Nestflüchter (man denke nur an die Neugeborenen von Beutel- und Nagetieren, von Hunden, Bären, Katzen oder gar an den Menschen). Trotzdem folgen sie nicht unmittelbar nach der Geburt ihren Müttern. Ausnahmen machen die Elefanten (z. B. KURT 1986) und einige berg- und steppenbewohnende Wiederkäuerarten wie beispielsweise Gemse (*Rupicapra rupicapra*) (KRÄMER 1969), Mufflon (*Ovis musimon*) (PFEFFER 1967), Karibu (*Rangifer tarandus*) (LENT 1966) oder Wildebeest (*Connochaetus taurinus*) (TALBOT und TALBOT 1963). Bei diesen Ausnahmen folgen die Jungen ihren Müttern bereits wenige Stunden oder wenige Tage nach der Geburt regelmäßig. Und soweit bekannt ist, erfolgen die Prägungsvorgänge zwischen Mutter und Kind bei diesen Arten sehr rasch, innerhalb weniger Minuten oder Stunden. Beim Reh dagegen, einem typischen *Liegetyp*, verlaufen sie innerhalb von drei bis vier Wochen.

Während dieser kritischen Periode festigen sich die sozialen Beziehungen zwischen Mutter und Kitz, obwohl die beiden die meiste Zeit voneinander getrennt sind. Allein schon aus diesem Grund müssen Setz- und Aufzuchtplätze an Orten liegen, wo keine anderen Rehe leben, auch keine fremden Kitze und keine anderen führenden Geißen. Nur so werden Verwechslungen vermieden und damit falsche Prägungen, ‚Kinderraub' und ‚Brutparasitismus'.

Durch solche Vorkommnisse – es gibt sie unter bestimmten Voraussetzungen tatsächlich (siehe Seite 140) – würden besonders ‚mütterliche' Ricken einen Verlust an inklusiver Eignung erleiden. Darunter versteht man den Fortpflanzungserfolg eines Tieres und seiner Nachkommen (BARASH 1980). Wie es Geißen, die rangniedriger sind als Böcke, überhaupt gelingt, eine Aufzuchtstelle – also einen Raum mit bestmöglichem Angebot an Nahrung und Deckung – zu behaupten, darüber werde ich in Kapitel 6 berichten.

Aber nicht nur die Isolation von anderen Mutter-Kitz-Gruppen ist adaptiv. Von großem Überlebenswert für Mutter und Kind ist auch das häufige Getrenntsein der ungleichen Partner. Der Energiebedarf der führenden Ricken ist um wenigstens 150 bis 200 % erhöht, je nachdem, ob sie eines oder zwei Kitze zu versorgen haben. Dazu meint ELLENBERG (1978): „Ein Säugling entspricht physiologisch einem Parasiten und in der Nahrungskette sogar einem ‚Raubtier zweiten Grades', das nicht den Pflanzenfresser selber ‚frißt', sondern dessen Produkte. Auf jeder dieser Trophie-Ebenen geht Energie verloren." Den erhöhten Energiebedarf befriedigen führende Ricken, so scheint es auf den ersten Blick, indem sie logischerweise mehr (und wahrscheinlich auch besseres) Futter aufnehmen.

Das bewies ELLENBERG, indem er gefangenen Ricken, die Zwillinge führten, ein Kitz wegnahm. Sie drosselten ihre Nahrungsaufnahme (diese konnte dank Kunstfütterung in Automaten genau bestimmt werden) proportional zum Energiebedarf um rund 100 %. Und sie erhöhten sie wieder, als er ihnen das zweite Kitz nach einigen Tagen wieder zurückgab.

Inwieweit unterscheidet sich das Zeitbudget einer Muttergeiß, die von ihren Kitzen begleitet wird, von jenem einer Muttergeiß, deren Kitze in Deckung liegen? Dieser Frage ist GIEGER (1983) während der kritischen Periode bei drei führenden Geißen im Versuchsgehege von Staffelbach nachgegangen. Das Resultat war eindeutig: In den ersten Wochen nach der Geburt reagieren die Ricken stark darauf, ob ihre Kitze versteckt im Unterwuchs lagen oder aktiv waren. Sie orientierten und sicherten mehr und ästen weniger. Rehkitze, die in Deckung liegen, scheinen demnach vor Feinden sicherer zu sein. Entsprechend können die Ricken während der Liegezeiten der Kitze einen großen Teil ihrer Zeit der Äsung widmen. So jedenfalls die Befunde aus einem Versuchsgehege.

Wildlebende Ricken können sich aber auch einer ganz anderen Strategie zur Verbesserung ihres Energiehaushaltes bedienen, indem sie nicht, wie erwartet, mehr äsen, sondern weniger Energie verbrauchen als üblich, also möglichst wenig machen, solange sie Kitze säugen müssen. Dies fand TURNER (1979) mittels genauer Untersuchungen bei wildlebenden Rehen im Zizerser Feld bei Chur. Während der Säugezeit verbrachten die säugenden Ricken nicht etwa mehr Zeit mit Äsen als andere Rehe, sondern weniger Zeit mit Ortsverschiebungen und Futtersuchen. Wahrscheinlich kennen sie die besten Futterzonen ohnehin längst aus Erfahrung und bewohnen, das darf nicht vergessen werden, ja auch die geeignetsten Gebiete. Lediglich mit Sichern verbrachten die führenden Geißen im Zizerser Feld mehr Zeit als andere Rehe. Aber dieses Verhalten ist nicht besonders energiezehrend. TURNERS Version macht biologisch durchaus Sinn: Eine Ricke, die sich möglichst ruhig verhält, dabei meist im Winde der Kitze steht und häufig sichert, kann den Nachwuchs besser überwachen als eine, die viel auf Futtersuche ist.

Die Frage, ob eine führende Ricke nun mehr äst und/oder mehr ruht, sei dahingestellt. In beiden Fällen erreicht sie ihr Ziel, die Maximierung ihres Energiebudgets, dann leichter, wenn sie von ihren Nachkommen möglichst wenig bedrängt wird, also wenn diese möglichst viel niedergetan sind. Damit wird aber auch das Energiebudget der Jungen verbessert. Sitzend verbrauchen sie wenig von der aufgenommenen Nahrung für Bewegung, und somit kann viel dem raschen Wachstum zugute kommen. Häufiges Verharren in Deckung ist auch bestmögliche Anpassung an hohen Raubtierdruck. Rehkitze, das darf man nicht vergessen, stellen Beute für eine Reihe von mittelgroßen Widersachern dar, die sich nie an erwachsene Rehe halten, wie beispielsweise Fuchs, Wildschwein, Habicht, Steinadler oder Uhu.

WANDELER (1975) untersuchte die Mageninhalte von 204 Füchsen, die während der Monate Mai, Juni und Juli im Berner Mittelland erlegt worden waren. 24mal fand er dabei Reste eines Kitzes. Deshalb kam er zu dem Schluß, daß ein Fuchs in diesen drei Monaten durchschnittlich elf Kitze frißt – eine bemerkenswert hohe Anzahl. Bemerkenswert hohe Kitzsterblichkeit infolge von Füchsen stellte auch STRANDGAARD (1972) in Kalö fest.

STEMMLER (1955), der erste Schweizer Adlerforscher, fand unter 421 Beutetieren des Steinadlers 14,5 % Schalenwild: zwei erwachsene Gemsen, drei erwachsene Rehe, zwei junge Hirsche und 20 Rehkitze. Bei der geringen Rehdichte, die zu STEMMLERS Zeiten in den Alpen gegeben war, ist die Zahl erstaunlich hoch. Eines muß man allerdings bei allen diesen Angaben bedenken: Es ist nicht bekannt, ob Füchse oder Adler die Kitze selbst erbeutet oder ob sie diese bereits verendet gefunden haben. Dies wäre im Falle des Steinadlers naheliegend, denn im Alpenraum gehen die meisten Kitze wegen schlechter Klimabedingungen ein.

Rehkitze stellen aber selbst für kleinere Beutegreifer eine attraktive Beute dar. MÜLLER (1971) berichtet, daß ein Mäusebussard pausenlos ein neugeborenes Kitz anflog, das sichtbar auf niedergetretenem Gras saß. Der Greifvogel ließ erst davon ab, nachdem das Kitz in Sichtdeckung getragen worden war.

Was Energiebudget, Wachstum der Kitze und Feindvermeidung anbelangt, so bewährt sich die Isolation von Mutterfamilien und die Trennung von Mutter und Kindern während der kritischen Periode. Die Vorteile überwiegen eindeutig die Nachteile. Und Nachteile gibt es in der Tat. Dabei denke ich nicht in erster Linie an die bereits erwähnten Katastrophen bei der Heuernte, während der viele Kitze umkommen können. Ich denke vor allem an Schlechtwetterlagen während der kritischen Periode, wenn die Kitze den größten Teil des Alltages niedergetan verbringen.

Bei Nässe und Kälte verbrauchen die Kitze innerhalb kürzester Zeit ihren bescheidenen, bereits bei der Geburt vorhandenen Fettvorrat und verfünffachen ihren Stoffumsatz (Ellenberg 1978). Sie wachsen nicht mehr und laufen Gefahr, an Unterkühlung einzugehen. Es ist deshalb nicht erstaunlich, daß bei langandauernden Schlechtwetterperioden während der Setzzeit und der kritischen Periode viele Kitze umkommen, wenn es ihren Müttern nicht gelingt, sie an trockene Stellen zu führen.

Die Empfindlichkeit der Kitze zeigt sich auch im Vergleich zwischen den Beobachtungsgebieten im Berner Oberaargau und im alpinen Oberengadin: Im günstigeren Tiefland führen die Ricken im Herbst meist ein bis zwei Kitze, im alpinen Gebiet mit harschem, kaltem Klima dagegen ist nur noch jede zweite Ricke von einem Kitz begleitet. Gleiches fand auch Ellenberg (1978) in einem Gebiet der Koralpe in der Süd-Steiermark, wo die Rehe im Winter künstlich gefüttert werden und sich wahrscheinlich auch nur deshalb dort halten können. Zwar werden auch hier alle Ricken brunftig und setzen regelmäßig zwei Kitze. Diese gehen aber wegen des kalten Wetters bereits kurz nach der Geburt wieder ein. Mit hoher Kitzsterblichkeit infolge schlechter Aufzuchtplätze (und damit auch schlechter Ernährung ihrer Mütter) werden wir uns noch in Kapitel 6 auseinandersetzen. Vorerst weiter über den Fortgang der Beziehungen zwischen Ricken und Kitzen.

Abb. 19: Der Mai bietet Äsung in Fülle (Foto: G. Eiffert)

4 Stabile Periode, Kampfspiele und Äs-Traditionen

Nach Abschluß der kritischen Periode kennen sich Mutter und Kitze. Sie verbringen die meiste Zeit zusammen. Die Mutter-Kitz-Gruppe ist sehr stabil und wird erst am Ende des Winters (vorübergehend) aufgelöst. Die stabile Periode dauert lang und beginnt ungefähr vier Wochen nach dem Setzen, für die meisten Kitze also Anfang Juli und damit vor der Brunft. Sie fällt auch in die Periode, während der die Aktionsräume der Rehe am größten, die Äsung am knappsten und die Anzahl der Sozialpartner ihrer Mutter am höchsten sind.

Kitze lernen jetzt andere Rehe und den Jahresbezirk ihrer Mutter kennen, ebenso Äspflanzen, Futterstellen, Ruheplätze und Wechsel. Viele Kenntnisse über die Umwelt werden ihnen von der Mutter und anderen erwachsenen Rehen vermittelt. Dieses faszinierende Kapitel im Leben der Rehe, das von Turner und seinen Mitarbeitern von der Abteilung für Ethologie und Wildforschung an der Universität Zürich entdeckt und beschrieben worden ist, wird einen großen Teil dieses Kapitels einnehmen, obwohl die hier beschriebenen Verhaltensweisen nicht nur zwischen Ricken und Kitzen vorkommen, hier aber von besonderer Bedeutung sind.

Während der stabilen Periode verändert sich auch das Verhalten zur Feindvermeidung. Die Kitze begleiten nun ihre Mütter und andere Rehe und sitzen nicht mehr meist im Verborgenen. Neu für die Kitze ist jetzt auch, daß sie selbst aktiv teilnehmen am Leben in den Sprüngen.

Zu Beginn der stabilen Periode verschwinden einige Verhaltenselemente der Frischgesetzten oder werden umgewandelt und erhalten damit eine neue Bedeutung. Zudem entstehen auch neue Verhaltensweisen, viele davon im Spiel zwischen den Kitzen.

4.1 Verhalten zwischen Geiß und Kitzen

Die Geißen, die ihren Nachwuchs – so Bubenik 1965 – während der kritischen Periode täglich neun- bis elfmal, nach neueren Beobachtungen sogar acht- bis 19mal säugen, erlauben das Säugen nun nur noch zweimal am Tag und verhindern das Trinken durch Vorschritte oder sogar durch Hinterlaufschläge. Säugen bringt die Ricke, wie schon ausgeführt, in den ersten Wochen nach dem Setzen an die Grenze ihrer physiologischen Leistungsfähigkeit. Die Belastung wird im Hochsommer noch größer; denn viele Äspflanzen verholzen, und damit wird die Nahrung schwerer verdaubar und eiweißärmer. Dem Engpaß begegnet die Ricke offenbar, indem sie die Kitze abwehrt und sie so zwingt, Grünfutter aufzunehmen. Die Kitze haben sich aber auch weiterentwickelt. Sie können jetzt äsen und wiederkäuen, haben funktionsfähige (Milch-)Backenzähne und einen Pansen, der groß genug ist, um feste Nahrung aufzunehmen.

Nach der Brunftzeit, also spätestens Ende August bis Anfang September, trinken nur noch die wenigsten Kitze. Vogt und Schmid (1950) sowie Reinhard (1953) sahen zwar noch im Winter freilebende Kitze beim Trinken. Doch dies sind sicher Ausnahmen. Nach meinen Beobachtungen verschwindet das Trinken endgültig im Alter von zehn Wochen. Zu dieser Zeit verweigern übrigens auch handaufgezogene Kitze bei genügend fester Nahrung die Flasche. Die Entwöhnung ist also nicht nur eine von der Ricke erzwungene, sondern vor allem eine durch die Entwicklung der Kitze bedingte Umstellung.

Ricken schlecken ihre Kitze regelmäßig bis ins Alter von etwa einem Monat, doch sie nehmen dabei weder Harn noch Kot auf. Das Schlecken wird jetzt von den Kitzen erwidert

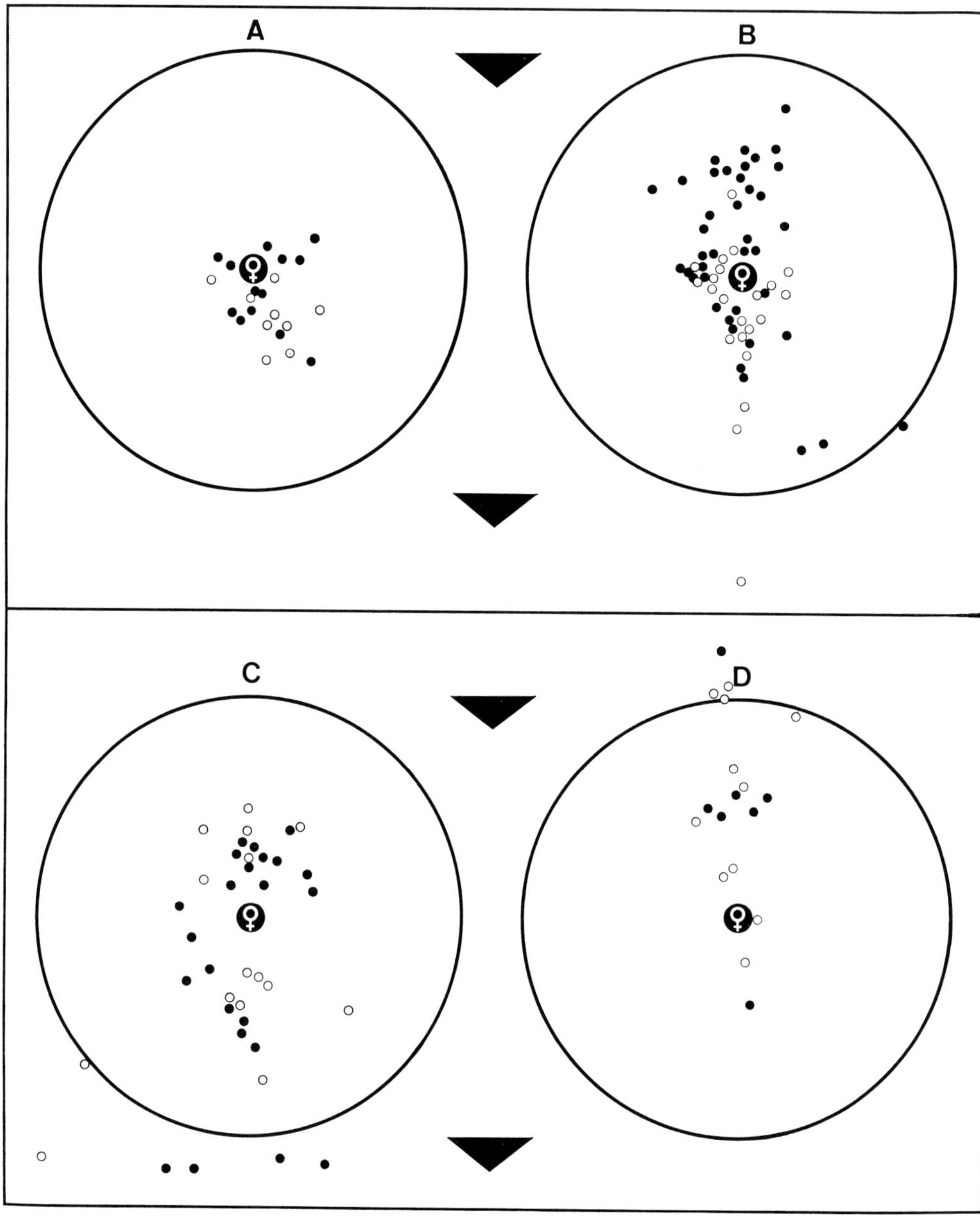

Abb. 20: Räumliche Anordnung der Kitze gegenüber ihrer Mutter in Abhängigkeit zur Windrichtung (Beobachtungen aus dem Berner Oberaargau). Die Position der Mutter entspricht dem Zentrum eines Kreises mit 25 Metern Radius. Schwarze Punkte entsprechen den Positionen von Bockkitzen, helle denjenigen von Geißkitzen. Die Windrichtung, mit Pfeilen markiert, verläuft von oben nach unten. Es wurden folgende Zeitabschnitte unterschieden: erste Märzhälfte (A), zweite Märzhälfte (B), erste Aprilhälfte (C) und zweite Aprilhälfte (D). Anfang März stehen die Kitze noch nahe und vor allem *hinter* ihrer Mutter. Ende April und damit kurz vor der Geburt eines neuen Jahrganges stellt sich die Mutter dagegen in den Wind ihrer jetzt fast einjährigen Nachkommen. Gleich verhält sie sich gegenüber den Neugeborenen

und entwickelt sich allmählich zu einem Kontakt- und Putzverhalten gegenüber bekannten Partnern innerhalb der Mutterfamilie. Es tritt auch unabhängig vom Säugen auf.

Kitze, die ihre Mutter begleiten, versuchen möglichst nahe bei ihr zu sein und/oder sich in ihrem Windschatten aufzuhalten, so daß sie sie dauernd riechen können. Bewegt sich die Mutter mit dem Wind, so verkürzen sie die Individualdistanz auf ein Minimum. Bezüglich der Windrichtung ändern sich am Ende der kritischen und zu Beginn der stabilen Periode die Positionen von Mutter und Kindern. Bei jungen und/oder niedergetanen Kitzen steht die Ricke in deren Wind und kann sich dabei auch bis zu 80 und mehr Metern von ihnen entfernen. Dieses Aufpassen zeigt die Muttergeiß übrigens schon vor dem Setzen, und zwar erstaunlicherweise gegenüber ihren jetzt fast einjährigen (Vorjahrs-)Jungen (Abb. 20).

Kitze fiepen jetzt nicht mehr, um die Mutter herbeizurufen. Der Laut wird zum Signal bei Ortsverschiebung und steht im Dienst des Gruppenzusammenhaltes. Als neues Verhalten erscheint die Aufforderung zum Nachfolgen. Dazu bleibt der auffordernde Partner vor dem andern stehen, blickt mit aufrecht gehaltenem Hals und geöffneten Lauschern nach hinten und gibt Kontaktlaute (Abb. 21).

Nach der kritischen Periode entwickelt sich eine Verhaltensweise, die es der Mutter ermöglicht, die Kitze an einer bestimmten Stelle abzulegen. Sie flüchtet dabei häufig in Windrichtung, so daß die Kitze nachfolgend aufschließen. Dann bremst sie plötzlich ab. Die Kitze überholen sie, stehen dabei aber so, daß sie die Alte nicht mehr winden können. Die Geiß verdrückt sich, und die Kitze tun sich in der nächsten Deckung nieder – oder auch nicht; denn sie können sich bereits im Alter von zwei Monaten vorübergehend selbständig machen.

Führende Ricken sind bei den Paarungsläufen mit territorialen Böcken in der Brunft gelegentlich von ihren Kitzen begleitet, die dem Paar nachrennen. Meist sind sie abwesend, was nicht heißen soll, sie würden irgendwo in Deckung verharrend auf ihre Mutter warten. Ganz im Gegenteil. Während der Brunft, so stellte TURNER (1979) anläßlich seiner Studien im Zizerser Feld fest, sind Kitze bedeutend aktiver als alle anderen Rehe. Zu dieser Zeit beginnen sie intensiv zu spielen. Darüber wird im nächsten Abschnitt ausführlich berichtet.

Spätestens vom dritten Lebensmonat an erkennen die Kitze Geruchsfährten. Zwei meiner künstlich aufgezogenen Kitze, Fridolin und Pipo, konnten in diesem Alter in Wahlversuchen jederzeit meine Spur von der anderer Menschen unterscheiden, und sie fanden aufgrund von Fährten auch ihre bis zu 500 Meter entfernt stehenden Stiefgeschwister.

4.2 Feindvermeidung

Bei Gefahr drücken sich Kitze gelegentlich auch noch im Alter von sechs Wochen. Andererseits flüchten aber auch schon sehr junge Kitze. Dieses so verschiedene Fluchtverhalten wird von der Umweltsituation mitbestimmt: Sich-Drücken bricht bei älteren Kitzen nur noch durch, wenn der Feindreiz außerordentlich hoch ist. So können zum Beispiel noch fünf- bis sechswöchige Kitze von schweren, lauten Traktormähern vermäht werden, während gleich alte vor Handmähern längst flüchten. Sogar ältere Rehe dukken sich noch bei ganz hohen Feindreizen; ein sieben Monate altes Kitz und ein anderthalbjähriger Bock, die wir in einem Zwangswechsel fingen, warfen sich zu Boden, nachdem sie vergeblich versucht hatten, vor den sich nähernden Menschen zu flüchten. Und einmal beobachtete ich, wie ein schwaches Schmalreh, das von einem Bock heftig getrieben wurde, sich plötzlich in der typischen Duckstellung niedertat.

Bis in den dritten oder vierten Lebensmonat wird der schrille, hohe Angstschrei vom *Klagen* abgelöst, einem „durchdringenden Schreien, das wie Aiih klingt" (RAESFELD 1956). Die Mutter scheint diesen Laut ihrer Kitze zu kennen. Jedenfalls eilte eine Ricke zu ihrem klagenden Kitz, das wir noch im September gefangen hatten. Soviel ich weiß, unternimmt eine Ricke aber nichts, wenn sie und die ihr folgenden Kitze von wildernden Hunden gejagt werden und es diesen gelingt, ein Kitz abzusprengen. (Übrigens rissen während der sechziger Jahre im Berner Oberaargau streunende Hunde ziemlich viele Kitze. Von zwölf gerissenen und später aufgefunde-

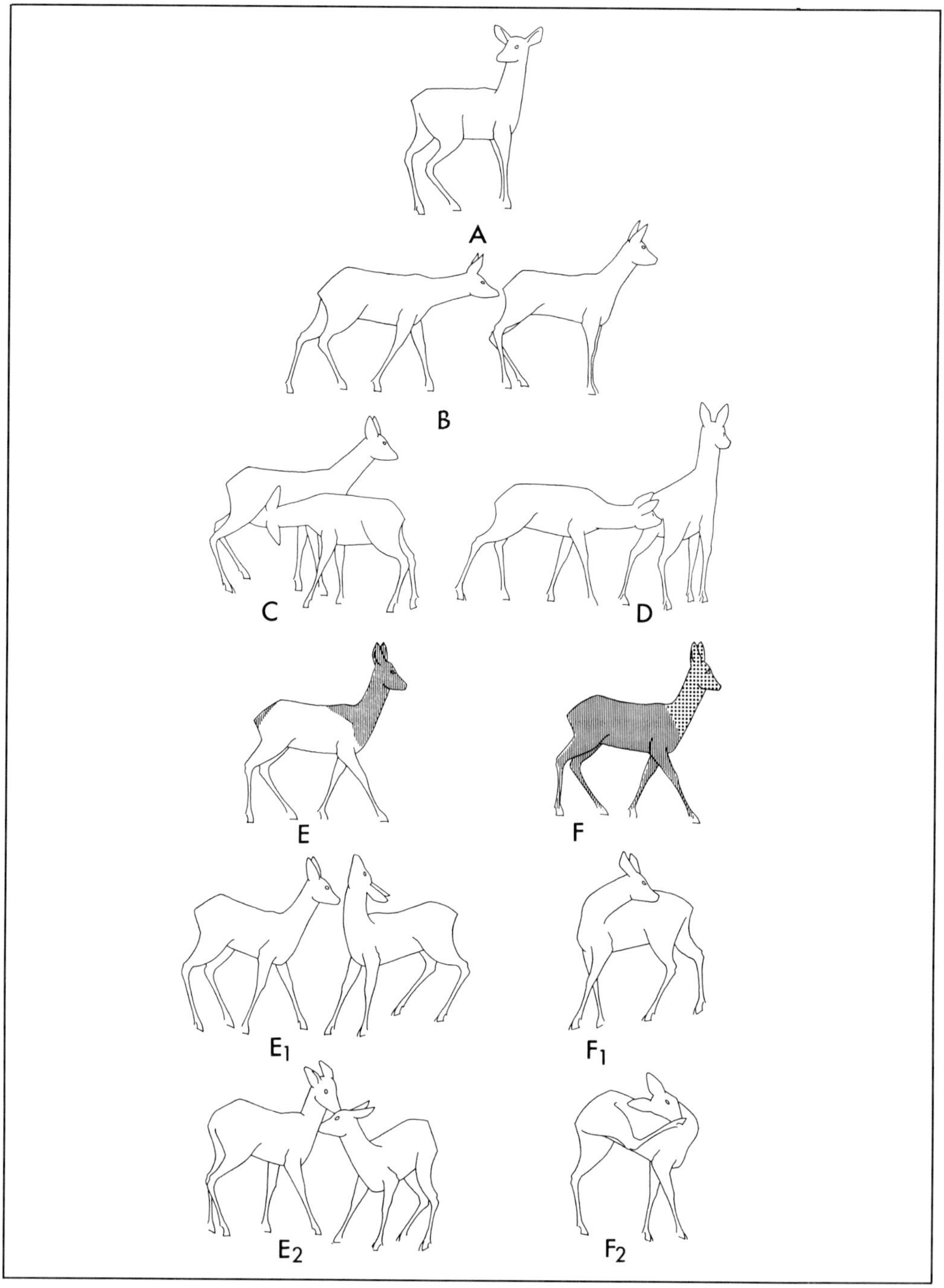

nen Rehen waren elf Kitze, alle älter als drei Monate, und eine beschlagene Geiß.)

Hilfeleistungen der Ricke, so können die diesbezüglichen Beobachtungen vielleicht interpretiert werden, erfolgen einmal bei sitzend schreckenden Kitzen gegenüber mittel-

Abb. 21: Einige Kontaktverhalten. A: Aufforderung zum Folgen. B: Naso-anal-Kontakt. C und D: Naso-inguinal-Kontakt. E: Soziales Putzen. Die vom Partner geputzten Körperstellen sind schraffiert dargestellt. E_1: Aufforderung zum Putzen. Das auffordernde Tier stößt vor dem Partner stehend mit der Schnauze von unten nach oben. Dieses Verhalten erinnert an das Euterstoßen der Kitze. E_2: Gegenseitiges Putzen. F: Die selbstgeputzten Körperstellen (schraffiert), verglichen mit denen, die von Partnern geputzt werden. $F_{1,2}$: Putzstellungen

großen Widersachern, die erwachsene Rehe angreifen, aber auch dann, wenn das sitzende Kitz von größeren Beutegreifern bedroht wird. In diesem Fall versucht die Ricke durch Schrecken, Plätzen und langsame auffallende Fluchten die Aufmerksamkeit des Widersachers auf sich zu ziehen und damit von den niedergetanen Kitzen abzulenken. Bei Hetzjagden dagegen ist ihr dies verwehrt. Hier bestimmen Räuber sowie Ausdauer und Erfahrenheit der Nachkommen allein den Ausgang. Der führenden Ricke bleibt nichts anderes übrig, als zu fliehen.

Hetzjäger wie der Wolf (*Canis lupus*) reduzieren heute noch in naturnahen Landschaften wie etwa Yakutien (EGOROV 1965) oder Teilen von Jugoslawien (SVIGELJ 1967) den Rehbestand beträchtlich. Doch neben dem Wolf ist oder war es in erster Linie der Luchs (*Lynx lynx*), der sich an Rehe hält. In den Karpaten machen Rehe die Hälfte der Gesamtbeute des Luchses aus (VASILIU und DECEI 1964). Allerdings ernähren sie sich während der Setzzeit der Rehe in erster Linie von den zahlreich vorhandenen Nagetieren (HELL 1964).

Vorsichtsverhalten gegenüber einem Widersacher, der vor allem im Winterhalbjahr gefährlich wird und nicht selektiv jagt, muß, so kann man folgern, allen Mitgliedern eines Rehbestandes eigen sein, aber so, daß möglichst wenige gefährdet sind. Wie Rehe sich bei ungewohnten und gefährlichen Situationen verhalten, zeigten STORZ und TURNER (1980) anhand von Versuchsserien, die sie zwischen Januar und März an zwölf Rehen (sieben Kitzen und fünf Erwachsenen) im Gatter von Staffelbach durchführten.

Die Rehe wurden in Zweiergruppen gehalten. An ihrem gewohnten Futterplatz konnte plötzlich eine Feindattrappe, ein ausgestopfter Fuchs, knapp über Boden schwebend, an einer kleinen Seilbahn hängend, präsentiert werden. Füchse, besonders ausgestopfte, bedeuten Rehen, die älter als ein halbes Jahr sind, sicher keine Gefahr. Trotzdem verursachte die Attrappe Aufregung (übrigens bedeutend mehr als ein in Parallelversuchen präsentierter Plastiksack). Nervosität kam in den Zweiergruppen auf, Kontaktverhalten wurde häufiger, Kampfverhalten völlig eingestellt. Einige Rehe verzogen sich in Deckung und verhielten sich auch später vorsichtig. Andere dagegen näherten sich bald dem unbekannten Objekt und begannen später sogar zu äsen. Kurz: Es gab in jeder Gruppe einen *Aktiven*, der sich der potentiellen Gefahr aussetzte, und einen *Passiven*, der vorerst abwartete, was geschieht.

Nun veränderten STORZ und TURNER die Gruppenzusammensetzungen, brachten jeweils zwei Aktive, die sich aussetzten, und zwei vorsichtige Passive zusammen. Wiederum ergab sich das gleiche Bild: Einer spielte die ‚mutige', aktive Rolle, während sich der andere zurückhielt. Rehe, so das Fazit dieser Versuche, können also verschiedene Rollen spielen.

Wer spielte nun aber die Rolle des *Mutigen*? Alter, Geschlecht und soziale Ränge der zwölf Versuchsrehe waren bekannt. Es ließ sich keine feste Regel ableiten, obwohl auffiel, daß eher junge Männchen oder erwachsene Weibchen die aktive Rolle übernahmen. Im Prinzip konnte aber jeder, je nach seiner und der Persönlichkeit des Partners, einmal aktiv, das andere Mal passiv sein.

Die biologische Konsequenz aus einem solchen Rollenspiel könnte heißen: Nur ein einziges Tier einer Gruppe begibt sich in unerwartete Situationen, möglicherweise in Gefahr, während sich die andern vorerst vorsichtig verhalten. Deswegen muß der Aktive noch lange kein Altruist sein, er äste ja auch als erster, nachdem er den ausgestopften Fuchs als harmlos ausgemacht hatte. Rollenverhalten ist, wie ich (im Abschnitt 4.5) noch ausführen werde, nicht ausschließlich auf Feindvermeidung beschränkt.

Entsprechende Beobachtungen und Versuche fehlen an wildlebenden Rehen. Es erscheint mir aber logisch, daß auch sie sich vergleichbar verhalten. Möglicherweise steht das Spiegelspreizen im Dienst eines solchen Warnverhaltens, das Artgenossen zwar über eine potentielle Gefahr orientiert, sie aber nicht zwangsläufig zur Flucht veranlaßt, wenn sie mit dem betreffenden Unsicherheitsfaktor bereits eigene Erfahrungen gemacht haben.

Jedenfalls kann man das Spiegelspreizen nicht als generelles Fluchtsignal werten. Das bezweifle ich aufgrund folgender Feststellungen: Erstens wird der Spiegel nicht nur vor und während der Flucht gespreizt, sondern auch beim Sich-Lösen, beim Sich-Strecken und beim Sich-Schütteln. Im Weitern folgen nicht immer alle Rehe einem mit gespreiztem Spiegel flüchtenden Artgenossen nach. Dies sah ich häufig an den künstlichen Winterfutterstellen bei Pontresina. Hierher zogen regelmäßig Rehe, die an die Anwesenheit des Menschen gewöhnt waren, aber auch andere, die immer eine große Fluchtdistanz wahrten. Diese Scheuen flüchteten immer mit gespreizten Spiegeln, ohne daß sie die geringste, sichtbare Reaktion bei den ‚Zahmen' ausgelöst hätten. Spiegelspreizen braucht aber nicht unbedingt nur ein innerartliches Signal zu sein. Es kann auch so gewertet werden, daß es dem Widersacher deutlich macht, daß er erkannt und seine Beute flucht- oder gar abwehrbereit ist (siehe Seite 173).

4.3 Das Verhalten von Kitzen untereinander

Nach Abschluß der Phase gegenseitiger Aversion lernen sich Geschwister kennen, wenn sie gemeinsam bei der Mutter trinken. Kontaktlaute, Fiepen, Nasalkontrollen, Gesäugestoßen, Saugen und Schlecken leiten das Trinken ein. Die gleichen Elemente erscheinen auch nach dem Trinken. Sie werden von der gleichen Gesamtsituation aktiviert wie das Trinken, jedoch sofort blockiert, wenn das Gesäuge gefunden ist und getrunken wird. Nach dem Trinken, das meist von der Geiß unterbrochen wird, werden sie enthemmt – häufig gegenüber dem mitanwesenden Geschwister. Später entwickeln sich daraus Elemente der sozialen Kontaktnahme und des Partnerputzens. Geruchsstoffe werden beim Putzen und Kontrollieren ausgetauscht. So kennen sich Geschwister, wie übrigens auch alle anderen Rehe, die sich häufig begegnen, aufgrund ihres Aussehens und ihres Geruches. Zur Zeit der Brunft beginnen die Kitze miteinander zu spielen. Spielen ist bei Rehen – übrigens bei den meisten Huftieren – Sache der Kinder, sieht man von wenigen Ausnahmen wie beispielsweise von Laufspielen zwischen Erwachsenen oder Erwachsenen und Kitzen ab.

Dies ist bei einer rasch eintreffenden Schönwetterlage nach langer Regenperiode der Fall oder wenn frischer Schnee gefallen ist; SCHMID (1965) spricht in diesem Zusammenhang von Schneetollheit. Doch das sind Ausnahmen. Selbst führende Geißen spielen nur selten mit den Kitzen und beteiligen sich höchstens an Laufspielen. Spielgruppen, in denen die Kitze von zwei oder mehreren führenden Geißen anwesend waren, fand ich in meinen Beobachtungsgebieten selten. STRANDGAARD (1972) und ELLENBERG (1978) beobachteten Sprünge, die spielende Kitze von mehreren Geißen enthielten.

Im Spiel der Kitze treten Elemente auf, wie sie von adulten Rehen besonders im Kampf- und Brunftverhalten gezeigt werden. Wie dies allmählich entsteht, werde ich jetzt beschreiben:

Das Spiel beginnt, wenn die Kitze am Ende der kritischen Periode alleine ihre ersten Schlaufen laufen und diese Spielläufe plötzlich mit Stoßbremsen unterbrechen. Dazu grätschen sie die Vorderläufe und werfen den Kopf nach vorne unten. Dabei sind die Lichter geschlossen. Beim Heben des Kopfes springen sie dann in fast senkrechte Haltung.

Ein bis zwei Wochen später beziehen sich die Spielläufe auf einen Partner. Die Kitze flüchten jetzt von der Mutter oder einem Geschwister weg, ziehen einen Bogen und kehren zurück. Jetzt erfolgt das Stoßbremsen in unmittelbarer Nähe des Partners. Ziehen zwei Kitze ihre Laufschleifen gleichzeitig gegeneinander, so bremsen sie kurz voreinander mit Grätschen der Vorderläufe. Beim Kopfsenken kontrollieren sie sich gegenseitig kurz Windfang an Windfang. Während des ganzen Ablaufes verhalten sich beide ‚spiegelbildlich', soll heißen, beide Partner zeigen gleichzeitig dieselben Verhaltenselemente.

Abb. 22: Weißlinge sind seltene Spielarten der Natur (Foto: W. Henkel)

Aus dem Kopfsenken der beiden entwickelt sich etwa am Ende des zweiten Lebensmonates das Stirnstoßen. Bereits eine oder zwei Wochen später erscheint es unabhängig von Laufspielen. Noch immer springen aber beide nach dem gleichzeitig abgebrochenen Stoßen hoch.

Im dritten Lebensmonat verändert sich das Stoßverhalten wie folgt: Die Sequenzen Stoßbremsen–Nasalkontakt–Stoßen–Hochspringen beider Partner laufen nicht mehr synchron ab. Das Stoßen wird von dem einen früher abgebrochen als vom andern; er springt auch früher hoch und reitet so dem nachstoßenden Partner auf. Das Aufreiten erfolgt also vorerst von vorne und nicht, wie man erwarten möchte, von hinten. Drückt man einem Kitz mit der Hand von vorne gegen die Stirne, so nimmt es die Stoßhaltung ein und erwidert den ‚Angriff'. Dabei unterbricht es das Stoßen erst, wenn es keinen Widerstand mehr spürt.

Vom dritten Lebensmonat an wird nicht nur gegen Geschwister sondern auch gegen kleine Sträucher und Pflanzen gestoßen. Das Verhalten gleicht dem Geweihschlagen der Böcke. Auch nach solchen Angriffen auf Ersatzobjekte springen die Kitze hoch.

Zögert eines der spielend gegeneinander stoßenden Kitze mit seiner Attacke, dann springt das andere gleich hoch. Ich betrachte dieses Zögern als Zeichen eines aufkommenden Ranggefälles zwischen den Kitzen, das vorerst nicht starr ist. Die jeweiligen Rollen können sogar innerhalb der gleichen Spielphase wechseln.

Das allmählich immer stärker aufkommende Ranggefälle zwischen den Kitzen äußert sich auch darin, daß die Laufspiele jetzt nicht nur gegeneinander gerichtet auftreten, sondern auch als Jagden. Im Jagdspiel kontrolliert der Verfolger den Verfolgten mit dem Windfang an den Seiten oder am Hinterteil. Nach einem Stoßversuch springt er ebenfalls hoch und reitet auf. Aufreiten von der Seite und von hinten kann zwei Wochen danach auch unabhängig von Jagdspielen vorkommen.

Im vierten Monat wird das Ranggefälle starrer. Dies merkt man besonders zwischen Bockkitz und Geißkitz. Das Bockkitz dominiert immer deutlicher über seine Schwester. Die Stoß-Spiele laufen noch bis zum Stoßbremsen synchron ab, dann kneift der unterlegene Partner. Er senkt den Kopf, wirft ihn aber gleich wieder hoch. Dabei beschreibt der Kopf einen Halbkreis von der waagrechten Halsstellung in tiefe Senkstellung und wieder in die waagrechte. Unmittelbar danach springt er hoch. Dieses Element nenne ich ‚Drehsprung'. Nach dem Drehsprung flieht der Unterlegene und wird verfolgt. Ich glaube, der Drehsprung ist ein Verlegenheitsverhalten des Unterlegenen.

Wie verhält sich nun aber der Stärkere nach solchen Stoßspielen? Er versucht zu stoßen, ohne aber dabei den Partner zu treffen, er droht. Dabei hält er den Hals waagrecht und leicht nach unten. Später, im fünften oder sechsten Monat, wird das Drohen von Scharrbewegungen mit den Vorderläufen (‚Plätzen') eingeleitet. Drehsprünge und Drohen treten später auch unabhängig von Spielläufen auf.

Im vierten bis sechsten Monat entstehen zwei weitere Verhaltenselemente, die das Ranggefälle darstellen: Imponieren und Demutsgebärde. Beide erfolgen meist ohne vorausgegangene Kontrollen. Beim Imponieren wird der Hals senkrecht getragen und der Kopf seitlich abgedreht. Die Lauscher sind dabei nach hinten gelegt. Beim Imponieren wird oft auch ein Vorderlauf angehoben. In der Demutsstellung wird der Träger waagrecht nach vorne oder leicht nach unten gereckt. Die Lauscher sind dabei nach vorne geöffnet. Die Rückenlinie erscheint leicht gewölbt. Demutsverhalten erscheint jetzt auch in Zusammenhang mit Jagdspielen:

Jagt der unterlegene Partner dem überlegenen nach, so scheint der Verfolger plötzlich Angst vor dem eigenen Mut zu bekommen. Er überholt den Ranghöheren und dreht unmittelbar vor ihm ab mit tiefgehaltenem Hals. Dieses Verhalten nenne ich ‚Umlaufen'. Wie der Drehsprung ist es ein Verlegenheitsverhalten des Unterlegenen.

Im Alter von sechs Monaten kennen Rehkitze, und zwar Böcke und Geißen, die meisten Elemente des Kampf-, Brunft- und Markierverhaltens; Kontaktverhalten und Kontaktlaute beherrschen sie schon länger (Abb. 23). Kurz: Sie kennen gewissermaßen das Alphabet des Sozialverhaltens. Im Spiel verlaufen Sequenzen einzelner Elemente aber ziemlich wirr. Um beim Vergleich mit dem Alpha-

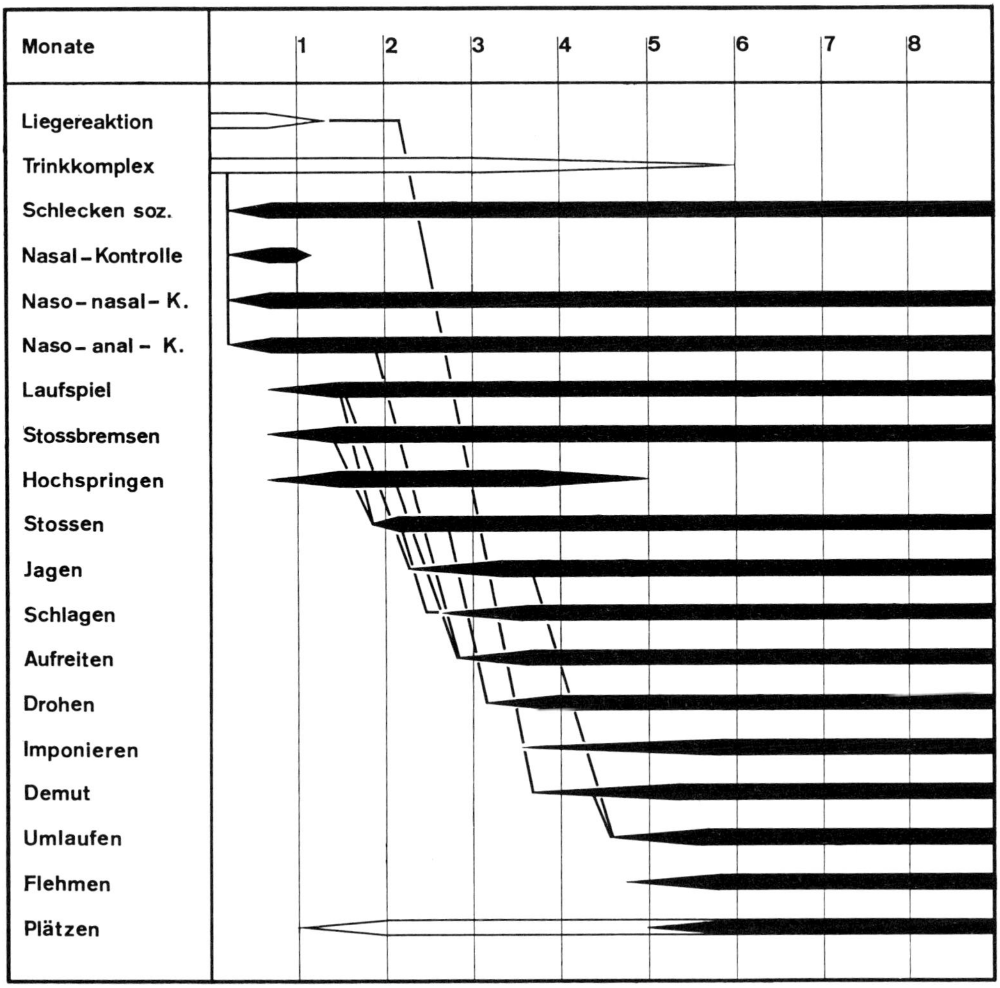

Abb. 23: Ontogenese der wichtigsten Verhaltenselemente im Kampf- und Brunft-*Spiel* der Kitze, dargestellt nach dem Alter in Monaten. Die Spitze der einzelnen Bänder markiert den Zeitpunkt, in dem das betreffende Element zum erstenmal beobachtet wurde. Die Bänder erreichen ihre maximale Breite, wenn alle der beobachteten Kitze das entsprechende Verhalten zeigen. Dünne Linien geben an, von welchen Verhaltensweisen zumindest vermutet werden darf, daß sie aus bereits vorhandenen hervorgehen. Das Demutsverhalten beispielsweise kann auf die Liegereaktion (Schreckliegen) zurückgeführt werden

bet zu bleiben: Aus den einzelnen Buchstaben werden bei Halbjährigen meist noch keine Worte gebildet, also keine sinnvollen Verhaltenssequenzen, wie sie erwachsene Rehe etwa im Kampf kennen, und die Übergänge zwischen einzelnen Funktionskreisen wie beispielsweise Kämpfen, Fressen oder Markieren sind sprunghaft.

Gerber (1983) beschrieb Verhaltenssequenzen von vier Böcken und drei Geißen, die am Ende ihres ersten Jahres standen. Sie lebten im Versuchsgehege bei Staffelbach, wo sie zwischen Februar und Juni genau beobachtet wurden. Auch bei ihnen traten wirre Sequenzen auf, beispielsweise folgende: Wangenreiben (an einem Ast) – Demutstellung – Schlagen (gegen einen Busch) – Angreifen und Stoßen. Auch hier war also noch ein sprunghafter Wechsel zwischen verschiedenen Funktionskreisen (in diesem Beispiel Markieren und Kämpfen) festzustellen. Doch das waren Ausnahmen. In der Regel ließen sich die einst beim Trinken und im Spiel geübten Verhaltenselemente eindeutig den gleichen Funktionskreisen zuordnen wie bei erwachsenen Rehen.

Damit sind aber einzelne Verhaltensabläufe für den Beobachter noch nicht in jedem Fall voraussagbar geworden, wie folgendes Beispiel erläutert: Die Elemente des Kampfverhaltens erfolgen meist nach der Sequenz Imponieren – Drohen – Angreifen – Stoßen. Junge Rehe können aber jederzeit auf andere Niveaus umschalten. Dem Angriff braucht nicht unbedingt Stoßen zu folgen. Es kann ebensogut Zurücksetzen und Drehsprung sein.

Der Drehsprung, den ich vorhin als Verlegenheitsverhalten beschrieben habe, gilt als sogenanntes Schaltelement (BLANKENHORN 1974), das zwischen zwei unterschiedlich motivierten Sequenzabläufen steht und so zwei Funktionskreise des Verhaltens miteinander verbindet. Andere Schaltelemente sind *Ohrenschmal* (die Lauscher werden wie beim Stoßen, Imponieren oder Schlagen schmal gemacht und nach hinten abgedreht), Umlaufen oder Wenden (Drehen zum Partner). Schaltelemente leiten den Übergang zwischen Komfortverhalten (Sich-Putzen, Sich-Strecken, Geputzt-Werden) und Flucht- oder Angriffsverhalten ein. Sequenzen, die mit Markierelementen beginnen, schlagen plötzlich um in Komfort-, Flucht- oder Orientierungsverhalten. Angriffsverhalten kann von Sexualverhalten abgelöst werden. Verbunden sind sie immer durch solche Schaltelemente.

Bei halbwüchsigen Rehen kommen Schaltelemente häufig zum Vorschein. Ihr Verhalten, ganz besonders das Kampfverhalten, ist ausgesprochen plastisch. Ein Bockkitz zum Beispiel, das einen erwachsenen Bock leichtsinnig provoziert, kann jederzeit von Angriff auf Demut umschalten, durch auffällige Schaltelemente seinen Motivationswechsel klarmachen und sich rechtzeitig zurückziehen oder Demutsverhalten zeigen, das richtig verstanden wird. Dasselbe Bockkitz setzt sich bereits im Alter von neun Monaten bei Ricken durch.

Bis jetzt habe ich davon berichtet, wie einzelne Verhaltenselemente entstehen und wie sie schließlich zu vernünftigen Sequenzen koordiniert werden, die sich einzelnen Funktionskreisen zuordnen lassen. Man kann aber auch fragen, woher Rehe eigentlich wissen, mit wem sie zu kämpfen haben, wen sie putzen sollen usw. Oder anders ausgedrückt: Haben Rehe ein angeborenes Bild von ihren Artgenossen, oder müssen sie dieses durch Prägungsvorgänge erst erwerben?

Wissenschaftliche Untersuchungen zu dieser Frage gibt es bis heute nicht. Praktische Erfahrungen dagegen schon, und zwar sehr tragische: Handaufgezogene Bockkitze, die nie Gelegenheit hatten, mit einem Artgenossen zu spielen, sondern mit Menschenkindern spielen durften (mußten?), entwickeln die gleichen Verhaltenselemente wie normal aufwachsende Kitze. Soweit kann von einem angeborenen Verhalten gesprochen werden. Sind diese Böcke allerdings erwachsen, so kämpfen sie nun nicht gegen andere Rehböcke sondern gegen Menschen. Was den Kampfpartner anbelangt, sind sie auf ihn geprägt. Ich habe dies mehrmals erlebt, als ich solche einzeln aufgezogenen Bockkitze im Frühjahr von ihren schwer enttäuschten Besitzern geschenkt bekam und sie dann in der freien Wildbahn aussetzte.

Sie griffen früher oder später Waldarbeiter an und Schulkinder: Bei Begegnungen mit kampfbereiten wildlebenden Rehböcken wußten sie dagegen nicht, was tun. Derartig falsch geprägte Böcke verursachen auch regelmäßig schwere, gelegentlich sogar tödliche Unfälle. Diese entstehen auch deshalb, weil der angegriffene Mensch entweder das Verhaltensrepertoir der Rehe nicht kennt, nicht richtig mit Rückzug und Demutsverhalten darauf antwortet, oder weil er nicht wahrhaben will, daß ein drohender und imponierender Rehbock plötzlich blitzschnell zustoßen kann.

Vermutlich findet während der Spielphase bei Kitzen ein wichtiger Prozeß statt, bei dem sie sich ein erstes allgemeines Bild über zukünftige Kampf- und wahrscheinlich auch Paarungspartner machen, ein Bild, das sie später nicht mehr ändern können. Das bedeutet, daß im Spiel zwischen Geschwistern Prägungen stattfinden für Elemente des Kampf- und Brunftverhaltens, die nicht, wie etwa die Elemente Trinken und Säugen, auf Individuen, sondern auf (bestimmte?) Artgenossen bezogen sind.

4.4 Die Stabilität von Kitzgruppen

Zwischen Mutter und Kitz entsteht während der ersten Lebensmonate die innigste Beziehung, die zwischen Rehen möglich ist. Sie ist dank individueller Prägung exklusiv. Zwischen Mutter und Tochter kann sie jahrelang dauern und damit wesentlich die soziale Organisation und die Dynamik eines Bestandes mitbestimmen (siehe Seite 135).

Ebenso häufige Partner der Kitze sind ihre Geschwister. Entwickelt sich auch zwischen ihnen eine enge Beziehung, die über die ersten Lebensmonate hinaus dauert? Messen kann man dies am einfachsten, indem man zählt, wie häufig Partner zusammen sind, und zwar zu einem Zeitpunkt, indem sich bestehende Verbände auflösen, also am Winterende und zu Beginn des Frühjahrs. Individuelle Bindungen sollten hier trotz aufkommenden Kampfverhaltens und verschiedener ökologischer *Interessen* stärker sein als Bindungen zwischen Partnern, die sich weniger gut und nicht seit der frühen Kindheit kennen.

Zur Prüfung dieser Hypothese standen mir neun mutterlose Kitzböcke zur Verfügung. Bockkitze sind streitsüchtiger als Geißkitze (siehe 4.5), und sie verlassen bestehende Gruppen auch leichter als diese. Ich wählte also Individuen, die nicht besonders ‚sozial' sind. Zudem fehlten ihnen allen die Mütter. Mutter-Kind-Beziehungen beeinflußten das Ergebnis demnach nicht.

Sechs der Versuchstiere waren Bockkitze, die ich künstlich aufgezogen hatte und dann im Beobachtungsgebiet des Schmidwald aussetzte. Vor dem endgültigen Auswildern konnten sie sich während einer Woche in einem Gehege und anläßlich von Rundgängen, bei denen ich sie begleitete, mit der neuen Umgebung vertraut machen. Im Schmidwald kannte ich neben anderen wilden Rehen auch drei individuell markierte Bockkitze.

Die handaufgezogenen Versuchstiere lebten anfänglich in vier verschiedenen Gattern und wurden allmählich zusammengebracht (Abb. 23). Bambi und Gufi kamen im Alter von zwei Wochen, Chätschi und Himpi im Alter von einem Monat in Gefangenschaft. Sie bildeten zwei Zweiergruppen, die vorerst voneinander getrennt gehalten wurden. Fridolin und Pipo wurden im Alter von zwei Wochen in Pflege genommen. Sie wurden zuerst allein gehalten. Im Alter von zwei Monaten wurde Fridolin mit der Zweiergruppe Himpi und Chätschi in das gleiche Gehege gebracht. Gegen Ende ihres dritten Lebensmonats wurden alle sechs vereinigt und Ende Dezember nach viermonatiger gemeinsamer Haltung im Alter von rund sieben Monaten ausgesetzt.

Bei den drei wildlebenden Bockkitzen handelte es sich um ein Zwillingspaar und ein Einzelkitz, deren Mütter anläßlich der Herbstjagd erlegt worden waren. Das einzelne wildlebende Bockkitz hatte nur im letzten Monat vor Versuchsbeginn Gelegenheit, die ebenfalls mutterlosen Zwillinge zu besuchen. Als die beiden Muttertiere noch lebten, verhinderten diese eine Begegnung zwischen den Kitzen.

Zum Zeitpunkt des Versuchsbeginnes lebten die wilden Zwillinge bereits sieben Monate zusammen, Himpi und Chätschi sechs Monate, Fridolin mit Himpi und Chätschi fünf Monate, Bambi mit Pipo vier Monate, Chätschi mit Fridolin und Bambi vier Monate.

In der Testzeit, die vom ersten Januar bis zum 15. März 1965 dauerte, zählte ich, wie oft jedes der Bockkitze einzeln oder im Verband mit andern Versuchstieren gesehen wurde. So beobachtete ich beispielsweise Bambi total 40 Male (n_1) und Chätschi 48 Male (n_2). Zusammen hielten sie sich 30 Male (b) auf. Nach der einfachen Formel $a = 2b:(n_1+n_2)$ ergibt sich der Wert 0,68. Er liefert ein Maß der gegenseitigen Attraktion (Dice 1945). Bei maximaler Zuwendung beträgt er 1, bei minimaler 0.

Der Befund (Abb. 23) ist eindeutig: Die beiden wilden Zwillinge waren fast immer beisammen, sie kannten sich auch am längsten. Zu Begegnungen zwischen Handaufgezogenen und Wildlebenden kam es praktisch nie. Sie waren ja als junge Kitze auch nicht vertraut miteinander. Himpi und Chätschi, die beiden Gehegerehe, die am längsten als Kitze zusammen gelebt haben, traten zum Beispiel häufiger gemeinsam auf als etwa Fri-

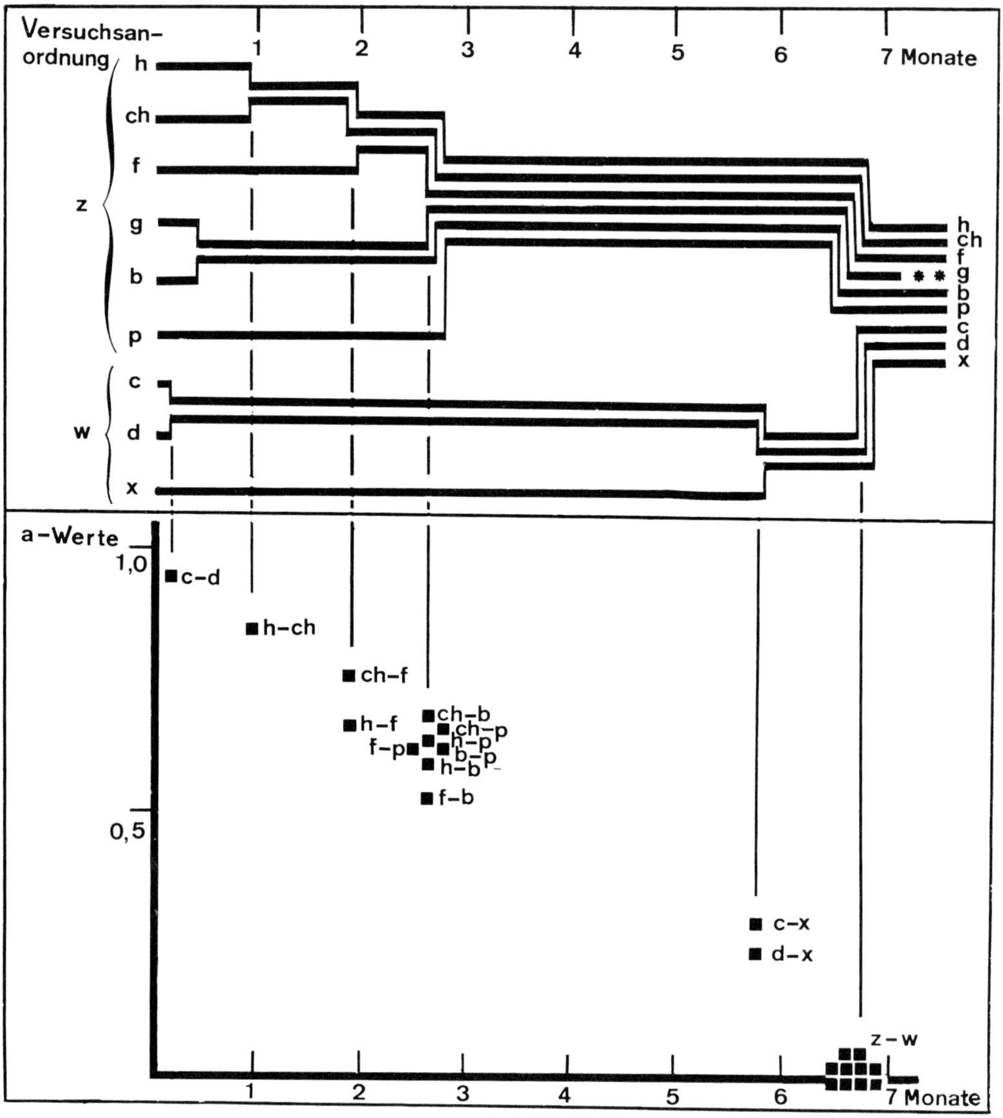

Abb. 24: Häufigkeiten des gemeinsamen Auftretens von Bockkitzen in der zweiten Hälfte des ersten Lebensjahres, verglichen mit der im ersten Halbjahr gemeinsam verbrachten Zeit. In diesem Versuch wurden sechs künstlich aufgezogene Bockkitze (z: h, ch, f, g, b, p) im Alter von sieben Monaten vorsichtig in einem Gebiet ausgesetzt, wo drei wilde Bockkitze (w) lebten, ein Zwillingspaar (c, d) sowie ein Einzelkitz (x), dessen Mutter im Dezember umkam. Diese Kitze lebten während verschiedener Zeitspannen zusammen, wie aus dem oberen Teil der Abbildung zu ersehen ist: c und d, die wilden Zwillinge, waren z. B. immer zusammen, h und ch seit Ende des ersten Lebensmonates. Zahme und Wilde hatten erst rund sieben Monate nach der Geburt die Möglichkeit zu gegenseitiger Kontaktnahme. Die Häufigkeit der gegenseitigen Sprungkontakte zwischen je zwei Bockkitzen wurde als a-Wert (s. Text) berechnet und in der unteren Hälfte der Abbildung dargestellt. Daraus geht hervor: Bockkitze, die sich in den ersten sechs Monaten früh kennengelernt haben und lange beieinander waren, bilden auch in der zweiten Hälfte des 1. Lebensjahres häufiger gemeinsame Sprünge als Bockkitze, die sich spät kennengelernt haben

dolin und Bambi, die eine geringere Zeitspanne gemeinsam verbracht hatten. Kurz gesagt gilt: Je länger sich zwei (männliche) Kitze kennen, um so häufiger sind sie selbst noch während der Zeit zusammen, in der die Mutterfamilien (vorübergehend) zerfallen. Dies gilt auch, wenn sie sich erst nach Abschluß der kritischen Periode begegnet sind. Dieser Befund wird uns später weiterhelfen, wenn es darum geht, die Entstehung und Organisation von *offenen* Rehgesellschaften zu interpretieren (Kap. 7).

4.5 Aktive und passive Partner

Während einiger Jahre habe ich gefangene Rehe gepflegt und dabei versucht, ihnen neben Kunstfutter möglichst viel natürliche Äsung zu bieten, von der ich jeweils annahm, daß sie zu einer bestimmten Jahreszeit auch von wildlebenden Rehen aufgenommen wird. Meine Pfleglinge, es waren immer Rehe im ersten Lebensjahr, schienen von meinen Bemühungen nicht besonders erfreut zu sein. Jedenfalls verweigerten sie, oft während Tagen, die Annahme des neuen Futters, wenn ich beispielsweise im Spätherbst von Weiden- und Haselzweigen auf Brombeer- und Himbeerranken umstellte. Sie hatten sich offenbar an ein ganz bestimmtes Futter gewöhnt und waren jetzt nicht so ohne weiteres bereit, ein neues anzunehmen.

Rehe sind, was ihren Speisezettel anbelangt, also Traditionalisten. Das bestätigen auch Voser-Huber und Nievergelt (1975). Sie studierten die Äsgewohnheiten der Rehe im Beobachtungsrevier von Grabs-Ost im St. Galler Rheintal und vermuteten, daß bestimmte Gruppen nur ganz bestimmte Pflanzenarten äsen, und daß sich die Äsgewohnheiten zwischen einzelnen Gruppen unterscheiden lassen. Einzelne Rehe oder Sprünge haben, so scheint es, ihren eigenen Speisezettel und der ist nicht so vielfältig, wie er für die Art insgesamt von zahlreichen Autoren beschrieben wird. Nach Klötzli (1965), der Qualität und Quantität der Rehäsung im Schweizer Mittelland beschrieb, sind dies immerhin rund 70 % von insgesamt 500 vorkommenden Pflanzenarten. Sicher steht dieses große Angebot nicht ganzjährig zur Verfügung, aber selbst auf einzelne Perioden bezogen ist es immer noch größer als die Nachfrage einzelner Rehe oder einzelner Sprünge. Rehe kennen also offenbar bestimmte Ästraditionen.

Biologisch machen solche Traditionen Sinn. Denn Rehe sind von Natur aus Bewohner von Waldrändern und Lichtungen. Das sind Lebensräume, die sich schnell verändern können. Eine Waldlichtung schließt sich rasch. Pflanzengesellschaften früher Sukzessionsstadien werden abgelöst von anderen. Damit verändert sich das Futterangebot. Neue Pflanzen mit neuen Düften, anderem Eiweiß- und Stärkegehalt erscheinen, möglicherweise aber auch giftige. Wichtig ist demnach eine rasche Umstellung, ohne daß dabei die ganze Population gefährdet wird.

Das Äsungsangebot verändert sich auch im Jahresverlauf. Ganz allgemein betrachtet, äsen Rehe mit Vorliebe junge Pflanzenteile, beispielsweise Schoße, Triebspitzen, Knospen, junge Blätter und Blütenköpfe, diese aber meist nicht vor dem Aufblühen. Diese Pflanzenteile enthalten Nährstoffe und Spurenelemente in höherer Konzentration als grobe, harte Pflanzenteile.

Aber auch in der Kulturlandschaft, wo Rehe häufig von Nutzpflanzen des Menschen leben, finden durch Wachstum, Reifung und Ernten rasche und großflächige Wechsel im Nahrungsangebot statt. Ihnen begegnen Rehe offenbar sehr erfolgreich, was erstaunen mag in Anbetracht der vielen Biozide oder des 0/0-Rapses, auf den ich noch zurückkommen werde.

Wie schalten Rehe von bekanntem auf unbekanntes Futter um, ohne dabei Schaden zu nehmen, und wie lernen Kitze, was sie äsen sollen und was nicht? Dieser Frage ging Müri (1978) bei acht Rehkitzen und sechs erwachsenen Rehen im Versuchsgehege Staffelbach nach. Sie fütterte ihre Versuchstiere mit ganz bestimmten Kunstfuttertypen, sogenannten Pellets, die eine bestimmte Form (Stäbchen oder Zylinder) und einen bestimmten Geruch (Fichten- oder Rosenöl) hatten. Die Tiere wurden in einer drei- bis sechswöchigen Lernzeit an einen Futtertyp mit bestimmter Form-Geruchs-Kombination gewöhnt. Darauf wurden sie paarweise getrennt; immer zwei kamen zusammen ins selbe Gehege. Hier erhielten sie nicht mehr nur das vertraute Lernfutter, sondern noch drei weitere, nach Form und/oder Geruch verschiedene Futtertypen. Sie konnten also zwischen einem bekannten und drei unbekannten Futtertypen wählen.

Wie zu erwarten war, nahmen die als Traditionalisten bekannten Rehe vorerst das bekannte Futter auf und verschmähten das unbekannte. Als sie später anfingen, auch unbekanntes Futter aufzunehmen, hielten sie sich zuerst an solches mit bekanntem Geruch und unbekannter Form. Gänzlich unbekanntes wurde zuletzt angenommen. Rehe erkennen ihr Futter also in erster Linie am Geruch.

Beim Testen eines neuen Futters ergab sich ein deutlicher Verhaltensablauf, bei dem Geruchs- und Geschmackskontrollen ganz wesentliche Rollen spielen. Er verlief in folgenden vier Schritten:

1. Das neue Futter wurde aus zwei oder mehr Metern Entfernung geruchlich und/oder optisch kontrolliert.
2. Aus nächster Nähe wurde das Futter und seine Umgebung ausgiebig bis zu einer Viertelstunde geruchlich kontrolliert.
3. Jetzt erfolgte die Geschmackskontrolle. Dazu wurde eine geringe Futtermenge aufgenommen und ausgiebig gekaut.
4. Das Reh nahm zum erstenmal einige Brocken des neues Futters. Erst nach Ablauf dieser vier Testschritte wurde das Futter nur noch nach einer kurzen Geruchskontrolle ebenso aufgenommen wie altbekanntes.

Die Versuchstiere nahmen pro Testperiode normalerweise immer nur einen neuen Futtertyp auf. Zwischen der Aufnahme von zwei verschiedenen neuen Futterarten lag also immer eine Wiederkäu-Periode. Müri (1983) bestätigte diese wichtigen Feststellungen auch später mit anderen Versuchen zum Futterwahlverhalten und wertet sie als Hinweis auf die Theorie von Westoby (1974) über ‚Long-delay-learning' (Revusky und Garcia 1970) bei großen Pflanzenfressern. Nach dieser Theorie nimmt ein Tier pro Freßaktivität höchstens einen neuen Futtertyp auf. Eine möglicherweise später auftretende Übelkeit wird mit diesem neuen Futter assoziiert. Folglich wird es in Zukunft gemieden.

Rauscherzeugende chemische Verbindungen, wie etwa Alkaloide, sind in der Umwelt des Rehes recht häufig. Giftige Pflanzen wie beispielsweise Seidelbast (*Daphne mezereum*) oder Tollkirsche (*Atropa belladonna*) kommen vor. Die Vermeidung von solchen zentralnervös wirkenden Giften könnte in der Tat durch Verhaltensabläufe wie dem beschriebenen erreicht werden. Um dies zu prüfen, injizierte Müri (1983) vier bis zwölf Stunden nach der erstmaligen Aufnahme eines neuen Futters vier Rehen das Narkosemittel Rompun. Es ist für den Einfang von Rehen das gebräuchlichste und ungefährlichste. Die verabreichte Dosis war so gering, daß sie lediglich eine schwache Störung des Zentralnervensystems hervorrief, gewissermaßen einen Rauschzustand. In drei Fällen vermieden später die Rehe das vor dem Rauschzustand aufgenommene neue Futter. In einem Fall hielt sich das Versuchstier, das sehr geschwächt und hungrig war, zwar weiterhin an das neue Futter, doch begann es erneut, dieses vorsichtig zu testen.

Die ersten Beobachtungen und Experimente zum Futterlernverhalten des Rehes erbrachten aber noch ein weiteres bemerkenswertes Ergebnis. Müri hielt ihre Rehe bei den Tests mit einem bekannten und drei unbekannten Futtertypen paarweise. Nun stellte sie fest, daß sich einer der beiden Versuchspartner dem neuen Futter gegenüber aktiv verhielt, der andere passiv. „Die Tiere des aktiven Verhaltenstyps untersuchten – ganz im Gegensatz zum passiven – das Futter genauer, fraßen länger und mehr davon. Die Auseinandersetzung mit dem neuen Futter fand beim aktiven Tier weitgehend direkt statt und nicht vorwiegend in Abhängigkeit vom Partner ... Dennoch bezog auch dieses Tier sein Verhalten stark auf den Partner, fast dauernd hielt es mindestens ein Sinnesorgan in dessen Richtung geöffnet. Näherte sich der passive Partner dem aktiven, gerade äsenden Tier, so unterbrach letzteres manchmal seine Tätigkeit, wandte den Kopf ab und trat zwei bis drei Schritte zur Seite, wodurch die Futterstelle für den passiven Partner frei wurde."

Weitere Unterschiede betrafen Konflikt- und Sicherungsverhalten: Zwar traten sie beim aktiven wie beim passiven Partner auf, jedoch in anderen Zusammenhängen. Das aktive Tier kam in Konflikte, wenn es die Futterstelle dem passiven freigab oder wenn dieses die Futterstelle verließ, während das passive am Äsen war. Der Konflikt entstand also zwischen dem Wunsch, weiterzuäsen, und der Tendenz, das Verhalten auf den Partner zu beziehen.

Passive Tiere fielen dadurch auf, daß sie fast nie vom Versuchsfutter aufnahmen, dieses selten ausgiebig, häufig aber ganz kurz kontrollierten. Sie nahmen häufig eher unbeliebte als neue Äsung auf und näherten sich viel häufiger ihren aktiven Partnern als umgekehrt. Konfliktverhalten trat auf, wenn das passive Tier äsen wollte, aber aus unbekannten Gründen daran gehindert wurde. In der paarweisen Gegenüberstellung von Rehkitzen bei der Versuchsanordnung kam es also zu einer Aufteilung in zwei definierbare Rollen.

Rollenverhalten läßt sich gegenüber anderen Formen des Sozialverhaltens folgendermaßen abgrenzen: Es ist unabhängig vom Verhaltenstyp des betreffenden Individuums (jeder kann unter bestimmten Voraussetzungen jede Rolle spielen), und es läuft in bezug auf einen Partner ab (HINDE 1974). Um zu prüfen, ob beim Futterwahlverhalten solche Rollenteilungen auftreten, stellte sich MÜRI folgende Fragen: Gibt es Rollentrennung auch, wenn man zwei vormals aktive bzw. passive Tiere mit der Futterwahlsituation konfrontiert? Inwiefern ist das Verhalten tatsächlich auf den Partner bezogen? Haben Unterschiede in der Vertrautheit mit der Umgebung oder mit den angebotenen Futtertypen einen Einfluß auf die Rollendifferenzierung?

In einer Reihe von Versuchen bewies MÜRI dann, daß Rehe die eine oder andere Rolle spielen können. Ausschlaggebend ist der Partner und der Bekanntheitsgrad von Umgebung und Futter. Unter bekannten Situationen werden sie zu aktiven Typen und umgekehrt. Die beiden Paarlinge stimmten in den Versuchen ihr Verhalten stark aufeinander ab. Der Passive ging häufig zu derjenigen Futterstelle, bei der der aktive Partner noch stand oder die er vor kurzem verlassen hatte. In einem Fall kontrollierte der passive Partner vier Futterstellen in genau gleicher Reihenfolge wie der aktive eine halbe Minute früher.

Das Phänomen der Rollendifferenzierung in Aktive und Passive, in solche, die neues Futter sofort und ausgiebig aufnehmen und solche, die anfänglich kaum äsen, steht wahrscheinlich auch in Zusammenhang mit Futterlernprozessen. Falls ein passiver Partner ein neues Futter erst dann aufnimmt, wenn ein aktiver es ausführlich getestet hat und danach immer noch davon äst, kann er vermeiden, geschädigt zu werden. In der Tat scheint diese Vermutung zu stimmen: Der Aktive kontrolliert und testet das neue Futter, wie oben beschrieben, ja viel eingehender als der passive, weil er sich möglicherweise der Gefahr einer Vergiftung aussetzt. Für den Passiven dagegen genügt die kurze Kontrolle, um das vom Aktiven aufgenommene Futter erkennen zu lernen, sofern es nur darum geht, eine allfällige Schädigung des Partners mit einem bestimmten neuen Futter in Verbindung zu bringen. So gesehen ist also die von MÜRI beschriebene Rollenteilung eine geeignete Methode, mit der Rehe die Verträglichkeit von unbekanntem Futter prüfen und dadurch möglichst wenig Artgenossen gefährden. Ein derartig komplexes System, das direkt Selbst- und Arterhaltung betrifft, macht nur Sinn, wenn es in allen Gruppen funktioniert. Das heißt, das System wirkt am zuverlässigsten, wenn aktives Futterwahlverhalten nicht nur ganz bestimmten Individuen zukommt, sondern unter gegebenen Bedingungen jedem, wie es bei überindividuellem Rollenverhalten eben möglich ist.

Allerdings zeichnen sich Tendenzen ab: Alte Böcke und junge Geißen neigen zum passiven, alte Geißen und junge Böcke zum aktiven Verhalten. Daß führende Ricken tatsächlich aktive *Testäser* sind, zeigte MÜRI (1983) in einer Reihe weiterer Versuche über die Bildung von Äs-Traditionen.

4.6 Äs-Traditionen

Bei dieser Versuchsserie mit 640 Experimenten an 40 Rehen (27 Geißen und 13 Böcken) ging es darum, die folgenden Fragen abzuklären: Spielen Traditionsprozesse bei der Nutzung unbekannter Futtermittel eine Rolle? Wie laufen solche Traditionsprozesse ab? Zwischen welchen sozialen Klassen wird tradiert? Nur in der Mutter-Kitz-Gruppe, in der erweiterten Mutterfamilie oder in noch größeren Gruppen? Welche Mechanismen sozialen und individuellen Lernens kommen dabei zum Tragen?

Müri testete jetzt nicht nur Rehpaare, sondern ganze Gruppen, die im Idealfall aus einem erwachsenen Bock, zwei bis drei verschieden alten und verschieden verwandten Geißen mit je einem oder zwei Kitzen und allenfalls einem Schmalreh oder einem Jährlingsbock bestanden.

Neben altbekanntem erhielten die Rehe nun in ihren Gehegen ein neues, bisher unbekanntes Futter, das sie zwar den ganzen Tag riechen, aber nur während der Beobachtungszeit am Morgen und am Abend aufnehmen konnten. Bald zeigte sich, daß nicht jedes neue Futter angenommen wurde. Einige Nahrungstypen wurden gemieden. Folglich war anzunehmen, daß Lernprozesse oder Traditionen nicht nur positiv, sondern auch negativ verlaufen können. Auch solche Abläufe wurden in die Untersuchung mit einbezogen.

Bei ihren Experimenten prüfte Müri nun, wie sich die Rehe in den Gruppen gegenüber dem neuen Futter verhielten. Sie konnten es meiden und während der Beobachtungszeit überhaupt nie auf der Beobachtungsfläche erscheinen. Sie konnten sich bis auf einen Meter an die Schalen mit den unbekannten Futterwürfeln nähern, diese aber nicht beriechen, nicht schmecken, prüfen oder aufnehmen. Sie konnten sie auch schmecken, aber nicht äsen oder sie konnten sie äsen, ohne sie vorher noch geprüft zu haben. Insgesamt unterschied Müri so insgesamt 13 verschiedene Grade der Futterannäherung und protokollierte, welches Reh unter welchen Bedingungen welchen dieser Grade zeigte.

Drei Stadien im Verhalten der Gruppen gegenüber neuem Futter ließen sich ausmachen: Zuerst kam das Neophobie-Neugierde-Stadium: Kein einziges Reh nimmt das neue Futter auf und kaut es. ‚Testäser' fehlen also noch. Allerdings verändert sich das Verhalten zwischen den Rehen. Nasonasale Kontakte und Partner-Lecken werden seltener. Fiepen, Aufforderung zum Folgen und Führen etwas häufiger als unter normalen Bedingungen.

Im Test-Stadium dominieren Verhaltensweisen der Kontrolle und des Futtertestens. Ausgeführt werden sie fast ausschließlich von der *Testerin*, einer adulten führenden Ricke. In dieser Testphase verhalten sich nicht mehr alle Gruppenmitglieder dem neuen Futter gegenüber gleich. Es gibt Aktive und Passive. Führen und Fiepen, nasonasale Kontakte und Partner-Lecken erscheinen häufiger als sonst, und die Distanzen zwischen Gruppenmitgliedern verringern sich.

In der letzten der drei unterschiedenen Traditionsphasen – dem Ausbreitungs-Stadium – äst die Testerin bereits ohne Vorbehalt vom neuen Futter und übermittelt ihre Erfahrung weiteren Gruppenmitgliedern. Sie führt sie beispielsweise zum neuen Futter hin. Nasonasal-Kontakte und Partner-Lecken treten noch häufiger auf als im Test-Stadium. Fiepen dagegen nimmt ab.

Die Tradition verläuft gemäß Müri wie folgt: Erstens stimmen die Gruppenmitglieder das Annäherungsverhalten an das neue Futter je nach Alter, Geschlecht und Verwandschaftsgrad aufeinander ab. Wichtig dabei ist auch, ob die Mutter eine Testerin ist oder nicht. Testerinnen haben gegenüber ihren Kitzen einen Vorsprung, sie gehen sofort näher an das neue Futter heran und beschäftigen sich ausgiebiger damit. Die Nachkommen von Nicht-Testerinnen dagegen haben häufig einen ‚Kitz-Vorsprung'. Sie beschäftigen sich früher und intensiver als ihre Mutter mit dem neuen Futter.

Die Mutter-Kind-Beziehung erfährt während des Traditionsprozesses eine Regression, das heißt, Mutter und Kitz verhalten sich zum Teil wieder wie zu Beginn der stabilen Phase. Die Kitze stehen näher bei der Mutter und fiepen häufiger. Die Mutter wendet dem Nachwuchs mehr Aufmerksamkeit zu. Sie führt und leckt ihn häufiger, ja beschäftigt sich sogar intensiv mit dem Schmalreh, der älteren Tochter.

Während sich Äs-Traditionen ausbreiten, zeigt die Mutter ihren Nachkommen aktiv, was zu fressen ist und was nicht. Führt sie sie in einen neuen Typ ein, so sieht dies folgendermaßen aus: Sie kontrolliert das Testfutter, das sie schon kennt, ohne aber davon zu äsen. Dann entfernt sie sich und holt ihr Kitz, das im Abstand von zwei Metern folgt. Sie äugt zum Futter, windet daran und orientiert zum Kitz. Dieses schließt auf. Jetzt äst die Mutter vom neuen Futter, kaut es ausgiebig und äugt zum Kitz. Dieses bewindet seine Mutter am Äser, während die Mutter weiter Futter kaut. Darauf windet das Kitz zum neuen Futter, kontrolliert nasal noch einmal die weiteräsende Mutter, kontrolliert wiederum das Futter und nimmt es schließlich auch auf. Mütter führen ihre Kitze aber erst zu neuem Futter, wenn sie es selbst bedingungslos angenommen haben.

Neues Futter wird ja nicht immer angenommen. In diesen Fällen führt die Mutter ihre Nachkommen weg. Dabei macht sie plötzlich Galoppsprünge vom Futter weg. Dies löst unmittelbar Folgereaktionen bei Kitzen wie beim Schmalreh aus.

Die Suche nach bisher unbekanntem Futter und somit die Ausbreitung neuer Äs-Traditionen treten sicher dann häufig auf, wenn bisher bekannte Nahrungsquellen nach Menge oder Qualität zu versiegen drohen. Folglich stellen sich zwei Fragen: Welche Unterschiede treten beim individuellen Lernen in Abhängigkeit des Ernährungszustandes auf? Wie wirkt sich der Ernährungszustand auf Traditionsbildung in Mutterfamilien aus?

MÜRI ging beiden Problemen nach. In einer Versuchsserie verringerte sie die bekannte Futtermenge um ein Viertel (Reduktion der Quantität). In einer zweiten Versuchsserie wurde die Qualität des bekannten Futters halbiert. In beiden Versuchen erhielten die Rehe zwei neue, bisher unbekannte Futtertypen.

Derartige Nahrungskürzung ändert das Bild: Die Testerrolle, die normalerweise fast ausschließlich von führenden Ricken wahrgenommen wird, wird bei Reduktionen von Futterqualität und Futterquantität vermehrt von anderen Mitgliedern wahrgenommen. Ricken versuchen jetzt vermehrt Kitze zu beeinflussen, ja greifen sie sogar an, wenn sie versuchen, von etwas zu äsen, was die Mütter nicht kennen. Besonders Bockkitze entwikkeln sich jetzt zu Testern, gleichgültig, ob es der bisher bekannten Nahrung an Qualität oder Quantität mangelt. Bei Qualitätsmangel reagieren auch führende Ricken stark. Erwachsene Böcke dagegen werden erst aktiv, wenn die Menge des bekannten Futters abnimmt.

Aber nicht nur Futtermenge und -qualität beeinflussen das Äsverhalten der Rehe. Die Nahrung muß auch ausgewogen sein, beispielsweise das Verhältnis zwischen Protein und Stärke. Bei Rehen im Versuchsgatter beträgt der optimale Protein/Stärke-Quotient 0,4. Rehe sind offenbar in der Lage, die richtige Mischung zu finden. RUSTERHOLZ und TURNER (1978) sprechen in diesem Zusammenhang sogar von der *Nährstoffweisheit* des Rehes. Allerdings wechseln Protein- und Eiweißbedürfnisse im Laufe des Jahres (im Winter wird mehr stärkehaltige Nahrung aufgenommen). Unterschiede gibt es auch zwischen Altersgruppen (Jungtiere brauchen mehr Protein). Ausgehend von diesen Tatsachen prüfte nun SOMMER-HÜBSCHER (1983) im Versuchsgehege Staffelbach, ob die Nährstoffbalancierung von der führenden Geiß auf ihre Kitze übertragen wird, obwohl diese eigentlich eine etwas andere Mischung von Stärke und Protein brauchen.

Sie fütterte vier Typen von Pellets: Zwei waren reich an Stärke und arm an Protein. Bei den anderen beiden war das Verhältnis gerade umgekehrt. Nun brachte sie Mutter-Kitz-Gruppen in einer ersten Versuchsserie mit diesen Futtertypen zusammen. In einer späteren vertauschte sie Kitze und Mütter. Jetzt waren zwar immer noch je eine führende Ricke und Kitze zusammen. Sie waren einander aber nicht mehr verwandt und auch nicht besonders gut bekannt. Ohne auf den Einzelverlauf der Versuche einzugehen, seien hier die Ergebnisse erwähnt:

Im Laufe der Versuchszeit vom 19. November bis 31. Januar veränderten sich die Futterpräferenzen. Am Anfang wurde mehr stärkehaltige Nahrung aufgenommen, später mehr proteinreiche. Die Kitze ästen zwar verglichen mit Geißen recht unterschiedlich. Ihre Diäten waren aber denjenigen der eigenen Mutter immer ähnlicher als jenen der fremden Geißen. In den Kitzaustauschversuchen gestatteten sich aber die Ricken viel individuellere Äsung. SOMMER-HÜBSCHER kommt zu dem Schluß, „daß die Geißen bei Anwesenheit ihrer Kitze diesen vorfressen und bei deren Abwesenheit eher nach ihren eigenen Bedürfnissen fressen . . . Das weist auf eine aktive Rolle der Geiß hin. Sie stellt für ihr Kitz ein Vorbild dar, das dieses imitieren kann. Zu beachten ist, daß ein Kitz bei Abwesenheit seiner Mutter auch eine fremde Geiß imitiert, wobei die fremde Geiß keine aktive Rolle zu spielen scheint".

Bisher berichtete ich von Beobachtungen und Versuchen über das Futterwahlverhalten von Rehen in Gehegen. Die Tests wurden mit

Pellets gemacht, die sich nach Größe, Form, Farbe, Geruch und Geschmack unterschieden. An Geruch und Geschmack, so stellten die zitierten Autoren fest, erkennen Rehe bekannte Nahrung. Dies scheint auch bei wildlebenden der Fall zu sein.

Klötzli (1965) vermutet aufgrund von statistischen und chemischen Analysen, daß die Hauptursache für die Beliebtheit zahlreicher Äsungspflanzen Duft- und Geschmackstoffe sind. Pflanzen, die als Hauptwirkstoff Gerbstoff enthalten, werden vom Reh signifikant bevorzugt geäst. So kommt es vor, daß sich wildlebende Rehe durch starke Duft- und Geschmackstoffe verleiten lassen, nährstoffarme Pflanzen wie beispielsweise Stinkenden Storchenschnabel *(Geranium robertianum)* oder Gemeines Hexenkraut *(Circaea lutetina)* zu äsen. Die eine ist reich an Gerbstoffen, Polyphenol-(Flavon-)Glykosiden und ätherischen Ölen, die andere an Gerbstoffen und Cholin.

Genaue Versuche über Äs-Traditionen bei wildlebenden Rehen, die von Wildpflanzen leben, werden aus Gründen methodischer Schwierigkeiten sicher nie mit der gleichen Perfektion durchgeführt werden können, wie sie etwa Müri bei Gatterrehen erbrachte. Feldforschungen liefern aber trotzdem Daten zu diesem Thema. Fragt man nämlich nicht, was genau Rehe äsen, wie sie dies lernen und ihre Erfahrungen weitergeben, sondern, wo und wie sie ihre Nahrung finden, dann sind genaue Beobachtungen an wildlebenden Rehen unerläßlich.

O. Lardi (1983) machte eine derartige Studie im Zizerser Feld, einem landwirtschaftlich intensiv genutzten Gebiet bei Chur. Er stellte dabei zwei Fragen: Bewegen sich freilebende Rehe auf Nahrungssuche, indem sie möglichst viele verschiedene Vegetationszonen durchqueren (dies wäre in Anbetracht der sprichwörtlichen Naschhaftigkeit des Rehes zu erwarten)? Welche Klasse (Böcke, Ricken oder Kitze) verleiht den Gruppen das Bewegungsmuster?

Die Resultate sind eindeutig: Rehe ziehen ohne zeitraubende Umwege durch möglichst viele verschiedene Felder. Hinzu kommt noch, daß die meisten durchquerten Äsungsstreifen dieser Zonen besonders reich an verschiedenen Vegetationstypen sind. Die täglichen Wanderungen erfolgen planmäßig und ermöglichen eine optimale Futterwahl und/oder Futtermischung. Durch das Angebot mehrerer Futtertypen können sie so ihre Diät steuern.

Dieses Bewegungsmuster wird von führenden Geißen festgelegt. Ihnen folgen mit steter Regelmäßigkeit Kitze, Schmalrehe, Böcke und nichtführende Ricken und äsen in denselben Zonen wie sie. Erwachsene Ricken kennen anscheinend das optimale Bewegungsmuster für den täglichen Nahrungsbedarf am besten und vermitteln es weiter an andere Rehe. Als meist beschlagene oder säugende Ricken sind sie auf eine besonders ausgewogene Nahrung und ein sparsames Energiebudget angewiesen.

Die bisher über Ästraditionen erwähnten Daten lassen sich folgendermaßen zusammenfassen: Bei Traditions-Ausbreitung spielt der Verwandtschaftsgrad eine bedeutende Rolle. Beim Annäherungsverhalten an bisher unbekanntes Futter gibt es markante Unterschiede zwischen direkt verwandten und fremden Rehen. Aber auch Rehe, die sich wie Verwandte verhalten, lernen von besonders innovativen und aktiven führenden Geißen. Da Rehe unter Umständen während des Winterhalbjahres in lockeren Großverbänden leben, profitieren völlig fremde Gruppenmitglieder von den Erfahrungen solcher Ricken. Diese können also ihre Erfahrungen nicht exklusiv an ihre Nachkommen weitervermitteln.

Hier muß ich kurz das Phänomen der sogenannten ‚Raps-Rehe' erwähnen. Dabei geht es um Folgendes: Sogenannte 0/0-Rapssorten (Santana und Liradonna) wurden in den vergangenen Jahren angepflanzt. Ihnen fehlen Äshemmer, das heißt, der Gehalt an Senfglykosiden wurde bei ihnen züchterisch reduziert. Damit nahm ihre Attraktivität für Wildtiere, namentlich für Rehe, zu, besonders während der schneereichen Wintermonate.

So kam es beispielsweise in Österreich im Dezember 1986 zu Meldungen über Rehe, die auffällige Verhaltensstörungen aufwiesen. Sie zeigten keine Scheu vor dem Menschen, reagierten kaum auf Geräusche, waren offensichtlich blind und ließen sich auch problemlos fangen. Nach Onderscheka und Tataruch (1987), die in Österreich dermaßen geschädigte Rehe serienweise untersuchten, kommt es infolge der erhöhten und teilweise

Tabelle 5a: Sprungpartner von Bockkitzen (♂o) und Geißkitzen (♀o), dargestellt als Prozente aller Sprungpartner für drei Jahresperioden (Beobachtungsgebiet im Berner Mittelland). Während der kritischen Periode haben Kitze vor allem mit anderen Kitzen und ihrer Mutter (♀af), gelegentlich mit Schmalrehen (♀sa) Sprungkontakte. Gemeinsam mit anderen Rehen treten sie erst während der stabilen Periode und der Auflösungszeit auf

Periode	Datum		Partnerklassen						total
			♂a	♂o	♀a	♀af	♀sa	♀o	
Kritische Periode	16.5.–15.7.	♂o	0,0	4,8	0,0	32,8	14,3	47,9	43 (99,8 %)
		♀o	8,2	42,6	0,0	40,6	6,5	2,3	49 (100,2 %)
Stabile Periode	16.7.–15.9.	♂o	9,7	8,1	0,0	29,8	2,7	49,5	75 (99,8 %)
	(Brunft)	♀o	10,5	48,5	2,6	32,9	2,6	2,6	76 (99,7 %)
	16.9.–15.3.	♂o	21,5	7,9	3,3	33,2	9,5	24,8	275 (100,2 %)
		♀o	15,9	17,8	7,1	34,3	16,9	7,9	383 (99,9 %)
Auflösungs-Periode	16.3.–15.5.	♂o	13,7	15,4	2,8	32,2	14,2	21,6	435 (99,8 %)
		♀o	16,9	12,8	4,2	35,0	18,0	13,4	735 (100,2 %)

ausschließlichen Aufnahme dieses Rapses sowie dem damit verbundenen hohen Eiweißgehalt und infolge des geringen Rohfaser- und Strukturanteils dieser Nahrung zu schweren Verdauungsstörungen wie Typanien, schaumiger Gärung des Panseninhaltes und dadurch unter anderem zu einer Zerstörung der Pansenmikroflora und -fauna. Dies führt bei vielen Tieren zum Tod. Sonst gehen sie nach ein bis drei Wochen an hämolytischer Anämie ein, die wahrscheinlich auf das Vorhandensein von S-Methylcysteinsulfoxid (SMCO) im Raps zurückzuführen ist.

Derartige Befunde scheinen völlig gegen die in den letzten beiden Abschnitten dargelegten Futterwahl- und Futterlern-Strategien des Rehes zu sprechen. Betrachtet man dagegen, welche und wieviele Rehe in Österreich, wo das Phänomen genaustens untersucht wird, bisher am 0/0-Raps eingingen, dann läßt sich eine Erklärung finden: ONDERSCHEKA und seine Mitarbeiter vom Forschungsinstitut für Wildtierkunde an der Veterinärmedizinischen Universität in Wien fanden: „Auffallend war, daß die Symptome vor allem bei Kitzen manifest wurden; die von uns registrierten Ausfälle betrafen zu etwa 80 % diese Altersklasse, zu circa 10 % die über sieben Jahre alten Stücke, der Rest verteilte sich etwa gleichmäßig auf alle übrigen Alterstufen."

Möglicherweise handelt es sich bei den auffallend vielen Kitzen um solche, die (infolge der Jagd?) den Anschluß an Gruppen, in denen Futtertests möglich sind, verloren haben, und/oder um Futtertester, die am neuen Futter eingingen. Rehe können auch an Vergiftungen durch Wildpflanzen eingehen (BUBENIK 1959). Dies kann trotz der von MÜRI postulierten und hier wiedergegebenen Strategie vorkommen, aber eben selten. Die infolge von Vergiftungen durch 0/0-Raps eingegangenen Rehe machen von den hohen Rehbeständen einen erstaunlich geringen Anteil aus.

4.7 Die Auflösung der Geiß-Kitz-Gruppe

Am Ende des Winters und zu Beginn des Frühjahrs zerfallen die Mutterfamilien. Ich bezeichne deshalb die Zeitspanne zwischen Mitte März und Mitte Mai als *Auflösungszeit.* Für die Trennung von Mutter und Kitzen, aber auch von anderen Rehen, die sich während des Winters in Gruppen aufgehalten haben, gibt es mehrere Ursachen: Das Nahrungsangebot wird reicher und leichter zugänglich; der Bestand kann sich folglich ausbreiten. Die Pflanzendecke wächst bald dichter, und so entsteht allmählich auch mehr Deckung. Aggregationen, die als Sicherheitsverbände im deckungsarmen Gebiet entstehen, müssen nicht mehr gebildet werden.

Tabelle 5b: Sprungpartner von führenden Geißen (♀af), dargestellt als Prozente aller Sprungpartner für drei Jahresperioden (Beobachtungen im Berner Mittelland). Führende Geißen unterhalten selbst während der kritischen Periode Kontakte zu anderen Rehen

Periode	Datum	Partnerklassen						total
		♂a	♂o	♀a	♀af	♀sa	♀o	
Kritische Periode	16.5.–15.7.	21,1	19,7	9,9	0,0	21,1	28,1	71 (99,9 %)
Stabile Periode	16.7.–15.9. (Brunft)	10,2	38,8	3,4	0,0	5,1	42,1	59 (99,6 %)
	16.9.–15.3.	16,1	24,8	6,7	1,1	15,8	35,8	368 (100,3 %)
Auflösungs-Periode	16.3.–15.5.	16,4	20,9	4,8	3,1	17,7	38,4	665 (99,5 %)

Tabelle 6: Individualdistanzen in Metern von Kitzen (♂o, ♀o) und führenden Geißen (♂af) gegenüber erwachsenen Böcken (♂a), Bockkitzen (♂o), erwachsenen Geißen (♀a), Schmaltieren (♀sa) und Geißkitzen (♀o). n = Anzahl Schätzungen. Beobachtungen aus dem Berner Mittelland. Zwischen Kitzen und zwischen Kitzen und führenden Geißen sind die Individualdistanzen kleiner als zwischen andern Sprungmitgliedern

	Partnerklassen				
	♂a	♂o	♀a	♀sa	♀o
♂o	12.0 ± 1.5 n = 12	8.4 ± 1.0 n = 22	7.7 ± 1.4 n = 50	16.4 ± 1.8 n = 37	6.5 ± 0.6 n = 55
♀o	11.0 ± 1.5 n = 60	6.5 ± 0.6 n = 55	8.6 ± 1.1 n = 79	7.1 ± 0.9 n = 21	4.7 ± 1.1 n = 10
♀af	12.7 ± 1.2 n = 88	7.7 ± 1.4 n = 50	20.0 ± 1.8 n = 83	11.0 ± 1.6 n = 151	8.6 ± 1.1 n = 79

Tabelle 7: Kontaktverhalten (K) und Angriffsverhalten (A) führender Ricken (♀a) und erwachsener Böcke (♂a) gegenüber (ihren) Kitzen (♂o, ♀o) und Schmalrehen (♀sa) während der Setzzeit (Sz), der Brunftzeit (Bz), der Konzentrationszeit (Kz) und Auflösungszeit (Az) aus dem Beobachtungsgebiet im Oberaargau. t = Beobachtungszeit in Minuten, während der sich die entsprechenden Partner im gleichen Sprung aufhielten. Angaben als Anzahl Verhaltenselemente pro Minute

		Partner								
		♂o			♀o			♀sa		
		t	K	A	t	K	A	t	K	A
♀a	Sz	60	0.0	0.0	60	0.0	0.0	150	0.0	6.0
	Bz	140	3.6	0.0	140	3.6	0.0	–	–	–
	Kz	700	2.3	0.4	825	3.6	0.0	120	4.3	7.5
	Az	465	0.6	0.6	466	0.0	2.6	460	0.0	2.6
♂a	Sz	–	–	–	–	–	–	98	5.1	0.0
	Bz	–	–	–	–	–	–	50	7.5	0.0
	Kz	350	0.0	1.1	540	0.0	0.0	360	5.0	2.5
	Az	329	0.8	6.3	278	0.8	4.2	195	3.0	3.0

Jetzt beginnen auch die geschlechtsspezifischen Verhaltensweisen. Die alten Böcke beginnen ihre Territorien zu markieren und fegen ihre Geweihe. Die Geißen treten in die letzten Trächtigkeitswochen ein.

Auch während der Auflösungszeit sind die Kitze immer noch die häufigsten Gruppenpartner der Geißen, und sie stehen diesen räumlich näher als alle anderen Rehe (Tab. 6a und 6b, Tab. 7). Bockkitze trennen sich früher von der Mutter und meist auch endgültig (Abb. 25). Geißkitze später, besonders im alpinen Lebensraum, wo sie wahrscheinlich noch nicht geschlechtsreif werden. Während der Auflösungszeit ist das Verhalten der führenden Geiß durch vermehrtes Aufkommen von aggressiven Elementen gekennzeichnet. Gegenüber ihren Kitzen imponiert und droht sie häufiger und beginnt ihnen nachzujagen. Ganz selten stößt sie sogar gegen sie. Vorderlaufschläge, wie sie von andern Autoren beschrieben werden, habe ich nie beobachten können. Jedenfalls nicht in diesem Zusammenhang. Vorderlaufschläge teilen Kitze gegen Katzen, erwachsene Geißen gegen Füchse aus, die ihre Kitze bedrohen.

Die Attacken der Geiß richten sich vor allem gegen die Geißkitz und gegen das Schmalreh, das im Sprung anwesend sein könnte. Im alpinen Beobachtungsgebiet waren die Geißkitze dagegen nicht Ziel der Aggressionen. Diese richteten sich vor allem gegen Schmalrehe und andere erwachsene Rikken. Je mehr die Frequenz aggressiver Elemente steigt, um so seltener wird Kontaktverhalten (Tab. 7).

Der Sprungzusammenhalt geht jetzt fast nur noch auf Initiativen der Kitze zurück. Die Mutter fordert sie nicht mehr auf, ihr nachzufolgen und unterläßt Kontaktlaute. Im Bernischen Beobachtungsgebiet verhalten sich auch die Kitze während der Auflösungszeit allmählich kämpferisch gegenüber der Mutter, im alpinen Gebiet, wenn überhaupt, erst während der Setzzeit.

Angriffsverhalten der Mutter gegenüber der Tochter beobachtete ich im Berner Oberaargau viermal häufiger als gegenüber dem Bockkitz. Trotzdem trennt sich dieses früher von der Mutter als das Geißkitz. Die Mutter, so könnte man schließen, hat offenbar keinen großen Einfluß bei der Sprungauflösung. Strandgaard (1972) beobachtete dagegen, daß Mutterricken ihre Töchter regelrecht verjagten. Sieben Geißen, die im Alter von knapp einem Jahr das Beobachtungsgebiet von Kalö verließen, hatten Mütter, die in ihrem gewohnten Lebensraum zurückblieben. Zwei einjährige Geißen, die im Winter ihre Mütter verloren hatten, blieben dagegen im Gebiet. Trennung von der Mutter und möglicherweise Abwanderung, so folgert Strandgaard, ist die Folge der Beziehungen zwischen Mutter und Geißkitz.

Der Trennungsvorgang zwischen Mutter und Bockkitz, das ihr rangmäßig bereits überlegen ist, wird beeinflußt von der Anwesenheit erwachsener Böcke, die sich ja wie Schmalrehe im Winter häufig den Mutterfamilien anschließen. Ihr am Winterende zunehmendes Kampfverhalten kann sich zwar gegen alle Gruppenmitglieder richten, am meisten gilt es aber dem Bockkitz (Tab. 7). In solchen ungleichen Auseinandersetzungen unterliegt das Bockkitz regelmäßig.

Die Anwesenheit eines erwachsenen Bokkes in den Gruppen während der Auflösungszeit verändert die räumliche Anordnung der Gruppenmitglieder. Normalerweise stehen die Bockkitze näher bei der Mutter als die Geißkitze, die von dieser ja häufiger angegriffen werden. Die Distanzen betragen im Mittel 4,8 ($n = 23$) und 7,0 ($n = 15$) Meter. Ist aber ein Bock im Sprung anwesend, so zieht das Geißkitz (schutzsuchend?) näher zur Mutter auf eine mittlere Individualdistanz von 5,1 ($n = 16$) Metern. Das Bockkitz dagegen vergrößert die Distanz zur Mutter auf 7,9 ($n = 27$) Meter oder verläßt den Sprung.

Anhand von Zählungen verglich ich im Beobachtungsgebiet des Berner Oberaargaus Mutterfamilien, die von einem erwachsenen Bock begleitet wurden, mit solchen ohne erwachsenen Bock und fragte, wo sich mehr Bockkitze aufhielten. Das Resultat war eindeutig: In Gruppen ohne erwachsene Böcke betrug das Geschlechterverhältnis (♀:♂) 1:0,7, in Gruppen mit einem erwachsenen Bock hielten sich dagegen fünfmal mehr Geißkitze als Bockkitze auf. Hier wurden die Bockkitze wahrscheinlich bereits durch die Anwesenheit eines stärkeren Bockes vertrieben.

Die Abwanderungen der jungen Rehe aus dem Aktionsraum ihrer Mütter erfolgt, so El-

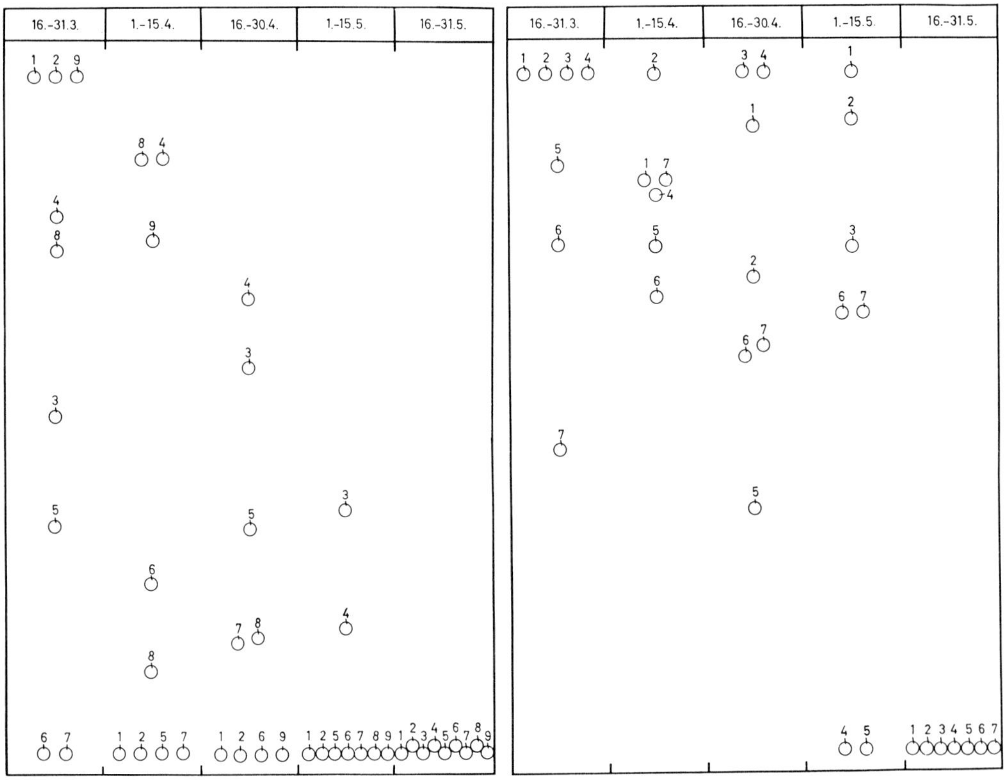

Abb. 25: Trennungsvorgang zwischen Mutter und Sohn (links) und Mutter und Tochter (rechts), dargestellt als a-Werte (s. S. 95) von neun Mutter-Sohn- und sieben Mutter-Tochter-Paaren in fünf Halbmonatsabschnitten zwischen Mitte März und Ende Mai (Beobachtungsgebiet im Berner Oberaargau). Bockkitze trennen sich demnach früher von der Mutter als Geißkitze

LENBERG (1978), „zum weit überwiegenden Teil zwischen Mitte März und Mitte Mai, also zu einer Jahreszeit, in der im ursprünglichen Hauptlebensraum Mitteleuropas, dem Laub- und Laubmischwald, in Form der Frühjahrsblüher ein für Rehe nutzbares Nahrungsangebot zwar nicht überall üppig, aber doch auf großer Fläche bereitsteht."

Hunger zwingt die Jungen sicher nicht zur Auswanderung. Denn der Vorfrühling ist die einzige Jahreszeit, zu der in Laubwäldern in Bodennähe leichtverdauliche Äsung großflächig wächst. Nachdem sich das Blätterdach der Bäume etwa Mitte Mai geschlossen hat, ist das für Rehe zugängliche Äsungsangebot nur noch auf Lichtungen vorhanden. Diese sind jetzt, wie ich noch ausführen werde, von kitzeführenden Ricken und territorialen Böcken besetzt. Auswanderungen fallen also ganz genau in die Zeit des bestmöglichen Äsungsangebotes. „So erhalten die Auswanderer im Frühjahr Gelegenheit, sich ohne zusätzlichen Hungerstreik in den vielfachen Gefahren der Fremde nach einem unbesetzten Habitat für die Übersommerung umzusehen", meint dazu ELLENBERG.

Rehe gelten als sprichwörtlich standorttreu, wie aus einer Fülle von Rückmeldungen markierter und später erlegter Rehe hervorgeht (z. B. RAESFELD 1970). Es wurden zwar Abwanderungsdistanzen von 70 Kilometern gemeldet. Doch dies sind Ausnahmen, bereits Entfernungen von fünf Kilometern sind selten. Jungböcke wandern meist weiter als junge Ricken.

Wenn sich die fast einjährigen Kitze im Vorfrühling von ihren Müttern und anderen in den Wintersprüngen anwesenden Rehen trennen, dann ist eine wichtige Lernphase in ihrem Leben abgeschlossen. Sie lernten, da Winterwohnräume größer sind als Sommerwohnräume, einen großen Teil des Lebensraumes kennen. Sie lernten von ihrer Mutter oder anderen erwachsenen Geißen bestmögliche Futterzonen und -pflanzen kennen. Sie wissen auch, daß erwachsene Geißen die erfahrensten Mitglieder des Bestandes sind, von denen sie bei Unsicherheit weiterhin Informationen beziehen können, und sie kennen viele andere Rehe und wissen wahrscheinlich genau, wo sich diese zu welcher Zeit aufhalten.

Dazu machte ich seinerzeit mit dem handaufgezogenen und später ausgewilderten Bockkitz Fridolin eine eindrückliche Beobachtung. Er integrierte sich erstaunlich gut in den wildlebenden Bestand, wahrte den ihm bekannten Menschen gegenüber eine geringe Fluchtdistanz. Anfang Mai beobachtete ich, wie der nun einjährige von einem mehrjährigen Bock, den ich bisher nie gesehen hatte und von dem ich folglich nicht wissen konnte, wo er sich aufhielt, arg verprügelt wurde. Nach Abbruch des Kampfes ging ich zu dem verjagten äußerst nervösen Jährling hin. Er erkannte mich sofort, forderte mich auf, ihm zu folgen, was ich auch tat. Fridolin führte mich zielgerichtet zum Einstand seines stärkeren Widersachers. Dieser floh selbstverständlich, als er mich sah. Fridolin dagegen plätzte und markierte den Ort ausgiebig.

Im Frühjahr trennen sich die Geschwister. Das Geißkitz wird als Schmalreh im kommenden Sommer erstmals brunftig und von einem territorialen Bock beschlagen. Es kehrt dann häufig im Herbst wieder zu seiner Mutter zurück und wird im Alter von zwei Jahren (in alpinen Gebieten mit drei Jahren) selbst Mutter. Das Bockkitz dagegen beginnt seine ‚Karriere' als junger, nichtterritorialer Bock, der sich vorerst gegen überlegene Rivalen behaupten muß, bevor er früher oder später selbst zum Territoriumsbesitzer und damit zu einem physisch und psychisch fortpflanzungsfähigen Bock wird. Über territoriale und nichtterritoriale Böcke werden ich im folgenden Kapitel berichten.

5 Territoriale und nichtterritoriale Böcke

Das Verhalten von Rehböcken ist früher häufiger und eingehender beschrieben worden als dasjenige anderer Rehe. Dies hängt einerseits mit jagdlichen und forstwirtschaftlichen Interessen zusammen, also mit Trophäen und Wildschäden, die Böcke im Sommerhalbjahr beim Schlagen mit ihren Geweihen verursachen. Andererseits sind Böcke besonders im Frühjahr weniger heimlich als andere Rehe; sie lassen sich aufgrund verschiedener Geweihformen leichter individuell ansprechen, und sie reizen durch ihr auffallendes Kampf- und Markierverhalten zur Beobachtung.

Gerade deshalb erstaunt die Fülle falscher Meinungen über Territorialität und die damit verbundenen Verhaltensweisen und Merkmale der Böcke. So spielen beispielsweise weder Geweihvolumen noch Endenzahl eine Rolle, ob ein Bock ‚ranghoch' ist oder nicht. Das wohl einzige, sicher aber das entscheidende Rangkriterium ist der Besitz eines Territoriums. Um ein eigenes Territorium zu erhalten, spielen Alter und damit Kampftrieb und Erfahrung, aber auch der Zufall eine bedeutendere Rolle als Geweihqualität.

Auch über das *Fegen* herrscht immer noch Unklarheit. Wenn ein Bock sein Geweih gegen Büsche oder Bäumchen schlägt, wird dabei möglicherweise auch der Bast vom vereckten Geweih entfernt, das Verhalten ist aber ein Teil des Kampfrituals und dient der Markierung seines Standortes im Lebensraum. In der Regel wird der Bast mit den Schalen der Hinterläufe vom Geweih gekratzt und dann aufgenommen. Sonst trocknet er rasch aus und fällt ab. Jedenfalls ist das Geweihschlagen kein Verhalten, das im Dienste der Bastentfernung steht!

Über soziale Auseinandersetzungen zwischen Böcken und ihr Territorialverhalten ist nun zu berichten.

5.1 Das Kampfverhalten

Der Kampf zwischen zwei Rehböcken spielt sich wie folgt ab (Abb. 26): Die Rivalen nehmen sich je nach Sicht- und Windverhältnissen auf eine Distanz von 30 bis 300 Metern wahr. Sie unterbrechen die laufende Handlung und sichern. Dabei ist das Haupt erhoben, und die Lauscher sind nach vorne geöffnet. Meist wird das Sichern begleitet vom Vorstehen (Anwinkeln eines Vorderlaufes). Nach dieser ersten Kontrolle nähern sich die Rivalen bis auf eine Distanz von fünf bis zehn Metern. Jetzt kontrollieren sie sich zum zweiten Mal. Dann wird imponiert und gedroht. Beim Imponieren ist der Hals senkrecht nach oben getragen und das Haupt seitlich abgedreht. Die Lauscher werden nach hinten gelegt und die Lichter zugekniffen. Ein imponierender Bock ‚macht sich groß'.

Beim Drohen dagegen demonstriert er seine Waffen und seine Kampfweise. Er grätscht die Läufe, senkt den Kopf und stößt mit dem Geweih in Richtung des Rivalen, ohne diesen aber zu berühren. Drohen ist häufig begleitet vom Plätzen (Scharren mit einem Vorderlauf). Beim Drohen wird einer der Hinterläufe kurz angehoben und heftig auf den Boden geschlagen (Abb. 27). Dabei tritt der Bock nicht mit der Unterseite der Hufe auf, sondern streift rasend schnell mit nach hinten geknickten Schalen die Oberseiten der Zehenspitzen am Boden ab. Die so angebrachten Geruchsmarken aus dem Interdigitalorgan werden von ihm später bewindet. In der den Kampf einleitenden Phase wird auch regelmäßig genäßt und sich gelöst. Beim Drohen und Imponieren stehen die Rivalen einander frontal gegenüber.

In Auseinandersetzungen zwischen gleich starken Rivalen beobachtete ich, daß beide Partner, nachdem sie ausgiebig gedroht und imponiert hatten, plötzlich gleichzeitig ne-

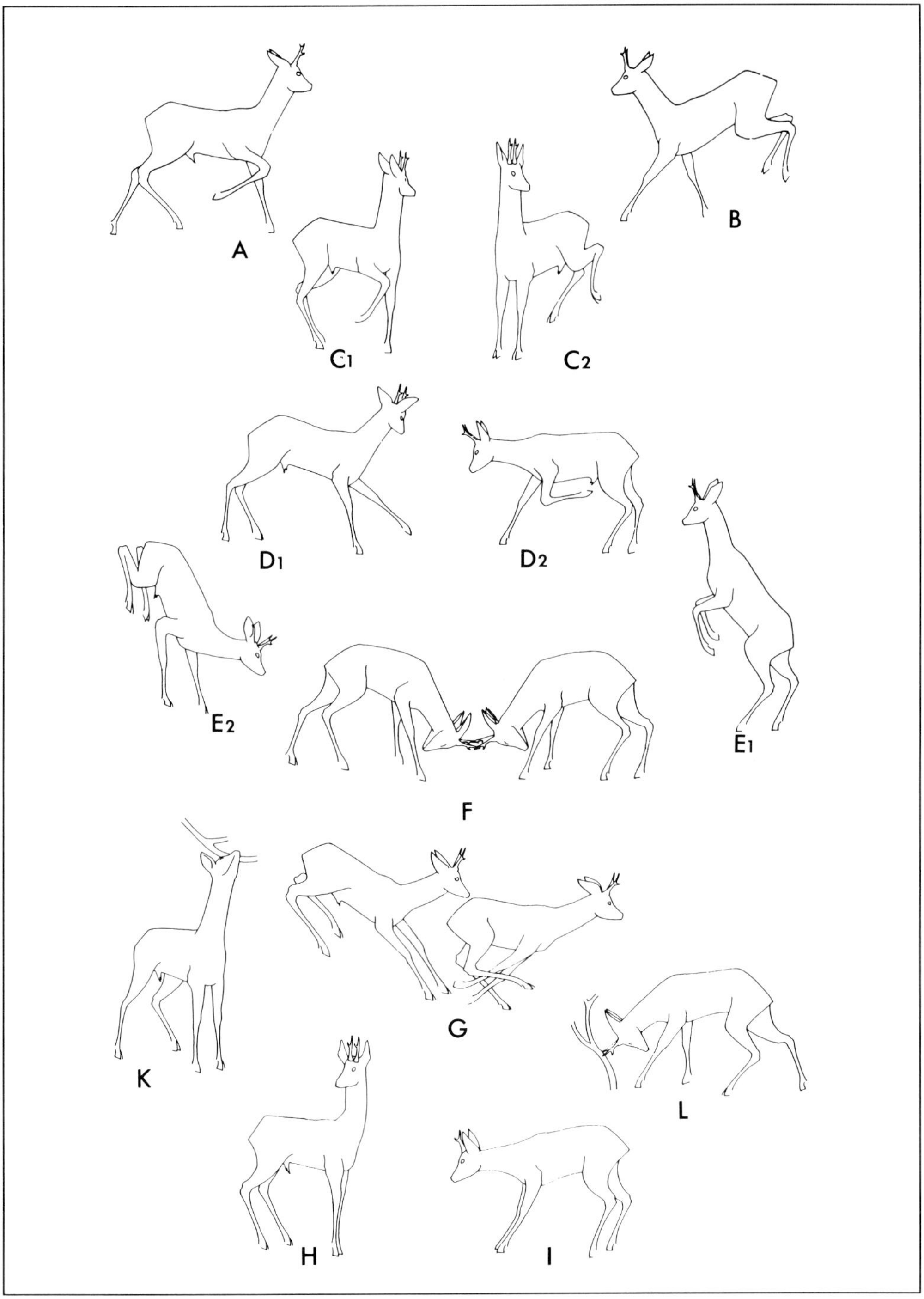

Abb. 26: Verlauf des Kampfverhaltens zwischen Böcken: Sichern (A), Aufsuchen (B), Imponieren (C_1 und C_2), Drohen mit Plätzen (D_1 und D_2), Anlaufsprünge (E_1 und E_2), Stoßkampf (F), Nachjagen (G), Imponieren (H) und Demutsgebärde (I) sowie Stirnlockereiben (K) und Schlagen (L)

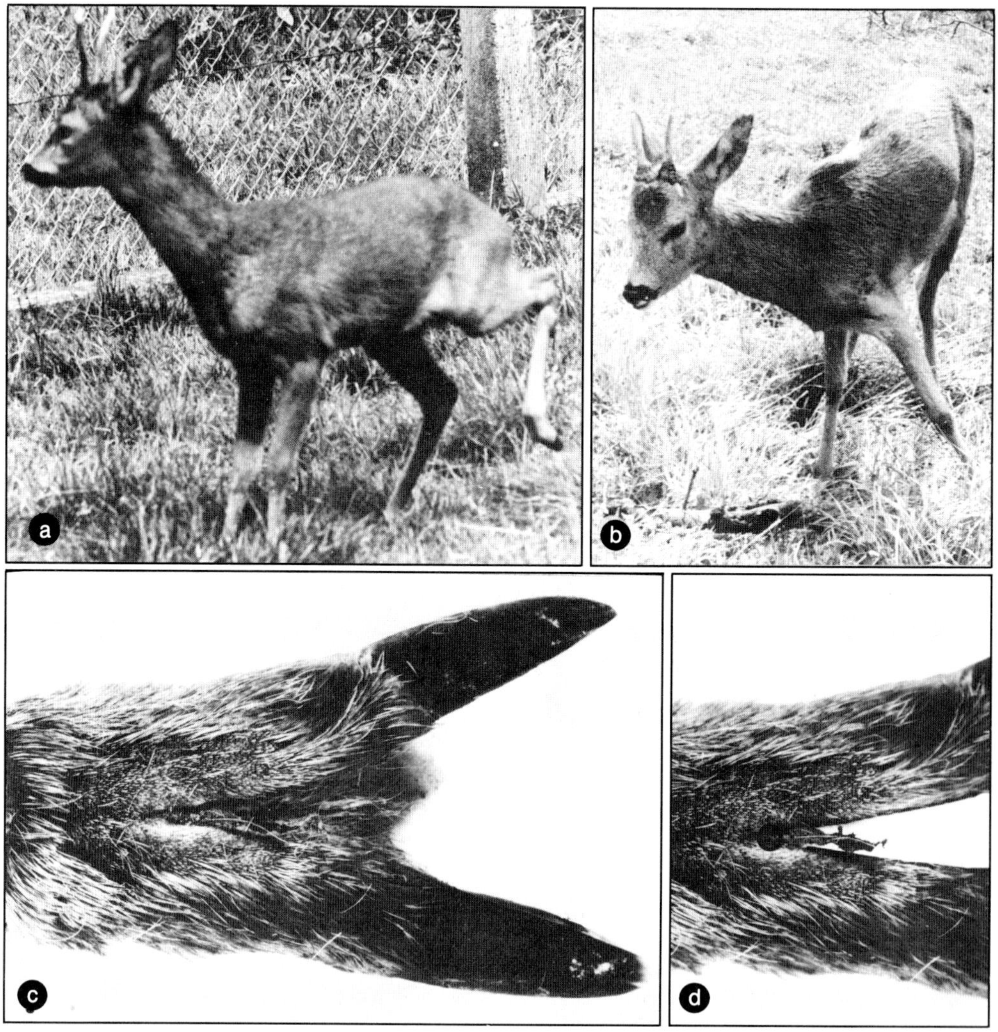

Abb. 27: Droh- und Imponierverhalten mit Hinterlaufschlag (a) und Plätzen (b). Der Übergang zwischen beiden Elementen kann fließend sein. In beiden Fällen wird das Sekret der Zwischenklauendrüse am Hinterfuß ausgepreßt (c), was durch einen unterlegten Papierstreifen sichtbar gemacht werden kann (d). Dieses Sekret wird beim Hinterlaufschlag am Boden abgestreift. Wahrscheinlich hat es eine den Rivalen abweisende Markierfunktion (Fotos: F. Kurt)

beneinander herjagten, um 20 bis 80 Meter entfernt vom ersten Kampfplatz eine neue Auseinandersetzung einzuleiten.

Der eigentliche Kampf wird durch Drohschritte eröffnet. Jetzt halten die Böcke ihre Vorderläufe möglichst gerade (Stechschritt), schlagen die Hinterläufe an den Boden und streifen wiederum Sekret aus den Zwischenklauendrüsen ab. Dieses wird jetzt nicht mehr kontrolliert. Stehen sich die Rivalen unmittelbar gegenüber, so senken sie gleichzeitig die Köpfe, es kommt zu einem raschen nasalen Kontakt. Dann werden die Geweihe verhängt. Der Stoßkampf beginnt. Die Rivalen stehen einander entweder breitläufig gegenüber und wechseln ihre Standorte nicht, oder sie wechseln sie laufend und beschreiben stoßkämpfend eine Kreisbahn. Der Stärkere ist oft erst nach mehreren Anläufen ermittelt. Dann wird der Kampf abgebrochen. Der Sieger droht wiederum. Der Verlierer verharrt kurze Zeit in Demutsstellung mit waagrecht gehaltenem Hals und nach vorne gewendeten Lauscheröffnungen und flüchtet dann.

In der Regel stößt ein Rehbock erst dann mit seinen Geweihen gegen den Gegner, wenn dieser ihm frontal gegenübersteht. Die Waffe wird also gegen die durch die Geweihstangen und -enden bestens geschützte Stelle des Gegners eingesetzt. So gesehen verlaufen Kämpfe also sehr fair. Doch es gibt auch Ausnahmen von dieser Regel: Als ich zwischen 1963 und 1965 im Berner Mittelland Rehe intensiv zu beobachten begann, lebten in den beiden Berner Amtsbezirken Aarwangen und Trachselwald schätzungsweise 600 Rehböcke. Von diesen wurden im Verlauf von drei Jahren neun geforkelt aufgefunden, d. h. sie wurden im Kampf mit einem anderen Bock tödlich verletzt. Sieben von ihnen konnte ich sezieren. Nur einer trug eine äußerlich sichtbare Verletzung, einen Einstich in den Brustkorb. Der Tod trat wahrscheinlich infolge einer Verletzung der Lunge ein. Alle anderen wiesen sichtbare Schäden an Nieren und/oder Leber auf. Bei allen diesen tödlich ausgegangenen Kämpfen mußten die Angriffe des Siegers von der Seite her geführt worden, also atypisch verlaufen sein.

Zu tödlichem Ausgang von Kämpfen kann es aber auch kommen, wenn sich die Geweihe der beiden Rivalen in Größe und Form dermaßen unterscheiden, daß sie sich nicht miteinander verhängen können, sondern direkt auf der Stirne des Rivalen aufliegen und folglich beim Zustoßen dessen Schädeldecke durchdringen. Derartige Fälle sind äußerst selten; zu diesem Schluß kommt auch ELLENBERG (1978). „Gelegentlich", so schreibt er, „werden völlig gesund wirkende Rehböcke erlegt, deren manchmal abstruse Verletzungen am Schädeldach erst beim ‚Auskochen' der Trophäen bemerkt werden."

In Auseinandersetzungen zwischen ungleich starken Rehen, also etwa zwischen Bockkitzen und adulten Böcken oder zwischen Böcken und Geißen, kneift das Unterlegene entweder bereits bei der Annäherung des Stärkeren oder spätestens dann, wenn das stärkere Reh zu drohen beginnt. Das schwächere Reh flieht und wird gelegentlich über längere Strecken verjagt. Zwischen Rehen, die längere Zeit im Sprung zusammengelebt haben und sich gegenseitig kennen, können Aggressionen durch Demutsverhalten des Unterlegenen blockiert werden. Verfolgungsjagden gibt es in diesem Fall kaum.

Typisch für die den Kampf einleitende Phase und den Stoßkampf ist, daß beide Kampfpartner gleichzeitig das gleiche Verhalten vorführen. Das Ranggefälle zwischen den Kontrahenten wird dann erkennbar, wenn der Verlierer nicht mehr spiegelbildlich reagiert, d. h. wenn er mit der Verhaltensabfolge des Partners nicht mehr Schritt zu halten vermag. Kämpfe verlaufen demnach um so vollständiger, je mehr sich die Stärke der Rivalen entspricht (Abb. 28), vorausgesetzt sie kennen sich nicht schon aus früheren Begegnungen.

Kämpferische Auseinandersetzungen zwischen Böcken finden das ganze Jahr hindurch statt. Allerdings sind sie nach der Brunft und im Winterhalbjahr (also zu der Zeit, in der die Geweihe abgeworfen und neu geschoben werden) meist auf Drohen, Imponieren und Verjagen beschränkt, wie GEIGER und KRÄMER (1974) an künstlichen Futterstellen im Revier Grabs-Ost im St. Galler Rheintal festgestellt haben. Stoßen kommt zwar auch im Winter vor, in der Regel tritt es aber selten und nur zwischen sehr ranghohen Böcken auf. Diese kämpfen mehr als jüngere Böcke. Dadurch unterscheiden sich Rehe von anderem Schalenwild. Bei rudelbildenden Arten wie beispielsweise Ren *(Rangifer tarandus)* (ESPMARK 1964) oder Rindern (REINHARD 1973) sind die ranghöchsten Männchen gegenüber jüngeren und rangtieferen meist äußerst tolerant. Ranghohe Rehböcke sind aber Besitzer eines Territoriums, das es zu verteidigen gilt, und können sich aus diesem Grund gegenüber anderen Böcken und somit potentiellen Territoriumsanwärtern keine Nachsicht leisten.

Auch ELLENBERG (1978) fand, daß am Winterende vor allem imponiert und gedroht wird. Beide Verhaltensweisen verlaufen im Februar und Anfang März häufig in energiesparendem Zeitlupentempo. Jagen, wenn es überhaupt auftritt, ist auf wenige Meter beschränkt. Im Mai dagegen dauern Imponier- und Drohkämpfe Minuten lang, und Jagden führen unter Aufgebot aller Kräfte über Hunderte von Metern. Jetzt ist auch die Zeit der heftigsten Kämpfe.

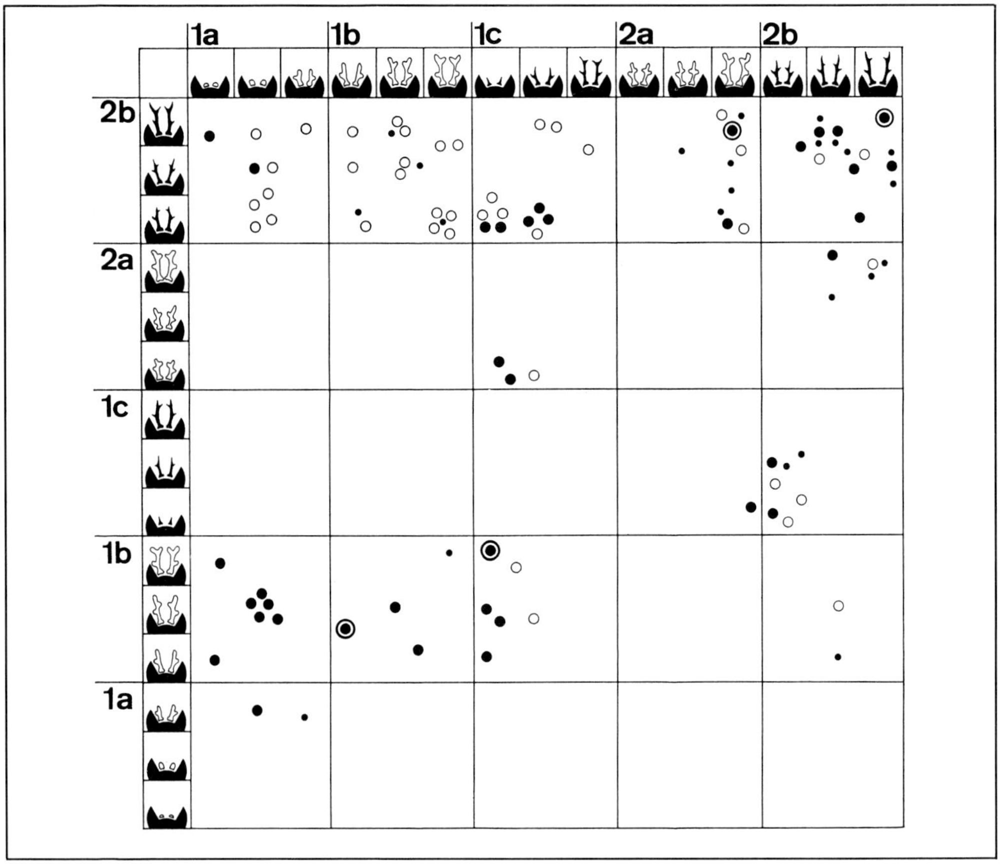

Abb. 28: Kampfverlauf zwischen Böcken. In der Ordinate sind die Angreifer, in der Abszisse die Angegriffenen dargestellt, entsprechend ihres Alters und dem Zustand ihrer Geweihe: Bockkitze mit wachsenden (1a), ausgewachsenen, aber noch nicht gefegten (1b) und gefegten Geweihen (1c), mehrjährige Böcke mit ungefegten (2a) und gefegten Geweihen (2b). Die Auseinandersetzungen beschränken sich auf Droh- und Imponiergehabe (schwarze Punkte), Jagen des Überlegenen und Flucht des Unterlegenen (offene Kreise), finden als Stoßkämpfe statt (gefüllte Kreise). Heftige Auseinandersetzungen (Doppelkreise) sind selten und verlaufen nur zwischen gleich starken Böcken

5.2 ‚Radfahrerreaktionen'

Imponier-, Droh- und Kampfverhalten tritt nicht nur gegenüber Rivalen auf, sondern auch gegenüber Ersatzobjekten, vor allem gegenüber Bäumchen und Büschen. Das Verhalten heißt dann ‚Fegen' oder Schlagen und wird in der älteren Literatur meist lediglich in Zusammenhang gebracht mit dem Entfernen der abgestorbenen Basthaut vom vereckten Geweih. „Daß das Fegen durch prickelnden Reiz am Übergang in das lebende Gewebe – am Rosenstock – bedingt wird, darf als zweifellos gelten, da abgestorbenes Gewebe, solange es im Zusammenhang mit lebendem steht, allgemein Juckreiz auslöst", schrieb Olt (1921). Daß Fegeverhalten auch ohne einen vom absterbenden Bast ausgehenden Reiz auftreten kann, zeigte Hartwig (1972) an einem geweihlosen Rehbock. Bei diesem

Versuchstier wurde durch einen experimentellen Eingriff am Periost der Rosenstockanlagebereiche auf beiden Stirnseiten die Bildung von Rosenstöcken und Geweihen unterdrückt. Trotzdem begann der Bock im zeitigen Frühjahr seine Stirn vorerst an verschiedenen, später aber an ganz bestimmten Stellen zu reiben.

In Wirklichkeit wird der Bast innerhalb von wenigen Stunden vom Geweih entfernt, mit den hinteren Schalen gelockert und häufig aufgenommen. Trotzdem tritt das Schlagverhalten weiter auf und erreicht seinen Höhepunkt erst zu einem Zeitpunkt, in dem alle mehrjährigen Böcke eines Bestandes ihre Geweihe bereits gefegt haben. Geweihschlagen bedeutet also mehr als Fegen. Geweihschlagen ist Kämpfen gegen ein Ersatzobjekt. Denn es tritt häufig im Verband mit Kampfhandlungen auf, wie folgende Beispiele deutlich machen sollen:

Am 5. April 1965 wurde ich Zeuge der möglicherweise ersten kämpferischen Begegnung zwischen zwei erwachsenen Böcken (M1 und M2) im Beobachtungsgebiet des Berner Oberaargaus. Um 17.05 Uhr äste M1 zusammen mit einer Ricke und drei Kitzen. Kurz darauf erschien M2, rannte gegen die Ricke, entdeckte M1, bremste, sicherte und imponierte. Auch M1 imponierte jetzt. Nun rannten plötzlich beide parallel nebeneinander 50 Meter weit, stoppten, imponierten, drohten und plätzten. Dann senkten beide die Köpfe, kontrollierten sich gegenseitig, verhängten die Geweihe und kämpften. Nach einem ungefähr einminütigen Kampf gab M2 auf, hielt das Haupt tief und floh. M1 imponierte kurz und jagte dem Verlierer nach. Von der Verfolgungsjagd kehrte er zurück in den Sprung von Ricke und drei Kitzen und imponierte vor der Geiß. Diese nahm Demutstellung ein. Jetzt rannte der Bock an den nahegelegenen Waldrand, imponierte gegen einen bestimmten Baum, plätzte und rieb die Stirnlocke an einem tiefhängenden Ast. Der von M1 abgeschlagene Bock stand etwa 150 Meter entfernt, imponierte und drohte gegen einen Busch, plätzte und schlug mit den Geweihstangen gegen die Pflanze.

Sieger wie Verlierer bearbeiten Pflanzen, vorausgesetzt sie tragen ein gefegtes Geweih. Beide suchen nach Abschluß des Kampfes Holzgewächse auf, imponieren und drohen gegen sie und ,bekämpfen' sie. Ein durch die Anwesenheit des Rivalen ausgelöstes Kampfverhalten braucht demnach nicht unbedingt gegenüber diesem abzulaufen. Mit Schlagen und Stirnlockereiben schonen Rehböcke, wenn die Stärkeverhältnisse zwischen ihnen klar sind, offenbar sich selbst wie ihre Rivalen vor unnötigen Kräfteverlusten und Verletzungen.

Dies geht auch aus dem folgenden Beispiel vom 5. Juni aus dem alpinen Beobachtungsgebiet bei Pontresina hervor. Es beschreibt Auseinandersetzungen zwischen drei Bökken, die sich aus früheren Kämpfen kennen; einer von ihnen (M2) trägt noch ein Bastgeweih.

Um 8.28 Uhr äste M3 allein auf einer Wiese, sicherte mehrmals gegen den 50 Meter entfernten Waldrand und zog dorthin. Zwanzig Minuten später traten M1 und der Bastbock M2 aus. Ihnen folgte ein zweijähriges Schmalreh (im Oberengadin werden Ricken in der Regel erst nach Abschluß des zweiten Lebensjahres fortpflanzungsfähig). Die Böcke M1 und M2 ästen nebeneinander. Eine halbe Stunde danach erschienen eine Geiß und ein einjähriges Schmalreh. Nun näherte sich M1. Er wurde von dem zweiten Schmalreh nasonasal ,begrüßt'. Die Nähe der beiden Ricken motivierte M1 offenbar zu Aggressionen gegenüber dem schwachen M2. M1 imponierte gegen den Bastbock. Beide folgten der Kitzgeiß, ästen nebeneinander, bis M1 heftig gegen M2 imponierte. Dieser floh unverzüglich. Das Schmalreh folgte ihm. M1 folgte nach gegen den Wald. Dort erschien M3, sichtete M1 und flüchtete auf diesen zu. Beide Böcke drohten und plätzten. M3 wich plötzlich dem nun imponierenden M1 mit tiefgetragenem Hals in Demutsstellung aus. Der offensichtlich stärkere M1 ließ vom unterlegenen M3 ab, zog zu einem bestimmten Baum, imponierte gegen diesen, näßte, plätzte und rieb mit hochgerecktem Hals die Stirnlocke an einem tiefhängenden Ast. M3 verzog sich und suchte einen anderen Baum auf. Er drohte gegen diesen, bewindete ihn ausgiebig und schlug schließlich mit den Geweihstangen gegen ihn.

Fünfzehn Minuten später, nachdem beide ihr Kampfverhalten an den Pflanzen beendet hatten, näherte sich M3 in Demutsstellung wiederum dem überlegenen M1, und beide

Abb. 29: Stirnlockereiben: Zuerst erfolgen Drohen (a), Hinterlaufschlag (b), Koten und Harnen (c), dann wird die Stirnlocke an einem tiefhängenden Ast gerieben (d, e, f) (Fotos: F. Kurt)

ästen nebeneinander. Erst als sich die erwachsene Geiß den beiden näherte, begannen wiederum kämpferische Auseinandersetzungen zwischen den Böcken. M1 sicherte gegen die Geiß, imponierte und drohte unverzüglich gegen M3. M3 zeigte Demutsstellung und zog sich zurück. M1 schlug die Geweihstangen gegen den Boden und folgte dann M3, bis dieser floh. Anschließend ging er wiederum zu ‚seinem' Baum, plätzte, imponierte gegen diesen und rieb die Stirnlocke am selben Ast wie vorher.

Schlagen oder Stirnlockereiben erfolgen selbst nach Begegnungen zwischen deutlich ungleich starken Böcken wie etwa einem erwachsenen Bock und einem Bockkitz. So näherte sich Anfang April im Beobachtungsgebiet des Berner Oberaargaus ein bekannter, starker Bock einem Bockkitz, das mit seiner Schwester ausgetreten war und äste. Das Bockkitz floh unverzüglich, als der Überlegene herbeitrollte. Das Geißkitz folgte dem Bruder. Der erwachsene Bock näherte sich wieder. Wiederum flüchteten die beiden. Schließlich verjagte der Starke den Schwachen, ohne daß es ihm gelang, dessen Schwester in seiner Nähe zu behalten. Darauf zog der erwachsene Bock an den Waldrand, blieb vor einem bestimmten Baum stehen, plätzte, imponierte und rieb seine Stirnlocke an einem Ast.

Bei 25 Duellen konnte ich das Verhalten beider Partner noch nach dem Kampfabbruch verfolgen. Sieger zeigten neben Schlagen immer auch Stirnlockenreiben; Unterlegene in zwanzig Fällen Schlagen, aber nie Stirnlokkenreiben. Stirnlockenreiben, das mit senkrecht getragenem Hals ausgeführt wird, äh-

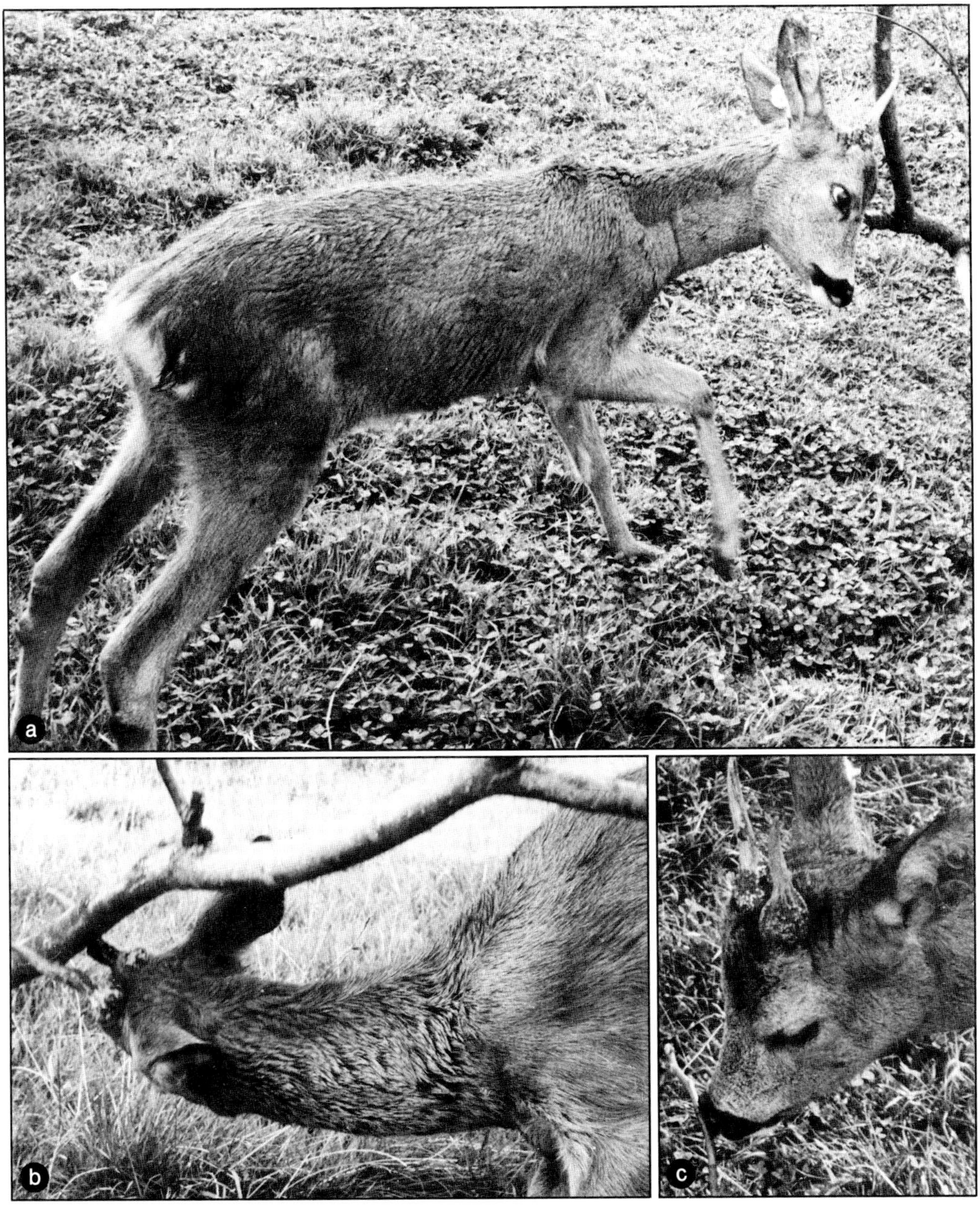

Abb. 30: Schlagen erfolgt mit gesenktem Haupt. Vor und nach dem Stoßkampf gegen ein Stämmchen (a und b), bei dem Sekret aus Duftdrüsen in der Kopfhaut übertragen wird, kann eine Geruchskontrolle stattfinden (c) (Fotos: F. Kurt)

nelt stark der Imponierstellung. Schon deshalb ist es denkbar, daß dieses Verhalten ausschließlich von ranghohen Böcken gezeigt wird.

Schlagen und Stirnlockenreiben treten übrigens auch ohne vorangegangene Duelle auf. Erhält beispielsweise ein ranghoher Bock durch eine günstige Windlage Kenntnis von einem anderen, sucht er einen Baum auf und reibt dort seine Stirnlocke an einem Ast. Findet ein Bock die frische Schlagstelle eines anderen, so kann es sein, daß er an derselben Pflanze schlägt, nachdem er sie ausgiebig bewindet hat. Einjährige Böcke schlagen regelmäßig in unmittelbarer Nähe von verlassenen Betten erwachsener Böcke. CUMMING (1978) sah, daß Geweihschlagen auch durch Schrecklaute anderer Böcke provoziert werden kann.

In Begegnungen zwischen Böcken, die aus früheren Kämpfen bereits die Stärkeverhältnisse kennen, wird zwar noch gedroht und imponiert, meist aber nicht mehr gekämpft, weil der Unterlegene ausweicht. Dagegen folgen der Begegnung immer Stirnlockenreiben (Abb. 24) und/oder Schlagen (Abb. 25). Kitze schlagen erstmals im Alter von ungefähr drei Monaten, zu einem Zeitpunkt, in dem Attakken von Überlegenen bereits durch Demutsgebärden blockiert werden können. Stirnlokkenreiben erscheint wahrscheinlich viel später, nach meinen Beobachtungen erst im Alter von neun Monaten.

Aus den erwähnten Beispielen schloß ich 1968, daß die beiden Verhaltensweisen Schlagen und Stirnlockenreiben nicht Übersprunghandlungen sein können, wie HENNIG (1962) und BRAESTRUP (1956) annahmen. Ein schlagender oder seine Stirnlocke reibender Bock unterbricht ja nicht eine laufende Kampfhandlung, er läßt lediglich von seinem Kampfpartner ab (oder greift ihn nicht einmal an) und sucht sich ein anderes Objekt aus. Folglich handelt es sich hier um ‚redirected activites‘ (BASTOCK, MORRIS und MOYNIHAN 1962) bzw. um ‚Radfahrerreaktionen‘ (GRZIMEK 1944), um umorientierte Handlungen. Hier wird durch eine spezifische Reizsituation (die Nähe eines Rivalen, seine Schrecklaute oder eine Witterungsspur von ihm) das Verhalten zwar aktiviert, gleichzeitig sind aber Bedingungen gegeben (Kenntnis der Ränge, Demutsverhalten, Distanz), die verhindern, daß die so in Gang gesetzte Handlung auch auf den Auslöser bezogen ablaufen kann. Dann sucht sich der Bock ein weniger angemessenes Objekt (Baum oder Busch) und reagiert das Verhalten daran ab.

5.3 Markierverhalten

Beim Schlagen und Stirnlockenreiben werden Haupt, Stirn, Wangen, vordere Augenränder und die sogenannte Stirnlocke zwischen den Rosenstöcken an Pflanzen gerieben. Die besagten Kopfpartien sind reich an Talg- und modifizierten Schweißdrüsen. SCHUMACHER (1935), RAESFELD (1956) und HENNIG (1962) sahen als erste in beiden Verhaltensweisen Handlungen, die der Markierung dienen. Ihre Hypothese wurde bestärkt durch die Tatsachen, daß beim Schlagen die Rinden der Pflanzen entfernt werden und somit optische Marken entstehen können, und daß, so war zu vermuten, die erwähnten Drüsenfelder mit der bearbeiteten Stelle in Berührung kommen.

In meinen ersten Rehstudien (KURT 1968a und b) leitete ich das Markierverhalten (Schlagen und Stirnlockenreiben) lediglich vom Kampf- und Imponierverhalten ab. Das war unvollständig. CUMMING (1978), ELLENBERG (1976 und 1978), HOLMES (1972) und MEIER (1983) beschrieben in ihren Studien über das Markierverhalten der Böcke Verhaltensweisen, die nicht unbedingt als ritualisierte Kampfweisen interpretiert werden können. Die Böcke reiben nämlich auch Kinn, Wangen und Schläfen an bestimmten Bäumchen, Sträuchern, ja sogar an Grasbüscheln. Und es sieht ganz so aus, als kämen durch diese Verhaltensweise, die ich im weiteren als *Kopfreiben* bezeichnen werde, mehr Duftstoffe an die bearbeiteten Pflanzen als durch Schlagen und Stirnlockenreiben.

Markierverhalten tritt im Frühjahr häufiger auf als zu irgendeiner anderen Jahreszeit, wie aus den Studien von ELLENBERG (1974a) hervorgeht. Er beobachtete zu verschiedenen Jahreszeiten einen in einem geräumigen Gehege gehaltenen Rehbock während jeweils 48 Stunden. Ende März, zehn Tage nach dem Geweihfegen, verteilte dieser Bock pro Tag 500 bis 600 Duftmarken, Ende Mai waren es noch etwa 150, Ende Juli rund 40 und Anfang Oktober noch zehn.

Rehböcke reiben Kopf und Voraugengegend auch im Winter an bestimmten Pflanzen, also zu einer Zeit, in der sie geringe Kampfmotivation zeigen. Im Winter fehlen aber die beiden Verhaltensweisen Schlagen und Stirnlockenreiben, die ich vom Kampfverhalten abgeleitet habe (GEIGER und KRÄMER 1974).

Zwar wußte man aus Feldbeobachtungen, daß Böcke frisch angebrachte Marken gelegentlich bewinden, so wie sie alte Markierstellen, bevor sie sie ‚übermalen', kontrollieren, aber das tun sie nicht immer. Kopfreiben an bestehenden Marken erscheint beispielsweise gleich häufig nach Geruchskontrolle wie ohne solche, und geschlagen wird viel häufiger ohne vorangegangene Kontrolle. In beiden Fällen erfolgt häufig keine Nachkontrolle.

Dies alles spricht auf den ersten Blick nicht gerade für eine ‚Briefkastenfunktion' der Markierungsstellen, will heißen, es ist nicht klar, ob ein Bock hier tatsächlich Marken hinterläßt, diese als seine eigenen erkennt und von denjenigen anderer Böcke zu unterscheiden vermag. Derartige Befunde aus Feldbeobachtungen sind schwer zu deuten, weil vorangegangene Ereignisse, wie etwa Begegnungen mit anderen Böcken oder deren Duftmarken, selten bekannt sind. Aber immerhin weist die Tatsache, daß in der Hälfte aller Kopfreibeverhalten die bearbeitete Pflanze vorher geruchlich kontrolliert wird, darauf hin, daß Markierstellen Informationsträger sein könnten. Leider weiß aber der Beobachter dabei immer noch nicht, ob solche Stellen vom kontrollierenden und markierenden Bock früher schon besucht worden sind, oder ob es sich um Geruchssignale eines anderen Bockes handelt.

Saubere Versuche über die Bedeutung der Geruchsmarken lieferte erst MEIER (1983) im Versuchsgehege von Staffelbach im Kanton Aargau. Er wollte wissen, ob Markierstellen Informationsträger sind und Rehböcke gegebenenfalls auf die so übermittelten Informationen reagieren. Daraus ergaben sich folgende Fragen: Unterscheiden Rehböcke zwischen neutralen und markierten Stellen? Unterscheiden sie zwischen eigenen und fremden Marken? Ist die Reaktion auf die neutrale, die eigene und die fremde Markierstelle abhängig vom Ort (an der Grenze oder innerhalb des Aktionsraumes)?

In seinen Versuchen verglich er zwei Bökke, einen zwei- und einen vierjährigen, die in benachbarten Gehegen untergebracht waren. Getrennt waren sie durch einen 40 Meter langen Zaun. An diesem dienten Jutebahnen als optische und in geringerem Maße auch geruchliche Schranken. MEIER bot seinen beiden Böcken etwa zwei Zentimeter starke Holunderruten als Schlagstellen an. Eine Reihe davon steckte er auf beiden Seiten des Trennzaunes auf, also an den Reviergrenzen. Je eine zweite Linie davon wurde im Abstand von 25 Metern zum Trennzaun in den Gehegemitten angebracht. Mögliche Markierstellen befanden sich so nun innerhalb der Aktionsräume der beiden und ebenso an den Grenzen. Nun verfolgte er während zweier Tage, wie sich die Rehböcke gegenüber diesen bisher noch nie von einem Rehbock bearbeiteten Pflanzen verhielten.

Beide Böcke bevorzugten die Ruten, die an der trennenden Grenze zwischen den Gehegen aufgestellt worden waren. Sie markierten somit häufiger die Peripherie des Wohnraumes als dessen Zentrum. Jetzt vertauschte MEIER je die Hälfte der Holunderruten an den Grenzen. Bock 1 erhielt solche von Bock 2 und umgekehrt. Damit wurde gewissermaßen eine geruchliche Grenzverletzung vorgetäuscht. Geruchliche Invasion konnte er in einem weiteren Versuch dadurch simulieren, daß er fremde Markierungsstellen innerhalb der Gehege aufstellte.

Wurde das individuelle Geruchsfeld lediglich an den Grenzen gestört, so zeigte der schwächere zweijährige Bock keine Veränderung seines Verhaltens. Der stärkere, angriffslustigere Vierjährige dagegen markierte mehr, und zwar ebenso innerhalb seines Aktionsraumes wie hart an dessen Grenzen. Der jüngere Bock begann erst mit vermehrtem Markieren zu reagieren, nachdem sein Geruchsfeld auch innerhalb der Grenzen gestört worden war.

Verallgemeinert würde dies heißen: Starke ältere Böcke erwidern Störungen heftiger als jüngere. Sie sichern die Grenzen bei einer Invasionsgefahr häufiger durch Markierstellen ab und imprägnieren auch das Innere des Aktionsraumes häufiger mit ihren Geruchstoffen. Schwächere Böcke verhalten sich erst entsprechend, wenn der Rivale schon eingedrungen ist.

An dieser Stelle scheint mir folgender Hinweis wichtig: Markiert wird auch von wildlebenden Böcken nicht nur an den Grenzen des Aktionsraumes, wie immer wieder behauptet wird, sondern überall im Wohnraum. Marken, welcher Art auch immer, sind nicht ‚Grenzzäune', die Eindringlinge a priori abschrecken. Es sind Informationsträger, an denen sich Böcke räumlich und sozial orientieren. Ein und dieselbe Markierungsstelle hat für zwei verschiedene Böcke meist auch zwei verschiedene Bedeutungen.

Dies geht aus weiteren Ergebnissen von Meier hervor. Er beschrieb, wie sich die Böcke gegenüber den markierten Pflanzen verhielten. Neutrale Holunderruten wurden häufiger geschlagen als solche, die bereits eigene Markierstellen trugen. An diesen wurde meist nur der Kopf gerieben. Pflanzen, die dagegen fremde Marken aufwiesen, wurden meist geschlagen. Rehböcke können also eindeutig zwischen unmarkierten Pflanzen unterscheiden, solchen, an denen die eigenen Duftstoffe angebracht wurden und solchen mit fremden Duftstoffen. Diejenigen, die nicht schon eigene Marken tragen, werden mit dem aus dem Kampfverhalten abgeleiteten, aggressiven Schlagen bearbeitet. Da an fremden Markierstellen häufiger geschlagen wird als an eigenen, ist anzunehmen, daß Duftstoffe eines fremden Bockes Aggressionen auslösen, Eigengeruch dagegen zu beruhigen scheint. Eigene Marken werden durch weniger oder nicht kämpferisch motiviertes Stirnlocken-, Kopf- oder Augenreiben angebracht.

Noch eine weitere Beobachtung von Meier ist aufschlußreich: Eigene Markierstellen werden kaum oder nur ungenau kontrolliert. Pflanzen, die zum erstenmal markiert werden, erhalten eine ausgiebige Nachkontrolle. Solche, die von einem fremden Bock gekennzeichnet, von dem ansässigen aber wieder geruchlich ‚übermalt' worden sind, werden am längsten kontrolliert. Der Rehbock erstellt somit ein möglichst umfangreiches, frisches eigenes Geruchsfeld und erneuert es ausgiebig, wenn es von anderen Böcken zerstört worden ist.

Während Kopf- und Augenreiben Verhaltenselemente sind, die ausschließlich im Dienste der Geruchsmarkierung stehen, kann dem kämpferisch motivierten Geweihschlagen neben Markierung auch noch eine andere Bedeutung beigemessen werden. Schlagende Rehböcke reagieren ihren Kampftrieb ab und üben so das Kampfritual, ohne daß dabei weder sie noch Artgenossen Gefahr laufen, verletzt zu werden.

Neben den bisher erwähnten Verhaltenselementen scheinen noch andere im Dienste der Markierung zu stehen. Ellenberg (1978), Geiger und Krämer (1974) sowie Hennig (1962) zählen ebenso Schrecken und Plätzen dazu. Wahrscheinlich steht auch der Hinterlaufschlag, bei dem das Sekret des Interdigitalorgans an den Boden gebracht wird, im Dienste der Markierung. Zusammen mit Rungger und Wandeler fand ich 1968, daß das Sekret dieses Organs nicht kontinuierlich fließt, sondern gewissermaßen als ‚Zusatzmeldung' willkürlich abgegeben werden kann, wie es auch Pruitt (1962) beim Ren (*Rangifer tarandus*) beschreibt. Die Fährtenmarkierung erfolgt nämlich nicht etwa durch das Sekret dieses Drüsenorgans, sondern durch die Schalensohle.

Im Sommerhalbjahr konnten wir Unterschiede in der Zusammensetzung des Epithels des Interdigitalorgans finden, in dem sich bei Ricken eine Vermehrung der Talgdrüsen und eine Verminderung der Schlauchdrüsen zeigten. Bei Böcken liegen die Verhältnisse umgekehrt. Böcke, die während der Setzzeit und der Brunft erlegt wurden, hatten vollständig entleerte Interdigitalorgane oder solche, bei denen das zähflüssige Sekret als dicker Pfropfen in der oben zwischen den Zehen liegenden Öffnung stak (Abb. 27). Zur gleichen Zeit erlegte Geißen besaßen immer gefüllte Zwischenklauendrüsen, bei Ricken beobachtete ich auch nie Hinterlaufschläge. In einigen Versuchen konnte gezeigt werden, daß das Sekret aus dem Organ frisch erlegter Böcke andere Rehe in die Flucht zu schlagen vermag.

Es ist also durchaus möglich, daß ein Rehbock sich noch durch andere Verhaltensweisen als die in diesem Abschnitt ausführlich beschriebenen darstellt. Nur fehlen bis heute Beweise dafür.

Bis jetzt habe ich bewußt die beiden Begriffe *Territorium* und *Territorialmarkierung* vermieden. Denn Geweihschlagen, Stirnlokken- oder Kopfreiben, deren Bedeutung für die Markierung eines Geruchsfeldes zweifellos nachgewiesen sind, werden auch von anderen Hirscharten gezeigt. Von diesen sind lange nicht alle territorial (z. B. Kurt 1988 c). Das sind übrigens auch nicht alle Rehböcke, die ein gefegtes Geweih tragen, kämpfen und markieren. Markierverhalten ist aber neben standortstreuer Lebensweise und äußerster Kampfbereitschaft eine weitere Voraussetzung für Territorialität.

5.4 Territoriale Böcke

Territorialverhalten wurde für Rehböcke schon erstaunlich früh durch SCHUMACHER (1939) beschrieben und später auf verschiedene Weise umschrieben. Halten wir uns hier an die folgende Definition: Unter einem territorialen Bock ist ein mehrjähriges Männchen zu verstehen, das einen bestimmten Raumausschnitt, der alle lebensnotwendigen Requisiten enthält, während einer bestimmten Zeit bewohnt, markiert, gegenüber anderen Böcken, die ebenfalls Anspruch auf diesen Aktionsraum anmelden, erfolgreich verteidigt und – im Gegensatz zu nichtterritorialen Böcken – an der Fortpflanzung teilnimmt.

Territorien überschneiden sich, falls überhaupt, lediglich an ihren Grenzen. Territorialverhalten ist typisch innerhalb einer Periode, die kurz vor dem Fegen der Geweihe, also etwa im März, beginnt und vor, während oder kurz nach der Brunftzeit im August endet. Somit fällt Territorialverhalten in die Zeit des reichsten Äsungsangebotes, der Geburten und möglicherweise der Fortpflanzung. Im Winterhalbjahr dagegen, wenn die Geweihe der Böcke abgeworfen und neu geschoben werden, Laubfall und Schnee das Äsungsangebot einschränken, sind kaum Zeichen von Territorialverhalten zu entdecken. Trotzdem spielen Territorien, die man auch als Reviere oder Eigenbezirke bezeichnen kann, auch jetzt eine wichtige Rolle in der sozialen Organisation der Rehe. Darauf werde ich noch zurückkommen.

Alle langjährigen Untersuchungen an bekannten territorialen Rehböcken erbrachten den Befund, daß die Territorien von ihren Inhabern sehr konservativ während mehrerer aufeinanderfolgender Jahre bewohnt werden (BRAMLEY 1970; ELLENBERG 1978; STRANDGAARD 1972). Veränderungen der Pflanzendecke infolge von Rodungen, Anpflanzungen, landwirtschaftlichen Felderumstellungen und dergleichen tragen wenig oder nichts dazu bei, einen einmal niedergelassenen Territoriumsbesitzer zur Verlegung seiner Grenzen oder gar zur Aufgabe seines Eigenbezirkes zu bewegen (PRIOR 1968). Übrigens, das kann ich jetzt schon vorweg sagen, haben auch die jeweiligen Aufenthaltsräume der Ricken keinen oder wenig Einfluß auf die räumliche Anordnung einzelner Territorien.

Wenden wir uns aber zunächst einem anderen Problem zu und fragen wir uns, was geschieht, wenn ein Rehbestand sich zahlenmäßig so verändert, daß in einem bestimmten Lebensraum mehr Anwärter als mögliche Territorien vorhanden sind.

Als erstes sind Konflikte zwischen den Böcken häufiger. Dies beschrieb ich 1968 indirekt mit Untersuchungen an Geweihen aus dem Berner Oberaargau. Solche, die aus den Jahren vor 1940 und damit aus einer Zeit stammten, in der Rehe im Schweizer Mittelland eher selten waren, trugen nur in der Hälfte aller Fälle Kampfkerben. Auch bei Geweihen, die aus dem Zeitraum 1941–1950 gesammelt wurden, waren Spuren von Kämpfen selten. Geweihe, die in den Jahren 1951–1960 erbeutet wurden, also in der Zeit, in der die Schweizer Bestände massiv anzuwachsen begannen, waren dagegen viermal häufiger verletzt. Jedes von ihnen trug im Mittel zwei Kampfkerben. Mit zunehmender Wilddichte kam es demnach zu vermehrten kämpferischen Auseinandersetzungen.

Wie sich diese auf das Territorialverhalten auswirken, geht aus dem Vergleich zwischen der Dichte des Bockbestandes und den modernen Untersuchungen an markierten Rehen hervor:

In stark bejagten und folglich dünn besiedelten Gebieten mit schätzungsweise zwei bis vier Böcken auf 100 Hektar, sind alle mehrjährigen Böcke territorial, und sogar starke Jährlinge zeigen Ansätze zu territorialem Verhalten. Solche Verhältnisse fand ich in den 60er Jahren im Berner Oberaargau. Betrachtet man nun aber Bestände, in denen etwa neun Böcke, also mehr als doppelt soviele vorkommen, so stellt man fest, daß es den Jährlingen nicht mehr gelingt, Territorien zu besetzen. Nichtterritoriale Böcke treten bereits unter den Zweijährigen auf. Zu diesem Schluß gelangte STRANDGAARD (1972) im dänischen Kalö.

In noch dichteren Beständen verschiebt sich das Alter territorialer Böcke weiter nach oben. Im Rehgatter von Stammham mit rund

20 Böcken auf 100 Hektar beobachtete Ellenberg (1978) territoriale Männchen, die zwei und mehr Jahre alt waren, und nichtterritoriale im Alter zwischen einem und drei Jahren. Bramley (1970), der im südenglischen Dorset einen sehr dichten Bestand mit 23 Böcken pro 100 Hektar studierte, kam zum Schluß, daß lediglich vierjährige und ältere Böcke Territorien erwerben, markieren und verteidigen, ein- bis dreijährige aber leer ausgehen.

Diese Beispiele genügen, um zu zeigen, daß mit zunehmender Dichte des Bockbestandes immer weniger Böcke ein Territorium besetzen können. In dünn besiedelten Gebieten sind es alle Mehrjährigen, in dichtbesiedelten höchstens noch zwei Drittel. Wenn in dichten Beständen nicht mehr alle Böcke territorial leben, bedeutet dies auch, daß die Eigenbezirke nicht beliebig klein sein können. Aber immerhin fällt auf, daß sich Territorien bis zu einem gewissen Grad entsprechend der Bestandesdichte verkleinern können. Cumming (1966) schätzte bei sehr geringer Wilddichte und offenen Kieferaufforstungen in Schottland, daß Bockterritorien bis zu 35 Hektar umfassen. Im Berner Mittelland, so stellte ich in den 60er Jahren fest, umfaßten die Bockterritorien bei einer Rehdichte von rund 20 Stück auf 100 Hektar etwa 14 Hektar. Hennig (1962) nannte für Bockterritorien im Altmoränengebiet Schleswig-Holsteins Flächen von acht bis zwölf, im Mittel zehn Hektar. Die Rehwilddichte betrug dabei 34 Tiere auf 100 Hektar. Zu sehr ähnlichen Feststellungen gelangten Mottl (1957) in der Tschechoslowakei und Prior (1968) in Südengland.

In einem für Rehe sehr günstig strukturierten *Coppice*-Wald Nordenglands berechnete Bramley (1970) mittlere Territoriumsgrößen von 7,4 Hektar bei einer erstaunlich hohen Dichte von 50 Rehen auf 100 Hektar. In meinem ehemaligen alpinen Beobachtungsgebiet im Oberengadin bewohnten 16 erwachsene Rehböcke Territorien, die im Durchschnitt nur fünf Hektar umfaßten. Dazu muß aber gesagt werden, daß die geeigneten Lebensräume für Rehe hier eng begrenzt sind und daß die Oberengadiner Böcke ihre Territorien schon vor oder spätestens zu Beginn der Brunft aufgeben mußten, weil Geißen und Jungtiere mit der bergwärts wandernden Schneeschmelze das Gebiet verlassen hatten.

Methodisch gesehen sind derartige Vergleiche deshalb fragwürdig, weil die verschiedenen Lebensräume, in denen diese Daten erarbeitet wurden, nicht miteinander vergleichbar sind.

Ellenberg (1978), der in seinem mehrjährigen Versuch in einem Großgehege unter Kunstfütterung die Bestandesdichte anwachsen ließ, bemerkte, daß mit zunehmender Rehdichte auf 100 Hektar die Territoriumsgrößen von zwölf Hektar bei 37 Rehen abnehmen bis auf neun Hektar bei mehr als 100 Stück. Nach den vorliegenden Daten umfassen große Territorien also rund 35, kleine fünf bis neun Hektar. Es scheint, daß diese Minimalgröße auch bei reichem Kunstfutterangebot nicht mehr unterschritten werden kann. Ein Territorium umfaßt eben nicht nur die zum Überleben im Sommerhalbjahr nötigen Futterstellen, sondern ebenfalls andere Requisiten wie Ruheplätze, Schlagstellen, Rückzugsgebiete und dergleichen.

Territorialverhalten wurde bisher nur für die Zeitspanne zwischen Winterende und Hochsommer beschrieben. Im Winterhalbjahr sind Böcke untereinander verträglicher und leben in größeren Aktionsräumen. Im Berner Oberaargau beispielsweise umfaßten sie durchschnittlich 78 Hektar. Zu dieser Zeit überschnitten sich dort die Aktionsräume der erwachsenen Böcke beträchtlich und der gemeinsam benutzte Anteil der jeweiligen Winterwohnräume betrug rund 25 %. Im Winter kam es zu Begegnungen zwischen Böcken, die im Sommer eifersüchtig ihre Territorien verteidigten.

Wie solche Begegnungen im einzelnen verlaufen, untersuchten Geiger und Krämer (1974) zwischen Anfang Dezember und Ende März an künstlichen Futterstellen im Revier Grabs-Ost im St. Galler Rheintal. Hierher zogen regelmäßig zwanzig durch Halsbänder oder natürliche Merkmale eindeutig unterscheidbare Rehe mit bekanntem Alter: acht erwachsene Böcke, zwei Bockkitze, acht erwachsene Geißen und zwei Geißkitze. Mit Ausnahme von Müttern und Kindern begegneten sich nie zwei Rehe an einem der Futterhaufen ohne kämpferische Auseinandersetzungen; Zugang zum Futter galt deshalb als bestimmendes Rangkriterium.

Um die Ränge einzelner Tiere zu bestim-

Abb. 31: Der Revierinhaber vertreibt einen Rivalen

Abb. 32: Nichtterritoriale Jährlinge

(Fotos: B. Winsmann)

men, unterschieden GEIGER und KRÄMER dominanzbestimmende Verhaltenselemente (Imponieren, Drohen, Stoßen, Jagen oder Verdrängen) und solche, die Unterwürfigkeit signalisieren (Ausweichen, Fliehen, Demutsstellung). Das Ranggefälle war klar, wenn der eine von zwei möglichen Partnern, die gleichzeitig zur Futterstelle wollten, ein dominanzbestimmendes, der andere ein unterwürfiges Element zeigte. Rechnerisch ließ sich aus 3952 Einzelbeobachtungen eine Rangordnung am Futterplatz ermitteln. Erwachsene Böcke waren ranghöchste, ihnen folgten die Bockkitze; sie dominierten mit einer Ausnahme alle Geißen. Unter den Böcken verlief die Rangordnung linear. Zwischen den Geißen verlief die Rangordnung komplizierter (siehe Seite 138). Erwachsene Böcke waren aggressiver als Geißen. Je höher sie im Rang waren, um so heftiger und häufiger drohten und imponierten sie gegen andere Rehe an der Futterstelle oder verjagten sie. Böcke mit gefegten Geweihen dominierten über Bastböcke und diese über solche, die die Geweihe abgeworfen hatten.

Daraus könnte man möglicherweise schließen, daß die Geweihgröße über den Rang mitentscheidet. Dem ist jedoch nicht so. Ein schätzungsweise siebenjähriger Bock mit starkem (Bast)-Geweih war einem vierjährigen mit kleinen, dünnen Stangen unterlegen. Alter war auch zwischen andern Böcken kein Rangkriterium. Rangentscheidend war etwas ganz anderes: Ein Bock galt für andere Böcke als um so ranghöher, je kleiner die Distanz zwischen Futterplatz und seinem (Sommer-) Territorium war. Die beiden Ranghöchsten, einer davon trug einen Radiosender und konnte deshalb genaustens beobachtet werden, bewohnten im Sommerhalbjahr die unmittelbare Umgebung der Futterstelle. Als Grenzen zwischen ihren Territorien galt ein Waldweg, der bergaufwärts davon verlief. Die Futterstelle gehörte gerade noch in das Sommerterritorium des Ranghöchsten. Der zweithöchste floh immer, wenn er an der Futterstelle von diesem angenommen wurde und zog sich hinter seine durch den Waldweg sichtbar gewordene Grenzlinie.

Aus den Beobachtungen von GEIGER und KRÄMER kann man schließen, daß Territorialität auch im Winter latent vorhanden ist und durch beschränktes Nahrungsangebot ausgelöst wird. Nur so läßt sich erklären, warum der ranghöchste Bock auch der aggressivste ist: Er greift einen anderen an, wenn sich dieser seinem Aktionsraum nähert oder in ihn eindringt. Bei stabilen Rangordnungen, wie sie bei vielen rudelbildenden Schalenwildarten vorkommen, ist der Rang nicht ortsgebunden.

5.5 Nichtterritoriale Böcke

Wenn der Jährling spätestens im März seine Mutter endgültig verläßt und zwischen Ende April und Anfang Juni sein Geweih fegt, dann haben die mehrjährigen Territoriuminhaber längst gebrauchsfertige Stirnwaffen und die Grenzen ihrer Aktionsräume abgesteckt. Sie kämpfen auch heftiger als Junge und markieren häufiger als diese. Der junge Rehbock hat vorerst für wenigstens ein Jahr als *Nichtterritorialer* zu bestehen, es sei denn, es sind weniger mehrjährige Anwärter im Gebiet vorhanden als geeignete Territorien. Dann allerdings ist ein starker Jährling, später als die Mehrjährigen, in der Lage, eine gewisse Territorialität zu entwickeln.

Jährlinge, die in meinem Beobachtungsgebiet im Berner Oberaargau territoriales Verhalten entwickelten, lebten während der Setzzeit – zu einer Periode, in der erwachsene Territoriale bereits Eigenbezirke etabliert haben – noch in einem mehr oder weniger gemeinsamen Wohnraum. Eigene Bezirke besetzten sie erst zu Anfang der Brunft. Ihre Reviere lagen auch größtenteils auf Feldern und nicht in Wäldern, wie dies typisch ist für die Territorien erwachsener Böcke. STRANDGAARD (1972) beschreibt ebenfalls territoriale Jährlinge. Auch sie etablierten ihre Reviere auf Feldern. Solche Jährlings-Territorien werden übrigens nicht jahrelang beibehalten. Dies ist auch nur in einem Lebensraum mit voraussagbaren Ressourcen möglich, sicher aber nicht auf Feldern, deren Angebot an Nahrung und Deckung rasch wechselt und nicht jedes Jahr gleich ist. Inhaber von Jährlings-Territorien versuchen als Zweijährige oder Ältere richtige Territorien zu erwerben.

In der Regel sind Jährlinge nicht territorial. Über ihr Schicksal berichtet STRANDGAARD (1972) sehr ausführlich aus Kalö, wo er zwischen 1966 und 1968 in einem vier km^2 großen Versuchsrevier einen rund hundertköpfigen Bestand beobachtete, der bis nahezu auf das letzte Tier durch gut sichtbare Halsbänder markiert war. In Kalö selbst wurde nicht gejagt, in den angrenzenden Gebieten dagegen verhältnismäßig stark. Das bedeutete, daß im Forschungsrevier Rehe in dichterem Bestand lebten als in der Umgebung. Und dies wirkte sich auf das Schicksal einiger Jährlinge entsprechend aus.

Ausschlaggebend für den Verlauf und die Folgen kämpferischer Begegnungen zwischen mehrjährigen territorialen Böcken und Jährlingen war die Stärke der Jährlinge, die sich im Gewicht, aber auch in der Ausbildung von mehr oder weniger vereckten Geweihen zeigte. Erstaunlicherweise spielen Geweihgröße und Endenzahl später, wenn ein Bock sein eigenes Territorium erworben hat, keine Rolle für dessen Verteidigung. Unter 17 einjährigen Böcken fanden sich drei Sechsender und vier starke Gabler. Diese sieben Jährlinge wurden durch Territoriuminhaber gezwungen, den bisherigen Lebensraum zu verlassen, sie wanderten ab in umliegende Jagdreviere, wo sie entweder starben, erlegt oder später ebenfalls Territoriuminhaber wurden. Die restlichen zehn Jährlinge, die schwache Gabler- oder Spießergeweihe trugen, verblieben dagegen im Areal und wurden, wenn überhaupt, erst als Zweijährige vertrieben.

Strandgaard konnte die Rehe in seinem Beobachtungsrevier jeweils im Winter einfangen und wägen. Dabei fand er, daß die zur Auswanderung gezwungenen Jährlinge schon im Alter von sechs Monaten im Mittel 18,5 kg (15,8 bis 20,9 kg) wogen und somit fast 2 kg schwerer waren als die geduldeten, deren mittleres Körpergewicht 16,7 kg (14,9 bis 18,5 kg) betrug.

Im Rehgatter Stammham, wo Jährlinge und nichtterritoriale Böcke wegen der Einzäunungen nicht abwandern konnten, mieden diese – so Ellenberg (1977 und 1978) – normalerweise das Gebiet eines territorialen Bockes. Hätte sie kein Zaun zurückgehalten, wären die meisten von ihnen wohl ähnlich wie in den Forschungsgebieten von Strandgaard und Bramley verdrängt worden oder aus freien Stücken abgewandert. Dies belegten manche Beobachtungen an Böcken, die den Gatterzaun entlang suchten.

Ellenbergs Beobachtungen erbrachten, was die Unverträglichkeit der Territoriuminhaber anbelangt, aber eine wichtige Einschränkung: „Territoriale Böcke“, so schreibt er, „sind gegenüber den Nachkommen benachbarter Sippen weniger tolerant als gegenüber den Jährlingen und manchmal auch älteren Nachkommen der in ihrem eigenen Territorium ansässigen Geiß(en). Sie jagen erstere kompromißlos, dulden letztere aber während der gesamten Territorialzeit neben sich, solange sie sich nicht allzu deutlich territorial gebärden.“ Damit zeichnet sich eine Tendenz ab zur Familienbildung, eines der faszinierendsten Phänomene in der Sozialorganisation des Rehes, auf das ich später (Seite 149) noch zurückkomme.

Starke Jährlinge müssen aber auch dann auswandern, wenn es sich bei ihnen um gute Bekannte, möglicherweise sogar um die eigenen Nachkommen von Territoriuminhabern handelt. Im fremden Gebiet ist ihr Schicksal alles andere als gewiß, was ich aus einem Versuch schließe, den ich im Mai 1965 durchführen konnte. Es gelang mir damals, einen als Kitz markierten starken Jährling zu fangen und ihn, der sein Heimatgebiet wegen seiner die residenten Territoriuminhaber provozierenden Stärke verlassen mußte, in das 15 km entfernte Beobachtungsgebiet im Berner Oberaargau zu transportieren.

Hier wurde er vorher nie beobachtet, und es zeigte sich auch bei der Freisetzung, daß er dieses Gebiet nicht kannte. Denn er flüchtete nicht, wie dies Rehe normalerweise tun, in den Wald, sondern nur in seine Richtung. 50 Meter vor dem Waldrand verhoffte er abrupt, wendete und flüchtete zum gegenüberliegenden Waldrand. Dort wiederholte sich dasselbe. Nun flüchtete der Bock nach Süden. Aber auch dort gelang es ihm nicht, in den Wald einzudringen, obwohl während der ganzen Zeit keiner der ansässigen Böcke auf den Feldern zu sehen war. Vermutlich wirkten allein schon die Duftmarken der hier territorialen Böcke abstoßend genug, um den durch Transport und Aussetzung nervös gemachten Neuling vom Eindringen in ihm völlig unbekannte Territorien abzuhalten.

Leider verlor sich seine Spur in den nächsten Monaten. Er wurde 13 Monate später in einem rund 5 km entfernten Obstgarten als sogenannter Schadbock erlegt, weil er wesentlichen Schaden an jungen Bäumen angerichtet hatte. Jetzt trug der ehemals starke Sechser ein fingerlanges Spießergeweih und schien an Gewicht verloren zu haben. Aus einem starken Jährling, der sich ein Jahr früher aufgemacht hatte, sein eigenes Territorium zu erobern, wurden ein schwächlicher ‚Anpasser', da er der Konkurrenz durch ältere, ansässige Territoriuminhaber nicht gewachsen war und sich in einen wenig geeigneten Lebensraum verdrücken mußte. Solche Böcke können auch zu ‚Pazifisten' (ELLENBERG 1978) werden, zu Böcken, die kein Territorium beanspruchen.

Ein derartiges Schicksal erwartet wahrscheinlich in der heutigen Kulturlandschaft die meisten der starken Auswanderer, da es hier kaum noch Zonen gibt, die, wie im Fall der englischen oder dänischen Beobachtungsgebiete von BRAMLEY und STRANDGAARD, so geringe Bestandesdichten aufweisen, daß sich starke Jährlinge leicht ansiedeln und – falls sie nicht erlegt werden – Territorien etablieren können. Wie Territorien erworben und aufgegeben werden, soll im folgenden Abschnitt berichtet werden.

5.6 Erwerb und Verlust eines Territoriums

STRANDGAARD (1972) erwähnt drei Wechsel von Territorien, deren Besitzer zu drei verschiedenen Jahreszeiten durch Jagd oder Verkehrsunfälle gestorben waren. Der erste dieser Territoriuminhaber verendete Anfang März, bevor das Territorialverhalten beginnt. Zu dieser Zeit hielten sich sieben Kitzböcke in diesem Gebiet auf und STRANDGAARD nahm an, sie würden bald vom Territoriuminhaber vertrieben werden. Keiner von diesen jungen Böcken übernahm das freie Revier. Neue Besitzer wurden zwei zweijährige Brüder, die später einwanderten und das Territorium unter sich aufteilten. Sie vertrieben die sieben Jährlinge nicht. Einer trat sogar regelmäßig mit ihnen auf Kleefelder aus, um zu äsen. Zu Angriffen kam es nur, wenn sich die Jährlinge den neuen Besitzern auf weniger als zwanzig Meter näherten. Dieser als zweijähriger Territoriuminhaber wenig aggressive Bock duldete schon als Dreijähriger keine kämpfenden jüngeren Böcke mehr in seiner Nähe und als Vierjähriger verfolgte er jüngere Böcke aufs Heftigste.

Im zweiten Beispiel geht es um einen achtjährigen Territoriuminhaber, der Ende Juni erlegt wurde. Er galt als ‚Despot', der sämtliche anderen Böcke aus seinem Revier vertrieb. Er drohte sogar gegen Fahrzeuge und Fußgänger, imponierte, plätzte und markierte, wenn er sie eräugte. Nachdem er verendet war, übernahm ein starker Zweijähriger das Revier. Zwei Wochen nach dem Tod des früheren Inhabers wurde auch der neue Besitzer erlegt, worauf noch vor der Brunft ein weiterer Zweijähriger das freie Revier besetzte.

Im dritten Beispiel geht es um ein Revier, dessen Besitzer nach der Brunft infolge eines Verkehrsunfalles verendete. Im folgenden Winter lebten drei Zweijährige in diesem Gebiet neben mehreren Bockkitzen. Erst im kommenden Frühsommer etablierten sich neue Besitzer: Ein Teil der freigewordenen Grundfläche übernahm ein territorialer Nachbar. Der Rest ging an einen Zweijährigen.

Aus diesen und ähnlichen Beispielen lassen sich folgende Regeln ableiten: Besitzerlose Territorien können unverändert von einem neuen Inhaber übernommen werden, zwischen zwei neuen oder zwischen einem ansässigen territorialen Nachbarn und einem Zuzügler geteilt werden. Ein einmal erworbenes Territorium kann der Inhaber deshalb kaum verlieren, weil er erstens mit zunehmendem Alter immer heftiger jüngerer Böcke vertreibt und sich zu einem ‚Despoten' entwickeln kann. Zweitens markieren und ver-

Abb. 33: Anordnung der Wohnräume verschiedener Böcke im Fribachmoos (mittelländisches Beobachtungsgebiet). Die Linien geben den Verlauf der momentanen Grenzen, die Zeichen wiederholt besuchte Ässtellen wieder. Wälder in Grautönen dargestellt. Im Laufe des Sommer etablieren nicht nur mehrjährige Böcke (♂a), sondern auch Kitzböcke (♂o) eigene Reviere. In diesem wenig dicht besiedelten Gebiet zeigen starke Jährlingsböcke erste Anzeichen von Territorialverhalten.
✻: ♂a (a); (b); ▲ ♂o (II, 16); △: ♂o (II, 17); ■: ♂o (I, 13); □: ♂o (I, 14); ◪: ♂o (I, 10); 1–5 ausgewilderte ♂o

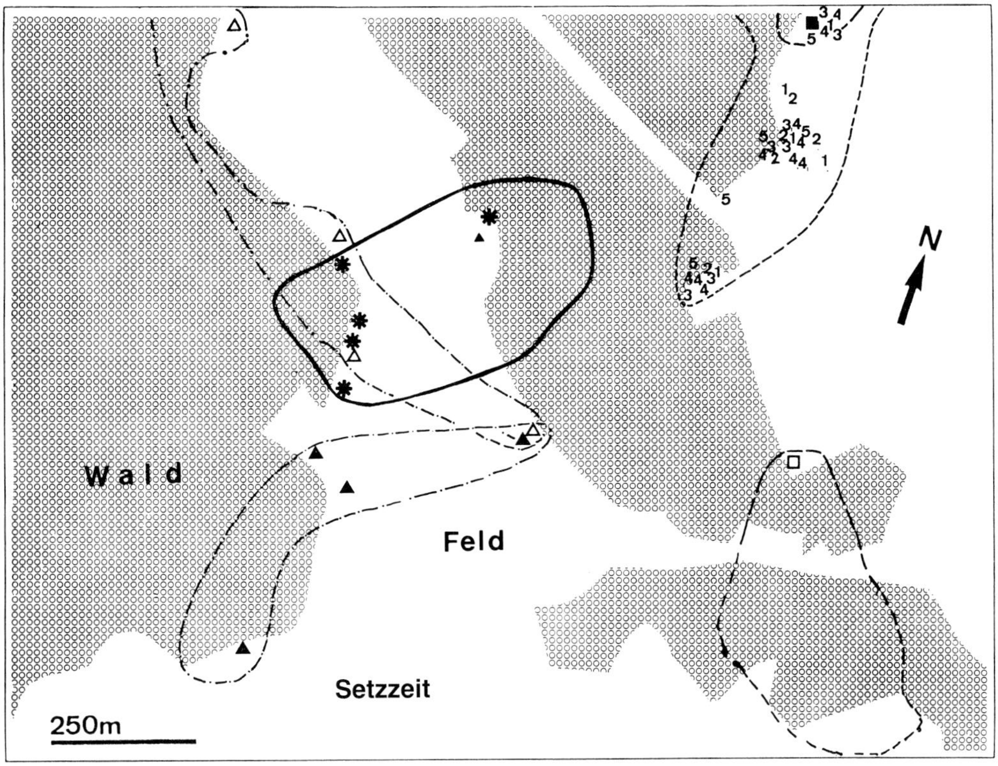
Wald
Feld
Setzzeit
250m
N

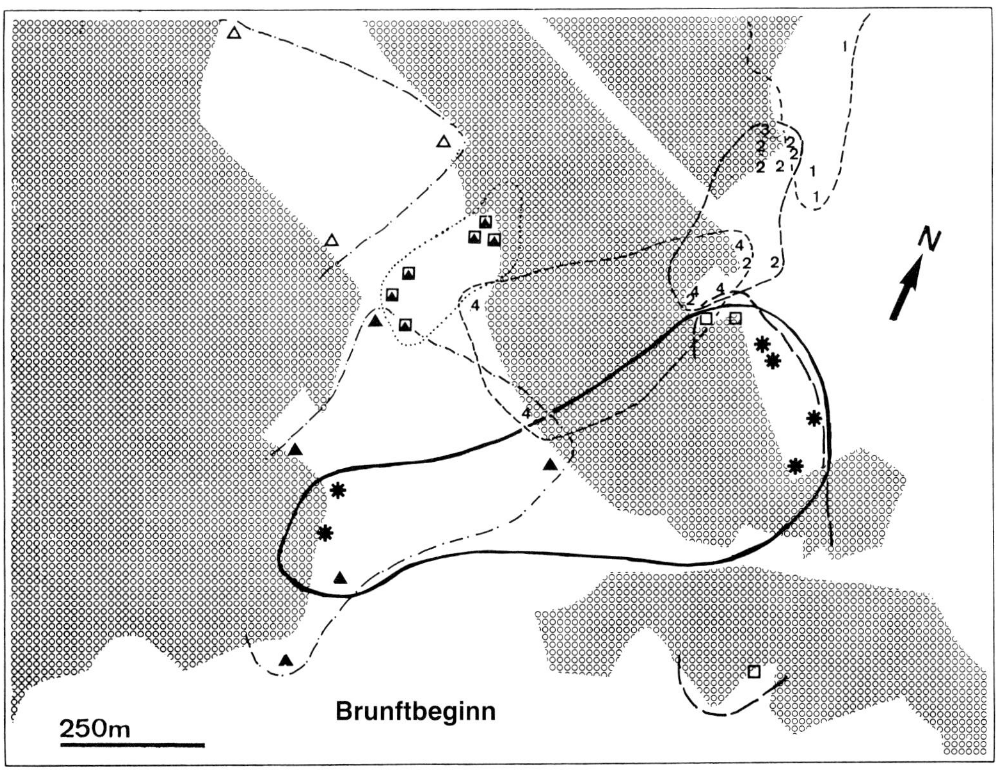
Brunftbeginn
250m
N

teidigen ältere territoriale Böcke ihre Reviere bereits ab Ende Februar und damit etwa einen Monat früher als erstmalig territoriale (ELLENBERG 1978).

Manche starke Böcke geben im hohen Alter zwischen sechs und elf Jahren ihr Territorialverhalten auf, sie markieren und kämpfen kaum noch, nehmen aber weiterhin an der Brunft teil. Kämpfe mit jüngeren und stärkeren Bewerbern um die freiwerdenden Territorien dagegen scheinen nicht vorzukommen. Solche Greise leben zwar weiterhin in ihrem alten Aktionsraum oder einem Ausschnitt davon, dulden dort Jährlinge und Nichtterritoriale. Doch solange ein zurücksetzender alter Bock lebt, hat keiner der Anwärter den Mut, diesen zu bedrängen.

ELLENBERG (1978) berichtet von einem solchen Greisengebiet, in dem sich sogar zwei Jahre lang kein neuer territorialer Bock einstellte, obwohl in der Umgebung mehrere Böcke ein Territorium anstrebten. Vielleicht können solche Verhaltensweisen damit erklärt werden, daß sich Böcke gegenseitig gut kennen und Erfahrungen aus verlorenen Kämpfen während Jahren nicht vergessen können, folglich einem einmal territorialen Bock sein Gebiet gar nicht streitig machen wollen.

Nach allem was wir heute über die Entstehung von territorialem Verhalten wissen, gibt es zwei grundsätzlich verschiedene Strategien, ein eigenes Territorium zu erwerben. Ein starker, junger Bock kann die in seinem Heimatgebiet anwesenden Territorialen dermaßen provozieren, daß er dauernd vertrieben wird, auswandern muß oder will. Findet er ein bisher von Rehen nicht oder nur dünn besiedeltes Gebiet, so sind seine Chancen optimal, sich zu etablieren. Diese Strategie der ‚Senkrechtstarter' wird von einfachen Hirscharten wie etwa dem Muntjak *(Muntiacus muntjak)* wahrgenommen, die Waldlichtungen bewohnen. Jungtiere, die vertrieben werden und/oder von sich aus neue Lebensräume suchen, erhöhen die Wahrscheinlichkeit, daß eine neue Lichtung gefunden und besiedelt wird, bevor die alte zuwächst.

Die Gefahr für solche ‚Senkrechtstarter' besteht darin, daß alle erreichbaren, als Territorium geeigneten Nischen bereits von unbekannten, älteren, ansässigen und somit überlegenen Böcken besetzt sind. Dieses Risiko gehen ‚Anpasser' nicht ein. Sie bedienen sich der zweiten möglichen Strategie zum Erwerb eines Territoriums. Sie verbleiben in ihren Heimatgebieten, arrangieren sich mit den bekannten, möglicherweise verwandten Territoriuminhabern, geben sich bescheiden und unterwürfig und warten, bis sich durch den Tod eines Territoriuminhabers ihre Chance bietet. Die Strategie führt möglicherweise erst am Ende des Lebens zum Erfolg. Sie ist stark vom Zufall oder ‚Glück' abhängig und bewährt sich am besten in einem Lebensraum, der von Rehen vollständig und in hoher Dichte besiedelt ist.

5.7 Territorien erhöhen die persönliche Eignung

Rehböcke sind nicht überall territorial. Wo infolge geringer Bestandesdichte keine Konkurrenz zwischen möglichen Territoriumsanwärtern vorhanden ist – wie etwa auf schottischen Aufforstungsflächen – verteidigen und markieren Rehböcke keine Eigenbezirke. Ebensowenig sind sie territorial, wenn – etwa in dichtbesetzten Gattern – allzu viele Konkurrenten vorhanden sind (ELLENBERG 1978). In hochalpinen Lebensräumen wie etwa dem Oberengadin herrscht Territorialität nur andeutungsweise vor, weil die Nahrungsressourcen vom Frühjahr bis in den Sommer hinein bergwärts wandern.

Solche Beispiele zeigen, daß Territorialität infolge von Konkurrenz um Ressourcen und Sozialpartner entsteht, deren Verteidigung in einer ökonomischen Form möglich ist (BROWN 1964). Oder anders ausgedrückt: Territorialverhalten lohnt sich offenbar nur dann, wenn die Gewinne aus mehr oder weniger exklusiver Nutzung des Eigenbezirkes die Verlustrisiken überwiegen, die Kampf- und Markierverhalten mit sich bringen. Welches sind nun die Vorteile des Territoriumsbesitzes?

Ein territorialer Bock verteidigt sein Revier, folglich ist er mehr in kämpferische Handlungen verwickelt als ein nichtterritorialer. Dies geht aus der Zusammenfassung meiner Verhaltensprotokolle aus dem Beobachtungsgebiet im Berner Oberaargau hervor, die ich während der Morgen- und Abenddämmerungen aufgenommen habe, wenn gleichzeitig zwei oder mehr Böcke ausgetreten waren: Territoriale Böcke, die ich zwischen März und August während 500 Minuten beobachtet hatte, richteten während dieser Zeit 42 kämpferische Aktionen gegen irgendeinen anderen Bock, also etwa fünf pro Stunde. Junge, nichtterritoriale Böcke waren während insgesamt 21 Beobachtungsstunden in 27 aggressive Auseinandersetzungen verwickelt, etwas mehr als eine je Stunde.

In seinen häufigen Auseinandersetzungen kann es sich der Territoriale aber leisten, seine Kräfte sparsam einzusetzen, wie aus folgenden Daten hervorgeht: 110mal beobachtete ich im Oberaargau und im Oberengadin einen territorialen Bock beim Kämpfen. In 63 Fällen war die Auseinandersetzung mit Imponieren und Drohen beendet, in 17 Fällen mit Demutsstellung. In 20 Fällen kam es zu Stoßkampf und Verjagen. In 10 Fällen mußte ein territorialer Bock vor einem anderen fliehen. Energiezehrende Aktionen (Stoßkampf, Jagden und Fluchten) waren verhältnismäßig selten (27 % aller Aktionen), sparsames Imponieren, Drohen und gelegentliches Demutsverhalten dagegen häufig (73 %). Bei nichtterritorialen Jungböcken war es gerade umgekehrt: In 101 von 116 Fällen kam es bei Kämpfen (meist mit gleichalten Böcken) zum kräftezehrenden Stoßkampf und Jagen oder (mit Territorialen) Verjagtwerden. Nur in 15 Fällen (13 %) endete der Kampf mit sparsamem Imponier-, Droh- oder Demutsverhalten.

Ähnlich wie bei kämpferischen Auseinandersetzungen verhält es sich beim Markierverhalten. Nichtterritoriale, also unterlegene Böcke schlagen häufiger als territoriale (CUMMING 1978), die öfter kräftesparendes Stirnlocken-, Wangen- oder Augenreiben zeigen. Markierverhalten (mit Ausnahme von Schlagen) tritt bei territorialen Böcken am intensivsten zwischen März und Mitte Mai auf und damit vor der Periode der heftigsten Kämpfe. Da sich Böcke, wie MEIER (1983) nachgewiesen hat, persönlich kennen, wirken Duftmarken eines territorialen Bockes sicher kampfhemmend und verbessern somit sein Energiebudget. Zudem bleibt ein einmal etablierter Inhaber bis zu seinem Lebensende in seinem Territorium. „Territoriale Nachbarn", so schreibt ELLENBERG (1978), „kennen sich normalerweise aus dem Vorjahr. Ihre Kämpfe sind meist wenig heftig und bestätigen in der Regel nur die alten Grenzen."

Territoriale Böcke leben zudem in einem Wohnraum, innerhalb dessen Grenzen sie alle anderen Rehe dominieren. Dieser Wohnraum ist in der Regel nur etwa halb so groß wie der Wohnraum nichtterritorialer Böcke. Letztere müssen auch immer dem jeweiligen Inhaber weichen. Die bis zu einem gewissen Grade exklusive Nutzung eines kleinen überblickbaren Wohnraumes wirkt sich zweifellos positiver auf das Energiebudget eines Bockes aus als die Mitbenutzung eines größeren Lebensraumes als Unterlegener.

Territorialität ist aber nur in bestimmten Lebensräumen möglich. Sie wird vom Ressourcenangebot mitbestimmt. Ressourcen wie Äsung und Deckung müssen reichlich und langfristig vorhanden, also voraussagbar sein und im Lebensraum gleichmäßig verteilt vorkommen. In unterwuchsreichen Waldgebieten mit großen Waldrandanteilen sind diese Anforderungen erfüllt. Hier ermöglicht der Besitz eines Eigenbezirkes die konkurrenzarme Nutzung des Nahrungsangebotes, der Ruheplätze und den Kontakt zum Fortpflanzungspartner. Hier erhöht Territorialität, so kann abschließend gesagt werden, die persönliche Eignung eines Rehbockes, die Fitneß im Sinne Darwins. Das bestätigt der Fortpflanzungserfolg: In der Regel nehmen in waldreichen Gebieten nur territoriale Böcke aktiv an der Brunft teil, und sie werden von paarungswilligen Geißen auch bevorzugt aufgesucht.

In Lebensräumen mit wandernden Ressourcen, wie etwa Zonen nahe der klimatischen Waldgrenze und Agrarlandschaften mit großen Monokulturen, kann Territorialität höchstens andeutungsweise vorhanden sein, weil sie sich nicht lohnt. Dies geht auch aus der Kartierung über den Grenzverlauf der Aktionsräume von (teilweise) auf Feldern wohnenden Böcken hervor (Abb. 33). Sie wechseln in Abhängigkeit des jeweiligen Angebotes an Nahrung und Deckung. In solchen Lebensräumen gelangen übrigens auch nichtterritoriale Böcke zur Fortpflanzung.

6 Weibchensippen und Ein-Mann-Familien

Zwischen Setzzeit und Brunftende leben Rikken und ihre Kitze meist einzelgängerisch in einem kleinen Aktionsraum. Die zurückgezogene Lebensweise hat, wie in den Kapiteln 3 und 4 ausgeführt, mehrere Ursachen: Rehkitze verbringen die ersten drei bis vier Lebenswochen, die kritische Periode, meist in eingerollter Bauchlage ruhend und werden nur zum Säugen und Putzen aufgesucht. Zudem kennen sich Mutter und Kind nicht sofort nach der Geburt, wie dies etwa bei Wildziegen der Fall ist. Die gegenseitige Prägung findet erst nach der dritten oder vierten Lebenswoche der Kitze statt. Bis zu diesem Zeitpunkt sind, wie in Umtauschversuchen gezeigt werden kann, Verwechslungen möglich. Kontakte zwischen verschiedenen Mutterfamilien vor Abschluß der kritischen Periode können zu Verwechslungen bzw. zum Vertauschen von Jungen und gar zum ‚Brutparasitismus‘ führen und damit zu Eignungsverlust besonders ‚mütterlicher‘ Ricken. Vermieden werden solche Irrtümer bei geringer Bestandesdichte durch strikte räumliche Trennung benachbarter Mutterfamilien.

Aber auch eine Reihe von ökologischen Gründen sprechen für die standortstreue Lebensweise von Ricken und Kitzen: Die letzten Trächtigkeitswochen, Setzen und Säugen sind energiezehrend. Ricken bedürfen jetzt einer um das Zweieinhalbfache erhöhten Menge an hochwertiger Äsung. Viel Ruhe und möglichst wenig Bewegung verbessern ihren Energiehaushalt.

6.1 Aufzuchtgebiete

Als Aufzuchtgebiete wählen die Ricken nach Möglichkeit Orte, die ihren und den Bedürfnissen der Kitze entsprechen. Sie müssen auf möglichst kleiner Fläche viel leichtverdauliche, energiereiche Äsung bieten, sollten trokken und warm sein, denn die meist abgelegten Kitze gehen, besonders bei regnerischem Wetter, leicht an Unterkühlung ein. Zudem muß der Aufzuchtplatz reichlich Deckung bieten, denn Kitze entziehen sich im ersten Lebensmonat einer Gefahr nicht durch Flucht, sondern indem sie sich starr an den Boden drücken.

V. Berg, Smith und Wilke (1977) gelang es am 5. Juni 1975, eine Ricke genau an dem Tag mit einem Peilsender zu markieren, als sie zwei weibliche Kitze gesetzt hatte. Von ihr gewannen sie bis Ende November insgesamt 716 Ortungen und damit ein sehr genaues Bild über die Größe des Aktionsraumes. Während der ersten zehn Tage nach dem Setzen bewohnte die Ricke ein kleines Gebiet von lediglich 3700 m^2 (0,37 Hektar) im Zentrum und am Rande einer kleinen Fichtendikkung, in der sie die Kitze gesetzt hatte. Bis Mitte Juli, das heißt während der ersten anderthalb Monate nach dem Setzen der Kitze, dehnte sie ihren Wohnraum auf 0,76 Hektar aus. Dann vergrößerte sie ihn innerhalb von drei Tagen plötzlich auf 1,6 Hektar. Ende August umfaßte er bereits 4,5 und Ende November 15 Hektar (Abb. 34).

Im Beobachtungsgebiet Staffelbach gelang es Müller (1972), die Aufzuchtszonen der meisten dort lebenden Rehgeißen zu kartieren (Abb. 35). Aufzuchtzonen waren hier Flächen von 100 bis 150 Metern Durchmesser und damit drei- bis viermal größer als bei dem vorher erwähnten Fall. Sie lagen vor allem auf typischen Glatthaferwiesen, die fast das ganze

Abb. 34: Aktivitätsraum einer führenden Ricke nach Berg et al. (1977).
a: Aktivitätsraum in den ersten zehn Tagen nach dem Setzen (5.–15. Juni 1975).
b: Aktivitätsraum in den ersten sechs Wochen nach dem Setzen (5. Juni–16. Juli 1975).
c: Aktivitätsraum vom 21. Juli bis zum 25. August 1975.
d: Aktivitätsraum bis zum 23. November 1975

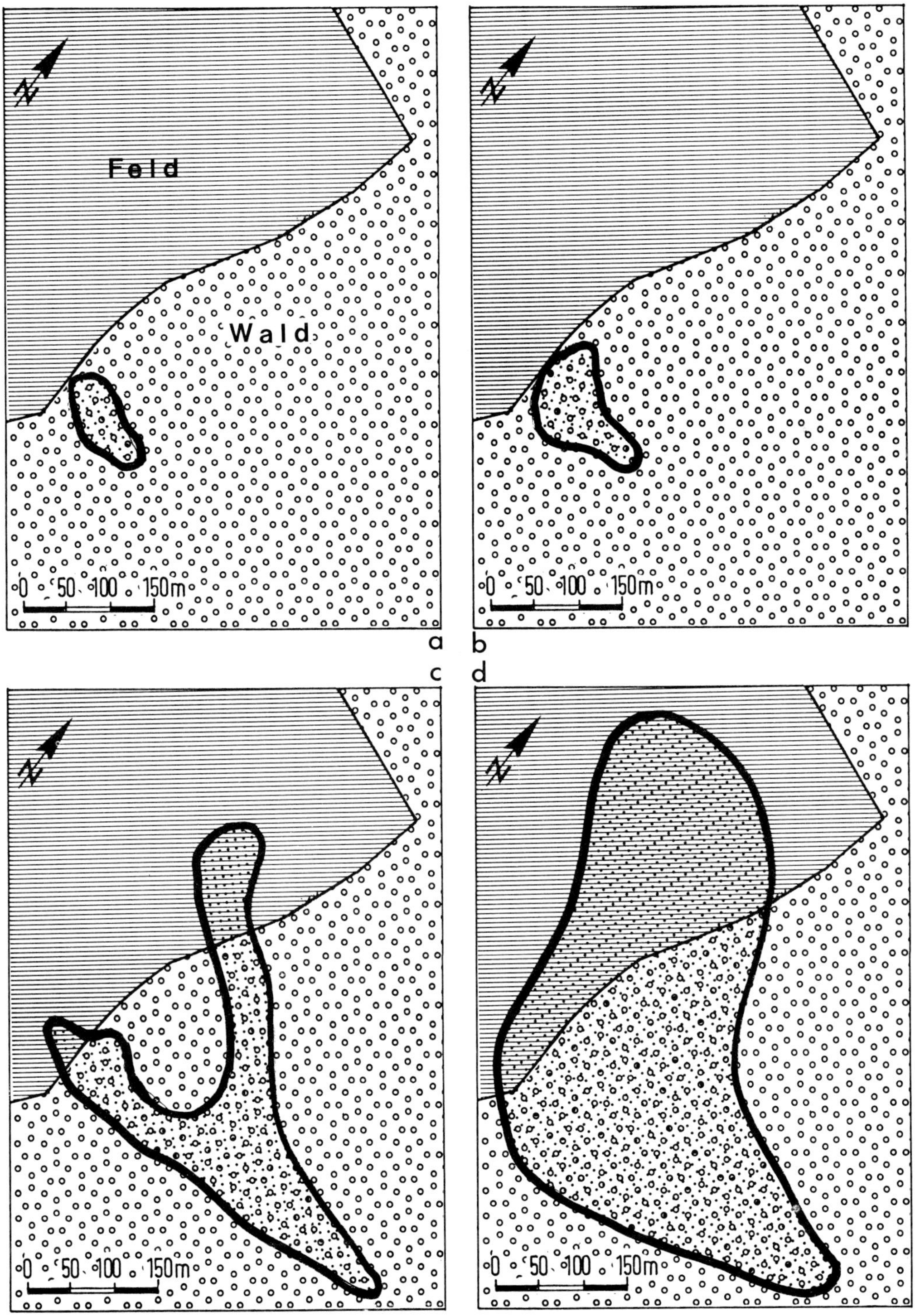
Feld
Wald
0 50 100 150m
0 50 100 150m
a
b
c
d
0 50 100 150m
0 50 100 150m

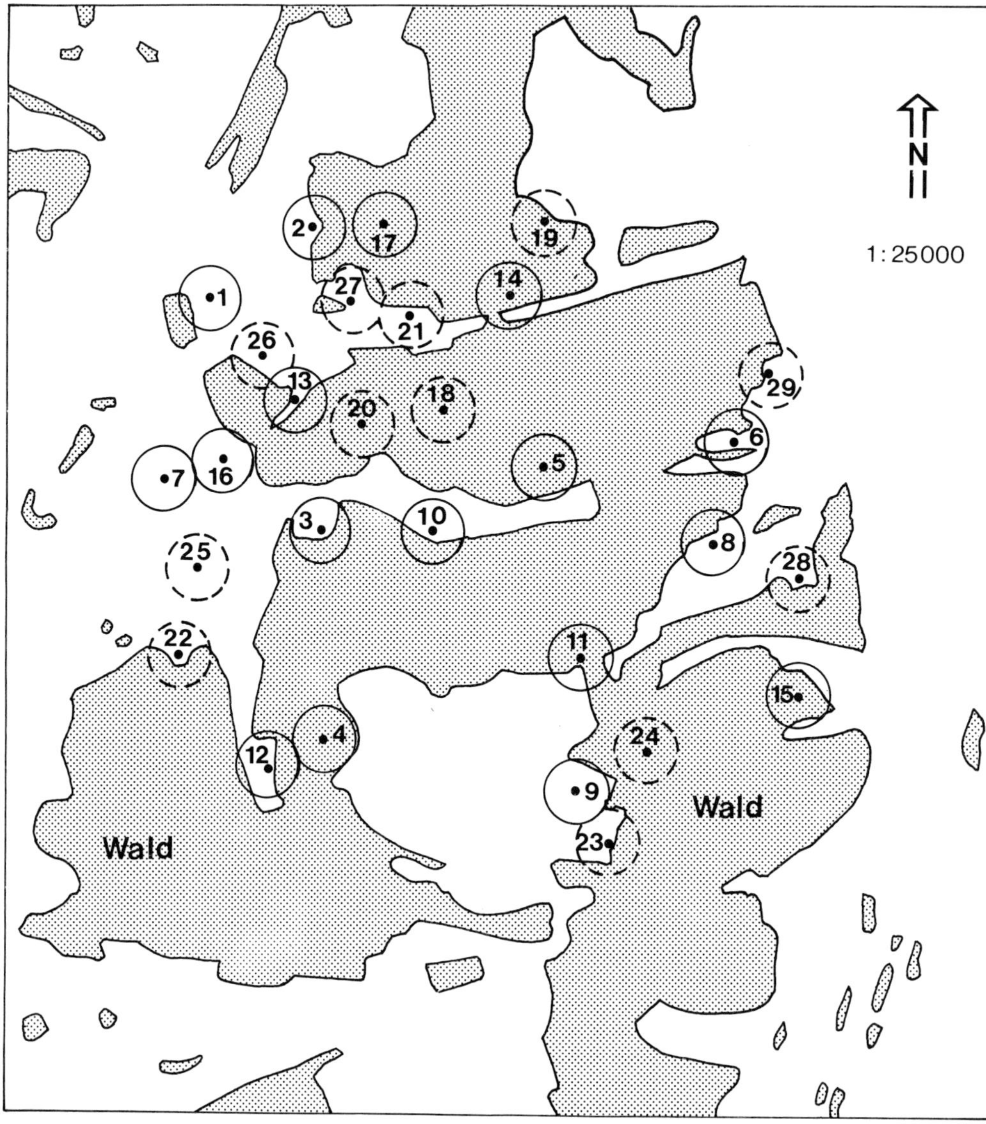

Abb. 35: Setzplätze und Aufzuchtzonen im Revier von Staffelbach (Schweizer Mittelland) nach K. Müller (1971).
1–17: Aufzuchtzonen, in denen das Alter der Kitze geschätzt werden konnte.
18–24: Aufzuchtzonen, in denen Kitze gesehen, aber nicht markiert wurden.
25–29: Vermutete Aufzuchtzonen, wo wiederholt führende Geißen gesehen wurden, deren Verhalten auf die Nähe von Kitzen schließen ließ

Gebiet bedeckten, und auf Kohldistel-Glatthaferwiesen, die in Senken und Rinnsalen vorkamen. Die Aufzuchtzonen erstreckten sich offensichtlich über beide Wiesentypen, ohne erkennbare Bevorzugung. Im Wald waren die Aufzuchtzonen zum größten Teil in stark gelichteten Beständen mit dichtem kraut- oder holzartigem Unterwuchs zu finden. Dies entspricht dem allgemeinen Bild im Schweizerischen Mittelland, wo rund 80 % der Kitze in Heugraswiesen gesetzt und dort während der kritischen Periode aufgezogen werden.

Tabelle 8: Zusammenhänge zwischen Lage des Setzplatzes und Fortpflanzungserfolg. Aus diesen Daten aus dem Beobachtungsgebiet im Berner Mittelland geht hervor, daß bei zunehmender Weibchendichte mehr ungünstige, d. h. nicht südexponierte Setzplätze bezogen werden, daß an solchen weniger Kitze aufkommen (oder gesetzt werden). Ferner ist das Geschlechterverhältnis der Kitze bei hoher Weibchendichte an ungünstigen Setzplätzen zugunsten der Männchen verschoben (nach KURT, 1968)

Tabelle 8a: Satzgröße nach geschätzter Weibchendichte und Lage des Aufzuchtplatzes (n = Anzahl untersuchte Sätze, x = Mittelwert)

Anzahl ♀a pro 100 ha prod. Land	Südexpositionen Satzgröße 1	2	3	4	n	x	andere Expositionen Satzgröße 1	2	3	4	n	x
1.0–1.9	17	35	9	0	61	1.86	22	44	5	0	71	1.76
2.0–2.4	16	50	6	0	72	1.86	24	44	4	0	72	1.72
2.5–2.9	27	42	5	1	75	1.70	57	50	8	0	115	1.53
3.0 und mehr	40	33	3	1	77	1.54	21	8	1	0	30	1.33

Tabelle 8b: Vergleich zwischen dem Prozentsatz an mehrjährigen Geißen in den Frühjahrsbeständen mit der Anzahl der im Herbst noch lebenden Kitze (Mittelwerte)

1. Prozentanteil der adulten Geißen im Bestand	36–40 %	41–45 %	46–50 %	51–55 %	56–60 %	61–65 %
2. Anzahl Kitze pro mehrj. Geiß im Herbst	1.27	0.79	0.89	0.66	0.63	0.51
3. Anzahl Zählungen	6	13	8	9	15	4
4. Gezählte mehrj. Geißen	1065	2247	1466	1992	2421	1210

Tabelle 8c: Geschlechterverhältnis der neugeborenen Kitze (♂o, ♀o) nach Weibchendichte und Lage der Aufzuchtzone

Anzahl ♀a pro 100 ha prod. Land	Anzahl und Geschlechterverhältnis der Kitze: Südexpositionen ♂o	♀o	♂ : ♀	andere Expositionen ♂o	♀o	♂ : ♀
1.0–1.9	43	39	1 : 0.90	26	23	1 : 0.88
2.0–2.4	43	42	1 : 0.98	48	43	1 : 0.90
2.5–2.9	44	46	1 : 1.04	56	36	1 : 0.64
3.0 und mehr	40	32	1 : 0.80	81	37	1 : 0.46
zusammen	170	159	1 : 0.93	211	139	1 : 0.66

Auf Heugraswiesen werden südexponierte Lagen bevorzugt; das geht aus der Kartierung von 984 Setzplätzen im Berner Mittelland hervor (KURT 1968b). In der Wahl ihrer Setz- und Aufzuchtzonen sind Ricken zwangsläufig viel wählerischer als Böcke in der Wahl ihrer Territorien und folglich ökologisch auch viel anpassungsfähiger. Ganz deutlich tritt dies in Lebensräumen mit hohem Anteil an Kulturland auf, das von Jahr zu Jahr mit anderen Nutzpflanzen angebaut wird. Hier wechseln Ricken ihre Setzplätze von Jahr zu Jahr gemäß dem Vorkommen von Heugraswiesen. Ricken, die in Waldgebieten leben, benutzen dagegen jedes Jahr mehr oder weniger die gleichen Setz- und Aufzuchtzonen.

Dies zeigen die Daten von STRANDGAARD (1972) aus Kalö sehr deutlich: Zwar kartierte er nicht alle Aufzuchtzonen, er markierte aber während der kritischen Periode möglichst viele Kitze. Im ersten Jahr gelang es ihm unter anderem, acht Kitze in ein und demselben Grasfeld im Nordosten seines Beobachtungsgebietes zu markieren. Sechs weitere fand er in einem 500 bis 700 Meter östlich davon gelegenen Weizenfeld. Im darauffolgenden Jahr stand in diesem Feld Sommerweizen. Die Ricken zogen es offenbar vor, in einem ein bis zwei Kilometer östlicher gelegenen Teil des Beobachtungsgebietes zu setzen. Jedenfalls markierte STRANDGAARD jetzt dort die Kitze.

6.2 Kitzsterblichkeit

Die einzelgängerische Lebensweise der hochbeschlagenen Geißen auch während der kritischen Periode wirft die Frage auf, was geschieht, wenn der Rehbestand dermaßen anwächst, daß sich mehr Anwärterinnen um geeignete Setzplätze bewerben, als der Lebensraum bietet? Beobachtungen an 984 Aufzuchtzonen im Berner Mittelland, die ich mit Hilfe der kantonalen Wildhüter und Jagdaufseher Anfang der 60er Jahre kartieren konnte, ergaben dazu Folgendes: Bei geringer Rickendichte (0,4 bis 1,9/100 ha produktives Land) setzen 52 % an südexponierten Lagen. Das sind gut doppelt soviele wie bei gleichmäßiger Verteilung über alle vier möglichen Expositionen zu erwarten wäre. Bei hoher Rickendichte von drei und mehr auf 100 Hektar setzen aber nur 34 % an südexponierten Lagen. Mit zunehmender Konkurrenz werden schwächere Ricken offenbar von stärkeren in ungünstigere Setz- und Aufzuchtgebiete verdrängt (Tab. 8).

Konkurrenz um Setzplätze und Aufzuchtzonen wirkt sich ebenso negativ auf den Fortpflanzungserfolg aus wie ungünstige Standorte während der Vorgeburts-, Geburts- und Aufzuchtphasen: Aus meinen Untersuchungen im Berner Mittelland geht hervor, daß bei geringer Konkurrenz die Satzgröße, das ist die Anzahl Kitze pro führende Ricke, bei geringer Dichte im Mittel 1,8 beträgt. Bei hoher Dichte liegt sie zwischen 1,3 (ungünstige Lagen) und 1,5 (südexponierte Lagen). Im Herbst leben im gleichen Gebiet bei geringer Weibchendichte noch durchschnittlich 1,3 Kitze pro Geiß; bei hoher Dichte sind es nur noch 0,5.

Konkurrenz und ungünstige Aufzuchtzonen schränken nicht nur den Fortpflanzungserfolg ein, sie wirken auch auf das Geschlechterverhältnis des Nachwuchses: Während der Setzzeit werden bei geringer Rickendichte unter den Kitzen praktisch gleich viele weibliche gefunden wie männliche. Das Verhältnis von Weibchen zu Männchen beträgt 0,9:1,0. Bei hoher Rickendichte dagegen finden sich nur an den bevorzugten Südhängen gleich viele männliche wie weibliche Kitze. In den ungünstigeren Zonen dagegen werden doppelt soviele Bockkitze wie Geißkitze gefunden. Dieser markante Unterschied beruht u.a. darauf, daß in den ersten Lebenswochen Bockkitze wahrscheinlich wegen ihres bedeutend höheren Geburtsgewichtes höhere Überlebenschancen haben als die leichteren Geißkitze.

In alpinen Lebensräumen, beispielsweise in meinem ehemaligen Beobachtungsgebiet Pontresina, wo die als Setzplätze geeigneten Wiesen selten sind und wegen der späten Schneeschmelze erst unmittelbar vor dem Setzen der Kitze bezogen werden, sind häufig äußerst heftige Auseinandersetzungen zwischen den hochbeschlagenen Ricken zu beobachten, und dies sogar, wenn die Kitze bereits gesetzt sind. Während der aktiven Phasen am Morgen und Abend findet im Mittel alle sechs Minuten eine Auseinandersetzung statt. Im Beobachtungsgebiet des Berner Oberaargaus dagegen waren Aggressionen zwischen ihnen achtmal seltener und verliefen meist lediglich mit Droh- und Demutsverhalten.

Ein Beispiel: Zwei Tage, nachdem die erwachsene Geiß Wangenfleck gesetzt hatte, verjagte sie zwölfmal eine andere Geiß. Dabei entfernte sie sich oft für längere Zeit von ihren Kitzen. Sie selbst wurde am selben Tag viermal von einer anderen führenden Geiß attackiert. Ich beobachtete hier wiederholt, wie Füchse, Hunde, ja sogar streunende Hauskatzen Rehkitze in der Zeit rissen, als das Muttertier eine ebenfalls führende Nachbarin verjagte. Die Raubtiere wären erfolglos geblieben, hätte die Geiß ihren Nachwuchs ungestört überwachen können. Nun sind aber, wie zu zeigen ist, nicht alle setzenden Ricken gleichermaßen unduldsam.

6.3 Ricke und Schmalreh

Im Beobachtungsgebiet Staffelbach fand MÜLLER (1972) in der Wahl der Aufzuchtzonen keine Bevorzugung von südexponierten Lagen, wie sie SÄGESSER und ich (1966) für den Kanton Bern erstmals beschrieben haben. In Staffelbach war wahrscheinlich infolge hoher Rickendichte Konkurrenz aufgrund räumlicher Anordnung der Aufzuchtzonen nicht abzuleiten. MÜLLER fand aber, daß benachbarte Aufzuchtzonen zeitlich gestaffelt bezogen und genutzt werden. Dabei ging er folgendermaßen vor: Anläßlich von Kitzmarkierungen schätzte er das Alter der Kitze auf eine Woche genau. Dann verglich er das Alter der Kitze einer bestimmten Aufzuchtzone mit dem Kitzalter in der nächsten (1. Nachbar) und in der zweitnächsten Aufzuchtzone (2. Nachbar). Er unterschied sechs je einwöchige Setzperioden und berechnete den Unterschied der Setzdaten von benachbarten Rikken auf Wochen genau.

Das Resultat war verblüffend: Der zeitliche Unterschied im Setzdatum zwischen einer Geiß und ihrer ersten Nachbarin lag bei 2,25 Wochen (2–2,5, n=8). Der Unterschied zwischen dem Setzdatum einer Ricke und dem der zweiten, weiter entfernt setzenden Nachbarin betrug 0,75 Wochen (0–2, n=6). Die zeitliche Staffelung der Besetzung benachbarter Aufzuchtzonen verzögert offenbar die Dichteregulierung durch Verdrängung von schwächeren Ricken in ungeeignetere Aufzuchtszonen, wo die Kitze stärker gefährdet sind, wie ich bereits beschrieben habe.

Im Oberengadin, wo geeignete Aufzuchtzonen selten und fast ausschließlich auf südexponierte Waldränder beschränkt sind und infolge der späten Schneeschmelze erst spät besetzt werden, beobachtete ich sogar, daß ein und diesselbe Aufzuchtzone von zwei Geißen nacheinander benutzt wurde. Sie setzten ihre Kitze im Abstand von rund drei Wochen.

Fragen wir uns nun, um welche Geißen es sich bei solchen nahe nebeneinander setzenden Nachbarinnen handelt. In meinem einstigen Beobachtungsgebiet im Berner Oberaargau, wo die Rickendichte und somit auch Konkurrenz um geeignete Aufzuchtzonen nicht besonders hoch waren, schätzte ich die Distanzen zwischen den Zentren der Aufzuchtszonen von Mutterricken und ihren erstmals setzenden Töchtern. In 25 Fällen waren sie bis 125 Meter voneinander entfernt. In acht Fällen betrugen die Distanzen 126 bis 250 Meter und in zwei Fällen 251 bis 375 Meter. Ganz anders war es zwischen den Aufzuchtzonen älterer und wahrscheinlich nicht näher verwandter Geißen: In sieben Fällen maßen sie 251 bis 375, in 19 Fällen 376 bis 500 Meter und in 15 Fällen waren sie noch weiter voneinander entfernt. Bei Ricken, die ihre Kitze sehr nahe beieinander aufziehen, handelt es sich also mit großer Wahrscheinlichkeit um Mütter und Töchter, möglicherweise auch um andere eng miteinander verwandte Ricken.

Wie läßt sich aber der von MÜLLER (1972) beschriebene zeitliche Abstand erklären? ELLENBERG (1978) verglich die Setzdaten von seinen deutlich markierten und nach Alter und Verwandtschaftsgrad bekannten Rehen im Gatter von Stammham. Die Setztermine von 21 Erstlingsricken lagen im Mittel über alle fünf Beobachtungsjahre am 28. Mai (Fehler 1,6, mittlere Streuung 7,1 Tage) und somit signifikant später als der Setztermin von 67 älteren Ricken. Er fällt auf den 20. Mai (Fehler 1,6, mittlere Streuung 11,1 Tage). Der Unterschied, so schreibt ELLENBERG, ist teils auf verzögerte Brunft bei relativ kleinen Schmalrehen, teils auf die am Ende der Tragzeit ebenfalls um eine acht Tage verspätete Fötenentwicklung bei Erstlingsricken zurückzuführen. Hierbei scheint weniger das Alter an sich als vielmehr die mindere Kondition erstmals setzender Geißen von Bedeutung zu sein. Die meisten von ihnen sind während ihres ersten Beschlagenseins noch nicht ausgewachsen.

ELLENBERG (1978) verglich in seinem großangelegten Versuch, bei dem innerhalb eines weiträumigen Gatters der Rehbestand von Jahr zu Jahr anwuchs, im Sommer die Distanzen zwischen den geometrischen Mittelpunkten der Aktionsräume einzelner Ricken. Bei einer für die Versuchsbedingungen geringen Rickendichte von zehn auf 100 Hektar hielten einjährige Töchter zu ihren Müttern eine mittlere Distanz von 280 Metern ein. Bei einer sehr hohen Dichte reduzierte sich diese auf rund 70 Meter. Gegenüber den nächsten, nichtverwandten Geißen war sie größer, rund 250 Meter, und verminderte sich bei ansteigender Rickendichte nur unwesentlich. Auch erstmals setzende zweijährige Ricken hielten gegenüber der Mutter geringere Distanzen ein als gegenüber fremden mehrjährigen Geißen. Bei geringer Dichte betrugen die Abstände rund 230, bei hoher Dichte rund 150 Meter. Gegenüber den ersten, nicht verwandten Nachbarinnen lagen sie bei 200 Metern.

Ellenberg fand bei dem sehr dicht zusammenlebenden Rehbestand, daß sich die Settermine von Geißen, deren Aufzuchtsgebiete sich stark überschnitten, im Abstand von drei bis vier Wochen unterschieden, in sich nicht überlappenden Aufzuchtsgebieten dagegen betrugen die zeitlichen Abstände des Setzens drei bis vier Tage. Somit wäre die bereits beschriebene Vermutung bestätigt. Ellenberg erwähnt aber auch Fälle, bei denen trotz erheblicher Überschneidung der Aufzuchtsgebiete das Setzen praktisch gleichzeitig erfolgte: „Die kürzeste Distanz zwischen Setzplätzen zweier verwandter Geißen an zwei aufeinanderfolgenden Tagen war etwa 80 Meter in übersichtlichem Gelände. Unter Geißen, die sich persönlich kennen, scheint also der soziale Antagonismus zur Setzzeit keine so entscheidende Rolle für das Überleben der Kitze zu spielen", wie ich es vorher für den während der Setz- und Aufzuchtszeit sehr dicht gedrängt lebenden Engadiner-Bestand beschrieben habe.

Diese Befunde lassen sich folgendermaßen interpretieren: Bei zunehmender Dichte rückt das Schmalreh näher an seine Mutter, weil offenbar benachbarte Ricken es noch weniger dulden als diese. Vermutlich wird bei zunehmender Rickendichte die Auswanderung des Schmalrehs durch nicht Verwandte sogar verhindert.

Jedenfalls schließen sich Mutter und Tochter zusammen. Die soziale Bindung zwischen ihnen ist eng. Dies ging bereits aus den in Kapitel 4 beschriebenen Futterwahlversuchen von Müri (1982) im Gehege Staffelbach hervor. Dafür sprechen aber auch Beobachtungen an freilebenden Rehen: Am Ende des ersten Lebensjahres verläßt das Geißkitz die Mutter später als das Bockkitz, obwohl es häufiger von dieser attackiert wird. Es lebt im Sommer meist am Rande des Aktionsraumes seiner Mutter (wenn sie nicht abgewandert ist) und kehrt im Herbst als erstmals beschlagenes Schmalreh wieder in den Sprung seiner Mutter zurück. Die ersten Kontaktinitiativen der Vorjahrstochter werden von der Mutter meist mit Drohen, Imponieren oder Verjagen quittiert.

So suchte am 20. September ein mir bekanntes Schmalreh in der Gruppe seiner Mutter, die zwei Kitze führte, Anschluß. Die Kitze standen um 9.15 Uhr, als das Schmalreh aufschloß, im Winde der Mutter. Auch das Schmalreh näherte sich aus der Richtung, in der es die Mutterricke winden konnte, sicherte und schlug dann einen Bogen, so daß es von der Windseite her zur Alten aufschließen konnte. Die Mutterricke und ihre Kitze sicherten. Die Kitze näherten sich dem Schmalreh. Das Geißkitz zog plötzlich zur Mutter zurück und stellte sich hinter diese. Das Bockkitz dagegen drohte gegen das Schmalreh, wich aber aus und stand dann ebenfalls hinter der Mutter. Jetzt drohte diese, ging gegen das Schmalreh und verjagte es. Das Schmalreh flüchtete, verhoffte aber bei einer Individualdistanz von etwa 20 Metern zur Mutter. Als diese mit ihren Kitzen den Ort verließ, folgte das Schmalreh in sicherem Abstand.

In der Regel läßt die Mutterricke ihre Vorjahrstochter nie näher als auf eine bestimmte Distanz herankommen. Dies hat zur Folge, daß das Verhalten des Schmalrehes gegenüber seiner Mutter auf Sichern, Kontaktlaut und Nachfolgen beschränkt bleibt. Schmalrehe zeigen älteren Ricken gegenüber im Winterhalbjahr gleich viele Kontaktverhalten wie die um ein Jahr jüngeren Geißkitze, etwa drei in 100 Minuten. Sie empfangen aber, ganz im Gegensatz zu diesen, ausschließlich kämpferische Verhaltensweisen der Mutter, nämlich rund fünf in 100 Beobachtungsminuten. Diese nehmen während der Auflösungszeit im Frühjahr noch zu.

Allerdings wählt das Schmalreh seiner Mutter gegenüber eine solche Individualdistanz, daß keine der beiden reagieren muß. Während der Auflösungszeit betrug diese in meinem Beobachtungsgebiet im Berner Oberaargau 11,5 Meter ($n = 109$) und im alpinen Beobachtungsgebiet von Pontresina 11,1 Meter ($n = 78$). Die Angriffe, die die erwachsenen Geißen gegen die Schmalrehe führten, erfolgten, wenn sich diese annäherten bei einer mittleren Individualdistanz von 8,3 Metern ($n = 23$). Bei einer Individualdistanz von 14,3 Metern, wenn sich beide auseinanderbe-

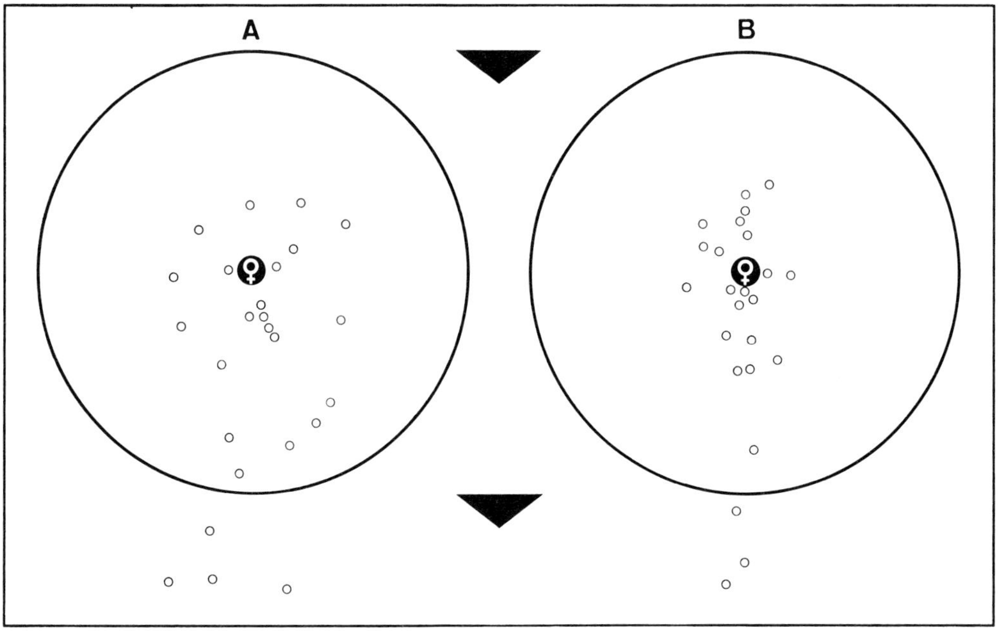

Abb. 36: Räumliche Beziehungen zwischen Geißen und *ihren* Schmalrehen im Berner Oberaargau im März (A) und April (B): Die jeweilige Position der Mutterricke ist dargestellt als Zentrum eines Kreises mit 25 m Radius. Die Positionen des Schmalrehes entsprechen den kleinen Kreisen. Die Windrichtung, dargestellt durch Pfeile, führt von oben nach unten. Es fällt auf, daß im April die Schmalrehe sich deutlicher nach der jeweiligen Position der Mutter orientieren, eindeutiger in ihrem Wind stehen als einen Monat früher

wegt hatten, zeigten die Schmalrehe Kontaktverhalten (n = 18).

Allerdings kann sich das meist ablehnende Verhalten der Ricke gegenüber dem Schmalreh, das in der Regel in ihrem Wind steht (Abb. 36), ändern. In außergewöhnlichen Situationen, zum Beispiel beim Testen von bisher unbekanntem Futter oder bei einer Gefahr (siehe Kapitel 5), beginnt die Ricke ihre Tochter aus dem Vorjahr erneut zu führen und sogar zu schlecken. Dabei verkleinern sich die Individualdistanzen. Hat die Mutter ihre Kitze verloren, so kann es vorkommen, daß sie dem Schmalreh sogar gestattet, zu trinken. Es sind mehrere Fälle von Ricken bekannt, die kurz nach dem Setzen ihre Kitze verloren haben und dann an Stelle dieser ihr Schmalreh bis zum Beginn der Brunftzeit gesäugt haben.

Noch etwas spricht für die offenbar trotz gewisser Aversionen der Mutter enge Beziehung zwischen Mutter und Schmalreh: Die Wege der Traditionsbildungen verlaufen von der Mutter zur älteren Tochter rascher als von der Mutter zu ihren Kitzen oder zu irgend einem anderen im Sprung der Mutter anwesenden Reh (Abb. 37). So gesehen verbringen die jetzt trächtigen Schmalrehe während des Winters ihres zweiten Lebensjahres gewissermaßen eine zweite Lernperiode in Gemeinschaft mit einer erfahrenen Geiß.

6.4 Rickensippen

Aus der engeren Beziehung, z. B. zwischen Mutter und Tochter, aber auch zwischen anderen nahverwandten Ricken wie Großmüttern und Großtöchtern, Tanten und Nichten, können sich Sippen bilden. Derartige durch Verwandschaft und hohen Bekanntheitsgrad zwischen den Mitgliedern gebildete Einheiten habe ich 1968 erstmals postuliert. Dies löste bei den Rehforschern etliche Kontroversen aus. Denn, wie heute bekannt ist, bilden nicht alle Rehe Rickensippen.

Zwei mir im Beobachtungsgebiet des Berner Oberaargaus damals bekannte Rickensippen (Abb. 38) entwickelten sich wie folgt: 1962 setzten die beiden Stammütter von Sippe I (Nr. 1 und Nr. 2). Eines ihrer Kitze wurde vermäht. Jeder Ricke blieb noch je eine Tochter (Nr. 3 und Nr. 5). 1963 setzten Nr. 1 und Nr. 2 wiederum je zwei Kitze. Von Nr. 1 überlebte das Bockitz (Nr. 6), von Nr. 2 das Geißkitz (Nr. 9). Im Winter schlossen sich die beiden Töchter aus dem Vorjahr ihren jeweiligen Müttern an. 1964 setzten nicht nur Nr. 1 und Nr. 2, sondern auch ihre beiden Töchter (Nr. 3 und Nr. 5). Nr. 2 wurde auf der Jagd erlegt. Ihr Schmalreh (Nr. 9) schloß sich im Winter der älteren Schwester (Nr. 5) an und trennte sich erstmals 1965 von ihr, als sie selber Mutter eines Kitzes wurde. Nr. 1 und ihre Tochter (Nr. 3) dagegen führten im Winter 1964/65 zwei getrennte Sprünge.

Sippe II entwickelte sich aus der Mutterfamilie von Nr. 1 und ihrem Schmalreh (Nr. 2) und einem Geißkitz (Nr. 3). Im Frühjahr 1962 setzten Nr. 1 und Nr. 2; Nr. 1 verlor beide Kitze. Im kommenden Winterhalbjahr blieb sie zusammen mit ihrer jüngsten Tochter (Nr. 3) im Sprung von Nr. 2, die ein Geißkitz (Nr. 6) führte. 1963 trennten sich Nr. 1, Nr. 2 und Nr. 3 aus dem gemeinsamen Sprung. Jede Ricke führte eigene Junge, von denen im folgenden Winter noch wenigstens je eines lebte. Jetzt blieben sie getrennt voneinander. 1964 vermehrte sich die Sippe auf vier und ein Jahr später auf sieben einzelne, sprungbildende Mutterfamilien und begann sich, als Nr. 1 verendete, zu trennen.

Verwandte Geißen, das fand ich damals anhand von mir individuell bekannten Rehen, bewohnen einen gemeinsamen Aktionsraum der Sippe, der sich mit den Aktionsräumen benachbarter Sippen kaum überschneidet. Sie verschieben sich darin allerdings nicht gemeinsam sondern nach Mutterfamilien getrennt. Während der Setzzeit zerfällt der Sippenwohnraum in einzelne kleine Aufzuchtsgebiete, die von den einzelnen Sippenmitgliedern und ihren Kitzen bewohnt werden (Abb. 39).

Über die soziale Organisation der Sippen ließ sich 1968 folgendes sagen: Geißen lösen sich aus bestehenden Familienverbänden, wenn sie selber Kitze führen. Sie spielen dann eine eigene ‚Führungsrolle'. Sterben ihre Kitze, kehren sie in den alten Verband zurück (wie etwa Nr. 1 von Sippe II). Diesen Vorgang habe ich insgesamt zwölfmal beobachtet.

Das Schmalreh hält sich meist in der Nähe, im Winter meist bei der Mutter auf. Stirbt diese, so schließt es sich einer anderen führenden Geiß an, bei der es sich aus Gründen der räumlichen Verteilung der Muttersippen meist um eine Verwandte handeln muß (wie etwa bei Nr. 9 aus Sippe I). Diesen Vorgang habe ich dreimal beobachtet.

Schmalrehe können kurzfristig Kitze führen und vermitteln dann den Anschluß an eine andere Gruppe (Nr. 9 aus Sippe I). Dieser Vorgang wurde dreimal festgestellt. Nach den damaligen Befunden zu schließen, können sich Kitze aus Sprüngen, in denen sich im Winter kein Schmalreh aufhält, nur schwer anderen Gruppen anschließen, wenn die Mutter stirbt (Nr. 10 von Sippe 1). Sechsmal beobachtete ich dies.

Eine Rickensippe besteht somit meist aus zwei bis vier führenden Ricken und ihrem Anhang, die alle miteinander verwandt sind und dasselbe Gebiet bewohnen.

Auch Ellenberg (1978) beschrieb die Sippenbildung von Rehen im Versuchsgatter Stammham. Jeder der vier beschriebenen Fälle begann mit einer Mutterricke, die bereits vor Beobachtungsbeginn in Stammham lebte. Nach sechs Jahren setzten sich diese Sippen, die noch lebenden Böcke eingeschlossen, aus zweimal sechs, zehn und 14 Mitgliedern zusammen. Dieser Befund deckt sich mit meinem, obwohl im Rehgatter von Stammham 1976 rund 100 Rehe auf 100 Hektar lebten, also wenigstens fünfmal soviele wie in meinem früheren Beobachtungsgebiet im Berner Oberaargau.

Trotz hoher Dichte und damit hohem möglichem Angebot hatten die einzelnen Rehe nicht, wie man ja annehmen könnte, mit mehreren anderen Partnern ausgiebigen Kontakt. Die Sippenmitglieder – jedenfalls Geißen und Kitze – blieben unter sich.

Als in Stammham die Wilddichte noch verhältnismäßig gering war, überschnitten sich die Aktionsräume verwandter Ricken im Sommer kaum, lagen aber eng nebeneinan-

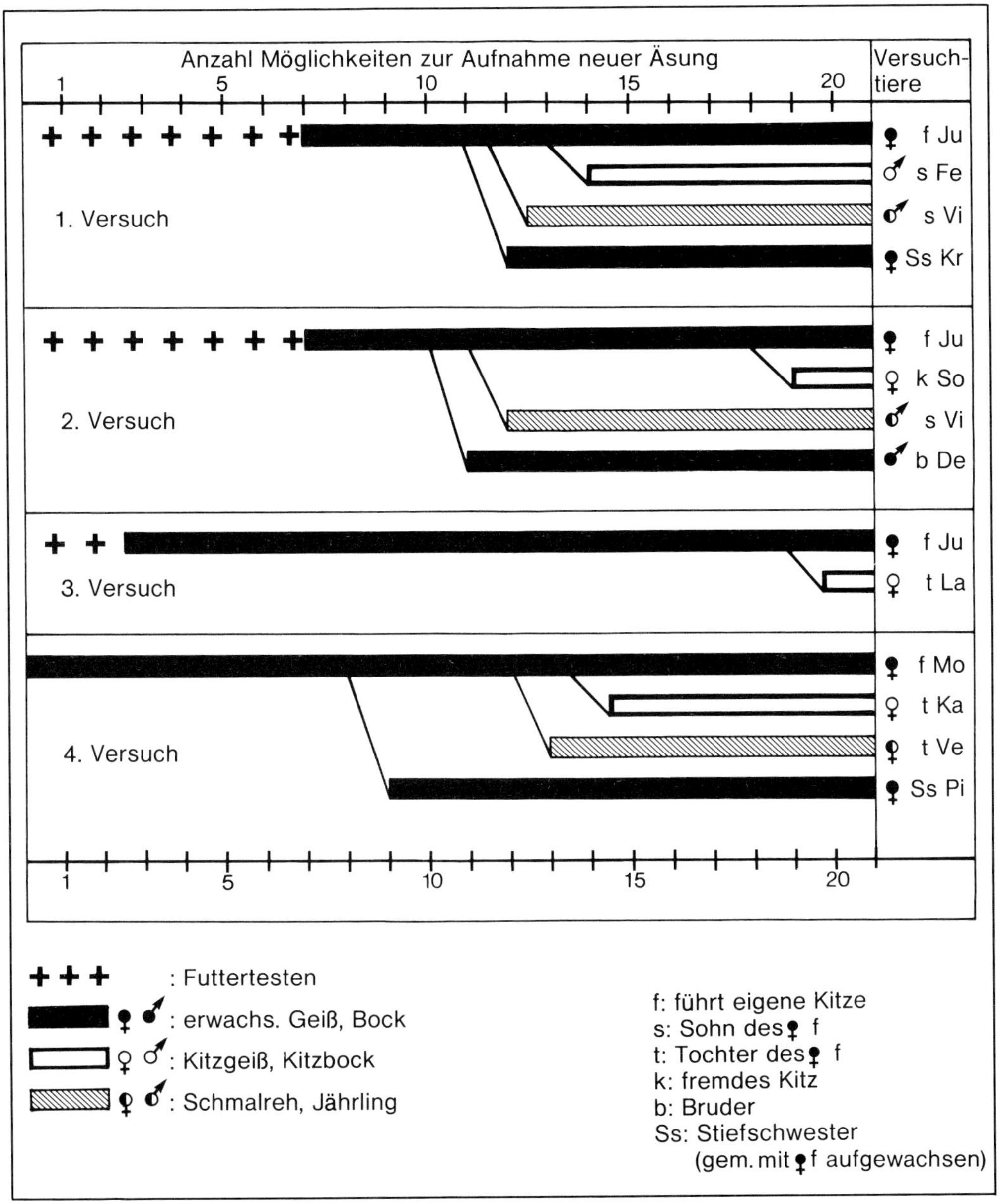

Abb. 37: Verlauf der Futtertraditionsbildung von Rehgruppen, die mit einem bisher unbekannten Kunstfutter konfrontiert werden (nach H. Müri 1983).
Die Balken beginnen zum Zeitpunkt, in dem ein bestimmtes Tier zum erstenmal das neue Futter aufnimmt. In allen vier Versuchen nahmen zuerst führende Geißen das neue Futter an, dann folgten (wenn anwesend) gleich alte Rehe, dann Jährlinge bzw. Schmalrehe und schließlich Kitze

der. Später, als die Wilddichte anstieg, überlappten sie sich bis zu 50 %. Die Jahresbezirke dagegen überlappten sich immer ganz beträchtlich. Besonders im Winter begegnen sich Ricken aus gleichen oder verschiedenen Sippen. Wie solche Begegnungen verlaufen können, geht aus den erwähnten Beobachtungen von GEIGER und KRÄMER (1974) an den künstlichen Futterstellen im Beobachtungsgebiet von Grabs-Ost hervor.

Zwischen Ricken verliefen hier die Rangordnungen nicht linear wie zwischen Böcken. Sie kämpften auch weniger heftig untereinander und wurden von Böcken weniger heftig angenommen, als diese andere Böcke angriffen. Rangbestimmend wirkte unter Rikken der Zeitpunkt, in dem sie Anfang Winter an der Futterstelle eingetroffen waren. Früh Erscheinende waren ranghöher als Nachzügler. Der Rang konnte sich an den Futterhaufen am Boden aber auch von Fall zu Fall ändern. Es gelang somit GEIGER und KRÄMER nicht, eine altersabhängige Rangordnung unter Ricken, wie sie etwa von ELLENBERG (1978) beschrieben wird, nachzuweisen. Wer als erstes bei einem der Futterhaufen war, konnte diesen unabhängig von seiner sonstigen Rangposition auch erfolgreich gegenüber anderen Geißen verteidigen. Ein ähnliches Verhalten beschrieb ESPMARK (1964) vom Ren (*Rangifer tarandus*). Hier verteidigen Weibchen die in den Schnee gegrabenen Futterkrater erfolgreich gegen alle anderen Rentiere.

ESPMARK (1978), der Rehe im Winter an einer Futterstelle beobachtet hat, wo die Nahrung aus stabilen Raufen dargeboten wurde und nicht wie in Grabs haufenweise an verschiedenen Stellen am Boden, bemerkte, daß unter diesen Bedingungen auch unter Geißen allmählich Rangordnungen erkennbar wurden. Ältere dominierten Jüngere und Gesunde Kranke. Ältere verblieben länger an der Futterstelle und zogen pelletiertes Kraftfutter Luzerneheu vor, welches vor allem von rangtiefen Tieren aufgenommen wurde.

Rang, so kann möglicherweise aus den beiden erwähnten Studien geschlossen werden, spielt unter Geißen während der winterlichen Nahrungssuche nur an altbekannten Futterstellen eine Rolle. Bei wechselnden Futterstellen, ‚gehört' die Nahrungsquelle derjenigen Geiß, die sie zuerst entdeckt und mit Beschlag belegt hat. Es ist wahrscheinlich, daß dieser Fall unter natürlichen Bedingungen besonders dann eintritt, wenn reichlicher Neuschnee bekannte Äszonen verbirgt und Nahrung nur an einigen wenigen Stellen aus dem Schnee gescharrt werden kann. Was bedeuten nun aber diese beiden Verhaltensweisen für die Nutzung des Lebensraumes?

Ältere Rehgeißen sollten es sich leisten können, in kleineren Wohnräumen zu leben als jüngere. Sie sind im Normalfall am Äsplatz dominant. Sie kennen aus Erfahrung den Lebensraum besser und sind vermutlich schneller an Stellen, wo Notnahrung zu finden ist, als Junge, also können sie auch an solchen Stellen dominieren. Junge Ricken dagegen sind im Normalfall sozial unterlegen, kennen den Lebensraum weniger, müssen ihre Äsung länger suchen. Bei Ausnahmesituationen dominieren sie nur, wenn sie als erste einen Notäsungsplatz gefunden haben. In der Tat sind die Größen der Lebensräume der Ricken um so kleiner, je älter eine Ricke ist. Bei Zweijährigen umfaßt er durchschnittlich 20,4, bei Fünfjährigen 15,1 Hektar (ELLENBERG 1978). Frühsetzende und daher wahrscheinlich ältere Geißen hatten auch im Revier Staffelbach, wo KLEIBER (1973) das Verteilungsmuster der Rehe zwischen Dezember und April studierte, bedeutend kleinere Aktionsräume (im Mittel 13,7 Hektar) als spätsetzende und daher wahrscheinlich jüngere Geißen (im Mittel 31,3 Hektar).

6.5 Gesamt-Eignung

Während der letzten Wochen des Hochbeschlagenseins und der Säugezeit ist der Stoffwechsel der Ricken äußerst stark belastet (siehe Abb. 10). Kämpfe zwischen erwachsenen Rehgeißen sollten daher vermieden werden oder möglichst früh vor der Setz- und Aufzuchtzeit stattfinden. In der Tat sind kämpferische Auseinandersetzungen zwischen erwachsenen Ricken selten. Diese gehen sich meistens rechtzeitig aus dem Weg, ansonsten drohen sie gegeneinander, imponieren oder verjagen sich. Nur bei dichter Gehegehaltung kann es zwischen unbekannten Rehgeißen zu Stoßkämpfen kommen.

Die seltenen kämpferischen Auseinandersetzungen finden in der Regel auch nicht während der Setz- und Säugezeiten statt, sondern früher. In den Beobachtungsgebieten von Grabs-Ost, Zizerser Feld oder dem Berner Oberaargau treten die beschlagenen Geißen bereits zwischen Mitte März und Mitte

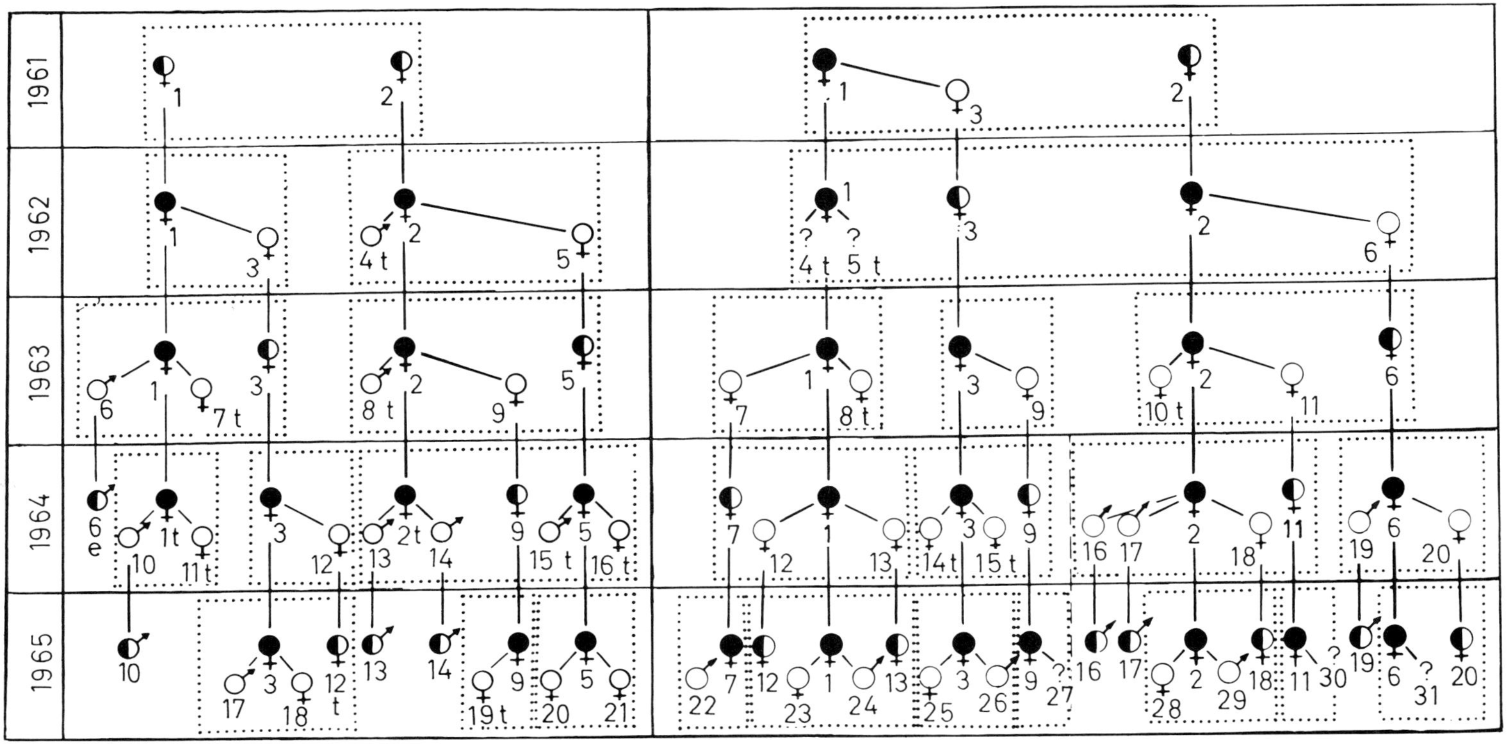

Abb. 38: Entwicklung von zwei Weibchensippen im Beobachtungsgebiet des Berner Oberaargaus im Laufe von fünf Jahren. Jede der beiden Sippen bewohnte einen gemeinsamen Jahreswohnraum. Ihre Mitglieder bildeten vor allem im Winter gemeinsame Sprünge, die durch gepunktete Rahmen dargestellt sind. Auffallend ist, daß es zum Zusammenschluß von Mutterfamilien nur dann kam, wenn entweder die führende Geiß oder die Kitze umkamen.

♂, ♀: Männchen und Weibchen im ersten Lebensjahr
◐♂, ◐♀: Männchen und Weibchen im zweiten Lebensjahr
●♂, ●♀: Ältere Tiere
t: Tod eines Tieres

April an denjenigen Stellen auf, wo sie später die Kitze setzen und aufziehen (Robin 1974, Turner 1983, Kurt 1968). Die Auseinandersetzungen um die geeigneten Plätze, sollten sie überhaupt stattfinden, beginnen demnach verhältnismäßig früh, und die sich daraus ergebenden Konsequenzen sind lange genug vor den wichtigen Wochen des Hochbeschlagenseins und dem Setztermin bekannt. Rikken, die in alpinen Gebieten Lebensräume mit wandernden Ressourcen bewohnen, können dabei allerdings eine Ausnahme bilden. Über die erstaunlich heftigen Auseinandersetzungen zwischen Geißen in Pontresina habe ich bereits berichtet.

Beschlagene und führende Ricken leben zwar äußerst standorttreu, aber nicht territorial wie Böcke. Sie markieren nicht, sieht man von der Tatsache ab, daß sie häufig an denselben Stellen wässern und daß sie im Vergleich zu Schmalrehen und nichtführenden Ricken über eine wesentlich stärkere Duftproduktion vor allem in den Interdigitalorganen und der Kopfhaut verfügen. Möglicherweise können sich führende Ricken schon wegen ihres belasteten Energiebudgets kein Territorialverhalten leisten. Auch ökologisch gesehen wäre Territorialbesitz, wie ihn Rehböcke kennen, sinnlos. Ricken und ihre Kitze sind, was das jeweilige Umweltangebot anbelangt, viel empfindlicher als Böcke. Ein offenes System, nach dem jedes Jahr der geeignetste Ort ausgesucht und besetzt wird, ist sinnvoller.

Fehlt Territorialverhalten, so fehlt auch das Mittel, um bei steigender Bestandesdichte Konkurrenten auszuschließen. (Hätten Rikken ein dem Territorialverhalten der Böcke analoges Organisationsprinzip, dann würden sich wahrscheinlich nur die ältesten und stärksten fortpflanzen.)

Bei steigender Bestandesdichte nimmt die Konkurrenz zwischen den Geißen um hochwertige Äsung und geeignete Aufzuchtzonen zu. Hohe Konkurrenz führt, wie bereits erwähnt, zu erhöhter Kitzsterblichkeit. Sie kann vermehrte kämpferische Auseinandersetzungen zwischen den Geißen und damit wiederum eine Gefährdung der Kitze bedingen. Sie zwingt schwächere Ricken in ungeeignete Aufzuchtzonen und stellt eine zusätzliche Belastung ihres ohnehin angespannten Stoffwechsels dar.

Umgekehrt kann es bei hoher Dichte vorkommen, daß ein und derselbe Setzplatz von zwei bis drei Ricken beansprucht wird. Wie wir wissen, handelt es sich dabei – jedenfalls bei Rehen, die in Waldgebieten leben – um Geißen, die miteinander verwandt sind, also der gleichen Rickensippe angehören. Die älteste Ricke, meistens die Mutter oder Großmutter der anderen, ist ranghöchst, setzt als erste und besetzt das beste Aufzuchtsgebiet im Wohnraum der Sippe. Sie bringt mehr und kräftigere Junge und häufiger Geißkitze zur Welt als die jüngeren Verwandten.

Das Zusammenrücken von Sippenmitgliedern erhöht die Möglichkeit zur Kitzadoption. Ellenberg fand nicht nur, daß unter hoher Bestandesdichte nach der Brunft die Mitglieder verwandter Mutterfamilien sich zusammenschließen, sondern daß (in einem Fall) zwei Ricken gemeinsam ihre Kitze aufzogen, ohne auf deren Herkunft zu achten. Dies konnte er in Gehegen auch experimentell herbeiführen. Ferner beobachtete er, daß Kitze, die in Sippengebieten aufwachsen, nach dem eventuellen Tod der Mutter ab Mitte Juli anscheinend ohne große Schwierigkeiten von einer älteren Schwester, einer Tante oder der Großmutter adoptiert werden. „Das wirkt sich auf die Population günstig aus, denn unter begrenzten Bedingungen sind alle Jungtiere wertvoll, die die Anfangswochen überlebt haben."

Kitze, die bei hoher Konkurrenz in einer Sippe aufwachsen, haben folglich höhere Überlebenschancen. Ricken, die auf kämpferische Auseinandersetzungen verzichten, so Energie sparen, sich arrangieren und nötigenfalls auch Junge von verwandten Geißen aufziehen, erhöhen damit ihre Gesamt-Eignung, das heißt neben dem eigenen auch den Fortpflanzungserfolg ihrer Verwandten und Nachkommen. Neben solchen sozialbiologischen Aspekten gibt es einen weiteren Hinweis, warum Sippen aus verwandten Geißen

Abb. 39: Verteilung der Sippenreviere im Fribachmoos 1965. Oben: Auflösungszeit, unten: Setzzeit. Die Aufzuchtzonen sind dunkel markiert. Zeichen geben wiederholt besuchte Ässtellen wieder.

Sippe I ○: ♀a (I, 5); ⊙: ♀a (I, 3); ◦: ♀a (I, 9)

Sippe II ▣: ♀a (II, 2); □: ♀a (II, 11): △: ♀a (II, 3); ▵: ♀a (II, 9)

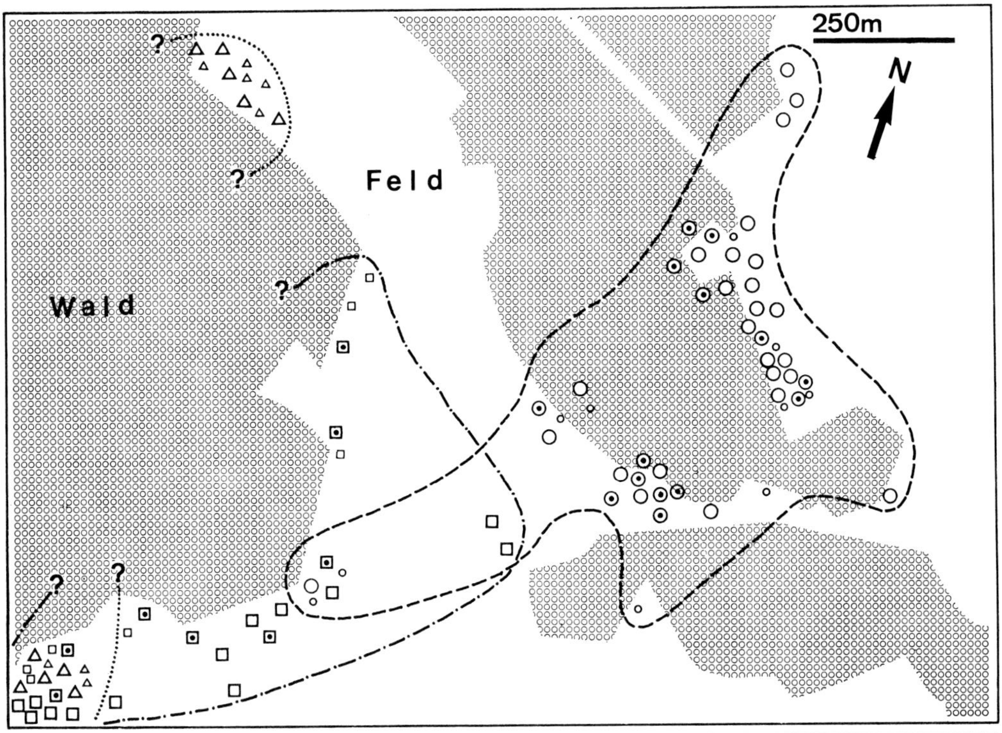
250m
N
Feld
Wald
?
?
?
?
?

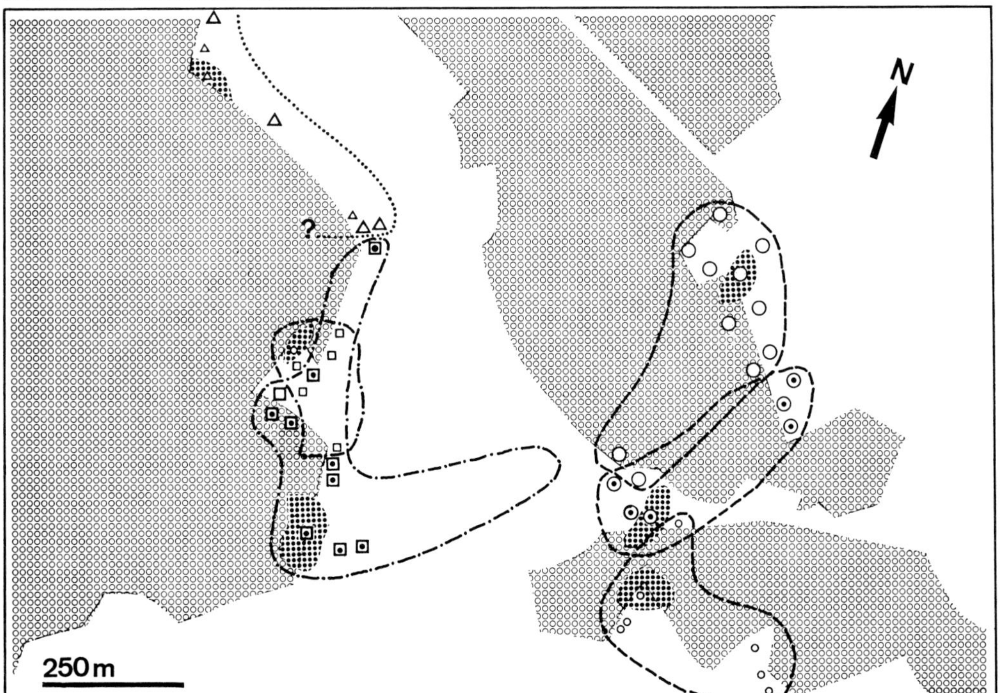
N
?
250m

sich bewähren müssen. In einem Verband, der von der ältesten Geiß, der Mutter oder Großmutter, geführt wird, bestehen strenge Rangordnungen, die bereits etabliert wurden, als die jüngeren Mitglieder als Geißkitze und Schmalrehe bei der Sippenältesten lebten und folglich nicht dauernd der Korrektur bedurften. Ein Zusammenhang zwischen Rang in der Sippe und Qualität der Aufzuchtgebiete wurde jedenfalls von ELLENBERG festgestellt.

Bis jetzt habe ich nichts berichtet über die Rolle der Böcke in der sozialen Organisation der Gruppe. Böcke lernten wir bisher lediglich kennen als mehr oder weniger ‚egoistische', nicht besonders innovative, dafür aber um so ranghöhere Mitglieder der Wintersprünge, die ihre persönliche Eignung durch Erwerb, Verteidigung und Markierung eines Territoriums erlangen. Böcke spielen aber besonders bei hohen Dichten der Waldrehe eine wesentliche Rolle innerhalb einzelner Sippen und/oder Mutterfamilien, ja es können sich sogar Ein-Mann-Gruppen bilden. Wie es dazu kommen kann, werde ich in den nächsten Abschnitten dieses Kapitels berichten. Beginnen wir mit dem auffallendsten Verhalten zwischen Böcken und Ricken, der Brunft.

6.6 Brunftverhalten

Ein Bock findet eine brunftbereite Geiß auf der Witterungsfährte. Er folgt ihr mit tiefem Kopf auch dann noch, wenn er sich in unmittelbarer Nähe der Geiß befindet (Abb. 40 und 41). Die letzten zehn bis zwanzig Meter legt er in einem schaukelnden Galopp zurück. Die Geiß äugt dann rasch nach hinten und flüchtet. Der Bock folgt ihr; oft keucht er dabei. Dieses erste Treiben führt das Paar oft 500 Meter, gelegentlich bis einen Kilometer vom Ausgangspunkt weg. Es wird schließlich von der Geiß abgebrochen. Sie stoppt und äugt nach hinten. Dies ist die Aufforderung zum Nachfolgen. Jetzt schließt der Bock auf, imponiert, bewindet und leckt ihr Feuchtblatt. Dann flehmt er. Oft nässen beide Partner.

Anschließend fordert die Geiß den Bock zum Beschlag auf. Dabei steht sie frontal oder lateral vor ihm und äugt ihn an. Den Hals hält sie in Demutstellung gesenkt und hebt gelegentlich einen Vorderlauf an. Sie flüchtet erneut, aber dieses Mal in einem fast zeitlupenhaft langsamen Troll mit tiefgehaltenem Träger (Abb. 40 und 41). Der Bock folgt jetzt dicht aufgeschlossen mit langgestrecktem Hals und Kopf.

Dieses zweite Treiben dauert zwei bis zehn Minuten und verläuft auf einer Kreisbahn oder auf einer Achterschlinge, deren Durchmesser zehn bis dreißig Meter beträgt. Durch das wiederholte Benutzen der gleichen Spur entstehen sichtbare Wechsel, die ‚Hexenringe' genannt werden. Beim zweiten Treiben gibt die Geiß regelmäßig Kontaktlaute von sich.

Vor dem Beschlag kontrolliert und beleckt der Bock noch einmal das Feuchtblatt der Geiß, imponiert und steigt auf (Abb. 40 und 42). Nach dem Beschlag tun sich beide Partner einige Zeit nieder, werden dann wieder hoch und schlecken sich gegenseitig. Hie und da unterbricht der Bock diese soziale Putzserie und imponiert. Darauf zeigt die Geiß immer Demutverhalten. Folgt dem ersten Beschlag ein weiterer, so wird dieser durch Imponier- und Drohverhalten des Bockes eingeleitet und/oder durch Kontaktlaute der Geiß. Ein Bock kann durch ‚Blatten' (Nachahmen des Kontaktlautes der Geiß) zu einem zweiten Beschlag angeregt werden. Folgen mehrere Beschläge kurz nacheinander, so finden vorgängig keine Treiben mehr statt.

Schwache Geißen unterbrechen hie und da das Brunftvorspiel, indem sie sich nur über eine kurze Distanz treiben lassen, dann plötzlich vor dem Bock stehenbleiben, die Demutstellung zeigen und sich niedertun. In solchen Fällen sucht der Bock regelmäßig einen Baum auf, an dessen Ästen er die Stirnlocke reibt. Der Bock kann das Brunftvorspiel von sich aus abbrechen, wenn die Geiß das ganze Zeremoniell nicht richtig mitspielt und sich beispielsweise nicht treiben läßt, sondern sofort mit dem langsamen zweiten Treiben (Kreisbahn oder Achterschlinge) beginnt, wie folgendes Protokoll zeigt:

Um 5.35 Uhr stand ein Schmalreh am Waldrand und sicherte gegen das Waldinnere. Von dort erschien ein territorialer Bock. Dieser drohte. Die Geiß äugte zurück und flüchtete. Er folgte ihr nach und sicherte dabei gegen den Boden. Dann drehte das

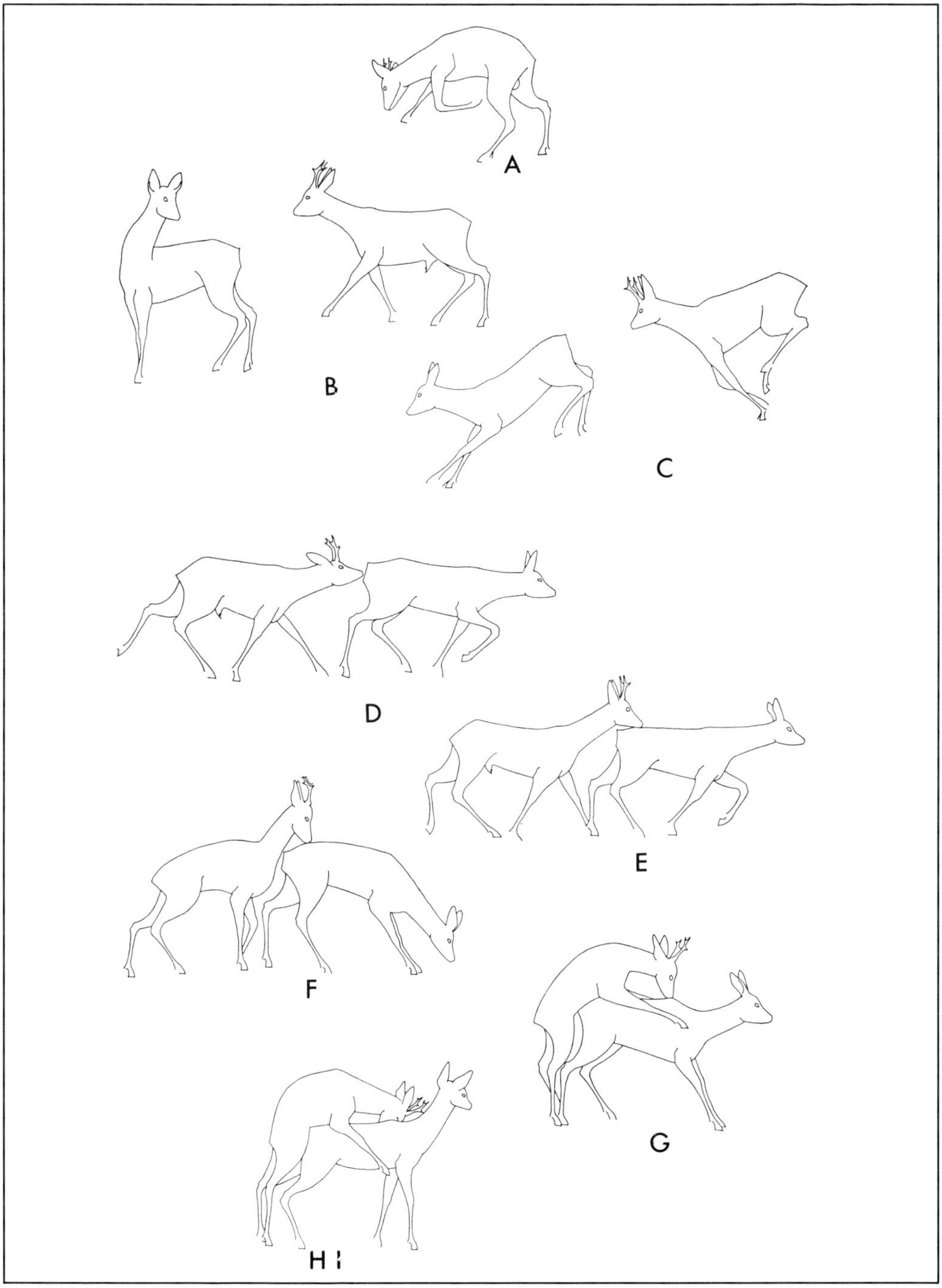

Abb. 40: Brunftverhalten: Der Bock findet die Geiß auf ihrer Spur (A). Dann fordert sie ihn auf zum Nachfolgen (B). Das erste Treiben ist ein schnelles Nachjagen über größere Distanzen (C). Das zweite Treiben läuft in gemächlichem Schrittempo ab (D), bei dem der Bock schließlich sein Kinn auf die Kruppe der Geiß legt (E), bis sie stehenbleibt. (F): Dann reitet er auf (G) und beschlägt sie (H)

Abb. 41: Brunftverhalten: Der Bock folgt der Fährte der paarungsbereiten Ricke auch dann noch, wenn er sich in unmittelbarer Nähe des Weibchens befindet (a). Das erste Treiben gleicht einer Verfolgungsjagd (b) und dauert so lange, bis die Geiß innehält (c) und den Bock zum Nachfolgen auffordert (c und d). Das zweite Treiben verläuft ruhig und mit kleiner Distanz zwischen Bock und Geiß (e). Dabei kontrolliert der Bock die Geiß (f) (Fotos: Ph. Schmidt)

Schmalreh bereits in eine Kreisbahn ein. Jetzt folgte der Bock nur noch zögernd. Drei Minuten später zog das Schmalreh zum Bock, der ihr nicht mehr folgte, und machte vor ihm einen Drehsprung, was ich in Kapitel 4 als Verlegenheitsverhalten aus dem Spiel der Kitze beschrieb. Darauf imponierte der Bock, verließ das Schmalreh und zog an den Waldrand, wo er die Stirnlocke an einem tiefhängenden Ast rieb. Das Schmalreh folgte. Der Bock imponierte erneut, plätzte und markierte wiederum. Darauf entfernte sich das Schmalreh erneut in Demutstellung. Der Bock begann zu treiben. Das Schmalreh schlug sogleich die Kreisbahn ein, der Bock bremste und zog weg an den Waldrand, wo er markierte; das Schmalreh war ihm gefolgt.

Das Brunftvorspiel verläuft vielfältiger bei Paaren mit einem Schmalreh als bei solchen mit einer älteren Geiß. Dazu folgende Proto-

Abb. 42: Brunftverhalten: Nach dem langsamen Treiben stoppt die Geiß in Demutsgebärde, und der Bock legt sein Kinn auf ihre Kruppe (a). Dann steigt er auf und beschlägt sie (b). Nach der Paarung bleibt das Paar zusammen. Beschwichtigendes gegenseitiges Putzverhalten und markierendes Wangenreiben des Bockes (c) garantieren den Zusammenhalt (Fotos: Ph. Schmidt)

kolle: Ein territorialer Bock und ein Schmalreh bildeten zwischen dem 27. Juli und dem 15. September eine stabile Zweiergruppe. Innerhalb von zwei Tagen beobachtete ich zwischen ihnen insgesamt neun Brunftabläufe, die vollständig verliefen und jeweils einen bis fünf Deckakte enthielten. Sie verliefen nach folgendem Muster: Beide Rehe saßen etwa acht Meter auseinander. Das Schmalreh stand auf, streckte sich, auch der Bock erhob sich. Das Schmalreh äugte zum Bock und flüchtete. Der Bock folgte in schaukelnden Fluchten. Das Schmalreh verhoffte, drehte sich frontal zum Bock und zeigte Demutstellung in einer Individualdistanz von rund zwei Metern. Beide Partner ästen kurz und flüchteten dann plötzlich parallel nebeneinander, wobei sie eine Kreisbahn von 30 Metern Radius einhielten. Mitten im Trollen drehte das Schmalreh Richtung Bock ab und stoppte vor ihm, äugte zurück und senkte den Kopf. Der Bock kontrollierte, leckte ihr Feuchtblatt und imponierte. Dann leitete das Schmalreh das langsame Kreistreiben ein. Schließlich wurde das Schmalreh beschlagen.

Der ganze Ablauf dauerte zwanzig bis dreißig Minuten. Ihm folgte ein ausgiebiges Schlecken und Putzen beider Partner. Solch intensives Kontaktverhalten nach der Paarung (post-coital behaviour, BUECHNER und SCHLOETH 1965) dienen dem Zusammenhalt eines Paares. Dieser kann zwischen territorialen Böcken und Schmalrehen sehr intensiv sein.

Wie intensiv der Zusammenhalt zwischen territorialen Böcken und älteren führenden Ricken ist, kann aufgrund des Brunftverhaltens allein nicht gesagt werden. Es verläuft sehr rasch, etwa nach folgendem Muster: Die Geiß äste mit zwei Kitzen am Waldrand und sicherte plötzlich. Dort erschien ein territorialer Bock, imponierte gegen die Geiß. Diese äugte nach ihm und flüchtete sofort. Die Kitze folgten der Mutter zunächst, fiepten und ästen schließlich wieder. Der Bock sicherte und folgte mit tiefgehaltenem Kopf. Er kontrollierte die Kitze, drohte gegen sie. Diese nahmen Demutsstellung ein. Der Bock zog an den Waldrand zurück und markierte. Dann nahm er die Fährte der Ricke wieder auf und trieb sie 50 Meter weit. Nach einem kurzen Rundtreiben erfolgten Vorspiel, Beschlag und Nachspiel. Der Bock verließ die Ricke. Diese suchte die Kitze auf und zog mit ihnen in den Wald. Die ganze Sequenz dauerte vier Minuten. Diese beiden Rehe wurden außerhalb von Paarungen während der Setz- und Brunftzeit nie zusammen gesehen. Ihre Wohngebiete überschnitten sich aber.

Wie in diesem Bericht bereits mehrmals angesprochen, sind bei Waldrehen nur territoriale Böcke aktiv an der Paarung beteiligt. ELLENBERG (1978) liefert dazu eindrucksvolles Zahlenmaterial: Bei 88 beobachteten Brunfttreiben verliefen 85 mit dem Territoriuminhaber. Die drei Ausnahmen betrafen einen starken Jährling, der sich intensiv mit einem Schmalreh beschäftigte, das außerhalb des Gatters stand, und einen vierjährigen nichtterritorialen Bock, der eine nicht in dieses Gebiet gehörende Altgeiß trieb und beschlug. Gleichzeitig war der Territoriuminhaber gerade mit einer anderen Geiß beschäftigt; als er den vierjährigen treibenden Bock wahrnahm, unterbrach er sein eigenes Brunfttreiben, preschte aus 80 Meter Entfernung heran und verjagte den Bock. Auch die fremde Geiß flüchtete. Der dritte Fall betrifft einen gut entwickelten Jährling, der ein starkes Geißkitz trieb und schließlich vom Territoriuminhaber abgeschlagen wurde.

Brunftbereite Ricken suchen umgekehrt auch territoriale Böcke auf und ziehen sie interessierten Jungböcken vor.

6.7 Persönliche und Gesamt-Eignung der Böcke

Soweit wurde klar, daß Böcke offenbar durch Territoriumbesitz den für die Fortpflanzung nötigen *Rang* erhalten. Territorialverhalten begrenzt damit den Genfluß auf besonders gebietsangepaßten Bahnen. Die persönliche Eignung (die Fitneß im Sinne Darwins) eines territorialen Bockes ist überragend. Von dieser Regel gibt es Ausnahmen: Im alpinen Beobachtungsgebiet bei Pontresina wanderten die Ricken und Kitze den starken Böcken, die im Talboden ihre Territorien etabliert hatten, mit der Schneeschmelze bergwärts davon. In der Brunftzeit blieb ihnen nichts anderes übrig, als nachzuwandern. Ob unter solchen Bedingungen nur territoriale oder auch nichtterritoriale Böcke zum Beschlag gelangen, ist ungewiß. Wie gesagt, dies sind Ausnahmen.

Wenden wir uns nun der Frage zu, ob es in der sozialen Organisation der Rehböcke ebenfalls Mechanismen gibt, die – ähnlich der Sippenbildung unter verwandten Geißen – die Gesamt-Eignung, also den eigenen und den Fortpflanzungserfolg der Nachkommen, erhöhen. Dazu müßten folgende Bedingungen erfüllt sein:

1. Ein territorialer Bock sollte möglichst viele und/oder möglichst ‚treue' Fortpflanzungspartner haben, von denen er sicher ist, daß sie nicht auch von einem oder mehreren anderen Böcken beschlagen werden.

2. Der Rehbock sollte gegenüber seinen eigenen Nachkommen und deren Müttern ‚nachsichtig' sein, gegenüber denjenigen anderer Böcke dagegen ‚unnachsichtig'. Dies setzt voraus, daß er eigene und fremde Junge unterscheiden kann.

Fragen wir uns zuerst, mit wievielen Ricken sich ein Bock in einer Setzzeit paaren kann. STRANDGAARD (1972) nennt die höchsten Werte, nämlich acht bis zehn. Auf solche Fälle werde ich im Kapitel über Feldrehe noch zurückkommen. Bei Rehen, die in Waldgebieten leben, sind es nach meinen Beobachtungen im Berner Oberaargau höchstens drei bis vier. Allerdings kann es während der Blattzeit (so bezeichnen die Jäger die zweite Hälfte der Brunftzeit, während der die Böcke durch ‚Blatten', Nachahmen des weiblichen Kontaktlautes, angelockt werden können) vorkommen, daß Böcke ihre Reviere aufgeben und außerhalb nach spätbrunftenden Ricken oder solchen suchen, die nach erfolgloser erster Paarung zum zweitenmal brunften. ELLENBERG und STRANDGAARD erwähnen Abstände zwischen den Zeitpunkten des ersten und des zweiten Brunfttreibens von 9, 14, 17, 20, 22, 27, 32 und 84 Tagen.

Im Beobachtungsgebiet im Berner Oberaargau gaben die Böcke in der zweiten Hälfte der Brunftzeit ihre Territorien auf und unternahmen weite Streifzüge. Ob und welchen Paarungserfolg sie dabei erzielten, war nicht zu ermitteln. HENNIG (1962) machte diesbezüglich folgende Feststellung: „Sobald sich mehrere Böcke für die gleiche Ricke interessierten, fiel diese dem ranghöchsten, also ältesten Bock zu, ohne Rücksicht darauf, ob nun er oder ein anderer Bock Territoriumeigner war." Andererseits konnte festgestellt werden, daß ein Bock sein Territorium nicht verläßt, solange sich eine vollbrunftige Ricke darin aufhält. HENNIG geht dabei auf die Beziehung zwischen einem territorialen sechs- bis achtjährigen Bock und einem Schmalreh ein, welches der Bock im Territorium seines drei- bis vierjährigen Nachbarn ausfindig gemacht, auf fremdem Terrain erfolgreich verteidigt und schließlich auch wiederholt beschlagen hatte.

Meistens werden Schmalrehe lange vor der Brunft und damit zu einem Zeitpunkt, an dem sie sexuell überhaupt nicht attraktiv sind, von territorialen Böcken übernommen. Bereits während der Setzzeit sind territoriale Böcke die häufigsten Sprungpartner der erstmals brünftig werdenden Schmalrehe und umgekehrt. Von insgesamt 123 Rehen, die ich im Berner Oberaargau in Begleitung eines territorialen Bockes gezählt habe, waren 44 Schmalrehe, während der Brunft waren es 28 von 73. Während der Setzzeit waren von 84 Partnern der Schmalrehe 44 territoriale Bökke, während der Brunft waren es 28 von 41 Partnern. Danach scheint es als würden Schmalrehe aktiv die Nähe von Territoriuminhabern suchen. Auch die Wohnräume von territorialen Böcken und Schmalrehen überschnitten sich in diesem nicht besonders dicht besiedelten Gebiet mit 60 % beträchtlich. Ein bestimmtes Schmalreh und ein bestimmter Territorialer können vor, während oder nach der Brunft stabile Zweiergruppen bilden.

In der zweiten Septemberhälfte, so schloß ich aus sechs Beobachtungen, die ich im Berner Oberaargau an markierten Rehen machen konnte, ziehen territoriale Böcke zusammen mit ‚ihren' Schmalrehen, mit denen sie während der Setzzeit und Brunft zusammen waren, in deren Mutterfamilien. In diesen Mutterfamilien spielen die Böcke gegenüber den führenden Geißen ‚Mitläuferrollen'. Zwischen Bock und Schmalreh treten aber auch jetzt häufig gegenseitiges Kontakt- und gelegentliches Putzverhalten auf. Dies alles spricht für eine gegenseitige Sympathie zwischen beiden. Womit wir bei der Frage wären, ob Rehgeißen während der Brunft einem bestimmten Bock gegenüber ‚treu' sind. Mit einer solchen Beziehung würde die inklusive Eignung des Bockes erhöht.

Treue ist Ricken einfach gemacht. Die Zeit der eigentlichen Brunft dauert höchstens zwei Tage, und die Ricke gestattet die Paarung nur während einer ganz kurzen Zeit von wenigen Stunden. STRANDGAARD (1972) beobachtete an markierten Rehen 25 Paarungen. In keinem einzigen dieser Fälle dauerte die Paarungsbereitschaft einzelner Ricken länger als 24 Stunden, während sie mehrmals von ein und demselben territorialen Bock beschlagen wurden. Bei gefangenen Ricken dauerte die Fortpflanzungsbereitschaft höchstens 36 Stunden.

Die Wahrscheinlichkeit, daß in dieser kurzen Zeitspanne ein zweiter ebenfalls territorialer Bock anwesend ist und unbehelligt zum Zuge kommt, ist äußerst gering. Von einem solchen ungewöhnlichen Fall berichtet VON BAYERN (1975). In seinem steirischen Gebirgsrevier wurde dieselbe Ricke innerhalb von wenigen Minuten von drei verschiedenen

Böcken beschlagen. Die Ricke gehörte aber einem jener Alpenbestände an, die, wie schon erwähnt, mit der Schneeschmelze wandern, so daß vor der Brunft territoriale Böcke und Ricken getrennt sind und deshalb möglicherweise zwischen ihnen keine besonders engen Beziehungen gebildet werden können.

Von ausgesprochen engen persönlichen Beziehungen zwischen territorialen Böcken und Ricken berichtet ELLENBERG (1978): „Manche Böcke und Geißen sieht man im Herbst, Winter und Frühling fast ausschließlich mit demselben Partner – falls sie überhaupt in Gesellschaft beobachtet werden. In der Brunft finden die Partner erneut zusammen. Mehrere solcher ‚Ehen‘ wurden drei und vier Jahre lang beobachtet.“ 1968 vermutete ich Ähnliches, konnte aber wegen der geringen Beobachtungsdauer und infolge von jagdlichen Eingriffen den Beweis über die Existenz von ‚Reh-Ehen‘ nicht führen. Aber auch im waldreichen Beobachtungsgebiet des Berner Oberaargaus hatten die meisten der bekannten Ricken nur mit einem, ausnahmsweise mit zwei Böcken intensiven Sprungkontakt im Winter.

Soweit sind also die eingangs erwähnten Bedingungen zur Hypothese betreffend der Erhöhung der Gesamt-Eignung von territorialen Böcken erfüllt. Sie pflanzen sich zwar nicht mit besonders vielen, aber immerhin mit offenbar sehr ‚treuen‘ Ricken fort, und sie leben besonders im Winter mit diesen zusammen.

Wenden wir uns der zweiten Bedingung zu: Kennen Böcke ihre und fremde Nachkommen, verhalten sie sich den beiden gegenüber verschieden? In der reichen, heute vorliegenden Rehliteratur gibt es die scheinbar widersprüchlichsten Notizen über Beziehungen zwischen Böcken und Kitzen. Einerseits wird beschriebern, daß Böcke Neugeborene töten. Dagegen steht folgende Beobachtung, die ich einst im alpinen Beobachtungsgebiet von Pontresina machte. Am 12. Juli begegnete ein territorialer Bock der bekannten Ricke Wangenfleck, die zwei Neugeborene führte. Der Bock sicherte gegen sie, näherte sich mit schaukelndem Galopp, verhoffte sechs Meter von ihr, schreckte, sprang hoch und flüchtete. Die Geiß hatte nur kurz gegen ihn gedroht. Einen Tag später kam es zu einer erneuten Begegnung zwischen dem Bock und Wangenfleck. Beide ästen längere Zeit nebeneinander.

Böcke verhalten sich aber nicht nur während der Setz- und Säugezeiten Kitzen gegenüber ganz unterschiedlich, sondern auch im Winterhalbjahr. Einerseits greifen sie sie an, wie es etwa GEIGER und KRÄMER (1974) anläßlich ihrer Versuche an künstlichen Futterstellen im Revier Grabs-Ost beschrieben haben, oder ‚beschleunigen‘ allein schon durch ihre Anwesenheit in den Sprüngen die Ablösung von Mutter und Schwester. Andererseits können sie sogar Bockkitze ‚führen‘. Dazu gibt HENNIG (1962) ein eindrückliches Beispiel: „Die Mutter dieser beiden Kitzböcke, eine etwa fünfjährige Ricke, war im Dezember verludert gefunden worden. Die beiden Kitze hatten sich ganz und gar einem alten Bock angeschlossen und wurden von ihm bis in den April hinein geduldet. Regelmäßig traten diese drei Rehe gemeinsam zur Äsung aus und blieben stets dicht zusammen. Das ganze gegenseitige Verhalten glich fast vollständig dem einer führenden Ricke mit ihren Kitzen in der zweiten Winterhälfte.“

Derartige abweichende Verhaltenweisen – fast hemmungsloses Angreifen auf der einen, Fürsorge auf der andern Seite – ließen sich möglicherweise ganz einfach durch verschiedene Charaktereigenschaften verschiedener Böcke erklären, danach wären die einen ‚nett‘ zu Jungtieren, die andern abweisend und aggressiv. ELLENBERG belegte an seinem fast vollständig markierten und während fünf Jahren genau studierten Bestand, daß ein und derselbe Bock beide Verhaltensweisen zeigt, also zu Kitzen nett und auch abweisend sein kann: „Territoriale Böcke sind gegenüber den Nachkommen benachbarter Sippen weniger tolerant als gegenüber den Jährlingen und manchmal auch älteren Nachkommen der in ihrem Territorium ansässigen Geiß(en). Sie jagen erstere kompromißlos, dulden letztere aber während der gesamten Territorialzeit neben sich.“

Er erwähnt noch weitere Beispiele, die in diesem Zusammenhang bedeutend sind. Sie betreffen kämpferische Auseinandersetzungen zwischen Böcken und Ricken, die sehr selten vorkommen. Achtmal beobachtete er, wie ein Bock eine zum Nachbarn gehörige Geiß aus seinem Aktionsraum verscheuchte. Einmal war er Zeuge des Gegenteils: Eine

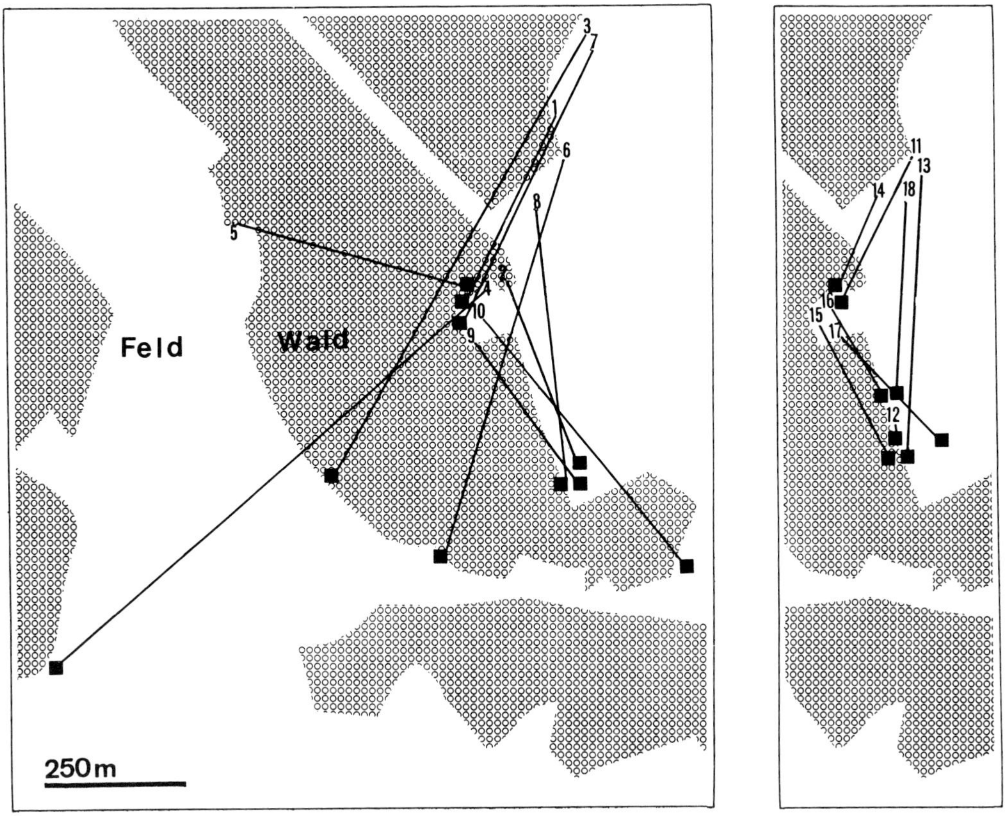

Abb. 43: Standortwahl von Mutter-Kitz-Sprüngen (Quadrate) bezüglich der gleichzeitigen Standorte von Bockkitz-Gruppen (Zahlen). Die Bockkitz-Gruppen sind den Mutter-Kitz-Sprüngen sozial überlegen. Folglich halten sich die beiden Gruppen nie gleichzeitig am gleichen Ort auf. Nachdem sich aber den Mutter-Kitz-Sprüngen ein erwachsener Bock angeschlossen hat, werden die Distanzen zwischen den beiden Sprüngen kleiner (rechts). Die Daten wurden während der Auflösungszeit im Beobachtungsgebiet des Berner Oberaargaus gesammelt

ältere Ricke bedrohte den territorialen Nachbarn auf dessen Exkursion in ihr Gebiet. Alle diese Beobachtungen sprechen für eine starke Tendenz zur Familienbildung. Ein Bock, der treue Ricken hat, diese und ihre Nachkommen von anderen Rehen unterscheiden kann, mit ihnen nett, mit fremden aber abweisend ist, erhöht durch dieses Verhalten zweifellos seine Gesamt-Eignung. Familien oder Ein-Mann-Gruppen sind bei hoher Bestandesdichte und damit hoher innerartlicher Konkurrenz sicher von Vorteil. Wie sich diese Vorteile auf Ricken und Kitze auswirken, sei im Folgenden dargestellt.

6.8 Ein-Mann-Gruppen

Rangordnungen bei Rehen – so ist aus den Untersuchungen von GEIGER und KRÄMER (1974) klar geworden – verlaufen nach verhältnismäßig einfachem Muster: Böcke dominieren Bockkitze, diese ältere Ricken und diese wiederum jüngere. Rangordnungen sind auch ortsabhängig: Ein territorialer Bock ist im Winter um so ranghöher, je näher er an seinem (Sommer-)Territorium steht; Geißen sind um so ranghöher, je früher sie an einer (Futter-)Stelle eintreffen.

Begegnungen an Futterstellen, die wie im

Beobachtungsgebiet bei Pontresina in schneereichen Wintern häufig sind, verlaufen je nach Zusammensetzung der Sprünge nach folgendem Muster: Treffen zwei Sprünge ohne erwachsene Böcke oder Bockkitze zusammen, dann verjagt die stärkere die schwächere Ricke und deren Gefolge. Treffen Sprünge mit je einem erwachsenen Bock zusammen, wird der Platzvorteil durch die beiden Böcke entschieden. Der stärkere und an diesem Ort ‚territorialere' verjagt den andern und dessen Sprungmitglieder. Eine Mutterfamilie ohne Bockkitz und erwachsenen Bock muß einem Sprung mit Bockkitz weichen usw.

Die Bedeutung von Böcken in der Hierarchie zwischen einzelnen Sprüngen wurde mir erstmals deutlich vor Augen geführt, als ich die bereits erwähnten, handaufgezogenen Bockkitze auswilderte (siehe Seite 95): Diese bezogen bald ein Gebiet, das vorher in den Aktionsraum der Rickensippe I gehörte. Während der Auflösungszeit konnte ich zwar einmal feststellen, daß die beiden erwachsenen Geißen der Sippe mit ihren Angehörigen Gruppenkontakt mit den Ausgesetzten und das Gebiet mieden, in dem die fremden Bockkitze wohnten. Trotzdem überschnitten sich die Wohngebiete. Sippenmitglieder und Bockkitze traten aber nie zur selben Zeit am selben Ort auf. Zwischen beiden Gruppen wurde immer eine minimale Distanz gehalten (Abb. 43). Als aber die Sippe plötzlich mit einem erwachsenen Bock zusammen auftrag, verkleinerten sich die jeweiligen Distanzen zwischen fremden Bockkitzen und Mitgliedern der Sippe I. Die jeweiligen Standorte wurden nicht mehr durch die Bockkitze, sondern durch die Sippe mit dem sie begleitenden erwachsenen Bock bestimmt.

Für eine Mutterfamilie ist es demnach von Bedeutung, daß sie in futterknappen Zeiten von einem Bock begleitet wird, am besten einem erwachsenen und ortsansässigen, der die Mitglieder kennt und mit ihnen nett ist. Zwar profitiert dieser von den Innovationen und Kenntnissen der führenden Ricke(n) über Futterpflanzen und Äsungsorte, umgekehrt schützt er sie aber vor Konkurrenz und vor der Tatsache, daß andere nichtverwandte Rehe möglicherweise die rangtiefen, aber erfahrenen führenden Geißen imitieren.

Die bisherigen Ausführungen über Ein-Mann-Gruppen bezogen sich auf Beispiele aus dem Winterhalbjahr, in dem Rehe größere Gruppen bilden. Wie liegen aber die Verhältnisse im Frühjahr und Sommer, zu einer Zeit, während der die Ricken sich allein auf Setz- und Aufzuchtplätze zurückziehen und die Böcke territorial sind?

Im Beobachtungsgebiet im Berner Oberaargau überschnitten sich die Wohnräume zwischen beschlagenen oder führenden Rikken während des ganzen Jahres mit Ausnahme der Setzzeit, wo es kaum zu Überschneidungen kam. Jedenfalls lagen die Liegeplätze und Aufzuchtzonen der Kitze außerhalb der Aktionsräume der Böcke (Abb. 44). Aufgrund dieser Befunde sprach ich von Revierverhalten zwischen erwachsenen Böcken und führenden Geißen (Kurt 1968), weil sich ihre Wohnräume nur an den Grenzen überschnitten, weil Böcke führenden Geißen auswichen, und weil ich annahm, daß Harnmarken der Ricken, die sie regelmäßig an denselben Stellen abgaben und die von den Böcken kontrolliert wurden, als Reviermarken dienten. Ähnliche Beobachtungen, sie stammen aus einem damals sehr dünn besiedelten Gebiet, wurden später weder von Strandgaard (1972) noch von Ellenberg (1978) gemacht. Sie fanden nicht die für viele Hirscharten typische soziale Raumorganisation, wonach Männchen die Gebiete meiden, in denen Neugeborene leben (Kurt 1988b). Kitze konnten nach ihren Studien durchaus innerhalb der Territorien bestimmter Böcke aufgezogen werden.

Als im Rehgatter Stammham der Bestand immer deutlicher anwuchs, lagen die Aufzuchtgebiete fast vollständig innerhalb der Bockterritorien. Es schien auch ein Zusammenhang zu bestehen zwischen dem Überschneidungsgrad von Aufzuchtgebieten mit Bock-Territorien und dem Erfolg der Kitzaufzucht: Der Aufzuchterfolg war um so größer, je klarer die Beziehung zwischen einem Aufzuchtgebiet und einem bestimmten Territorium war.

Zwischen 1972 und 1976 kartierte Ellenberg 109 Aufzuchtgebiete. Davon lagen 78 innerhalb eines einzigen Territoriums, 21 überlappten sich räumlich mit zwei oder mehr Bock-Territorien und zehn lagen teilweise (zu zehn oder mehr Prozent der Fläche) außerhalb von Territorien. Der größte Fortpflanzungserfolg wurde auf Aufzuchtzonen

Abb. 44: Überschneidung der Wohnräume adulter, führender Geißen mit denjenigen von Böcken; senkrecht schraffiert = Böcke; waagerecht schraffiert = Geißen; schwarz = Areale, in welchen die Kitze liegen. Verhältnisse aus dem Fribachmoos (1965)

erzielt, die innerhalb eines einzigen Territoriums lagen. Auf 68 davon (87 %) überlebte im August wenigstens noch ein Kitz. Dies traf auf Aufzuchtzonen, die sich mit zwei oder mehr Territorien überschnitten, nur 14 mal (67 % der Fälle) zu. Aufzuchtgebiete, die teilweise außerhalb von Bock-Territorien lagen, verzeichneten den geringsten Erfolg. Nur in 60 % der Fälle überlebte im August noch wenigstens ein Kitz.

Rehgeißen sind bei geringer Wilddichte für den Erfolg ihrer Kitzaufzucht sicher nicht auf Bock-Territorien angewiesen. Unter den Verhältnissen hoher Bestandesdichte, wie sie in Stammham herbeigeführt wurden, erhöht aber die klare Zuordnung von Aufzuchtzone zu dem Territorium eines bestimmten Bockes den Überlebenserfolg. Mit zunehmender Bestandesdichte erhält das Territorium somit eine zweite, für die Ein-Mann-Familie wichtige Bedeutung. Bei geringer Dichte erhöht der Rehbock durch Besitz eines Territoriums lediglich seine Eignung, indem er Konkurrenz ausschließt und dadurch das Ressourcen-Angebot für sich und für ein oder zwei Schmalrehe verbessert. Bei hoher Dichte erhöht er aber durch Territorialverhalten gegen fremde Rehe und Duldung seiner eigenen Nachkommen und deren Mütter die Überlebenschance der gesamten Ein-Mann-Familie. Die perfekteste Ein-Mann-Familie entsteht demnach einerseits unter Bedingungen hoher innerartlicher Konkurrenz und zweitens dort, wo sich der Lebensraum ebenso für die Etablierung eines Territoriums eignet wie auch als Aufzuchtzone. Dies ist in waldreichen Gebieten der Fall, nicht aber in waldarmen Landschaften.

Die Ein-Mann-Familie ist von ihrer stabilen Struktur her gesehen die perfekteste soziale

Organisationsform der Rehe. Sie ist aber nicht ganz fehlerfrei. Rehgeißen erhöhen, wie erwähnt, ihre Gesamteignung einerseits, indem sie bei hoher Bestandesdichte mit verwandten Ricken näher zusammenrücken, sie und deren Nachwuchs dulden, möglicherweise sogar gemeinsam Kitze aufziehen oder solche adoptieren. Diese Sippenbildung entsteht aber andererseits dadurch, daß nichtverwandte Ricken aus den Verbänden und aus den Sippenwohnräumen vertrieben werden. Böcke dagegen erhöhen ihre Gesamteignung unter anderem dadurch, daß sie mit möglichst vielen Ricken enge Beziehungen aufnehmen.

Was geschieht nun aber, wenn ein Bock ein Schmalreh einer fremden Sippe bei sich *zu Hause* einführt, wo eine bereits etablierte, streng organisierte Sippe mit ihm den Wohnraum teilt? ELLENBERG (1978) notierte solche Fälle. In den Herbst- und Wintersprüngen werden solche vom territorialen Bock ‚vermittelte' fremde Schmalrehe von den Mitgliedern der ansässigen Sippe nur widerstrebend geduldet und noch im folgenden Frühjahr gejagt. Die erschwerte Integration wirkt sich auch auf den Nachzuchterfolg aus. Diese Schmalrehe gehen über, d. h. sie setzen erst mit drei anstatt schon mit zwei Jahren ihre ersten Nachkommen; sie müssen mit den wenig geeigneten Aufzuchtplätzen vorlieb nehmen, setzen oft nicht, oder ihre Kitze gehen früh ein.

7 Feldrehe: Offene Gesellschaften

Weibchensippen und Ein-Mann-Familien, wie sie im vorangegangenen Kapitel beschrieben worden sind, treten bei Rehen nur in waldreichen Gebieten auf. In ihnen sind die für Territorien und Aufzuchtzonen nötigen Requisiten innerhalb gleicher Zonen vorhanden. Die Lebensräume von Kitzen, Ricken und territorialen Böcken überschneiden sich so während des ganzen Jahres, und besonders unter Bedingungen hoher Bestandesdichten sichern Sippenbildung und Ein-Mann-Familien das Überleben angeschlossener Mitglieder besser als jede andere Organisationsform.

Rehe leben aber nicht nur in Waldlandschaften, deren ökologische Ressourcen mittelfristig voraussagbar sind, sie bewohnen auch Schilfgürtel, die Flächen austrocknender Seen und vor allem moderne Agrarlandschaften, in denen Wälder und Feldgehölze selten sind oder sogar fehlen. Solche Feldrehe (Abb. 45) sind, wie noch zu zeigen ist, anders organisiert als Waldrehe. Im Winter verhalten sie sich „in mancher Hinsicht ähnlich wie typische Herdentiere der Steppenzone", meint PIELOWSKI (1977), einer der besten Kenner der Feldrehe, und er fährt fort: „Die sommerliche Raum- und Sozialstruktur der Feldrehpopulationen ist die gleiche wie beim Waldreh. Mit beginnendem Frühjahr zerfallen die Winterrudel, und bis Sommerende fristet jedes Stück ein individuelles Dasein." Allerdings unterscheiden sich Feldrehe auch im Sommerhalbjahr, wenn die Felder reiche Deckung bieten, beachtlich von den Waldrehen, wie noch dargestellt wird. Einschränkend sei erwähnt, daß die hier referierten Beobachtungen nicht nur aus dem osteuropäischen Raum stammen, wo Feldrehe zuerst beschrieben wurden, sondern vor allem aus Gebieten in Dänemark und der Schweiz, wo der Waldanteil sehr gering ist.

7.1 Zusammenschluß und Auflösung

An Sippenbildung und -zusammenhalt, also an die Tatsache, daß beim Reh nur engverwandte Ricken und ihre Nachkommen zusammenleben, gemeinsame Aktionsräume bewohnen und ihre Jungen neben- und viel-

Abb. 45: Feldrehe (Foto: W. Henkel)

leicht sogar miteinander aufziehen, konnte STRANDGAARD (1972) aufgrund seiner Erfahrungen, die er an einem nahezu ganz markierten Bestand erbracht hatte, nicht glauben, auch nicht an Ein-Mann-Gruppen. Als Grund seines berechtigten Zweifels an derartigen stabilen Sozialbeziehungen erwähnte er eine Gruppe von durchschnittlich acht, maximal 14 Rehen, die er während der zweiten Februarhälfte insgesamt zehnmal beobachtet hatte. Zunächst fiel ihm auf: Es handelte sich in Wirklichkeit bei diesen 14 Rehen um 21 verschiedene Tiere!

Die familiären Beziehungen der Rehe waren STRANDGAARD zum Teil bekannt. So war die Ricke Nr. 88 beispielsweise die Mutter von Bockkitz Nr. 71 und von den beiden Geißkitzen Nr. 69 und Nr. 84. Nr. 10 war ein Kitz der Ricke Nr. 12, die zu dieser Zeit aber bereits tot war. Betrachtete STRANDGAARD im Februar nur diese sechs Tiere, so fiel ihm auf, daß Ricke Nr. 88 zwar siebenmal in besagter Gruppe aufgetaucht, aber nur zweimal von allen ihren drei Kitzen begleitet war. Fünfmal hatte sie lediglich zwei davon bei sich. Einmal kamen alle drei Kitze und einmal zwei ohne ihre Mutter. An einem Tag war überhaupt keines der vier eindeutig markierten Tiere in der Gruppe. Nr. 88 trat an einem Abend wiederum mit drei Kitzen aus, zwei weiblichen und einem männlichen. Anzahl und Geschlecht der Kitze sprachen dafür, daß sie mit ihren eigenen Kitzen erschienen war. In Wirklichkeit fehlte aber der Sohn (Nr. 71). An seiner Stelle stand das mutterlose Bockkitz Nr. 10 auf dem Feld. Wären diese Rehe unmarkiert gewesen, so hätte man sie höchstwahrscheinlich verwechselt.

STRANDGGARD gibt ein weiteres Beispiel dieser Art. Die Geiß Nr. 33 sah er im April 1966 in Begleitung von elf verschiedenen Rehen. Darunter befanden sich fünf verschiedene Geißkitze, drei verschiedene Bockkitze und drei verschiedene mehrjährige Geißen. Faßt man die Daten zusammen, die STRANDGAARD zwischen Februar und April über 14 mehrjährige Geißen und deren ebenfalls markierte Sprungpartner aufgenommen hat, so ergibt sich folgendes Bild: Geißen hatten mit drei bis neun anderen mehrjährigen Geißen (Mittel 6,5) Sprungkontakt, ebenso mit zwei bis dreizehn Bockkitzen (Mittel 5,7), mit einem bis zehn Geißkitzen (Mittel 6,2) und mit höchstens drei erwachsenen Böcken (Mittel 1,2). 8 bis 26 verschiedene Sprungpartner (Mittel 19,6) sind bei Rehen, die, wie ELLENBERG und ich postuliert hatten, in geschlossenen Weibchensippen organisiert sind, nicht möglich.

Die beiden bis heute langfristigsten und umfangreichsten Rehstudien von ELLENBERG und STRANDGAARD weichen also in einem ganz wesentlichen Punkt voneinander ab. Aufgrund der großen Zahl eindeutig markierter Rehe konnten sich in keinem Fall Irrtümer einschleichen. Beide Meinungen müssen folglich stimmen: Rehe leben entweder in geschlossenen Weibchensippen oder in mehr oder weniger offenen Gesellschaften. Die Ursachen, die dazu führen, gilt es zu ergründen.

Weibchensippen, wie sie ELLENBERG und ich beschrieben haben, kommen offenbar nur in waldreichen Gebieten vor. ELLENBERGS Rehgatter war praktisch voll bewaldet, und auch mein Beobachtungsgebiet im Berner Oberaargau war waldreich. Kalö dagegen ist eine kleine Waldinsel innerhalb einer fast waldlosen Kulturlandschaft. Offene Organisationen beim Reh wurden beispielsweise von PIELOWSKY (1977) aus großflächig angebauten Agrarlandschaften Polens beschrieben: „Im Gegensatz zum Waldreh, das auch im Winter einzeln oder in kleinen Sprüngen lebt, kommt es beim Feldreh zur Rudelbildung, was zweifellos eine Anpassung an das Leben auf offenen Flächen darstellt. Gruppen von 30 bis 40 Stück sind keine Seltenheit . . . Bei strengen und schneereichen Wintern bilden sich Rudel bis zu 100 Tieren.

Auch FREY (1972), die in waldarmen Kulturlandschaften des Zürcher Unterlandes Rehe während der Auflösungszeit beobachtet

Abb. 46a: Sprungkontakte zwischen bekannten Rehen in waldarmen Gebieten des Zürcher Unterlandes im März, April und Mai (nach FREY 1972). Dunkle Linien = sehr häufig; Doppellinien = häufig; einfache Linien = wenig; gestrichelte Linie = sehr selten; ausgefüllte Zeichen = adulte Tiere; halbausgefüllte Zeichen = subadulte Tiere; leere Zeichen = Juvenile.
In waldarmen Gebieten werden bis ans Winterende zum Teil große Sprünge gebildet. Einzelne Tiere haben mit mehr Artgenossen Kontakt, als es in Rehbeständen in waldreichen Gebieten der Fall ist

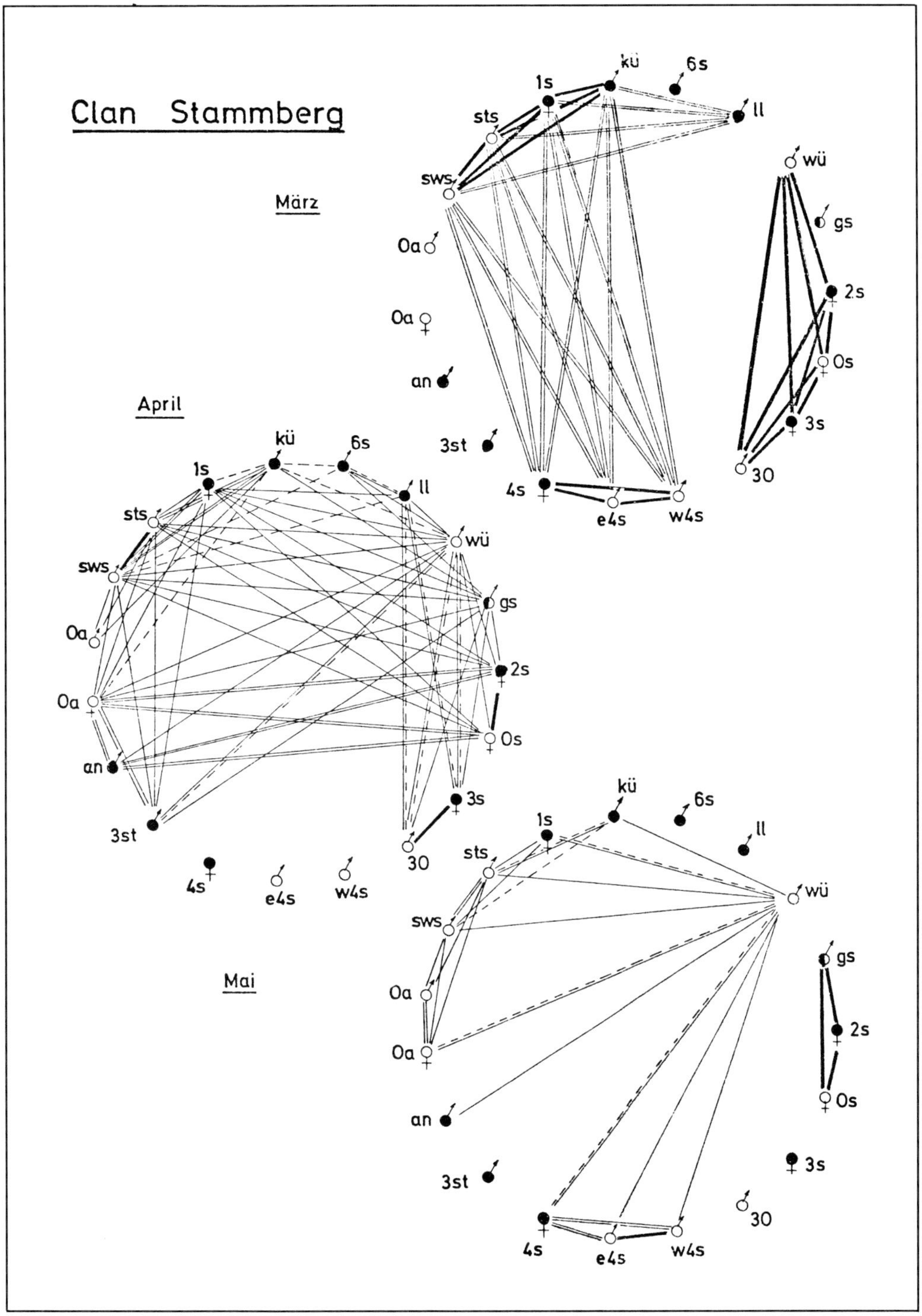
Clan Stammberg
März
April
Mai
1s
kü
6s
ll
sts
sws
wü
gs
2s
0s
3s
30
0a
0a
an
3st
4s
e4s
w4s

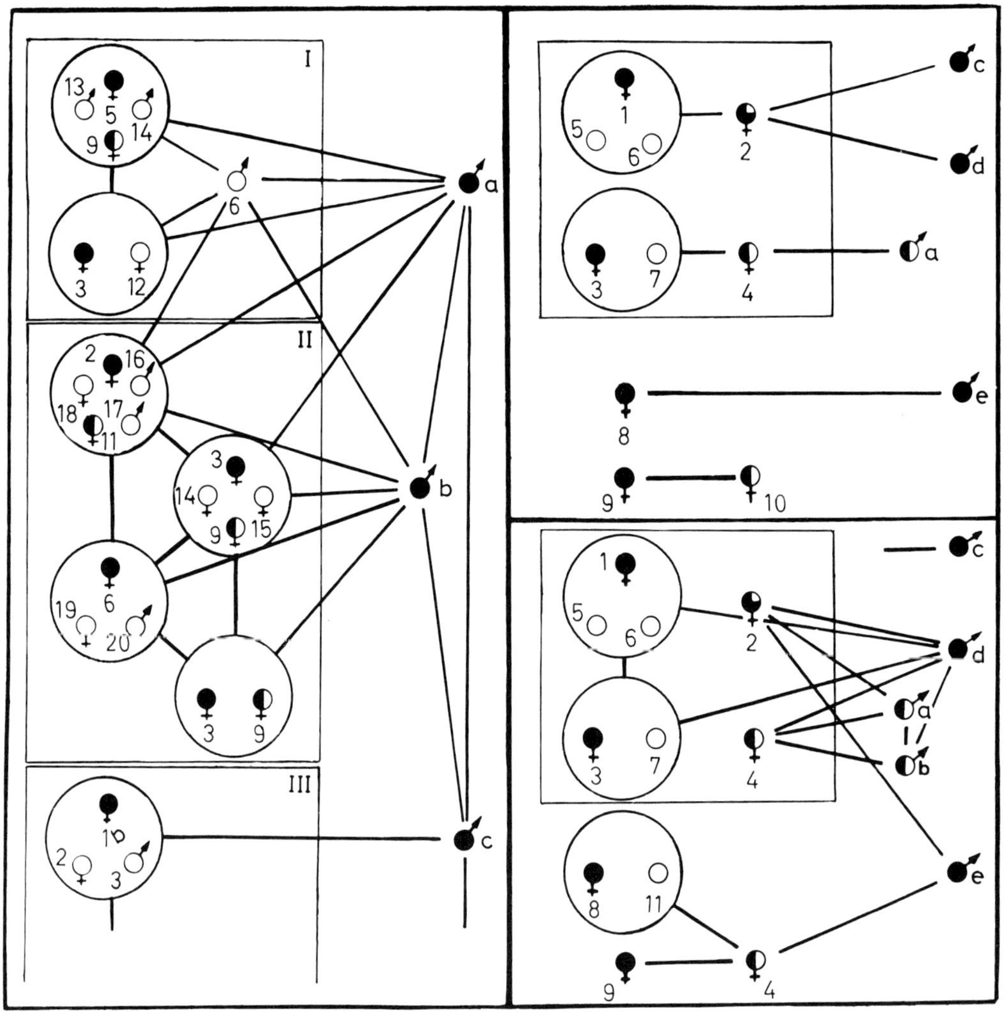

Abb. 46b: Graphische Darstellung der sozialen Beziehungen zwischen den Mitgliedern einer Population; Mutterfamilien sind in einem Kreis zusammengefaßt. Die Striche geben an, zwischen welchen Tieren bzw. Mutterfamilien gemeinsame Sprünge gebildet wurden. Ausgefüllte Zeichen: adulte Tiere; halbausgefüllte Zeichen: subadulte Tiere; leere Zeichen: juvenile Tiere. Links: Verhältnisse aus dem Fribachmoos während der Wintermonate und der Auflösungszeit (1965). Rechts oben: Verhältnisse aus dem Blaisenwiesen (1964) während der Setzzeit. Rechts unten: Verhältnisse aus den Blaisenwiesen (1964) während des Beginnens der Brunft

hatte, kam zu Ergebnissen, die sich kaum im oben erwähnten Sinne erklären lassen. Die Clans, wie sie die Bestände einzelner mehr oder weniger großer Feldgebiete nannte, entsprachen nicht dem gewohnten Sippenbild (Abb. 46).

Im Zizerser Feld im Churer Rheintal, wo GEIGER (1983) die soziale Organisation von Rehen beschrieben hat, werden Gruppen täglich neu gebildet. Dies verhindert offenbar die Abtrennung von bestimmten, aufgrund familiärer Beziehungen organisierten Gruppen. GEIGER prüfte dies anhand individuell markierter Rehe und kam zu dem Schluß, daß isolierte Gruppen, wie sie von Waldpopulationen bekannt sind, nicht existieren. „In offenen Agrarlandschaften", so lautet sein Fazit, „leben Rehe nicht in geschlossenen Gruppen oder Sippen, vielmehr gehen sie lockere ortsabhängige Beziehungen zu vielen Individuen im selben Raum ein." Die lockeren, ortsabhängigen Beziehungen gestatten ein flexibles System von Zusammenschluß und Auflösung, das die stark schwankenden Ressourcen besonders bezüglich der Deckung in der intensiv genutzten Agrarlandschaft tages- und jahreszeitlich bestmöglich auszunützen gestattet.

In waldarmen oder waldlosen Lebensräumen, so läßt sich aus den Studien von FREY, GEIGER, PIELOWSKI und STRANDGAARD schließen, organisieren sich die Rehbestände anders als in Waldgebieten: Erstens bilden sie im Winterhalbjahr große Verbände, die mehr Mitglieder umfassen als alle bekannten Sippen. Zweitens gehen sie (auch im Sommerhalbjahr) mit mehr verschiedenen Rehen soziale Verbindungen ein, als dies möglich wäre, wenn sie nur innerhalb einer Sippe verkehren würden. Wie es zu diesen beiden wesentlichen Änderungen kommt oder kommen könnte, sei im folgenden erläutert.

7.2 Traditionelle Böcke und anpassungsfreudige Geißen

In Kalö etablierten die Böcke im Sommerhalbjahr ihre Territorien nach dem bereits beschriebenen Muster, und sie behielten sie auch zeitlebens bei. Veränderungen gab es kaum. Böcke sind, ökologisch betrachtet, also sehr konservativ. Territoriumbesitz garantiert in einem waldreichen Gebiet dem Territoriumbesitzer alljährlich den Fortpflanzungserfolg.

In Kalö war es anders: Im Sommer 1966 zählte STRANDGAARD in seinem Forschungsgebiet elf territoriale Böcke und wenigstens 39 fortpflanzungsfähige Ricken. Das Geschlechterverhältnis der paarungsbereiten Rehe betrug demnach 3,5 Geißen auf einen Bock. Verglich er dann aber die tatsächliche Verteilung der Geißen, so fand er alles andere als eine gleichmäßige Zuordnung. In einem der Territorien stand während der Brunftzeit überhaupt keine Ricke, in einem war es eine, in drei fanden sich jeweils zwei, in einem drei und in den restlichen fünf bis neun.

Im folgenden Jahr (1967) lebten in seinem Beobachtungsgebiet zehn Territoriumbesitzer und je ein drei- und ein zweijähriger Bock. Letztere lebten in einem Gebiet, das keinen Territoriumbesitzer mehr hatte. STRANDGAARD nahm an, daß folglich auch diese beiden Nichtterritorialen an der Brunft teilnehmen könnten. Alles in allem waren somit zwölf fortpflanzungsbereite Böcke im Gebiet, wo sich jetzt wenigstens 38 fortpflanzungsfähige Ricken aufhielten. Auf einen Bock kamen demnach wenigstens drei Ricken. Aber auch jetzt stellte sich alles andere als eine gleichmäßige Verteilung ein. Wiederum gab es Böcke, die keine oder weniger Ricken, und andere, die viele Ricken hatten. Die Erfolgreichen waren nicht in jedem Fall auch im Vorjahr erfolgreich gewesen. Der Bock, dem 1967 zehn Ricken zur Verfügung standen, hatte ein Jahr früher keine einzige in seinem Territorium.

Die ungleiche, von Jahr zu Jahr wechselnde Verteilung der Ricken (Abb. 48) ist, so STRANDGAARD, die natürliche Konsequenz der Tatsache, daß Weibchen ganz bestimmte (Feld-)Gebiete vorziehen. Territoriale Böcke dagegen sind an bestimmte, konservativ beibehaltene Gebiete gebunden. Deshalb haben Männchen, deren Territorien in einem bestimmten Jahr die meisten der von den Ricken bevorzugten Nutzpflanzen enthalten, viele Weibchen. Böcke dagegen, deren Reviere wenig oder keine dieser Pflanzen enthalten, müssen sich mit weniger Weibchen begnügen oder sogar auf sie verzichten.

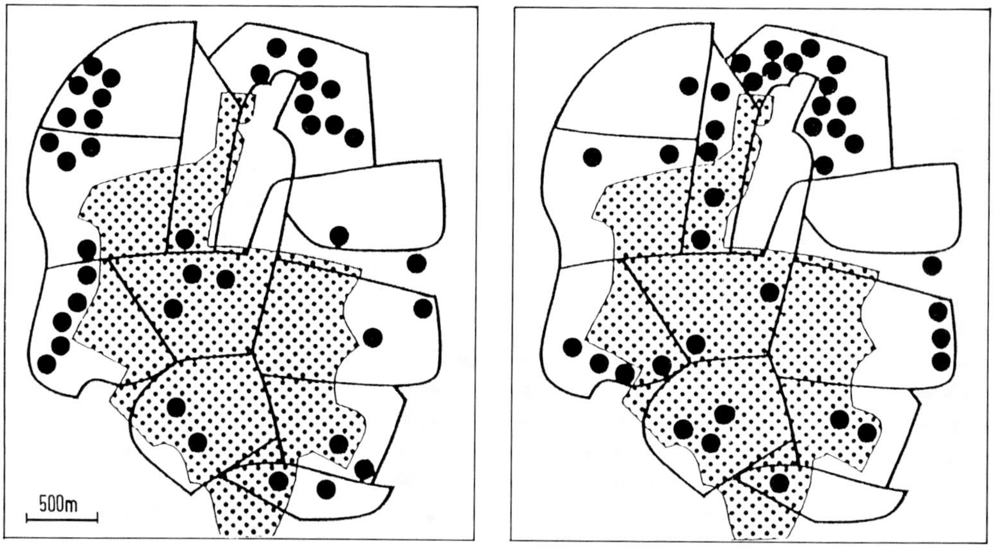

Abb. 47: Anordnung der Bockterritorien, verglichen mit den Standorten von Rehgeißen im Sommerhalbjahr im feldreichen Forschungsrevier von Kalö (nach STRANDGAARD 1972). Links: 1966; rechts 1967). Die Bockterritorien haben in beiden Jahren gleichen Grenzverlauf. Die Geißen dagegen sind jedes Jahr anders verteilt

In Kalö gab es aber nicht nur die konservativen den Wald und Waldrand bewohnenden Territorialen. Jüngere Böcke, meist ein- oder zweijährige, zogen ähnlich wie die Geißen in die offenen Felder hinaus, etablierten dort, je nach vorhandenem Angebot an Äsung und Deckung, ihre Jahres-Territorien und gelangten, wie STRANDGAARD wiederholt beobachtete, zur Fortpflanzung.

Mehr noch: Bei einer polnischen Feldrehpopulation in der Nähe von Czempin bemerkte PIELOWSKI (1983) eine sich von Jahr zu Jahr verfestigende Herdenstruktur. „Auf großen Luzerne- und Silageroggenschlägen verweilen gegenwärtig noch bis Ende Mai große Rehwildrudel mit zehn oder mehr erwachsenen Böcken in ihrem Bestand, die nicht die geringsten Anzeichen von Territorialverhalten, also u. a. auch gegenseitige Aggressivität aufweisen“, schreibt er.

Bei polnischen Feldrehen, die sich überhaupt nie im Wald aufhalten, lohnt sich Territorialität wegen des sich rasch ändernden Angebotes an Nahrung und Deckung, wie bereits früher postuliert (siehe Seite 126), offenbar nicht.

Bei Feldrehen lassen sich bestimmte Geißen nicht mehr wie bei den Waldrehen bestimmten Böcken zuordnen. Zudem kommen auch junge Böcke zur Fortpflanzung. Mehr noch: In seiner sehr detaillierten Studie bemerkt STRANDGAARD nicht, daß territoriale Böcke bestimmte, ihnen offenbar persönlich bekannte Jährlinge eher dulden als andere. Das einzige Kriterium für eine solche Duldung ist ihr Entwicklungsgrad. Starke werden verjagt, Schwache dürfen bleiben.

Verhaltensweisen, die wie in der Studie von ELLENBERG darauf deuten, daß Böcke ihre eigenen Nachkommen bevorzugen, liegen nicht vor. Dies ist auch deshalb nicht zu erwarten, weil die Setz- und Aufzuchtsplätze, die auf den Feldern liegen und von STRANDGAARD anläßlich von Markierungsaktionen teilweise kartiert wurden, sich jedes Jahr an anderen Stellen fanden. Die Vorteile, die sich für führende und brunftige Ricken aus der Nutzung wandernder Ressourcen, in diesem Fall die jährlich anders verlegten Nutzpflanzen, ergeben, überwiegen offenbar die Nachteile, die sich aus dem jahrelangen ‚treuen‘ Zusammenleben mit einem meistens waldbewohnenden, territorialen Bock ergeben würden. (In Kalö gab es allerdings auch einige waldbewohnende Ricken, die von Jahr zu Jahr denselben Aktionsraum bewohnten.)

Im waldlosen Feldreh-Gebiet von Czempin, so fand PIELOWSKI (1983), bilden mehrere Geißen, die frischgesetzte Kitze führen, gemeinsame Rudel. Auch in dieser Beziehung unterscheiden sich Feldrehe von Waldrehen.

Dazu seien noch die Daten von GEIGER (1983) aus dem Zizerser Feld erwähnt. Während der Brunftzeit prüfte er bei seinen markierten Böcken und Ricken, ob sie mit einem ganz bestimmten Reh mehr soziale Beziehungen aufnehmen und häufiger im gleichen Sprung vorkommen als mit irgendeinem anderen Partner derselben Klasse. Mit der für Waldrehe so typischen ‚ehelichen Treue' scheint es bei den Feldrehen im Zizerser Feld nicht weit her zu sein. Sogar während der Brunft konnte eine Ricke mit wenigstens zwei verschiedenen Böcken Kontakt aufnehmen. Dabei war es für sie weniger relevant, ob es sich bei diesen um ältere oder jüngere handelte. Auch aus alpinen Gebieten, wo Ressourcen bergwärts wandern, wurden Paarungen zwischen einer Geiß und mehreren Böcken beschrieben (siehe Seite 147).

Wandernde Ressourcen bewirken neben einer offensichtlichen Durchmischung des Bestandes auch eine Vergrößerung der Aktionsräume. Rehrudel sollen nach PIELOWSKI (1977) in Polen im Winter Wohnräume von 100 bis 200 Hektar bewohnen.

7.3 Fehlende Deckung

Fehlende Deckung bewirkt bei allen bekannten Hirscharten, die neben Waldlandschaften auch offene Gebiete bewohnen, eine Vergrößerung der Gruppen. Dies trifft für den Axishirsch *(Axis axis)* ebenso zu wie für den Schweinshirsch *(Axis porcinus)*, den Sambar *(Cervus unicolor)*, den Weißwedelhirsch *(Odocoileus virginianus)* und die südamerikanischen Vertreter der Neuwelthirsche (MCARTHUR 1988; KURT 1978 und 1988a; HIRTH 1977). Bei den Rehen im Zizerser Feld fand GEIGER (1983), daß die Gruppengrößen mit der Entfernung zum nächsten Wald signifikant zunehmen. In einer Distanz bis zu 800 Metern vom nächsten Waldrand enthalten sie durchschnittlich 3,6, zwischen 800 und 1600 Metern Entfernung 3,8 und bei mehr als 1600 Metern Abstand 4,8 Mitglieder. Im Frühjahr bestanden alle auf dem offenen Feld ausgezählten Gruppen zu 50 % aus mehr als zehn Mitgliedern. Derartig große Gruppen machten in Waldnähe nur 12 % aller Gruppen aus.

Verschiedene Hypothesen wurden bisher formuliert über Ursachen und Bedeutungen dieser auffallenden, allgemein für Huftiere geltenden Regel, wonach in offenem Gelände die Gruppengrößen zunehmen. Die einleuchtendste und weitverbreitetste Hypothese betrachtet es als Anpassung zur Feindvermeidung (z. B. EISENBERG 1966; HAMILTON 1971). Die Feindvermeidungs-Hypothese besagt, daß verhältnismäßig große Huftiere, wenn sie sich in dichter Deckung aufhalten, Widersacher am besten vermeiden, indem sie einzeln oder in kleinen Gruppen stehen. Größere Verbände könnten sich hier Feinden nicht entziehen und würden sofort entdeckt.

Im offenen Gelände ist es umgekehrt: Huftiere sind zu groß, um im deckungslosen Gelände zu äsen, ohne entdeckt zu werden. Um aber einem Widersacher durch rechtzeitige Flucht zuvorzukommen, bewährt sich die große Gruppe. Viele Nasen, Augen- und Ohrenpaare merken mehr als wenige. Deshalb kommen die Arten, die in offenem Gelände leben, auch in größeren Gruppen vor als Arten, die den Wald bewohnen, und deshalb werden nach der Feindvermeidungs-Hypothese von Arten, die Wald wie Feld bewohnen, sofort größere Gruppen gebildet, wenn sie sich in deckungsarmem Gelände aufhalten. Große Gruppen entdecken Widersacher nicht nur früher als Einzeltiere oder die Mitglieder von kleinen Gruppen, es sinkt auch die Wahrscheinlichkeit, von einem Widersacher erwischt zu werden. Sie entspricht in etwa der Anzahl der Mitglieder der Gruppe.

In offenem Gelände schließen sich Rehe, wenn Artgenossen fehlen, auch anderen Huftieren an. Bei Pontresina im Oberengadin zum Beispiel überwintern wenige Rehe an sonnigen Hängen auch oberhalb der klimatischen Waldgrenze. Dort halten sie sich ausschließlich in Steinbockrudeln auf, äsen, ruhen und verschieben sich zusammen mit diesen.

Neben der Feindvermeidungs-Hypothese,

nach der jedes Gruppenmitglied in offenem Gelände seinen Nachbarn gewissermaßen als Deckung vorschiebt, möchte ich noch zwei andere Hypothesen erwähnen, die Beachtung verdienen. Die erste betrifft Futterplätze und Pflanzenwuchs. Die Dichte von Äsungspflanzen allein könnte schon eine einzelgängerische bzw. eine Lebensweise in Großverbänden erklären. In Waldgebieten erreicht verhältnismäßig wenig Sonnenlicht den Boden. Folglich ist die für Huftiere erreichbare Bodenvegetation zu dünn, um größere Verbände zu ernähren. In offenen Landschaften erreicht Sonnenlicht überall den Boden. Es wächst mehr Nahrung für Huftiere. Diese können unter Umständen in größeren Beständen vorkommen. Soweit ist aber nicht erklärt, warum die Gruppen größer sein müssen. In großen Gruppen ist die Konkurrenz um Nahrung zwischen den Mitgliedern erhöht und müßte so eigentlich die Bildung von Kleingruppen fördern.

Der konkurrenzbedingte Nachteil der gruppenweisen Nahrungsaufnahme könnte allerdings durch folgende Vorteile überwogen werden (Krebs et al. 1972): Durch intensive Äsung in Großverbänden werden sofort die bereits genutzten Gebiete vielen Mitgliedern des Bestandes bekannt. Sie wissen, daß sich hier die Nahrungssuche nicht mehr lohnt. Diese Kenntnis reduziert die Futtersuchzeiten, die bei Kleingruppen nötig wären, um passende Nahrung zu finden. Stark beäste Gebiete könnten sich so nach kurzer Nutzung während verhältnismäßig langer Zeit wieder erholen. Auch in Anbetracht dieser Weide-Hypothese wäre es für waldbewohnende Huftiere immer noch vorteilhaft, eine Strategie der Futtersuche in Kleingruppen oder als Einzeltiere zu haben. Denn ungleiche Sonneneinstrahlung, wie sie im Wald üblich ist, bedingt eine starke Variation des Nährstoffgehaltes einzelner Pflanzen oder Pflanzenteile und macht eine genaue Prüfung jeder einzelnen Pflanze vor dem Äsen notwendig.

Logischerweise sollte die Gruppengröße aber auch von der Bestandesdichte mitbestimmt werden. Zur Bildung von großen Gruppen ist sicher eine gewisse Mindestpopulationsgröße notwendig. Zwar bemerkte Pielowski (1983), daß in polnischen Feldreh-Gebieten die Rudel mit zunehmender Bestandesdichte größer werden. Trotzdem korreliert die Gruppengröße nicht, wie man annehmen könnte, streng mit der Bestandesdichte. In den polnischen Feldrehgebieten, wo im Winter Rudel mit 100 und mehr Mitgliedern gebildet werden, liegt die Bestandesdichte bei 10 bis 15 Tieren auf 100 Hektar (Pielowski 1977) und ist somit ungefähr gleich hoch wie in den südpolnischen Waldgebieten (Bobek et al. 1976), wo keine derartig großen Wintersprünge gesehen werden.

Im Zizerser Feld, wo Geiger (1983) für das ganze Beobachtungsgebiet eine Bestandesdichte von 27 Rehen auf 100 Hektar berechnet hat, steigt die Wilddichte in dem einzigen kleinen Wald im Winter tagsüber auf mehr als 100 Rehe pro 100 Hektar und ist in waldnahen Zonen doppelt so hoch wie in waldfernen. Trotzdem werden, wie schon erwähnt, im Wald oder in Waldnähe kleinere Gruppen gebildet als in waldfernen Zonen. Der langen Rede kurzer Sinn: Die Hypothese, wonach Gruppengrößen allein von der herrschenden Bestandesdichte bestimmt werden, kann verworfen werden.

Sinnvoll erscheint mir in erster Linie die Feindvermeidungs-Hypothese. Bis zu welchem Maß bei Feldrehen die Weide-Hypothese zutreffen könnte, ist schwer zu sagen. Sie wird ja von der Feindvermeidungs-Hypothese nicht ausgeschlossen. In beiden Fällen entsteht der gleiche Effekt, nämlich die Vergrößerung der Gruppen in offenem Gelände.

7.4 Aktogramme

Nach der Feindvermeidungs-Hypothese müßten Rehe, die sich auf offenem Feld aufhalten, ihr Zeitbudget verschieden einteilen, je nachdem, ob sie einzeln oder in Gruppen stehen. Einzelne Rehe müßten mehr sichern als solche in Gruppen, weil ja dort nach der Hypothese alle Mitglieder sichern. Turner (1983) beschrieb die Zeitbudgetierung der Rehe im Zizerser Feld für zwei Halbjahresperioden (Frühling/Sommer und Herbst/Winter). Diese Unterscheidung ist sinnvoll. Denn im Sommerhalbjahr verhalten sich die Rehe weniger ‚sozial‘ als im Winter. Die Vegetation ist dichter und höher. Kleinere Gruppen werden aber nicht nur dadurch bedingt, sondern auch durch Territorialverhalten der Böcke und durch Verteilung der Ricken auf verschiedene Setz- und Aufzuchtszonen.

Einzeln stehende Rehe sichern im Zizerser Feld im Sommerhalbjahr während rund 24 Minuten in einer Stunde, also während nahezu der Hälfte der zur Verfügung stehenden Zeit. Halten sich die Rehe dagegen in Gruppen auf, so verwendet jedes einzelne Gruppenmitglied durchschnittlich 17 Minuten pro Stunde mit Sichern, also weniger. Noch auffallender ist der Unterschied im Winter, wenn die Landschaft deckungsärmer ist und größere Gruppen gebildet werden: Einzelne Rehe sichern pro Stunde während rund 26 Minuten, also etwa gleich häufig wie im Sommer. Bei Rehen, die in Zweiergruppen zusammenstehen, sichert jedes während 27 Minuten. In Gruppen von fünf bis neun Mitgliedern wird aber pro Mitglied durchschnittlich nur noch während 17 Minuten gesichert. In großen Gruppen mit zehn und mehr Mitgliedern sichert jedes von ihnen im Mittel nur noch 12 Minuten. Der Unterschied ist frappant: Einzeln oder zu zweit wird doppelt soviel Zeit zum Sichern aufgewendet wie in großen Verbänden. Somit scheint die Feindvermeidungs-Hypothese zu stimmen.

Turner (1983) hat bei dieser Arbeit Durchschnittswerte verwendet. Zu bedenken ist, daß durch Rollenteilung, die, wie in Kapitel 5 ausgeführt, bei Feindvermeidung vorkommt, einzelne Rehe wahrscheinlich kaum noch Zeit aufbringen müssen zum Sichern, weil bestimmte andere als „Wächter" fungieren (Abb. 48). Pielowski (1977) beschreibt dies wie folgt: „Wenn das Rudel ruht, bleibt zumindest ein Reh stehen und wacht. Zur Vergrößerung des Sehfeldes klettern diese ‚Wächter' manchmal sogar auf Strohhaufen, Silagemieten usw. Übrigens sucht das Rudel immer einen solchen Ruheplatz, bei dem ein gutes Beobachten des Vorfeldes möglich ist." Wird solch ein Wächter gezielt erlegt, so übernimmt innerhalb weniger Minuten ein anderes Tier dessen Rolle (Pielowski 1983).

Kehren wir aber jetzt zurück zu den Beobachtungen von Turner und fragen wir uns, wie Feldrehe, je nachdem ob sie in Gruppen stehen oder nicht, ihre Zeit sonst verbringen (Abb. 48).

Im Frühling und Sommer wird in größeren

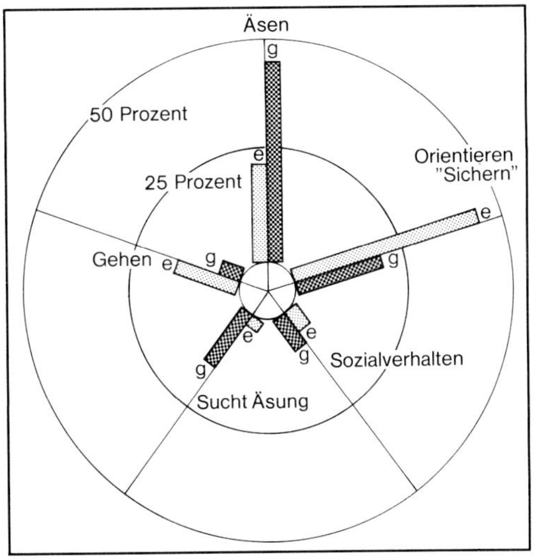

Abb. 48: Vergleich der individuellen Aktogramme von *Feldrehen,* die einzeln (e) oder in Gruppen von zehn und mehr Mitgliedern (g) stehen, dargestellt in Prozenten der Gesamtzeit. In Gruppen steht dem einzelnen Reh mehr Zeit für Äsen, Nahrungssuche und Sozialverhalten zur Verfügung. Es wendet aber weniger Zeit auf zum Sichern und Gehen, als wenn es allein ist. Die Daten stammen aus den Studien von D. C. Turner (1983) auf dem Zizerser Feld (Kt. Graubünden)

Gruppen mehr Zeit zum Äsen (27 min/h), weniger Zeit für Sozialverhalten (4 min/h) als in kleineren Gruppen verwendet (18 min/h für Äsen und 12 min/h für Sozialverhalten). Wenn man Mittelwerte für alleinstehende Tiere und Gruppentiere miteinander vergleicht, fällt auf, daß Tiere in Gruppen, wie schon erwähnt, weniger Zeit für Sichern, mehr Zeit für Sozialverhalten (8 bzw. 2 min/h), mehr Zeit für Nahrungssuche (5 bzw. 4 min/h) und weniger Zeit für die Bewegung zwischen zwei Orten verwenden (3.5 bzw. 6 min/h).

Während Herbst und Winter wird, je größer die Gruppen sind, desto mehr Zeit für Äsen (12,5 min/h für Zweiergruppen bzw. 27 min/h für Gruppen mit zehn und mehr Mitgliedern) und Nahrungssuche (4 bzw. 7 min/h) und desto weniger Zeit für Sichern und Ziehen zwischen zwei Orten (7 bzw. 3 min/h) verwendet.

Gruppenleben ermöglicht bei Feldrehen die Vergrößerung der Zeitspanne für Nahrungssuche und Äsen. Weniger Zeit wird für das Ziehen zwischen zwei Punkten verwendet. Dies hängt sicher auch damit zusammen, daß Feldrehe besonders im Winter einer oder mehreren besonders erfahrenen, führenden Geißen folgen, die die geeigneten Äsungsplätze kennen (siehe Seite 102). Solche Leitrehe gibt es anscheinend auch unter den Feldrehen in Polen. „Jedes Rudel", so PIELOWSKI (1977), „wird von einem Leittier geführt, meistens einer Ricke im mittleren Alter."

Aus den Untersuchungen von TURNER geht hervor, daß soziale Verhaltensweisen im Sommerhalbjahr doppelt so häufig vorkommen wie im Winterhalbjahr. Ferner wissen wir, daß sie im Sommerhalbjahr in Zweiergruppen dreimal so häufig sind wie in Gruppen mit fünf und mehr Rehen. Gruppenleben scheint also soziale Verhaltensweisen zu dämpfen. Es könnte aber auch heißen, daß Rehe, die im Sommerhalbjahr sozial besonders aktiv sind, wie beispielsweise territoriale Böcke oder säugende Ricken, große Gruppen meiden und allein sind, so daß sie sozial nicht reagieren müssen oder in Zweiergruppen beobachtet werden, wenn sie kämpfen oder Kitze lecken und säugen. Im Winterhalbjahr scheinen nach TURNERS Untersuchungen keine wesentlichen Unterschiede vorzuliegen. Sozialverhalten tritt praktisch gleich häufig auf, ob Rehe in kleinen oder großen Gruppen stehen. In großen Gruppen sind die Tiere, wie man ja von Waldrehen annehmen möchte, nicht aggressiver. Die Vorteile, die sich aus der Nutzung der Felder in möglichst großen Gruppen ergeben, überwiegen offenbar die Nachteile, die sich aus einer Auflösung der Mutterfamilien, Ein-Mann-Gruppen und dergleichen ergeben.

Unabhängig von ihren jeweiligen Gruppengrößen verglich FLÜCK (1983) das Aktogramm von drei Rehbeständen: den Feldrehen von Zizers, den Waldrehen von Zizers (Rehe, die am Rande des Zizerser Feldes in und um einen Wald lebten, den sie in erster Linie zum Ruhen aufsuchten) und den Waldrehen von Staffelbach im Kanton Aargau. Waldrehe wenden mehr Zeit zum Äsen auf als Feldrehe. Dies scheint einerseits die oben erwähnte Weide-Hypothese zu unterstützen (Nahrung ist im Wald seltener und verlangt nach eingehender Prüfung). Waldrehe äsen aber auch mehr, wenn sie am Waldrand auf dem Felde äsen. Dies hängt damit zusammen, daß sie nur während kurzer Zeit austreten und diese Zeit in erster Linie zur Futteraufnahme einsetzen. Feldrehe, die die ganze Zeit in offenen Landschaften wohnen, verteilen die Zeit der Äsungsaufnahme gleichmäßiger. Äsen bestimmt das Zeitbudget (Abb. 49). Rehen, die viel äsen, steht weniger Zeit zur Verfügung für Orientieren, Ziehen oder Sozialverhalten und umgekehrt.

7.5 Sozialverhalten

Hier scheint mir der Vergleich mit dem Weißwedelhirsch *(Odocoileus virginianus)* erwähnenswert. HIRTH (1977) hat die soziale Organisation zweier Bestände studiert. Einer lebte im George Reserve von Michigan, der andere im Welder Wildlife Refuge von Texas. Das Studiengebiet in Michigan zeichnete sich durch dichte Waldvegetation und kleine Lichtungen aus, dasjenige in Texas durch große offene Flächen, die Wald- und Gebüschpartien ablösten. HIRTH beobachtete also gewissermaßen ‚Wald-Weißwedelhirsche' und ‚Feld-Weißwedelhirsche'.

In Michigan waren die Gruppen kleiner, umfaßten im Waldesinneren im Mittel 1,8, am Waldrand 1,7 und auf den kleinen Lichtungen 1,8 Tiere. Es gab also keinen Unterschied zwischen Wald und Lichtung. Letztere waren offensichtlich zu klein und der sichere Wald zu nahe, als daß hier feindsichernde Großverbände gebildet werden mußten. Im texanischen Studiengebiet umfaßten die Gruppen in deckungsreichen Gehölzen im Mittel bereits 3,1 Mitglieder, am Waldrand 4,8 und in offenen Gebieten 8,2. Hier wurden also richtige Aggregationen gebildet, wie man sie auch von Rehen kennt. Sie setzten sich aus Gruppen und Einzeltieren zusammen, die HIRTH in Michigan kaum je zusammen in einer Gruppe sah.

In waldreichen Gebieten, so das Fazit aus dem Vergleich der beiden Weißwedelhirsch-Bestände, werden kleine, für die Arterhaltung wichtige, mehr oder weniger stabile Gruppen (Mutter–Kalb, Weibchen–Männchen) gebildet. Artgenossen, die nicht in diese intimen

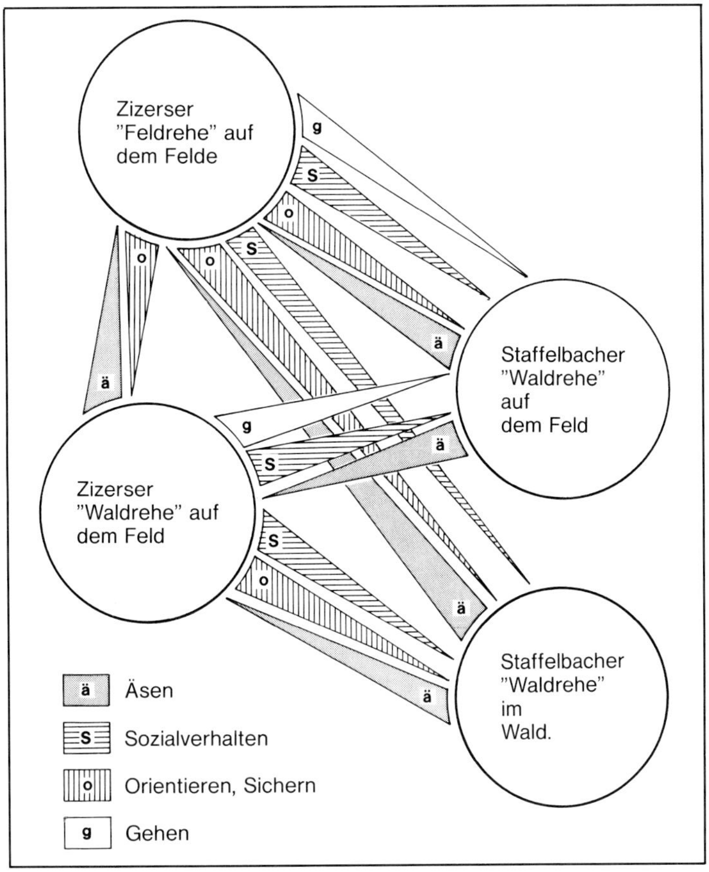

Abb. 49: Vergleich der Aktogramme von *Feldrehen* und *Waldrehen* aus den Beobachtungsgebieten von Zizers (Kt. Graubünden) und Staffelbach (Kt. Aargau) nach C. Flück (1983): Die Bandbreiten geben an, welcher der vier Bestände im Vergleich zu den drei anderen mehr äst, geht, sichert oder Sozialverhalten zeigt. Z. B.: „Waldrehe“ auf dem Feld äsen häufiger als Waldrehe

Verbände gehören, werden vertrieben. Solche, die dazugehören, werden häufig geleckt und geputzt. Dieses Komfortverhalten macht bei Weißwedelhirschen im Wald 38 % aller Verhaltensweisen aus. Bei den das offene Gelände bewohnenden Weißwedelhirschen sind sie siebenmal seltener. Hier wird auch weniger gekämpft, die Gruppen sind größer und weniger stabil. Das soziale System ist vor allem durch offene Verbände gekennzeichnet, während bei waldbewohnenden Weißwedelhirschen mehr oder weniger geschlossene Verbände überwiegen.

Vergleichbare Studien fehlen noch beim Reh. Turner und Mitarbeiter haben die beobachteten Verhaltenselemente nicht einzelnen Motivationskreisen zugeordnet.

Ansatzweise ist der Vergleich aber möglich, wenn beispielsweise die Gruppenzusammensetzungen bei feld- und bei waldbewohnenden Rehen miteinander verglichen werden. Geiger (1983) fand, daß Böcke des Zizerser Feldes in Waldnähe im Frühjahr die Wintergruppen früher verlassen als solche aus offenen Zonen. Hier schließen sie sich stärker zu Bockgruppen zusammen. Im Sommer bilden sie hier eher Gruppen mit anderen Rehen als in Waldnähe. Die feldbewohnenden Geißen von Zizers trennen sich verhältnismäßig spät von den Großgruppen ab, stehen aber häufig an deren Peripherie und suchen so den Kontakt zu anderen Geißen gering zu halten.

Auffallend ist auch der Unterschied im Verhalten der Bockkitze. Bei Waldrehen sind sie am Winterende und im Frühjahr die ersten, die die Sprünge verlassen. Später treten sie meist allein oder im Verband mit anderen gleichaltrigen auf. Sie werden von erwachsenen Böcken meistens vertrieben und finden kaum Anschluß in Sprüngen. Elf bekannte Bockkitze aus dem Beobachtungsgebiet des Berner Oberaargaus hatten während der Auflösungszeit zwei bis zehn verschiedene Sprungpartner (im Mittel 6,2). Bei dem weitgehend feldbewohnenden Bestand von Kalö hatten sie in dieser Zeit meist 20 bis 26 verschiedene Sprungpartner. FREY (1972), die weitgehend feldbewohnende Rehe während der Auflösungszeit im Zürcher Unterland beschrieb, nannte sie die ‚soziopositivste' Klasse, weil sie am meisten Kontakte mit anderen Rehen unterhielten. Gleiches fand HIRTH, wie oben erwähnt, bei den Weißwedelhirschen. In waldbewohnenden Beständen werden sie von erwachsenen Männchen vertrieben, in feldbewohnenden dagegen geduldet. Auch Mitglieder anderer sozialer Klassen sind bei feldbewohnenden Weißwedelhirschen und Rehen verträglicher untereinander.

Verträglichkeit kann unter anderem durch höheren Bekanntschaftsgrad bedingt sein. Tiere, die sich mögen, sind sicher häufiger im gleichen Sprung anzutreffen als solche, die sich nicht mögen. Sie kennen sich eben besser. Dies ging aus dem Versuch hervor, den ich seinerzeit mit ausgewilderten Bockkitzen machte. Je länger sie vor der Aussetzung zusammengelebt hatten, um so häufiger bildeten sie später gemeinsame Sprünge, und um so weniger bekämpften sie sich (siehe Seite 95).

Häufiger Kontakt mit anderen Rehen als Mutter oder Geschwister erhöht den Bekanntheitsgrad und dämpft innerartliche Aggressionen, wobei es möglicherweise von Bedeutung ist, daß solche Begegnungen früh im Leben stattfinden. Gemischte Gruppen, in denen sich zwei oder mehrere Ricken mit ihren Kitzen vereinigen, waren bei den von mir im Berner Oberaargau beobachteten, waldbewohnenden Rehen auch im Winter selten. Sie machten 4 bis 5 % aller gezählten Gruppen aus. Während der Setzzeit und der Brunft wurden sie nie gebildet. Im Zizerser Feld, so fand GEIGER (1983), sind sie mit rund 70 % während des Winters und der Auflösungszeit die häufigsten Verbände und treten sogar während der Setzzeit (5 %) und der Brunft (27 %) auf.

Ganz im Gegensatz zu den waldbewohnenden Rehen des Berner Oberaargaus, wo sich offenbar wenige Rehe sehr gut kennen, werden im Zizerser Feld „durch den Zusammenschluß mehrerer Mutterfamilien und Böcke zu großen gemischten Gruppen zwischen Herbst und Frühling viele Individuen miteinander vertraut" (GEIGER 1983), was offenbar zu einer höheren innerartlichen Verträglichkeit führt. Dies läßt sich möglicherweise auch durch die in Kapitel 3 beschriebenen Prägungsvorgänge zwischen Ricken und Kitzen erklären. Sie sind im Vergleich zu anderen Huftieren erst später abgeschlossen und – mit Ausnahme von Säugen beziehungsweise Trinken – nicht exklusiv auf ein bestimmtes Individuum gerichtet.

Kurz: Waldbewohnende Rehe sind offenbar sozial strikter organisiert als feldbewohnende, legen starken Wert darauf, wer ihre Partner in Sprung und Wohnraum sind und zeigen dies durch beziehungsförderndes Kontakt- und Komfortverhalten, bzw. durch abweisendes Kampfverhalten. Dieses Organisationsprinzip entstand wahrscheinlich in Zusammenhang mit Feindvermeidungs- und Futtersuchstrategien: Im deckungsreichen Wald entzieht man sich Feinden am besten in Kleingruppen. Kleingruppen finden hier auch am effektivsten Nahrung.

In offenen Lebensräumen dagegen bedingen Feindvermeidungs- und Futtersuchstrategien große Verbände. In diesen dämpfen Sicherheitsbedürfnis, Vorteile im gruppenweisen Äsen und hoher Bekanntheitsgrad zwischen vielen Tieren innerartliche Aggressionen. Die soziale Organisation ist folglich weniger strikt als bei Waldrehen und ermöglicht häufige Auflösung und Neubildung von Gruppen.

7.6 Waldrehe und Feldrehe

Verschiedene Formen sozialer Organisation bei ein und derselben Tierart wurden bei verschiedenen Hirsch- und anderen Huftierarten beschrieben (z. B. KURT 1978 und 1988c). Für Forschung und Hegepraxis ist es sicher von Bedeutung zu wissen, ob es sich bei Waldrehen und Feldrehen lediglich um Modifikationen desselben Erbgutes oder bereits um genetisch fixierte Typen handelt.

Fragen wir uns deshalb, ob die Lebensweise des Feldrehes nichts anderes ist als eine der möglichen kurzfristigen Verhaltensanpassungen an bestimmte Umweltbedingungen, wie es u. a. CH. STUBBE und H. PASSARGE (1979) schreiben, oder handelt es sich bei Feldrehen gar um einen genetisch fixierten Ökotyp, wie Pielowski (1977, 1981 und 1983) und Mitarbeiter argumentieren? In seinen bereits erwähnten Studien ist Turner auch dieser Frage nachgegangen.

Das Zizerser Feld stellt dafür eine ideale, natürliche Versuchssituation dar: Von Norden nach Süden nimmt die ganzjährig vorhandene Deckung ab. Es lassen sich damit drei rund 800 Meter breite Sektoren unterscheiden: Ein „Waldsektor", ein „Feldsektor" und, dazwischenliegend, ein „Heckensektor". Turner arbeitete mit markierten Rehen, kannte deren Wohnräume und konnte sie folglich mehr oder weniger einem dieser drei verschiedenen, aneinandergrenzenden Lebensräume zuordnen.

In Stichproben protokollierte er das Verhalten der Rehe auf dem Zizerser Feld und verglich später die Zeitbudgets der Rehe aus einzelnen Sektoren miteinander. Aus diesen Daten geht hervor, daß Rehe aus dem Waldsektor, wenn sie aufs offene Feld austraten, dort mehr Zeit für Äsen und Nahrungssuche, aber weniger Zeit zum Sichern und für Sozialverhalten brauchten, sie saßen auch weniger oft als ‚durchschnittliche' Zizerser Rehe. Das an den Wald angrenzende Feld war für sie in erster Linie Äsungsplätz. Sitzen und Sozialverhalten laufen bei ihnen wohl eher im Wald ab. Und das verhältnismäßig seltene Sichern auf dem Feld hängt möglicherweise damit zusammen, daß sie vor dem Austreten ausgiebig gesichert haben und im Falle einer Gefahr der rettende Wald nahe ist.

Die Rehe des Feldsektors verhielten sich gerade umgekehrt. Sie zeigten mehr Sozialverhalten, sicherten und saßen häufiger (in der Nähe befindet sich ja keine Deckung), verwendeten im Durchschnitt aber weniger Zeit, um Futter zu suchen und zu äsen, weil sie ja den ganzen Tag auf dem offenen Feld sind. Rehe aus dem zwischen Wald- und Feldsektor liegenden Heckensektor hatten ein intermediäres Zeitbudget. Jeder der Rehbestände hatte sein Verhalten seiner bestimmten Umgebung angepaßt und seine Zeit entsprechend eingeteilt.

Gelegentlich kam es vor, daß einzelne Rehe ihren jeweiligen Sektor verließen und Ausflüge in Nachbarsektoren unternahmen. In sieben von acht Fällen paßten sie ihr Zeitbudget jeweils dem im aufgesuchten Lebensraum an. Die Zizerser Rehe stellen somit sicher keinen genetisch fixierten Ökotyp dar. Die jeweilige Umwelt diktiert ihnen, wie sie sich sozial zu organisieren und ihren Alltag zu verbringen haben. Das genetische Potential der Zizerser Rehe läßt umweltbedingte Modifikationen des sozialen Verhaltens und des Aktogramms jederzeit zu.

Aufgrund der Angaben von Pielowski (1977) könnte es sich in Zizers um Zwischenstadien handeln. „Bei weitem sind wir nicht immer in der Lage", so schreibt er, „fehlerfrei zu bestimmen, ob wir es mit Feld- und Waldrehen zu tun haben." Er definierte den Typ Feldrehe auch nicht allein im Sinne bestimmter sozialer Organisationsprinzipien. Reine Feldrehe besitzen nach seinen Untersuchungen (1983) ein verhältnismäßig größeres Pansenvolumen als Waldrehe. Dies mag damit in Verbindung zu bringen sein, daß sie sich ganzjährig von ‚grüner' Pflanzenkost ernähren oder einen anderen Äsrhythmus haben. In der Tat verändern aber auch Waldrehe die Größe ihres Pansens entsprechend dem jeweiligen Äsungsangebot (siehe Seite 47).

Pielowski (1983) definiert Feldrehe aber in erster Linie nach ihrem Lebensraum und dem Verhalten diesem gegenüber: „Feldrehe im wirklichen Sinn des Wortes sind nur solche Rehe, die ständig auf offenen Flächen leben und den Wald meiden." „Feldrehe", so fährt er fort, „kann man sogar mit Gewalt nicht in den Wald treiben."

In der Tat ist es schwierig, Rehe aus irgendeinem Lebensraum zu vertreiben, wie meine Mitarbeiter und ich seinerzeit erfuhren, als wir sie im Wald-Revier von Staffelbach mit Hilfe sogenannter Zwangswechsel fangen wollten. Nach einer bestimmten Zeit wechselten sie in die entgegengesetzte Richtung und durchdrangen oder übersprangen sogar die Treiberlinien.

Ortstreue allein spricht sicher noch nicht für eine genetische Fixierung. „Dafür", so Pielowski, „sprechen die schon erzielten Teilergebnisse der Untersuchungen von Graczyk (mündlich) über das Verhalten der Nachkommen von Rehen, die zwangsweise aus dem Wald in Feldgatter und umgekehrt übersiedelt worden sind. Die im neuen Biotop gesetzten und aufgewachsenen Kitze zeigten die Tendenz, wieder ihre ursprünglichen Lebensräume aufzusuchen."

Damit haben wir einen Themenbereich im Verhalten des Rehes erreicht, über den bis heute wenig oder nichts bekannt ist. Es geht um die Frage, ob Rehe ein ‚Ökoschema' (BERNDT und WINKEL 1974) haben. Das wäre eine ‚innere Mustervorstellung', eine stammesgeschichtlich entstandene Vorprogrammierung zur bestmöglichen Nutzung einer entwicklungsgeschichtlich relevanten Umwelt. Über einen solchen Mechanismus, der dem Angeborenen Auslösenden (oder auch einem prägungsartig erworbenen) Mechanismus (AAM bzw. EAM) der Ethologen entspricht, „würden Rehe auf bestimmte Umweltstrukturen mehr, auf andere weniger positiv gestimmt reagieren, sich selbst dort mehr oder weniger heimisch fühlen", meint dazu GOSSOW (1977).

Wie bereits in Kapitel 3 ausgeführt wurde, besitzen Rehkitze ein angeborenes Bild vom Ruheplatz. Es ist eine Stelle mit Sichtdeckung gegen oben. Dieser sehr einfache Angeborene Auslösende Mechanismus genügt vollauf zur Feindvermeidung. Niedertun kann bei jungen Kitzen bereits dadurch ausgelöst werden, daß man ein Brett über sie hält. Ruheplätze können sich aber erstaunlich voneinander unterscheiden. Im Wald mit dicht geschlossenem Blätterdach finden sie sich oft an unterwuchsarmen sogar unterwuchslosem Boden, auf dem Feld finden sie sich aber vor allem in hochgewachsenen, oft stark verfilzten Heugraswiesen. Beide dieser extremen Standorte erfüllen das erstrangige Ruheplatzkriterium, die Sichtdeckung nach oben.

Nach der These von REIMOSER (1986) bevorzugen Rehe Grenzlinien nicht nur wegen eines möglicherweise hohen Äsungsangebotes oder besserer Überblickbarkeit und der Nähe verschiedener Ausschnitte ihres Lebensraumes, was sich günstig auf ihr Raum-Zeit-System und somit auf ihr Energiebudget auswirkt, sondern möglicherweise weil sie angeborenermaßen Grenzräume bevorzugen. Dafür spricht sein Befund, wonach sie sich in Kahlschlaggebieten, wo die Grenzen besonders deutlich in Erscheinung treten, geradezu massieren, obwohl das Äsungsangebot eher bescheiden ist (siehe Seite 42).

Extreme Grenzen kommen auch in der landwirtschaftlich intensiv genutzten Agrarlandschaft vor. Allerdings immer weniger in Form von windbrechenden Hecken oder Feldgehölzen. Markante Grenzlinien entstehen aber durch verschieden hoch gewachsene Felder oder durch Eingriffe wie Pflügen oder Ernte. In Polen hat man neuerdings „Untersuchungen über genetische Differenzen zwischen Wald- und Feldrehpopulationen begonnen und gewisse genetische Unterschiede festgestellt, die vorerst aber noch mit Vorsicht interpretiert werden müssen", schreibt PIELOWSKI (1987).

Aufgrund der heute zur Verfügung stehenden Resultate aus vielen Studien über Ökologie und Verhalten des Rehes, bleibt festzuhalten, daß Rehe, um hochproduktive, waldlose, im Winter deckungsarme Landschaften bewohnen zu können, nicht neuer, genetisch fixierter Informationen bedürfen. Man mag sich zudem fragen, ob die Zeit ausgereicht hätte, durch Migration, Gendrift, Gründereffekt, Mutation und Selektion einen solchen neuen Genotyp zu schaffen. Die ersten Feldrehe wurden in Polen in den 20er Jahren dieses Jahrhunderts erwähnt, also vor rund 60 Jahren bzw. vor 20 Rehgenerationen.

Ich nehme an, Rehe verfügten immer über die Fähigkeit, offene Landschaften zu bewohnen. Ja, sie mußten sie besitzen. Denn es gab sogar im natürlichen Lebensraum der Rehe stets Ausschnitte, die, was ihre ökologischen Gegebenheiten betrifft, der modernen Agrarlandschaft durchaus vergleichbar sind. Für die erfolgreiche Besiedlung neuer Lebensräume und die Sicherung des Artbestandes waren sie von ausschlaggebender Bedeutung. Die Rede ist von Auen. Augebiete sind äußerst fruchtbar. Sie werden regelmäßig von Hochwasser gedüngt, ‚gepflügt, abgeerntet' und, ähnlich wie die moderne Agrarlandschaft, neu gestaltet.

Abb. 50: Setzende Ricke (Foto: St. Meyers) **Abb. 51: Ricke mit zwei Kitzen** (Foto: R. Maier)

8 Zur Dynamik der Rehbestände

Die Vielfalt der sozialen Organisation des Rehes paßt nicht so recht in das Bild, das die vergleichende Verhaltensforschung und die vergleichende Ökologie sich von den sozioökologischen Organisationsformen von Huftieren machen, vor allem von tropischen Rinderartigen (Boviden) aus Afrika. Deren Formenvielfalt reicht vom hasenkleinen Dik-Dik (*Madoqua*) mit drei oder 4 kg Körpergewicht bis zum 850 kg schweren Kaffernbüffel (*Syncerus caffer*). Jede der rund 75 afrikanischen Bovidenarten läßt sich, von wenigen Ausnahmen abgesehen, einem bestimmten Lebensraum und einer von sechs sozio-ökologischen Kategorien zuordnen, die den Habitus, den Ausbildungsgrad der Stirnwaffen, die Nahrungswahl und Verdauungsphysiologie sowie die soziale Organisation miteinbeziehen (Estes 1974, Hofmann 1968 und Leuthold 1979). Die vielfältige sozio-ökologische Organisation des Rehes läßt sich aber nicht als artspezifisches Merkmal einordnen. Sie umspannt vielmehr mehrere der bisher einzelnen afrikanischen Arten zuerkannten Kategorien. Was allerdings die Äsung anbelangt, so ist das Reh verhältnismäßig ursprünglich und konservativ geblieben. Der Konzentrat-Selektierer hält sich konservativ an Leichtverdauliches und meidet faserreiche Äsung.

8.1 Schlüpfer und Läufer

Auch die hirschartigen Wiederkäuer (Cerviden) erreichen die höchste Artenvielfalt in den Tropen (Tab. 9), allerdings nicht in den afrikanischen, sondern in den asiatischen (Unterfamilie Plesiometacarpalia) und den südamerikanischen (Unterfamilie Telemetacarpalia), wo sie sich, wahrscheinlich infolge von Konkurrenz mit Boviden (Asien) und großen Nagetieren (Südamerika), aber nicht zu einer vergleichbaren Formenvielfalt entwickeln konnten wie die Rinderartigen in Afrika. Beide Unterfamilien, die sich aufgrund des Baues der Mittelhandknochen unterscheiden, machten aber unabhängig voneinander eine ganz ähnliche Entwicklung durch wie die Rinderartigen, von der heute noch überlebende Arten einzelne Stationen verkörpern. Da nun alle Wiederkäuer der gemäßigten Zone, also auch das Reh, von Vorfahren abstammen, die in tropischen Lebensräumen lebten, lohnt sich meiner Meinung nach der Vergleich und damit der Versuch, die ausgesprochene Anpassungsfähigkeit des Rehes besser zu verstehen.

Die sozio-ökologische Entwicklung der Hirsche führte von kleinen, einzelgängerisch, standortstreu und häufig territorial lebenden (Regen-)Wald bewohnenden Weichfutterfressern zu großen, mehr oder weniger auf Gras spezialisierten Rauhfutterfressern, die in großen (Wander-)Gruppen in offenen Landschaften leben. In den asiatischen Tropen entsprechen die Muntjakhirsche *(Muntiacinae)* bzw. der Barasingha *(Cervus duvauceli)* und der Leierhirsch *(Cervus eldi)* diesen Extremformen. Bei den südamerikanischen Trughirschen werden sie vertreten durch zwei Puduarten *(Pudu pudu, P. mephistopheles)* und vier Spießhirscharten *(Mazama americana, M. rufina, M. gouazoubira, M. chunyi)* bzw. durch den Sumpfhirsch *(Blastoceros dichotomus)* und den Pampashirsch *(Ozotoceros bezoarticus)*. Bei beiden Gruppen gibt es zwischen diesen beiden Extremformen Übergangsarten wie beispielsweise Sambar *(Cervus unicolor)* oder Axishirsch *(Axis axis)* in Südasien und die beiden Humuel- oder Andenhirscharten *(Hippocamelus antisensis, H. bisculus)* in Südamerika.

Die verschiedenen Lebensräume Wald und offene Landschaft bewirken beträchtliche Unterschiede in der Gestalt: Waldbewohnende Hirsche sind hinten überbaut. Ihre Vorderextremitäten sind kürzer als die hinteren und schieben das Tier gewissermaßen durch das Dickicht. Sie sind Winkelfedern vergleichbar, deren Glieder aus Ober- und Unterschenkel und Mittelfuß bestehen. Ihre Ge-

Tabelle 9: Übersicht der tropischen Hirscharten nach Lebensraum (W = Waldlichtungen; WS = Übergangsgeb. Wald-Savanne; S = Savanne), Nahrung (WF = Weichfutter; RF = Rauhfutter) , Gewicht (Höchstgewichte der Männchen), Geweihenden (maximal), Tragzeit, Entwöhnung und Pubertät der Weibchen (in Monaten). Daten aus GRZIMEKS Enzyklopädie der Säugetiere (1988). Sowohl in Südasien (Muntiacinae, Cervinae) wie in Südamerika (Odocoilinae) sind waldlichtungsbewohnende Arten klein und sie halten sich an Weichfutter. Ihre Geweihe tragen höchstens zwei Enden. Die Tragzeit ist kurz, Entwöhnung und Pubertät erfolgen dementsprechend früh. Graslandbewohnende Arten dagegen sind verhältnismäßig groß, leben von Rauhfutter und tragen mehrendige Geweihe. Die Tragzeit dauert länger, und Entwöhnung wie Pubertät treten später auf

Art	Lebensraum			Nahrung		Gew.	Geweih-	Trag-	Ent-	Puber-
	W	WS	S	WF	RF	(kg)	enden	zeit	wöhnt	tät
Muntiacinae										
Schopfhirsch	+			+		50	0	6	?	?
Ind. Muntjak	+			+		35	2	6	2	6–12
Chin. Muntjak	+			+		16	2	7	2	6–12
Schwarz, Muntjak	+			+		?	2	6	2	6–12
Fea's Muntjak	+			+		35	2	6	2	6–12
Vietn. Muntjak	+			+		35	2	6	2	6–12
Cervinae										
Schweinshirsch	+	+	+	+		50	3	6	6	8–12
Axishirsch	+	+		+		100	3	7,5	6	8–12
Kuhlhirsch	+	+		+		50	3	6	6	8–12
Calamianhirsch	+	+		+		50	3	6	6	8–12
Phillippinenhirsch	+			+	+	60	3	?	?	?
Ind. Sambar	+			+	+	350	3	8	6–8	15–24
Mähnenhirsch	+	+	+	+	+	200	3	8	6–8	18–24
Barasingha			+		+	280	20	7,5	6–8	24–36
Leierhirsch			+		+	150	12	7,5	6–8	24–36
Odocoilinae										
Südl. Pudu	+			+		15	1	7	2	6
Nördl. Pudu	+			+		10	1	7	2	6
Gr. R. Spießh.	+			+		25	1	6,5	6	12
Kl. R. Spießh.	+			+		12	1	?	6	?
Gr. G. Spießh.	+	+		+		17	1	7	6	12
Kl. G. Spießh.	+	+		+		21	1	?	?	?
Nördl. Humuel		+		+	+	65	2	7	?	?
Südl. Humuel		+	+	+	+	65	2	7	?	?
Pampashirsch			+	+	+	40	3	7–8	5–6	6–18
Sumpfhirsch		+	+	+	+	110	4	8–9	5	12

weihe sind kurz, nach hinten gerichtet und einendig wie bei den südamerikanischen Pudus und Mazamas oder höchstens zweiendig wie bei den südasiatischen Muntjaks. So bilden sie kein Hindernis beim Durchdringen der dichten Vegetation. Kurz: Die waldbewohnenden Arten entsprechen dem *Schlüpfertypus* (HEDIGER 1966).

Bewohner offener Landschaften entsprechen dem *Läufertypus* mit mehr oder weniger geradem Rücken. Ihre Hinterextremitäten wirken wie ein gerader Hebel, dessen Drehpunkt im Hüftgelenk liegt. Ihrer Geweihe sind auch an der Körperhöhe gemessen groß, mehr- bis vielendig (Barasingha bedeutet Zwölfender) und gewinnen mit zunehmendem Alter an Endenzahl. Starke Männchen verstärken die optische Wirkung der Geweihe noch dadurch, daß sie beim Schlagen gegen hochstehende Bodenvegetation Grasbündel ausreißen, die dann zwischen Stangen und Enden verwoben mitgetragen werden.

Bei den Schlüpfern spielen Geweihe in kämpferischen Auseinandersetzungen keine oder nur eine untergeordnete Rolle. Gekämpft wird vor allem mit hauerartigen Eckzähnen des Oberkiefers (Muntjaks) und/oder Vorderlaufschlägen (Pudu). Rangordnungen werden, soviel heute bekannt ist, nicht gebildet. Bei den Läufern dagegen gewinnen die Geweihe an Bedeutung bei Kämpfen. Diese verlaufen meist ritualisiert (z. B. Leierhirsch). Die Geweihe werden zu Rangabzeichen.

Die Läufer sind, was das Sozialverhalten anbelangt, stark auf optische Signale ausgerichtet (Geweihe, Gesichtsmasken und Spiegel). Die Schlüpfer verständigen sich vor allem mit olfaktorischen Signalen. Territorial- und andere Raummarkierungen spielen bei ihnen eine wesentlichere Rolle als bei den Läufern. Akustische Verständigung zwischen Artgenossen findet zwar in beiden Gruppen statt, bei den Läufertypen erreicht sie aber eine größere Vielfalt. Kontaktlaute zwischen Mutter und Jungtier im Nahbereich sowie weitreichende Alarm- und Schmerzrufe gibt es bei Läufern wie Schlüpfern. Weittragende *Brunft*-Rufe der Männchen treten nur bei Läufern und Übergangsarten auf. Ebenso fehlen den Schlüpfern Kontaktlaute zwischen erwachsenen Artgenossen.

Die Kleinheit der waldbewohnenden Arten, ihre verhältnismäßig geringe Lungenkapazität und Herzleistung bedingen geringe Reichweiten und standorttreue Lebensweise. Häufig verteidigen und markieren sie Einzel-, gelegentlich Familienterritorien. Die Läufertypen der weiten, offenen Landschaften dagegen leben in größeren Lebensräumen, die nicht verteidigt werden. Sie halten jahrzehntelang an traditionellen Setz- und Brunftplätzen fest und unternehmen oft jahreszeitliche Wanderungen. Suhlen, also Schlamm-Bäder, an ganz bestimmten, während Jahrzehnten immer wieder aufgesuchten feuchten Stellen fehlen bei allen Schlüpfern, sind aber die Regel bei den Läufertypen.

Auch was das Fortpflanzungsverhalten anbelangt, unterscheiden sich Schlüpfer und Läufer: Die kleinen waldbewohnenden Arten setzen ihre Jungen nach einer kürzeren Tragzeit (180 bis 210 Tage) als die großen der offenen Landschaften (225 bis 271 Tage). Sie erreichen die Geschlechtsreife im Alter von ungefähr sechs Monaten und damit viel früher als die Läufer (ein, meistens aber zwei bis drei Jahre). Bei den Schlüpfern nehmen die Weibchen mehr oder weniger unmittelbar nach dem Setzen wieder an der Paarung teil. Bei den Läufern dauert die Zeitspanne zwischen Setzen und nächster Paarung oft mehr als ein Jahr. Ihre Fortpflanzungsleistung ist also pro Zeiteinheit bedeutend geringer. Folglich ist das Durchschnittsalter in einer Läuferpopulation höher als in einer Schlüpferpopulation. Dieser Unterschied wird noch dadurch verstärkt, daß Läufer eine größere Lebenserwartung haben als Schlüpfer.

Die Verhaltensweisen der Jungen sind zwischen den beiden Extremformen grundsätzlich verschieden: Die Jungen der Schlüpfer sind ausgesprochene *Liegetypen*, begleiten ihre Mutter praktisch erst kurz vor der Pubertät und entziehen sich einer Gefahr durch Sich-Drücken. Die Jungen der Läufer dagegen begleiten die Mutter bereits nach der ersten Lebenswoche, und das Sich-Drücken erscheint möglicherweise nur während der ersten zwei oder drei Lebenstage. Sie werden aber viel später entwöhnt (fünf bis acht Monate) und geschlechtsreif als die Nachkommen der Schlüpfer. Diese werden meist bereits im Alter von zwei Monaten entwöhnt und verlassen kurz danach ihre Eltern.

Bei den Läufern werden die Jungen somit früher in den sozialen Verband der Mutter integriert und leben schon wegen der verhältnismäßig späten Pubertät länger bei ihr. Sie nehmen an den jahreszeitlichen Verschiebungen der Gruppen teil: Oft erleben sie Geburt und Aufzucht der jüngeren (Halb-)Geschwister. Dies alles ermöglicht die Tradierung von Kenntnissen über Wanderrouten, Futterpflanzen und möglicherweise Jungenaufzucht. Bei den Läufertypen trennen sich (führende) Weibchen und ihre Nachkommen außerhalb der Brunft von anderen Artgenossen. Bei Schlüpfern kommen immer auch gemischte Verbände vor.

Vergleicht man die Bestände von Schlüpfern und Läufern bezüglich der möglichen sozialen Klassen, die sich aufgrund ihres Alters und ihres Zustandes im Fortpflanzungszyklus unterscheiden, so stellt man bei den Schlüpfern deren vier fest: 1. Jungtiere, 2. erwachsene Weibchen (führend und beschlagen), 3. erwachsene Männchen in fortpflanzungsfähigem Zustand (gefegte Geweihe) und 4. erwachsene Männchen in nicht fortpflanzungsfähigem Zustand (abgeworfene oder nachwachsende Geweihe). Bei den großen Läufertypen ist die soziale Struktur des Bestandes bedeutend vielfältiger; es lassen sich wenigstens acht soziale Klassen unterscheiden: 1. nicht entwöhnte Jungtiere, 2. Halbwüchsige, 3. beschlagene Weibchen, 4. säugende Weibchen, 5. adulte Männchen mit gefegten Geweihen, 6. adulte Männchen mit abgeworfenen oder ungefegten Geweihen. 7. subadulte Männchen (das sind solche, die noch nicht aktiv an der Fortpflanzung teilnehmen können) mit gefegten und 8. solche mit ungefegten oder abgeworfenen Geweihen.

Während die Schlüpfertypen in tropischen Gebieten sich während des ganzen Jahres fortpflanzen, haben die Läufertypen, die in gleichen Klimazonen vorkommen, zeitlich beschränkte Setzzeiten. Dies hängt unter anderem mit der Raubtier-Beute-Beziehung zusammen. Sie wird mitbestimmt von der Größe und somit in einem gewissen Sinn von der Wehrhaftigkeit der Beute. Kleine Arten mit hoher Fortpflanzungsleistung kennen viele Feinde (Klein- und Großkatzen, Wildhunde, Bären und Marderartige, mittelgroße und große Taggreife und Eulen, Echsen, Riesenschlangen und Krokodile).

Je größer eine Beuteart wird, um so geringer ist die Zahl ihrer Widersacher, weil sie ihnen gewissermaßen entwächst. Denn Raubtiere jagen Tiere, die kleiner oder gleich schwer sind wie sie (von dieser Regel machen höchstens im Verband jagende Arten, z. B. Hundeverwandte, eine Ausnahme). Das bedeutet aber nicht, Raubtiere wären für die großen Läufertypen ungefährlich – im Gegenteil: Je größer eine Beutetierart ist und um so mehr ein Räuber bei ihr an der Grenze seiner Leistungsfähigkeit jagt, desto mehr jagt er selektiv. Er trifft gezwungenermaßen eine Auslese und hält sich besonders an Wehrlose. Das sind neben sehr alten und kranken vor allem Jungtiere. Indem diese nur innerhalb einer kurzen Zeitspanne geboren werden, liegt für kurze Zeit das Angebot an möglicher Beute bedeutend höher als die Nachfrage der Räuber (Kurt 1982).

8.2 Warn-, Flucht- und Verteidigungsverhalten

Im folgenden möchte ich näher auf Warn-, Flucht- und Verteidigungsverhalten der Cerviden eingehen. Denn in einem Bericht über das Reh in der Kulturlandschaft lohnt sich ein diesbezüglicher Vergleich zwischen dem Reh und seinen nächsten tropischen Verwandten, die immer noch einem beachtlichen natürlichen Feinddruck ausgesetzt sind, weil das Anwachsen der Rehbestände immer wieder auf das Fehlen oder die durch den Menschen bedingte Seltenheit der natürlichen Widersacher (Luchs, Wolf, Bär, Uhu, Steinadler) zurückgeführt wird.

Feinderkennung und vor allem Fluchtverhalten „durchwirken sozusagen die gesamte Körper- und Verhaltensorganisation des Tieres“ (Hediger 1986). Bereits die rotbraune Farbe der Sommerdecke wirkt offenbar in dieser Richtung, denn die Widersacher Wolf *(Canis lupus)* und Luchs *(Lynx lynx)* sind, wie wohl auch andere Katzen- und Hundeartige im Rot-Grün-Bereich, nicht besonders farbtüchtig (Apfelbach 1988). Jedenfalls ist bemerkenswert, daß viele Säugetierarten, die dichten grünen Unterwuchs bewohnen, rotbraune Felle tragen: Der Waldbüffel *(Syncerus caffer nanus)*, viele Ducker-Antilopen (Cephalophinae), der Buschbock *(Tragelaphus scriptus)*, die Muntjaks (Muntacinae) oder das Buschschwein *(Potomochoerus porcus)*, um nur einige zu erwähnen.

Allein schon der mehrteilige Magen und das Widerkäuen der im Pansen gesammelten Nahrung kann, wie viele andere anatomische und physiologische Merkmale, als Anpassung an einen stetig vorhandenen Feinddruck gedeutet werden: Die Nahrung wird an einem relativ unsicheren, häufig gewechselten und daher relativ unbekannten Ort in möglichst kurzer Zeit gesammelt und erst später ‚in aller Ruhe‘ an einem bekannten, verhältnismäßig sicheren Ort weiterverarbeitet. So gesehen kommt also dem Ruheplatz, an dem das Wiederkäuen stattfindet, eine eminent wichtige Bedeutung zu (siehe Seite 43).

Sogar die sonst einzelgängerischen Muntjaks versammeln sich in übersichtlichen Überschneidungsgebieten ihrer Territorien gruppenweise zum Wiederkäuen (Eisenberg und Lockhart 1972). Die meist im Wald äsenden, in Kleingruppen lebenden Sambare treten gleichzeitig auf offene Savannen aus, um zu ruhen und wiederzukäuen. Dabei bilden sie 30- bis 50köpfige Gruppen. Auch der Axishirsch und Barasinghas versammeln sich nachts inmitten möglichst großer offener Flächen zu mehrfachen liegend ruhenden und wiederkäuenden Hundertschaften (Kurt 1976, 1982, 1988). Gelegentlich bilden Mitglieder dieser vier Arten sogar gemischte Ruheverbände.

Gemeinsam ist allen, daß sie sich an übersichtliche Stellen (nicht etwa ins Dickicht) zurückziehen, an Orte, wo ein potentieller Widersacher aus möglichst großer Distanz ausgemacht werden kann, und dort auch sonst gemiedene oder vertriebene Artgenossen dulden, denn möglichst viele Nasen, Augen und Ohren spüren einen Widersacher früher. Gerade bei den sonst einzelgängerischen Muntjaks und Sambaren finden in solchen Schutzverbänden wichtige soziale Kontakte statt. So gesehen sind Feindvermeidungs- und Sozialverhalten durch Wechselwirkungen eng miteinander verknüpft.

Beutetiere entziehen sich ihren Widersachern, also auch dem Menschen, bekanntlicherweise durch Flucht, wenn diese eine art-, situations- und erfahrungsspezifische Fluchtdistanz (Hediger 1934) unterschritten haben.

Unter den südamerikanischen Trughirschen gibt oder gab es allerdings eine Ausnahme von dieser Regel, und zwar den Chilenischen Andenhirsch oder Humuel. Die ersten europäischen Entdecker, die bis Patagonien (südlich des 44. südlichen Breitengrades) vordrangen, beschrieben wiederholt das Fehlen jeglicher Furcht des kleinen Hirsches vor den Menschen und sein ausgesprochenes Neugierdeverhalten ihnen gegenüber. Humuels näherten sich den Menschen bis auf wenige Meter und berochen gelegentlich sogar deren derbe Stiefel. Noch am Ende des 19. Jahrhunderts wurden sie aus lächerlich kurzer Distanz von sechs Metern erlegt. Selbstverständlich brachen darauf die Bestände vielerorts zusammen (Povilitis 1974).

Die Flucht ist alles andere als eine panische Reaktion, sondern gewissermaßen ein geordneter, gezielter Rückzug an einen Ort, der außerhalb der sinnesphysiologischen Reichweiten des Räubers liegt und/oder so beschaffen ist, daß an ihm die bedrohte Beute ihrem sie verfolgenden Feind weniger ausgesetzt ist. Derartige Fluchtziele mögen bei Huftieren schwer auszumachen sein. Schließlich haben sie mit Ausnahme des afrikanischen Warzenschweins keine Erdhöhlen, in die sie sich zurückziehen können. Moschushirsche fliehen wie Steinböcke in die steilsten Felsen, das Nilpferd und das Wasser-Zwergböckchen ins Wasser. Waldbewohnende und/oder als Einzeltiere vom Feind überraschte Hirsche fliehen in der Regel an einen Ort, an dem sie der Feind nicht mehr sieht, zum Beispiel in ein Dickicht oder hinter eine Geländekuppe, solche, die auf Grasländern leben und/oder in Gruppen angenommen werden, fliehen auf einer besonders übersichtlichen Fläche und schließen sich dort eng zusammen. Häufige Kontaktlaute garantieren den Gruppenzusammenhalt.

Ein weiteres Fluchtziel wird bei gruppenweise hetzenden Jägern, vor allem bei Hundeartigen, gewählt. Es liegt genau hinter der die Beute treibenden Rotte. Dabei versuchen einige besonders erfahrene Tiere aus dem flüchtenden Verband auszuscheren, die sich nähernden Feinde zu umlaufen und an einen Ort zu kommen, den diese bereits verlassen haben.

Die im Leben aller Hirschverwandten zuerst auftretende Fluchtmöglichkeit ist gewissermaßen die Flucht am Ort, das Sich-Drükken oder Schreckliegen. Dabei werden Rumpf, Hals und Kopf starr an den Boden gepreßt. Diese Art der Feindvermeidung kommt dem Sich-Totstellen, der sogenannten Thanathose, sehr nahe und entstand wahrscheinlich deshalb, weil viele Widersacher nur oder in erster Linie sich bewegende Beute verfolgen. Zwar tritt das Sich-Drücken besonders häufig bei den Jungen von Schlüpfern auf. Doch auch Erwachsene, selbst die der Läufertypen, können sich bei einer Gefahr in einer Dickung niederlegen und so versuchen, dem Feind zu entgehen. Nähert sich dieser trotz allem, so erfolgt die Flucht aus kürzester Distanz.

Fluchtverhalten ist immer begleitet von Sichern und Alarmsignalen, möglicherweise auch von Ablenkmanövern, gezielten Provokationen und (Schein-)Angriffen gegen den Feind. Derartig enge zwischenartliche Auseinandersetzungen zwischen Hirschen der Alt- und Neuwelttropen und ihren Widersachern wurden vor allem von Eisenberg, McKay und Lockhart (1972 und 1974) beschrieben und miteinander verglichen. Bei einem solchen Vergleich ist zu bedenken, daß sich im Wald, wo Huftiere meist einzeln oder in kleinen Verbänden leben, die Sichtdistanzen kleiner sind als in der offenen Landschaft und andere Strategien erfolgreich sind als bei herdenbildenden Arten auf Grasländern.

Selbstverständlich unterscheiden Beutetiere auch zwischen verschiedenen Widersachertypen, zwischen Greifvögeln und jagenden Säugetieren, zwischen verhältnismäßig kleinen und großen sowie zwischen rudelweise hetzenden Widersachern wie etwa Wildhunden oder *Ansitz-* und *Pirschjägern* wie etwa Leoparden oder Luchsen. Eine erste, sehr einfache Strategie, ich nenne sie hier die der ‚aufmerksamen Unauffälligkeit', besteht aus ‚Sich-Wegdrücken' oder ‚Gefrieren' (freezing); das ist ein absolut ruhiges Verharren, häufig genau in derselben Position, welche das Tier innehatte, als es den Widersacher ausmachte. Dabei ist die ganze Aufmerksamkeit auf den Räuber konzentriert.

Mit dieser Strategie wird der Widersacher gezwungen, sich durch (Such-)Bewegungen noch besser zu erkennen zu geben. Hat er die Beute trotz allem erkannt und nähert er sich ihr, erfolgt ein erster Warnruf. Die Flucht wird vorbereitet. ‚Sich-Wegdrücken' und ‚Gefrieren' werden häufig von Schlüpferarten, ganz besonders von den Spießhirschen beschrieben. Sie treten aber bei allen Hirscharten auf. Gelingt es dem Raubfeind, unerkannt die Fluchtdistanz seiner Beute zu unterschreiten, erfolgen Alarmruf und Flucht sofort.

Der Alarmruf, ein einsilbiger, in seiner Tonhöhe je nach Art verschiedener kurzer Schrei, dient als Warnung für Artgenossen und kann auch von anderen Arten als solches verstanden werden. Er hat aber noch eine andere, ebenso wichtige Bedeutung. Er setzt auch den Widersacher in Kenntnis darüber, daß er zumindest vermutet wird oder bereits ausgemacht ist. Zudem verrät er die Position der Beute.

Genau darum geht es dieser in einer zweiten Strategie, der ‚aufmerksamen Präsentation'. Neben häufig ausgestoßenen Alarmrufen machen kurze Fluchten und andere Bewegungen, aufgerichtete, an ihrer Unterseite helle Wedel und/oder Rückenhaare den Widersacher, der dauernd beobachtet wird, auf seine Beute aufmerksam.

Diese aufmerksame Selbstdarstellung der Beute kann sogar in eine dritte Strategie zur Feindvermeidung übergehen, in die „Einladung zur Verfolgung" (Smythe 1970). Mit einer Serie von Warnrufen und auffällig zur Schau gestellten Wedelunterseiten versucht die Beute mittels Zick-Zack-Läufen oder hohen Prellsprüngen (stotting), den Widersacher zur Verfolgung zu provozieren. Gelingt dies, so kann gesunde Beute in der Regel einen Widersacher leicht abhängen. Derart erfolglose Jagden erhöhen die Chancen, daß eine Beutetierart mit der Zeit weniger bedrängt wird (Eisenberg und Lockhart 1972).

Zusammenfassend kann man über die beiden Strategien der ‚aufmerksamen Präsentation' und der ‚Einladung zur Verfolgung' sagen: Ein von der Beute ausgemachter Raubfeind verliert wesentlich an Gefahr. Die Beute teilt ihm durch akustische (Alarmrufe) und optische Signale (hochgestellte Wedel, gespreizte Spiegel- und/oder Rückenhaare) mit, daß er erkannt ist. Diese Nachricht wird meist auch sinngemäß verstanden, der Widersacher bricht die Jagd ab.

So beobachtete ich wiederholt auf Sri Lanka Leoparden *(Panthera pardus)*, die eine Beute anschlichen, zum Beispiel ein wehrloses Hausbüffelkalb. Dabei bekam ein ebenfalls in der Nähe stehender, vom Leoparden überhaupt nicht beachteter Sambar Wind vom Leoparden und warnte. Jedesmal brach der Leopard die Jagd ab.

Auffälliges Sich-Präsentieren ist aber nicht immer nur eine erfolgreiche Strategie zur Feindvermeidung. Leoparden und Tiger *(Panthera tigris)* jagen gelegentlich gruppenweise, und zwar während der Paarungszeit, oder wenn Muttertiere ihre halbwüchsigen Nachkommen mit dem Verhalten ihrer Beute und dem Jagdverhalten vertraut machen. Jetzt kann nämlich einer der Widersacher die Beute provozieren, sich zu erkennen geben, Warnrufe und die ‚Einladung zur Verfolgung' auslösen, während ein oder mehrere andere sich unerkannt an die auf das falsche Objekt fixierte Beute anschleichen und sie reißen.

Die bisher beschriebenen Strategien treten bei allen Hirscharten auf. Die großen Läufertypen und Übergangsarten kennen noch die der ‚gesicherten Provokation' und der ‚gesicherten Verteidigung'. Sie schließen sich, wie etwa der Axishirsch, ganz besonders in offenem Gelände bei Feindbedrohung zum Beispiel durch Rothunde *(Cuon alpinus)* zu großen Schutzverbänden zusammen, sichern und können gemeinsam den Widersacher provozieren. Dabei werden immer noch Alarmrufe ausgestoßen, Wedel aufgerichtet und Spiegel gespreizt. Die dem Feind nächsten Tiere (häufig sind es erwachsene Männchen) plätzen nun aber auch aggressiv und drohen mit auf- und abbewegten Geweihen, indem sie in Richtung der Widersacher ziehen.

Beginnen diese eine Attacke gegen die dicht versammelte Gruppe, so öffnet sich diese in der Mitte, umgeht die Rotte der Widersacher und schließt sich hinter ihnen wieder zur dichten Masse zusammen, deren Mitglieder sich durch Kontaktlaute beruhigen. Dieses Wechselspiel kann sich mehrmals wiederholen (KELLER 1975; KURT 1982), bis plötzlich einer panisch, das heißt ziellos flüchtet und sich von der jagenden Rotte so lange hetzen läßt, bis sie ihn erbeutet hat. Kleine Widersacher wie etwa der Goldschakal *(Canis aureus)* jagen bei den großen Hirscharten lediglich Jungtiere, die sich z. B. beim Axishirsch inmitten der Verbände aufhalten. Versuchen sie dorthin vorzudringen, werden sie von geweihtragenden Männchen angegriffen und aktiv vertrieben.

Die Evolution des feindvermeidenden Verhaltens führte bei den Hirschen vom einfachen Alarmruf und dem unauffälligen ‚Sich-Verdrücken, Einfrieren' wie es etwa von einem der ursprünglichsten Wiederkäuer, dem Kantschil, bekannt ist (EISENBERG und LOCKHART 1972), über ‚aufmerksame Provokation' und ‚Einladung zur Verfolgung' bei Schlüpfern bis zur Bildung von Schutzverbänden bei größeren Läufertypen, aus denen ‚gesicherte Provokationen' und ‚gesicherte Angriffe' vorgetragen werden. Dabei versucht die potentielle Beute durch geschickte Wahl ihrer Aufenthaltsorte, besonders der Ruhe- und Wiederkäuzonen, den Feind möglichst früh zu erkennen und sich rechtzeitig, bevor sie ausgemacht ist, zu verziehen oder ihn entweder durch extreme Unauffälligkeit oder gerade durch das Gegenteil so zu provozieren, daß er sich zumindest zu erkennen gibt oder gar zu einer zu frühen und damit erfolglosen Attakke ansetzt. Damit versucht die Beute ihm gewissermaßen beizubringen, daß sich die Jagd auf sie nicht lohnt. Gruppenweise bedrohte Beutetiere verkleinern die Individualdistanzen, erhöhen die Frequenz der Kontaktlaute und beruhigen sich gegenseitig dadurch, um Einzel- oder Gruppenpanik (HEDIGER 1986) zu verhindern.

Die Räuber bedienen sich Strategien, die genau umgekehrt wirken. Ihnen geht es darum, unerkannt möglichst nahe an die Beute heranzukommen und möglichst spät erkannt zu werden, so daß die Beute nicht in der Lage ist, eines ihrer Fluchtmanöver einzuleiten oder gar in Panik auszubrechen. Räuber und Beute haben sich in ihrer Entwicklung gegenseitig dermaßen stark beeinflußt, daß sie geradezu Musterbeispiele dafür liefern, so LORENZ (1963), „wie der Selektionsdruck einer bestimmten Leistung der einen Art entsprechende Anpassungen der anderen Art bewirkt: Die Schnelligkeit der gejagten Huftiere züchtet den sie jagenden Großkatzen gewaltige Sprungkraft und fürchterlich bewehrte Tatzen an, diese wiederum den Beutetieren immer feinere Sinne, immer flinkere Läufe und effektivere Warnsysteme".

Der Feinddruck, die allgegenwärtige Angst vor dem physisch überlegenen Widersacher, stimuliert in besonderem Maße die Entwicklung des Sozialverhaltens und der sozialen Organisation. Selbst ausgesprochen solitäre Arten wie der Kantschil oder der Muntjak, die ihre Nahrung im dichten Unterwuchs finden und wegen der relativen Seltenheit genießbarer Nahrung und um nicht aufzufallen, einzeln auf die Futtersuche ziehen, ruhen, wenn möglich, gruppenweise in übersichtlichem Gebiet, um so mit vereinten Sinnesleistungen die Chancen, einen Widersacher möglichst frühzeitig und aus großer Distanz zu entdecken, zu erhöhen und dabei das Einzeltier zu entlasten (siehe Seite 161).

Wenn man einen kurzen Vergleich einzelner Arten in diesem Abschnitt vornimmt, scheint es sogar so zu sein, daß ursprüngliche Verhaltensweisen wie Alarmrufe, Aufrichten der Wedel, Spiegel- und Rückenhaare entwicklungsgeschichtlich zuerst im Dienste der Feindvermeidung standen und erst später allmählich in das Repertoire sozialer Verhaltenselemente übernommen wurden. Gleiches gilt wahrscheinlich auch für Kampfverhalten.

Dieser Überblick über Warn- und Fluchtverhalten wäre nicht vollständig ohne den Hinweis auf die Tatsache, daß Warn- und

Fluchtverhalten ebenso artspezifisch und damit genetisch fixiert sein kann, wie andere Verhaltensweisen auch. Darauf wies HEDIGER, der als erster das Fluchtverhalten der Tiere wissenschaftlich untersuchte, bereits 1934 bei Echsen auf Neu-Britannien hin.

Ein weiteres klassisches Beispiel dafür liefert VALERIUS GEIST (1988). Es betrifft die beiden nahen nordamerikanischen Verwandten des Rehes, den Weißwedelhirsch und den Schwarzwedel- oder Maultierhirsch. Diese beiden Arten sind sympatrisch, das heißt, sie bewohnen gleiche geographische Areale, bevorzugen aber verschiedene Ausschnitte der Lebensräume (z. B. KRÄMER 1973). Sie sind aber so nahe miteinander verwandt, daß es in Zuchtversuchen leicht möglich ist, Mischlinge in beiden Richtungen zu erhalten.

Wo in freier Wildbahn sich ihre Lebensräume überschneiden, pflanzen sich aber nur männliche Weißwedelhirsche mit weiblichen Maultierhirschen fort. Dies beruht auf den verschiedenen Brunftritualen beider Arten. „Normalerweise können Maultierhirsche die weiblichen Weißwedelhirsche nicht begatten, da diese schnell vor einem werbenden Hirsch flüchten", schreibt GEIST, „weibliche Maultierhirsche aber flüchten nicht vor einem werbenden Hirsch, und folglich kann sich ein Weißwedelhirsch dem Weibchen nähern: Meistens jedoch wird er von einem großen Maultierhirsch vertrieben."

Erstaunlicherweise findet man in freier Wildbahn keine älteren Mischlinge zwischen Weiß- und Schwarzwedelhirsch. Ihre Unfähigkeit zum Überleben beruht wahrscheinlich im gestörten Fluchtverhalten. Zu stark unterscheiden sich darin die beiden Elternarten: Der Weißwedelhirsch ist ein Meister im Verstecken und Sich-Davonstehlen. Wird er entdeckt, so flieht er mit hoher Geschwindigkeit und großer Ausdauer auf gut ‚ausgebauten', trittsicheren Wechseln, ganz gleich, ob diese durch Dickicht, hohes Gras oder Schnee führen.

Der Maultierhirsch dagegen flüchtet mit langen, hohen, unvorhersagbaren Sprüngen, wählt Rückzugswege mit Hindernissen, welche die Verfolgung erheblich erschweren. In äußerst gefahrvollen Situationen, wenn der Weißwedelhirsch die schnelle Flucht wählt, wird der Maultierhirsch mit großer Wahrscheinlichkeit angreifen. Dies kann sich der wendige, unberechenbare und starke Springer, der einem Widersacher somit rasch ausweichen kann, durchaus leisten.

„In Gehegeversuchen mit beiden Arten und ihren Mischlingen waren es die Maultierhirsche, die die Hunde scharf angriffen", faßt GEIST zusammen, „Weißwedelhirsche flüchteten, während die Mischlinge einfach dastanden ... Als wir die Versuchstiere über einen Pfad mit Hindernissen jagten, sprangen die Maultierhirsche über die Hindernisse, die Weißwedelhirsche liefen schnell um sie herum, aber die Mischlinge zögerten. Ganz offensichtlich waren die gegensätzlichen Fluchtstrategien der Eltern nicht miteinander vereinbar, und die Artenkreuzung führte zu einer Auslese gegen die Mischlinge – ein klassisches Beispiel der Arttrennung."

Das Beispiel zeigt aber auch, daß Strategien der Feindvermeidung nicht allein von Körperbau und Leistungsfähigkeit mitbestimmt werden, sondern auch vom Lebensraum, den eine Tierart bewohnt. Somit ist anzunehmen, daß Arten, deren Repertoire an möglichem Fluchtverhalten gering ist, eher in ganz eng begrenzten Lebensräumen vorkommen, während Arten mit einer hohen Variabilität des Fluchtverhaltens ganz verschiedene Lebensräume bewohnen können.

Bevor ich versuche, das Reh aufgrund seiner Feindvermeidungsstrategien in die eine oder andere Kategorie einzuordnen, möchte ich den vergleichenden Überblick mit seinen nächsten Verwandten noch weiterführen.

8.3 Abundanz- und Leistungsstrategien

Die Strukturen eines Lebensraumes, das ging aus dem bisher Berichteten hervor, bevorzugen bestimmte Habitustypen und beeinflussen beispielsweise das Warn- und Fluchtverhalten. Nun kann aber der Lebensraum seine Strukturen, etwa die Zusammensetzung seiner Pflanzengesellschaft, ändern. Dies geschieht regelmäßig auf jungen Sukzessionsgesellschaften, wie sie Waldränder und Waldlichtungen darstellen. Sie gehen allmählich in Hochwald über.

Dabei lösen sich Pflanzengesellschaften ab.

Sonnenhungrigen und leichtverdaulichen Pionierarten, die es sich wegen Tausenden häufig vom Wind verfrachteten Samen leisten können, den größten Teil der aufgenommenen Nährstoffe und Energie in schnelles Wachstum zu investieren, folgen allmählich langsamwachsende, langlebige Arten, die sich mit Giften, Dornen, ledrigen Blättern und dergleichem gegen Fraß zu schützen wissen. Ihren Widersachern, beispielsweise bodenbewohnenden Huftieren, entwachsen sie allmählich und im besten Fall versorgen sie diese gelegentlich noch mit reifen, von den Bäumen fallenden Früchten.

Ein Lebensraum wie die Lichtung im tropischen Wald bietet zwar vielfältige Nahrung und Deckung, aber nur während einer bestimmten Periode. Sein Requisitenangebot ist demnach nicht voraussagbar. Es verschwindet irgendwann, so wie irgendwann unvoraussagbar durch Blitzschlag, Erdrutsch oder Überschwemmung eine neue Lichtung entstehen kann.

Ganz anders verhalten sich Klimaxgesellschaften wie Hochwälder und Grasländer, in denen regelmäßige Brände und/oder Überschwemmungen das Aufwachsen des Waldes verhindern. Sie verändern sich ökologisch nicht oder nur in sehr langen Zeiträumen. Ihr Ressourcenangebot ist demnach voraussagbar. Tropische Hochwälder, besonders die der Regenwälder, beherbergen deshalb wenig Hirsch- und andere Huftierarten und wenig Individuen pro Flächeneinheit, weil sich bei ihnen wegen starker Ausschattung des Bodens das Pflanzenwachstum auf die dichten Kronenschichten beschränkt. Sie sind also, sieht man von gelegentlich zu Boden fallenden Früchten oder umgestürzten Bäumen ab, äußerst nahrungsarm. Höchstens Sambar und Phillippinenhirsch, zwei verhältnismäßig große Arten mit entsprechender Reichweite, suchen sie gelegentlich auf. Doch auch bei ihnen sind Waldlichtungen die Zentren ihrer Aktionsräume.

Für zwei dermaßen verschiedene Lebensgebiete wie Waldlichtungen und Savannen empfehlen sich unterschiedliche Abundanzstrategien (Abundanz: Häufigkeit bzw. Bestandesdichte).

Hemmende Einflüsse der Umwelt können von einem Bestand durch Regulation seiner Bestandesdichte ausgeglichen werden, so daß stets genügend Artgenossen zur Fortpflanzung gelangen, aber auch nicht zuviele, da ja sonst Konkurrenz und Ressourcenverknappung entstünden. Dabei haben sich zwei durch Übergänge verbundene Strategien entwickelt: Die Vermehrungs- oder r-Strategie und die Anpassungs- oder K-Strategie (BARASH 1980, MÜLLER 1988, PIANKA 1970, REMMERT 1978, STERN und TIGERSTEDT 1974, WILSON 1975).

Diese beiden grundlegenden Strategien sind denkbare Extreme einer kontinuierlichen Reihe von Möglichkeiten, das r-K-Kontinuum, und verkörpern nicht etwa eine auseinanderlaufende Entweder-Oder-Aufspaltung. Des einen Extrems, der Vermehrungs- oder r-Strategie, bedienen sich jene Arten, die die Erzeugung vieler Nachkommen in den Vordergrund stellen. Sie werden auch als r-Selektionisten bezeichnet, weil sie r maximal werden lassen (r ist das Symbol der Populationsökologen für die Vermehrungsrate eines Bestandes).

Bei dieser Vermehrungsstrategie wird ein großer Überschuß an Nachkommen erzeugt. So können sie dem Umweltwiderstand (Futterknappheit, Widersacher usw.) leicht ‚große Opfer' bringen, so daß wenigstens einzelne mit Sicherheit zur Fortpflanzung gelangen. Kleine kurzlebige Arten, die wenig Biomasse und wenig Energie zu speichern vermögen, sind dazu prädestiniert. Typische Vertreter der Wachstumsstrategie leben in jungen Sukzessionsstadien, also in Lebensräumen, die sich mit der Zeit rasch verändern und deren Ressourcenangebot nicht voraussagbar ist. Derartige Lebensräume begünstigen soziale Mechanismen, die die aufgrund der hohen Fortpflanzungsleistung bestehende Gefahr der Überbevölkerung eindämmen. Daher entwickelten sich hier Verhaltensweisen der Jungtiere, den Geburtsort zu verlassen, sowie Verhaltensweisen der Eltern, ihren Nachwuchs nötigenfalls zu vertreiben. Damit wird eine Konkurrenz zwischen Eltern und Geschwistern vermieden und die Wahrscheinlichkeit, einen neuentstandenen Lebensraum zu entdecken, erhöht. So gesehen machen hohe Fortpflanzungsleistung und ausgeprägte innerartliche Unverträglichkeit r-Selektionisten zu perfekten Koloniegründern.

Bei den Cerviden entsprechen alle bisher als Schlüpfer beschriebenen Arten dem Typ des Wachstums- oder r-Selektionisten, die Läufer dagegen dem Typ des Anpassungs- oder K-Selektionisten. Beide Typen kommen in beiden Unterfamilien der Hirschartigen vor. Harrington (1985) irrt, wenn er glaubt, die telemetacarpalen Hirsche (Wasserhirsche, Trughirsche, Elch und Ren) entsprächen r-Strategen und die plesiometacarpalen Hirsche (Echthirsche und Muntjaks) den K-Strategen.

K-Strategen, also Läufertypen, erzeugen nur so viele widerstandsfähige Nachkommen, wie bei Anpassung durch Schutzmaßnahmen (Fürsorge für die Nachkommen, Feindabwehrverhalten usw.) noch nötig sind, um Geburtenrate und Sterberate so im Gleichgewicht zu halten, daß die Kapazität (K) der Umwelt nicht überfordert wird. Sie verfügen über Mechanismen, die das Wachstum des Bestandes gegebenenfalls hemmen können, indem sie die Abstände zwischen zwei Geburten vergrößern oder die Pubertät später eintreten lassen.

Damit verlagert sich bei K-Typen das Schwergewicht von der Quantität auf die Qualität der Nachkommen, was eine höhere Präzision der ökologischen Anpassung an die Gegebenheiten der Umwelt zur Folge hat. Große langlebige Formen mit großen Reserven sind K-selektierte Arten. Sie leben in Klimaxgesellschaften, deren Ressourcenangebot langfristig voraussagbar ist. Bei den Cerviden wären dies jene bisher als Läufer bezeichneten mehr oder weniger strikten Bewohner von Grasländern wie Barasingha, Leier-, Pampas- und Sumpfhirsch.

Selbstverständlich gibt es auch Übergangsarten zwischen r- und K-Strategen. Je nach Qualität des Lebensraumes verhalten sich beispielsweise die drei südasiatischen Arten Sambar, Axis- und Schweinshirsch entweder mehr als r- oder als K-selektierte Typen (Kurt 1987).

Die beiden grundlegenden Strategien verkörpern aber „bespielhaft unterschiedliche fundamentale Verhaltensmuster, die von größter Bedeutung für die Soziobiologie im allgemeinen und für elterliche Verhalten im besonderen sind“ (Barash 1980). Dies ging bereits aus dem Vergleich zwischen Schlüpfer- und Läufertypen (Tab. 9 und 10) hervor.

Umweltwiderstände können nicht nur durch die beiden erwähnten Abundanzstrategien überwunden werden, sondern auch durch Leistungsstrategien. Leistungsstrategien bevorzugen, beispielsweise was die Nahrung anbelangt, einerseits Generalisten, andererseits Spezialisten. Die kleine Waldlichtungen bewohnenden Schlüpfer haben ein sehr breites Nahrungsspektrum, das, wie etwa bei den Muntjaks, von Blüten, Früchten, Samen, Trieben, Knospen und Wurzeln bis zu Eiern bodenbrütender Vögel, selbsterjagten Kleintieren und Aas reicht. Die bisher als K-Selektionisten beschriebenen Läufertypen dagegen sind mehr oder weniger ausgeprägte Nahrungsspezialisten. Vom Manipur-Leierhirsch ist beispielsweise bekannt, daß er sich praktisch nur von fünf Arten mehrjähriger Gräser ernährt. Die Bestände des bedrohten Südbarasinghas im zentralindischen Kanha Nationalpark erholten sich erst, als es gelang, die ursprüngliche Vegetation aus mehrjährigen Gräsern, seiner Hauptnahrung, wieder herzustellen (Kurt 1982 und 1987). Auch zwischen den beiden Extremen Nahrungsgeneralist und -spezialist gibt es alle denkbaren Übergänge.

In einer nahrungsreichen, tropischen Klimaxgesellschaft, wie sie Grasländer für Hirsche darstellen, finden viele Arten ihr Auskommen; hier wird die Strategie der Nahrungsspezialisten begünstigt, hier engt Konkurrenz die Nahrungsnischen dauernd ein, was dazu führt, daß just in einer Lebensgemeinschaft, wo der Wettbewerb um Nahrung von vielen Mitbewerbern ausgefochten wird, die Überlappung der einzelnen Nahrungsnischen gering ist.

Andere Verhältnisse herrschen auf Lichtungen. Zwar ist auch hier das Nahrungsangebot hoch, doch es wechselt so rasch, wie die Lichtung allmählich in Hochwald übergeht. Hier ist die Strategie des Generalisten angesagt, der unentwegt versucht, seine Nahrungsnische noch zu vergrößern.

Gleiches gilt noch in vermehrtem Maße für jene verhältnismäßig nahrungsarmen Lebensräume wie Tundren, Nadel- und Mischwälder der gemäßigten Zonen, die von einzelnen Hirscharten wie dem Reh während der Zwischeneiszeiten und der Nacheiszeit jedenfalls teilweise erobert wurden. Hier darf eine Tierart keine allzu spezialisierten Nahrungsansprüche stellen. Denn die Aussicht auf Futter ist ja besonders im Winter gering, und

Tabelle 10: Unterschiede zwischen Schlüpfern und Läufern unter den tropischen Cerviden in Stichworten

	Schlüpfer (r-Typ)	Läufer (K-Typ)
Lebensraum	großräumig unstabil, kleinräumig stabil	großräumig stabil, kleinräumig unstabil
Ressourcenangebot	langfristig nicht voraussagbar	langfristig voraussagbar
Nahrung	unspezialisiert Weichfutter Sprosse, Früchte	± spezialisiert Rauhfutter besonders Gräser
Nahrungsnische	breit, wird laufend vergrößert	eng, wird nicht vergrößert
Habitus	hinten überbaut, „runder" Rücken	„gerader" Rücken
Körpergewicht	3 bis 30 kg	60 bis 140 kg
Geweihe	gering, bis 2 Enden	mächtig, ≥ 3 Enden
individuelle Geweihunterschiede	kaum	ausgeprägt
Geschlechtsdimorphismus	wenig ausgeprägt	stark ausgeprägt
Lebensweise	standortstreu und einzelgängerisch	wandernd und herdenbildend
soz. Raumorganisation der adulten Männchen	territorial	nicht territorial „Brunftarenen"
soz. Raumorganisation der Weibchen u. Jungen	Mutterfamilie	erweiterte Mutterfamilien od. offene Gesellschaften
Anzahl soz. Klassen	wenige	viele
Setzzeit	nicht vorhanden	vorhanden
Tragzeit	kurz, ± 6 Monate	lang, > 6 Monate
Entwöhnung	früh, ± 2 Monate	spät, ≥ 6 Monate
Pubertät	früh, ± 6 Monate	spät, ≥ 12 Monate
laktationsbed. Anöstrus	nicht zutreffend	± zutreffend
Anzahl Junge/Geburt	1–4	1–2
innerartliche Aggression	hoch	gering
soz. Signale	bes. olfaktorisch und akustisch	bes. optisch und akustisch
Typ der Neugeborenen	Liegetyp	Folgetyp
Mutter-Kind-Bindung	kurz	lang
Feindvermeidungsverh.	gering	ausgeprägt
	Pudus, Spießhirsch	Pampashirsch, Sumpfhirsch
	Muntjak Schopfhirsch	Barasingha Leierhirsch

folglich ist die Zeit, die zur Nahrungssuche gebraucht wird, sehr lang. Generalisten mit einem breiten Nahrungsspektrum, die unter einem möglichst geringen Aufwand ihren Nahrungsgewinn maximieren können, sind in einer verhältnismäßig futterarmen Umwelt daher begünstigt. Da es sich vergleichsweise nur wenige Huftierarten leisten können, in einer solchen Umwelt zu leben, ist der Konkurrenzkampf zwischen den Arten verhältnismäßig gering, die Überlappung der Nahrungsnischen groß, und jede Art wird versuchen, ihr Futterspektrum noch zu vergrößern.

Von welchem der drei bisher erwähnten sozio-ökologischen Typen stammen nun die Vorfahren jener Huftiere ab, denen die Eroberung der gemäßigten Zonen gelang, als die mächtigen Eisschilder der eiszeitlichen Gletscher schmolzen und Tundren Platz machten, denen später Wälder folgten? Waren es die kleinwüchsigen r-selektierten, allesfressenden Schlüpfer, die großen K-selektierten, auf bestimmte (Gras-)Nahrung spezialisierten Läufer oder die Übergangsarten, welche ihre ursprünglichen tropischen Lebensräume verließen?

Heute läuft ein dramatisches Experiment ab, das eine erste Antwort dazu liefert: Die Zerstörung der natürlichen Lebensräume und andere tiefgreifende Eingriffe des Menschen in den Haushalt der Natur, die zur Bedrohung, wenn nicht gar zur Ausrottung vieler tropischer Hirschformen führten. Von den

Tabelle 11: Eigenschaften des Schlüpfer- oder r-Typs und des Läufer- oder K-Typs beim Reh: Die Positionen von W (Waldreh) und F (Feldreh) geben an, ob das Reh mehr dem einen oder dem anderen Extrem entspricht. Demnach ist das Reh eine Übergangsart

Schlüpfer (r-Typ)	W: Waldreh, F: Feldreh			Läufer (K-Typ)
Lebensraum: großräumig unstabil kleinräumig stabil	W		F	Lebensraum: großräumig stabil kleinräumig unstabil
Ressourcenangebot langfristig nicht voraussagbar	W		F	Ressourcenangebot langfristig voraussagbar
unspezialisierter Weichfutter-Äser		WF		± spezialisierter Rauhfutter-Äser
Äsungsnische breit vergrößert	W		F	Äsungsnische eng
Schlüpfer-Habitus		WF		Läufer-Habitus
kleinwüchsig		WF		großwüchsig
geringe Geweihe		WF		mächtige Geweihe
kaum individuelle Geweihunterschiede		WF		indiv. Geweihunterschiede ausgeprägt
Geschlechtsdimorphismus kaum ausgeprägt		WF		Geschlechtsdimorphismus ausgeprägt
standortstreu	W		F	wandernd
einzelgängerisch	W		F	herdenbildend
Männchen territorial	W		F	Männchen nicht terr.
kl. Mutterfamilien	W		F	erweiterte Mutterfamilien od. offene Gesellschaften
wenige soz. Klassen		WF		viele soz. Klassen
keine Setzzeit			WF	definierte Setzzeit
kurze Tragzeit			WF	lange Tragzeit
früh entwöhnt		WF		spät entwöhnt
frühe Pubertät		WF		späte Pubertät
viele Junge	WF			wenig Junge
hohe innerartliche Aggression	W		F	niedrige innerartliche Aggression
olfaktorische Signale ausgeprägt		WF		optische Signale ausgeprägt
Neugeborene: Liegetyp		WF		Neugeborene: Folgetyp
kurze Mutter-Kind-Beziehung	W		F	lange Mutter-Kind-Beziehung
geringes Feindvermeidungsverhalten	W		F	ausgeprägtes Feindvermeidungsverh.

zwölf als r-Strategen beschriebenen Schlüpferarten, das sind sechs Arten der Muntjakhirsche, zwei Arten der Pudus und vier der Spießhirsche, sind von fünf die Häufigkeiten nicht bekannt. Von den restlichen sieben sind vier, also mehr als die Hälfte, gefährdet. Eine weitere Muntjak-Art wurde erst 1988, wie Wirth und Groves (1988) mitteilen, in den Bergwäldern von Gongshan (Yünnan) durch Shi Limming entdeckt. Sie trägt noch keinen wissenschaftlichen Namen, gilt als schwer bedroht durch Jagd und läuft möglicherweise Gefahr auszusterben, bevor sie näher bekannt ist.

Von den vier als K-Strategen genannten Läuferarten sind alle stark gefährdet. Eine weitere Art dieser Gruppe, der Schomburgkhirsch *(Cervus schomburgki)*, starb in der ersten Hälfte dieses Jahrhunderts bereits aus. Von den zwei südamerikanischen und fünf südasiatischen Übergangsarten gilt eine als bedroht, der Peruanische Humuel *(Hippocamelus antisensis)*, sieht man von zwei zusätzlichen Inselformen ab, dem Kuhlhirsch *(Axis kuhlii)* und dem Calamian-Schweinshirsch *(Axis calamianenis)*. Übergangsarten, das darf als sicher aus diesem Vergleich geschlossen werden, ertragen Landschaftsveränderungen besser als Extremformen und waren deshalb sicher auch besser geeignet, bisher unbewohnte Lebensräume zu besiedeln.

In der Tat waren es bei den Echthirschen Nachkommen von Übergangsarten, die das tropische Kerngebiet verließen und bisher unbesiedelte Gebiete der gemäßigten Zonen eroberten, wo sie heute als Dam- *(Dama dama)*, Sika- *(Cervus nippon)* und Rothirsche *(Cervus elephus)* überleben (GEIST 1971). Gleiches gilt für die Trughirsche. Der Weißwedelhirsch – eine Übergangsart par excellence – gilt, so GEIST (1988), als erdgeschichtlich älteste eigentliche Hirschart, die seit über 3,5 Millionen Jahren vorkommt. Heute reicht sein Verbreitungsgebiet von Peru bis zum nördlichen Polarkreis. Er fühlt sich in tropischen Waldgebieten ebenso zu Hause wie in den subarktischen Gebieten und kommt sogar als gedrungene Zwergform auf Inseln, wie etwa den Florida Keys, vor. Der Weißwedelhirsch nutzt ebenso ‚leere', durch den Menschen gestörte Ökosysteme, so wie er sich nach erfolgreicher Einbürgerung zur Zeit in landwirtschaftlich genutzten Gebieten Finnlands, die vom Reh noch nicht erobert sind, ausbreitet.

Zwar gelten Dam- und Sikahirsch in ihren Ursprungsgebieten als stark bedroht. Beide Arten wurden aber in anderen gemäßigten Zonen angesiedelt und verzeichnen stabile, wenn nicht sogar zunehmende Bestände. Dies gilt auch für die weiteren vier Hirscharten der gemäßigten Zone. Nach einem kürzlich fertiggestellten „Survey" von CLUTTON-BROCK (1988) nimmt das Reh fast überall zu, wo es vorkommt. Es vergrößert sein Verbreitungsgebiet nordwärts in Skandinavien und erobert in Zentraleuropa zusehends unbewaldete Gebiete. Ähnliches, wenn auch in geringerem Maße, gibt es über den Rothirsch zu sagen. Der Elch *(Alces alces)* vermehrt sich besonders in Fennoskandien in Folge von Änderungen der Jagdtraditionen und der Landnutzung geradezu dramatisch. Die Bestände des Weißwedelhirsches haben sich in Nordamerika seit 1900 um das 200fache vermehrt. Diejenigen des Maultierhirsches stiegen bis in die Mitte der 60er Jahre stark an, schwanden dann aus bisher unbekannten Gründen und wachsen zur Zeit wieder.

Nach diesem allgemeinen Überblick, bei dem es darum ging, die Extreme von Abundanz- und Leistungsstrategien der Hirsche festzulegen, werde ich nun versuchen, eine diesbezügliche Standortsbestimmung für das Reh vorzunehmen. Diese basiert einerseits auf der Analyse von sozialen Organisationsprinzipien, vor allem des Fortpflanzungs- und Feindvermeidungsverhaltens, und der Futterwahl. Andererseits kann sie aufgrund der Fortpflanzungsleistung diskutiert werden.

8.4 r- und K-Strategien beim Reh

Um es gleich vorwegzunehmen: Das Reh ist innerhalb der Hirschfamilie kein ausschließlich r-selektierter Schlüpfer, wie es immer wieder dargestellt wird, sondern, wie es in diesem Abschnitt zu zeigen gilt, eine typische Übergangsart, die je nach den Umweltgegebenheiten mehr Eigenschaften des einen oder des anderen Typus annehmen kann.

Mit seinem hinten leicht überbauten Körper entspricht das Reh im Habitus einigermaßen dem Schlüpfertyp. Vom Gewicht her betrachtet, das bei starken europäischen Rehen zwischen 20 und 30 kg, beim sibirischen Reh bis zu 50 kg betragen kann, entspricht es höchstens den schwersten Schlüpfern, dem Indischen Muntjak mit 15 bis 35 und dem Schopfhirsch mit 17 bis 50 kg. Allerdings wirkt es mit einer Schulterhöhe von bis zu 90 cm weniger gedrungen als die beiden um mehr als 20 cm niedrigeren Vertreter der Muntjakhirsche. Jede seiner Geweihstangen trägt häufig drei, gelegentlich vier und selten fünf Enden; diejenigen der Schlüpfer höchstens zwei. Zwar ist das Rehgeweih in seinem Ausmaß bescheidener als die mächtigen Geweihe größerer Arten, es übertrifft diejenigen der typischen Schlüpfer aber beträchtlich.

Auch seine ausgesprochen standorttreue Lebensweise entspricht dem Bild des Schlüpfers, wie auch das breite, auf Weichfutter ausgerichtete Äsungsspektrum, das nach Möglichkeit vergrößert wird. Wie dies abläuft, wurde in Kapitel 4 beschrieben. Ein gutes Beispiel für eine neu erschlossene Äsungsquelle liefert die Fichte *(Picea abies)*. Sie wird heute nach Klötzli (1965) oft mäßig verbissen. Das war nicht immer so: Im Handbuch der Forstwissenschaften von 1926 wird sie als mögliche Äsungspflanze noch nicht einmal erwähnt. Im Schweizer Mittelland traten erste massive Verbisse 1938 auf. Nach 1940 werden sie auch aus Deutschland gemeldet. Dann nahm die Verbißintensität laufend zu. Dies, so meint Klötzli, „kann möglicherweise durch den Äsungsmangel des Rehwildes im Winter, vielleicht aber durch seinen Nachahmungstrieb erklärt werden, da diese ‚Unsitte' des Wildes besonders lokal sehr ausgeprägt ist" und nicht immer mit dem jeweiligen Angebot an anderen Futterpflanzen in Verbindung gebracht werden kann.

Typische Merkmale der r-Strategien sind beim Reh auch einige der sozialen Signale. Auf die große Bedeutung olfaktorischer Verständigung lassen das ausgesprochen hoch entwickelte Riechepithel (siehe Seite 37) und zahlreiche Hautdrüsen, deren Zustand sich im Jahresverlauf ändert, sowie das Markierungsverhalten der Böcke schließen. Das Geweih spielt beim Reh als Rangabzeichen keine Rolle. Einziges Rangkriterium unter Böcken ist Territorialbesitz (siehe Seite 122). Die akustischen Signale sind beim Reh vielfältiger als bei typischen Schlüpfern. So kommen etwa Kontaktlaute zwischen Erwachsenen vor. Möglicherweise dient der ursprüngliche Alarmruf, das ‚Schrecken', bei den Böcken auch der Territorialmarkierung, wie verschiedene Autoren vermuten (siehe Seite 118).

Wie bei typischen Schlüpfern ist die Zahl möglicher sozialer Klassen beim Reh klein. Böcke leben territorial, die anderen Mitglieder des Bestandes einzeln oder in kleinen Gruppen. Allerdings gelten diese typischen Merkmale der r-Strategen nur für waldbewohnende Rehbestände mit geringer Dichte und nur für das Sommerhalbjahr. Im Winterhalbjahr dagegen sind Rehe weder territorial noch besonders standorttreu. Dazu erreichen ihre Aktionsräume die größte Ausdehnung und ihre Gruppen, die Sprünge, höchste Mitgliederzahlen. Kurz, was die soziale Organisation in Raum und Zeit anbelangt, entsprechen sie jetzt überhaupt nicht den r-Typen, sondern den K-Typen oder zumindest den Übergangsformen (Tab. 11).

Gruppenbildung im Winterhalbjahr entspricht den Gegebenheiten der Umwelt. In laubwerfenden Wäldern verschwindet mit dem Laubfall im Herbst und dem Schnee im Winter ein wesentlicher Anteil der Deckung. Deshalb ist in Gruppen die Sicherheit gegenüber Widersachern erhöht (siehe Seite 159). Wie ich im nächsten Kapitel noch ausführe, ist der Feinddruck, jedenfalls auf Erwachsene, im Winterhalbjahr bedeutend höher als im Sommerhalbjahr.

Rehe bedienen sich aller oben beschriebener, bekannter feindvermeidender Strategien der Hirsche und entsprechen damit eher dem K-Typ.

Das reiche Arsenal an Warn- und Fluchtmöglichkeiten tritt sogar in einer Umwelt zu Tage, wo die großen, natürlichen Widersacher fehlen. Viele werden dem in den mitteleuropäischen Wäldern fast allgegenwärtigen Menschen gegenüber gezeigt. Bereits harmlose Spaziergänger werden so geschickt umlaufen, daß sie zwar häufig in der Nähe von Rehen sind, diese aber nie sehen. Umlaufen werden während der Winterjagden in der Schweiz häufig auch Treiber und Niederlaufhunde. Die stärksten Stücke erlegen häufig jene Jäger, die sich das Wild nicht zutreiben lassen, sondern den Hundemeuten folgen und somit genau jenes Fluchtziel besetzen, das für Rehe gegenüber hetzenden Feinden das lohnendste ist.

Das Sich-Drücken tritt besonders bei Frischgesetzten und während einer erstaunlich langen Periode der ersten Lebenswochen auf. Gelegentlich drücken sich aber auch Erwachsene, wenn sie – etwa bei Fallenfangaktionen – plötzlich sehr stark beunruhigt werden. Rehe können bei Feindesnähe gefrieren oder sich unauffällig in die nächste Dekkung verdrücken. Sie provozieren ihre Widersacher und laden sie zur Verfolgung ein, wie z. B. führende Ricken, die damit von ihren Kitzen ablenken. Und einzelne besonders aktive Mitglieder der Gruppen testen gewissermaßen den vermeintlichen Widersacher, indem sie sich mutig vorwagen (siehe Seite 89) und so verfrühte, erfolglose Attacken auslösen. Rehe greifen Widersacher gelegentlich auch an. Dies ist vor allem von führenden Geißen bekannt. Doch selbst verhältnismäßig geringe Kitze erwehren sich Hauskatzen mit harten Vorderlaufschlägen (KURT 1968).

Ob nun aber die ‚Feindbilder' Rehen angeboren sind oder ob sie diese zumindest im Detail durch Erfahrung und tradierte Erfahrungen von anderen Artgenossen erst erlernen müssen, ist bisher experimentell nicht nachgewiesen worden. Allerdings sprechen einige Feldbeobachtungen für die zweite Möglichkeit. Es läßt sich auch vermuten, daß es für eine Tierart wie das Reh, in dessen riesigem eurasischen Areal von kleinen Beutegreifern wie Greife und Eulen, Füchse und Marderhunde bis hin zu Wolf, Bär und Tiger alles auf sie Jagd macht, vorteilhafter ist, Informationen über Freßfeinde im Sinne von Lernen zu erwerben, anstatt sie vererbt zu bekommen. „Der Grund hierfür könnte darin liegen, daß Tiere auf diese Weise neue Freßfeinde schneller identifizieren können und sich in den verschiedenen geographischen Regionen an die durch unterschiedliche Freßfeinde geprägte Situation anzupassen vermögen. Ferner können sie auf dem Wege kultureller Informationsübermittlung eine Reihe von Freßfeinden erfolgreich identifizieren, was bei einer genetischen Determination schwierig wäre", meint dazu BONNER (1983).

Gruppenbildung erleichert besonders im Winter auch die Nutzung verhältnismäßig seltener Nahrungsquellen und fördert die Bildung von Traditionen über die Kenntnis von Lebensraum, Äsung und Widersachern, also die Bildung einer einfachen ‚Kultur', wenn man darunter, wie BONNER, die Weitergabe von Informationen über die Kette der Generationen durch Verhalten, insbesondere durch den Vorgang von Lehren und Lernen versteht.

Erleichtert werden solche Traditionsbildungen aber auch durch den jahreszeitlich bedingten Fortpflanzungsrhythmus. Danach verlaufen Brunft und Setzzeit wie bei den tropischen K-Typen synchronisiert. Im Winterhalbjahr, also während der Häfte des Jahres, kommen weder fortpflanzungsfähige und damit höchst aggressive Männchen noch einzelgängerische Weibchen, die Neugeborene führen, vor. Bei den typischen tropischen r-Strategen sind diese aber immer vorhanden und erzwingen solitäre Lebensweise und Ausbreitung des Bestandes.

Synchronisierte Fortpflanzung und Gruppenbildung während des Winterhalbjahres ermöglichen aber auch ein langes Zusammenleben zwischen Mutter und Nachkommen wie es für K-selektierte Arten typisch ist, obwohl die Fortpflanzungsleistung des Rehes ausgesprochen hoch und damit ein eindeutiges Merkmal von r-selektierten Arten ist. Ein bis gelegentlich vier, im Mittel rund zwei Nachkommen gibt es nicht einmal bei den Muntjaks oder Pudus. Bei ihnen sind Einzelgeburten die Regel. Sie können sich aber innerhalb eines Jahres zweimal fortpflanzen.

Lediglich das Asiatische Wasserreh, ein ursprünglicher geweihloser Cervide mit hauerartigen oberen Eckzähnen, der die gemäßigten Zonen Ostasiens erobert hat, übertrifft das Reh mit normalerweise zwei bis vier, gelegentlich sogar bis zu sieben Jungen pro Setzzeit. Verhältnismäßig hohe Nachwuchsraten haben aber auch andere Hirscharten der gemäßigten Zonen: Bei Elch, Weißwedelhirsch, und Schwarzwedelhirsch sind Zwillingsgeburten häufig. Der Moschushirsch hat meist zwei, gelegentlich drei Nachkommen.

Einzelne Rehbestände unterscheiden sich bezüglich ihrer r- und K-Merkmale. Feldrehe bilden größere Verbände als Waldrehe, verkehren mit mehr Artgenossen als diese, und Rollenverhalten (‚Wächter', ‚Futteranzeiger' usw.) ist bei ihnen häufiger. Zudem gibt es zumindest Anzeichen dafür, daß bei Feldrehen Territorialverhalten der Böcke weniger stark ausgeprägt ist oder gar fehlt, daß sie stärkere Geweihe tragen, daß auch Weibchen, die Neugeborene führen, zu Gruppenbildungen neigen. Dies sind alles K-selektierte Verhaltensmerkmale.

Die entsprechenden Verhaltensmerkmale der Waldrehe deuten dagegen mehr in Richtung der r-Typen (Tab. 11). Aber auch innerhalb von Waldreh-Beständen treten Unter-

Tabelle 12: Unterschiede zwischen Pionier- und Erhaltungsphase bei Waldrehen

	Pionierphase	Erhaltungsphase
Bestandesdichte	niedriger	höher
Mittlere Körpergewichte	hoch	niedriger
Starke Geweihe	bereits bei jüngeren B.	erst bei älteren B.
Brunft und Setzzeit	früher	später
Anzahl Kitze pro Geiß	größer	niedriger
Geschlechterverhältnis der Kitze	mehr Weibchen	mehr Männchen
Kitzmortalität	niedriger	höher
mittlere Lebenserwartung der Erwachsenen	niedriger	höher
Bestandeswachstum	rasch	langsam
Territorialbesitz bei Böcken	früh (2. Jahr)	spät (3.–4. Jahr)
Überzählige Böcke	auswandern	auswandern od. anpassen
Benutzung der Setzplätze	einmal	mehrmals
Überschneidung der Aufzuchtzonen	nicht	ja
Mutterfamilien	einfach	erweitert
Bildung von Weibchen-Sippen	schwach	stark
Bildung von Ein-Mann-Familien	nein	ja
Bildung von Traditionen	schwach	stark

schiede auf (Tab. 12). Dichte Bestände zeigen eindeutig mehr K-Merkmale als weniger dichte. In ihnen werden größere, über Jahre bestehende Weibchensippen gebildet. Die Zahl möglicher sozialer Klassen wird erhöht durch erwachsene Tiere, die nicht an der Fortpflanzung teilnehmen. Zudem sinkt die Nachwuchsrate. Damit steigt das Durchschnittsalter des Bestandes.

Bezieht man die Merkmale des sozialen Verhaltens der r- und K-Extreme auf die Geschlechterklassen, so stellt man fest, daß Böcke eher den r-Typen entsprechen, während Ricken bei entsprechendem Umweltangebot leichter zu K-Verhalten neigen. Im dänischen Beobachtungsgebiet Kalö zum Beispiel halten sich die meisten Böcke eher konservativ in dessen Waldanteil auf, wo sie während der Jahre immer wieder dieselben Territorien besetzen. Die meisten beschlagenen und führenden Ricken leben dagegen zu einem beachtlichen Teil im deckungsarmen Agrarland, wo sie, je nach Angebot der Umwelt, von Jahr zu Jahr verschiedene Setz- und Aufzuchtzonen mehr oder weniger dicht gedrängt bewohnen. Ausnahmen machen lediglich einige junge Böcke, die im Sommer provisorische Territorien in den Feldern etablieren, und einige Ricken, die standorttreu jahrelang im Wald leben.

Zweifellos gibt es auch individuelle Unterschiede, wonach ein Tier eher Verhaltensmerkmale des r-, das andere eher solche des K-Typs zeigt. Dies fällt besonders bei jüngeren Böcken auf. Die einen, rasch und kräftig gewachsen, verlassen ihr Heimatgebiet, entsprechen also eher dem r-Typ, die anderen bleiben „daheim“, ordnen sich stärkeren Böcken unter, nehmen nicht an der Brunft teil und warten gewissermaßen ab, bis sie den sozialen Status eines fortpflanzungsfähigen Männchens erreicht haben. Trotz solcher individueller Unterschiede scheint aber jedes Reh in der entsprechenden Umwelt mehr r- und mehr K-selektierte Verhaltensmerkmale zu zeigen. So gibt es jeden denkbaren Übergang zwischen Waldrehen und Feldrehen, wie TURNER am Bestand im Zizerser Feld zeigte. Waldrehe verhielten sich auf ihren gelegentlichen Ausflügen in die angrenzenden Wohnräume der Feldrehe wie diese und umgekehrt.

Bisher betrachteten wir vor allem qualitative Verhaltensmerkmale. Die beiden Extreme r und K verkörpern aber ganz unterschiedliche Abundanzstrategien, die sich in der Anzahl und der ‚Qualität‘ der Nachkommen äußern. K-Typen haben weniger, aber besser umsorgte als die r-Typen. Wie sich das Reh in dieser Beziehung verhält, soll im nächsten Abschnitt erläutert werden.

8.5 Nachwuchsraten

In ungünstigen Aufzuchtzonen führen Rehgeißen weniger Junge als in günstigen. Ebenso ist die Nachwuchsrate in dichtbesiedelten Gebieten, wo offenbar mehr ungünstige Setzplätze bezogen werden, geringer als in dünnbesiedelten. Dies ging bereits aus den in Kapitel 5 erwähnten Daten aus dem Berner Mittelland hervor. Wie die Mechanismen dieses Regulationsvorganges im einzelnen verlaufen, sei hier kurz erwähnt: Sicher sind ungünstige Setzplätze feuchter und kühler als günstige, möglicherweise auch deckungsärmer. Beides erhöht die Kitzsterblichkeit infolge Unterkühlung und durch Widersacher, vor allem durch Füchse (siehe Seite 83).

Ein weiterer Mechanismus drosselt zusätzlich noch die Nachwuchsrate an ungünstigen Orten und bei hoher Wilddichte: Geißen, die unter solchen Bedingungen ihre Jungen aufziehen müssen, also junge, rangniedrige und folglich solche mit geringer Konstitution, setzen weniger Kitze als die ranghohen, die die besten Setzplätze innehaben. Dies wird bereits aus dem Vergleich der Ovulationsraten deutlich; das ist die Zahl reifer Eier pro Weibchen, die aus dem Eierstock in den Trichter des Eileiters austreten. Sie kann an der Anzahl von Gelbkörpern (Corpora lutea) im Eierstock festgestellt werden.

Bei mehrjährigen, also zweieinhalbjährigen und älteren Geißen beträgt die Ovulationsrate in Schweden 2,5, in England 2,1, im Berner Mittelland 2,1, in Dänemark 2,0, in Bayern 1,9 und im Nürnberger Reichswald 1,3. In Schweden waren die untersuchten Ricken am schwersten, im Nürnberger Reichswald mit 12,5 Kilogramm (aufgebrochen) am leichtesten (Ellenberg 1978). Die Gelbkörperrate korreliert demnach positiv mit dem Gewicht und damit mit der Konstitution der Geißen. Anderthalbjährige Schmalrehe ovulieren in geringerem Maße als erwachsene Ricken. Die entsprechenden Gelbkörperraten betragen für die beiden erwähnten Extreme – Schweden und Nürnberger Reichswald – 2,2 bzw. 0,2.

Wandeler (1975) verglich an einem reichen Untersuchungsmaterial aus dem Berner Mittelland die Anzahl Foeten pro trächtiger Geiß, die er auf dem Seziertisch gefunden hatte, mit der Anzahl geborener Kitze pro führender Geiß im Sommer und kam zum Schluß, daß die Foetensterblichkeit wesentlich geringer ist als die Kitzsterblichkeit während oder kurz nach dem Setzen. Die Präimplantationsverluste, also jene vor der Einnistung der Eizelle in die Gebärmutterwand, schätzt er bei gesunden Rehen auf 1,5 %, bei kranken auf 15 bis 22 %. Auch nach der Einnistung können, besonders bei kranken Muttertieren, Eizellen absterben. Tote Embryonen werden ausgetrieben (Abort) oder vom mütterlichen Körper resorbiert. Dabei bleiben gelegentlich mazerierte ‚Steinfrüchte' im Uterus zurück. Derartige Fälle sind oft mit dem Tod der Mutter verbunden. Nach den Daten von Wandeler (1975) und Ellenberg (1978) beträgt die Anzahl einwöchiger Kitze pro führender Geiß rund 20 % weniger als die Zahl der Foeten pro hochbeschlagener Geiß.

Ohne näher auf die besonders von Ellenberg ausgearbeiteten Details einzugehen, lassen sich die Gesetzmäßigkeiten der Kitzsterblichkeit wie folgt zusammenfassen: In feuchten Jahren gehen mehr Kitze ein als in sonnenreichen. Gleiches gilt im Vergleich zwischen günstigen und ungünstigen Setzplätzen und Aufzuchtzonen. Schwere und ältere Geißen verlieren weniger Nachkommen als leichte, junge oder sehr alte. Frischgesetzte Geißkitze sind besonders bei schwachen Geißen 7 bis 9 % leichter als Bockkitze, folglich auch empfindlicher gegen Kälte und Feuchtigkeit und verzeichnen eine wesentlich höhere Sterblichkeit als Bockkitze. Das stärkere Bockkitz kann seine schwächere Schwester, solange beide trinken, zudem bedeutend ‚übervorteilen', was wiederum zur Schwächung des Geißkitzes beiträgt.

Allein mit der erhöhten Sterblichkeit der frischgesetzten Geißkitze läßt sich aber die von Sägesser und mir 1966 mit Hilfe der Berner Wildhüter gemachte Beobachtung, daß an ungünstigen Setzplätzen und in dichten Beständen weniger Geißkitze aufwachsen als an günstigen Setzplätzen bzw. in weniger dichten Beständen, nicht erklären.

Bestimmt wird das Geschlechterverhältnis der Kitze auch von den Weibchen selbst. Erste Hinweise darauf ergaben Analysen der Setzdaten. Am Anfang der Setzzeit ist in der Bundesrepublik und in der Schweiz das Geschlechterverhältnis ausgewogen und verschiebt sich dann allmählich zugunsten der männlichen Kitze. Frühsetzende Ricken sind solche, die wegen ihrer guten Kondition im Vorjahr früh gebrunftet haben. Folglich, so ließe sich nun vermuten, empfangen sie mehr weibliche Nachkommen als konditionsärmere. Im Versuch ließ sich aber bis heute nicht nachweisen, wie dieser Vorgang physiologisch im einzelnen verläuft. Feldbeobachtungen bestätigen die Hypothese: Dies bewies ELLENBERG (1978), indem er das Geschlechterverhältnis der Kitze von zwei ganz unterschiedlichen Beständen miteinander verglich.

In den nordfriesischen Seemarschen haben Rehe erst nach dem Zweiten Weltkrieg von der Geest kommend neue Lebensräume besiedelt. Sie erreichten bemerkenswerte Gewichte, die heute noch 5 bis 6 kg über denjenigen der Geest-Rehe liegen. Die Bestandesdichte ist (auch infolge der Bejagung) mit zwei bis acht Stück auf 100 Hektar Raps- und Getreideacker, Grünland und Gräben verhältnismäßig gering. Das Geschlechterverhältnis der Kitze beträgt in diesem Bestand mit ausgesprochen guter Konstitution ein Bockkitz auf drei Geißkitze.

Ganz anders verhält es sich bei einer Population im holländischen Dünenwall südlich von Haarlem. Dort leben, gefangen zwischen ökologischen Barrieren und menschlichen Siedlungen und bei magerer Äsung, von der Stadt Amsterdam Anfang der 60er Jahre ausgesetzte Rehe. Im Winter 1969/70 brach der Bestand zusammen. Die große Menge an Fallwild erregte die Öffentlichkeit. Zwar wurde dann schärfer gejagt und zusätzlich gefüttert, das Problem damit aber nicht entschärft. Nach dem Bestandeszusammenbruch wurden zwar anfänglich mehr weibliche Kitze gesetzt, doch nachher überwogen wiederum die männlichen. Gleiches gilt für den Nürnberger Reichswald mit einem konstitutionell äußerst schwachen Rehbestand. Auch im Versuch, den ELLENBERG im Rehgatter von Stammham durchführte, wurden mit zunehmender Dichte immer mehr männliche Kitze gesetzt.

Rehe können also darüber ‚entscheiden', ob sie mehr männliche oder mehr weibliche Nachkommen zur Welt bringen. In gut ernährten Beständen mit geringer Dichte werden mehr Weibchen geboren, in dichten, schlecht ernährten mehr Männchen. Anzunehmen ist, daß im ersten Fall mehr Ricken mit guter Konstitution vorkommen als im zweiten. Folglich ließe sich schließen: Starke und somit ranghohe Ricken setzen und ziehen mehr weibliche Kitze auf als rangtiefe und schwache. Diese produzieren mehr Männchen.

Ein derartiger Befund widerspricht den Strategien, die der Soziobiologe BARASH (1980) weiblichen Tieren einer polygynen Art wie dem Reh empfiehlt, bei der zwar praktisch jedes erwachsene Weibchen, nicht aber jedes erwachsene Männchen zur Fortpflanzung gelangt. „Erzeuge Männchen, wenn Du eine dominante Stellung hast und/oder in guter körperlicher Verfassung bist; erzeuge Weibchen, wenn Du einen untergeordneten Rang einnimmst und/oder körperlich nicht ganz auf der Höhe bist! Die Selektion gibt der risikoreicheren Strategie den Vorzug, wenn die Würfel irgendwie zu Deinen Gunsten gefallen sind; andernfalls ist es besser, auf Sicherheit zu spielen." Diese bemerkenswerte Prognose belegt er durch eine Reihe von Untersuchungen an Schweinen, Schafen, Nerzen und Seehunden.

In einer zwölfjährigen Studie an Rothirschen auf Rhum, einer der Hebrideninseln, bestätigten CLUTTON-BROCK und seine Mitarbeiter (1985) diese These: Bei Muttertieren der unteren Rangstufe waren 47 % der Kälber männlich, bei solchen mit einem mittleren Rang 54 % bei solchen mit hohem Rang 61 %.

„In der Vergangenheit", so BARASH, „hat man dies einer allgemeinen Belastungsschwäche des männlichen Geschlechts zugeschrieben; mit Hilfe der Soziobiologie kann man aber heute auf einen Grund für diesen mittelbar primären Faktor schließen. Ebenso läßt sich voraussagen, daß eine in geschlechtlicher Hinsicht variable Produktion von Nachkommen in dem Maße an Anpassungswert gewinnt, wie die Schwankungsbreite des Fortpflanzungserfolges eines der beiden Geschlechter zunimmt." Das heißt bei hochgradig polygynen, ‚vielweiberischen' Rehen sollte das Geschlecht der Nachkommen stärker von der mütterlichen Verfassung abhängig sein als beispielsweise bei monogamen Singvögeln.

Das ist es in der Tat auch. Aber nicht immer im Sinne der Prognose von BARASH, sondern unter Umständen gerade umgekehrt. Dies bestätigte besonders ELLENBERG (1978). Er faßte das von SÄGESSER und mir 1966 erstmals beschriebene Phänomen der ungleichen Verteilung der Geschlechter frischgesetzter Rehe anhand eines umfangreichen Forschungsmaterials aus verschiedenen Gebieten Europas wie folgt zusammen: „Das Geschlechterverhältnis der kommenden Kitzgeneration wird bereits bei der Befruchtung festgelegt. Eine zum Zeitpunkt der Brunft gut ernährte Mutter bringt vorwiegend weibliche, eine schlecht ernährte überwiegend männliche Kitze zur Welt. Erstmals setzende und sehr alte Geißen empfangen im Vergleich zu mittelalten mehr männliche Kitze.

Unter kontrollierbaren Bedingungen und in freier Wildbahn sind bei Kitzen entsprechende Geschlechterverhältnisse bis zu etwa 3:1 in beiden Richtungen beobachtet worden. In schlechten Biotopen mit schwachen Geißen, die ohnehin schon wenig Nachwuchs zur Welt bringen, werden die Verhältnisse noch verschärft. Durch die höhere Sterblichkeit weiblicher Kitze im Vergleich zu männlichen wird dann das Geschlechterverhältnis zusätzlich verschoben, da weibliche Kitze üblicherweise meßbar leichter sind und damit Energieverlusten nur geringe Reserven entgegenzusetzen haben."

ELLENBERG studierte eingehend einen individuell markierten, ausgesprochen dichten Rehbestand, in dem sich die Bildung von sehr engen Weibchensippen verfolgen ließ. In den von ihm studierten Sippen betrug das Geschlechterverhältnis der Frischgesetzten 35 Männchen zu 29 Weibchen, also 1:0,8. Im Gehege von Stammham setzten junge Geißen am Ende ihres zweiten bzw. dritten Lebensjahres vor allem Bockkitze. Das Geschlechterverhältnis ihrer Nachkommen betrug 24 Männchen zu 13 Weibchen, also 1:0,5. Hier waren es in der Tat die älteren Ricken, die vor allem Weibchen setzten. Das Geschlechterverhältnis ihrer Nachkommen betrug 11 Männchen zu 16 Weibchen, also 1:1,4.

Gerade umgekehrte Werte erhalte ich aber bei der Analyse der von mir seinerzeit ebenfalls während mehrerer Jahre genau verfolgten, räumlich und sozial nicht so strikt organisierten Sippen im Berner Oberaargau (siehe Abb. 38). Im Fribachmoos, wo sie lebten, war die Bestandesdichte aufgrund starker Bejagung gering, das Äsungsangebot gemessen an der Nachfrage hoch und somit die Kondition der Geißen gut. Dementsprechend war das Geschlechterverhältnis der Kitze nicht zugunsten der Männchen (total 13), sondern zugunsten der Weibchen (total 26) verschoben und betrug 1:2. Hier waren es aber nicht die älteren ranghohen Geißen, die vor allem Weibchen setzten, sondern die jungen. Das Geschlechterverhältnis ihrer Nachkommen betrug 6 Männchen zu 18 Weibchen oder 1:3, dasjenige der älteren war mit 7 Männchen zu 8 Weibchen praktisch 1:1. In dünnsiedelnden, wachsenden Rehbeständen verhalten sich Weibchen offenbar genau nach dem von BARASH postulierten Muster: Junge und Rangtiefe setzten auf ‚Marke sicher' und zogen dreimal mehr Weibchen auf als Böcke.

Die Eignung eines Individuums oder einer Gruppe wird nun aber sicher nicht allein bestimmt durch die Anzahl und das Geschlecht der Nachkommen, sondern auch und eher durch die Investition der Eltern in ihre Nachkommen (MACARTHUR 1965, HAMILTON 1967). Beim Reh ist sie zwischen Geißkitz und Bockkitz in beträchtlichem Maße verschieden.

Fragen wir uns deshalb, welche Vor- und Nachteile für die Mutter und ihre Gruppe entstehen, je nachdem ob Böcke oder Geißen gesetzt und aufgezogen werden.

Geißkitzen bringen den von BARASH (1980) erwähnten Vorteil mit sich: Sie pflanzen sich als Erwachsene praktisch unter allen Umständen und unabhängig von ihrem oder dem Rang ihrer Mutter fort. Sie leben länger, eventuell während ihres ganzen Lebens, in der Nähe ihrer Mutter und kehren in der Regel als erstmals beschlagene Ricken im Herbst ihres zweiten Lebensjahres in den Verband ihrer Mutter zurück. Ja, sie können, wenn die Alte stirbt, sogar deren Junge führen.

Dies alles erhöht ohne Zweifel die Gesamteignung der Mutter. Dafür investiert sie allerdings auch mehr in die Aufzucht einer Tochter als in die Aufzucht eines Sohnes. Die Tochter bleibt ja länger bei ihr als männliche Nachkommen. Was Kitzaufzucht und Kenntnis des Lebensraumes und seiner Äsungspflanzen anbelangt, lernt sie auch mehr von ihr. Doch sie übernimmt als ‚passiver Typ' (siehe Seite 101) in ihrer Jugend kaum Eigeninitiativen beim Futtertesten oder in anderen ungewohnten Situationen. Töchter (und ihre späteren Nachkommen) können bei knapper Äsung auch eine erhebliche Konkurrenz für die Mütter darstellen.

So gesehen sollten bei geringer Bestandesdichte, guter Äsung und folglich niedriger Konkurrenz vor allem junge und somit rangniedrige Geißen viele weibliche Nachkommen haben. Bei hoher Dichte und großer Konkurrenz dagegen empfiehlt sich dies nur Müttern mit hohem Rang und/oder guter Kondition. Diese beiden Forderungen entsprechen durchaus den Befunden aus dem Oberaargau und Stammham.

Im Gegensatz zu Geißkitzen verbleiben Bockkitze nur während verhältnismäßig kurzer Zeit bei der Alten, verlassen diese und auch deren Lebensraum am Ende ihres ersten Lebensjahres. Die Mutter oder andere Weibchen der Sippe umsorgen diese weniger und haben durch sie weniger Konkurrenz. Zudem sind junge Böcke in ungewohnten Situationen eher aktive, innovative Typen und dominieren über Gruppen ohne alte Böcke. Sie haben als Jungtiere eine hohe Mortalität und fallen häufiger Unfällen (z. B. EIBERLE 1972) und wahrscheinlich auch Feinden zum Opfer als gleich alte Weibchen. Auf der Jagd werden sie eindeutig leichter erlegt als ältere Böcke und Geißkitze (siehe Seite 246). Damit verursachen sie weniger Aufzuchtprobleme und entlasten möglicherweise andere, für die Arterhaltung wichtigere Mitglieder der Familie vom Druck der Widersacher. Dies alles ist, jedenfalls unter hoher Konkurrenz, von Vorteil für junge Mütter und andere schwache Weibchen der Sippe. Nach den oben vorgelegten Zahlen sind in der Tat sie es, die vor allem Männchen aufziehen.

Einen Nachteil erfährt ihre Gesamteignung aber dadurch, daß sich eben nicht alle männlichen Nachkommen mit Sicherheit auch fortpflanzen. Doch in dichten Beständen sind es vor allem die ‚Anpasser', also die schwachen Männchen (möglicherweise die Nachkommen von ebenfalls rangtiefen Weibchen), die so lange in ihrem Heimatgebiet ausharren, bis endlich ein Territorium frei wird, das sie meist erst am Lebensende als psychisch Fortpflanzungsfähige besetzen. Auch so gesehen, lohnt es sich für unterlegene Geißen, bei hoher Konkurrenz vor allem Kitzböcke zu setzen.

In konkurrenzarmen Beständen erobern die stärksten Böcke bereits als Zweijährige eigene Reviere, in denen sie sich sofort fortpflanzen (siehe Seite 190). Dazu haben die Nachkommen besonders ranghoher älterer Geißen die größten Chancen. Für sie empfiehlt es sich zur Erhöhung ihrer Gesamteignung, in männliche Nachkommen zu investieren. Dies ist auch tatsächlich der Fall, wie die Werte aus dem Berner Oberaargau zeigen.

‚Geburtenkontrollen' können aber auch völlig unabhängig von Bestandesdichte, Äsungsangebot und Konkurrenz verlaufen. Ungünstige Umweltbedingungen wie Nässe, Kälte oder Äsungsmangel senken während der ersten Lebenswochen, aber auch während der Brunft nach dem bisher Gesagten die Fortpflanzungsleistung der Rehe. In hohen Lagen, wie beispielsweise dem Engadin oder der Süd-Steiermark, gehen infolge ungünstiger ökologischer Bedingungen und trotz geringer Bestandesdichte in der Regel wenigstens 75 % der gesetzten Kitze ein. In der Kulturlandschaft dagegen kann ein dichter Bestand selbst die Umweltbedingungen so verschlechtern, daß die Nachwuchsrate infolge geringer Ovulations- und hoher Kitzsterblichkeitsraten niedrig ist. Hier besteht, wie es allgemein für K-Strategen angenommen wird, also ein direkter Zusammenhang zwischen Auslastung des Lebensraumes und Fortpflanzungsleistung.

Das Reh verfügt somit auch in seiner Fortpflanzungsleistung über die Möglichkeit, sich je nach den Bedingungen seiner sozialen und ökologischen Umwelt entweder mehr wie ein r- oder mehr wie ein K-Stratege zu verhalten. Es ist eine typische Übergangsart zwischen den beiden Extremen der Hirsche, den Schlüpfern und Läufern. Und so wie andere Übergangsarten ist es auch äußerst unempfindlich gegenüber Veränderungen in seiner Umwelt. Diese können sogar ganz erhebliche Bestandesvergrößerungen bewirken. Es lebt nicht nur in mehr oder weniger stabilen Beständen, sondern vergrößert seinen Lebensraum laufend, indem es zunehmend Monokulturen, Flugplatzareale, Vorstadtgärten, Friedhöfe und andere Parkanlagen besiedelt und sich im Gebirge zusehends über die klimatische Waldgrenze hinausbegibt und sich dieser im Norden Eurasiens immer mehr nähert. Wie solche Eroberungszüge und der

Aufbau sowie die Erhaltung eines Bestandes im einzelnen verlaufen können, soll nun beschrieben werden.

8.6 Pionierphase und Erhaltungsphase

Rehe sind vor allem im Sommerhalbjahr Bewohner von ‚Lichtinseln', also Lichtungen und anderen unterwuchsreichen Lebensräumen wie Auen, Deltas, Riede usw. In der ursprünglichen Waldlandschaft Mitteleuropas entstanden sie einst infolge von Stürmen, Überschwemmungen, Waldbränden, Lawinen, Erdrutschen, Schneedruck und anderen lokalen Katastrophen.

Ähnliches trug sich auch zu, als europäische Bauernvölker einst dem Wald neue Äkker und Felder abrangen. Neue Lebensräume für das Reh entstehen auch heute noch, z. B. auf den Poldern in Holland. In den Karstgebieten Norditaliens können Rehe dank rehfreundlicher Gesetze jetzt permanent siedeln. Und in Fennoskandien breiten sie sich aus, weil seit jüngster Zeit Konkurrenten sowie natürliche Widersacher fehlen und landwirtschaftlich genutzte Flächen entstehen.

Wie immer sie auch entstanden sein mögen, die Lebensräume des Rehes lassen sich grob in drei Typen unterteilen: Feldreh-Habitat, Waldreh-Habitat und Zwischenstufen.

Zum Waldreh-Habitat zähle ich die verhältnismäßig kleinen Lichtungen, die sich allmählich schließen und wieder in unterwuchsarmen Hochwald übergehen.

Dem Feldreh-Habitat ordne ich jene großen, hochproduktiven, baumlosen oder baumarmen, unterwuchsreichen Flächen zu wie die weiche Au, Deltas oder moderne Monokulturen, die nicht in Waldlandschaften übergehen können, weil sie regelmäßig durch natürliche Ereignisse (z. B. regelmäßige Überschwemmungen) oder menschliche Eingriffe (z. B. Pflügen) gestört werden.

Geist (1971) unterschied für den Elch in der Taiga von British-Kolumbien in Kanada entsprechende Extreme des Lebensraumes: Auf alten Schlag- und Brandflächen der Nadelwälder, mit niedrigen Büschen und Laubbäumen leben die meisten Elche. Diese Lichtungen weichen nach 40 bis 80 Jahren wiederum dem Nadelwald. Ein kleinerer Teil des Elchbestandes lebt aber in beständigen Lebensräumen, die Geist ‚Zufluchtsbiotope' nennt. Das sind neben Zwergbirken- und Weidenbeständen oberhalb der Waldgrenze vor allem Deltas oder Schwemmböden entlang der Flüsse mit Laub- und Buschwald.

In diesen ‚Zufluchtsbiotopen' können sich Elche ständig halten. „War in der Nähe ein Waldbrand", schreibt Geist, „so finden die jungen Elche, die, von der Mutter verjagt, den Zufluchtsbiotop verlassen haben, die Brandfläche. Hier werden sie nun die Stammeltern der großen zukünftigen Population. Da Waldbrände häufig sind, kann der Elch als Art immer neue Biotope vorfinden. Allerdings kann man nicht voraussagen, wann und wo es brennen wird. Durch Versprengen der Jungtiere wird der neue Lebensraum mit hoher Wahrscheinlichkeit zufällig gefunden. Weil aber der günstige Biotop auf alten Brandflächen relativ kurzlebig ist, hat es für die Elche keinen Sinn, Jungtiere ‚gewohnheitsmäßig' dorthin zu führen; nach der 10. bis 20. Elchgeneration ist die alte Brandfläche nur noch ein kärglicher Biotop für Elche oder gar völlig wertlos."

Der Zufluchtsbiotop wird umgekehrt natürlich auch von den versprengten Jungelchen der Brandflächenpopulation gefunden und, wenn Platz ist, besiedelt. Ein Abweichen im Verhalten zwischen Tieren der beiden Populationen wird durch ständigen Genaustausch also verhindert. In den kleinen Flächen des Zufluchtsbiotops können sich zudem nur sehr wenige Elche halten. Hier ist daher der aggressive Einzelgänger im Vorteil, denn er braucht den knappen Äsungsvorrat mit keinem anderen Elch zu teilen. Somit besteht keine Selektion für tolerante Elche, die ihre Jungtiere führen, die schließlich den Lebensraum der Alttiere erben könnten.

Soweit zum sozialen Ausbreitungsmechanismus des Elches, einem Rehverwandten, der ebenfalls von ‚Weichfutter', also Laub und Kräutern lebt und somit auf unterwuchsreiche, junge Sukzessionsstadien angewiesen ist. Bei ihm ist es allein die Unverträglichkeit zwischen Artgenossen, die die Ausbreitung der Art erzwingt und damit die Übernutzung der Ressourcen verhindert. Auch beim Reh spielt dieser Mechanismus eine prominente

Tabelle 13: Bestandesdichte (Tiere/km²) und Biomasse (kg/km²) weichfutterfressender (WF) und rauhfutterfressender Hirscharten (RF) in den Reservaten von Udjung Kulon (Java), Kaziranga (Assam), Kanha (Zentralindien), Wilpattu und Yala (Sri Lanka): HT = Haustiere

Arten	Wald keine HT Udj. Kulon	Augebiet keine HT Kaziranga	Wald zum Teil gerodet keine HT Kanha	 wenig HT Wilpattu	 viele HT Yala
Bestandesdichte					
WF-Äser					
Ind. Muntjak	1.3 (62 %)	0.1 (1 %)	0.8 (3 %)	0.4 (6 %)	0.1 (0.4 %)
Schweinshirsch	– –	10.7 (88 %)	– –	– –	– –
RF-Äser					
Mähnenhirsch	0.8 (38 %)	– –	– –	– –	– –
Axishirsch	– –	– –	22.2 (88 %)	5.8 (78 %)	20.2 (76 %)
Ind. Sambar	– –	0.7 (6 %)	1.8 (7 %)	1.2 (16 %)	6.2 (23 %)
Barasingha	– –	0.6 (5 %)	0.4 (2 %)	– –	– –
Ges. Dichte	2.1 (100 %)	12.1 (100 %)	25.2 (100 %)	7.4 (100 %)	26.5 (100 %)
WF:RF	1.6	8.3	0.03	0.05	0.003
Biomasse					
WF-Äser					
Ind. Muntjak (G: 12 kg)	16 (25 %)	1 (1 %)	10 (1 %)	5 (1 %)	1 (1 %)
Schweinshirsch (G: 15 kg)	– –	160 (67 %)	– –	– –	– –
RF-Äser					
Mähnenhirsch (G: 60 kg)	48 (75 %)	– –	– –	– –	– –
Axishirsch (G: 45 kg)	– –	– –	999 (86 %)	261 (75 %)	909 (67 %)
Ind. Sambar (G: 70 kg)	– –	49 (20 %)	126 (11 %)	84 (24 %)	434 (32 %)
Barasingha (G: 50 kg)	– –	30 (12 %)	20 (2 %)	– –	– –
Ges. Biomasse	64 (100 %)	240 (100 %)	1155 (100 %)	350 (100 %)	1344 (100 %)
WF:RF	0.33	2.12	0.01	0.01	0.01

Rolle. Jedoch nicht bei den Rehen, die in permanenten Biotopen leben, sondern bei den Waldrehen. Im Lebensraum der Rehe sind Auen und Deltas entlang der großen Flußläufe und große Monokulturen sicher reichere Äsungsquellen als in der kargen Tundra Nordkanadas, wo Geist die Elche beobachtete. Das mag einer der Gründe sein für die Abweichung im Verhalten der beiden in ihren ökologischen Ansprüchen so ähnlichen Arten.

Die Feldreh-Habitate, wie ich die permanenten Lebensräume nenne, fördern die Bildung von großen, offenen Verbänden. Sie sind, was ihr Äsungsangebot anbelangt, ebenso attraktiv wie sie gefährlich sind, was die Überlebenschancen der Rehe anbelangt. Unvorhersagbare Überschwemmungskatastrophen fordern in der Au ebenso ihre Opfer wie landwirtschaftliche Maschinen und Straßenverkehr in der großflächigen Monokultur, wo zudem die Jagd auf Rehe ausgesprochen leicht ist (vgl. Passarge 1973). „Durch die katastrophalen Winter 1969/70 und 1978/79", so PIELOWSKI (1983), „wurde der Czempiner Feldrehbestand jedesmal um etwa 50 % reduziert." Durch direkte Wintereinflüsse starben zwar nur 30 %, doch weitere 20 % starben im kommenden Jahr an der Folge der strengen Winter. Der Bestand brauchte jeweils vier Jahre, um seine ehemalige Stärke wieder zu erreichen.

Waldrehe sind dagegen gegenüber (nichtverwandten) Artgenossen unverträglich. Innerartliche Unverträglichkeit spielt bei ihnen für den Ausbreitungsmechanismus die ausschlaggebende Rolle. Dies trifft ebenso für die Besiedlung neuentstandener Lichtungen zu wie für die Besiedlung von Feldreh-Habitaten. Von den Feldreh-Beständen gibt es aber keine Abwanderung in Lichtungen der Waldgebiete, die sich auf innerartliche Unverträglichkeit zurückführen läßt. Es sind vielmehr äußere Ereignisse wie Überschwemmungen oder schlagartige Ernten auf großer Fläche, die Rehe zwingen, Waldlandschaften aufzusuchen, in denen sie sich dann ansiedeln können. Wie beim Elch besteht also auch beim Reh ein permanenter Genfluß zwischen den beiden Lebensraumtypen, und es kann nicht zur genetischen Isolation von ‚verträglichen' Feldrehen und ‚intoleranten' Waldrehen kommen. Rehe besitzen deshalb offenbar die Fähigkeit, sich immer so zu organisieren, wie der jeweilige Lebensraum dies erfordert.

Wie der Ausbreitungsmechanismus bei Waldrehen im einzelnen verlaufen kann, will ich modellhaft schildern:

Als erste erobern starke ein- bis zweijährige Jungböcke einen neuen Lebensraum. Sie wandern weiter als gleich alte Ricken und provozieren ‚zu Hause' die ansässigen territorialen Böcke zu jenen heftigen Attacken, die die Abwanderung noch beschleunigen (siehe Seite 123). Im neuen, konkurrenzarmen Gebiet entwickeln die Böcke bereits im zweiten, sicher aber im dritten Lebensjahr Territorialverhalten. Im Winter vergrößern sie ihre Wohnräume, ziehen auf der Suche nach Winteräsung beispielsweise in den Hochwald und stoßen auf andere Rehe. Aus deren Sprüngen folgen ihnen am Winterende einjährige Geißen. Anscheinend handelt es sich bei den auswandernden Weibchen ebenso wie bei den auswandernden Böcken um besonders starke Tiere.

Dies geht einerseits aus statistischen Angaben hervor, die ELLENBERG (1975) anhand der Wildmarkenkartei des Institutes für Wildforschung und Jagdkunde in Göttingen erarbeitete: Diejenigen Böcke und Ricken waren als Erwachsene am schwersten und wahrscheinlich auch am konditionsstärksten, die als Jungtiere am weitesten abgewandert waren. Zudem ist aus neubesiedelten Gebieten wie etwa den Karstregionen um Triest bekannt, daß die Erstsiedler schwerer sind als später dort lebende Rehe. 1968, kurz nach der Besiedlung, wogen Böcke aufgebrochen durchschnittlich über 21 kg, fünf Jahre später noch knapp 19 kg (PERCO 1974). Gleiches wurde festgestellt, als Rehe in Holland neu entstandene Polder besiedelten (VAN HAAFTEN 1968), als sie sich auf der Insel Fehmarn ausbreiteten (ELLENBERG 1975) oder in Ungarn im Gebiet der Theiß großflächige Landwirtschaftsgebiete zu besiedeln begannen (SZEDERJEI 1972). Es waren in der Regel immer die stärksten Jungtiere, die den Ursprungsbestand verließen und zu Begründern neuer Bestände wurden.

Drei bis fünf Jahre nach der Eroberung eines neuen Lebensraumes beginnt die Vermehrung. Die jungen, konditionsstarken Weibchen haben viele und vor allem weibliche Junge. Der Bestand wächst rasch an, wenn seine Jungtiere nicht abwandern oder von den älteren Tieren vertrieben werden. Lockere Weibchensippen werden gebildet, deren Leittiere bringen vermehrt starke Männchen zur Welt, die zur Abwanderung neigen.

Wie planmäßig und gezielt die Abwanderung tatsächlich erfolgt, geht aus den Studien von ELLENBERG (1978) und STRANDGAARD (1972) hervor. Der eigentlichen ‚Umstellung', sie erfolgt fast ausnahmslos zwischen Mitte März und Ende Mai, gehen Exkursionen voraus, bei denen die umstellungswilligen Jungtiere vorerst die Umgebung ihres Heimatgebietes erkunden. Die Abwanderung erfolgt in der Regel von (dicht-)besiedelten in weniger dicht oder noch unbesiedelte Gebiete.

Abwanderung wird offenbar von zwei ökologischen Größen mitbestimmt: Einmal von der Verfügbarkeit nicht oder wenig erschlossener neuer Lebensräume (darüber orientieren sich die auswanderungswilligen Tiere auf ihren Exkursionen) und zweitens von den Lebensbedingungen im bereits bewohnten Heimatgebiet.

Abwanderer entsprechen aber auch einem bestimmten Rehtypus, den ELLENBERG als Frühentwickler bezeichnet. Er wächst rasch und stirbt früh. Frühentwickler unter den Böcken zeigen bereits am Ende des ersten Lebensjahres territoriales Verhalten. Spätentwickler dagegen leben länger, wachsen langsamer und holen im Gewicht die Frühentwickler erst nach etwa drei Jahren ein.

Spätentwickler unter den Männchen melden vorerst auch keine territorialen Ansprüche an. Sie verhalten sich duldsam und unterwürfig. Ihre Hoden tragen sie nahe dem Körper in klein und braun erscheinenden Scroten (siehe Seite 58).

Nach allem, was wir heute wissen, sind die beiden Extremtypen nicht genetisch bestimmt. Festgelegt werden sie einerseits von der Konstitution der Mutter (kräftige Weibchen gebären Frühentwickler) und von den Ernährungsbedingungen während des Jugendwachstums (gute Bedingungen fördern Frühentwickler). Auswanderungsfreudige Tiere wachsen also besonders in neubesiedelten Gebieten auf. Folglich ist von ihnen aus wahrscheinlich der Druck zur Neubesiedlung anderer Gebiete größer als aus längst besiedelten Gebieten.

Diese Strategie der raschen Eroberung und Weitereroberung von günstigen Lebensräumen macht durchaus Sinn in einem großräumigen Urwaldgebiet (wie es große Teile Europas einmal waren), wo laufend kleine Lichtungen entstehen, sich so rasch schließen, wie andere neu entstehen. In einem solchen Lebensraum befindet sich der ganze Bestand laufend in einer Pionierphase.

Nun gab es aber in den ursprünglichen Lebensräumen der Rehe sicher auch größere Zonen, die nicht rasch dem Walde wichen, im Gegensatz zu den Aulandschaften aber verhältnismäßig katastrophensicher waren. Ich denke dabei an Riede, Moore oder Uferzonen von Seen oder an kleine Rodungen von Menschenhand. Ähnliche Verhältnisse treten auf, wenn äsungsgünstige Lichtungen nahe beieinander liegen oder ganz allgemein in Wäldern mit hohem Äsungsangebot. Und sie entstanden infolge von Rodungen durch den Menschen ganz besonders in traditionellen, verhältnismäßig waldreichen Landwirtschaftsgebieten, deren Äcker und Felder durch Hecken getrennt sind.

In solchen Optimalgebieten können sich auf großen Flächen verhältnismäßig dichte Bestände entwickeln: Hier lohnt sich die Abwanderung einzelner Tiere kaum, weil ja die Nachbargebiete schon besetzt sind. Um das jeweilige Äsungsangebot optimal nutzen zu können und innerartliche Konkurrenz zu vermeiden, müssen sich hier die Rehe sozial anders organisieren als während der Pionierphase eines Bestandes. Sie erreichen damit – das sei vorweggenommen – längerfristig eine der Zahl nach ziemlich stabile Bestandesgröße; sie befinden sich dann in der Erhaltungsphase.

In Optimalgebieten rücken die vorerst im besten Fall untereinander höchstens lose organisierten, verwandten Weibchen jetzt zu Sippen zusammen. Ihre Wohnräume überschneiden sich. Sie benutzen gleiche Setzplätze und Aufzuchtzonen, ziehen möglicherweise die Kitze gemeinsam auf und adoptieren in Notfällen die Nachkommen anderer Weibchen der Sippe.

Neben Weibchensippen entstehen jetzt auch Ein-Mann-Gruppen: Mehrere (verwandte) Weibchen schließen sich mit einem ganz bestimmten Bock zusammen. Dieser sorgt sogar für seine Nachkommen: Etwa indem er im Sommer sein Revier verteidigt, in dem jetzt die Setzplätze und Aufzuchtzonen liegen, und im Winter als dominantes Mitglied der Gruppen seine Weibchen und seine Nachkommen gegen Konkurrenz. Er tötet fremde Kitze und führt, falls nötig, die eigenen.

Damit übernehmen territoriale Rehböcke unter bestimmten ökologischen Bedingungen tatsächlich eine Rolle in der Aufzucht ihrer Nachkommen und stellen unter Huftieren eine der wenigen Ausnahmen dar.

Aber nicht nur die Tatsache, daß Ein-Mann-Familien und Weibchensippen praktisch geschlossene Fortpflanzungsgemeinschaften aus verwandten Mitgliedern bilden, erhöht die Gesamteignung jener Tiere, die dem jeweiligen Standort am besten angepaßt sind, sondern auch das bei ihnen stark ausgeprägte Rollenverhalten und Traditionen der Feindvermeidung, der Futtersuche und der Futterwahl.

Das so erfolgreiche System scheint jedoch einen Fehler in sich zu bergen: Es könnten zuviele Nachkommen, vor allem weibliche, aufgezogen werden. Ernsthafte Konkurrenz in der Verwandtschaftsgruppe und Übernutzung der Ressourcen wären dann die unausweichlichen Folgen. Den Mechanismus, der diesem Ereignis vorbeugt, habe ich bereits im vorangegangenen Abschnitt beschrieben: In dichten Waldreh-Beständen werden weniger Junge geboren und aufgezogen, zudem vor allem Männchen. Weibliche Kitze, also spätere Mitglieder von Weibchen-Sippen und Ein-Mann-Gruppen stammen in erster Linie von älteren, ranghohen Geißen.

Dieses Phänomen wird übrigens nicht nur durch Futterstreß ausgelöst, wie man aus dem Vergleich einzelner Bestände entnehmen muß, sondern ebenso durch sozialen Streß: Die Rehe im Stammhamer Versuchsgatter, von denen ich einen Teil meiner Hypothese ableite, lebten zwar in hoher Dichte, litten aber keinesfalls Hunger. Nahrung stand ihnen dank Futterautomaten ad libitum zur Verfügung.

Der verhältnismäßig hohe Anteil an Bockkitzen in dichtbesetzten Optimalgebieten entlastet den Bestand: Einmal ist ihre mittlere Lebenserwartung – trotz größerer Robustheit in den ersten Lebenswochen – geringer als bei Geißkitzen. Sie neigen zudem vermehrt zur Auswanderung, falls die Voraussetzungen dazu gegeben sind; jedenfalls halten sie sich von den Weibchen-Kitz-Gruppen fern; und schließlich werden im Heimatbereich zurückgebliebene Spätentwickler im fortpflanzungsbiologisch wichtigen Sommerhalbjahr von territorialen Böcken zu asynchronen Aktivitätsrhythmen (siehe Seite 66) gezwungen und in ungünstige, häufig deckungsarme Lebensräume verdrängt. Diese wechseln sie häufig und kennen sie deshalb nicht besonders gut. Solche Tiere werden, was jedenfalls von anderen Arten bekannt ist, leicht von ihren Widersachern erbeutet.

Revierlose Bestandesmitglieder unterliegen beispielsweise bei der Bisamratte *(Ondatra zibethica)* und dem Moorschneehuhn *(Lagopus lagopus)* viel häufiger ihren Widersachern als Revierbesitzer (Jenkins 1963). Rangniedrige Männchen vom Axishirsch werden von den dominanten Stieren an der Peripherie des jeweiligen Herdenstandortes gehalten. Die großen Raubtiere wie Tiger, Leopard und Rothund erbeuten fast ausschließlich solche außerhalb des Bestandeszentrums stehenden Tiere (Kurt 1982). Obwohl entsprechende Untersuchungen begreiflicherweise beim Reh fehlen, darf man annehmen, daß seine einstigen natürlichen Feinde, vor allem der Wolf, sich an solche, häufig von Artgenossen verdrängten und konstitutionsschwachen Spätentwickler hielten (vgl. Breitenmoser und Haller 1986).

Eine solche Strategie macht durchaus Sinn: Überzählige Jungböcke, in deren Aufzucht von den Muttertieren wenig investiert wurde, lenken, besonders in verhältnismäßig dichten Beständen in der Erhaltungsphase, die Aufmerksamkeit der Raubtiere von den für die Arterhaltung wichtigen fortpflanzungsfähigen Geißen und Böcken ab. Mit ihnen stellt ein Rehbestand, wenn er die Ressourcen seines Lebensraumes ausgeschöpft hat, seinen Feinden, um es flapsig auszudrücken, gewissermaßen ‚Kanonenfutter' zur Verfügung und rettet so seine zur Erhaltung bedeutungsvolleren Mitglieder.

Diese Auslegung scheint der evolutionären Lebensalter-Theorie (Life history theory, z. B. Stearns 1976) zu widersprechen. Danach „ist ein Individuum für seine relevanten Gene um so entbehrlicher, je mehr es von seinem möglichen Beitrag an ihre Verbreitung schon geleistet hat", schließt Kummer (1988): „Die Entbehrlichsten sind im allgemeinen die Alten."

Dies trifft nach den verfügbaren Studien an Säugetieren auch zu – allerdings nur für Weibchen: So begeben sich beispielsweise freilebende ältere Weibchen des Mantelpavians, die die Menopause z. T. schon hinter sich haben, häufiger in Gefahrensituationen als andere Truppmitglieder (Sigg 1980). Zu gleichen Ergebnissen kam Hrdy (1981) beim Indischen Langur-Affen. Ähnliches gilt auch für das Reh: Erinnern wir uns an die Ausführungen über das Rollenverhalten!

In ungewohnten Feind- und Futtersituationen können zwar alle Alters- und Geschlechterklassen aktive Rollen übernehmen, das heißt sich dem Feind nähern und ihn provozieren bzw. unbekannte Äsung testen und andere Rehe zu ihr hin oder von ihr weg führen. Es sprechen aber alle Anzeichen dafür, daß besonders ältere Geißen und jüngere Böcke, auf die ich noch zu sprechen kommen werde, sich in ungewohnte Situationen eher vorwagen und sich damit eher Gefahren aussetzen als alle anderen Klassen des Bestandes. Ältere Geißen, das sind fünf- bis achtjährige, und junge Böcke werden auch auf der Jagd verhältnismäßig leicht erlegt (siehe Seite 245).

Das heißt: Bis ins Alter von fünf Jahren versuchen Geißen offenbar gefährliche Situationen zu meiden. Ihre Sorge gilt dem Nachwuchs. Am Ende des zweiten Lebensjahres setzen sie zum ersten Mal Kitze. Von denen pflanzen sich die Töchter, die bis jetzt meist mit oder in der Nähe ihrer Mütter lebten, erstmals fort. Damit übernehmen die Mütter Führungsrollen in Weibchensippen. Daß sie sich dabei in gefährliche Situationen gegenüber Widersachern oder neuem Futter begeben, können sie sich leisten. Sie haben sich ja erfolgreich fortgepflanzt und sind bereits ‚Großmütter' geworden. Durch ihre erhöhte Opferbereitschaft verschonen sie möglicherweise ihren sich bereits fortpflanzenden Nachwuchs vor frühem Tod und erhöhen somit ihre Gesamteignung.

Derartige auf einzelne Lebensabschnitte bezogene Rollen sind vor allem von staatenbildenden Insekten wie Bienen und Ameisen bekannt (Wilson 1985): Junge Arbeiterinnen pflegen vor allem die Königin, die Eier, die Larven und die Puppen. Die Älteren tragen dagegen Futter ein, bauen, bewachen und verteidigen das Nest und sind demnach leichtere Beute ihrer Widersacher als die Jüngeren. Die Männchen der staatenbildenden Insekten sterben dagegen früh, ganz unabhängig davon, ob sie sich fortgepflanzt haben oder nicht. Bienendrohnen zum Beispiel sind praktisch wehrlos und werden bevorzugt von Feinden wie Mauer- und Alpenseglern erbeutet.

Bis zu einem gewissen Grad führen offenbar auch junge Rehböcke ein solches ‚Drohnendasein' und entlasten für die Arterhaltung wichtigere Mitglieder von Gefahren, weil sie – häufig allein, unvorsichtig und unerfahren – leicht umkommen. Gelingt es einem Rehbock aber trotz allem älter zu werden, ein Territorium zu erobern und sich fortzupflanzen, so wird er erfahrener, aber auch vorsichtiger. In Gefahrensituationen begibt er sich immer weniger. Weder fällt er beim Futtertesten als aktiver Typ auf, noch läßt er sich leicht erlegen (siehe Seite 246).

Damit unterscheiden sich ältere Böcke also grundsätzlich von den älteren Geißen, die sich ihr altruistisches Verhalten deshalb leisten können, weil sie sich mit Sicherheit fortgepflanzt haben und ihre Opferbereitschaft ihren Nachkommen zugute kommt. Eine derartige Sicherheit haben Männchen nicht (‚Padres semper insecurent sunt') oder höchstens in Ein-Mann-Gruppen, die aber beim Reh nur unter bestimmten Bedingungen gebildet werden. Deshalb gilt für ältere Böcke: ‚Hast Du einmal ein eigenes Territorium, so verhalte dich vorsichtig, lebe lang und pflanze dich möglichst häufig fort!' Dadurch erhöht sich die Gesamteignung der Böcke.

Fassen wir das bisher Gesagte zusammen: Ein Rehbestand kann sich mehr oder weniger in zwei verschiedenen Zuständen befinden, einer Pionier- und einer Erhaltungsphase (Tab. 12). Gleiches trifft auch für andere, im Gegensatz zum Reh meist herdenbildende Huftiere zu, wie Steinbock, Dickhornschaf, Gemse, Afrikanischer Elefant oder Himalaja-Tahr, der in Neuseeland ausgewildert wurde (Nievergelt 1966, Geist 1971, Schröder 1971, Laws et al. 1975, Caughley 1970).

Während der Pionierphase lebt ein Bestand unter der Kapazität der Umwelt, also unter der ökologisch tragbaren Dichte. Er ist äußerst expansiv, es werden viele Junge geboren und aufgezogen. Ein großer Teil von ihnen sind Weibchen, und ihre Mütter sind vor allem junge Geißen. Die einzelnen Individuen wachsen rasch und sterben früh.

Auch in der sozialen Organisation während der Pionierphase treten typische Merkmale von r-Strategen auf, z. B. verhältnismäßig hohe innerartliche Unverträglichkeit, Bereitschaft zur Auswanderung oder früher Territorialbesitz der Böcke, die bereits mit drei Jahren die stärksten Geweihe schieben.

In der Erhaltungsphase dagegen lebt der Bestand im Bereich der Umweltkapazität. Die Fortpflanzungsleistung ist gedrosselt. Es werden vor allem Männchen geboren. Die Bestandesmitglieder wachsen langsamer, leben aber länger, und Böcke erreichen starke Geweihe erst im verhältnismäßig hohen Alter. In der sozialen Organisation treten Merkmale auf, wie sie für K-Strategen typisch sind: Bildung von größeren Gruppen, Sippen und Ein-Mann-Familien, Sippenterritorien, Toleranz gegenüber Verwandten und Intoleranz gegenüber Nichtverwandten.

Ein Bestand kann sich unter entsprechenden Bedingungen dauernd in einer Pionierphase befinden, etwa, wenn Raubtierdruck oder Bejagung stark oder wenn Abwanderungen wegen geringer Besiedlungsdichte in der Umgebung (z. B. in Kalö) leicht möglich sind. Ein Bestand kann auch von einer expansiven Pionierphase in eine stationäre Erhaltungsphase übergehen, wie es im Rehgatter Stammham der Fall war. Und er kann schließlich infolge eines Zusammenbruches aus der Erhaltungs- in die Pionierphase zurückfallen.

In beiden Phasen sind Mechanismen zur Populationsregulation eingebaut. In der Pionierphase wirken diese über das Sozialverhalten: Überzählige Tiere werden vertrieben und/oder wandern als überwiegende Frühentwickler von selbst aus. In der Erhaltungsphase zwingt innerartliche Konkurrenz zum Zusammenschluß von Verwandten. Hier wird die Regulation mitbestimmt vom jeweiligen Nahrungsangebot und dem sozialen Streß im Verband der Verwandten. Dementsprechend werden mehr oder weniger Nachkommen geboren und erfolgreich aufgezogen.

Rehe können ihre Bestände aber nicht mit hundertprozentiger Sicherheit auf die Ressourcenkapazität ihrer Umwelt einpendeln. In der Kulturlandschaft ist dies noch viel weniger der Fall als in der Naturlandschaft. (Auf die Frage, warum das so ist, werde ich in Kapitel 9 eingehen.)

Früher oder später bricht auch ein langsam wachsender Erhaltungsbestand zusammen, sei es, weil die günstige Äsung aufgebraucht ist und sich seine Mitglieder die Pansen zwar mit Notäsung füllen, dabei aber allmählich verhungern, oder sei es, weil die Mitglieder dermaßen geschwächt sind, daß sie leicht Parasitenbeute werden oder an Unterkühlung eingehen.

In Anbetracht solcher dahinsterbender Bestände werden oft die Wechselwirkungen zwischen Wildtier und Umwelt außer acht gelassen. Des Rätsels Lösung wird dann oft in der ‚Aufartung' des Bestandes gesehen. Man spricht von schlecht veranlagten Tieren, versucht durch gezielte Abschüsse ‚schlechte Vererber' zu eliminieren oder durch teure Aussetzungsprogramme dem Bestand ‚besseres Blut' zuzuführen. Beides soll der Verbesserung des Erbmaterials dienen.

Das Rehwild ist jedoch überhaupt nicht degeneriert (Meunier 1978). Das bewiesen die Experimente im steirischen Weichselboden (v. Bayern 1975), im bayerischen Stammham (Ellenberg 1978) oder im St. Galler Stadtrevier Wattbach-Eggen (Maggio 1978) auf eindrückliche Weise. ‚Schlecht' veranlagte Rehe sind danach lediglich Ausdruck ungenügender Ernährung und nicht etwa die Folge eines ‚schlechten' Genotyps. Durch entsprechende Verbesserung der (künstlichen) Äsgrundlagen stellen sich rasch bessere Phänotypen (das durch erbliche Veranlagung und Umwelt bestimmte Erscheinungsbild) ein (siehe Seite 264).

Was bis heute an Daten über die Populationsgenetik des Rehes vorliegt, soll im nächsten Abschnitt besprochen werden – nicht zuletzt auch, um auf die Sinnlosigkeit züchterischer Eingriffe in einen Wildbestand hinzuweisen.

8.7 Bemerkungen über die Populationsgenetik

Erste Erkenntnisse der genetischen Populationsstruktur des Rehes und anderer Hirscharten erweiterten in den letzten Jahren beträchtlich unser Bild über Verhaltensstrategien des Schalenwildes, aber auch über mögliche Einwirkungen von Veränderungen der Umwelt auf die genetische Vielfalt eines Wildtierbestandes.

Moderne Laborverfahren ermöglichen heute die Beurteilung der genetischen Konstitution eines Wildbestandes. Anhand von Analysen an Blutgruppenfaktoren, Blutproteinen oder Enzymen kann so die genetische Variabilität eines Bestandes festgestellt und die *genetische Distanz*, gewissermaßen der Verwandtschaftsgrad, zwischen verschiedenen Beständen, Unterarten oder Arten ermittelt werden. Die Bestimmung verschiedener Blutgruppenfaktoren erfolgt durch Reaktionen mit einem Antiserum. Erblich bedingte Unterschiede zwischen Enzymen und anderen Proteinen werden durch Elektrophorese bestimmt, die nach folgendem Prinzip arbeitet (HARTL 1984):

Eiweißmoleküle haben in Abhängigkeit von ihrer Aminosäuresequenz eine bestimmte elektrische Ladung. Werden nun durch Genmutationen Aminosäuren substituiert, so können sich dadurch die Nettoladungen der betreffenden Moleküle verändern. So ist es möglich, verschiedene erblich bedingte Varianten eines Proteins oder Enzyms aufgrund ihrer unterschiedlichen Wandergeschwindigkeiten in einem elektrischen Spannungsfeld zu erkennen. Treten von der zuständigen Erbanlage eines dieser Moleküle mehrere Varianten auf, so spricht man von einem polymorphen Genlocus. Die genetische Variabilität eines Bestandes wird durch den Anteil solcher polymorphen Genloci und durch den Mischerbigkeitsgrad (Heterozygotiegrad) bestimmt.

Das Bild, das sich heute über die genetische Variabilität eines Bestandes machen läßt, wird selbstverständlich mitbestimmt von der Zahl der untersuchten Tiere und insbesondere der Art der geprüften Enzyme und Proteine. Es ist um so genauer, je mehr Tiere zur Verfügung stehen und je mehr verschiedene Enzyme und Proteine analysiert werden.

In der genetischen Wildbiologie werden in erster Linie Enzymvarianten, sogenannte Isoenzyme, aus Homogenaten von inneren Organen wie Leber und Niere oder aus Muskelgewebe untersucht. Seltener werden Blutgruppenfaktoren oder Serumproteine bestimmt, da deren Analyse nur an frischen, qualitativ einwandfreien Fraktionen von Blutproben möglich ist, und die sind in der Feldforschung oft schwer zu beschaffen.

Vorerst möchte ich auf zwei sich gegenseitig ausschließende Hypothesen eingehen. Sie betreffen die genetische Vielfalt eines Rehbestandes. Diese sollte nach allem, was wir heute über Ökologie und Sozialorganisation der Rehe wissen, hoch sein: Rehe sind ausgesprochen anpassungsfähig, sie können rasch von einzelgängerischer Lebensweise übergehen zur Sippenbildung zwischen verwandten Weibchen und ihren Nachkommen, zu Ein-Mann-Familien oder zu Aggregationen. Ausschlaggebend dafür sind Umweltverhältnisse, Deckung, Äsungsangebot und Wilddichte. Anpassungsfähig sind sie aber auch gegenüber der Äsung und können, falls vorhanden, laufend neue Futterquellen und neue Lebensräume erschließen, ohne dabei wesentlichen Schaden zu nehmen. Alle diese Fähigkeiten wurden offenbar schon in der ursprünglichen Heimat der Rehe, den Urwäldern Eurasiens, gefordert, wo sie natürliche Waldgrenzen, Hochwälder während ihrer Zerfallphase und Lichtungen bewohnten, die infolge von Katastrophen entstanden, rasch erobert wurden, sich allmählich veränderten, schließlich dem Wald wichen und von den Rehen wieder verlassen werden mußten. Eine derartige Umwelt fördert Generalisten, anpassungsfähige ‚Vieles-Könner'.

Aufgrund der hohen Anpassungsfähigkeit des Rehes darf angenommen werden, daß sein Erbgut äußerst vielfältig ist. Die genetische Diversität, so das Fazit aus den Arbeiten von NEVO (1983a, b und 1984), ist bei Generalisten höher als bei Spezialisten.

Dieser ‚Generalisten-Hypothese' läßt sich nun aber eine ‚Inzucht-Hypothese' gegenüberstellen, die, was die Vielfalt des Erbgutes anbelangt, genau das Gegenteil fordert, also eine geringe genetische Vielfalt (HARRINGTON 1985), und zwar mit ebenso überzeugenden Argumenten. Sie geht davon aus, daß r-Strategen, wie es Rehe während der Pionierphase tatsächlich sind, oft in geringer Zahl einen neuen Lebensraum erobern oder in großer Zahl während ihrer Erhaltungsphase trotz vieler Elemente der K-Strategie einen Lebensraum übernutzen, so daß ihr Bestand schließlich in sich zusammenbricht und nur wenige von ihnen überleben. In beiden Fällen scheint ‚Inzucht' die unausweichliche Konsequenz zu sein.

Bei Inzucht erhöht sich die Wahrscheinlichkeit der Homozygotisierung, der Reinerbigkeit, und damit des Manifestwerdens schädlicher rezessiver (sonst unterdrückter) Erbanlagen. Eine Inzuchtdepression kann die Folge sein. Dabei treten Mangelerscheinungen auf wie verlangsamte Wachstumsrate, herabgesetzte Immunität und Widerstandskraft gegenüber Krankheiten, möglicherweise geringere Körpergröße, verringerte Lebenserwartung oder gar Totgeburten und Foetenresorption unter den Nachkommen von inzüchtenden Eltern. Zu solchen Befunden gelangten viele Untersuchungen an Haus- und Labortieren, aber auch an Wildtieren in kleinen, isolierten natürlichen Beständen oder in zoologischen Gärten. Hat ein Artbestand einmal eine Inzuchtdepression überstanden – das ist erreicht, wenn die Träger schädlicher, reinerbig vorhandener Gene nachkommenlos gestorben sind –, kann sich ein derartiger zu seiner Gründungszeit inzüchtender Bestand durchaus stark vermehren.

Dies ist in verschiedenen Fällen geschehen, so auch beim Alpensteinbock und beim Damhirsch. Die heute beachtlichen Bestände des Alpensteinbockes in weiten Gebieten der Alpen gehen auf ganz wenige Vorfahren aus dem italienischen Gran-Paradiso-Nationalpark zurück, die zu Beginn und der ersten Hälfte dieses Jahrhunderts die Gründerkolonien in schweizerischen Tiergärten und später in den Schweizer Alpen bildeten.

In weiten Teilen Europas starb der Damhirsch während der letzten Eiszeit aus und wurde später vom Menschen wieder eingebürgert und oft mit der Absicht, bestimmten Farbvarianten eine vermehrte Überlebenschance zu geben, planmäßig (in-) gezüchtet. Bei beiden Arten ist die genetische Variabilität äußerst gering. Bei 368 Damhirschen aus 22 englischen Beständen wurden 30 Genloci getestet und kein einziger polymorpher darunter gefunden (Pemberton und Smith 1985). In Westdeutschland trat bei 118 untersuchten Tieren und 15 getesteten Loci Polymorphismus lediglich in 6,6 % aller Fälle auf. Damit gilt das Damwild von allen bisher untersuchten wildlebenden Hirschen als die Art mit der geringsten genetischen Variabilität (Hartl et al. 1986).

Je weniger genetische Information eine Tierart besitzt, um so rascher hat sie in kleinen Beständen die Inzuchtdepression überwunden. So gesehen ist es durchaus logisch, daß die oben erwähnte ‚Inzucht-Hypothese' von Harrington (1983) für r-Selektionisten eine geringere genetische Vielfalt fordert als für K-Selektionisten.

Erste Untersuchungen über die genetische Vielfalt an Rehen (Baccus et al. 1983) schienen diese Ansicht zu bestätigen. Sie ergaben aufgrund der Untersuchungen an 19 Serum-Proteinen und Enzym-Loci von 25 Rehen eine geringe genetische Variabilität von 10,5 %. Die Allgemeingültigkeit dieses Befundes wurde dann aber von Hartl und Reimoser (1987) überzeugend widerlegt. Sie untersuchten mit Hilfe von Elektrophorese 41 Loci an 161 Rehen aus fünf unterschiedlichen Beständen in Österreich (Vorarlberg, Soboth an der jugoslawischen Grenze in der Steiermark; Pyhra, St. Anton und Melk in Niederösterreich, Abb. 51) und kamen zum Schluß, daß das Reh mit 21,9 % polymorphen Genloci eine größere oder zumindest ebenso große genetische Variabilität besitzt wie der Elch mit 4,3 bis 21,7 % oder Rothirsch und Wapiti mit 3,2 bis 20,6 %, also zwei Hirscharten der gemäßigten Zonen, die im r-K-Kontinuum dem K-Extrem näherstehen als das Reh.

Die größten Anteile an polymorphen Loci haben nach den heute zur Verfügung stehen den Unterlagen der Weißwedelhirsch und der Große Rote Spießhirsch mit 16,1 bis 36,8 bzw. 57,9 % (Baccus et al. 1983, Sheffield et al. 1985, Smith et al. 1986). Beide Arten sind Trughirsche, gehören also in die von Harrington (1985) als r-Strategen bezeichneten Unterfamilien der telemetacarpalen Hirsche.

Nach diesen Unterlagen zu urteilen, stimmt also unsere erste Hypothese, die besagt, Rehe müssen als Generalisten, als Vieles-Könner, genetisch ausgesprochen divers sein (Nevo 1984). Die ‚Inzucht-Hypothese' von Harrington (1985), so überzeugend ihre Argumente auf den ersten Blick auch scheinen mögen, kann verworfen werden.

Fragen wir uns deshalb weiter, warum es dann nicht zu Inzucht kommt und welche Mechanismen des Sozialverhaltens Inzest vermeiden; denn in der Tat werden ja Rehbestände oft von nur wenigen Tieren gegründet. Dabei folge ich den Zusammenstellungen von Bischof (1973). Er geht davon aus, daß ‚bindungsmotivierte' Tierarten, also auch das Reh, „bei denen die Fähigkeiten zu individuellem Kennenlernen und ein Anschlußbedürfnis an solcherart vertraut gewordene Artgenossen besteht" – diese selektive Bevorzugung regelmäßig die Mitglieder der eigenen

Abb. 52: Stirnlockenreiben (Foto: A. Stachurski) **Abb. 53: Brunfttreiben** (Foto: B. Winsmann)

Familie treffen muß. Hier müßte man in der Tat erwarten, „daß das geschlechtsreif werdende Jungtier seine sexuelle Aktivität auch in den bereits bestehenden Sympathieverband einbringt".

Dies kann beispielsweise beim Hermelin *(Mustela erminea)* der Fall sein, und zwar in äußerst extremem Maße: Hermelinmännchen erreichen die Geschlechtsreife mit etwa einem Jahr, die Weibchen viel früher, gelegentlich schon im Alter von fünf Wochen, zu einem Zeitpunkt, da sie noch nicht einmal richtig gehen können und die Augen gerade zu öffnen beginnen. Begattet werden sie ausschließlich von ihrem Vater, der sich an der Futterbeschaffung und später an der Führung der Jungen beteiligt, während die Fähe fremde Rüden wegbeißt (MÜLLER 1951 und 1954, STEINBACHER 1951). Diese Säuglingsschwangerschaften treten wahrscheinlich nur bei hohem Beuteangebot (vor allem von Feldmäusen) auf, dem sich Hermeline numerisch äußerst rasch anpassen können (KURT 1982, SCHWERDTFEGER 1968).

Inzest, wie er beim Hermelin, einem ausgesprochenen r-Strategen, auftreten kann, wird bei den meisten anderen höheren Tieren durch eine Reihe von Mechanismen im Sozialverhalten vermieden. BISCHOF unterscheidet vier solche: 1. Isolierung, 2. Vertreibung, 3. Objektwechsel und 4. Entführung. Jedem lassen sich bestimmte Arten von Säugetieren mehr oder weniger zuordnen.

Beim Reh scheinen alle vier Mechanismen in Abhängigkeit vom Geschlecht der Jungtiere und der jeweiligen Sozialorganisation des Bestandes mehr oder weniger wirksam zu sein. Der Mechanismus der Isolierung beginnt kurz vor oder mit der Geschlechtsreife. Jungtiere werden solitär und unverträglich gegenüber Artgenossen (mit Ausnahme der Paarungszeit und der Aufzuchtperiode der Jungtiere). Bei vielen Nagetier- und Katzenarten folgen angeblich beide Geschlechter diesem eher primitiven Mechanismen der Familienauflösung. Beim Reh tritt er vor allem in dünnbesiedelten Gebieten auf, und es sind in erster Linie die jungen Böcke, die abwandern, während die jungen Geißen zumindest in der Nähe der Mutterricke bleiben oder zumindest weniger weit wandern als die Jährlingsböcke. Damit sinkt die Wahrscheinlichkeit der Inzucht sogar unter das Zufallsniveau. Dieser geschlechtsgebundene Verlust des Anschlußbedürfnisses verringert die Inzuchtchancen ebenso wie eine Familienauflösung in beiden Geschlechtern, vorausgesetzt, es besteht keine enge, mehrjährige Beziehung zwischen Vater und Mutter. Auf diesen wichtigen Punkt werde ich noch zurückkommen.

Die beiden Mechanismen *Isolierung* und *Vertreibung* können, wie bereits mehrfach angedeutet, in der Feldforschung nicht immer sauber voneinander getrennt werden. Bockkitze werden von ihren Müttern weniger häufig angegriffen als Geißkitze. Trotzdem verlassen sie früher als diese und endgültig den Familienverband. Dies spricht für einen starken ‚Autonomieanspruch'. Allerdings werden besonders die Stärkeren von ihnen durch territoriale Böcke auch aktiv vertrieben, während die Schwächeren und als Fortpflanzungsrivalen Unbedeutenden in ihrem Heimatgebiet verbleiben können.

Am Ende ihres ersten Lebensjahres verändern Bockkitze aber insofern ihr Verhalten, als sie sich immer mehr fremden Artgenossen, die sie früher vielleicht sogar ängstlich gemieden haben, zuwenden, während die ihnen früh vertrauten Mutterricken und Schmalrehe immer uninteressanter für sie werden. FREY (1973) nennt in diesem Zusammenhang Bockkitze in einem landwirtschaftlich intensiv genutzten Gebiet des Zürcher Unterlandes sogar die ‚sozio-positivste' Klasse. Gleiches gilt von Bockkitzen in waldarmen Gebieten. Sie schließen sich anderen gleich alten oder älteren nichtterritorialen Böcken an und verlassen dabei zwangsläufig die Gruppen und die Wohngebiete ihrer Mütter und Schwestern. Junge Schmalrehe verhalten sich Neubegegnungen gegenüber viel konservativer als gleich alte Böcke, obwohl auch bei ihnen gelegentlich Wechsel der Partner und somit Loslösung aus dem bestehenden Verband von Verwandten beobachtet wurde.

Wenn sie diesen tatsächlich verlassen, dann am ehesten durch den vierten von BISCHOF beschriebenen Auflösungsmechanismus, die Entführung durch einen fremden Bock kurz bevor die Geißkitze ihre Geschlechtsreife erreichen, meist in der zweiten Hälfte ihres ersten Lebensjahres.

Inzucht wird aber nicht nur dadurch vermieden, daß Jungtiere den Verband ihrer Mütter und Geschwister, möglicherweise auch den ihres Vaters, verlassen. Vermieden wird sie auch durch Bedrohung, vielleicht sogar durch Hemmung. In der höchstentwickelten Form sozialer Organisation beim Reh, der Ein-Mann-Familie, bleiben die häufig schwachen Böcke in der Nähe ihrer Familie. Zur Fortpflanzung gelangen sie allerdings nicht, weil sie vom territorialen, fortpflanzungsfähigen Vater oder einem anderen benachbarten Territoriuminhaber dermaßen bedrängt werden, daß sie psychisch und vermutlich auch physiologisch gar nicht in der Lage sind, sich fortzupflanzen. So werden von drei Inzestmöglichkeiten zwei bereits ausgeschaltet (Bruder-Schwester, Sohn-Mutter). Über die dritte, Vater-Tochter, die auch die wahrscheinlichste ist, kann folgendes gesagt werden:

Möglich ist sie am ehesten bei Ein-Mann-Familien, die in dichten Beständen bei Waldrehen auftreten. Hier wandern junge Weibchen am wenigsten häufig ab, weil sie daran wahrscheinlich schon von Nachbarsippen gehindert werden (Ellenberg 1978 und Seite 133). Sie bleiben also bei Vater und Mutter. Eingeschränkt wird hier aber die Fortpflanzung zwischen Vater und Tochter dadurch, daß unter den Voraussetzungen, die zur Ein-Mann-Familie führen, die Väter, das heißt die territorialen Böcke, bereits verhältnismäßig alt sind, und daß in dichten Beständen Töchter auch seltener geboren und aufgezogen werden. Sollte tatsächlich der Vater seine Tochter beschlagen, so bedeutet dies nicht zwangsläufig den Beginn einer Inzuchtserie. Denn junge Geißen setzen unter den Verhältnissen, die während der Erhaltungsphase herrschen, in erster Linie Bockkitze, die als Spätentwickler, wenn überhaupt, spät zur Fortpflanzung gelangen, in natürlicher Umwelt aber meistens rasch zur Beute von Raubtieren werden (Seite 192). So gesehen wäre Inzucht bei hoher Bestandesdichte am wahrscheinlichsten, wenn sich der Bestand in einer Erhaltungsphase mit K-Strategien befindet und sich verwandte Tiere durch Zusammenschluß vor innerartlicher Konkurrenz zu schützen suchen.

Soweit sprach ich nur von inzuchtverhindernden Strategien innerhalb von Familienverbänden, also kleinen Ausschnitten des Bestandes. Damit ist aber nur wenig darüber gesagt, wie in einem kleinen Bestand aus nicht verwandten Tieren, der einen neu entstandenen Lebensraum besiedelt oder in einem übernutzten nach dem Populationszusammenbruch überlebt, die große genetische Variabilität erhalten bleibt. Entsprechende Untersuchungen fehlen heute noch am Reh.

Vom Weißwedelhirsch, seinem nächsten Verwandten, dagegen liegen Beobachtungen vor, die mögliche Mechanismen aufzeigen, die wahrscheinlich auch aufs Reh übertragen werden können. Bei beiden Arten sind Mehrlingsgeburten häufig. Beim sehr raschen Aufbau eines Bestandes setzen sich jene Tiere am besten durch, die in kürzester Zeit am meisten Nachkommen haben. Beim Weißwedelhirsch sind dies die Weibchen, die das variabelste Genom haben, also den höchsten Anteil heterozygoter (mischerbiger) Gene (Johns et al. 1977).

Gleiches gilt auch für die Männchen. Scribner und Smith (1988) verglichen die Variabilitäten der Genome und die Ausbildung der Geweihe beim Weißwedelhirsch in Süd-Carolina (USA). Männchen mit vielfältiger genetischer Veranlagung tragen längere und dickere Geweihstangen mit mehr Enden und einer weiteren Auslage als solche mit geringerer genetischer Variabilität. In äsungsknappen Zeiten überleben sie besser, sind schwerer und bauen größere Reserven, zum Beispiel Nierenfettdepots, auf. In der Rangordnung der Männchen haben sie höhere Rangpositionen inne und – was in unserem Zusammenhang wichtig ist – verzeichnen den größeren Fortpflanzungserfolg.

Beim Weißwedelhirsch erhöht hohe genetische Variabilität die Gesamteignung von Weibchen wie Männchen. So bleiben viele Polymorphismen erhalten, und verhältnismäßig seltene Allele können sogar, nachdem sich der Bestand aufgebaut hat, häufig vorkommen. Wahrscheinlich ist dies auch beim Reh der Fall und führt dazu, daß sich benachbarte Bestände genetisch unterscheiden können. Dies besonders dann, wenn sie durch unüberwindbare Schranken, wie beispielsweise die Alpen, voneinander getrennt sind (Hartl und Reimoser 1988, Abb. 54). In der Regel sind aber Rehbestände kaum voneinander isoliert. Besonders während der Pionierphase erhalten sie Zustrom aus umliegenden Gebieten, vor allem durch einwandernde Böcke.

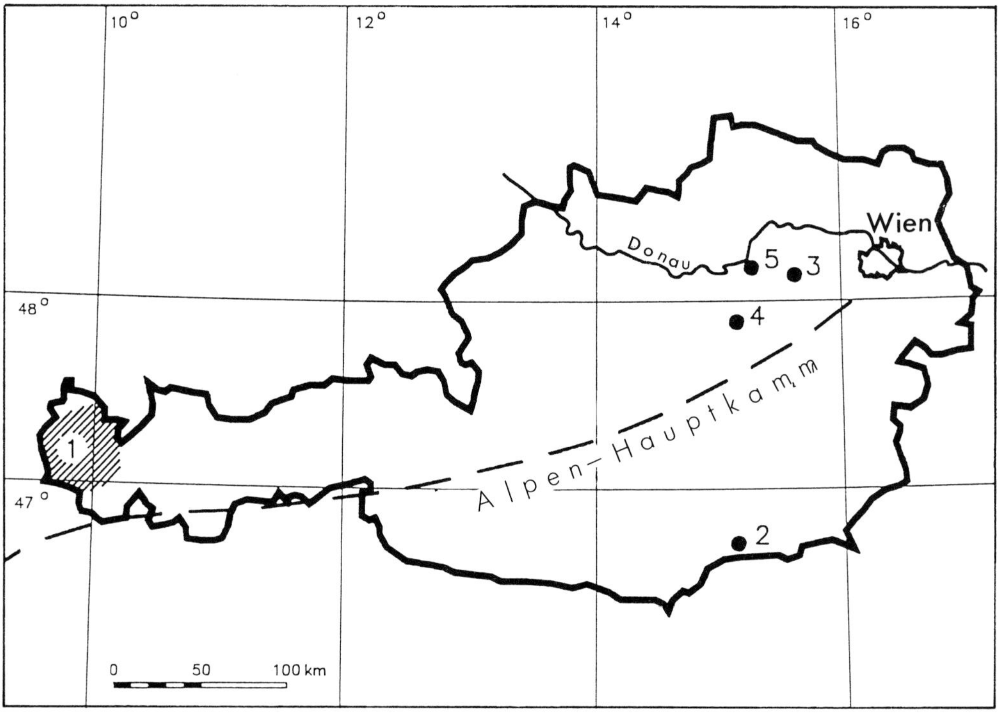

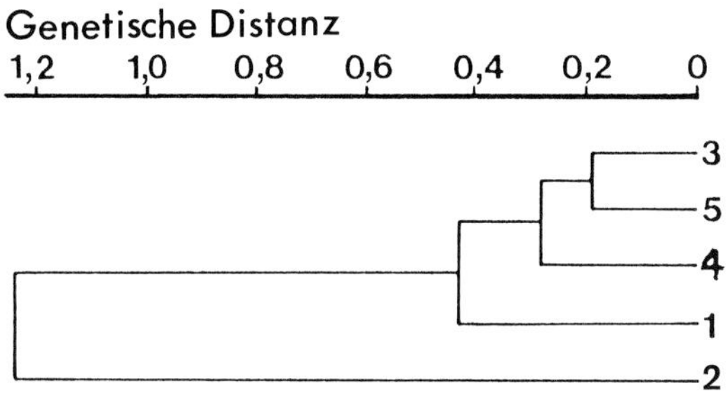

Abb. 54: Genetische Distanz von fünf österreichischen Rehbeständen aus Vorarlberg (1), Soboth, Steiermark (2), Pyhra (3), St. Anton (4) und Melk (5). Das Dendrogramm (unten) macht deutlich: Die durch den Hauptalpenkamm von den anderen Beständen getrennte Population der Steiermark (2) hat zu diesen eine größere genetische Distanz als sie zwischen benachbarten Beständen (z. B. 3 und 5) auftritt. Nach Hartl und Reimoser 1988

In diesem Zusammenhang scheint der Hinweis auf einen anderen sehr nahen Verwandten des Rehes, den Schwarzwedel- oder Maultierhirsch, wichtig. In den USA werden davon in jüngster Zeit nur noch Hirsche bejagt. Dies führt zu extremen Geschlechterverhältnissen von z. B. nur einem erwachsenen Hirsch auf 14 Tiere. White untersuchte in Colorado Blutproteine von rund 700 lebend gefangenen Maultierhirschen und fand, daß die Kälbergenerationen von Jahr zu Jahr bis zu 28 % an genetischer Variabilität verlieren. Seine Ergebnisse sprechen für eine bedeutende Rolle der erwachsenen Hirsche zur Aufrechterhaltung eines vielfältigen Erbgutes.

Derartige extreme Eingriffe erlebt der mitteleuropäische Rehbestand kaum. Trotzdem, und nicht nur was ihr Erbgut anbelangt, sind die Rehe immer stärker menschlichen Eingriffen in ihre Umwelt und damit indirekt auch in ihre soziale Organisation und Bestandesdynamik ausgesetzt. Rehbestände können infolge solcher Eingriffe nicht nur zusammenbrechen, sondern gewissermaßen aus ihrem System ‚ausbrechen', weil natürliche Regulatoren fehlen oder nicht mehr wirken. Von Regulationsmechanismen handelt das folgende Kapitel.

9 Bestandesregulation

Nie und nirgendwo gab es je so viele Rehe wie in der modernen Kulturlandschaft. Die hohen Bestände verhindern häufig die Naturverjüngung des Waldes, gefährden Schutz- und Nutzwälder und stellen deren ökologische Funktionen für Luft-, Wasser- und Bodenhaushalt ganzer Landschaften in Frage. Dies erstaunt: Die kleine und erdgeschichtlich älteste, heute noch lebende Hirschart Europas teilte seit der Jungsteinzeit ununterbrochen den Lebensraum mit dem Menschen in den gemäßigten Zonen Eurasiens, erlangte aber weder als *Nutzwild* noch als *Schadwild* an Bedeutung, und zwar bis etwa in die Mitte dieses Jahrhunderts. Plötzlich brachen die Bestände aus, explodierten wahrlich und haben heute, was Laien und Jäger immer wieder unterschätzen, vielerorts ein dermaßen gigantisches Ausmaß angenommen, daß ihre Wirkungen auf die Waldvegetation langfristig diejenige von Naturkatastrophen annehmen.

Über die Tatsache, daß es sich beim Wald-Wild-Problem, so fatal es sich oft auch auswirken mag, lediglich um die Spitze eines Eisberges handelt, um einen vergleichsweise winzigen Teil globaler Umweltzerstörung durch den Menschen, machen sich nur wenige Gedanken. Zu leicht fallen die Argumente gegen die Jäger, eine von der Masse als privilegiert angesehene Minderheit. Deren Wirken wird von den Medien argwöhnisch kontrolliert und meist so interpretiert, als trügen sie allein die Schuld an der Wildschadenmisere.

Über denkbare Zusammenhänge zwischen Rehbestand und weiträumigen Veränderungen des natürlichen Lebensraumes durch Forst- und Landwirtschaft ist dagegen wenig bekannt. Die Zusammenhänge sind ganz offensichtlich zu komplex, um sie schlagwortartig und folglich mediengerecht vorzutragen.

Nach einem kurzen historischen Überblick über die Entwicklung der Rehbestände in Europa geht es in den letzten beiden Abschnitten dieses Berichtes deshalb vor allem darum, abzuklären, wieso es zu diesen explosionsartigen Bestandeszunahmen kam, wieso natürliche Regulatoren wie Beutegreifer und Krankheitserreger ‚versagt' haben, welche Folgen Rehwildschäden in Zukunft haben werden und wie, falls überhaupt möglich, das Reh im Gleichgewicht mit seiner vom Menschen arg in Mitleidenschaft gezogenen Umwelt gehalten werden könnte. In diesem Kapitel werden also Beziehungen zwischen Rehen und anderen Lebensformen in ihrer Umwelt beschrieben. Dabei handelt es sich schon aus Platzgründen sicher nicht um eine erschöpfende Darstellung der heute vorliegenden Forschungsergebnisse, sondern um einige Gedankenanstöße. Möglicherweise tragen sie mit dazu bei, das Wildschadenproblem besser zu verstehen und zu lösen.

9.1 Zur Geschichte des Rehes in Mitteleuropa

Die Vorfahren der Rehe entstanden wahrscheinlich in der Neuen Welt, von wo sie in feuchtwarmen Perioden des Tertiärs über die Alaskabrücke nach Asien einwanderten. Große Rehformen traten in Europa bereits vor Beginn der Eiszeiten im Jungtertiär und ältesten Quartär auf, das war vor rund zwei Millionen Jahren. Im Pleistozän (Diluvium) zwangen wiederholte Klimaverschlechterungen (Eiszeiten) das Reh, in Refugialgebiete im Mittelmeerraum auszuweichen. Während der Zwischeneiszeiten und in der Nacheiszeit erfolgten dann wieder Bestandesausbreitungen nach Norden (THENIUS 1980, RAESFELD et al. 1978). Als Jagdwild spielte das Reh aber vorerst keine Rolle.

Die ältesten Belege für jagdliche Betätigung des Menschen in Europa sind rund 600 000 Jahre alt, stammen aus Schottern von Mauer bei Heidelberg und werden in die Cromer-Warmzeit zwischen Günz- und Mindelvereisung datiert (WINDL 1978). Erbeutet wurden damals mit hölzernen Stoßspeeren und in

Fallgruben vor allem Waldnashorn, Wald- und Steppenelefanten. Ähnliches gilt für die beiden nachfolgenden Holstein- und Eem-Warmzeiten zu berichten: Elefanten und Nashörner bildeten die wesentliche Beute.

In der Mittelsteinzeit (Mesolithikum) vor rund 8000 Jahren, als Homo sapiens bereits in Europa lebte und aus dem Wolf der Haushund entstanden war, jagten die Menschen in erster Linie Wildpferd, Ren, Rotwild und Wisent. Das Reh wurde als seltene Jagdbeute ebenfalls gefunden (z. B. GÖLDI 1914). In der Jungsteinzeit überwiegt als Jagdbeute der Hirsch. „Er ist ja auch dasjenige Tier, dessen Knochen und Geweihmaterial für Werkzeuge, Artefakte aller Art, am meisten Verwendung fand, was sich aus der Härte, dem dichten Gefüge, der Spaltbarkeit dieser Knochen im weiteren auch erklärt", schreibt dazu der Zürcher Zoologe HESCHELER (1924): „Der Edelhirsch findet sich in den Pfahlbauten aller Perioden häufig mit der allgemeinen Einschränkung, daß vom jüngeren Neolithikum weg die Wildtiere an Zahl der Funde gegen die Haustiere zurücktreten."

Das Reh tritt in der Individuenzahl in den rein neolithischen Funden, die HESCHELER im Wauwilermoos (Kanton Luzern) gemacht hat, etwas stärker hervor als der Elch (etwa im Verhältnis 1:10 zum Rotwild) und läßt sich durch die ganze Pfahlbauzeit verfolgen, so auch Wisent *(Bison bonasus)* und Ur *(Bos primigenius)* und ganz besonders das Wildschwein *(Sus scrofa)*. In Ausgrabungen, die HESCHELER am Zürcher Alpenquai machte und ans Ende der Bronzezeit datierte, fanden sich bereits neunmal mehr Haustier- als Wildtierknochen. Hirschknochen wurden 75mal häufiger gefunden als Rehknochen; diejenigen vom Ur 30mal, die vom Wildschwein 21mal, die vom Biber siebenmal und die vom Bär fünfmal. Unter den großen Säugetieren war lediglich der Wisent seltener als das Reh Jagdbeute des Menschen.

Knochenfunde aus den Pfahlbausiedlungen geben, wie HESCHELER ausdrücklich betont, kein genaues Bild über die Höhe der damaligen Wildbestände. Trotzdem scheint aber die Seltenheit des Rehes auffällig. Für Jäger, die wehrhaftes Wild wie Bär, Ur und Wisent stellten, die, so Funde vom Zürcher-, Murten- und Bielersee, schwer zugängliches Alpenwild wie Steinbock und Gemse zu ihrer Beute zählten und zudem wenigstens 18 Arten von Vögeln (von Wildente bis zu Habicht und Steinadler) geschickt mit Pfeil und Bogen erlegten, kann das Reh jagdtechnisch keine besonderen Probleme gestellt haben. In den Funden tritt es höchstwahrscheinlich so spärlich auf, weil es eben verhältnismäßig selten vorkam.

Auch in der Hallstattzeit und der keltischen Latenezeit, in denen sich der Wandel von der Jagd als Nahrungsbeschaffung zum Weidwerk vollzog (WINDL 1978), hielten sich die Jäger mit ihren Lanzen und Speeren vor allem an Rotwild, welches einer eigenen Gottheit, ‚Cernunnos' unterstellt war, und Wildschweine. Das Reh kam zweifellos vor, wie Knochenfunde beweisen. „Dennoch wird es seltsamerweise in römischen Berichten nicht erwähnt", meint dazu KUSTER (1966), „dürfte jagdlich also keine große Rolle gespielt haben." MÜLLER-USING (in lit.) schreibt dies dem Umstand zu, daß das Reh damals noch in geringer Zahl in den sehr ausgedehnten Waldungen lebte, wo es der Beobachtung entging.

Im Mittelalter wurden neben Hirschen und Feldhasen auch Rehe vor allem in Hecken- und Hagejagden erlegt (PROSINAGG 1987). Das Reh blieb der Zahl nach als Beute aber bedeutend hinter dem Hirsch zurück. Selbst noch zu Beginn des 18. Jahrhunderts war es selten, was zum Beispiel aus den Jagdtagebüchern hervorgeht, die Kaiser Karl VI. von Österreich zwischen 1720 und 1740 anlegte. Auf einer besonders erfolgreichen Jagd im niederösterreichischen Wolkersdorf fielen 136 Stück Rotwild, aber nur drei Rehe (WINKLER 1978).

Erst in der Neuzeit gewann das Reh jagdlich an Bedeutung und vermehrte sich beispielsweise in Deutschland im Laufe des 18. Jahrhunderts stark. Doch schon um die Mitte des 19. Jahrhunderts soll es dort vorübergehend fast wieder ausgerottet worden sein. Bereits in den letzten Jahrzehnten wurden aber allein in den preußischen Staatsforsten wiederum 10 000 Rehe erlegt. Auch in Bayern und Skandinavien stieg seit dieser Zeit der Rehbestand steil an.

Jeder Krieg und jede Revolution führte jedoch zu starken Verlusten. „Viermal im Verlaufe von 150 Jahren", schreibt MÜLLER-USING (1974), „hat der deutsche Wald seine

Wildbestände opfern müssen, und viermal hat er sie verstärkt wiedergewonnen! Auch heute sind in allen Bundesländern die Kriegsfolgen überwunden, der Rehwildbestand ist stärker an Zahl, als er es jemals war.“ Und dies gilt für weite Teile Europas. Das Reh, seit der Jungsteinzeit unbedeutendes Standwild, wurde im 20. Jahrhundert zur Hauptbeute der Jäger, in der BRD ebenso wie in Holland, im Westen Rußlands gleichermaßen wie in der Tschechoslowakei, in Dänemark oder der Schweiz. Wenn PIELOWSKI (1983) den gesamten europäischen Rehwildbestand auf 3,8 Millionen schätzt, liegt er zweifellos an der unteren Grenze.

In Österreich, so schätzt SMIDT (1967) aufgrund von Jagdstatistiken, sollen um 1860 drei bis fünf Rehe auf 100 Hektar gelebt haben, um 1910 fünf bis acht und um 1970 zehn bis 15.

In der Schweiz war das Reh im 16. und 17. Jahrhundert zwar seltener als das Rotwild, doch noch allgemein und in großer Zahl vorhanden (BAUMANN 1949). Zu Beginn des 19. Jahrhunderts war es mehr oder weniger ausgestorben (FATIO 1809). 100 Jahre später hatte sich der Bestand noch nicht wieder aufgebaut. „In die Zentralschweiz wagt sich längst kein Reh mehr, am ehesten findet es sich an der Peripherie in denjenigen Kantonen, die an Nachbarstaaten mit wohlgepflegtem Jagdwesen stoßen“, meinte GÖLDI (1914), der offenbar nicht wußte, daß sich dichte Rehbestände schon um 1890 in den Kantonen Aargau und Schaffhausen durch Wildschäden bemerkbar machten.

Von diesen nordöstlichen Landesteilen aus eroberten die Rehe dann in dreißig bis vierzig Jahren die ganze Nordseite der Schweizer Alpen und drangen in die zentralen Alpentäler von Inn und Rhone ein. Der jährliche Abschuß, der um 1800 500 bis 1000 Stück betragen haben soll (KUSTER 1966), steigerte sich von 3300 um 1900 auf rund 40 000 zum heutigen Zeitpunkt. Seit der Jahrhundertwende hat sich in der Schweiz der geschätzte Rehbestand wenigstens versechsfacht und der jährliche Abschuß verzwölffacht, ohne daß dabei weiträumig die vom Reh verursachten Schäden oder der Bestand abgenommen hätten. Gleiches gilt für die meisten europäischen Staaten mit geregeltem Jagdwesen.

Das Reh wurde geradezu schlagartig nicht nur zum bedeutendsten Jagdwild, sondern weiträumig auch zum gefährlichsten Schadwild, dies neben dem Rothirsch, dessen Schäden sich aber vor allem auf den Alpenraum und die Mittelgebirgswaldlagen beschränken.

Fragt man Laien über die Ursachen des sich laufend selbst verstärkenden Krankheitsgeschehens, wie SCHMID (1961) den vom Rehwild verursachten Zerfallsprozeß der Waldvegetation nannte, so lautet die Antwort in der Regel: „Weil die großen, natürlichen Feinde, namentlich Wolf, Luchs und Braunbär, in der Kulturlandschaft ausgerottet wurden und weil die Jäger zuwenig oder zumindest die falschen Rehe erlegen.“

In der Tat entstand die moderne Jagd, die ‚Hege mit der Büchse‘, gleichzeitig mit dem Verschwinden der letzten großen Raubtiere in Mitteleuropa. Sie bediente sich der Gesetze der Haustierzucht, hielt sich vor allem an männliche und alte Tiere, schonte Junge und Weibchen und versuchte Kranke und Schwache auszumerzen. Das soll aber nicht heißen, das Reh sei inzwischen zum Haustier geworden. Einmal erfüllen *Wahlabschüsse* selten oder nie die theoretischen Planziele (siehe Seite 242), zudem ist die Tatsache, daß Rehe ihre Äsung auch an künstlichen Futterstellen finden, noch lange kein Grund dafür, sie als Haustiere zu bezeichnen (HERRE 1981).

Der Anstieg der Rehbestände folgte aber noch anderen einschneidenden Veränderungen oder fiel zeitlich mit ihnen zusammen (Abb. 55): Die moderne Forstwirtschaft (häufig ‚Waldackerbau‘ mit standortsfremden Nadelbaum-Monokulturen) kam auf (ELLENBERG 1963). Die (über-)hohen, vom Adel lange trotz massiver Schäden gehegten Rotwildbestände wurden infolge von tiefgreifenden sozialen Umschichtungen, von Kriegswirren und Revolutionen vielerorts durch die Landbevölkerung förmlich ausgerottet (z. B. SCHMIDT 1971). In Mitteleuropa verschwand die Waldweide oder wurde stark eingedämmt (z. B. EIBERLE 1972). Mit dem Verschwinden oder Seltenerwerden von Rotwild und Weidevieh ließ ein möglicher Konkurrenzdruck für das Rehwild nach. Schließlich wurde die Landwirtschaft großräumig intensiviert mit Kunstdüngung, Pestizidanwendung, Monokulturen, neuen Nutzpflanzensorten usw.

Welche dieser tiefgreifenden Veränderungen in der Umwelt des Rehes seine Bestan-

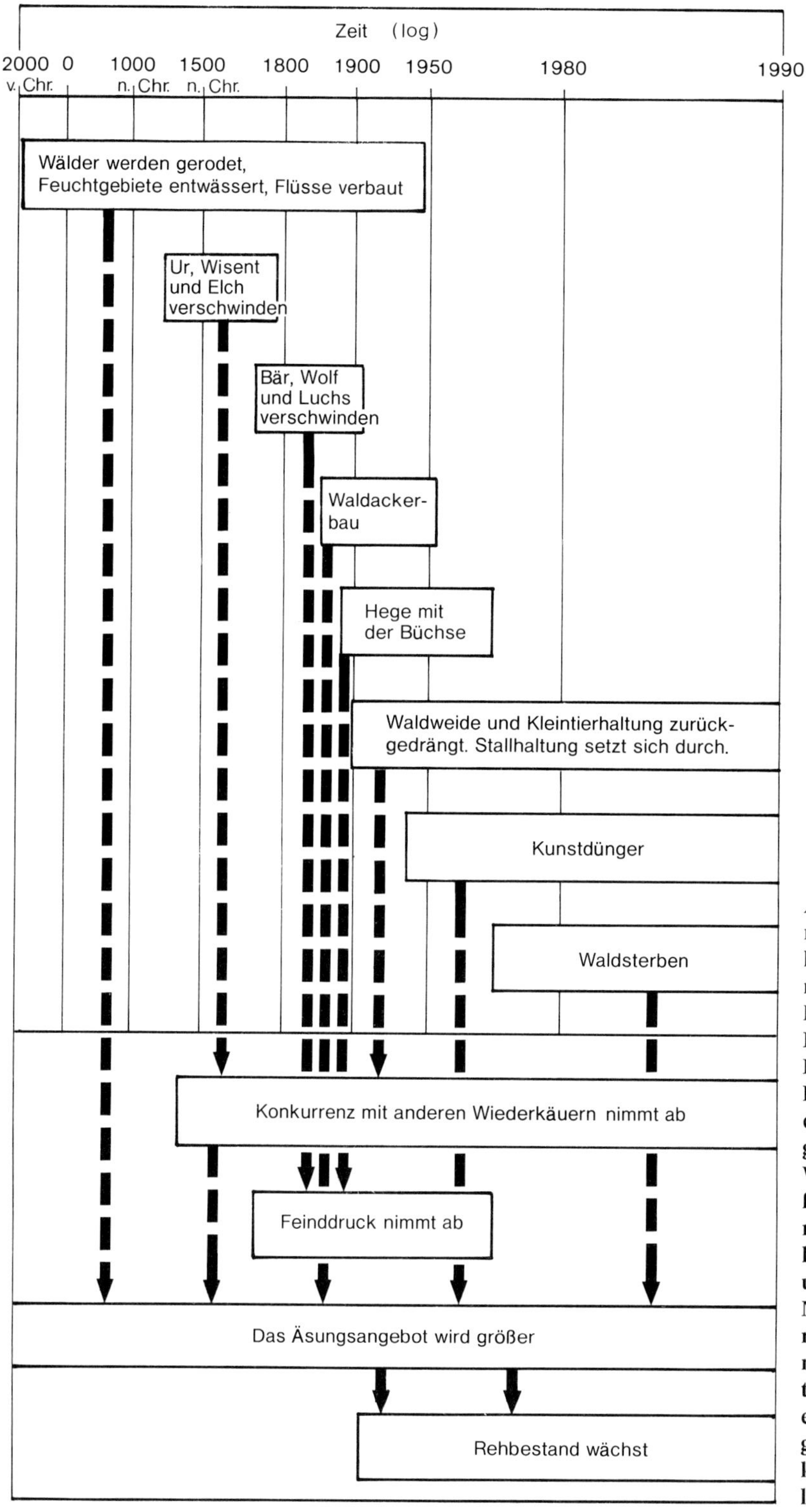

Abb. 55: Veränderungen der natürlichen Lebensgemeinschaft durch Menschen und ihre Bedeutung für die Entwicklung der Rehbestände. Rodungen, Kunstdünger und neuerdings Waldsterben vergrößerten die Nahrungsnische. Natürliche Widersacher und die größten Nahrungskonkurrenten wurden allmählich ausgeschaltet. Die Bestandesexplosion war infolge des Hegegedankens unausweichlich

desexplosion eingeleitet haben, wie weit sie im einzelnen gleichgerichtet oder gegeneinander wirken, kann wohl kaum ergründet werden. Folgendes einfaches Beispiel aus der Tschechoslowakei zeigt dies bereits: Luchse nahmen hier nach dem Zweiten Weltkrieg zahlenmäßig stark zu. Gleichzeitig haben sich auch die Hirschbestände vergrößert. Das Reh dagegen wurde zusehends seltener (HELL 1971). Ob dies nun auf einen erhöhten Feind- oder Konkurrenzdruck oder auf beides zurückging, ist nie klar geworden.

9.2 Regelkreis

Allerdings können wir versuchen, das System der rapiden Bestandeszunahmen im Prinzip zu verstehen. Dazu ordnen wir die Größen, die über den Umfang eines Rehbestandes bestimmen, und prüfen ihre Wirkungen auf den Bestand und ihre gegenseitigen Beziehungen. Deshalb folgen nun einige Überlegungen über natürliche Bestandesregulationen aufgrund eines einfachen kybernetischen Modells, wie ich es schon früher dargelegt habe (KURT 1982):

Kybernetik ist im Kern eine mathematische Wissenschaft, die eine neue naturwissenschaftliche Größe ins Spiel bringt: die Information, und zwar im weitesten Sinne. Die Bezeichnung Kybernetik geht auf *kybernetes*, den griechischen Begriff für den Lotsen auf einem Schiff, zurück.

Bleiben wir vorerst bei diesem Vergleich! Auf einem Schiff setzt der Kapitän das Ziel und legt damit den *Soll-Wert* fest. Der Lotse mißt mit geeigneten Instrumenten (z. B. dem Sextanten) die jeweilige Position des Schiffes, bestimmt den *Ist-Zustand*, vergleicht ihn mit dem *Soll-Wert* und gibt die erforderliche Steuereinstellung dem Steuermann weiter, der den entsprechenden Kurs einhält.

Der entscheidende kybernetische Vorgang ist folgender: Zwar kennt der Lotse von Fahrtbeginn an die richtige Richtung, doch damit allein kommt er wahrscheinlich nicht ans rechte Ziel, weil Störgrößen wie Wind und Strömung das Schiff vom Kurs abtreiben. Er muß also immer wieder die Position bestimmen und die entsprechende Steuereinstellung ermitteln.

Ständige Steuerkorrektur kennzeichnet die Regelung. Notwendig wird diese, wenn unberechenbare Störgrößen auftreten oder Steuervorgänge nicht eindeutig sind. Sie verläuft somit so, daß jeder Steuervorgang eine Wirkung erzielt, die über Meßgrößen (z. B. den Sextanten) und Regler (im vorliegenden Beispiel der Lotse) zu einer neuen Steuereinstellung führt. Regelung ist Steuerung mit Rückkoppelung. Der Vorgang läßt sich im Regelkreis (Abb. 56) darstellen. Er beschreibt Systeme, die sich durch Rückkoppelung so beeinflussen, daß sie entweder ein gewünschtes oder, wenn es sich um natürlich vorkommende Regelkreise handelt, ein zweckmäßiges Verhalten aufweisen.

Regelung findet beispielsweise auch in der Lebensgemeinschaft des Laub- und Laubmischwaldes statt, dem bedeutendsten Lebensraum des Rehes. Sonst gälten diese Ökosysteme nicht als artenreich (mit wenigen Individuen pro Art) und langfristig stabil. Regelung kontrolliert sicher auch auf Lichtungen, den Zentren der Rehbestände, den Sukzessionsverlauf: Er verläuft ja gerichtet von einer schnellwüchsigen, artenarmen Pioniergesellschaft über Zwischenstadien zum Hochwald.

Regelung ist in jedem ökologischen System möglich, weil auch hier Informationen fließen, so zum Beispiel von Licht, Wärme, Nährstoffen und Energie. Jede Pflanze und jedes ihrer Organe kann beispielsweise ihrem Konsumenten, dem Reh, durch Duft- und Geschmackstoffe, lockende Farben oder abstoßende Haare und Dornen mitteilen, ob sie freßbar sind oder nicht. Über die sozialen Signale der Rehe berichtete dieses Buch ausführlich in den Kapiteln 3 bis 7. Informationen fließen aber auch zwischen der Beute und ihren Widersachern: Der satte Wolf wird rasch als ungefährlich ausgemacht (ZIMEN 1970); dem jagenden Beutegreifer wird durch eine Reihe auffälliger Verhaltensweisen klargemacht, daß sich seine Jagd nicht mehr lohnt (siehe Seite 173). Umgekehrt merkt dieser, welche Beute verhältnismäßig wehrlos ist. Selbst zwischen Wirt und Parasiten oder Krankheitserregern fließen Informationen, weil der Organismus diese erkennt und entsprechend Resistenzen aufbaut, die wiederum sinngemäß ‚verstanden' werden, d. h. den Befall einschränken oder ausschließen.

Fragen wir nun nach denkbaren Regelun-

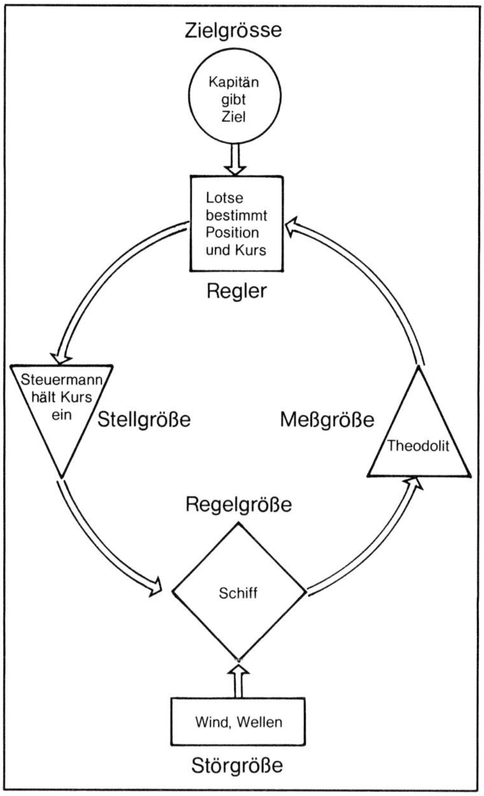

Abb. 56: Einfacher Regelkreis

gen der Größe und Zusammensetzung (Alters- und Geschlechterklassen) eines Rehbestandes, der innerhalb eines bestimmten Lebensraumes vorkommt, so muß dieser Bestand, um beim einfachen Beispiel vom Schiff, Kapitän, Lotsen, Steuermann und Sextanten zu bleiben, dem ‚Schiff', also der Regelgröße, gleichgesetzt werden. Der Bestand wird durch noch zu bestimmende Chargen von ‚Kapitän' (Zielgröße), ‚Lotse' (Regler) und ‚Steuermann' (Stellgröße) sowie entsprechenden ‚Meßgrößen' auf einem bestimmten Kurs, dem *Soll-Wert*, gehalten, also auf einer bestimmten Dichte und Zusammensetzung. Übersteigt er diese, so läuft der Rehbestand Gefahr, seine Ressourcen, vor allem seine Nahrungsquellen, zu übernutzen und damit sich selbst zu gefährden. Erreicht er diesen *Soll-Wert* nicht, so kann es sein, daß er seiner ökologischen Rolle, die es noch zu definieren gilt, nicht gerecht wird. Die ökologische Rolle einer Art, in der Populärwissenschaft spricht man vom ‚Beruf' einer Art, besteht darin, die ökologische Nische, die sogenannte *Planstelle,* zu nützen. Auch sie gilt es noch zu beschreiben. In unserem Beispiel setzen wir sie der Zielgröße, dem ‚Kapitän', gleich (Abb. 57).

Die Steuerung der Bestandesgröße erfolgt logischerweise über Geburten und Zuwanderungen sowie durch Todesfälle und Abwanderungen. Beeinflußt wird sie durch mehr oder weniger starke Einwirkungen von Beutegreifern, Parasiten und Krankheitserregern. Kälte, hoher Schneefall, lang andauernde Regenfälle und andere, meist abiotische Faktoren beeinflussen den *Soll-Wert,* sie wirken als Störgrößen.

Doch wie bestimmt das System die jeweilige Position, wie vergleicht es den Ist-Zustand mit dem Soll-Wert? Mit anderen Worten: Wir müssen uns fragen, wer ist der Lotse und welcher Meßgrößen bedient er sich? Nach unserem Modell muß die ökologische Nische, das sind die vom Reh genutzten Requisiten des ökologischen Systems, den Soll-Wert setzen. Die ökologische Nische bestimmt einerseits Habitus (Schlüpfer, Läufer oder Übergangsformen) und Körperfunktionen (z. B. Weichfutter- oder Rauhfutterfresser). Diese entstehen infolge von Mutation, Selektions- und Isolationsmechanismen in langfristigen, viele Generationen dauernden Evolutionsvorgängen. Andererseits reagieren aber Rehe sehr rasch in ihrer sozialen Organisation (Sippen, Ein-Mann-Gruppen, Aggregationen) ebenso wie in ihrer Konstitution und Kondition auf Veränderungen ihrer Nische (siehe Seite 182). Sozialorganisation, Konstitution und Kondition wollen wir deshalb als Regler, also als ‚Lotse' betrachten und die sozialen Kontakte zwischen den Artgenossen sowie das Sozialverhalten als Meßgröße.

Betrachten wir vorerst die ökologische Nische! Sie setzt sich zusammen aus allen für das Reh zum Überleben notwendigen Requisiten: also gegen Hitze und Kälte geschützte, übersichtliche und daher verhältnismäßig feindsichere Plätze zum Ruhen und Wiederkäuen (siehe Seite 43), Setz- und Aufzuchtzonen (siehe Seite 128), Schlag- und Markierstellen für die Böcke (siehe Seite 116), Fluchtorte und selbstverständlich ausreichende Äszonen zu jeder Jahreszeit. Nicht allein das

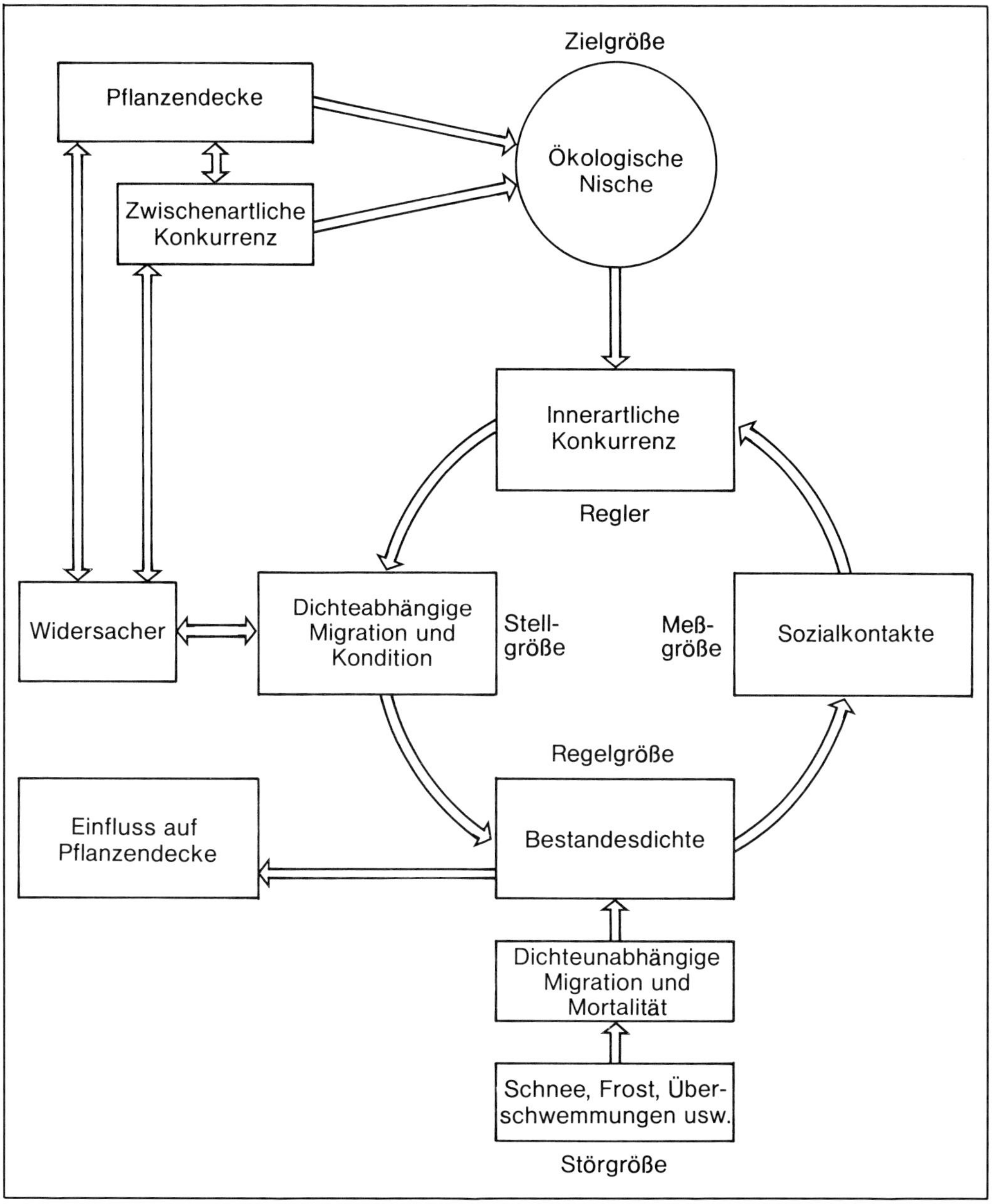

Abb. 57: Modell der innerartlichen Regelung eines Rehbestandes: Die von der Pflanzendecke und artfremden Konkurrenten mitbestimmte ökologische Nische dient als Zielgröße. Als Regler funktioniert die innerartliche Konkurrenz, als Stellgröße dichteabhängige Migration (Ein- bzw. Auswanderung) und Kondition, die zusammenspielen mit natürlichen Widersachern. Die Regelgröße ist die Bestandesdichte. Die Meßgröße wird durch Sozialkontakte vertreten. Als Störgröße wirken Schnee, Frost, Überschwemmungen usw., die dichteunabhängige Migration und Mortalität bedingen. Der jeweilige Bestand wirkt seinerseits auf das Ökosystem, ganz besonders auf die Pflanzendecke

Vorhandensein einzelner Requisiten bestimmt die Nische, auch ihr Mischungsverhältnis. Für den Konzentrationsselektionierer Reh mit seinem relativ kleinen Pansen, der täglich fünf- bis elfmal gefüllt werden muß, dürfen einzelne Requisiten nie zu weit vom Hauptrequisit, der jeweiligen Äszone, entfernt liegen. Ruheplätze werden, falls möglich, dementsprechend verlegt, ebenso die Setzplätze und Aufzuchtzonen (Abb. 35). So wie die zur Futteraufnahme und zum Wiederkäuen verwendete Zeit das übrige Aktivitätsmuster des Rehes dominiert, so bestimmen Äszonen ganz wesentlich die Organisation des Aktionsraumes bzw. die (mögliche) Anzahl der Rehe.

Allerdings wird bei freilebenden Rehen die Bestandesdichte nicht allein vom Äsungsangebot, sondern, wie REIMOSER (1986) sagt, „von der Gesamt-Besiedlungsattraktivität eines Biotopes gesteuert... Der Möglichkeit zur Nahrungsbeschaffung kann hinsichtlich der Wildverteilung sogar eine untergeordnete Rolle zukommen, sobald der Schwellenwert ‚Nahrungsversorgung ausreichend möglich' überschritten ist".

Indem Rehe ihre ökologische Nische, die sogenannte ökologische Planstelle in ihrer Lebensgemeinschaft nutzen, spielen sie eine bestimmte ökologische Rolle; sie üben einen bestimmten ‚Beruf' aus. REIMOSER (1986) hat die wichtigsten Teile (Funktionen) der ökologischen Rolle zusammengestellt:

- Rehe sind Beute für ihre Widersacher (siehe Seite 219),
- Rehe sind Wirte für Parasiten und Krankheitserreger (siehe Seite 231) und
- Rehkadaver sind Nahrungsquellen für Aasfresser und Bodenlebewesen, die Abfallstoffe abbauen und mineralisieren.
- Rehe sind für andere Pflanzenfresser mit ähnlichen Ansprüchen Konkurrenten.
- Rehe transportieren Nährstoffe an sonst nährstoffarme, leicht erodierende Stellen des Lebensraumes, weil sie bevorzugt an oder auf Kuppen lagern;
- zudem stimuliert Rehlosung (Kot) Abbauprozesse der Abfallstoffe (siehe Seite 45). Damit beschleunigen sie den Nährstoffkreislauf im ökologischen System.
- Vor allem sind Rehe Pflanzenfresser, ‚Pflanzenräuber', die durch ihr selektives Äsverhalten ihre Umwelt beeinflussen.

Auf diesen Teil der ökologischen Rolle will ich jetzt etwas näher eingehen.

In einem polnischen Linden-Hainbuchenwald äst ein Rehbestand von 13 Tieren pro 100 Hektar im Jahresverlauf zwischen vier und fünf Prozent der erreichbaren Nahrung (BOBEK et al. 1974). In einer großflächigen Eichenkultur brachte es ein ebenso großer Bestand im Winterhalbjahr auf 15 % der zugänglichen Äsung (ELLENBERG 1978). Rehe äsen also, auch bei hoher Bestandesdichte in Nutzwäldern, scheinbar nur wenig der tatsächlich zur Verfügung stehenden Nahrung. Zieht man aber in Betracht, daß sie bevorzugt an bestimmten Stellen ihres Lebensraumes äsen, ganz besonders auf Lichtungen und an Waldrändern, daß sie viel mehr als etwa der ‚Rauhfutterfresser' Hirsch ganz bestimmte Pflanzenarten anderen vorziehen und daß sie sich an für die Pflanze bedeutende Entwicklungs- und Fortpflanzungsorgane wie Knospen, Triebspitzen, Früchte und Samen halten, dann ist begreiflich, daß sie die Konkurrenzverhältnisse einer Pflanzengesellschaft auch bei scheinbar geringfügigem Verbiß ganz erheblich beeinflussen können. Jedenfalls regulieren sie das Mischungsverhältnis zwischen verbissenen und unverbissenen Arten.

Dies kann den Artenreichtum einer Pflanzengesellschaft durchaus erhöhen, wenn die Rehe vor allem raschwüchsige konkurrenzstarke Arten äsen und damit langsamwüchsigeren, konkurrenzarmen Arten einen Vorteil verschaffen. In der Regel, so schreibt REIMOSER (1986), „werden jene Pflanzenarten bevorzugt verbissen, die sich zahlreicher und rascher vermehren, die also verjüngungsökologisch gegenüber anderen Arten konkurrenzkräftiger sind und diese ohne Verbiß leichter verdrängen könnten". So gehören raschwüchsige, schnellebige Kräuter häufiger in die höchsten Beliebtheitsklassen als langsamer wachsende. Holzgewächse und Büsche früher Sukzessionsstadien werden eher bevorzugt als Baumarten, die im naturnahen Laubwald die Klimax bilden.

Gerade die am häufigsten verbissenen Baum- und Straucharten weisen nach REIMOSER „meist eine erhöhte Regeneration beim Verbiß auf. Dies sind zum Beispiel viele im Jugendstadium raschwüchsige, lichtbedürftige Sukzessionsarten, die vor allem an naturnah aufgebauten Waldrändern sehr zahlreich vorkommen, sofern im Altbestand noch entsprechende Samenbäume vorhanden sind."

Jungwuchs von Bäumen wird in Höhen von 10 bis 120 Zentimetern abgeäst. Höhere Pflanzen sind lediglich durch Fegeschäden gefährdet. Lichtbaum- und Sukzessionsarten wie manche Weiden, Ahorne oder Eschen, die in ursprünglichen Lebensräumen des Rehwildes wachsen, versuchen in einem ‚Schuß' in einem einzigen Sommer, die kritische Höhe zwischen 10 bis 120 Zentimetern zu überwinden, was möglicherweise als Anpassung an den Verbiß gewertet werden kann (Ellenberg 1978).

Rehe können die Waldverjüngung durchaus positiv beeinflussen, indem sie einerseits durch Plätzen den Boden verletzen und andererseits die Laubholz-Ansamung verdünnen (Boback 1961). Ja, sie tragen sogar zum unter extremen Wetterbedingungen erschwerten Keimerfolg von Bäumen bei. Dazu gibt Turcek (1967) ein eindrückliches Beispiel aus der Slowakei. Nach einem außergewöhnlich reichen Mastjahr mit zwei Tonnen Bucheckernmast pro Hektar erfroren im darauffolgenden Frühjahr Abertausende von Buchenkeimlingen. Doch Ende Juni wuchs erneut eine Generation von Jungbuchen heran. Sie keimte verspätet aus unbenutzten Nahrungsdepots von Nagetieren und vor allem aus jenen Samen, die das Rehwild auf seiner Äsungssuche tief genug, um vom Frost nicht geschädigt zu werden, in den Boden getreten hatte.

Rehe halten sich an Nelkengewächse wie Hornkraut *(Cerastium)*, Wald-Nabelmiere *(Moehringia trinervia)* und Sternmiere *(Stellaria)* und regulieren damit den Schadpilz *Melampsorella cerastii* (Wagner 1961).

Klötzli (1965) weist darauf hin, daß Rehe bevorzugt standortfremde Pflanzen äsen: „Es ist eine jedem Forstmann bekannte Tatsache, daß Laubholz, wenn es in Nadelbaumbeständen (auch künstlichen) eingebracht wurde, extrem gefährdet ist und umgekehrt. Teils werden die Wildlinge, teils die ‚saftigeren' Forstgartenpflanzen stärker verbissen." Nicht nur in den bereits erwähnten Sukzessionsstadien können Rehe aber zur Vielfalt beitragen, sondern auch innerhalb von naturgewollten Wäldern, zum Beispiel montanen Fichten-Tannen-Buchenschlußwäldern: „Geht man beispielsweise von einer naturnahen Altbestandesmischung von je einem Drittel Fichte, Weißtanne und Buche aus und berücksichtigt, daß die verbißbeliebteren Tannen und Buchen verjüngungsökologisch gegenüber der unbeliebten Fichte im Vorteil sind, so kann ein dosierter selektiver Verbiß dieser beliebteren Baumarten entscheidend zu einer dauerhaften Aufrechterhaltung der Ausgangsmischung von je einem Drittel jeder Baumart beitragen", findet Reimoser (1986). Die verjüngungsökologischen Vorteile der Tanne liegen, verglichen mit der Fichte, vor allem in kürzeren Abständen zwischen den Mastjahren und in geringerem Lichtbedarf der Jungbäume. Diese können also häufiger und zahlreicher aufwachsen. Auch die Buche ist begünstigt durch geringen Lichtbedarf und durch die Möglichkeit eines raschen Höhenwachstums bei zunehmender Auflichtung des Altbestandes. Zudem haben Tanne und Buche eine höhere Regenerationsfähigkeit als die Fichte (z. B. Eiberle 1978 und 1983).

Dies sind Beispiele, die zumindest vermuten lassen, daß (einst) das natürliche Ökosystem Wald nicht nur trotz des Rehwild-Verbisses und anderer Einflüsse der kleinen Hirschart überlebt hat, sondern möglicherweise in seiner Vielfalt und seiner Regenerationsfähigkeit auch dank ihr. In diesem Fall gingen die Beziehungen zwischen dem ‚Pflanzenräuber' Reh und seiner Beute, Teilen der Waldvegetation, auf eine lange gemeinsame Entwicklungsgeschichte mit gegenseitiger Anpassung (Co-Evolution) zurück. Die bekanntesten Beispiele dieser Art sind die Beziehungen zwischen Blütenpflanzen und den sie bestäubenden Tieren oder zwischen früchte- und beerentragenden Pflanzen und ihren Konsumenten.

An dieser Stelle scheint mir die Tatsache erwähnenswert, daß Rehe bevorzugt Früchte und Beeren äsen, wie z. B. Süßkirsche *(Prunus avium)*, Zwetschge *(Prunus domestica)*, Weinbeere *(Vitis vinifera)*, Äpfel *(Pirus malus)*, Birne *(Pirus communis)*, Ebereschenbeere *(Sorbus aucuparia)*, Weißdornbeere *(Crataegus oxyacantha)*, Hagebutte *(Rosa canina, R. rugosa)* und Brombeere *(Rubus fructicosus)*.

Bei Zwetschgen schälen Rehe das Fruchtfleisch vom Kern. Doch Kirschen werden samt Samen verschluckt wie auch die anderen erwähnten Beeren oder Früchte. Größere

Samen werden dann aber 30 bis 60 Minuten nach der Aufnahme ‚ausgewöllt', d. h. während des Wiederkäuens ausgespuckt. So fand MÖHRING (1963) bis zu 70 ‚ausgewöllte' Kirschkerne an einem einzigen Lager. Auf die gleiche Weise werden unverdaubare Weißdorn-, Wein- und zum teil Hagenbuttenkerne ausgeschieden. Sie haben ihre Keimfähigkeit ebensowenig verloren wie die anderen, kleineren Samen, die mit der Losung ausgeschieden werden. Ganz im Gegenteil: Das saure Milieu im Verdauungstrakt löste die wasserabstoßenden Wachshäute ab, die die Quellung und somit die Keimung des Samens verhindern. Rehe ermöglichen – genau gleich einigen Vogelarten – die Keimung, weil sie das Fruchtfleisch aufnehmen; sie ermöglichen auch die Keimfähigkeit des Samens und die wahrscheinlich besseren Wuchsmöglichkeiten für den Keimling, weil sie den Samen aus dem Bereich der Mutterpflanze tragen. Rehe tragen damit ganz wesentlich zur Ausbreitung vieler Baum- und Straucharten bei.

So gesehen könnte das Reh durchaus eine wichtige Schalter- oder Verstärkerfunktion spielen zur Aufrechterhaltung, Verstärkung und Beschleunigung einer endlosen Sukzession aus sich folgenden Artkombinationen in einem sich, wenn auch langsam, laufend von Lichtungen zu Hochwald und wiederum zu Lichtungen über alle denkbaren Zwischenstufen verändernden Naturwald. Nach einer solchen *Mosaik-Zyklus-Hypothese* ist, wie REMMERT (1988) überzeugend ableitet, ein langfristiges Gleichgewicht zwischen Räubern und Beute (in unserem Beispiel zwischen Reh und Äspflanzen) nicht notwendig, da die Mosaik-Zyklus-Theorie sowieso Katastrophen in den einzelnen Mosaiksteinen (Artkombinationen) und eine anschließende Ausbreitungsphase der Organismen (mit hohen Verlusten) fordert. Kurz: Von Natur aus hält sich das Reh in erster Linie an Pflanzen, die in kurzer Zeit wachsen, sich explosionsartig vermehren oder Früchte und Beeren tragen, deren Samen durch das Reh keimfähig gemacht und ausgebreitet werden.

In Wirklichkeit sind aber die oben erwähnten Beispiele über positive Wirkungen des Rehwildes auf die Pflanzendecke ganz seltene Ausnahmen innerhalb einer kaum überblickbaren Flut von Studien über negative Beziehungen zwischen Rehwild und Waldvegetation. Die beziehen sich zur Hauptsache auf die häufig gravierenden, vom Rehwild heute verursachten Schäden (siehe Seite 234), deren Ausmaß sich nicht im Rahmen ‚natürlicher' Sukzessionen darstellen läßt.

In ihrem natürlichen Lebensraum, dem Wald, haben die Rehe längst ihren ‚Beruf verfehlt': Sie spielen ihre ökologische Rolle falsch. Ursache dafür ist die Planstelle, die ökologische Nische, die in starkem Maße von Lichtungen geprägt ist; auch sie hat sich verändert. Es war der Mensch und nicht das Reh, der diesen Prozeß eingeleitet hat.

9.3 Die Veränderung der ökologischen Nische

Der mitteleuropäische Urwald, in seiner ursprünglichen Form einst höchstens unterbrochen durch alpine Tundren, Felsen, Gletscher und Firne der Gebirge, durch Moore und Gewässer, trug schon in vorchristlicher Zeit überall die Spuren menschlicher Eingriffe. Deren Wirkungsgrad hat uns mit der zunehmenden Technisierung und der steigenden Bevölkerung sowie ihren wachsenden Bedürfnissen ein Landschaftsbild hinterlassen, dessen ursprüngliche Form wir heute kaum rekonstruieren können, schreibt HEINZ ELLENBERG (1963), der Einflüsse des Menschen auf die Waldlandschaft schon für die Jungsteinzeit nachweist.

Damals lebten in Europa erste Bauernvölker, seßhafte Menschen, die Ackerbau betrieben, Rinder, Schafe, Ziegen, Schweine und bald auch das Pferd züchteten. Wir dürfen annehmen, daß die Haustiere frei in den Wäldern weideten, wie dies auch heute in extensiv bewirtschafteten Gegenden der Erde vorkommt und bis in den Anfang unseres Jahrhunderts auch in Mitteleuropa üblich war. Trotz primitiver Werkzeuge waren die ersten Bauernvölker durchaus in der Lage, Wälder zu vernichten. Sie brauchten sie lediglich dem Vieh zu überlassen, welches sich am Unterwuchs mit den Jungbäumen gütlich tat und auf diese Art zu einer Überalterung des Baumbestandes und schließlich zu einer Lichtung, wenn nicht gar zum Verschwinden des Waldlandes beitrug.

Im Laufe der Bronze- und Eisenzeit, so berichtet ELLENBERG weiter, vergrößerte sich der waldfrei gehaltene Siedlungsraum nicht sehr beträchtlich. Hier und dort wurden jedoch auch schwere Böden gerodet. Die eiserne Pflugschar erschloß immer mehr Ackerland, und allzu nasse Böden verstand man bereits durch ganze Netze von tiefen Gräben zu entwässern. Mit ihren Sicheln konnten die Menschen damals nicht nur Getreide ernten, sondern auch Gras abschneiden. Die ersten noch einschürigen Wiesen entstanden wohl schon in der Eisenzeit.

In den dichtbewohnten Altsiedel-Landschaften Mitteleuropas bestand wahrscheinlich kein Waldstück mehr, das nicht wenigstens gelegentlich vom Menschen und seinen Herden genutzt worden wäre. Doch noch immer dehnten sich immense, in sich geschlossene Waldungen aus.

Dann brachen die Römer ins Herz Mitteleuropas ein. Unter ihrer Herrschaft breitete sich die Landwirtschaft stark aus. „Und zwar in dem rein ausbeuterischen Sinne", meint BÄCHTOLD (1966), „daß man von der Natur nahm, ohne ihr etwas zu geben." In der Römerzeit unterschied man bereits zwischen Wäldern, die Samenmast lieferten, sogenannten ‚silvae glandiferae', und solchen, die nur für die gewöhnliche Waldweide geeignet waren, sogenannten ‚silvae pascuae'. Dieser Unterschied war deshalb wichtig, weil die Schweinehaltung wohl von den samentragenden Eichen und Buchen abhing. Während der Römerzeit wurden aber auch ungeheure Mengen von Bau- und Brennholz aus dem Wald geschlagen.

Während der Völkerwanderung mag der Wald sich wieder ausgedehnt haben. Doch diese wenigen Jahrhunderte bedeuteten nur eine kurze Erholungsphase. Als die planmäßigen Siedlungen im Mittelalter entschieden in die großen Waldungen vorstießen, die bisher nur den Wildtieren und dem Weidevieh zur Verfügung standen, begann die endgültige Zerstörung der Urwaldreste. Bald erschienen die Viehherden sogar auf den höchsten Gipfeln der Mittelgebirge und lichteten den Wald gerade dort, wo er sowieso schon mit Wind und Kälte zu kämpfen hatte (ELLENBERG 1963).

Ihr höchstes Maß erreichten die Waldverwüstungen in der Neuzeit. Die Industrie brauchte Holzkohle, die vor allem aus Buchen gewonnen wurde. Bergwerke und Salinen verfeuerten heute kaum vorstellbare Mengen an Holz. Zur gleichen Zeit begann sich eine geordnete Forstwirtschaft zu entwickeln. Auf den abgeräumten Flächen wurden erneut Bäume gepflanzt. Oft wurden dabei raschwachsende, standortfremde Nadelhölzer bevorzugt, wo naturgemäß nur Laubwald wuchs. Der Mensch schuf künstliche Forste, die, einer eigenen Entwicklung gehorchend, bald noch mehr vom ursprünglichen Vegetationstyp wegführten.

Gleichzeitig mit der Zerstörung des natürlichen Lebensraumes verschwanden auch die drei größten Huftierarten aus Mitteleuropa, der Ur, der Wisent und der Elch. Am Alpennordrand wurde der Ur noch bis ins 11. Jahrhundert bejagt (KURT 1977), aus Mitteleuropa verschwand er spätestens im 15. Jahrhundert. Das letzte Tier starb im 17. Jahrhundert in Polen. Grund der Ausrottung war nicht in erster Linie die Zerstörung der natürlichen Umwelt, sondern die starke Bejagung und die Konkurrenz von Huftieren. Das gleiche gilt für den Wisent, der allerdings in kleinen Restbeständen überlebte und 1955 in Polen und später in Rußland wieder angesiedelt werden konnte. Der laubäsende, Feuchtgebiete liebende Elch wurde nicht nur stark bejagt, sondern wohl auch infolge der Waldweide und der Entwässerungen wahrscheinlich zur gleichen Zeit wie der Wisent in Mitteleuropa ausgerottet und in den Nordosten dieses Erdteils abgedrängt.

Für die beiden europäischen Hirscharten, das Reh und den Rothirsch, bedeutete die Verkleinerung der Waldfläche seit der Jungsteinzeit allein keine Verschlechterung der Lebensbedingungen. In Urwald- oder urwaldähnlichen Gebieten erreichten sie bescheidene Bestandesdichten (siehe unten). Heute, wo das Waldkleid stark gelichtet ist, sind zwölf- bzw. dreißigfache Dichten durchaus möglich.

In der Baltischen Sowjetrepublik, um nur eines von vielen ähnlichen Beispielen zu erwähnen, steht die Rehwilddichte, so PADAIGA (1975), „in direkter enger Beziehung zur Fruchtbarkeit der vorherrschenden Böden, zum entsprechenden Laubholzanteil an der Bestandeszusammensetzung des Waldes und umgekehrt in enger Beziehung zum Bewaldungsprozentsatz der einzelnen Bezirke. Die größte durchschnittliche Rehwilddichte (5 bis 10 Rehe je 100 ha) entfällt auf Laubwälder bei zehn- bis zwanzigprozentiger Bewaldung der Bezirke. Am niedrigsten liegt die Rehwilddichte (0,5–1 Reh je 100 ha) in reinen Kiefer-beständen bei 35- bis 55 %iger Bewaldung der Bezirke."

So gesehen mußte das Reh, der ursprüngliche *Lichtinsel*-Bewohner, also seit der Jungsteinzeit immer bessere Lebensbedingungen vorfinden. Der Mensch schuf ja zusätzliche Lichtungen und Waldrandgebiete, und die einzelnen Felder und Äcker waren bis in die Mitte dieses Jahrhunderts durch Hecken, ebenfalls beliebte Äs- und Deckungszonen, voneinander getrennt. Zudem boten Brachflächen und viele Nutzpflanzen des Menschen wichtige Äsung. Trotzdem kam es bis in die Neuzeit zu keiner massiven Vermehrung der Rehbestände, will man den einzigen heute zur Verfügung stehenden quantitativen Quellen, den Jagdstrecken, glauben, die möglicherweise etwas über frühere Bestandesdichten aussagen.

Danach war das Reh häufiger die Beute des Menschen, als dieser noch keine Nutzpflanzen und Haustiere kannte und folglich auch keine großen Lichtungen roden mußte. Als dies dann aber geschah, verlor das Reh an Bedeutung, obwohl, wie erwähnt, seine Bestände wegen des besseren Äsungsangebotes hätten zunehmen müssen. Diesen scheinbaren Widerspruch gilt es jetzt zu klären.

In Naturwäldern, so nehmen Forsthistoriker an, waren Reh und Hirsch seltener als in der Kulturlandschaft. Allgemein rechnet man mit Bestandesdichten von 0,5–1,0 pro km^2 beim Rotwild (Meister 1969) und 1,0–2,0 beim Rehwild (Smidt 1970). Rehe wären demnach etwa doppelt so häufig vorgekommen wie Hirsche. Daß sie anscheinend weniger bejagt wurden, mag daran liegen, daß der rund fünfmal schwerere Hirsch die bedeutend größere Biomasse stellte und bessere Geweihe als Rohstoff für die Werkzeugherstellung lieferte.

In einem der letzten europäischen, weitgehend unbewirtschafteten Urwaldgebiete, dem polnischen Reservat von Bialowies (500 km^2), leben derzeit schätzungsweise 3020 Rehe (6,0/km^2), 2370 Stück Rotwild (4,5/km^2), 1030 Stück Schwarzwild (2,0/km^2) und 180 Wisente (0,4/km^2) (Rowski und Milkowski aus Maggio 1979). Auch dort sind Rehe häufiger als Rotwild. In zumindest sehr naturnah gebliebenen Wäldern, die aber großflächige, unbeweidete, offene Stellen enthalten, wie etwa das Reservat von Marchauen-Marchegg in Niederösterreich, ist das Rotwild dem Rehwild an Zahl überlegen (Kurt 1982). In einem wildreichen Gebiet am Rande des Schweizer Nationalparks im Unterengadin, das teilweise beweidet wird, leben nach Schätzungen von Hofmann und Nievergelt (1972) maximal 5 Rehe, 49 Hirsche, 42 Gemsen und 93 Steinböcke.

Nach diesen Angaben sind die weichfutteräsenden Rehe in ungerodeten und unbeweideten Lebensräumen häufiger als Rotwild, das neben Weichfutter auch Rauhfutter aufnimmt, in teilweise gerodeten und beweideten Gebieten dagegen seltener als diese. Nun sind aber die Lebensbedingungen in Bialowies, Marchauen-Marchegg und dem Unterengadin so verschieden voneinander, daß sie nicht verglichen werden können. Die aufgezeichnete Tendenz könnte ja lediglich infolge dieser Tatsache entstanden sein. Die Seltenheit des Rehes im Unterengadin läßt sich auch damit erklären, daß der kälteempfindliche kleine Hirsch an der klimatischen Waldgrenze so oder so seine Arealgrenze findet.

Da bessere Beispiele aus Europa fehlen, wage ich im folgenden einen Vergleich zwischen einigen südasiatischen Reservaten mit ziemlich genau geschätzten Wildbeständen. Die dort vorkommenden Hirscharten lassen sich unterteilen in ‚Weichfutter-Äser' wie Muntjak und Schweinshirsch und ‚Rauhfutter-Äser' wie Sambar, Barasingha, Mähnen- und Axishirsch (Tab. 13).

In den südasiatischen Schutzgebieten leben heute noch die natürlichen Beutegreifer wie Tiger *(Panthera tigris)*, Leopard *(Panthera pardus)* oder Rothund *(Cuon alpinus)*. Diese Reservate sind naturbelassene Gebiete, wie der Urwald von Udjung Kulon in Westjava und der Aulandschaft von Kaziranga in Assam. Zum Teil entstanden sie auf Flächen, die einst teilweise gerodet wurden, wie Wilpattu im Norden und Yala im Süden von Sri Lanka oder Kanha in Zentralindien. Wilpattu beherbergt verhältnismäßig wenige, Yala dagegen verhältnismäßig viele verwilderte Hausbüffel und -rinder.

Im Waldgebiet von Udjung Kulon schätzte HOGGERWERF (1970) auf einen Quadratkilometer 1,3 Muntjaks, 0,8 Mähnenhirsche und 0,7 Bantengs *(Bos javanicus)*. Der Weichfutter-Äser war also etwas häufiger als die beiden rauhfutterverzehrenden anderen Wiederkäuer. Noch auffallender ist die Häufigkeit der Weichfutter-Äser im naturbelassenen Augebiet von Kaziranga. Hier leben achtmal mehr Schweinshirsche und Muntjaks als rauhfutteräsende Sambare und Barasinghas.

Soweit entsprechen diese Resultate den Befunden aus Europa: In naturbelassenen Gebieten sind die kleinen Weichfutter-Äser den größeren Rauhfutter-Äsern zahlenmäßig überlegen. Was dagegen die Biomasse, das ist das gesamte Lebendgewicht einer Art pro Flächeneinheit, anbelangt, so überwiegen (Ausnahme Kaziranga) die großen Hirsche. Dies trifft für das tropische Waldgebiet ebenso zu wie für die Urwälder Europas.

Die einstigen Steinzeitjäger Europas hielten sich, nach den vorliegenden Angaben zu schließen, nicht an das Zahlen-, sondern an das Massenangebot. Sie jagten nach Möglichkeit die größere, wenn auch etwas seltenere Hirschart. Nach diesem Prinzip jagten bis vor wenigen Jahrzehnten auch die Jägervölker der indischen Urwälder, etwa die Gond und Baigas in Zentralindien oder die Kurumbas in Südindien. Sie erlegten vor allem Sambar, Barasingha und Axishirsch. Der kleine Muntjak war gewissermaßen Gelegenheitsbeute.

Kehren wir jetzt aber zum Beispiel der südasiatischen Reservate zurück und betrachten die Hirschbestände in jenen tropischen Gebieten, die teilweise gerodet sind und zum Teil von Haustieren mitbenutzt werden!

In den teilweise gerodeten Reservaten tritt der vorwiegend laubäsende Muntjak (der Schweinshirsch fehlt hier) hinter den zumindest teilweise grasäsenden Arten zahlenmäßig bis um das Dreißigfache und gemessen an der Biomasse bis um das Hundertfache zurück. In Gebieten, wo gleichzeitig noch Haustiere vorkommen, kommt der Muntjak zwar noch vor, aber in so geringer Zahl, daß Bestandesdichten kaum angegeben werden können. Die rauhfutteräsenden Hirsche dagegen verzeichnen weiter eine hohe Dichte.

Der gleiche Prozeß lief auch in Europa ab: Es fällt auf, daß während der Bronzezeit, als die Menschen sich schon weitgehend von Nutztieren und -pflanzen ernährten, also flächenweise den Wald gerodet hatten, das Reh verglichen mit dem Hirsch seltener als Beute des Menschen auftritt, weil es vermutlich seltener wurde. Verhältnismäßig selten blieb es dann, solange es den Lebensraum mit dem Hirsch und Haustieren teilen mußte, bis ins letzte Jahrhundert.

Mit diesen sicher sehr spekulativen Vergleichen wollte ich darauf hinweisen, daß die großen, ebenfalls grasäsenden Wiederkäuer kleine Arten, deren Nahrungsspektrum höchstens Grassamen und -sprosse enthält, erfolgreich verdrängen können, wenn der Wald gerodet und durch Weiden und Äcker ersetzt wird. Dies geht auch aus ersten Wildschadenmeldungen in Europa hervor: Als beispielsweise um 1800 in Deutschland die nachhaltige, planmäßige Forstwirtschaft begann, ergaben sich sofort Klagen über Verbißschäden durch Rotwild und durch das damals noch im Walde weidende Vieh, nicht aber über Rehwild (RODENWALDT 1973). Das Reh war ganz offensichtlich zu selten dazu. Umgekehrt nehmen Rehbestände in den Alpen und Voralpen sofort zu, wenn der Rotwildbestand dezimiert wird.

Betrachtet man die Entwicklung des Schalenwildes im Schweizer Nationalpark und vergleicht dabei die Bestände von Rot- und Rehwild, die beide zu Beginn dieses Jahrhunderts einwanderten, so fällt auf, daß mit zunehmender Rotwilddichte Rehe immer seltener werden. In den Jahren um 1940 betrug der Rotwildbestand 400, der Rehbestand 200 Tiere. Dreißig Jahre später hatte der Hirschbestand sich nahezu vervierfacht, der Rehbestand aber um 80 % abgenommen (SCHLOETH 1972).

Das Reh unterliegt dem Rotwild in der Kulturlandschaft, mit dem es vor allem die Wintereinstände teilt (HOFMANN und NIEVERGELT 1972, PADAIGA 1975), und Haustieren, beispielsweise dem Rind, aus verschiedenen Gründen: Rehe besitzen einen vergleichsweise kleinen Pansen, der täglich fünf- bis elfmal gefüllt werden muß. Sie können Rauhfutter wie Grashalme praktisch nicht verdauen und sind deshalb auf leichtverdauliche eiweiß- und stärkehaltige Nahrung angewiesen. Das von ihnen aufbaubare Feistdepot ist gering.

Rauhfutter-Äser wie das Rind besitzen einen großen Pansen, den sie am Tag nur dreimal zu füllen brauchen. Zu ihrer Ernährung sind sie auf faserhaltige Nahrung angewiesen. Das Rotwild gilt wie der Steinbock, die Gemse oder der Wisent als intermediärer Typ zwischen den beiden Extremen, dem Konzentrat-Selektierer oder Weichfutter-Äser (Reh und Elch) und dem Rauhfutter-Äser (Ur, Hausrind). Es lebt sowohl von Leichtverdaulichem als auch von fasriger Nahrung. Zudem legen Hirsche im Gegensatz zum Reh beachtliche Feistreserven für die Notzeiten im Spätwinter an.

Hirsche sind wie die anderen denkbaren Konkurrenten des Rehes größer und damit mobiler. Zudem leben sie in mehr oder weniger großen (Wander-)Gruppen. Damit ist ihnen in offenen Landschaften, die Gruppenbildungen fördern, besonders im Winter mehr Nahrung zugänglich als dem Reh. Ein Hirschrudel, das auch nur kurzzeitig im Wintereinstand einer Rehgruppe erscheint, kann schlagartig die zur Verfügung stehende Nahrung vollständig nutzen und dann, ohne selbst Schaden zu nehmen, weiterziehen. Rehe sind zudem anfälliger auf Winterkälte und Parasiten. Im gleichen Maß, wenn nicht noch stärker als durch den Hirsch, entstand dem Reh durch (rauhfutterfressende) Haustierherden, welche in heute kaum vorstellbarer Zahl seit Jahrhunderten vor allem in den Wäldern weideten, Konkurrenz. Um nur ein Beispiel zu erwähnen: Im schweizerischen Alpenraum war die Kleinviehhaltung bis in die zweite Hälfte des 19. Jahrhunderts weit verbreitet, man zählte mindest je 400 000 Schafe und Ziegen. Das Kleinvieh wurde während des ganzen Jahres rücksichtslos ausgetrieben. Erst zwischen 1910 und 1940 verkleinerte sich der Kleinviehbestand auf ungefähr die Hälfte, was in entscheidender Weise dazu beitrug, die ursprünglich überweideten Gebirgswälder von der Waldweide zu entlasten (Eiberle 1972).

So stark auch Rotwild und Haustiere als Futterkonkurrenten und, wie noch zu zeigen ist, als Krankheitsüberträger das Reh in einer Kulturlandschaft zu bedrängen vermögen, so große Vorteile besitzt die kleine Hirschart in mehr oder weniger ursprünglicher Landschaft: Rehe erreichen die Geschlechtsreife bereits zu Beginn des zweiten Lebensjahres. Ihre Fortpflanzungsleistung ist höher. Ihr Bestand breitet sich gerade bei geringer Bestandesdichte (Pionierphase, siehe Seite 188) aufgrund der innerartlichen Unverträglichkeit viel rascher aus als das Rotwild und erobert folglich schneller neue Lebensräume als dieses. In den eurasischen Urwäldern eroberten sie wahrscheinlich – so wie es den Muntjaks in den südasiatischen heute noch gelingt – neu entstandene Lichtungen rascher und konnten mit ihren Kleinverbänden selbst bescheidenes Nahrungsangebot besser nutzen als die großen Hirsche, die an traditionellen Wanderungen festhalten (Schloeth 1961) und in größeren Verbänden leben.

Auch schalenwildfreies Kulturland wird aus den gleichen Gründen vom expansionsfreudigen Reh bedeutend rascher besiedelt als vom Rotwild. Zudem ist es weniger anfällig auf Störungen durch menschliche Aktivitäten als dieses (Reimoser 1987). In der Schweiz, wo zu Beginn des 20. Jahrhunderts der Rothirsch praktisch fehlte (Bestand: 450) und das Reh nur im Nordosten vorkam (Bestand: 20 000), eroberte sich dieses das Mittelland (ein Drittel der Landesfläche) in knapp 30 Jahren. Der ‚bergtüchtige' Hirsch dagegen, er drang durch südöstliche Alpentäler in die Schweiz ein, brauchte wenigstens 65 Jahre, um ein Drittel der Landesfläche zu besiedeln, obwohl sich sein Bestand bis heute wenigstens verfünfzigfachte und damit zehnmal rascher anwuchs als der des ebenfalls, aber stärker bejagten Rehes (Kurt 1977). Selbst in den Alpentälern drang das Reh rascher vor als der Hirsch, büßte aber, als dieser nachrückte, an Bestandesgröße ein.

Durch das Fehlen der rauhfutterfressenden Konkurrenten Hirsch und (Wald-)Weidevieh vergrößerte sich die Nahrungsnische des Rehes. Vergrößert wurde sie aber vor allem durch intensive landwirtschaftliche Kulturen. Zu den beliebtesten Äsungspflanzen des Rehwildes gehören heute, wie Klötzli (1965) genau beschrieb, „Weizen, ferner Runkelrübe und Luzerne. Auch Hafer, Raps und Kohl sind noch beliebt, während Roggen und Kartoffeln und erst recht Gerste deutlich zurückstehen. An kleinflächig gezogenen Nutzpflanzen finden sich Erbse, Bohne und Erdbeere in der obersten Beliebtheitsgruppe".

Ganz besonders aber ist die Grünäsung von großer Bedeutung. „Saftäsung, die unter ungehindertem Lichtgenuß stand und durch re-

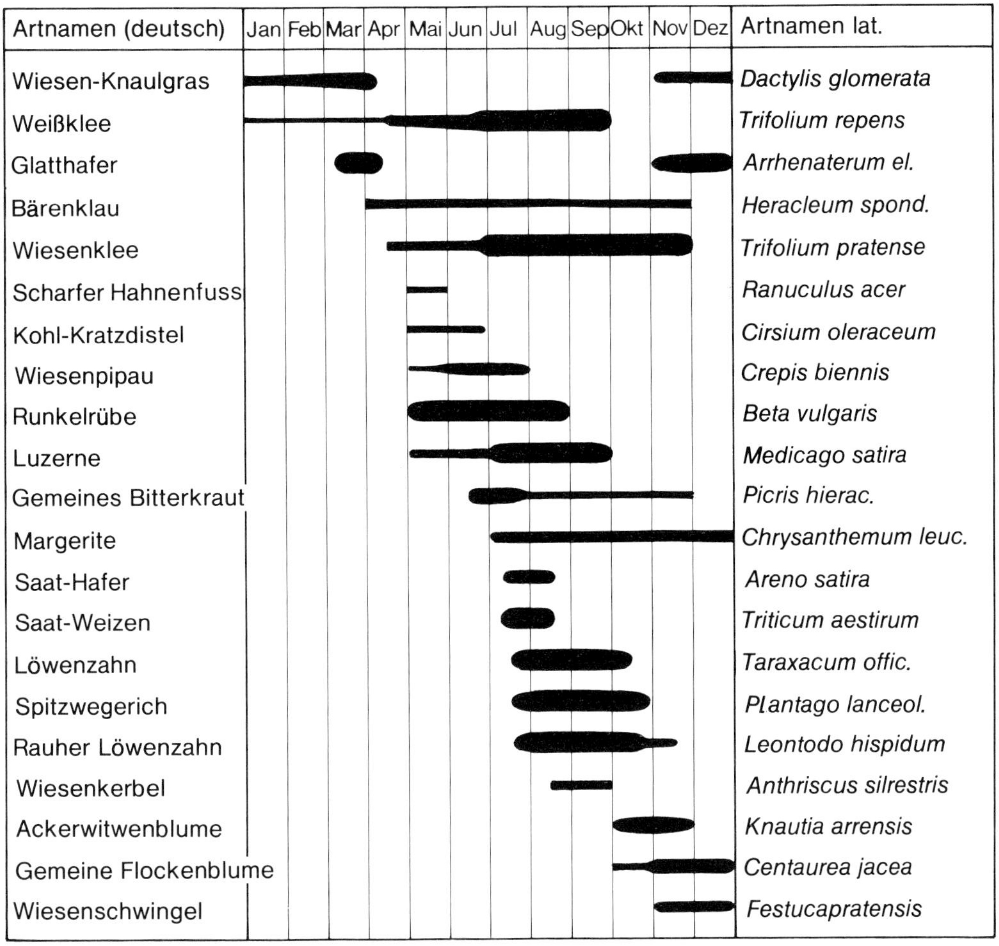

Abb. 58: Einige Pflanzen der Wiesen und Äcker mit großer Bedeutung als Rehäsung (nach F. Klötzli 1954): Die Bänder markieren die Zeitspannen, in welchen einzelne Arten geäst werden. Die Bandbreiten sind ein ungefähres Maß für die Stetigkeit als Äsung. Auffallend ist, daß die Agrarlandschaft dauernd Äsung liefert, die nur durch hohe Schneedecke und Ernte versiegt

gelmäßige Düngung kräftig gewachsen ist", meint Klötzli, „gibt dem Rehwild zusätzliche Nähr- und Mineralstoffe, vor allem proteinreiche Nahrung." Schon 1938 stellte Freckmann fest, daß Rehböcke in wiesenreichen Gebieten stärkere Geweihe schieben.

Ganz im Gegensatz zum Unterwuchs im Wald mit seinen großflächig deckenden Äsungsunkräutern, sind von den rund 100 wichtigen Grünlandpflanzen alle häufig und zahlreich vorkommenden Arten von wesentlicher Bedeutung für die Ernährung des Rehwildes, teils ganzjährig, teils periodisch wie die Gräser (Abb. 58). 18 Arten, darunter eiweißreiche Schmetterlingsblütler wie Rot- und Weißklee *(Trifolium pratense, T. repens)* und andere Kräuter wie Spitzwegerich *(Pantago lanceolata)*, Rauher und Wiesen-Löwenzahn *(Leontodon hispidus, Taraxum offincinale)* sind Äsungspflanzen, die nur zwischen Januar und März durch Erfrieren der Blätter an Bedeutung einbüßen.

Zwischen Mai und Oktober, also während ihrer fertilen Phase, werden kaum Gräser aufgenommen, es sei denn höchst selten Blüten und Fruchtstände. Zwischen Oktober und

April dagegen bilden die Gräser einen wichtigen Teil der Rehäsung. Die drei beliebtesten Grasarten für das Reh, Französisches Raygras *(Arrhenatherum elatius)*, Wiesen-Knaulgras *(Dactylis glomerata)* und Gemeines Rispengras *(Poa trivialis)*, gehören mit zu den vitamin- und nährstoffreichsten Arten (KLÖTZLI 1965).

Das Kulturland bietet, nicht zuletzt wegen intensiver Düngung, dem Rehwild heute reichlich Nahrung, ganz im Gegensatz zum Nutzwald, vor allem den künstlichen (Fichten-)Monokulturen. Als ursprünglich Waldlandschaften bewohnende Art hing das Reh im Frühjahr, zur Zeit hohen Energiebedarfes (siehe Seite 48), in laubholzreicheren Mischwäldern stark von einer dichten Geophytenflora (bodenbedeckende Pflanzen) ab. „Eine adäquate Äsungsbasis fehlt in reinen Nadelholzbeständen nahezu völlig", meint REIMOSER (1986). Bei Kahlschlagbetrieb und künstlicher Waldverjüngung, wo Samenbäume von Mischbaumarten auf großer Fläche in ausreichender Anzahl für eine natürliche Überschußproduktion an Verjüngung nicht mehr vorhanden sind oder nicht dafür ausgenützt werden (Dichtschluß des Altbestandes, weitgehende Zerstörung der Naturverjüngung durch Ernte- und Aufforstungsmaßnahmen oder durch üppigen Graswuchs auf Kahlschlagflächen), fehlt die natürliche Äsung weitgehend.

Großflächige Bestandeslücken, die ähnlich gute Äsungsbedingungen wie das Grünland bieten würden, sind in den heutigen Nutzwäldern dem Rehwild in den seltensten Fällen frei zugänglich, sondern meistens eingezäunt, findet KLÖTZLI anläßlich seiner Studien im Schweizer Mittelland: „Die noch ziemlich häufigen, kleinflächigen Bestandeslücken bieten dagegen andere Bedingungen. Sie tragen im Untersuchungsgebiet meistens keine für das Rehwild günstige Vegetation." Selten kommt auf diesen Lichtungen die begehrte Echte Brombeere *(Rubus fructicosus)* allein vor, und nur wenige dieser Flächen tragen eine futterreiche Pflanzendecke mit vielen Sträuchern und Weichhölzern. Meist sind sie überwachsen mit verschmähtem Seegras *(Carex brizoides)* oder Straußgras (*Agrostis* sp.) und dem nur gelegentlich aufgenommenen Honiggras (*Holcus* sp.). Der Wald, das darf füglich behauptet werden, hat als Nahrungsnische für das Rehwild in gleichem Maße an Bedeutung verloren wie das Kulturland sie gewonnen hat.

Nicht umsonst wird in osteuropäischen Staaten, wo die Jagd nach streng wirtschaftlichen Prinzipien betrieben wird, diese Entwicklung genauestens verfolgt: „Das Rehwild ist in Polen eine der wichtigsten Wildarten", so PIELOSWKI (1987), „was mit seiner hohen Bestandesgröße, dem Vorkommen und der weiten Verbreitung von Feldrehpopulationen zusammenhängt." Auch in der früheren DDR kam dem Reh, gerade weil es immer mehr vom Kulturland abhängt und dieses auch erfolgreich nutzt, jagdwirtschaftlich besondere Bedeutung zu, weil es längst zum bedeutendsten Wildbreterzeuger wurde: Dazu PASSARGE (1973): „In der Perspektive ist vor allem in den Feldjagdgebieten eine weitere Erhöhung des Rehwildbestandes vorgesehen, da gerade diese Wildart wie kaum eine zweite in der Lage ist, sich schnell den neuen Gegebenheiten der industriemäßigen Produktion in der Landwirtschaft anzupassen ... Durch eine hohe Vermehrungsquote werden die Bestände trotz steigender Verluste durch Technik und Verkehr schnell anwachsen."

9.4 Kapitän, Lotse und Steuermann

Die (Nahrungs-)Nische des Rehes hat sich im Laufe des letzten Jahrhunderts qualitativ und quantitativ verändert. In der ursprünglichen Waldlandschaft Mitteleuropas war für Rehe das Nahrungsangebot wesentlich geringer, wie etwa LEIBUNDGUT (1975) nachweist, und die Konkurrenz durch andere wildlebende Wiederkäuer wahrscheinlich größer als in der modernen Kulturlandschaft. Diese Urwaldgebiete verjüngten sich kleinflächig ungleichmäßig, großflächig aber gleichförmig, und die Rehe mußten sich in erster Linie auf Lichtungen und Katastrophenflächen, die in Folge von Windwurf, Bränden und dergleichen entstanden waren, konzentrieren. Reichlich Nahrung auf großen Flächen boten dagegen Augebiete und Zonen an der oberen Waldgrenze. Diese Räume waren aber wegen unerwarteter Überschwemmungskatastrophen,

Lawinen, Tiefschnee usw. ausgesprochen gefahrenträchtig.

Heute bietet die Agrarlandschaft weiträumig Nahrung, die aber nicht immer zugänglich ist. Störungen durch Verkehr, Feldarbeiten oder Nahtourismus zwingen das Wild vorübergehend in den Wald. Schneefälle können das auch im Winter häufig hohe künstliche Futterangebot vorübergehend versiegen lassen. Besonders aber die Ernten im Hochsommer und Herbst verknappen das Äsungsangebot ganz wesentlich. Just in dieser Zeit finden aber entscheidende Wachstumsvorgänge der Kitze statt. Ebenso wird jetzt, in der zweiten Feistzeit, ein großer Teil der körpereigenen Vorräte für den Spätwinter aufgebaut.

Eine derartig veränderte Nische setzt, um zu unserem Regulationsmodell zurückzukommen, andere Soll-Werte, in der Regel eine höhere tragbare Wilddichte: Das soll aber nicht heißen, das Wild würde sich, was Körpergröße und Kondition anbelangt, entsprechend entwickeln; zu einschneidend sind die plötzlich sich verändernden Bedingungen. Dazu liefert STRANDGAARD (1977) ein Beispiel: Er verglich Rehgewichte zwischen Kalö und Borris. Kalö liegt in der üppigen ostdänischen Landschaft mit kleinen Mischwäldern inmitten intensiv genutzter Landwirtschaftsflächen. Borris ist eine typische von Wasserläufen durchschnittene Heide- und Anbaulandschaft in Ostjütland. In Kalö leben mehr und werden jährlich auch mehr Rehe erlegt als in Borris. In Borris sind sie aber schwerer. Bereits als Halbjährige wiegen die Böcke dort durchschnittlich zwei Kilogramm (21 %) mehr als diejenigen von Kalö. Bei Einjährigen beträgt der Unterschied 3,5 kg (28 %) und bei Anderthalbjährigen 4,5 kg (28 %), bei erwachsenen Ricken beläuft er sich auf 3 kg (18 %).

Zurückführen läßt sich der scheinbar paradoxe Unterschied darauf, daß die Sommeräsung in Kalö (sie besteht zu einem beträchtlichen Teil aus Nutzpflanzen auf Äckern) eine verhältnismäßig hohe Bestandesdichte und eine geringe Kitzsterblichkeit bedingt. Anders in Borris. Das eher bescheidene Angebot an Heidekraut, Kräutern und Gräsern erzwingt eine höhere Sterblichkeit der Neugeborenen und eine geringere Bestandesdichte. Nach der Ernte verschlechtern sich das Äsungsangebot in Kalö und damit die Voraussetzungen für die Herbstmast. Die Gewichtszunahmen sind entsprechend geringer als in Borris. Dort finden die wenigen Rehe ein verhältnismäßig reiches Äsungsangebot, vor allem Heidekraut und andere immergrüne Pflanzen.

Konstitutionell und konditionell, so können wir schließen, paßt sich das Reh der Kulturlandschaft an, ob es sich ihr auch der Zahl nach anpassen kann, soll jetzt geprüft werden. Wir müssen also nach der Bedeutung von Lotse, Steuermann und Meßinstrument bzw. Regler, Stellgröße und Meßgröße in unserem kybernetischen System fragen. Können sie das Schiff, den Bestand, noch auf Kurs halten oder nicht, haben sie sich auch verändert und sinngemäß den neuen Gegebenheiten angepaßt? Wie verhält es sich mit den Störgrößen, also jenen unabhängig von der Bestandesdichte wirkenden, meist abiotischen Faktoren? Beginnen wir mit diesen!

Eine ganz wesentliche Störgröße für Rehe sind, neben langandauernden Regenfällen während der Setzzeit, schneereiche und/oder extrem kalte Winter, während denen die Äsung unter einer dicken Schneedecke liegt oder einfriert und das Wild laufend Wärmeenergie verliert.

Das Rehwild gilt als das weitaus kälteempfindlichste einheimische Schalenwild. Neben seiner Kleinheit und dem damit verbundenen ungünstigen Verhältnis zwischen verhältnismäßig großer wärmeabstrahlender Oberfläche und relativ kleinem Körpervolumen, das nur das Anlegen von bescheidenen Fettdepots erlaubt, erschweren wenigstens noch zwei weitere Faktoren in kalten und/oder schneereichen Wintern das Überleben:

Einmal ist das Äsungsangebot sehr gering, zudem isoliert die Winterdecke des Rehes weniger gut als diejenige anderer wilder oder domestizierter Wiederkäuer. Dies stellten HARTFIEL und DISSEN (1987) mittels Infrarot-Aufnahmen fest. Bei einer Außentemperatur von einem Kältegrad beträgt die gemittelte Oberflächentemperatur bei einer Ricke 1,9 und bei einem etwa achtmonatigen Kitz sogar 2,9 Wärmegrade, beim Schaf dagegen lediglich 0,4. Kitze weisen im Bereich von Haupt, Blatt und Keule die größten Wärmeverluste auf. Bei den erwachsenen Rehen sind es Haupt und Läufe. Der Rücken gibt am wenigsten Wärme ab. Der geringe Schutz durch die sehr dünnen Unterhautfettdepots und die an und für sich dünne Haarschicht sowie die starke Durchblutung der Haut sind die Gründe für den hohen Wärmeverlust.

Im Schweizer Nationalpark, so berichten HOFMANN und NIEVERGELT (1972), sterben in extremen Wintern durch Erfrieren und Unterernährung infolge des in tieferen Lagen durch Rotwild übernutzten Gebietes 35 % des Rehwildbestandes, aber nur 9 % des Rotwildes. An völliger Erschöpfung durch allgemeine Unterkühlung gehen vor allem Kitze und sehr alte Stücke (ULBRICH 1975) ein.

Auch in den Waldgebieten des südlichen Teils der Baltischen Sowjetrepubliken kommt es zu umfangreichen Winterverlusten. In extremen Fällen brechen Bestände mit einer Dichte von zehn bis 13 Rehen innerhalb eines Winters bis auf die Hälfte, gelegentlich um 95 % zusammen, berichtet PADAIGA (1975). Als Ursachen nennt er Erschöpfung der Vorräte an Winteräsung, hohe Schneedecke und hohe Extensitäts- und Intensitätsgrade der Ansteckung des Rehwildes mit parasitären Krankheiten.

Gerade in modernen Wirtschaftswäldern wird aber die Störgröße ‚extremer Winter' bis zu einem hohen Grad ausgeschaltet. Einmal ist es die künstliche Winterfütterung, die auch schwachen Tieren das Überleben ermöglicht. Andererseits schaffen gerade die an und für sich äsungsarmen Altersklassenwälder wintergrüner Nadelhölzer mit dichtem Kronenschluß, ganz besonders dichte Fichtenstangenhölzer, günstige Aufenthaltsorte während kalter und/oder schneereicher Winterperioden. Sie sind milder und die Schneedecke ist geringer (REIMOSER 1986).

Eine neue Störgröße, die Beunruhigung durch Massen Erholungssuchender, Alternativsportler und Jäger führt zwar selten zum unmittelbaren Tod infolge panischer Reaktionen oder totaler Erschöpfung, wie dies etwa beim Alpenschneehuhn *(Lagopus mutus)* und Birkwild *(Tetrao tetrix)* der Fall ist (PAULI 1974, ZETTEL 1974, KURT 1977); sie beeinflußt aber ganz besonders im Winter, wenn das Äsungsangebot gering und der Organismus auf ‚Sparflamme' gestellt ist, das Energiebudget des Rehes, weil es aus seinen klimatisch geschützten Ruhezonen dauernd vertrieben wird, sich dabei unter Umständen noch unterkühlt und meist nicht in der Lage ist, den so entstandenen Energieverlust zu kompensieren.

Rehe mit geringer Konstitution (z. B. Körpergröße) und Kondition (Leistungsvermögen des Körpers) sind dann die Folgen. Solche sind aber anfälliger gegenüber Parasiten und Widersachern, setzen weniger Kitze, ziehen diese auch weniger erfolgreich auf und sind sozial unterlegen. Solche Störungen müssen also nicht direkt auf die Zusammensetzung des Bestandes, die Zielgröße in unserem Modell, wirken. Sie beeinflussen aber den Regler, den Lotsen.

Als Regler in unserem System betrachten wir neben Konstitution und Kondition die Sozialorganisation. Als Meßgröße setzten wir die Sozialkontakte zwischen einzelnen Rehen ein. Sozialkontakte genügen offenbar, den *Ist-Zustand* des Bestandes zu messen. Mit zunehmender Bestandesdichte erhöhen sich diese beispielsweise, was z. B. an der Anzahl von Geweihverletzungen bestimmbar wird. Rehe unterscheiden auch zwischen konstitutionell und konditionell starken bzw. schwachen Bestandesmitgliedern. Starke werden in der Regel häufiger als Schwache und oft bereits als Jungtiere aus der Nähe der Sprünge ihrer Mütter vertrieben. Schwache können selbst als Mehrjährige im Bereich von starken Böcken verbleiben.

Formen sozialer Organisation, die die räumliche Ausbreitung fördern – ganz besonders die territoriale Organisation der Böcke –, aber auch die Bildung von Sippen und Ein-Mann-Gruppen entstehen aber nur in waldreichen Gebieten. Hier lohnt es sich, ein Gebiet zu verteidigen, das langfristig und auf verhältnismäßig kleinem Raum die nötigen Requisiten für Böcke und Geißen zur Verfügung stellt.

In waldarmen Gebieten werden dagegen anonyme Großverbände, deren Mitglieder laufend wechseln, gebildet. Innerartliche Unverträglichkeit ist gedämpft und eine Ausbreitung auf Grund sozialer Mechanismen nicht zu erwarten. In der Naturlandschaft bilden sich solche offenen (Groß-)Verbände in Augebieten und an der klimatischen Waldgrenze, wo die Sterblichkeitsraten hoch sind und sich Äsungsmangel nur während Überschwemmungen oder hoher Schneelagen einstellen.

Die Stellgröße, in unserem Modell der Steuermann, wird aber auch durch Konstitution und Kondition beeinflußt. Diese wirken sich auf die Fortpflanzungsleistung aus. Ein gemessen an seinen Ressourcen hoher Bestand pflanzt sich in geringerem Maße fort, weil weniger Junge gesetzt werden und nach dem Setzen früher und häufiger eingehen. In der Kulturlandschaft ist demnach das Äsungsangebot letztlich der entscheidende Regulator (siehe auch ELLENBERG 1978).

Rehe mit geringerer Körperleistung sind aber auch leichtere Beute für Beutegreifer, Parasiten und Krankheitserreger. Wenden wir uns deshalb im nächsten Abschnitt deren Rollen zu!

9.5 Beziehungen zwischen Rehen und ihren Widersachern

Nach der Setzzeit erreicht der Rehbestand an Zahl sein Jahres-Maximum. Nicht nur quantitativ ist jetzt das Angebot sehr günstig, sondern auch qualitativ. Die frischgesetzten Kitze, rund ein Drittel des Bestandes, sind praktisch wehrlos und fliehen nicht.

Logischerweise ist jetzt, selbst noch in der Kulturlandschaft, das Spektrum an denkbaren Widersachern sehr hoch und schließt Fleisch- und Allesfresser wie Greifvögel, zum Beispiel Mäusebussard *(Buteo buteo)* oder Steinadler *(Aquila chrisaetus)*, Eulen, zum Beispiel Uhu *(Bubo bubo)*, Füchse *(Vulpes vulpes)* und Wildschweine *(Sus scrofa)* ein.

Der Einfluß dieser Beutegreifer kann beachtlich sein. WANDELER (1975) berechnete aufgrund von 204 Magenanalysen beim Fuchs, daß im Berner Mittelland zwischen Mai und Juli jeder Fuchs im Mittel elf Rehkitze frißt. Bei einer geschätzten Dichte in der Kulturlandschaft von rund einem Fuchs pro Quadratkilometer (KURT 1977) und einer mittleren Dichte von rund neun hochbeschlagenen Rehgeißen, die im Mittel rund zwei Kitze pro Jahr setzen (KURT 1968), entspräche dies 61 % eines Kitzjahrganges oder ungefähr der gesamten denkbaren Kitzmortalität im Berner Mittelland.

Dieser Wert, er wurde aufgrund sehr ungenauer Daten errechnet, erscheint schon deshalb sehr hoch, weil Rehgeißen ihren Nachwuchs erfolgreich gegenüber Füchsen zu verteidigen wissen. Er sagt auch nichts darüber aus, wie viele Kitze von Füchsen selbst gerissen wurden und wieviele bereits tot, von Mähmaschinen verletzt oder durch Unterkühlung oder Unterernährung geschwächt waren, als die Füchse sie fanden. Hielten sich Füchse bevorzugt an geschwächte Kitzbeute, was nach allem, was wir über Füchse wissen, anzunehmen ist, dann käme ihnen lediglich die Rolle eines kompensatorischen Sterblichkeitsfaktors zu, in diesem Fall eines Beutegreifers, der sich an Wildtiere hält, die so oder so bald eingehen.

Dieses einfache Beispiel über zwei in der Kulturlandschaft allgegenwärtige, dutzendfach erforschte Wildtiere macht einmal mehr deutlich, wie erstaunlich schwer es für die Wildforschung sein kann, eine scheinbar simple Frage in der Beziehung zwischen Beute und natürlichem Widersacher zu beantworten.

Wieviel und welche Beute ein Widersacher macht, hängt ebenso von der betreffenden Beutetierart (Bestandesdichte, Bestandesaufbau, Kondition, Erfahrungen mit Widersachern) ab wie von der Gesamtheit aller möglichen Beutetierarten, von der Bestandesdichte und der Jagderfahrung der betreffenden Widersacherart (innerartliche Konkurrenz) wie von der Gesamtheit aller Widersacher (zwischenartliche Konkurrenz). Schließlich beeinflussen auch Jahreszeit (Verfügbarkeit von wehrlosen Jungtieren als Beute bzw. hohe Futternachfrage des Widersachers zur Aufzucht des eigenen Nachwuchses) sowie Dekkung oder Wetterverhältnisse (beispielsweise hohe Schneedecke) den Jagderfolg.

Füchse, um bei diesem Beispiel zu bleiben, halten sich wahrscheinlich dann am ehesten an Rehkitze, wenn die innerartliche und vor allem die zwischenartliche Konkurrenz sehr hoch ist, wenn andere Beute, etwa Nagetiere, entweder selten ist oder durch spezialisiertere Mäusejäger wie Hermelin und Mauswiesel niedrig gehalten wird, oder wenn regnerisches Wetter Ricken und Kitze zum Verlassen der deckungsreichen Aufzuchtzonen zwingt. Welchen Einfluß die Füchse unter solchen Bedingungen auf den Rehbestand haben, mag

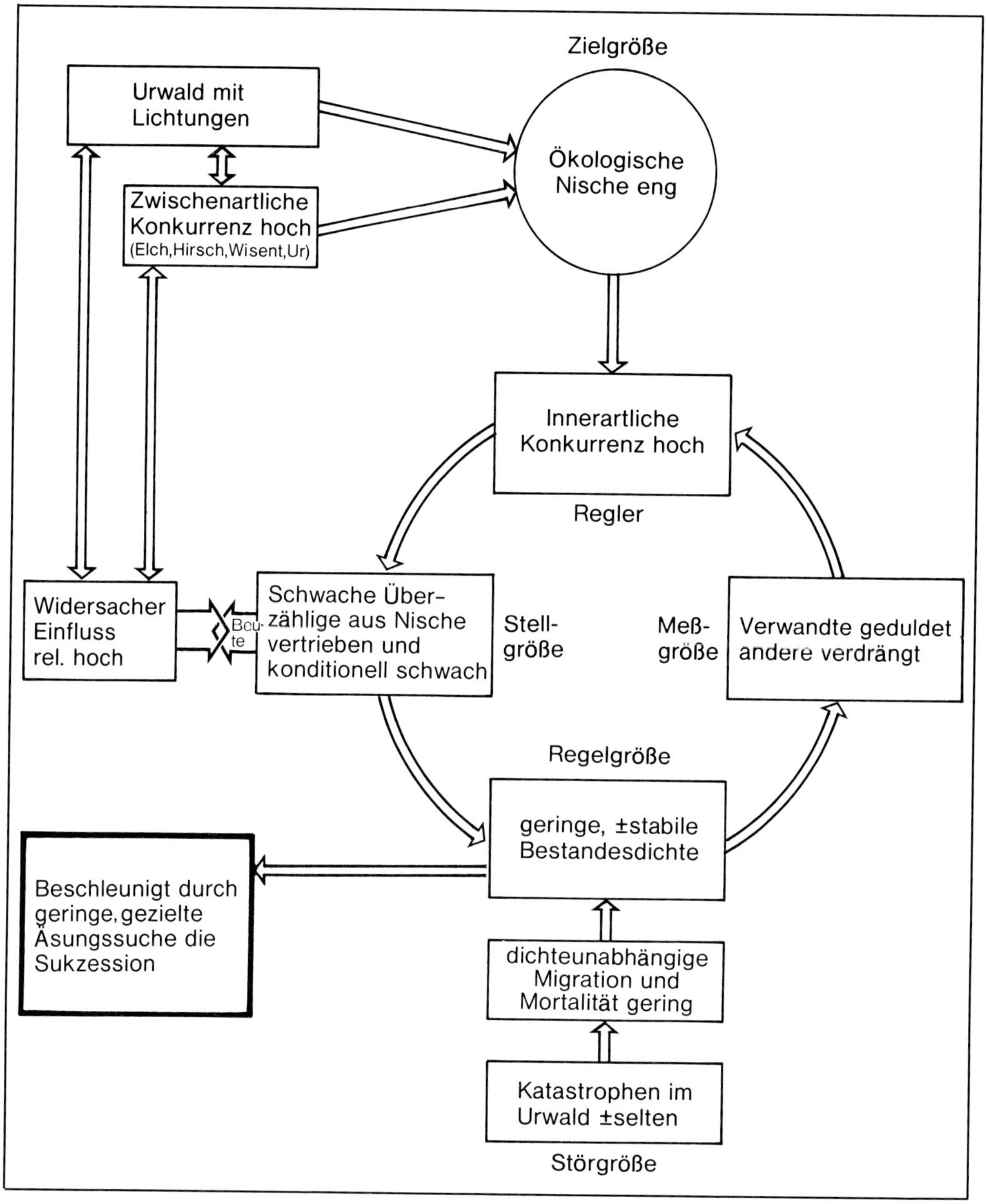

Abb. 59a–c: Modelle über die innerartliche Regulation von Rehbeständen in drei Lebensräumen. 59a: In natürlichen Urwäldern sind Lichtungen klein, Konkurrenz groß, folglich die ökologische Nische für Rehe eng. Die innerartliche Konkurrenz erzwingt Migrationen und schlechte Kondition von schwachen Tieren, wachsenden Einfluß natürlicher Widersacher und geringe Bestandesdichte. Somit ist der Einfluß auf die Pflanzendichte gering, möglicherweise sogar positiv, das heißt, er beschleunigt den Verlauf von Sukzessionen

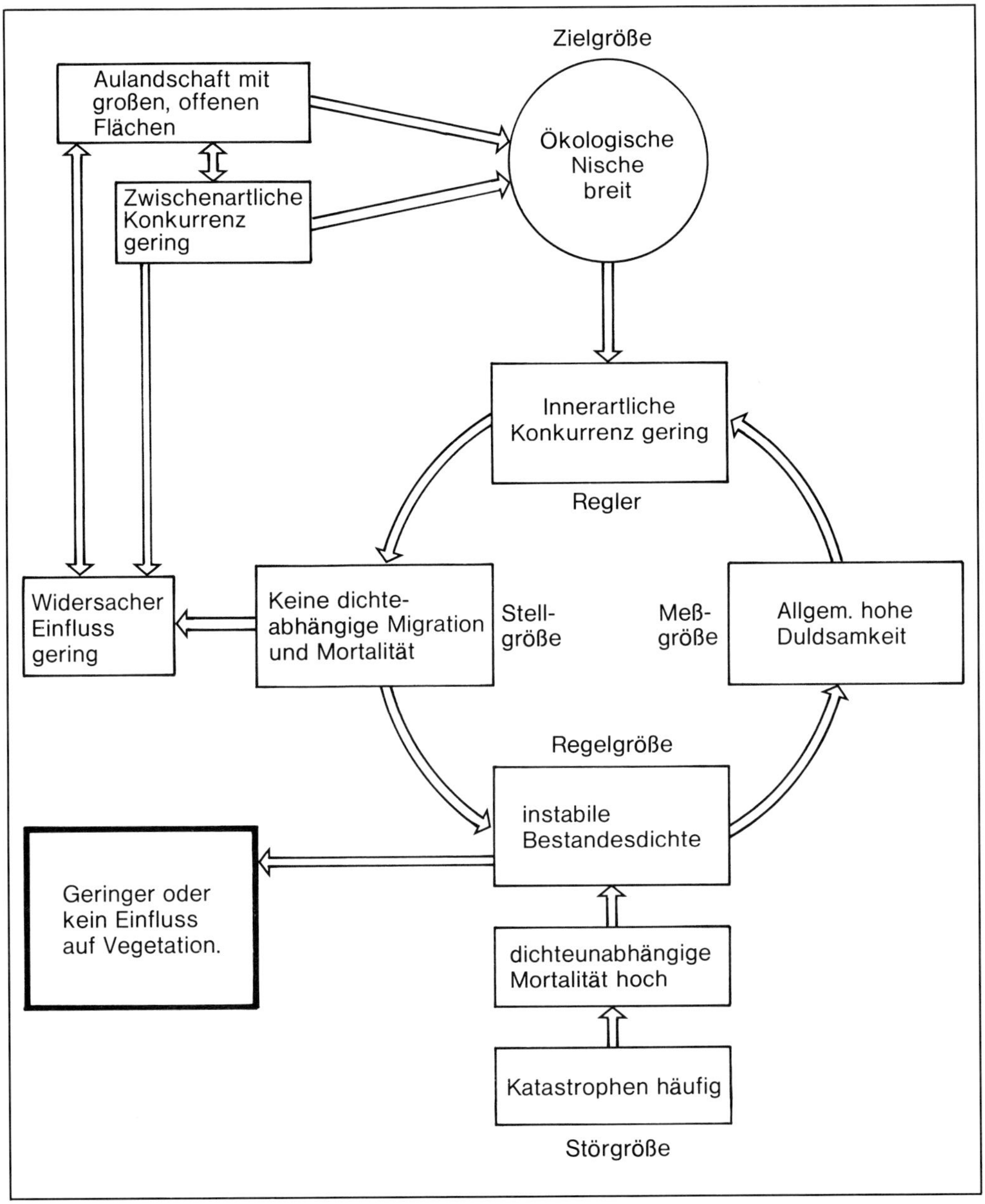

Abb. 59b: In natürlichen Aulandschaften (weiche Au) ist die ökologische Nische breit, Konkurrenz gering. Dichteabhängige Migrationen gibt es ebensowenig wie Konditionszerfall. Der Bestand wird durch häufige Katastrophen (Störgröße) in einer unstabilen Dichte gehalten. Der Einfluß auf die Vegetation ist gering. Sie wird durch regelmäßige Überschwemmungen immer wieder zerstört und in eine hochproduktive Phase zurückgeworfen

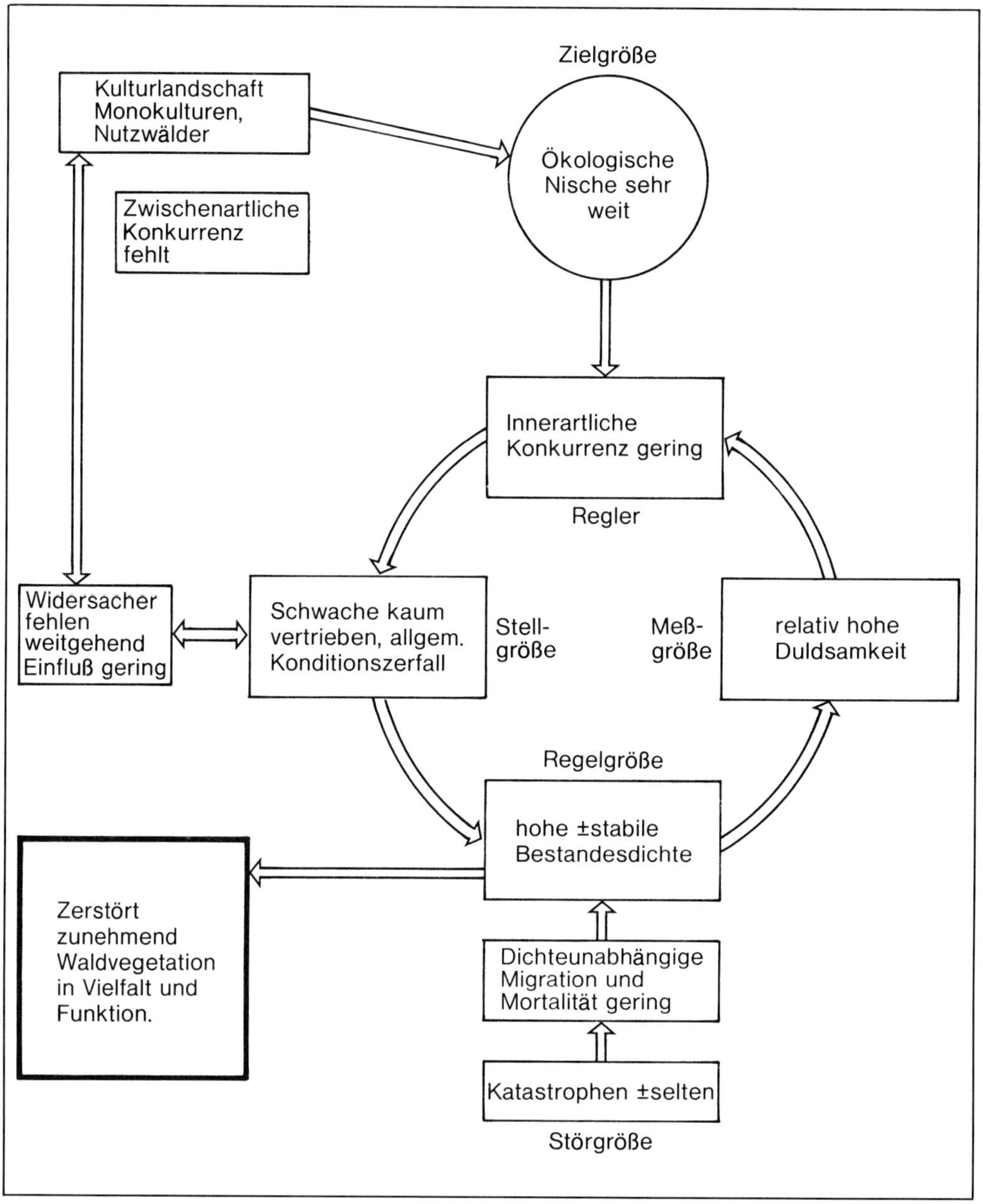

Abb. 59c: In einer modernen Kulturlandschaft mit großen Monokulturen und verhältnismäßig kleinen (Wirtschafts-)Wäldern fehlen artfremde Konkurrenten. Die Nische ist folglich sehr breit und die innerartliche Konkurrenz gering. Der Bestand hält sich in einer ziemlich stabilen, hohen Dichte. Dementsprechend ist der Einfluß auf die naturnahe Pflanzendecke der Wälder sehr hoch

dann immer noch unklar sein, weil, wie schon erwähnt, nicht bekannt ist, wie viele sonst überlebensfähige Kitze und wie viele bereits todgeweihte erbeutet werden.

Auch heute noch sind wir, was die Beziehung zwischen Beutegreifer und Beute anbelangt, oft auf Untersuchungen angewiesen, die, wie so viele andere ökologische Befunde, nicht Allgemeingültigkeit zu haben brauchen, wenn nicht gar auf anekdotische Einzelbeobachtungen. Solche betreffen beispielsweise die Bedeutung des Braunbären und des Kragenbären, der im Osten Eurasiens den Lebensraum mit dem Reh teilt, als mögliche Widersacher des Rehes.

SVIGELJ (1967) berichtet aus Südslowenien, Primorska und Notransika, daß Braunbären gelegentlich Rehkitze erbeuten, die sie aufgrund der Fährten führender Geißen finden: Er schätzt die Bedeutung dieses wehrhaften Allesfressers als ungefähr gleichbedeutend ein wie diejenige des Fuchses.

Obwohl sich asiatische Kragenbären bei Gelegenheit an Aas und größere Beute halten und während des Sommerhalbjahres auch dieselben Lebensräume wie laubäsendes Schalenwild bewohnen, ist ihr Einfluß auf frischgesetzte Cerviden in Laub- und Mischwaldgebieten gering, weil während der Setzzeit auch das größte Angebot an leicht zugänglicher Fruchtnahrung am höchsten ist (KURT 1976 und 1982; KURT und ZHIWOTSCHENKO 1988).

Ähnliches berichtet HELL (1974) aus den Westkarpaten über den Luchs *(Lynx lynx)*, der hier zwar im Laufe eines Jahres zur Hälfte von Rehen lebt, aber just während des Höhepunktes der Setzzeit, wenn ihm also wehrlose

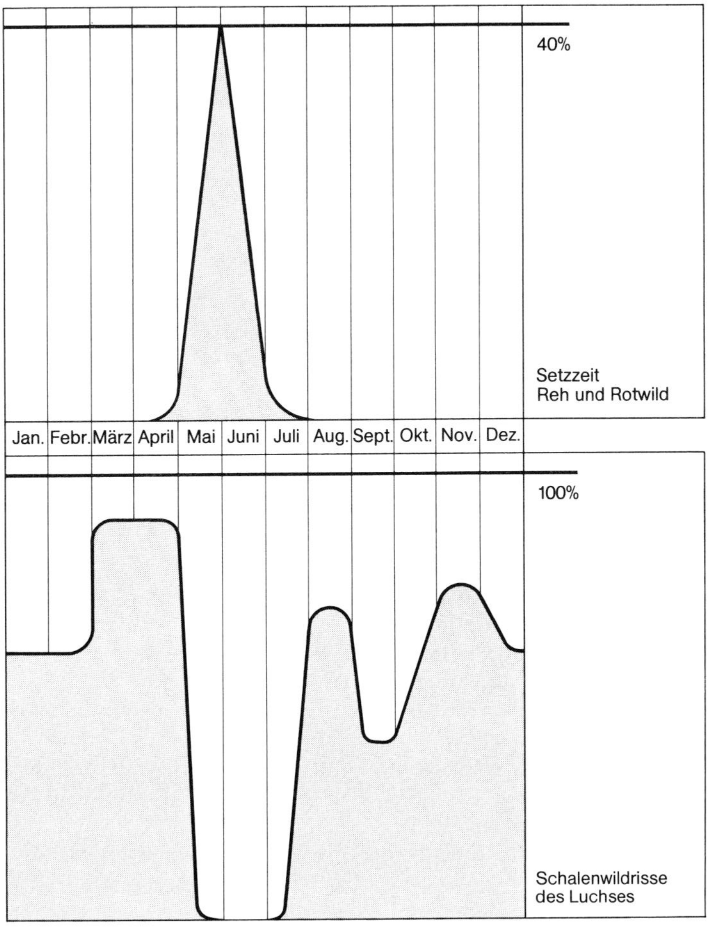

Abb. 60: Vergleich zwischen Setzzeit des Rehes (oben, nach H. SÄGESSER und F. KURT 1965) und dem Anteil von Schalenwild in der Beute tschechischer Luchse (nach P. HELL 1973): Nur zu Beginn der Setzzeit jagen Luchse Schalenwild. Dann halten sie sich an leichter zu erbeutende Kleintiere

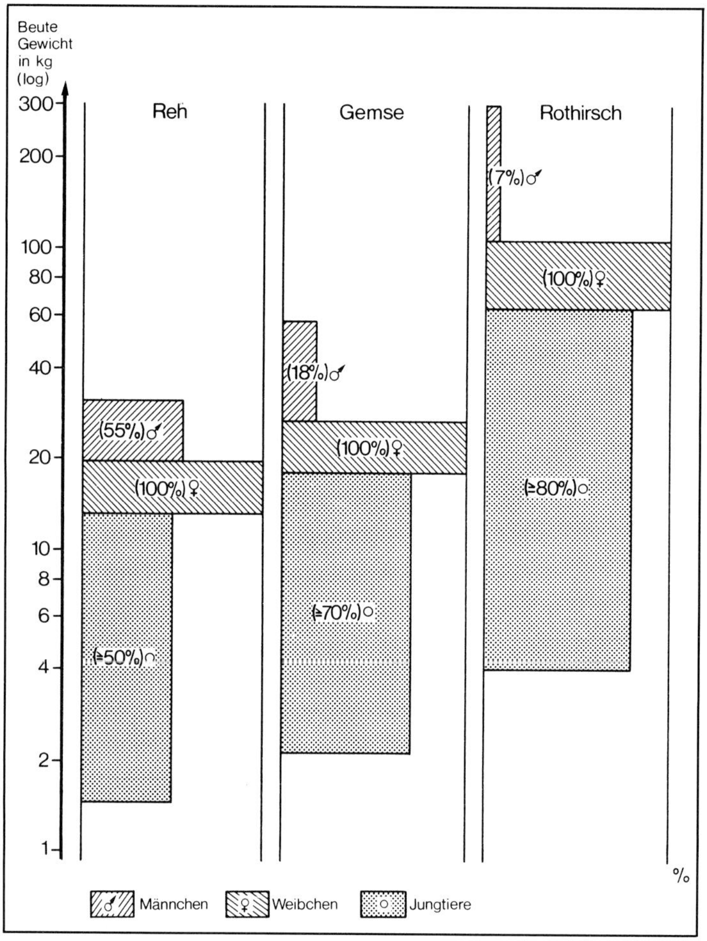

Abb. 61: Verteilung der Luchsbeute, bezogen auf die drei Schalenwild-Arten Reh, Gemse und Hirsch, aufgeteilt nach drei Klassen (Männchen, Weibchen und Jungtiere) und angegeben als Prozente der gerissenen Weibchen (Breite der Bänder). Die Angaben (nach HAGLUND 1967; BALIS 1970; HELL 1974) sind dargestellt nach Körpergewicht der einzelnen Klassen (Höhe der Bänder). Der Anteil an Jungtieren und Weibchen an der Gesamtbeute nimmt mit zunehmender Größe der Beutearten zu, der Anteil an Männchen ab. Beim verhältnismäßig kleinen Reh werden deshalb relativ viele Böcke gerissen. Abb. aus KURT (1983)

Kitze zur Verfügung stünden, vorwiegend die viel zahlreicheren und offenbar noch leichter zu erbeutenden Nager, bodenbrütende Vögel und andere Kleintiere jagt (Abb. 60). Diese sind im Winterhalbjahr dagegen seltener oder leben verborgen, so daß der Luchs jetzt vor allem Schalenwild reißt.

Aus zahlreichen Studien über seine Nahrungsbiologie (KURT 1977) ist bekannt, daß der Luchs kein typischer ‚Großwildjäger' ist, sondern in vielen Gebieten zur Hauptsache von Kleinsäugern, Hasen und bodenbrütenden Vögeln lebt. Schalenwild reißt er vor allem im Winter. In Skandinavien setzt sich seine Beute zusammen aus Feld- und Schneehasen, Wald- und Berglemming *(Myopus schisticolor, Lemmus lemmus)*, Mäusen und Rauhfußhühnern, Fuchs und Marderartigen sowie Reh, Ren und gelegentlich Elchkälbern. Reh und Ren werden besonders im Frühjahr gerissen (HAGLUND 1967).

In Kanada spielt Schalenwild für die Ernährung des Luchses kaum eine Rolle, was mit der Häufigkeit des Schneeschuhhasen *(Lepus americanus)* in Verbindung zu bringen ist (SAUNDERS 1963, NELLIS 1972). In den Karpaten machen Rehe dagegen die Hälfte der Luchsbeute aus (HELL 1974, VASILIU und DECEI 1964). In der Hohen Tatra schließlich schlagen die Luchse in strengen Wintern weniger Schalenwild als in milden, weil sie sich vor allem von eingegangenen Tieren ernähren (BALIS 1970), und in Neufundland leben sie während des Herbstes in der Hauptsache von den Resten geschossener Elche. Fallwild und die Reste gewilderter Elche machen auch im

Winter und im Frühjahr dort nennenswerte Nahrungsanteile aus.

So gesehen ist es also das Gesamtangebot an möglicher Nahrung, das dem Widersacher diktiert, welche Beutetiere er zu jagen, welchem Teil des Beutespektrums er sich funktionell anzupassen hat. Und das sind in der Regel die, die mit geringstmöglichem Aufwand (Aufspüren, Reißen, Anschneiden, Fressen, Verstecken und/oder Verteidigen gegen Beuteschmarotzer wie Wildschweine, Krähen usw.) den bestmöglichen Ertrag bringen. Kurz, der Beutegreifer jagt, um sein Energiebudget zu optimieren, selektiv. Wie fein Luchs und Wolf ihre Beutewahl treffen können, soll an einigen Beispielen diskutiert werden:

Körpergröße und damit verbundene Schnelligkeit und Wehrhaftigkeit des Schalenwildes begrenzen den Jagderfolg des bis zu 30 kg schweren Luchses, der zudem seine Beute meist einzeln, selten paarweise oder im Verband mit fast erwachsenen Nachkommen reißt. Beim Reh, das seinem Gewicht entspricht, werden rund doppelt so viele Geißen erbeutet wie Böcke, bei der schwereren Gemse kommen im Beutevergleich bereits fünf Geißen auf einen Bock. Bei Rotwild sind Angriffe durch den Luchs auf die mächtigen Hirsche bereits eine Seltenheit (Abb. 61).

Haller und Breitenmoser (1986), die im Berner Oberland radiomarkierte Luchse beobachteten, von denen sie 21 gerissene Rehe und Gemsen fanden, darunter 12 Kitze und einen sehr alten Bock, kommen erstaunlicherweise zum Schluß: „Bisher konnte das weitverbreitete Argument für den Luchs, wonach er hauptsächlich kranke und schwache Tiere reiße, nicht bestätigt werden.“

Dem widersprechen die Befunde von Haglund (1967) und Novakowa und Hanzl (1967). Letztere untersuchten in einer fünfjährigen Studie die Jagdgewohnheiten des Luchses in der Hohen Tatra. Rehe, so fanden sie, reißt er vor allem im Winter, dabei erbeutet er fast nur kranke und schwache. Dies gilt ebenso für weibliches und junges Rotwild. Die Resultate der beiden tschechischen Forscher zeigen auch, daß die Hälfte der Reh- und Rotwildbeute noch nicht ein Jahr alt ist und drei Viertel der gerissenen weiblich sind.

Haglund (1967) befaßte sich in Schweden eingehend mit der Beziehung zwischen Luchs und Huftieren, vor allem Hausrenern *(Rangifer tarandus)*. Im März, wenn viele Rehe und Rentiere durch Parasiten geschwächt sind und unter dem harschen Schnee kaum noch genügend Nahrung finden, fallen sechsmal mehr Huftiere dem Luchs zum Opfer als sonst. Haglund unterschied nun bei den 106 gefundenen, von Luchsen gerissenen Renern drei Konditionsgrade: normal, weniger gute Kondition infolge Hungers, was er aus Knochenmarkanalysen schloß, und schließlich unheilbar kranke, die meist von einem Parasiten *(Aelophostrongylus rangiferi)* befallen waren, der eine Lähmung des Bewegungsapparates zur Folge hat.

Unter den von Luchsen erbeuteten Rentieren fanden sich 60 % gesunde, 28 % geschwächte und 12 % unheilbar kranke. Im gleichen Zeitraum aber auch 273, die von der Eisenbahn überfahren worden waren. Auch diese untersuchte Haglund auf ihre Kondition und notierte 84 % gesunde, 14 % geschwächte und nur 2 % unheilbar kranke. Diese Verteilung betrachtete er als die im Bestand der zahmen Rentiere tatsächlich vorhandene. Vergleicht man nun die beiden Wertegruppen miteinander, so stellt man eindeutig fest, daß der Luchs sechsmal soviele kranke, doppelt soviele geschwächte, aber weniger gesunde erbeutet, als aufgrund der tatsächlich vorhandenen Verteilung der drei Konditionsklassen zu erwarten wäre.

Betrachten wir nun den Wolf *(Canis lupus)*, den spezialisiertesten Schalenwildjäger des nördlichen Eurasiens und Nordamerikas. Große Beute, die ihn an Gewicht und Kraft übertrifft, kann er reißen, weil er rudelweise jagt. Die Beute wird nach meist kurzer, selten längerer Verfolgung durch einen Biß in den Hals getötet. Wölfe jagen, was Alter und Gesundheitszustand ihrer Beute anbelangt, offenbar ebenso, wenn nicht noch selektiver als Luchse. Dies zeigen die Untersuchungen von Pimlott (1969) aus dem kanadischen Algonquin Nationalpark an Weißwedelhirschen. 59 % der dort lebenden Weißwedel sind, das ergaben Schätzungen an erlegtem oder in Verkehrsunfällen getötetem Wild, zwischen einem und vier Jahren alt. Als Wolfsbeute treten diese Altersklassen aber nur in 15 % der Fälle auf, also rund viermal weniger als bei gleichmäßiger Bejagung der Beute zu erwarten wäre. Bei 85 % der von Luchsen getöteten Hirsche handelt es sich um sehr junge oder ältere Tiere, die aber nur 41 % des Bestandes ausmachen. Noch deutlicher treten sehr junge oder besonders überalterte Tiere unter den von Wölfen gerissenen Elchen zu Tage. Auch bei Dall-Schafen *(Ovis dalli)* erbeuten Wölfe vor allem junge und sehr alte. Aus derselben Studie von MURIE (1944) geht ferner hervor, daß bei den Beutetieren aus den mittleren, sonst schwer zu erbeutenden Altersklassen zwei Drittel an einer Strahlenpilz-Infektion litten, die vor allem die Kieferknochen befällt und das Wiederkäuen erschwert oder gar verhindert.

Aus dem bisher Gesagten geht hervor: Alle natürlichen Widersacher lesen, wenn sie überhaupt von Rehen leben, ihre Beute aus. Sie jagen also selektiv. Dies trifft für verhältnismäßig kleine Beutegreifer wie Greifvögel, Eulen, Fuchs oder andererseits Wildschwein zu, für die Rehkitze an der oberen Grenze des Erreichbaren liegen, aber auch für Luchs und Wolf, die größere und wehrhaftere Beute reißen können als Rehe. An tote Rehe halten sich alle; denn jeder der genannten Fleischfresser lebt, wenn sich die Gelegenheit dazu bietet, auch von Aas. Auf Jungtiere, besonders Kitze, ist der Druck der Beutegreifer, gemessen an der Zahl möglicher Widersacher wie der von ihnen erlegten Beutemenge, größer als auf erwachsene, auf Geißen größer als auf Böcke und auf kranke, verletzte und sehr alte größer als auf gesunde (Abb. 61 und 62).

Selektive Jagd hat Folgen für die Beute. Die Beutegreifer wirken einerseits als ‚Gesundheitspolizisten', weil sie, in der Regel selber gegen die betreffenden Erreger resistent, die Ausbreitung von Seuchenherden verhindern oder zumindest einschränken. Andererseits reduzieren sie aber die Fortpflanzungsleistung der Rehe, weil sie sich bevorzugt just an jene Mitglieder des Bestandes halten, die für seinen Fortbestand am wichtigsten sind, an Jungtiere und Weibchen.

Auf die Frage, warum dann so allgegenwärtige Opportunisten wie die kitzfressenden Füchse oder Wildschweine, die blitzschnell anspringenden Luchse oder das angeblich unermüdlich seine Beute hetzende Wolfrudel die Arterhaltung der Rehe nie in Frage stellten, gibt es eigentlich nur eine Antwort: Im evolutiven Wettlauf einer gemeinsamen Entwicklung (Co-Evolution) zwischen Beute und Widersacher mußte die Beute immer mit einer ‚Nasenlänge', einer ‚Ohrbreite' und einem ‚Augenblick' vor ihren Widersachern führen, sonst gäbe es nämlich keinen von beiden; denn ein Beutegreifer, der seine Nahrungsgrundlage tatsächlich ausrotten würde, brächte sich damit selber um.

Das Warn- und Fluchtverhalten der Beute (siehe Seite 171) ist deshalb zwangsläufig erfolgreicher als die Angriffsstrategien der Widersacher. Selbst zahme, häufig durch Hartschnee gehinderte und durch Parasiten geschwächte Rentiere entkamen noch in 19 von 64 durch HAGLUND (1966) aufgezeichneten Fällen angreifenden Luchsen. Der 70%ige Erfolg ist bemerkenswert, denn bereits eine Erfolgsquote von 50 % gilt für Beutegreifer als äußerst hoch. Von allen durch HAGLUND in Schweden analysierten Luchsangriffen auf Wildtiere waren je nach Schneetiefe 25 bis 45 % erfolgreich, 42 % sind es bei der Jagd kanadischer Luchse auf Schneeschuhhasen (NELLIS 1972). Die Erfolgsquoten mitteleuropäischer Luchse bei Attacken auf Reh und Gemse dürften bedeutend niedriger sein: Denn der Luchs verläßt sich „auf einen Sprung oder Spurt: kann er dabei seinen Tötungsbiß am Halse des Opfers nicht anbringen, wird die Verfolgung abgebrochen", meinen HALLER und BREITENMOSER (1986).

Gleiches gilt für den Wolf: PIMLOTT (1967) fand im kanadischen Ontario, daß die Jagd auf Weißwedelhirsche nur in 25 %, bei hoher Schneedecke allerdings in 64 % aller Versuche erfolgreich war. Die viel stärkeren Elche bereiten dem hetzenden Rudel bedeutend mehr Schwierigkeiten: Die Jagd war nur in fünf Prozent aller Versuche erfolgreich. Von (erfolglosen) Angriffen der Beutegreifer lernt die Beute. Rehe, darauf habe ich bereits wiederholt hingewiesen (siehe Seite 27), können Feinderfahrungen sogar an ihre Nachkommen weitergeben. Dies führt dazu, daß es sich Luchse und Wölfe offenbar nicht leisten können, lange den gleichen Teil eines Reh- oder anderen Schalenwildbestandes zu bejagen.

Die Schweizer Luchsforscher HALLER und BREITENMOSER (1986), die die Ausbreitung der Luchse in den Obwaldner, Berner und Walliser Alpen genau verfolgten, schreiben dazu: „In der Anfangsphase der Wiederbesiedlung eines Gebietes ist der Tisch reichlich gedeckt. Der Luchs hat auf relativ kleinem Raum genügend Nahrung zur Verfügung, da die beiden überall vorhandenen Hauptbeutetiere Reh und Gemse ihren Feind vorerst kaum kennen. Unter Umständen kann sich der Luchs sogar an Rehfütterungsstellen bedienen. Durch den fortschreitenden Anpassungsprozeß des Schalenwildes an die Präsenz des Luchses fällt es ihm offenbar zusehends schwerer, kleinräumig Nahrung zu beschaffen. Da der Überraschungseffekt das A und O der Jagdstrategie darstellt, braucht der Luchs in der Folge einen größeren Lebensraum, um vor Rehen und Gemsen möglichst unverhofft auftreten zu können."

Somit läßt sich auch seine einzelgängerische Lebensweise erklären. Die Aufzucht der Jungen obliegt allein der Luchsin. Und obwohl sich während der Ranzzeit die beiden Lebensräume von Kuder und Luchsin mehr oder weniger vollständig überlappen, begegnen sich die beiden nur während ein bis drei Tagen zur Paarung, um sich dann wieder möglichst rasch und weit voneinander zu entfernen.

Die Beziehung zwischen dem Luchs und seiner Beute erklärt aber auch, wieso sich erfolgreich angesiedelte Luchsbesätze rasch ausbreiten. In der Schweiz, wo zwischen 1971 und 1976 an verschiedenen Orten wenigstens 16 Wildfänge aus den tschechoslowakischen Karpaten ausgesetzt wurden, von denen sich zehn als erfolgreiche Koloniegründer erwiesen, leben heute zwei Besätze: Der eine dehnt zur Zeit sein Verbreitungsgebiet vom Jura nach Frankreich aus. Der andere besiedelt das schweizerische Alpengebiet zwischen dem Genfer See und dem Oberlauf des Rheines, das Wallis und die angrenzenden französischen Talschaften.

Die Besatzdichte in den Waldgebieten der Schweizer Alpen beträgt nach vorsichtigen Schätzungen 1,0 bis 1,4 erwachsene Luchse auf 100 Quadratkilometer. Im Süden Jugoslawiens, in Mazedonien, Kosovo und Crna, wo sich trotz starker Verfolgung während der letzten zwei Jahrhunderte ein autochthoner Luchsbestand halten konnte, beträgt heute, wo der Luchs geschützt ist, die Dichte maximal drei Luchse auf 100 Quadratkilometer (Cop 1986). In den Westkarpaten sollen zwei bis gelegentlich sogar zehn eine solche Fläche bewohnen (Novakova und Hanzl 1968). Auch Janik (1986) berichtet von verhältnismäßig dichten Luchsbesätzen in der slowakischen Tatra mit vier bis sechs Stück auf 100 Quadratkilometern.

Der Einfluß einer dermaßen dünnen Luchsbevölkerung ist nicht besonders groß auf den Rehbestand, was folgende, völlig übertriebene Rechnung zeigen kann: In Gebieten wie den Schweizer Alpen macht Schalenwild wahrscheinlich ganzjährig die Hauptbeute des Luchses aus. Haller und Breitenmoser (1986) rechnen mit einer Gemse oder einem Reh pro Luchs und Woche. Die Beuteausnutzung ist meist sehr hoch. „Der Luchs kehrt regelmäßig zum Riß zurück und verzehrt, bei den Hinterschenkeln beginnend, alles Muskelfleisch, übrig bleiben nur Dekken, Knochen und Gescheide." Gehen wir von einer hohen Dichte mit drei Luchsen auf 100 Quadratkilometern aus und der unwirklichen Annahme, Luchse hielten sich ausschließlich an Rehe, so fielen ihnen jährlich auf dieser Fläche 180 Stück zum Opfer. Das sind pro Quadratkilometer nicht ganz zwei.

Eine ähnliche Rechnung über die maximal mögliche, auf eine einzige Beuteart bezogene Jahresbeute stellte Ellenberg (1977c) betref-

Tabelle 14: Beutebedarf von Luchs und Wolf auf 100 Hektar, berechnet aus vorliegenden Daten und Annahmen

Ort (Quelle)	Max. Dichte auf 100 km^2	Max. Rehbeute pro Räuber und Jahr	Max. Rehbeute pro 100 ha und Jahr
Luchs			
Schweizer Alpen (Haller, Breitenmoser 1986)	1.4	52	0.73
Südjugoslawien (Cop 1986)	3	27	0.81
Hohe Tatra (Janik 1986)	6	27	1.62
Westkarpaten (Novakova, Hanzl 1968)	2–10	27	0.54–2.70
Wolf			
Europ. UdSSR (Zimen 1980)	0.02–0.4	184	0.03–0.74
Südjugoslawien (Svigelji 1967)	?	?	1.70

fend des maximal möglichen Einflusses des Wolfes auf, der in noch geringeren Besatzdichten vorkommt als der Luchs, und er kam zu dem Schluß, daß dessen jährliche Strecke auf den Quadratkilometer rund ein Reh betragen müßte.

Das Resultat verändert sich etwas, wenn man annimmt, Wölfe jagten während des ganzen Jahres ausschließlich Rehe. Ausgehend von den Erfahrungen, die PIMLOTT (1969) zuerst an kanadischen Wölfen und später an Beutegreifern ostafrikanischer Savannen machte, läßt sich die Faustregel ableiten, daß ein Beutegreifer pro Monat rund zwei Kilogramm Beute pro Kilogramm des eigenen Körpergewichtes reißen muß. Für einen erwachsenen mittel- und südeuropäischen Wolf mit einem Höchstgewicht von 35 kg beträgt so die Jahresbeute 840 kg. Bei einer sehr hohen Wolfdichte von vier Tieren auf 100 Quadratkilometer wären dies jährlich 3320 kg. Das entspricht bei einem Durchschnittsgewicht der Rehe von 18 kg rund 184 Rehen auf 100 Quadratkilometer oder knapp zwei auf einen Quadratkilometer.

In dieser Rechnung ging ich von einer ausgesprochen hohen (!) Wolfdichte aus, die großräumig wahrscheinlich in Europa nicht erreicht wird. Jedenfalls sprechen die einzigen genaueren Daten – sie stammen aus dem europäischen Teil der Sowjetunion – für sehr geringe Wolfbesätze. Die höchsten mit einem Wolf auf 100 Quadratkilometer stammen aus Weißrußland und aus dem Kaukasus. Im Ural wird die Besatzdichte auf 0,02 bis 0,4 Tiere auf 100 Quadratkilometer geschätzt.

Der Wirklichkeit kommt aber eher eine Berechnung näher, bei der die Tatsache mitberücksichtigt wird, daß Luchse und Wölfe neben Rehen eben auch noch andere Beutetiere reißen. Berechnet man nach den heute vorliegenden Daten einen solchen relativen Jagddruck (Tab. 14), so liegt der Nutzungsgrad für Wolf und Luchs zwischen 0,1 und 1,4 Rehen pro Jahr und Quadratkilometer.

9.6 Dichteabhängige Regulation

Luchs und Wolf jagen, das haben die vorgelegten Beispiele ausführlich gezeigt, selektiv. „In gesunden Populationen werden bevorzugt Jungtiere gerissen sowie Tiere, die ein Alter von mehr als der Hälfte ihrer natürlichen Lebenserwartung erreicht haben. Je größer die Beuteart, desto ausgeprägter ist diese Tendenz", faßt der schwedische Biologe ZIMEN (1980), Europas führender Wolfforscher, die Wirkung des Wolfes auf den Beutebestand (gleiches gilt auch für den Luchs) zusammen: „Bei kleinen Beutearten können unter für Wölfe günstigen Bedingungen gelegentlich auch gesunde Tiere mittleren Alters getötet werden. Bei den größeren Arten wird dies seltener. Für alle Beutegrößen gilt aber, daß der durch Wölfe erbeutbare Anteil der Population mit zunehmender Verseuchung und Unterernährung steigt. Da beide Faktoren direkt abhängig sind von der Beutedichte, steht den Wölfen bei hoher und überhoher Dichte ihrer Beutetiere somit ein größerer Teil der Population zur Verfügung. Dies müssen wir bei der Frage nach einer möglichen Regulation der Beutepopulation durch den Wolf berücksichtigen."

So gesehen wirken die beiden großen Beutegreifer Wolf und Luchs höchstens bei sehr geringen Dichten von etwa zwei bis fünf Rehen pro Quadratkilometer limitierend auf den Bestand ihrer Beute. Diese Werte werden für Rehe in osteuropäischen und russischen Urwäldern immer wieder genannt (Tab. 14).

Bei geringer Dichte *selektiert* und *reguliert* der Widersacher seine Beute effektiv. Durch selektive Jagd fallen ihm vor allem Junge und Weibchen zum Opfer, was die Fortpflanzungsleistung bremst und damit den Bestand auf einem niederen Niveau hält. Dadurch findet eine Regulation der Bestandesdichte statt. Möglicherweise reguliert der Widersacher auch das Verteilungsmuster, indem er ‚gefährliche' Ansammlungen der Beutetiere auf engem Raum verhindert, die zu Schäden an der Vegetation oder zur raschen Ausbreitung von Krankheitserregern führen können.

Eine derartige Wirkung des Beutegreifers, sie wird immer wieder in Zusammenhang mit dem Schalenwild betont (z. B. REMMERT 1988, REICHHOLF 1987, EIBERLE 1972), trifft meiner Meinung nach aber nur in dichten Waldgebieten ein. Dort ist der Aufenthalt in möglichst weitzerstreuten Kleingruppen tatsächlich eine erfolgreiche Strategie zur Feindvermeidung. In offenen Gebieten dagegen

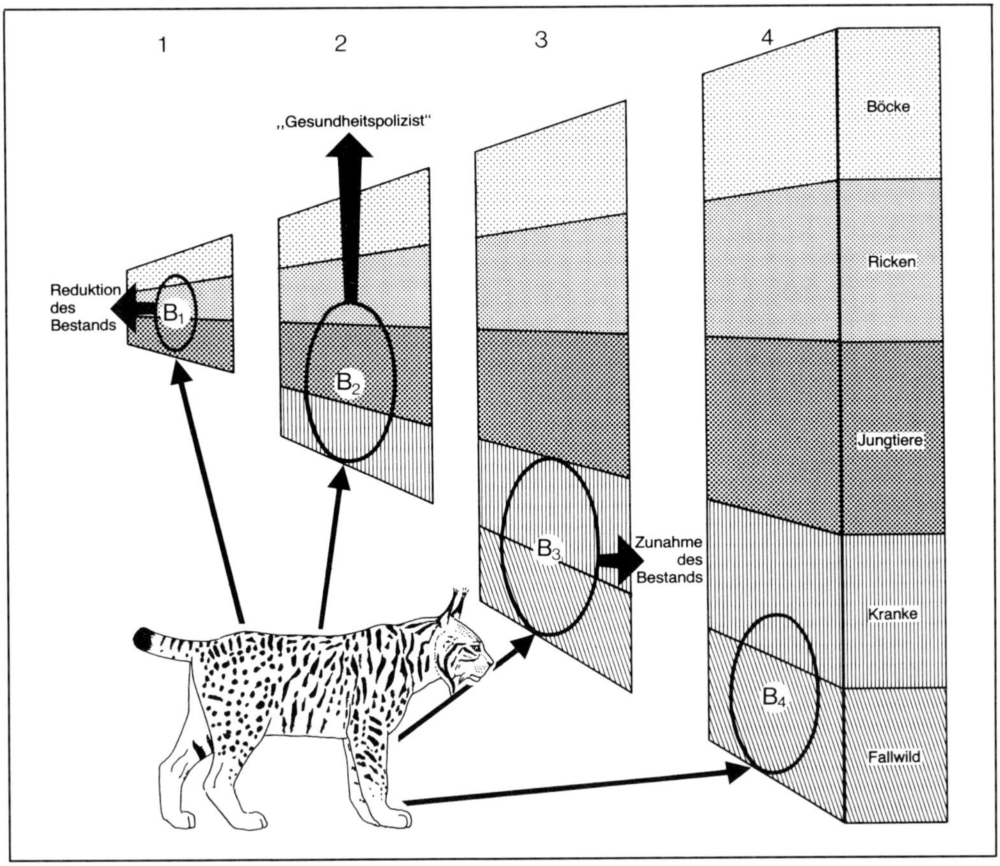

Abb. 62: Modell über die mögliche Wirkung von (ausgesetzten) Luchsen auf Rehbestände unterschiedlicher Dichte.
B_1: Bei niedriger Bestandesdichte sind Kranke und Fallwild sehr selten. Der Luchs jagt vor allem Jungtiere und Weibchen, gelegentlich Böcke. Damit bewirkt er eine Bestandesreduktion.
B_2: In einem dichteren Bestand ist damit zu rechnen, daß vermehrt konditionell geschwächte Tiere und damit besonders im Winter vermehrt Fallwild vorkommt. Dies ist leichte Beute für den Luchs. Er hält sich noch selten an Rehbeute, die ohne großen Aufwand erlegt werden kann (Kitze, Geißen). Er wirkt bestenfalls noch als Gesundheitspolizist.
B_3: In einem noch dichteren Bestand leben noch mehr geschwächte Tiere. Zudem findet der Luchs hier, vor allem im Winter, reichlich Fallwild, weil viele Tiere verhungern oder an Seuchen sterben. Damit ist anzunehmen, daß er sogar das Bestandeswachstum noch beschleunigen kann.
B_4: Bei sehr hohen Beutebeständen kann es demnach sogar vorkommen, daß der Luchs fast ausschließlich von Fallwild lebt. Hier hat er überhaupt keine Wirkung mehr auf die Entwicklung des Rehbestandes.
Abbildung aus KURT (1982)

führt die Präsenz von Widersachern zu Konzentrationen, weil hier der Großverband die bestmögliche Strategie zur frühen Feinderkennung darstellt (siehe Seite 174).

Aber auch bei hohem Beutebestand greift der Widersacher selektiv ein. Er reißt jetzt vor allem schwache und kranke Stücke, wirkt damit als Gesundheitspolizist, bei sehr hohem Bestand hält er sich, zum Aasfresser geworden, nur noch an Fallwild. Somit reguliert er jetzt nicht mehr reduzierend oder limitierend, sondern möglicherweise sogar stimulierend, weil er es sich leisten kann, selbst auf die schwächsten der Gesunden, die Jungtiere und Weibchen, zu verzichten (Abb. 62).

Zwei Berichte von osteuropäischen Fachleuten bestätigen diese Meinung: Über Kocevje im Norden Sloweniens, wo 1973 erfolgreich drei Luchspaare aus der Slowakei angesiedelt wurden, die sich rasch vermehrten, berichtet COP (1986): „Das Gebiet von Kocevje wird von zahlreichem Rotwild besiedelt, das sich trotz Wolf, Bär und Luchs stark vermehrt, es gibt auch viel Rehwild.“

Diese Erkenntnis gewinnt auch der tschechowslowakische Experte JANIK (1986), er schrieb: „Daß große Raubwildarten in keinem Fall die Existenz des Schalenwildes bedrohen, bezeugt anschaulich und überzeugend die Entwicklung der Populationsdichte beider Tiergruppen in der Slowakei, und zwar von 1935 bis in die Gegenwart. Der Wolf kam damals selten und zerstreut nur in der Nord- und Ostslowakei vor. Heute kommt er als Stammwild in der ganzen Nord- und teilweise auch in der Mittelslowakei vor. Seine Zahl wird auf 250 Stück geschätzt. Die Bärenzahl ist unterdessen von etwa 50 auf 400 Stück angestiegen und die der Luchse von 60 auf ungefähr 500 Stück. Trotzdem stieg auch der Schalenwildbestand inzwischen auf fast das Doppelte.

Dieses Beispiel zeigt deutlich, daß das Anwachsen der Populationsdichte der großen Raubtiere keinesfalls quantitativ die Entwicklung der Schalenwildpopulation beeinflußt. Eine positive Einwirkung der großen Raubtiere kann man aber deutlich an der Qualität des Schalenwildes feststellen: In den Gebieten, in denen die selektive Einwirkung der Wölfe und Luchse nicht unterbrochen war (in der Ostslowakei), gab und gibt es auch heute noch die beste Populationsqualität von Rot-, Reh- und Schwarzwild. Die Existenz von Großraubwild in natürlichen Ökosystemen ist also auch vom Standpunkt der Jagdwirtschaft durchaus positiv.“

Derartige Berichte mögen vielen Skeptikern allzu schönfärberisch klingen. In der Tat gibt es Meldungen, wonach große Beutegreifer örtlich ganze Schalenwildbestände ausgerottet haben. ZIMEN (1980) erwähnt Beispiele aus Nordamerika und den Abruzzen, wo Wölfe die Ausbreitung des Gemsbestandes verhindern, was jedoch immer unter starkem menschlichen Einfluß entsteht. So geschah es auch in Kocevje, wo Luchse einen Bestand von 200 Mufflons *(Ovis ammon)* vollständig ausgerottet haben. Diese lebten aber in einem Gatter von 10 Quadratkilometern Umfang (COP 1986). Ebenfalls aus Jugoslawien stammt das folgende, oft im Zusammenhang mit extremen ‚Wolfsschäden‘ zitierte Beispiel:

Im Jagdrevier von Rog in Kocevje (430 km^2) wurden, so berichtet SVIGELJI (1967), zu Beginn des 19. Jahrhunderts, als Bären und Wölfe noch sehr zahlreich waren, im Jahresdurchschnitt 1,6 Stück Rotwild und 0,8 Stück Rehwild erlegt. Dann wurden die Wölfe ausgerottet und das Schalenwild zusätzlich künstlich gefüttert. Die Jahresstrecke stieg um das 250fache sprunghaft an. Zwischen 1860 und 1870 lag sie bei 100 Stück Rotwild, 400 Stück Rehwild sowie 120 Sauen. In den Kriegs- und Nachkriegsjahren drangen wiederum Wölfe in das Gebiet ein. Ihre Beuten sind für die Winterhalbjahre 1952 und 1953 ziemlich genau aufgezeichnet worden: 32 Stück Rotwild, 689 Rehe und 24 Sauen. Auf einen Winter bezogen sind dies also 372,5 Stück Schalenwild. Unter der Annahme, daß Wölfe auch während des Sommerhalbjahres im Gebiet verblieben und gleichermaßen gejagt hätten, entspräche dies einer jagdlichen Nutzung von 1,7 Stück Schalenwild pro Quadratkilometer. Der Wert deckt sich sehr genau mit dem oben berechneten, maximal möglichen Jagddruck von Wolf und Luchs.

Selbstverständlich wurden die Wölfe, die nun noch etwas mehr Beute als die Jäger machten, als Konkurrenten betrachtet und mit allen Mitteln verfolgt. In der Regel schießen heute aber die Jäger mehr Rehe pro Flächeneinheit ihrer Reviere, als Luchs und Wolf, sollten sie ihre Jagdweisen und Sozialverhalten nicht grundlegend ändern, je erbeuten könnten (Tab. 14). Im 7,05 Quadratkilometer umfassenden Versuchsgebiet von REIMOSER (1986) im Südwesten der Steiermark werden neben drei bis vier Stück Rot- und einem Stück Gamswild jährlich 40 Rehe erlegt, ohne deren Bestand zu senken. Das sind nahezu sechs Rehe auf den Quadratkilometer oder rund viermal soviele wie Luchs und Wolf pro Jahr auf dieser Fläche erbeuten könnten. Bei Reduktionsjagden, wie sie etwa im Schweizer Kanton Thurgau seit Mitte der

70er Jahre durchgeführt werden, enden jährlich rund 20 Rehe pro Quadratkilometer.

Raubtiere, das wollte ich in diesem Abschnitt erläutern, jagen mehr oder weniger selektiv. Selektive Jagd reguliert den Beutebestand immer zugunsten jener Tiere, die für den Beutegreifer schwer oder nicht mehr erreichbar sind. Dieser Eingriff kann bei geringer Beutedichte limitierend sein (die Beute wächst nicht über ein bestimmtes Dichtemaß hinaus an). Er kann den Fortpflanzungserfolg hemmen (wenn vor allem Weibchen und Nachkommen erbeutet werden). Er kann aber auch stimulieren, wenn er bei einem verhältnismäßig hohen Bestand bevorzugt tote und schwache Stücke erbeutet. Kurz: Widersacher regulieren, jedenfalls weiträumig, bei geringer Bestandesdichte erfolgreicher als bei hoher.

Anders wirken Parasiten und Krankheitserreger. Je dichter ein Bestand gemessen an seinen Ressourcen lebt und je mehr er konditionell geschwächt ist, um so wirksamer werden Krankheitserreger und Parasiten und um so häufiger werden sie übertragen. Dazu eines von vielen ähnlichen Beispielen:

Im Baltikum wies Padaiga (1975), der sich eingehend mit der Ökologie des Rehwildes beschäftigt hat, in Wintern mit hohen Rehwildverlusten eine unmittelbare und enge Beziehung zwischen Bestandesdichte und Umfang der Verluste nach. Gleichfalls fand er, daß zwischen der dem Rehwild zur Verfügung stehenden, vom Waldtyp abhängenden Äsungsmenge, der Wilddichte und der Extensität der Ansteckung mit Kokzidiose, Strongylatosen und der Invasion verschiedener Parasiten enge Beziehungen bestehen.

Bei einem Anstieg der Rehwilddichte erhöht sich gleichfalls auch der Beanspruchungsgrad der Winteräsung, und es kommt zu vermehrten Kontakten. „Als Folge hiervon ist ein beträchtliches Zunehmen der Infektionsextensität durch parasitäre Krankheiten zu verzeichnen. Bei zweimaliger Steigerung der Rehwilddichte nehmen im Winter die Verluste bei dieser Wildart drei- bis fünffach zu, bei dreimaliger entsprechend fünf- bis zehnfach. Erhöht sich demgegenüber die Schneedecke von 20 auf 40 Zentimeter, so kommt es zu einer nur zweimaligen Zunahme der Rehwildverluste. Somit sind Degradation der Winteräsungsbestände und Ansteckung des Wildes mit parasitären Krankheiten als die wichtigsten Faktoren anzusehen, von denen die Winterverluste des Rehwildes abhängen.“

Das Reh gilt als sehr parasitenempfindlich. Dies zeigen neben vielen anderen auch jüngere Untersuchungen aus der Tschechoslowakei, wo das Jagdwild, wie in anderen osteuropäischen Staaten, volkswirtschaftlich bedeutend ist. Deshalb werden dort, neben Fallwilduntersuchungen, rund zehn Prozent der Jagdstrecke routinemäßig in 14 staatlichen Instituten untersucht. Zudem werden dem Wild über Zusatzfutter regelmäßig parasitenbekämpfende Mittel verabreicht.

Das Reh, so berichtet Chroust (1987), leidet bedeutend mehr unter Parasiten als die anderen Wiederkäuer. Beispielsweise konnten bei ihm insgesamt 31 Arten von Nematoden (Fadenwürmer) im Verdauungstrakt bestimmt werden. Beim Mufflon sind es 26, beim Rotwild 23, beim Damwild 13 und bei der Gemse 12. Nicht jede Infektion mit Parasiten und auch nicht jede Parasitenart führen zwangsläufig zur Erkrankung (Parasitose).

Die zwei für das Rehwild bedeutendsten seien hier, weil sie in unserem Zusammenhang wichtig sind, erwähnt: Der größte Teil der tödlichen parasitären Erkrankungen geht auf den Lungenwurm *(Dictocaulus viviparus)* zurück, der, so Chrourst, „beim Reh in stationären Herden vorkommt. Am stärksten verbreitet wird die Dictocaulose jedoch vom Rotwild, das in allen untersuchten Gebieten befallen war, wenn auch in geringer Intensität“. Der Leberegelbefall, eine andere oft tödliche, durch Parasiten bedingte Krankheit, „hat beim Wild dank der systematischen Bekämpfung der Fasciolose bei Haustieren abgenommen“. Das gleiche gilt für Virusseuchen wie Rinderpest oder Maul- und Klauenseuche. Sie kommen in Europa infolge der veterinärpolizeilichen Anstrengungen praktisch nicht mehr vor (Klingler 1973).

Das bedeutet: Neben dem Rotwild kommen auch domestizierte Wiederkäuer als Wirte in Frage, von denen aus das äußerst parasitenempfindliche Reh angesteckt werden kann. Fehlen diese Huftierarten im Lebensraum, so ist nicht nur der Konkurrenzfaktor ausgeschaltet sondern auch ein beträchtliches Krankheitsrisiko.

9.7 Gestörte Bestandesregulation in der Kulturlandschaft

Über natürliche Bestandesregulationen des Rehes in der Kulturlandschaft läßt sich zusammenfassend folgendes sagen: Allgemein betrachtet ist das Nahrungsangebot größer infolge ausgedehnter, intensiv angebauter Kulturen. Der Soll-Wert, die tragbare Bestandesdichte, ist somit größer als in einer waldreichen Naturlandschaft; größer ist er aber auch, weil vielerorts die einstige Konkurrenz durch Hirsch und andere Wiederkäuer fehlt. Im Wald, dem ursprünglichen Lebensraum dagegen kann infolge waldbaulicher Eingriffe das Äsungsangebot geringer oder in seiner räumlichen Anordnung so verändert worden sein, daß sich Rehe nicht mehr in Kleingruppen organisieren können.

Die Landschaft wurde vom Menschen häufig zu weiten, baumarmen oder baumlosen Flächen verändert. Hier bilden Rehe keine bestandesausbreitenden Kleingruppen mehr. Im Gegensatz dazu werden durch die weiträumigen, offenen, was Äsung und Deckung anbelangt, sich rasch verändernden Nischen bestandesverdichtende Organisationsformen erzwungen. Solche Feldreh-Organisationen entstanden auch in der Naturlandschaft, und zwar vor allem in Augebieten und an der klimatischen Waldgrenze, wo die Bestandesregulation nicht aufgrund sozialer Mechanismen, sondern durch Überschwemmungen, Kälteeinbrüche, Lawinen, hohe Schneedecke usw. erfolgte (Abb. 61).

In der Kulturlandschaft fehlen die größeren Beutegreifer, die einst die in der Naturlandschaft niedrigen Bestände begrenzt haben könnten, und es ist anzunehmen, daß sie, selbst wenn sie in größtmöglicher Zahl wiederangesiedelt würden, keinen Einfluß auf Bestandesgrößen und Konstitution ihrer Beute haben würden. Die Erfahrungen aus der Schweiz zeigen beispielsweise, daß die Nachkommen der einst ausgesetzten Luchse sich erfolgreich vermehren und ausbreiten. Doch sie halten sich an große zusammenhängende Wälder und meiden just das rehreichste Gebiet, das verhältnismäßig waldarme Mittelland.

Zweifellos sind intakte Verhältnisse zwischen Beutegreifer und Beute aus waldarmen oder waldlosen Gebieten, zum Beispiel ostafrikanischen Steppen, bekannt. In teilweise gerodeten ursprünglichen Waldgebieten vermögen aber die Beutegreifer nicht einmal zahlenmäßig mit ihrer Beute Schritt zu halten. Im Zentralindischen Kanha-Nationalpark zum Beispiel, wo seit 1972 Tiger und ihre Hauptbeute, Axishirsche, vollständig geschützt sind, verachtfachte sich der Hirschbestand inzwischen. Der Tigerbestand nahm aber lediglich um das Anderthalbfache zu (KURT 1982 und 1986).

In der künstlichen, vom Menschen geschaffenen Umwelt des Rehes kann aber auch, wie bereits erwähnt, das Sozialverhalten nicht mehr als Regler funktionieren. Die Kulturlandschaft bedingt nicht wie die Landschaft Territorialverhalten und geschlossene Verbände, die eine Ausbreitung des Bestandes erzwingen.

Natürliche Bestandessenkungen erfolgen zwar auch in der Kulturlandschaft durch die typischen Störgrößen (Überschwemmungen, Kälte usw.), wie sie einst besonders in den natürlichen Feldreh-Gebieten wirkten. Sie sind in der Kulturlandschaft aber offenbar geringer; und die Verluste durch landwirtschaftliche Maschinen, Straßenverkehr und extrem kalte Winter, so verheerend sie auch erscheinen, kompensieren offenbar den Zuwachs selten oder nie. Gelingt dies auch der Jagd nicht, so wächst der Rehbestand langsam aus der Erhaltungsphase in die Kümmerphase.

In der Kümmerphase sind die Gewichte der erwachsenen Ricken unter die kritische Marke gesunken, bei der sie noch erfolgreich Nachkommen tragen, setzen und aufziehen können. Die Böcke schieben schlecht entwickelte Geweihe, häufig Knöpfe. Konditionell ist der Bestand dermaßen schlecht veranlagt, daß er früher oder später infolge einer Parasitenepidemie zusammenbricht.

Verringerung der Durchschnittsgewichte und schlechtere Geweihqualitäten sind aber nicht zwangsläufig Merkmale der Kümmerphase. Sie treten auch schon kurz nach der Besiedlung eines neuen Gebietes durch Rehe auf und brauchen deshalb nicht zwangsläufig eine Folge von ‚Hungerstreß‘ zu sein. Sie könnten ebenso als Folge von sozialem Streß gewertet werden, der wahrscheinlich auftritt, wenn sich ein Bestand aus seiner Pionierphase in seine Erhaltungsphase hineinentwickelt hat. Auf Streßphänomene möchte ich aber jetzt nicht näher eingehen. Die diesbezüglich vorliegenden Daten sind widersprüchlich.

Von zentralamerikanischen Weißwedelhirschen berichtet GEIST (1988): In sehr lange bewohnten Gebieten liegt bei diesen nahen Rehverwandten ein Trend vor zu niedrigeren Körpergewichten und – was beim Reh noch nicht nachgewiesen werden konnte – vergrößerten Backenzähnen. Beide Veränderungen sind offenbar Anpassungen an knappe Nahrungsvorräte: Ein leichteres Tier braucht weniger Äsung; und breitere Backenzähne verarbeiten die aufgenommene Äsung besser. GEIST führt beide Veränderungen auf Umbildungen des Erbgutes zurück: „Die Bildung von Unterarten ist beim Weißwedelhirsch ganz deutlich eine Folge dieser Entwicklung", bzw. hoher Bestandesdichte und der sich daraus ergebenden Nahrungsknappheit.

Soweit ist es beim Reh noch nicht. Bestände mit niedrigeren Durchschnittsgewichten, die stark bejagt und dadurch an Zahl verringert werden, erhöhen die Durchschnittsgewichte um wenigstens ein Kilogramm (z. B. EIBERLE 1978). Durch künstliche Äsungsverbesserung gelingt es, wie beispielsweise MAGGIO (1983) eindrücklich beweist, die Durchschnittsgewichte von Geißen und Schmalrehen um 2,8 kg und diejenigen von Böcken um 3,1 kg anzuheben.

Zum Schluß dieses Kapitels über (gestörte) Regulationsmechanismen möchte ich festhalten: Rehe sind – ebenso wie andere Pflanzenfresser – nicht in der Lage, rechtzeitig festzustellen, wann sie Gefahr laufen, ihre Ressourcen zu übernutzen und dementsprechend den Nachwuchs zu drosseln. In Waldgebieten wird eine solche innerartliche Regulation in erster Linie über soziale Mechanismen aufrechterhalten. Im Kulturland, das in vielen Beziehungen immer mehr natürlichen Feldreh-Gebieten wie zum Beispiel Auen ähnelt, zerstören Katastrophen wie z. B. Überschwemmungen sowieso früher oder später die Pflanzendecke. Hier heißt die Strategie: ‚Friß soviel du kannst, solange dies möglich ist'. Die offene Gesellschaft der Feldrehe steht dem nicht im Wege.

Ähnliches ereignet sich heute auch in jenen Teilen der Kulturlandschaft, die verhältnismäßig großen Agrarland- und geringen Waldanteil aufweisen. Allerdings treten hier die durch plötzliche Ernte oder starken Schneefall verursachten ‚Katastrophen' häufig gleichzeitig mit Perioden erhöhten Nährstoff- und Energiebedarfes auf (Spätsommer, Spätwinter). Trotz hohem Äsungsangebot während des größten Teils des Jahres wandern die Rehe dann vorübergehend in den Wald ab – meist aber zu einer Zeit, in der die Waldrehe kaum bestandesausbreitendes Sozialverhalten zeigen. Die hier vorhandene Äsung ist dann oft zuviel zum Sterben und zu wenig, um gesund und kräftig zu überleben. Zwangsläufig halten sich unter solchen Bedingungen Rehe an alles gerade noch Äsbare; sie verursachen Wildschaden.

Wildschaden en masse, wie er heute in den (Kunst-)Wäldern Mitteleuropas auftritt, tritt in natürlichen, lichtungsreichen Wäldern nicht auf. Einmal ist dort der Rehwildbestand infolge seiner strikten sozialen Organisation, der Konkurrenz mit anderen großen Wiederkäuern und dem Druck von Widersachern niedrig. Zudem wirkt sich die für das Reh so typische selektive Nutzung von Pflanzen früher Sukzessionsstufen beschleunigend auf den Ablauf der Abfolge verschiedener Artengruppen im Mosaik-Zyklus des Waldes aus. Diese Schalter- oder Verstärkerrolle, wie es REMMERT (1988) nennt, können Rehe im modernen Wirtschaftswald meist aber deshalb nicht spielen, weil dort natürliche Mosaik-Zyklen durch unbiologische Forstpraxis gestört sind.

10 Rehwildschäden, Jagd und Hege

Das Reh wurde vielerorts zur Schadwildart. Ursache davon sind weiträumige Landschaftsveränderungen, Intensivierung der Landwirtschaft, Waldackerbau usw. Selbstverständlich zählen auch die Jäger, besser gesagt die Tatsache, daß vielerorts zu wenig Rehe erlegt werden, zu den Ursachen der Rehwildschäden an ihrer natürlichen Lebensgemeinschaft, dem Wald. Jäger gelangen deshalb ins Zentrum der Kritik von Seiten der Förster und Naturschützer, weil sie nicht nur Mitverursacher des Dilemmas sind, sondern weil man von ihnen auch annimmt, sie könnten das Problem durch vermehrten Abschuß „schnell" lösen und zumindest mildern.

Ich schließe deshalb meinen Bericht über das Sozialverhalten und die Ökologie des Rehwildes mit einigen Bemerkungen zum Thema Rehwildschäden, Jagd und Hege ab, und zwar aus der Sicht des Verhaltensforschers und Ökologen. Es sind einige grundlegende Gedanken und sicher keine allgemein gültigen, gewissermaßen „kochfertigen" Rezepte. Ich möchte ganz besonders darauf hinweisen, daß ich ausschließlich auf Probleme der Bejagung des Rehes eingehe. Beim Rotwild, das zwar ebenfalls zum Problemwild wurde, bedingen möglicherweise andere Umweltzusammenhänge Bestandeszunahme und Schäden. Folglich wären dann auch andere Schlüsse betreffend Jagd und Hege zu ziehen.

Die Durchführung der Rehwildjagd und der damit verbundenen Hege des Bestandes und der gesamten Lebensgemeinschaft, in der er vorkommt, ist ebenso wie die ökologisch und naturschützerisch sinnvolle Jagd auf anderes Wild abhängig von den Gegebenheiten der jeweiligen Umwelt.

Gemeinsames Ziel sollte aber überall Folgendes sein: Regelmäßige Regulation des Rehwildes auf eine Bestandesgröße, bei der die Artenvielfalt der Lebensgemeinschaft Wald ebenso wenig gefährdet wird, wie seine natürliche Verjüngung und die vielfältigen Bedeutungen des Waldes in einer intensiv genutzten Kulturlandschaft. Erreicht wird diese Forderung, wenn überhaupt, nur in Zusammenarbeit mit den Förstern, will heißen: Auch die für Forstwirtschaft zuständigen Kreise müssen bereit sein, im Wald mehr zu sehen als eine Holzplantage. Holzproduktion ist die geringste aller Bedeutungen des Waldes in der modernen Kulturlandschaft.

10.1 Einige Konsequenzen des Rehwildschadens

Im Revier Albisriederberg bei Zürich verglichen Mitarbeiter des Institutes für Waldbau an der Eidgenössisch Technischen Hochschule (ETH) unter Leitung von Leibundgut (1975) den Verjüngungsgrad verschiedener Baumarten auf je 16 gezäunten und ungezäunten Probeflächen. Sämtliche der 32 Aufnahmeflächen wurden in ehemaligen Mittelwaldbeständen und an Standorten des frischen Buchen-, Ahorn- und Eschenwaldes mit standortheimischer Bestockung gewählt. Hauptbaumarten sind hier Buche, Bergahorn, Esche, Ulme, Stieleiche u. a. mit eingesprengten Fichten und einzelnen Tannen im Oberholz.

Im Albisriederberg werden diese Bestände mittels Durchforstung in Hochwald übergeführt. Die natürliche Verjüngung erfolgt im Femelschlagverfahren, bei dem der Bestand gruppen- und forstweise verjüngt wird. Die entstehenden Jungwuchsgruppen werden dabei so lange vergrößert, bis sie zusammenwachsen. Die von Leibundgut und seinen Mitarbeitern untersuchten Wälder liegen zum größten Teil in einem Wildschongebiet der Stadt Zürich. Folglich ist der Rehwildbestand sehr hoch und auf wenigstens 20 Stück pro 100 Hektar geschätzt. Dementsprechend sind die Verbißschäden an den Bäumen. Der Vergleich des Jungwuchses mit mehr als einem halben Meter Höhe auf geschützten und ungeschützten Flächen ergibt ein erschreckendes Bild: Alle Fichten und Tannen sind stark verbissen, ebenso 92 Prozent der Bergahorne und 59 Prozent der Eschen. Lediglich Buchen wachsen ungestört auf. (Hier soll angemerkt werden, daß beim Beispiel eines montanen Tannen-Fichten-Buchenwaldes, die Verhältnisse anders liegen. Die Buche wird hier mehr verbissen als die Fichte, was wahrscheinlich auf regional verschiedene Äsgewohnheiten des Wildes zurückgeht.)

Im Albisriederberg ist, so die Studien von Leibundgut, ohne Einzäunung der Aufwuchsflächen nur noch der reine Buchenwald mit bestenfalls einigen eingesprengten, schlecht geformten Eschen als Bestockungsziel möglich. Unter solchen Bedingungen hat der Förster somit die Wahl zwischen einem unwirtschaftlichen Bestockungsziel einerseits und anderseits hohen Zäunungskosten sowie den mit der Zäunung verbundenen Erschwernissen der Bewirtschaftung des Waldes.

Solche und ähnliche Feststellungen gelten für weite Teile der Kulturlandschaft. Um die Holzproduktion trotz erheblicher Mehrkosten überhaupt aufrechtzuerhalten, schützen Förster Jungwuchszonen mit Zäunen oder versehen einzelne Jungbäume mit mechanischen oder chemischen Schutzeinrichtungen. Dadurch schränken sie aber den vom Wild bewohnbaren Raum im Walde, vor allem seine Nahrungsnische ein. In gleicher Weise wirken auch Trockenlegung von Feuchtgebieten, Abholzen von Feldgehölzen und Hekken oder regelmäßige Störung bestimmter Landschaftsteile durch den Menschen. Einschränkungen dieser Art verdichten den Wildbestand und tragen somit wesentlich dazu bei, daß der Äsungsdruck auf bisher ungeschützte bzw. ungestörte Waldteile wiederum erhöht wird (Abb. 63).

So gesehen verläuft der Wildschaden proportional zur Wilddichte, wenn man diese als die Zahl der Rehe pro Flächeneinheit des für sie nutzbaren Gebietes betrachtet. Er braucht es aber nicht zu sein, wie Reimoser (1986) eindrücklich nachwies.

Rehverbiß verändert heute praktisch alle Pflanzengesellschaften der Wälder bezüglich

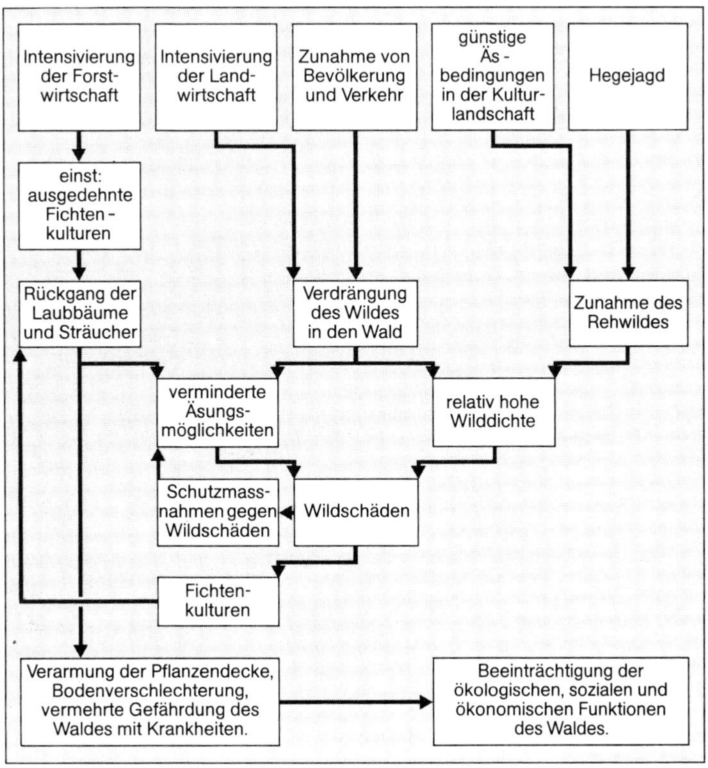

Abb. 63: Zusammenhänge zwischen intensiver Forst- und Landwirtschaft sowie Hegejagd einerseits und der Zunahme von Rehwildbeständen und Wildschäden andererseits (nach H. Leibundgut 1975)

ihrer Artenzusammensetzung und der Häufigkeit der Arten. Einige werden dermaßen bevorzugt geäst, daß ihre Ausbreitung verhindert wird wie etwa das Wald-Weideröschen *(Epilobium angustifolium)*, der Türkenbund *(Lilium martagon)* und die Orchideen.

Schon in den von Klötzli (1965) als kaum beeinflußt dargestellten Waldgesellschaften –dazu gehören einige Typen des Buchenwaldes – bevorzugt das Rehwild bestimmte Äspflanzen, beispielsweise Weidenröschen *(Epilobium angustifolium)*, Echte Nelkenwurz *(Geum urbanum)*, Goldrute *(Solidago virgaurea)* oder Waldhabichtskraut *(Hieracium alpinum)* und ist damit indirekt verantwortlich für die Ausbreitung von Äsungskräutern wie etwa Waldmeister *(Galium odoratum)*, Waldspringkraut (Rühr-mich-nicht-an, *Impatiens noli-tangere*) und Bingelkraut *(Mercurialis perennis)*.

In anderen, vom Reh stärker beeinflußten Waldgesellschaften wird der Hasenlattich *(Prenanthes purpurea)* zusehends seltener. Der sonst starkwüchsige und ausbreitungsfähige Korbblütler wird in Gebieten mit hoher Rehwilddichte bereits so früh verbissen, daß sein Wachstum gehemmt wird, er schwächer aufwächst und in vielen Fällen kaum oder gar nicht mehr zu reichlicher Blüte oder gar zur Samenreife kommt. Starker Rehverbiß gefährdet einzelne Pflanzenarten wie vielerorts etwa Türkenbund *(Lilium martagon)* und Orchideen (Klötzli 1967). Im Buchenwald gehören dazu Zwergsträucher wie beispielsweise die Heidelbeere *(Vaccinium myrtilis)*. Sie werden durch Rehverbiß so kurz gehalten, daß sie weder blühen noch fruchten.

Und so geht dieser Zerfallsprozeß weiter: Andere Tierarten, die ebenfalls von der Pflanzendecke abhängen, verändern ebenfalls ihre Häufigkeiten. Koch (1976), der am Uetliberg und im Repischtal bei Zürich die ökologischen Beziehungen zwischen den Vögeln und ihrem Lebensraum im Wald beobachtet hat, kommt zum Schluß, daß Fuchs, Steinmarder und Siebenschläfer, der gelegentlich Nisthöhlen bezieht, einen nennenswerten Einfluß auf das Vorkommen der Vögel haben. Doch meint er: „Dieser direkte Einfluß steht aber in keinem Verhältnis zum indirekten, den das Rehwild ausübt.“ Das Reh verhindert durch den intensiven Verbiß nicht nur das Aufkommen wichtiger Nahrungsbäume wie etwa Eschen, Eichen oder Ahorn, es hält den Unterwuchs zurück, also gerade jene Struktur, die ausschlaggebend ist für die Höhe der Siedlungsdichte unserer Vögel. So ist beispielsweise das Fehlen beerentragender Sträucher mitverantwortlich für das Seltenerwerden des Auerwildes *(Tertrao urogallus)* (Scherzinger 1974).

Rapide Zunahme der Rehe und die damit in Zusammenhang stehende rapide Abnahme bestimmter Pflanzen- und der von ihnen abhängigen Insekten- oder Vogelarten führen vom Gleichgewichtszustand der Arten weg, weil die ökologischen Rollen verändert werden. Damit verarmen die uns schützenswerten Wälder.

10.2 Gestörter Wald zerstört sich selbst

Wer war in der Kulturlandschaft zuerst da, der angeschlagene Wald oder das schadenstiftende Reh? Wohl die meisten würden jetzt ohne lange zu überlegen sagen, es sei selbstverständlich das Reh gewesen, das dann die Wälder allmählich zu zerstören begann. In Wirklichkeit war es gerade umgekehrt.

Als in der Mitte des 19. Jahrhunderts nach jahrhundertelangem gedankenlosem und gewinnsüchtigem Raubbau am Walde es vielerorts zu beängstigender Nutz- und Brennholznot gekommen war und auch zu Überschwemmungen und Trockenheiten in weiten Landstrichen, entstand zur nachhaltigen Sicherung der Holzproduktion die „rationelle Forstwirtschaft“. Ihren Erfolg verdankt sie größtenteils den vereinfachten forsttechnischen Verfahren (Kahlschlag, künstliche Verjüngung, großflächige Monokulturen, Flächenfachwerk entsprechend günstigstem Hiebalter, Nachhaltshiebsatz) und der produktionstechnischen Elastizität (kürzere Umtriebszeiten, rascher Wechsel der Baumart je nach Bedarf und Gewinn). Die Forstwirtschaft begab sich auf den Holzweg – auch im ökologischen Sinne.

Mit dem Waldackerbau verlor die einst an Arten und Strukturen (Altersklassen, Wuchsform) reiche Lebensgemeinschaft ihre Vielfalt. In Reih’ und Glied wachsen in der künstlichen Monokultur gleichalte, gleichartige Bäume nebeneinander auf. Sie entziehen dem allmählich verarmenden Boden alle die gleichen Nährstoffe, leben in harter Konkurrenz mit ihren gleichartigen Nachbarn und entwickeln sich schließlich schwächlich. Von ihnen leben die gleichen Arten von Widersachern, Pilze und Pflanzenfresser, die sich bei dem für sie zwangsläufig hohen Nahrungsangebot mächtig entwickeln können und damit zu Schädlingen werden.

Als in Europa der Holzackerbau begann, dem Kahlschlag ganzer Wälder die Monokulturen mit wenigen Nadelbaumarten folgten, nahm auch die Schadwirkung einiger weniger Tierarten zu – und dies lange bevor sich das Reh den Namen als Schadwild gemacht hatte.

Nach einem Überblick von BECK (1909) zu schließen, fanden in den 140 Jahren zwischen 1769 und 1908 im damaligen Deutschen Reich, Österreich und der Schweiz 46 große Insektenkatastrophen statt, fast alle in reinen, künstlichen Nadelwaldgebieten: Vier Borkenkäferepidemien, der Rest durch Schmetterlingsraupen, nämlich 24 Epidemien durch Nonnenspinner *(Lymantia monacha)*, 12 durch Kiefernspinner *(Dendrolimus pini)*, acht durch Kiefereulen *(Agrotis vestipialis)* und zwei durch den Kiefernspanner *(Bupalus piniarius)*. Welche Flächen dabei allein in 50 Jahren „rationeller Forstwirtschaft" dem Kahlfraß durch Abermillionen von kleinen Insekten anheimfielen (und wieder aufgeforstet werden mußten), und welche Menge Holz unplanmäßig eingeschlagen werden mußte (mit allen wirtschaftlichen Folgen wie Umstellung des Betriebsplans, Wegebau, Schleuderpreise usw.), geht aus einer Zusammenstellung von BARTHELMES (1972) hervor:

Zwischen 1853 und 1858 verursachte die „Nonne" in Ostpreußen (Königsberg und Gumbinnen) 27453 ha Kahlfraß und 31252 ha Teilfraß. Der Holzanfall betrug 7,32 Millionen fm (1 fm = 1 Kubikmeter). Schon 1857 begann im selben Gebiet eine fünfjährige Borkenkäferepidemie; ihr fielen 9,1 Millionen fm zum Opfer.

1862 bis 1872 wütete der Kiefernspinner in Brandenburg, Sachsen, Pommern, Posen und Schlesien. Wald von 10244 ha fiel ihm durch Kahlfraß, 31357 ha durch Teilfraß zum Opfer. Zwei Millionen Kubikmeter mußten unplanmäßig eingeschlagen werden. Von 1871 bis 1876 machten sich Borkenkäfer im Böhmerwald und im Bayerischen Wald über 11648 ha Nadelwald her. 4,7 Millionen fm Holz mußten sofort eingebracht werden.

Allein in vier Jahren (1888–1891) mußten in Oberbayern infolge einer Nonnenkatastrophe 2,6 Millionen fm Holz notgeschlägert werden. In Franken und der Oberpfalz verursachten Kiefernspanner zwischen 1892 und 1896 auf 11812 ha Kahlfraß und auf 6439 ha Teilfraß. Der Holzeinschlag mußte auf 1,6 Millionen fm erhöht werden. Eine weitere Kiefernspannerepidemie zwischen 1899 und 1903 erzwang eine Notschlägerung von 1,2 Millionen fm. Zwischen 1904 und 1908 erzwang in Schlesien ein Nonnenbefall eine Notschlägerung von einer halben Million Kubikmeter Fichtenholz.

Auch in jüngster Zeit machten Borkenkäfer wieder von sich reden: Im Zusammenhang mit dem sogenannten Waldsterben, bei dem Nadelbäume geschwächt werden, begegnet man den Schädlingen mit chemischen Waffen von dem krebserzeudenden Lindan bis zu Lockstoffen, sogenannten Pheromonen, mit denen paarungsbereite Buchdrucker *(Ips typographus)*, eine der über 100 einheimischen Borkenkäferarten, in Fallen gelockt werden. So wird versucht, wenigstens größten finanziellen Verlusten vorzubeugen.

Ökologisch betrachtet verhalten sich Borkenkäfer wie alle anderen ähnlichen „Schädlinge" durchaus natürlich: Weil sie zu Hunderttausenden todkranke Bäume befallen und von ihnen leben, führen sie die darin enthaltenen Nährstoffe rasch dem Nährstoffkreislauf des ökologischen Systems zu. Solche Vorkommnisse gibt es selbstverständlich auch in einem vom Menschen unbeeinflußten System. Doch hier verlaufen sie nicht als großflächige Katastrophen, weil sich Arten und Altersklassen kleinräumig ablösen.

Doch nicht nur wegen der Entflechtung der Artenvielfalt durch den Menschen kam der Wald aus seinem Fließgleichgewicht der Arten, sondern auch wegen der „Verinselung". Vom einstigen nahezu ununterbrochenen Waldkleid Europas stehen heute nur noch mehr oder weniger größere oder kleinere Inseln. Auf kleinen Inseln leben bekanntlich weniger Arten als auf größeren oder gar auf Kontinenten (MCARTHUR 1972).

Bildlich gesprochen entsprach der mitteleuropäische Urwald einem großen Symphonieorchester, das durch menschliches Einwirken in verschiedene Kleinformationen aufgelöst wurde, vergleichbar etwa mit Streichquartetten, Ländlerkapellen oder Jazzbands. Nun eignen sich aber nicht alle Instrumente des Symphonieorchesters für den Einsatz in kleinen Gruppen, beispielsweise Kesselpauken, Triangel- oder Bassklarinette. Sie verschwinden wie bestimmte Lebewesen, so etwa Wisent, Auerochse oder Wolf, wenn großflächige Waldökosysteme zerstückelt werden.

Die neu entstandenen Kleinformationen erreichen nie den vollen Klang der Großformation, gleichgültig ob sich jedes Instrument genau an die Partitur hält, die es im einstigen Symphonieorchester gelernt hat, oder, da ja jetzt die Konkurrenz fehlt, neue Melodien spielt, die es bisher nie geübt hat. Das gegenseitig abgestimmte Gleichgewicht der Instrumente, in unserem Beispiel stellvertretend für die Arten im Lebensraum, weicht unausgewogenen Mißtönen. Kurz: Das System gerät aus dem Fließgleichgewicht, bis alle jene Mitglieder verschwunden sind, die unter den neuen Gegebenheiten nicht mitspielen können.

Diese Gefahr, daß gestörte Systeme sich weiter selbst zerstören, ist gerade in Waldgemeinschaften äußerst hoch, was auch viele Beispiele belegen (vergl. Kurt 1985). Wälder gelten verglichen mit Grasländern als ausgesprochen artenreich. Symbiosen sind in ihnen verhältnismäßig häufig. Derartige Artgemeinschaften mit Überlebensvorteilen für alle Beteiligten entstanden häufig aus Widersacher-Beute-Beziehungen. Man denke etwa an Blütenpflanzen und die sie bestäubenden Insekten, an früchtetragende Sträucher und Tiere, die mit dem Verzehr des Obstes die Samen verbreiten, oder an die engen, nahrungsaustauschenden Wurzelkontakte zwischen Pilzgeflechten und Bäumen.

Kann nun ein Symbiosepartner aus irgend einem Grund in einer Kleinformation nicht mehr mitspielen, so besteht die große Wahrscheinlichkeit, daß auch die von ihm abhängigen Arten verschwinden. Spielt er aber plötzlich eine andere „Melodie“, so kann aus „Freund“ leicht „Feind“ werden. Der Pilz, der bisher in ausgewogenem Einklang mit dem Baum zusammenlebte, überfällt plötzlich seinen Partner und bringt ihn langsam um, das

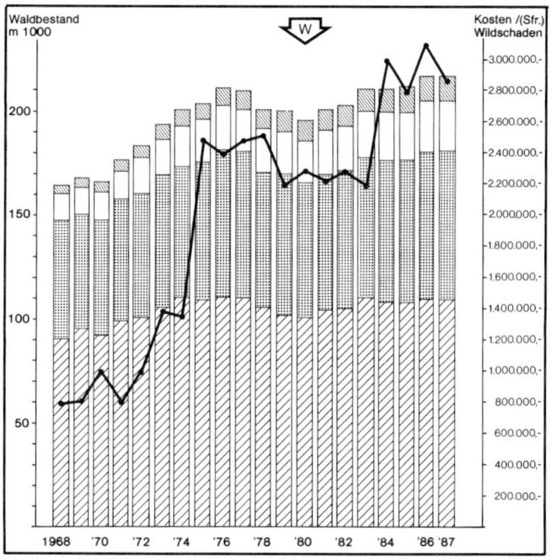

Abb. 64: Entwicklung der wildlebenden Wiederkäuerbestände und der Ausgaben für Wildschadenvergütung und -verhütung zwischen 1968 und 1987 in der Schweiz. Während sich der Bestand um rund 30 % vergrößert hat, nahmen die Ausgaben für Wildschaden nahezu um das Zweieinhalbfache zu. Von 1979 bis 1983 fielen die Vergütungen zurück und damit wohl auch die Wildschäden selbst. Möglicherweise beruht dieser Einbruch (markiert durch einen Pfeil, W) auf Wirkungen durch Waldsterben und luftverfrachtete Dünger. Angaben nach Eidg. Jagdinspektorat, Bern

1 Reh
2 Gemse
3 Hirsch
4 Steinbock

geschieht in gestörten Waldsystemen tatsächlich auch.

Zum „Falschspiel“ neigen besonders jene Arten, die die endlosen Abfolgen von einzelnen Lebensabschnitten des Ökosystems (Sukzessionsstadien) beschleunigen. Beispielsweise die Borkenkäfer als Schlüsselarten zwischen Altwald- und Jungwaldphasen oder eben das Reh. Es beschleunigt im Naturwald den Übergang von der Lichtung zum Wald, weil es selektiv lichthungrige, schnellwüchsige Arten äst und dabei den heranwachsenden Hochwaldbäumen die Konkurrenz kurz hält. Auch das Reh neigt zum „Falschspiel“. Etwa dann, wenn in seiner verinselten Umwelt Lichtungen fehlen oder nicht zugänglich sind. Unter solchen Gege-

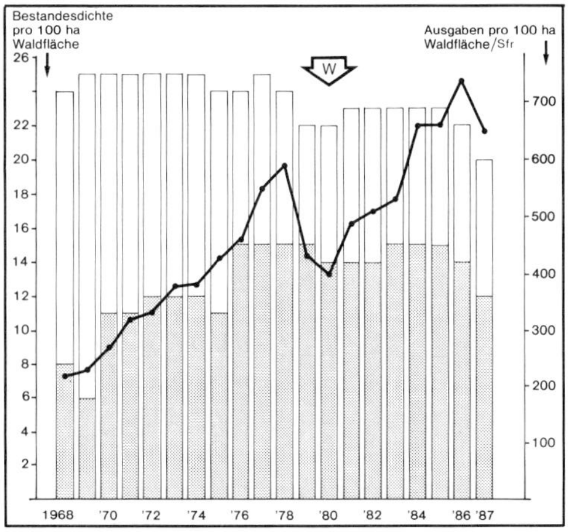

Abb. 65: Entwicklung der Rehbestände, der jährlichen Abgänge (Jagdstrecke und Fallwild) und der Ausgaben für Wildschäden in vier nahezu hirschfreien Kantonen des Schweizer Mittellandes (Zürich, Thurgau, Aargau und Basel-Land). Während der Bestand von 24 auf 20 Stück pro 100 ha Waldfläche zurückging, stiegen die Ausgaben für Wildschäden um das Dreifache an. Zwischen 1979 und 1983 fielen die Ausgaben und wahrscheinlich auch die Wildschäden selbst zurück. Dieses Phänomen (markiert durch einen Pfeil, W) beruht möglicherweise auf Einwirkungen durch Waldsterben und luftverfrachtete Dünger. Angaben nach Eidg. Jagdinspektorat, Bern. Anmerkungen: Schwarz: jährliche Abgänge (Jagdstrecke und Fallwild); weiß: Bestand auf 100 ha Waldfläche

benheiten hält es sich zwangsläufig an Jungbäume und wirkt damit gegen die Vielfalt der Arten und Strukturen.

Gestörte Systeme sind aber auch schon deshalb störungsanfällig, weil mit dem Kleinerwerden von Inseln deren Grenzen im Verhältnis zum Inhalt wachsen. Genauso, wie ein Eisblock dann am leichtesten schmilzt, wenn man ihn vorher in kleine Brocken zertrümmert hat, schmilzt die Artenvielfalt der Waldinseln durch Einflüsse von außen. Je weniger und je kleinere Inseln in der Kulturlandschaft vorkommen, desto dichter versammeln sich Rehe in ihr, wenn das Kulturland, von dessen Vegetation sie leben, abgeerntet oder sonst gestört wird. Rehwildschäden sind logischerweise dort am massivsten, wo verhältnismäßig viel Kulturland kleine Waldinseln umgibt.

Selbstverständlich liegt die Überlegung auf der Hand, daß der von Rehen verursachte Schaden durch vermehrte Jagd eingeschränkt werden kann. Im Spiel um ein künstlich zu erreichendes Gleichgewicht der Arten in einer vom Menschen veränderten Umwelt zog der Jäger damit den Schwarzen Peter. Das heißt, er verlor. Denn vielerorts wurde durch vermehrte Jagdtätigkeit der Wildschaden nicht gesenkt.

Beispielsweise wuchs in der Schweiz der gesamte Bestand wildlebender, wiederkäuender Paarhufer von 1968 bis 1987 von 165 000 um 32 Prozent auf 217 500. Die in der Statistik über die finanzielle Auswirkung der Jagd von der Eidgenössischen Inspektion für Forstwesen geführten Angaben über Ausgaben der Vergütung und Verhütung von Wildschäden stiegt dagegen um 255 Prozent von 794 148 auf 2 821 173 Franken (Abb. 64). In diesen 20 Jahren vermehrte sich das Reh, das rund die Hälfte des Schalenwildbestandes ausmacht, um 20 Prozent von 92 000 auf 110 000. Die Gemse legte, von 56 000 auf 71 000, um 27 Prozent zu. Das Rotwild verdoppelte seinen Bestand von 12 500 auf 24 000 und der Steinbock verdreifachte ihn nahezu. Das zweieinhalbfache Anwachsen der Auslagen für Wildschäden läßt sich kaum mit der beachtlichen Vermehrung von Hirsch und Steinbock erklären. Die beiden Arten leben vor allem wie die Gemse in den Alpenkantonen.

Noch deutlicher wird die Ansicht, daß vermehrter Abschuß gleichzeitig auch weniger Wildschaden bedeutet, generell widerlegt, wenn man den geschätzten Rehwildbestand, die jährlichen Abgänge und die Aufwendungen für Wildschäden in vier Mittellandskantonen (Zürich, Basel-Land, Thurgau und Aargau), von denen später noch ausführlich die Rede sein wird, miteinander vergleicht (Abb. 65). In diesen Gebieten ist das Reh praktisch der einzige Wildwiederkäuer. Seine Bestände wurden, wahrscheinlich auch durch vermehrte Jagdtätigkeit, von 24 Stück auf 20 Stück pro 100 Hektar Waldfläche gesenkt. In denselben 20 Jahren stiegen die Ausgaben für Wildschäden aber von etwas mehr als 200 Franken pro 100 Hektar Waldfläche um das Dreieinhalbfache auf mehr oder weniger 700 Franken.

Nach den ersten Jahren vermehrter Jagdtätigkeit nahmen allerdings nach 1977 die Auslagen für Wildschaden sowohl in den meisten Kantonen wie auch in der Gesamtschweiz ab. Nach einigen Jahren mit Tiefwerten stiegen sie aber wiederum wesentlich an, um Ende der achziger Jahre ihre Maxima zu erreichen. Auf welchen Phänomenen diese auffallenden Wildschadenrückgänge beruhten, kann heute wissenschaftlich nicht mehr nachvollzogen werden. Es stehen lediglich Erklärungsmöglichkeiten zur Verfügung. Eine davon könnte das sich zur gleichen Zeit erstmals bemerkbar machende „Waldsterben" sein.

10.3 Wildschaden und Waldsterben

Diskussionen und Lösungsversuche über das vom Reh und anderen Wildtieren verursachte „Wald-Wild-Problem" traten am Ende der siebziger und in den achtziger Jahren in den Hintergrund wegen des „Waldsterbens", was nicht heißt, sie seien nicht mehr existent gewesen. Neben Reh und Hirsch ist nun einfach eine weitere Schadenquelle aufgetreten, die sich nicht nur auf den Jungwuchs auswirkt, sondern gleichermaßen Altbäume wie Jungwuchs gefährdet. Regen und Nebel mit schwefliger und Salpetersäure erfassen selbstverständlich nicht nur Waldbäume, sondern auch andere Pflanzen und damit zumindest indirekt Tierarten. In welcher Weise das Rehwild vom Waldsterben beeinflußt wird oder es mitbeeinflussen könnte, soll kurz umrissen werden.

Vorerst wird das Reh gewissermaßen zum Nutznießer des Waldsterbens, was den oben erwähnten Rückgang der Auslagen für Wildschäden erklären könnte. Wo Jahrzehnte alte Bäume sterben und sich ihr Wurzelraum lichtet, stehen der kurzlebigen Krautschicht mehr Nährstoffe, Licht und Wasser zur Verfügung. Wachsen aber die Kräuter üppig heran, ist für ungewöhnlich viele Kitze das Überleben gesichert. Außerdem treten dann die Rehe die winterliche Mangelzeit wahrscheinlich mit größeren Feistvorräten an. Früher oder später steigert aber die Übervölkerung wiederum den Wildverbiß und bricht damit die ohnehin geringe Verjüngungskraft des siechenden Ökosystems Wald.

Mehr noch: Der Teufelskreis wird verstärkt durch eine Reihe von Stickstoffverbindungen mit Düngerwirkung, die durch Regen und Wind aus umliegenden Gebieten in den Wald verfrachtet werden. Schleswig-Holstein, das am stärksten ausgeprägte Agrarland der Bundesrepublik, führt wahrscheinlich mit einem mittleren Stickstoffaufwand als Mineral- und Wirtschaftsdünger von mehr als 200 Kilogramm pro Jahr und Hektar landwirtschaftlicher Nutzfläche die Liste der Bundesländer an. „Ein unbekannter Anteil dieses aktiven N-Eintrages wird durch Wind und Witterung seitlich verdriftet", meint Hermann Ellenberg (1987).

In der Größenordnung beträgt die Menge der feuchten Stickoxid-Depositionen nach Messungen von Blume und seinen Mitarbeitern (1985) rund 20 Kilogramm Stickstoff pro Jahr und Hektar. Die trockene Ablagerung ist schwieriger und weniger sicher zu erfassen. Sie erhöht aber den trockenen Stickstoff-Eintrag, so Ellenberg, „erfahrungsgemäß um weitere 50 bis 150 Prozent des feuchten. Ammoniak- und Ammonium-Einträge können, gerade in Gebieten mit intensiver Vieh-Wirtschaft, die Stickstoffbelastung weiter erhöhen." Auf Geesthügeln südlich von Cuxhaven maßen Büttner und Lamersdorf (1985) in der Kronentraufe von Fichten mehr als 70 Kilogramm Stickstoff pro Hektar und Jahr. „Man übertreibt kaum", so schließt Ellenberg (1987), „wenn man den heutigen passiven Stickstoffeintrag aus der Luft mengenmäßig mit dem einer aktiven landwirtschaftlichen Volldüngung in den dreißiger Jahren unseres Jahrhunderts vergleicht."

Dieser Düngersegen wirkt sich direkt auf die Zusammensetzung der Pflanzendecke aus. In Schleswig-Holstein, um bei diesem Beispiel zu bleiben, sind drei Viertel der bedrohten Pflanzenarten solche mit einem niedrigen Stickstoff-Zeigerwert von 1 bis 4. Heinz Ellenberg (1976) gruppierte wildlebende Pflanzen gemäß des Stickstoffvorkommens an ihrem Standort. Solche mit einem N-Wert von 1 zeigen stickstoffärmste Standorte an. N3 gilt für Arten, die stickstoffarme, N5 für solche, die mäßig stickstoffreiche Standorte bevorzugen, N7 für Arten, die stickstoffreiche und N9 für solche, die übermäßig stickstoffreiche bis verschmutzte Standorte anzeigen. N2, N4, N6 und N8 sind Zwischenstufen.

Vergleicht man wie HERMANN ELLENBERG die Stickstoff-Zeigerwerte einzelner Pflanzenarten mit ihrem Beliebtheitsgrad als Rehäsung, wie er von KLÖTZLI (1965) definiert wurde, so stellt man fest, daß stickstoffliebende Pflanzen ebenfalls beliebte Äsungspflanzen für das Rehwild sind – abgesehen von Ausnahmen. Nahezu alle dieser verschmähten oder höchst selten geästen Arten zeichnen sich durch Oberflächenstrukturen, Geruch- und Inhaltstoffe aus, die sie für Pflanzenfresser unattraktiv machen. Dazu einige Beispiele: Große Brennessel *(Urtica dioica)*, Bittersüß *(Solanum dulcamara)* und Hohler Lerchensporn *(Corydalis cava)* zeigen Böden mit überhohem Stickstoffgehalt an, geäst werden diese Äsungsunkräuter aber nie. Auch Efeu *(Hedera)*, Wald-Gilbweiderich *(Lysimachia nemorum)*, Hohe Schlüsselblume *(Primula eliator)* oder Hain-Ampfer *(Rumex sanguinea)* bevorzugen überaus stickstoffreiches Substrat. Sie werden aber nur gelegentlich schwach verbissen.

In den Wäldern von Schleswig-Holstein ging nun HERMANN ELLENBERG (1987) der Frage nach, wie sich solche durch den düngenden Effekt von Regen und Wind geförderten Arten angesichts des hohen Äsdrucks der Rehe verhalten. Ihm standen 33 Probeflächen zur Verfügung, die in den Jahren 1958 und 1959 von ROEPKE ein erstes und 1985 in Zusammenarbeit mit HERING ein zweites Mal pflanzensoziologisch kartiert wurden. Das Ergebnis war eindeutig: Die Häufigkeit (Frequenz) der stickstoffliebenden Pflanzenarten war angestiegen. Es gab jetzt also mehr von jenen in der Regel als Äsung bevorzugten Pflanzen. Ihr Deckungsgrad, ein Maß für ihren Wuchsgrad, dagegen wurde kleiner. Das heißt: Obwohl die Individuenzahl beliebter Äsungspflanzen in 30 Jahren bedeutend angestiegen war, ästen die Rehe unverhältnismäßig mehr davon. Die von Regen und Wind verfrachtete Stickstoffdüngung begünstigt indirekt über die Krautvegetation offenbar das Reh.

Doch dieser Vorgang wirkt sich dann wiederum negativ auf das Überleben langlebiger Holzpflanzen aus, die bevorzugt verbissen werden. Im nördlichen Mittelland der Schweiz zum Beispiel, wo KUHN und seine Mitarbeiter (1987) ganz ähnliche Veränderungen der Waldvegetation in den letzten 50 Jahren festgestellt haben wie die Ökologen in Schleswig-Holstein, nehmen aus diesem Grund Tanne, Hainbuche, Esche, Stieleiche, Traubeneiche und Gemeiner Schneeball, was Häufigkeit und Deckungsgrad anbelangt, infolge zunehmenden Rehverbisses ständig ab.

Der auffallende Rückgang der finanziellen Aufwendungen für Vergütungen und Verhütungsmaßnahmen für die vom Rehwild verursachten Schäden am Ende der siebziger und zu Beginn der achtziger Jahre in der Schweiz (und damit wohl auch der Rückgang des tatsächlichen Wildschadens) könnten nach diesen Ausführungen ebenso wie der anschließende Anstieg möglicherweise erklärt werden: Demnach hätten die Lichtungen der Wälder und die zusätzliche Düngung des Waldbodens durch luftverfrachtete Stoffe das Äsungsangebot in der Krautschicht vorübergehend erhöht und damit den Äsdruck auf wirtschaftlich bedeutende Pflanzen verringert. Wissenschaftlich fällt der Beweis aber sicher schwer.

Wenden wir uns nun aber einigen grundsätzlichen Problemen der Rehjagd zu! Sie galt und gilt als einfachstes, schnell wirksames Mittel, um das sogenannte Wald-Wild-Problem zu lösen.

10.4 „Wahl vor Zahl“

Jäger, die besonderes Gewicht auf den Wahlabschuß legen, überschätzen schlicht ihre Fähigkeiten. Dies geht auch aus den Schilderungen von HESPELER (1988) hervor. Er verglich Streckenlisten aus seinem typischen „Zahl vor Wahl“-Revier, der Staatsjagd Kempter-Wald, mit den Listen seiner Vorgänger. „Hier, im württembergischen Westallgäu, hatte man weniger Jährlinge geschossen. Die 14 im Laufe von acht Jahren geschossenen Jährlingsböcke waren fast ausschließlich typische Knopfer mit einem Durchschnitts-Wildpretgewicht von 10,93 kg ohne Haupt“, faßt er zusammen: „Der Schwerste von ihnen wog 14 kg und der Schwächste 8,0 kg.“

Erstaunlicherweise ergab aber der „ziemlich wahllose“ Abschuß von 31 Jährlingen (nur solche mit deutlich vereckten Sechsergeweih wurden geschont) praktisch das gleiche Ergebnis: „Das Durchschnittsgewicht betrug 10,93 kg. Der Schwerste von ihnen wog 13,5 kg und der Schwächste 7,5 kg."

Auch bei den anderen Klassen ergab der Vergleich zwischen „Wahl vor Zahl" und „Zahl vor Wahl" praktisch identische Resultate: Das Durchschnittsgewicht erwachsener Geißen betrug im Fall des „selektiven" Wahlabschusses 14,8 kg, im Fall des nicht auswählenden „Zufallabschusses" 15,2 kg. Die entsprechenden Werte betragen für Schmalrehe 11,5 kg bzw. 12,0 kg und für Kitze, die im September und Oktober erlegt wurden, 8,9 kg bzw. 8,7 kg. Lediglich bei Kitzen, die im November und Dezember geschossen wurden, fand sich ein Unterschied: Das Durchschnittsgewicht nach Wahlabschüssen betrug 8,7 kg. Nach „Zufallsabschüssen" war es aber 10,4 kg.

Welchen Erfolg hat nun aber der „Wahlabschuß" bei Böcken? Ihm liegt in der Regel die Empfehlung von Wagenknecht (1971) zugrunde: „Um nachhaltig möglichst viel ausgereifte Böcke schießen zu können, müssen die höheren Altersklassen zahlenmäßig genügend stark ausgestattet sein, das setzt aber – genau wie bei Rot- und Damwild – bei zahlenmäßig begrenztem Gesamtbestand scharfe Eingriffe in die jüngsten Altersklassen (Kitze und Jährlinge) und nur sehr schwache Eingriffe in die Klasse der mittelalten drei- bis fünfjährigen Böcke voraus."

Dieser Forderung folgen frühere Abschußempfehlungen des Hessischen Ministeriums für Landwirtschaft und Forsten. Danach sollen bei einem Bockbestand von 100 Böcken zum 1. April und einem Zuwachs von 38 Bockkitzen jährlich 8 Bockkitze, 16 Jährlinge und sämtliche 14 nach dieser Rechnung noch überlebenden sechsjährigen Böcke erlegt werden. Die zwei- bis fünfjährigen Böcke dagegen sind zu schonen. Abgesehen vom Bockkitzabschuß sind also 53 Prozent Jährlinge und 47 Prozent Sechsjährige zu strecken.

König (1979) beschreibt den dann in Hessen tatsächlich erfolgten Bockabschuß anhand der Strecke von 479 Böcken aus den Jahren 1975/76. Es waren Gesamtstrecken aus Hegeringen und einzelnen Revieren. Damit ist die Stichprobe repräsentativ. Mindestens drei unabhängig voneinander urteilende Experten schätzten anhand des Zahnbildes im Unterkiefer das Alter der 479 erlegten Böcke.

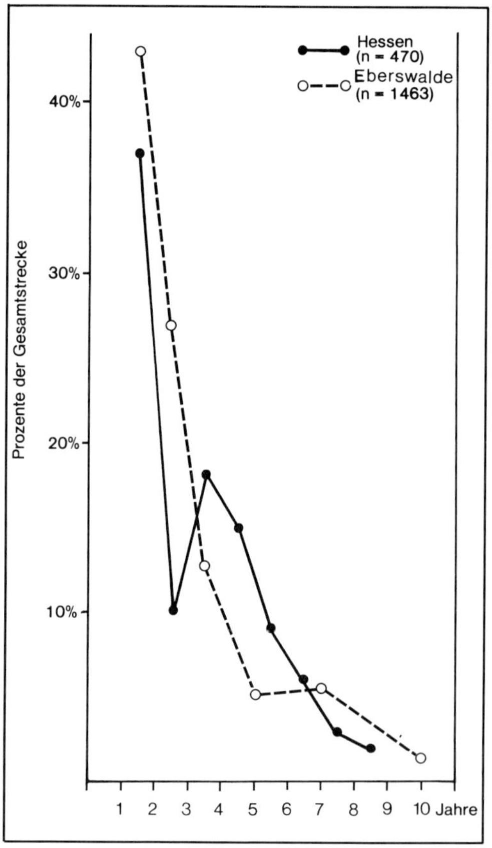

Abb. 66: Altersverteilung von zwei Bockstrecken, die auf Grund verschiedener Jagdziele erreicht wurden. In hessischen Revieren (ausgezogene Linien) sollten mittelalte Böcke, das sind zwei- bis fünfjährige, geschont und nur Jährlinge und sechsjährige Ernteböcke erlegt werden. Im Kreis Eberswalde (unterbrochene Linie) wurde ohne diese Auflage gejagt. Beide Ergebnisse entsprechen sich ziemlich genau. Das heißt: Die theoretischen Vorgaben des Wahlabschusses konnten nicht erfüllt werden. Daten nach König (1979) und Passarge (1974)

Das Resultat war ernüchternd. Es entsprach überhaupt nicht den Empfehlungen des obersten hessischen Jagdherrn von 53 Prozent Jährlingen und 47 Prozent Sechsjährigen. Just in der zu schonenden Altersklasse der Zwei- bis Fünfjährigen fielen eindeutig am meisten Böcke, nämlich 53 Prozent. Bei den Jährlingen waren es aber nur 37 und bei den alten Böcken nur elf Prozent. Der langen Rede kurzer Sinn: Die Strecke (Abb. 66) stimmte ziemlich genau mit der Verteilung überein, so KÖNIG, „die bei einer zufälligen Bejagung ohne Altersberücksichtigung entsteht".

„Dies liegt sicherlich nicht am bösen Willen der Jäger oder an mangelndem Einsatz", fährt er fort, „sondern eben daran, daß die Altersansprache der Böcke ab dem 2. oder 3. Lebensjahr nicht hinreichend gut genug ist, um einen erwünschten Bestand reifer Böcke heranzuhegen." Damit ist aber eine erste Voraussetzung (die Altersansprache sämtlicher Bökke) für die Durchführbarkeit von Abschußplänen mit Festlegung eines Zielalters nicht erfüllt.

Ebensowenig lassen sich drei weitere Forderungen erfüllen: Genaue Selektion bei den Bockkitzen und Jährlingen (sonst erreichen „Kümmerer" die geschonte Klasse der Mittelalten), kein natürlicher oder Unfalltod der „guten" Jungböcke und Mittelalten (was wohl niemand zu glauben vermag) und sicheres Ansprechen der „Erntebböcke" (sonst sterben sie „ungenutzt" den Alterstod).

Das Fazit dieser beiden Beispiele aus Hessen und Württemberg (weitere dieser Art lassen sich mühelos finden) lautet: Rehe im ersten und zweiten Lebensjahr sind verhältnismäßig leicht anzusprechen, will heißen, von älteren Rehen zu unterscheiden und als „gut veranlagt oder gesund" beziehungsweise als „schlecht veranlagt oder krank" auszumachen.

Abgesehen von verunfallten und schwerkranken lassen sich aber ältere Rehe weder in „Altersklassen" noch in „Veranlagungsklassen" einteilen und entsprechend selektiv erlegen. Solche (völlig falschen) theoretischen und in der Praxis nicht durchführbaren Vorgaben zielen deutlich und anmaßend auf die berüchtigte „Knochenhege", die Trophäenjagd. Doch just Geweihstärke spielt im sozialen Verhalten eines natürlichen Rehbestandes (und um den geht es ja in erster Linie bei der Jagd) keine Rolle.

Böcke erreichen bereits zu Beginn des zweiten Lebensjahres ihre Fortpflanzungsfähigkeit und sind bei geringer Bockdichte durchaus in der Lage, ein Territorium zu erobern und sich als Dreijährige erfolgreich fortzupflanzen. Zudem: Die Trophäengewichte nehmen ebenso wie Körpergewichte bei gesunden Böcken ab dem dritten Lebensjahr, wenn überhaupt, nur noch geringfügig zu. Noch mehr: Rehbestände sind nicht „degeneriert". Folglich ist es, wie MEUNIER (1979) meint, „abwegig und jedem Naturschutz widersprechend, das natürliche vielfältige Erscheinungsbild des Rehes willkürlich verändern zu wollen." Und dies ist bis heute ja auch nicht gelungen.

10.5 Wie Rehe den Jagderfolg mitbestimmen

Ist nun aber das Streckenergebnis allein dem Zufall überlassen? Schießt der Jäger, der seinen Abschußplan erfüllen muß, x-beliebige Geißen und Böcke? Keinesfalls. Denn: Nicht nur der Jäger beobachtet sein Wild. Auch das Wild beobachtet den Jäger. Dabei gehorcht es dem einfachen Gesetz, wonach die Beute, will sie nicht ausgerottet werden, ihrem Widersacher immer „überlegen" ist – zwar nicht physisch, aber im Verhalten.

Für ein jagendes Tier bedeutet ein Mißerfolg in der Auseinandersetzung zwischen Räuber und Beute kein besonders schlimmes Ereignis. Es sieht sich ganz einfach nach einer anderen Beute um. Für das Beutetier sind Erfolg oder Mißerfolg dagegen lebenswichtig. Um zu überleben, muß es aus einer „erfolgreichen" Begegnung, bei der es dem Widersacher entkam und möglicherweise miterlebte, wie ein Artgenosse das Leben ließ, schnell lernen. Es weiß zum Beispiel sofort, wo und wie der Widersacher jagt und meidet fortan die entsprechenden Situationen oder verhält sich in ihnen besonders vorsichtig. Das geht einerseits aus den Erfahrungen mit Rehen, die zur Markierung gefangen wurden, hervor (siehe Seite 27). Andererseits wissen wir von Raubtieren wie Luchs, Tiger oder Rothund, daß sie dieser Tatsache bei ihrer Jagdweise Rechnung tragen: Sie wechseln – selbst trotz hohem Beuteangebot – laufend ihre Jagdorte und möglicherweise sogar die Strategien (siehe Seite 226).

Jäger, die phantasielos immer auf den wenigen Hochsitzen auf Beute warten, beklagen sich bald über mangelnden Anlauf. Die Rehe haben nämlich rasch gelernt und meiden während der kritischen Zeit die entsprechenden Stellen. So habe ich im vergangenen Jahr in mehreren, sehr traditionell von zuwenig Hochsitzen aus bejagten, „reharmen" Revieren breitausgetretene Rehwechsel beobachtet, die in einem genauen Bogen um die Gefahrenzone im Sicht- und Schußbereich der Hochsitze verlaufen. Die darauf ziehenden Rehe können dann zwar den Jäger ausmachen, dieser sieht sie aber kaum oder kommt jedenfalls nicht zum Schuß.

So ist zum Beispiel der Jagderfolg vom Hochsitz trotz besserer Ansprechmöglichkeiten etwas geringer als bei der Pirsch. REIMOSER (1986) berechnete in seinem steirischen Gebirgsrevier einen mittleren Aufwand von rund 23 Stunden zur Erlegung eines Rehes vom Hochsitz aus. Auf der Pirsch sind dazu im Mittel lediglich 19 Stunden nötig. Die Pirsch bringt auch häufiger Kontakte mit Geißen und Kitzen als der Ansitz auf dem Hochsitz, was wiederum dafür spricht, daß Mitglieder bestimmter Geschlechts- und Altersklassen die als gefährlich bekannten Orte offenbar vorsichtig aufsuchen oder sogar meiden. Wie die folgenden Beispiele illustrieren werden, trifft dies ganz allgemein zu.

Es gibt neben Unvorsichtigen und Unerfahrenen besonders Vorsichtige und Erfahrene sowie Rehe, die sich von Vorsichtigen und Erfahrenen führen lassen. Hinzu kommen noch „Altruisten", das sind die älteren führenden Geißen, die sich anscheinend häufig geradezu gezielt in Gefahr begeben.

Einen ersten Überblick dazu liefert der Gesamtabschuß von 213 Rehen im Versuchsrevier von Kalö: Dort ließ ANDERSEN seinerzeit schießen, was und wie es kam. Darüber führte er genau Buch. Aus seinen Aufzeichnungen läßt sich erkennen, wer zuerst, also gewissermaßen am leichtesten zu erlegen war. GOSSOW (1976) machte eine solche Analyse.

Unter den ersten 50 geschossenen Rehen, das sind ein rundes Viertel des Gesamtbestandes, befanden sich vor allem Jährlinge, Schmalrehe und Geißen, die älter als fünf Jahre waren. Ältere Geißen sind offenbar als aktive Leittiere, die den Sprung anführen und sich in ungewohnten Situationen aktiv in den Vordergrund wagen (siehe Seite 89), besonders gefährdet. Jährlinge und Schmalrehe lassen sich wohl deshalb verhältnismäßig leicht erlegen, weil sie noch nicht ganz selbständig geworden sind, noch keine eigenen Wohnräume besitzen und sich deshalb häufig in verhältnismäßig unbekanntem Gebiet aufhalten.

Doch nicht alle Jährlinge sind so unerfahren und „dumm", daß sie sich leicht erlegen lassen. Betrachtet man nämlich in der Strecke von Kalö die ersten 106 erlegten Rehe (also die ersten 50 Prozent), so findet man, daß Jährlinge jetzt weniger als erwartet geschossen werden. Das heißt: Nachdem die „Dummen" rasch erlegt worden sind, überleben immer noch die besonders Vorsichtigen, die schwer zu erbeuten sind.

Kitze, das zeigt die Betrachtung von ANDERSENS Daten über den Totalabschuß von Kalö weiter, sind dann besonders leicht zu erlegen, wenn ihre Mütter bereits umgekommen sind und ganz allgemein gilt, so GOSSOW, „daß Böcke aller Altersklassen – auch der Kitzjahrgang – bejagungsgefährdeter sind als Ricken, Schmalrehe und Rickenkitze, die sich offenbar vorsichtiger, standortfester und weniger laufaktiv verhalten als männliches Rehwild".

Die Ergebnisse des dänischen Totalabschusses sind keine Ausnahme. PASSARGE (1974) liefert Zahlen über den Rickenabschuß von Bad Brambach in der früheren DDR. In diesem Mittelgebirgsrevier ist das Streckenergebnis nicht durch Treib- und Drückjagden verfälscht. In den Jahren 1965–1969 fielen hier zwischen September und Dezember insgesamt 215 weibliche Rehe, davon 108 (50 %) Geißkitze, 40 (19 %), Schmalrehe, 40 (19 %) „junge", das sind drei- bis vierjährige, und 27 (12 %) „alte", das sind fünf- bis achtjährige Geißen. Bis Ende September waren 5 Prozent, bis Ende Oktober 35 Prozent (also das erste Drittel) und bis Ende November 51 Prozent (also die erste Hälfte) des Geißenabschusses erfüllt.

Vergleicht man nun den Prozentanteil der vier unterschiedenen Altersklassen der Geißen, die in jedem dieser drei Abschnitte erlegt wurden, mit den entsprechenden Prozentanteilen der Gesamtstrecke, die Ende Dezember vorlag, so zeichnet sich folgende Tendenz ab (Abb. 67): Alte Ricken fallen in der ersten

Hälfte der Jagd häufiger als erwartet, junge dagegen seltener. Schmalrehe werden zu Beginn der Jagd am häufigsten erlegt, dann seltener. Vermutlich gibt es auch hier, ähnlich wie in Kalö, beträchtliche Unterschiede zwischen Vorsichtigen und Unvorsichtigen. Kitzgeißen dagegen werden zuerst seltener und dann gleich häufig geschossen wie erwartet. Sie werden also, entgegen der Erwartung, nicht besonders leicht erlegt. Ganz im Gegensatz zu Kitzböcken, wie aus der folgenden Datenanalyse aus dem Kreis Eberswalde nördlich Berlin hervorgeht.

In den Jahren 1964–1968 wurden dort zwischen der zweiten Maihälfte und der ersten Oktoberhälfte nach PASSARGE (1974) insgesamt 1245 Böcke erlegt. 274 (22 %) davon, also ein rundes Fünftel, waren bereits Ende Mai erbeutet, bis Ende Juni waren es insgesamt 607 (49 %), also ungefähr die Hälfte, und Mitte August insgesamt 800 (64 %), also ungefähr zwei Drittel. Da nun jeder der erlegten Böcke anhand des Zahnbildes auf sein Alter geschätzt wurde, lassen sich Vergleiche zwischen den Anteilen der in jeder der drei Abschußperioden erlegten Altersklassen mit dem bis Mitte Oktober erreichten Totalabschuß ziehen (Abb. 68):

Je jünger Böcke sind, desto häufiger fallen sie zu Beginn der Jagd. Wahrscheinlich sind unter ihnen mehr Unerfahrene und Unvorsichtige als unter älteren Böcken. Dadurch unterscheiden sich Böcke von Ricken. Bei den Ricken fallen die Kitze nicht besonders leicht, sie sind wahrscheinlich vorsichtiger oder werden besser geführt als die gleichalten Männchen. Zwar sind auch bei ihnen unter den Schmalrehen häufig leicht zu erbeutende Stücke vorhanden, doch die alten Geißen sind im Gegensatz zu den alten Böcken anscheinend nicht besonders vorsichtig, sondern entgegen der Erwartung verhältnismäßig leicht zu erbeuten. Dies mag, wie schon erwähnt, mit ihrer besonders aktiven Führungsrolle im Sprung in Verbindung stehen. Am vorsichtigsten verhalten sich die jungen, drei- bis vierjährigen Muttertiere.

Jagdstrecken lassen sich nun aber nicht allein durch den Grad an Vorsicht und Erfahrung, der zwischen einzelnen Alters- und Geschlechterklassen verschieden ist, interpretieren. Denn Rehe lassen sich nicht immer gleichhäufig sehen, weil sie nicht zu jeder Jahreszeit gleiche Aktivitätsmuster haben (siehe Seite 18). Die unterschiedliche Beobachtbarkeit wirkt sich auf die Bejagbarkeit aus. Der Jagderfolg ist, wie jeder erfahrene Jäger weiß, abhängig von der Jahreszeit.

Darauf wies PASSARGE (1974) anhand reichen Materials aus dem Kreis Eberswalde und anderen Gebieten der früheren DDR hin:

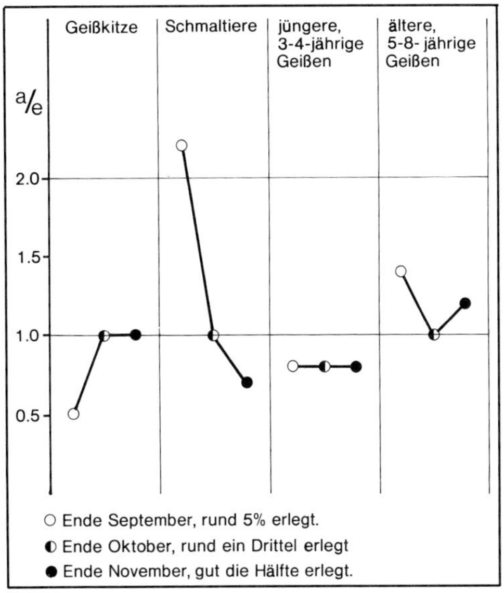

Abb. 67: Jagderfolg auf Rehgeißen verschiedener Altersklassen in Abhängigkeit des Anteils an Gesamtstrecke auf alle Geißen: Im Kreis Eberswalde wurden in fünf Jahren zwischen Mitte September und Ende Dezember insgesamt 215 Geißen erlegt, davon 108 (50 %) Kitzgeißen je 40 (19 %) Schmaltiere und junge, das sind drei- bis vierjährige Geißen, sowie 27 (12 %) alte, das sind fünf- bis achtjährige Geißen. Von der Gesamtstrecke wurden bis Ende September rund 5 %, bis Ende Oktober rund ein Drittel und bis Ende November gut die Hälfte erbeutet. Vergleicht man den jeweiligen Prozentanteil jeder unterschiedenen Altersklasse in jedem der drei Zeitabschnitte (a) mit dem im Total vorhandenen (e), so ergeben sich Werte von a/e, die häufig von 1 abweichen. Liegen sie höher als 1, so werden von der betreffenden Klasse im betreffenden Zeitabschnitt mehr erlegt als erwartet. Liegen sie unter 1, so fällt die Strecke geringer aus als erwartet. Beispiel: Kitzgeißen werden vorerst seltener und dann wie erwartet erbeutet. Daten aus PASSARGE (1974)

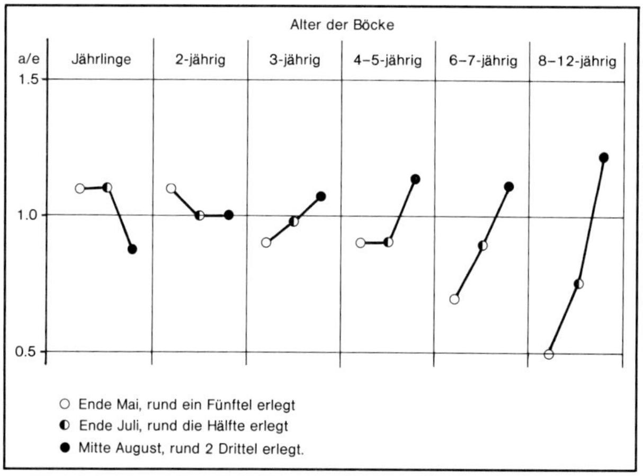

Abb. 68: Jagderfolg auf Rehböcke verschiedener Altersklassen in Abhängigkeit des Anteils an Gesamtstrecke auf alle Böcke: Im Kreis Eberswalde wurden in fünf Jahren zwischen Mitte Mai und Mitte Oktober insgesamt 1245 Böcke erlegt, davon 536 (43 %) Jährlinge, der Rest ältere Böcke mit geschätztem Alter. Von der Gesamtstrecke wurden bis Ende Mai rund ein Fünftel, bis Ende Juni rund die Hälfte und bis Mitte August knapp zwei Drittel der Ende Oktober erreichten Gesamtstrecke erlegt. Vergleicht man den jeweiligen Prozentanteil jeder unterschiedenen Altersklasse in jedem der drei Zeitabschnitte (a) mit dem im Total vorhandenen (e), so ergeben sich Werte von a/e, die häufig von 1 abweichen. Liegen sie höher als 1, so werden von der betreffenden Klasse im betreffenden Zeitabschnitt mehr erlegt als erwartet. Liegen sie unter 1, so fällt die Strecke geringer aus als erwartet. Beispiel: Jährlinge werden vorerst häufiger und dann weniger häufig als erwartet erbeutet. Es fällt auf, daß mit zunehmendem Alter der Böcke die Bejagung immer schwerer wird. Daten nach Passarge (1974)

Im Kreis Eberswalde und in Bad Brambach wurden während fünf Jahren zwischen Mitte September und Ende Januar insgesamt 1379 weibliche Rehe erlegt. Ordnet man die Gesamtstrecke nach Teilstrecken, die in jedem der neun Halbmonate erzielt wurden, so ergibt sich ein zweigipfliger Kurvenverlauf (Abb. 69): Nach bescheidenen Ergebnissen im September wird im Oktober ein erstes Maximum von 15 Prozent des Gesamtabschusses erreicht. Dann fällt die Kurve ab, um Ende Dezember ein zweites Maximum (19 %) zu erreichen.

Der Kurvenverlauf mit den halbmonatlichen Streckenergebnissen verläuft auffallend gleichsinnig mit dem Kurvenbild, das Ellenberg (1974) über die „absolute Beobachtbarkeit" der Rehe im Großgatter von Stammham errechnet hat (Abb. 69). Ganz offensichtlich besteht ein direkter Zusammenhang zwischen Beobachtbarkeit und damit Aktivität einerseits und Jagderfolg andererseits:

Nach der Brunft treten die Rikken im September vermehrt aus, um durch häufiges Äsen ihr Energieminimum, das sie nach der Brunft erreicht haben, schleunigst aus der Welt zu schaffen und sich anschließend den Feistvorrat für den Winter anzulegen. Die winterliche Ruhezeit beginnt dann Ende Dezember und Januar (siehe Seite 48).

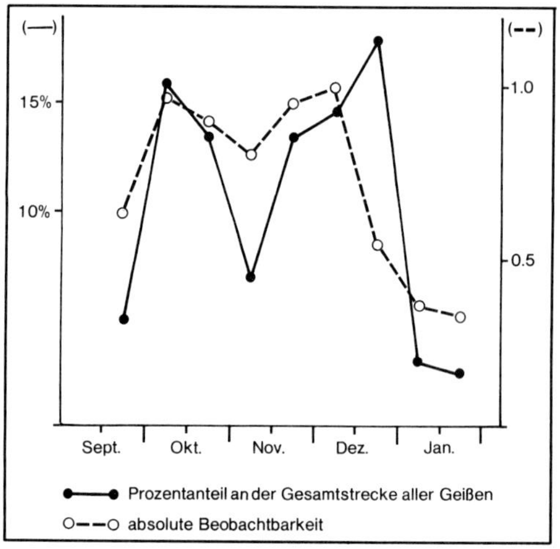

Abb. 69: Vergleich zwischen der Jagdstrecke von 1379 Rehgeißen aus dem Kreis Eberswalde und Bad Brambach in Halbmonatsabschnitten (ausgezogene Linie) und der absoluten Beobachtbarkeit von Rehgeißen im bayerischen Stammham (unterbrochene Linie): Mit Ausnahme der zweiten Dezemberhälfte folgen sich die Verläufe beider Kurven. Das heißt, die von der Jahreszeit bedingten Aktivitäten wirken sich auf den Jagderfolg aus. Daten nach Passarge (1974) und Ellenberg (1974)

Allerdings weichen die Streckenkurve und die Beobachtbarkeitskurve in der zweiten Dezemberhälfte auffällig voneinander ab. Dies hängt wahrscheinlich damit zusammen, daß am Ende des Jahres die Jäger versuchen, ihr Streckenziel noch zu erreichen und dementsprechend den Jagddruck verstärken.

Noch deutlicher folgen die halbmonatlichen Streckenergebnisse von insgesamt 1463 Böcken, die während fünf Jahren zwischen Mitte Mai und Mitte Oktober im Kreis Eberswalde und in Bad Brambach erlegt wurden, der Kurve der „absoluten Beobachtbarkeit“ (Abb. 70). Es fällt sofort auf, daß in der zweiten Maihälfte bereits ein Fünftel der Gesamtstrecke erreicht ist. Dann fallen die halbmonatlichen Ergebnisse ziemlich kontinuierlich ab bis in die erste Septemberhälfte, um dann wieder anzusteigen.

Offenbar bestehen auch für Rehböcke klare Zusammenhänge zwischen dem Jagderfolg und dem jahreszeitlich gebundenen Aktivitätsmuster. Nachdem im Mai territoriale Böcke ihre Eigenbezirke längst etabliert haben, beginnen sie mit der Sommermast: Während der Setzzeit und Brunft treten sie dann immer seltener aus. Nach Abschluß der Brunft beginnt die Erholung mit dem Aufbau des Feistpolsters für den Winter (siehe Seite 48).

Im Frühjahr kommt es aber auch deshalb zu einer erhöhten Aktivität der Böcke, weil Jährlinge und andere Jungböcke von Territoriumbesitzern häufig vertrieben werden. Damit steigen Beobachtbarkeit und Bejagbarkeit der Jährlinge (siehe oben) besonders in Revieren mit hoher Bockdichte. Dies ging aus den Erfahrungen Passarges hervor. Im Kreis Eberswalde, wo während fünf Jahren insgesamt 536 Jährlingsböcke erlegt wurden, ließen sich, was die Bestandesdichte anbelangt, drei Reviertypen unterscheiden: ein „günstiger“, in dem Jährlinge im Oktober ein Durchschnittswildpretgewicht von 13,5 Kilogramm erreichten, einer mit „noch tragbarer“ (Durchschnittsgewicht 12,5 kg) und einer mit „überhöhter“ Bestandesdichte, in dem die Jährlinge im Oktober durchschnittlich nur 11 Kilogramm Wildpretgewicht erreichten.

Vergleicht man nun die prozentualen Anteile der Monatsstrecken aus den drei Gebieten miteinander, so fällt auf, daß in den Revieren mit überhöhter Bestandesdichte in den ersten Jagdmonaten, Mai bis Juli, mehr Jährlinge erlegt wurden als statistisch zu erwarten waren. In verhältnismäßig dünnbesiedelten Gebieten dagegen verlief der nach Monaten gemessene Jagderfolg gerade umgekehrt. Zum Jagdbeginn fielen bedeutend weniger als erwartet. Das gesteckte Jagdziel wurde vor allem im September und Oktober erreicht, also nach der Territorial- und Brunftzeit (Abb. 67). Offenbar werden bei hoher Bockdichte Jährlinge dermaßen durch territoriale Böcke belästigt und zu vermehrter Aktivität getrieben, daß sie sich auch leichter erlegen lassen.

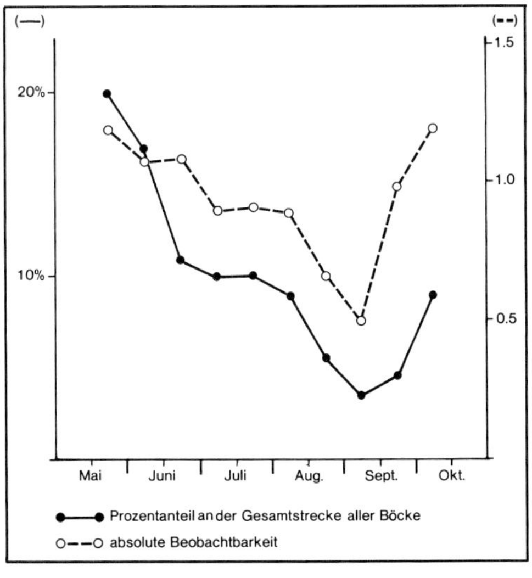

Abb. 70: Vergleich der Jagdstrecke von 1463 Rehböcken aus dem Kreis Eberswalde und Bad Brambach in Halbmonatsabschnitten (ausgezogene Linie) und der absoluten Beobachtbarkeit von Rehböcken im Großgatter von Stammham (unterbrochene Linie). Die Kurvenverläufe entsprechen sich. Das heißt: Die jahreszeitlich bedingten Aktivitätsmuster wirken sich auf den Jagderfolg aus. Daten nach Passarge (1974) und Ellenberg (1974)

10.6 „Zahl vor Wahl“

Aus dem letzten Abschnitt geht hervor: Minutiöser Wahlabschuß ist zeitaufwendig und bringt wenig. Denn er basiert auf unerfüllbaren theoretischen Forderungen. Deshalb wurden die Vorschriften liberalisiert.

Im weiteren läßt sich aus dem bisher Ge-

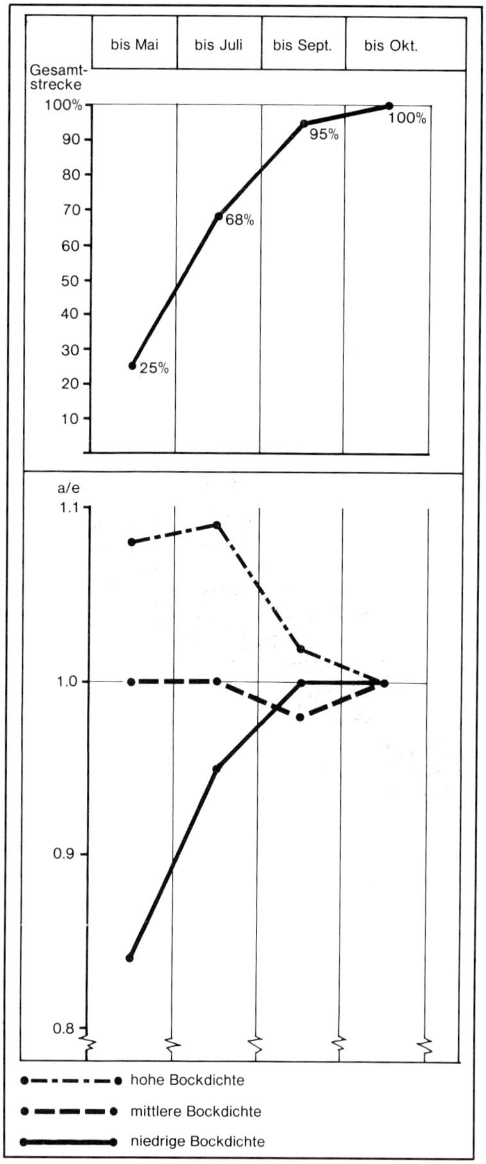

Abb. 71: Jagderfolg auf Jährlingsböcke in Abhängigkeit von Jahreszeit auf Bestandesdichte. Im Mai sind von insgesamt 536 im Kreis Eberswalde erlegten Jährlingen 25 %, im Juli 68 %, im September 95 % und Ende Oktober alle erlegt (obere Kurve). Vergleicht man den Prozentsatz der bis zum Ende jedes dieser Zeitabschnitte in drei Reviertypen mit unterschiedlicher Bestandesdichte erlegten Böcke am schließlich erreichten Total in diesem Reviertyp mit dem erwarteten Prozentsatz aller erlegter Jährlinge im entsprechenden Zeitabschnitt (oben), so zeigen sich Unterschiede: In Revieren mit mittlerer Bockdichte ergibt sich aus dem gefundenen Prozentsatz (a) und dem erwarteten (e) mit einer Ausnahme immer der Wert 1. Hier werden die Böcke gemäß der Erwartung erlegt. In dichten Beständen liegt bis Ende Juli der Wert aus a/e über 1, das heißt, es werden mehr Jährlinge erlegt, als zu erwarten ist. In Revieren mit niederer Bockdichte verläuft die Kurve gerade umgekehrt. Der Wert a/e ist vorerst niedriger als 1. Es werden weniger geschossen, als zu erwarten ist. Daten aus Passarge (1974)

sagten ableiten: Bei niedrig festgelegten Abschußquoten und damit niedrigem Jagddruck werden besonders unerfahrene, unvorsichtige oder „altruistische" Mitglieder des Bestandes erlegt: Jährlinge und junge Böcke, Schmalrehe und alte Geißen zwischen fünf und acht Jahren. Dazu gehören einerseits Klassen, die nichts zur Fortpflanzungsleistung beitragen (junge Böcke), andererseits „alte", fünf- bis achtjährige Geißen, die ihren Beitrag schon geleistet haben.

Rehe, die aktiv an der Fortflanzung teilnehmen (junge Geißen im dritten und vierten Lebensjahr, alte Böcke) bleiben aber bei geringem Jagddruck ziemlich verschont. Verschont bleiben auch viele Geißkitze, die kommenden Muttertiere. Bei den Schmalrehen fallen zwar anfänglich mehr als erwartet, später aber bedeutend weniger. Dies bedeutet möglicherweise, daß es sich bei den leicht erlegbaren Schmalrehen um solche handelt, die von keiner erfahrenen Ricke oder einem älteren Bock geführt werden. Dies sind wahrscheinlich die Gründe dafür, daß sich selbst bei erhöhtem Jagddruck ein Bestand von einem zum anderen Jahr immer wieder erholen kann und dabei jeweils die alte Bestandesstärke erreicht.

Eine ökologisch sinnvolle, an der Lebensgemeinschaft sich orientierende Jagd stellt Jäger deshalb vor neue Probleme. Bisher legten sie die Abschußzahlen aufgrund der geschätzten Bestandesdichte, des geschätzten Verhältnisses von Geschlechter- und Altersklassen, dem Vorkommen von „schlecht" und „gut" veranlagten Böcken und dem durchschnittlichen Wildpretgewicht fest. Kurz: Sie orientieren sich in erster Linie am Zustand ihrer Beute, des Rehs. Jetzt soll die Jagd so erfolgen, daß sich zwischen Reh und Umwelt ein „tragbares“ Gleichgewicht, was immer man darunter verstehen mag, einstellt.

Obwohl es für den Jäger zweifellos naheliegend ist, die jeweilige Rehstrecke allein am Zustand der Beute festzulegen, können sich schon hier gravierende Fehlinterpretationen einschleichen, wenn die herrschenden Umweltbedingungen nicht mitberücksichtigt werden: Ein Rehbestand, der beispielsweise im Winter hohe Sterblichkeit verzeichnet, wird meist gering bejagt, da man ihn nicht noch zusätzlich schwächen will. Der Gedanke liegt dann fern, daß der Bestand zu hoch ist, seine Ressourcen drastisch übernutzt und deshalb die hohen Winterverluste in Kauf nehmen muß. In diesem Fall wäre stärkere Bejagung die Therapie. Dazu gibt HESPELER (1988) ein einleuchtendes Beispiel:

Im Winter 1970 übernahm er als Berufsjäger die 2748 Hektar große Regiejagd des Fürstlich Quadtischen Forstamtes in Isny im Allgäu. Früher wurde der dortige Rehbestand, der sich zahlenmäßig nicht veränderte, weitgehend geschont. Der Abschuß betrug in langjährigem Mittel rund ein Reh auf 100 Hektar. Dies entsprach damals den Gepflogenheiten der meisten Gebirgs- und Vorgebirgsreviere. Mit den niedrigen Abschußquoten wollte man die immens hohen Winterverluste ausgleichen. HESPELER steigerte dann von 1970 bis 1974 den Abschuß kontinuierlich auf 6,7 Rehe pro 100 Hektar.

Aufgrund der Schätzungen hätte der Bestand rein rechnerisch dadurch bereits nach zwei Jahren ausgerottet sein müssen. Doch das Gegenteil geschah: Die Vermehrungsfreudigkeit der Geißen stieg, meint HESPELER, „und die hohe Quote des Winterfallwildes ging zurück. Zwillingskitze wurden die Regel, Drillinge kamen regelmäßig vor. Einzelkitze wurden vor allem bei erstmals setzenden Geißen beobachtet ... Natürlich kam sofort die Behauptung, wir schössen in erster Linie von den Nachbarn zugewandertes Wild. Dies erwies sich insofern als Unsinn, als alle Nachbarreviere forthin auch ihre Abschußquoten anhoben.“

In Isny wurde durch die um das Sechsfache erhöhte Abschußquote der Rehbestand aus einer mehr oder weniger stabilen Phase mit geringer Zuwachsrate, aber verhältnismäßig hoher Wintersterberate in eine Pionierphase (siehe Seite 188) zurückversetzt. Erhöhung der Jagdstrecke bedeutet beim Reh nicht zwangsläufig eine längerfristige Senkung des Bestandes, sondern sie kurbelt die Vermehrungsrate an. Schon im nächsten Sommer ist der durch die Jagd erlittene Verlust wieder wettgemacht. So geschah es auch im solothurnischen Revier von Kestenholz am Südfuß des Schweizer Juras.

Durch genaue Bestandeskartierung schätzten die Jäger hier als Frühjahrsbestand 41 bis 46 Rehe auf 100 Hektar der Laubmischwaldfläche. Diese Werte, obwohl sie unter der tatsächlichen Bestandesdichte liegen, stellen eine brauchbare Basis dar. Denn sie beinhalten einen systematischen Fehler, weil die sehr seriös vorgenommenen Schätzungen jedes Jahr während der selben Monate von den selben Jägern mit den selben Methoden aufgenommen wurden.

Im Revier Kestenholz hielten sich die Wildschäden in tragbarem Rahmen. Die Naturverjüngung war gewährleistet, obwohl nicht künstlich zugefüttert wurde. Die Jäger von Kestenholz legten nicht einmal Salzlecken an. Das Rehwild in ihrem Revier zeichnete sich durch niedere Gewichte, geringe Geweihqualität (vor allem bei Jährlingsböcken) und Rachenbremsenbefall aus. Aus diesen Gründen wurde die Bestandesreduktion beschlossen. Während in den Jahren 1972 und 1973 jährlich sieben Rehe auf 100 Hektar Waldfläche erlegt wurden, verdoppelte man die Quote in den beiden darauffolgenden Jahren, erlegte dabei gezielt mehr Geißen als Böcke und mehr junge als ältere Rehe. Nachdem die alljährlich im Frühjahr geschätzte Bestandesdichte dadurch nicht verringert werden konnte, beschloß man rigoros zu reduzieren. 1976 sollten von dem im Frühjahr auf 205 Rehe geschätzten Bestand 125 erlegt werden.

Damit waren die Jäger, die zwar einem solchen massiven Abschuß zugestimmt hatten, überfordert. Auf Treibjagden streckten sie 49, mit der Kugel 45 und blieben damit um 29 Tiere, also um ein rundes Viertel unter ihrem selbstgesteckten Ziel. Zu erwähnen bleibt, daß 36 Rehe von einem einzigen Waidmann, dem Oberjäger Willi Bader, erlegt wurden. „Ein solcher Abschuß“, schreibt SCHMID, der Berichterstatter 1977, „benötigt Hunderte von Reviergängen und bedeutet einen sehr großen Zeitaufwand, der nicht jedes Jahr von einem einzelnen verlangt werden kann." Was einmal mehr beweist, daß nicht in erster Linie durch die Anzahl der Jäger allein die Abschußquote mitbestimmt wird, eine Tatsache die auch der Berufsjäger HESPELER (1988) hervorhebt.

Immerhin wurden 1976 in Kestenholz 21 Rehe auf 100 Hektar Waldfläche gestreckt, also dreimal mehr als noch drei Jahre zuvor oder rund die Hälfte des geschätzten Frühjahrbestandes. Trotzdem, so SCHMID (1978), gelang es nicht, den Rehbestand zu reduzieren. Im Frühjahr 1977 schätzten die Jäger wiederum eine Wilddichte von über 40 Rehen auf 100 Hektar Waldfläche, davon waren, wie drei Jahre früher, 28 mehrjährige, also solche, die sich an der Fortpflanzung beteiligen.

Geändert hatte der massive jagdliche Eingriff aber die Fortpflanzungsrate: Im Revier Kestenholz verschob sich das Geschlechterverhältnis der Kitze, das ursprünglich zugunsten der Männchen lag, kontinuierlich zugunsten der Weibchen. 1977 betrug das Geschlechterverhältnis der Kitze ein Männchen auf 1,5 Weibchen. Der Rehbestand von Kestenholz kompensierte offenbar die stärkeren Verluste unter anderem durch vermehrte Aufzucht von jungen Weibchen. Er war durch den erhöhten Jagddruck deshalb nicht gesenkt, sondern lediglich in einen Zustand stärkeren Wachstums versetzt worden.

Mehr Jagen schafft vor allem mehr Beute, nicht unbedingt geringeren Rehwildbestand für kommende Jahre. Das fiel auch dem eidgenössischen Jagdinspektor BLANKENHORN (1988) auf. Über die Entwicklung des schweizerischen Rehbestandes, der bis in die Mitte der siebziger Jahre auf eine geschätzte Zahl von 110 000 zunahm (Abb. 64), schreibt er: „Interessant ist, daß während der Aufschwungphase in den sechziger Jahren bis Mitte der siebziger Jahre auch gleichzeitig die Abschußzahlen stark angestiegen sind (von 29 027 im Jahre 1968 auf 42 257 im Jahre 1976)". Dann blieb der geschätzte Bestand zwischen 100 000 und 110 000 Tieren ziemlich konstant.

Verweilen wir etwas bei den statistischen Daten aus der Schweiz und gehen der Frage der Bestandesreduktion durch die Jagd nach! Denn auch in der Schweiz drängten am Ende der sechziger und anfangs der siebziger Jahre besorgte Forstkreise die Jägerschaft und verlangten nach vermehrtem Rehabschuß. Dies geschah in der Regel dann auch.

Die nähere Betrachtung der Schweizer Statistiken lohnt sich meiner Meinung nach aus mehreren Gründen: Die Eidgenossenschaft verfügt über vielfältige Landschaften, die vom stark bewaldeten Jura über das intensiv bewirtschaftete Mittelland bis zu den Alpen reichen. Das Land kennt zwei Jagdsysteme, die Revier- und die Patentjagd, mehrere Jagdarten und zwei Jagdzeiten. Die jährlichen Abschüsse werden durch kantonale Instanzen festgelegt, in denen die Forstwirtschaft, die Jägervereinigungen und die Naturschutzorganisationen vertreten sind.

So bestimmen 26 kantonale Jagdkommissionen demokratisch alljährlich über den Ablauf der Jagd, über Abschußzahlen und Abschußklassen. Die erstaunliche jagdliche Vielfalt in der Schweiz und ihre Erfolge werden von den eidgenössischen und kantonalen Jagdbehörden alljährlich in vorbildlicher Art veröffentlicht. Neben „harten" Daten, wie den zuverlässigen Angaben über die erreichten kantonalen Abschüsse, stehen selbstverständlich auch „weiche" Daten zur Verfügung, wie Bestandesschätzungen und die Angaben über Fallwild. Zweifellos wird nicht jedes von Fahrzeugen und landwirtschaftlichen Maschinen getötete Reh auch gemeldet. Und sicher werden auch nicht von jedem Reh, das von streunenden Hunden und neuerdings von Luchsen gerissen wurde, die Überreste gefunden.

Zwischen 1978 und 1984 wurden beispielsweise in den Kantonen Obwalden, Nidwalden, Uri, Luzern, Baselland und Waadt insgesamt 126 eindeutig von Luchsen gerissene Rehe gemeldet. Dies ist sicher nur ein sehr geringer Teil des tatsächlichen Verlustes, wenn man bedenkt, daß ein einziger Luchs, um zu überleben, pro Jahr bis zu 50 Rehe erbeuten muß (siehe Seite 227). Angaben über Fallwild spiegeln also höchstens bestimmte Tendenzen wieder. Das Gleiche gilt für die Bestandesschätzungen.

„Die Bestandeszahlen sind mit gebührender Vorsicht aufzunehmen" warnt der eidgenössische Jagdinspektor BLANKENHORN (1987): „Die Zählmethoden sind für einige Wildarten, insbesondere für Rothirsch und Reh, nicht sehr zuverlässig. Da über die Jahre hinweg jedoch etwa die gleichen Zähl- und

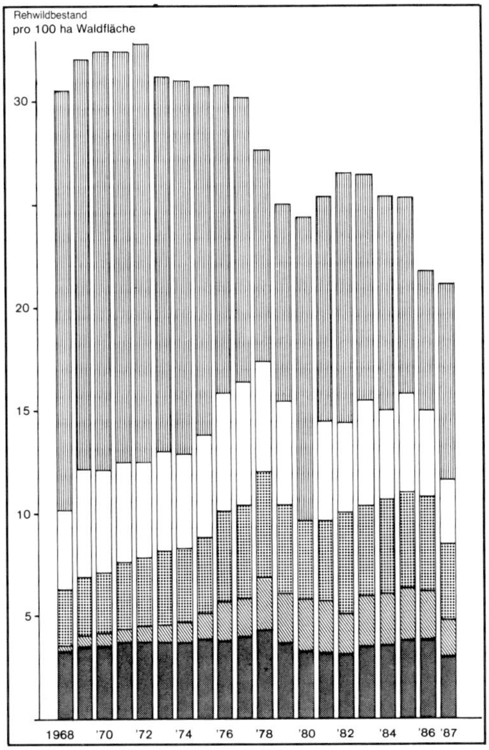

Kanton Zürich

Abb. 72: Entwicklung des geschätzten Rehwildbestandes und der jährlichen Verluste (Jagdstrekke und Fallwild) im Kanton Zürich (Waldfläche: 40 101 ha). Der Bestandesrückgang von mehr als 30 Stück auf 100 ha Waldfläche auf 21 Stück beruht vermutlich nicht allein auf vermehrten Abschüssen. Angaben nach Eidg. Jagdinspektorat, Bern.

Anzahl Geißen erlegt — Fallwild
Anzahl Böcke erlegt — geschätzter Bestand
Anzahl Kitze erlegt

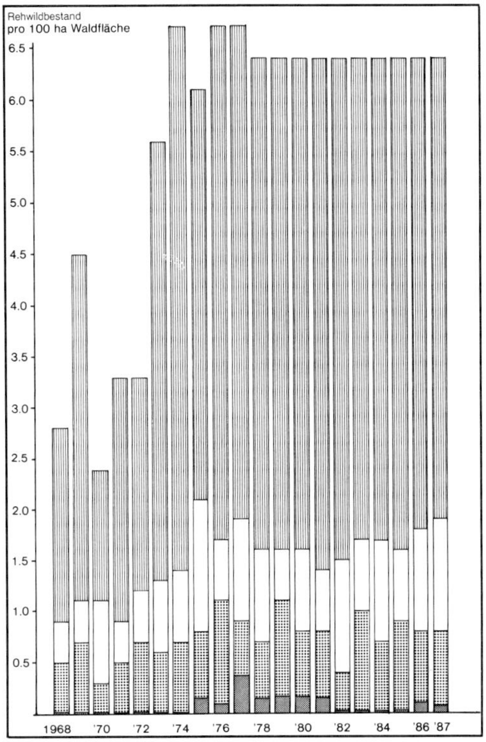

Kanton Graubünden

Abb. 73: Entwicklung des geschätzten Rehwildbestandes und der jährlichen Verluste (Jagdstrecke und Fallwild) im Alpenkanton Graubünden (Waldfläche: 179 148 ha). Anmerkungen siehe Abb. 72

Schätzfehler gemacht wurden, lassen sich die generellen Tendenzen doch recht gut erkennen.“ Und als das sollen sie im Folgenden auch betrachtet werden.

Fragen wir uns jetzt anhand kantonaler Statistiken, ob die bereits erwähnten Beispiele von Hespeler (1988) aus Isny im Allgäu und Schmid (1977) aus Kestenholz im Kanton Solothurn allgemein gültig sind. Sie lassen ja den Schluß zu, daß vermehrte Jagd mehr Beute schafft, aber nicht geringere Bestände.

Betrachtet man allein die Zürcher Jagdstatistiken der letzten 20 Jahre (Abb. 72), so ließ sich auf den ersten Blick das Gegenteil nachweisen: Vermehrte Jagd erbringt geringeren Bestand. Im Laufe der letzten 20 Jahre gelang es, den 1968 auf 14 950 Rehe geschätzten Bestand, das entspricht einer durchschnittlichen Dichte von 30 Rehen auf 100 ha Waldfläche, um ein Drittel auf geschätzte 10 400 oder 21,2 Rehe pro 100 ha Waldfläche zu senken.

Die Zürcher Jäger erhöhten dabei die Jagdstrecke und erlegten vor allem mehr Kitze (1968–1972 jährlich 139–388, 1983–1987 jährlich 880–1239). Allerdings ist im hochindustrialisierten, verkehrsreichen Kanton Zürich der Fallwildverlust verhältnismäßig groß und blieb es auch, als der geschätzte Bestand

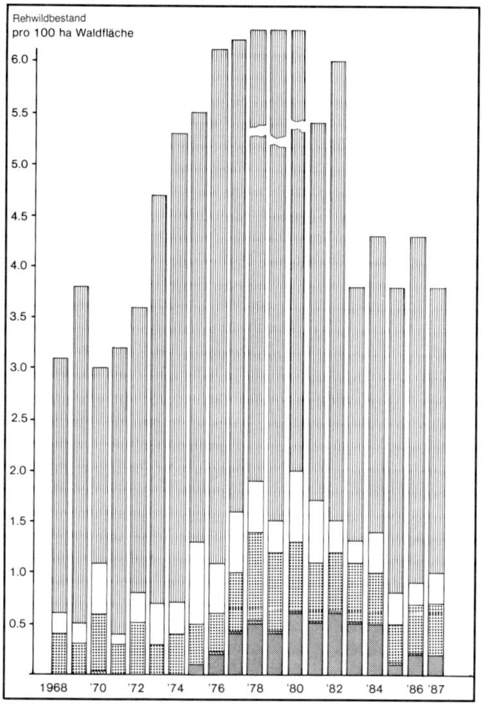

Abb. 73b: Entwicklung des geschätzten Rehwildbestandes und der jährlichen Verluste im Kanton Uri (Waldfläche 18 641 ha)

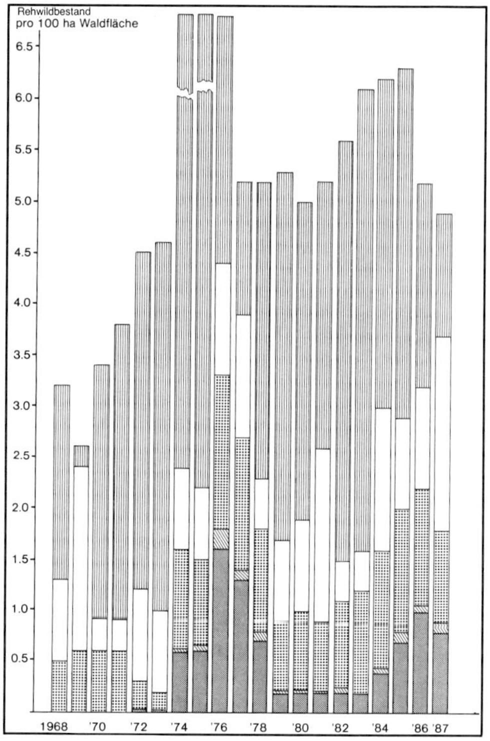

Abb. 73c: Entwicklung des Rehbestandes und der jährlichen Verluste im Kanton Glarus (Waldfläche 17 441 ha)

kleiner wurde. Zudem könnten Intensivierung der Landwirtschaft und Überbauung mit dazu beigetragen haben, daß der Bestand verringert wurde. Denn der Kanton Zürich ist eine der wenigen Ausnahmen; in anderen Landesteilen blieb der geschätzte Bestand mehr oder weniger gleich groß, obwohl die Jagd zum Teil erheblich intensiviert wurde. Das trifft sowohl für die Alpen-, Voralpen- und Mittellandgebiete zu.

In drei Alpenkantonen, Glarus, Uri und Graubünden, stiegen die Rehbestände bis in die Mitte der siebziger Jahre noch an und erreichten eine Dichte von 6,7 bis 7,4 Rehen auf 100 ha Waldfläche (Abb. 73). Dann pendelten sie sich mehr oder weniger ein, obwohl in den drei Gebieten ganz unterschiedlich gejagt wird: In Graubünden und Uri werden jährlich im Mittel 0,7 Rehe auf 100 ha Waldfläche erbeutet, vor allem Böcke, ganz wenig Geißen und kaum Kitze. Der mittlere, minimale jährliche Verlust (Jagdstrecke und Fallwild) beläuft sich auf 1,1 bis 1,5 Rehe auf 100 ha Waldfläche oder rund ein Viertel des geschätzten Bestandes. Im Kanton Glarus beträgt der mittlere jährliche Verlust aber 42 Prozent. Hier werden fast doppelt so viele Rehe, auch Geißen und Kitze, erlegt wie in Uri und Graubünden. Trotz statistisch gesehen größeren Abgängen ist der Bestand ziemlich konstant.

Lediglich in Schwyz, einem anderen Alpenkanton, fällt ein Zusammenhang zwischen vermehrter Jagdtätigkeit und geringerem Bestand auf (Abb. 74). Am Ende der sechziger Jahre hatte der Rehbestand hier seine maximale Ausbreitung von rund sechs Rehen auf 100 ha Waldfläche erreicht. 1987 waren es noch 3,5. In einigen Jahren waren die minimalen jährlichen Verluste nahezu so groß wie der geschätzte Bestand, erlegte man im Mittel doch 2,6 Rehe auf 100 ha Waldfläche und griff dabei stark in die Kitz- und Geißklassen ein.

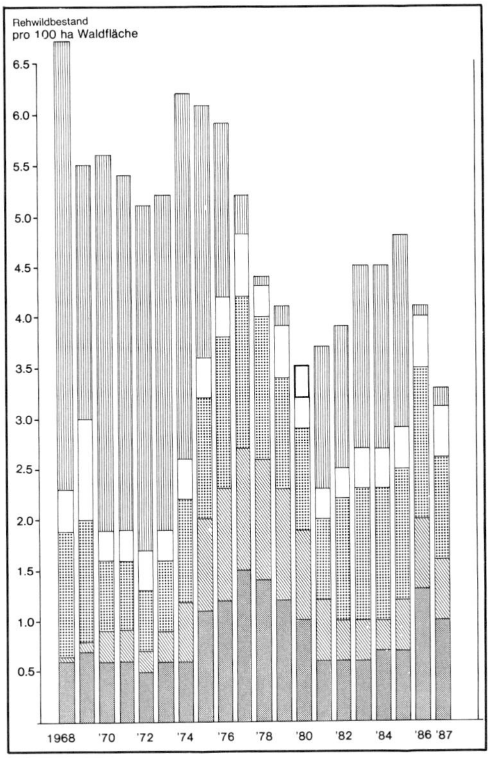

Abb. 74: Entwicklung des geschätzten Rehwildbestandes und der jährlichen Verluste (Jagdstrecke und Fallwild) im Kanton Schwyz (Waldfläche: 26 089 ha). Der Rehwildbestand wurde, möglicherweise infolge starker Bejagung, von 6,7 auf 3,3 Stück pro 100 ha Waldfläche verringert. Angaben nach Eidg. Jagdinspektorat, Berlin.
Anmerkungen siehe Abb. 72. Bemerke: 1980 waren die Verluste höher als der geschätzte Bestand

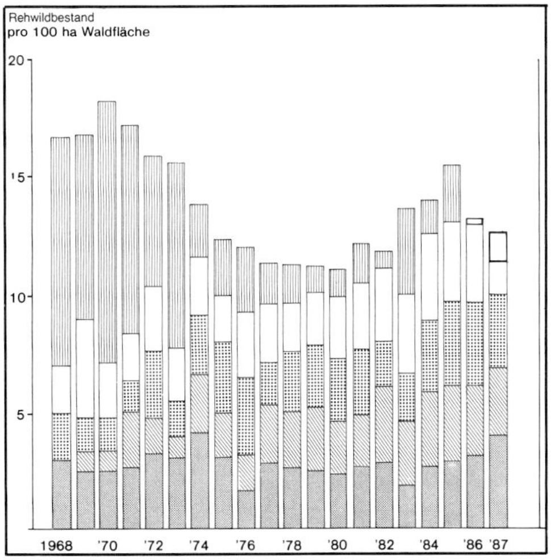

Abb. 75a: Kanton Appenzell-AR

Abb. 75a–d: Entwicklung des geschätzten Rehwildbestandes und der jährlichen Verluste (Jagdstrecke und Fallwild) in vier Voralpen- und Jurakantonen: Luzern (Waldfläche: 39 540 ha), St. Gallen (Waldfläche: 51 336 ha). Solothurn (Waldfläche: 31 013 ha) und Appenzell-Außerrhoden (Waldfläche: 61 656 ha). Trotz unterschiedlich hoher jährlicher Verluste bleiben die geschätzten Bestände mehr oder weniger gleich hoch. Angaben nach Eidg. Jagdinspektorat, Berlin.
Anmerkungen siehe Abb. 72. Bemerke: Im Kanton Appenzell A. Rh. sind 1986 und 1987 die jährlichen Verluste höher als der geschätzte Bestand

Ein ganz ähnliches Bild wie drei von vier ausgewählten Alpenregionen ergibt die Betrachtung von vier Voralpen- oder Juragebieten (Abb. 75): In den Kantonen Luzern, Appenzell-Ausserrhoden, St. Gallen und Solothurn schwankten die geschätzten Bestände in den letzten 20 Jahren in ähnlichem Maße zwischen minimal 12,8 und maximal 19,5 Rehen auf 100 ha Waldfläche. Im großen und ganzen blieben sie aber ziemlich konstant. Zwar verzichtete der Kanton Solothurn weitgehend auf den Kitzabschuß, der besonders in Appenzell verstärkt betrieben wird. Die mittlere Jahresstrecke beträgt in allen vier Kantonen 7,0–7,3 Rehe auf 100 ha Waldfläche. Der Fallwildverlust ist aber im Kanton Appenzell-Außerrhoden wesentlich höher. Hier erreichte der minimale jährliche Gesamtverlust in den letzten Jahren nahezu den geschätzten Wildbestand. Eine denkbare Senkung des Bestandes, sollte sie tatsächlich eingetroffen sein, ließe sich hier möglicherweise mit hohen Überlebensrisiken der Rehe in Verbindung bringen, die nichts mit der Jagd zu tun haben.

In den drei Mittellandgebieten, den Kantonen Baselland, Aargau und Thurgau (Abb. 76), betragen die geschätzten Rehwildbestände im Laufe der letzten zwei Jahrzehnte rund 20 Rehe auf 100 ha Waldfläche. Daran ändert auch die Tatsache nichts, daß in den drei Gebieten ganz unterschiedlich gejagt wird: Im Kanton Baselland wurden in den letzten

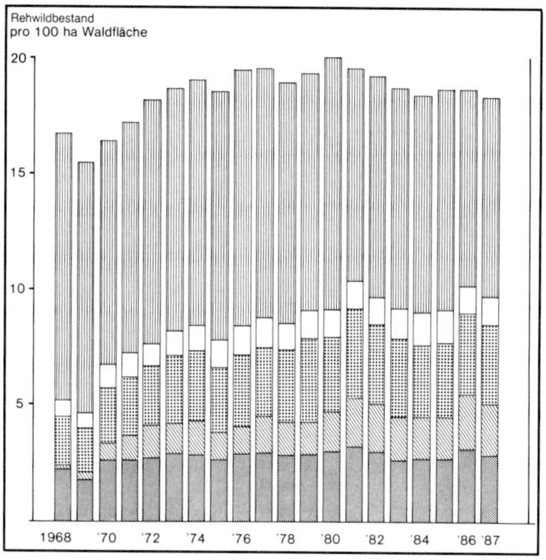

Abb. 75b: Kanton Luzern

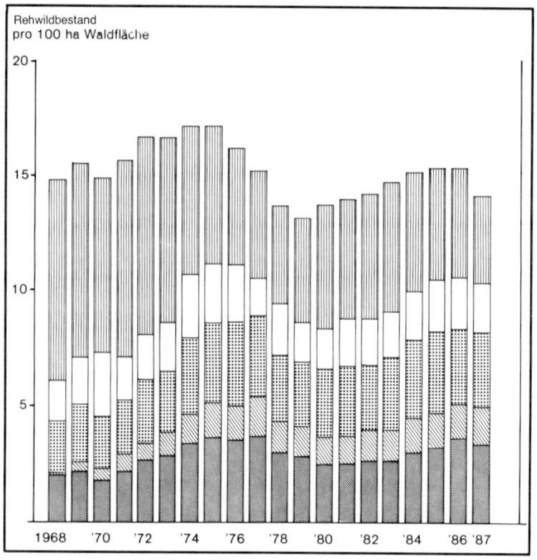

Abb. 75c: Kanton St. Gallen

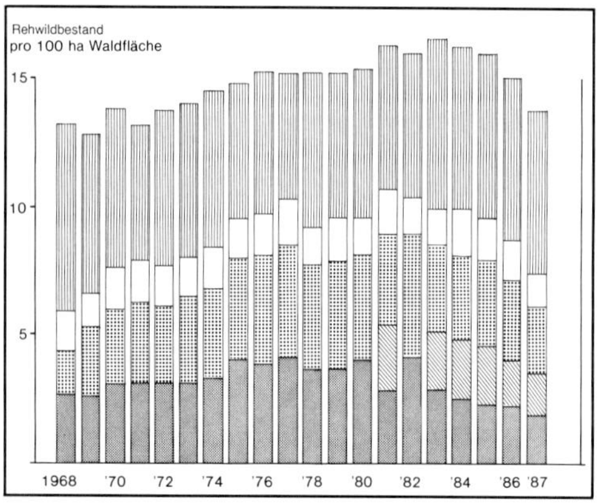

Abb. 75d: Kanton Solothurn

20 Jahren lediglich rund ein Drittel des geschätzten Bestandes erlegt, davon sehr wenige Kitze. Im Thurgau dagegen wurden rund zwei Drittel erbeutet, und man griff stark in die Kitz- und Geißklassen ein. Der Kanton Aargau liegt etwa in der Mitte der beiden Extreme.

Auch im Vergleich der drei mittelländischen Gebiete fällt auf, daß vermehrte Jagd den Bestand langfristig offenbar nicht zu senken vermag, obwohl im Kanton Thurgau der jährliche Verlust durch Jagd und Fallwild häufig gleich hoch ist wie der geschätzte Bestand.

Diese Beispiele aus der Schweiz machen deutlich, daß Rehe offenbar äußerst resistent sind gegen das Blei, das Forstwirte oft als einzige Lösung des Wildschadenproblems verordnen. Ein Rehbestand, so könnte man sagen, verhält sich ähnlich wie der Rosenbusch: Je mehr er beschnitten wird, um so kräftiger blüht er.

Befindet sich ein Bestand bereits in der Kümmerphase, wenn er plötzlich stark bejagt wird, so verringert dieser Eingriff lediglich die Nahrungskonkurrenz, kompensiert möglicherweise die sonst eintretenden natürlichen Verluste durch Wintersterben und ähnliches. Lücken, die die Jagd zusätzlich schafft, werden durch höhere Geburtenraten und Überlebenschancen des Nachwuchses sofort wieder geschlossen.

In waldreichen Gebieten sorgt während der Erhaltungsphase ein komplexes und damit äußerst störungsanfälliges, sozio-ökologisches System für geringen (weiblichen) Nachwuchs innerhalb strikt organisierter Weibchensippen. Wird dieses System durch starke Bejagung gestört, etwa durch den Abschuß der älteren, ranghöchsten Geißen, was unvermeidlich ist (siehe oben), so bricht es auseinander. Der soziale Streß auf jüngere Geißen wird aufgehoben und ihre Nachwuchsrate damit erhöht. Der Bestand geht, auch wenn er hoch ist, in eine neue Pionierphase über.

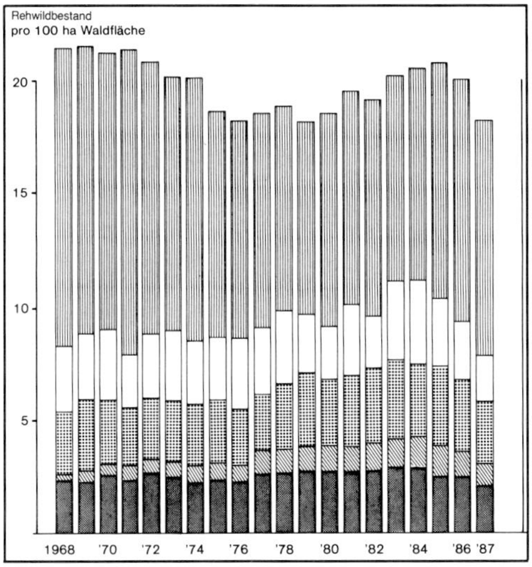

Abb. 76a: Kanton Baselland

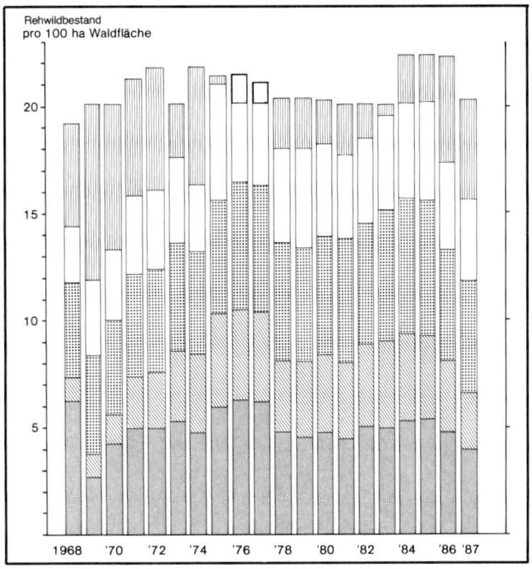

Abb. 76b: Kanton Thurgau

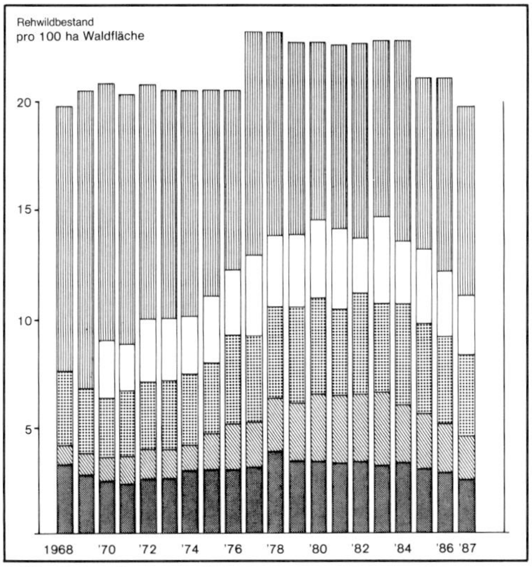

Abb. 76c: Kanton Aargau

Abb. 76a–c: Entwicklung des geschätzten Rehwildbestandes und der jährlichen Verluste (Jagdstrecke und Fallwild) in drei Mittelland-Kantonen: Baselland (Waldfläche: 14 897 ha), Aargau (Waldfläche: 48 668 ha) und Thurgau (Waldfläche: 19 185 ha). In allen drei Gebieten bleibt der geschätzte Rehwildbestand ungefähr gleich hoch, obwohl Jahresstrecken und das Verhältnis der erlegten Alters- und Geschlechterklassen verschieden sind. Angaben nach Eidg. Jagdinspektorat, Bern.
Anmerkungen: Siehe Abb. 72. Bemerke: Im Kanton Thurgau betrugen in den Jahren 1976 und 1977 die jährlichen Verluste mehr als der geschätzte Bestand

10.7 Löst vermehrter Abschuß das Wildschadenproblem?

Ob durch vermehrte Jagd, die den Bestand offenbar nur vorübergehend, das heißt bis zur nächsten Setzzeit, zu senken vermag, Wildschäden verringert werden und sich der Wald wiederum vermehrt natürlich verjüngt, möchte ich anhand von zwei Beispielen erläutern:

Ein Beispiel, das oft im Zusammenhang zwischen starker Bejagung und Wildschadenverhütung genannt wird, betrifft den Villinger Stadtwald im Schwarzwald. Dieses tannenreiche Altholz entstand, wie viele der heutigen Wälder des Schwarzwaldes, in der ersten Hälfte des 19. Jahrhunderts. Damals war der Rehbestand infolge der Revolution von 1848, infolge Wilderei und lockerer Jagdgesetze äußerst niedrig.

Um die letzte Jahrhundertwende, so schreibt RODENWALDT (1973), „treten dann aber plötzlich Hinweise auf Verbißschäden und Vorschläge zur Wildschadenverhütung auf! Die moderne Jagdgesetzgebung wirkte sich aus, sie schränkte den Kreis der Jagdausübungsberechtigten durch das Revierjagdsystem und die Jagdausübung selbst durch Schonzeiten usw. ein. Es blieb aber zunächst der Schrotschuß. Aus meinem Forstbezirk ist mir bekannt, daß noch 1932 im Wald jedes Jahr Treibjagden auf Rehwild abgehalten wurden, bei denen – wahllos geschossen – mit Schrot Tagesstrecken von 40 Stück erzielt wurden."

Ein plötzlicher und starker Anstieg des Bestandes und damit eine ernsthafte Gefahr für die Tannenverjüngung brachte ungewollt dann das Reichsjagdgesetz von 1934 mit dem Verbot des Schrotschusses und dem einschränkenden Gebot des Wahlabschusses, der Hege mit der Büchse.

1945 trat wieder ein Umschwung ein. Die Besatzungstruppen schossen die Reviere buchstäblich leer. Der Rehbestand hielt sich auf etwa einem Stück pro 100 Hektar. Tannenverjüngung stellte sich sofort wieder reichlich ein. 1952 ging dann die Jagdhoheit wiederum in deutsche Hand über, und die Jäger im Schwarzwald sahen es nun als ihre wichtigste waidmännische Pflicht an, so rasch wie möglich einen hohen Wildbestand von 20 bis 30 Stück je 100 Hektar heranzuhegen, der zum schwerwiegenden waldbaulichen Problem wurde. Nicht so im Villinger Stadtwald. Hier wurde fortan unter der Leitung des Forstamtes gejagt. Dabei ging es darum, den Rehbestand so niedrig zu halten, daß eine 1950 durch vorsichtigen Schirmhieb eingeleitete Tannenverjüngung erhalten blieb.

Zwar entwickelte sich der Rehbestand um das Doppelte über die als waldbaulich tragbare Dichte erachteten sechs Stück auf 100 Hektar und hält sich seit 1958 auf durchschnittlich 13 Stück, also etwa auf der Hälfte der Dichte der umliegenden Gebiete. Eine jährliche Reduktion von durchschnittlich 53 Prozent des geschätzten Frühjahrsbestandes macht dies möglich. Der Verjüngungserfolg der Tanne ist seither auf großen, ungezäunten Flächen gesichert. Der Erfolg beruht sicher aber auch darauf, so RODENWALDT, „daß die Verjüngungen großflächig eingeleitet und das Rehwild auf so großer Fläche damit nicht „fertig wurde". Ökologisch sinnvolle Bejagung – so das Fazit – muß durch entsprechende waldbauliche Maßnahmen unterstützt werden.

Kehren wir jetzt aber wieder in die Schweiz zurück und betrachten den Wildschaden im Kanton Thurgau! Hier fanden in den letzten zwei Jahrzehnten die bedeutendsten jagdlichen Eingriffe in der Schweiz statt. Um die Jahrhundertwende vermehrten sich in der Nordostschweiz die Rehbestände. 1910 verbot man im Thurgau die Jagd auf Geißen und Kitze. 1925 beklagten sich die Waldkorporationen. Neben unerträglichen Wald- und Flurschäden wurde bald auch eine katastrophale Verseuchung des Rehbestandes durch Rachenbremsen und später durch Tuberkulose gemeldet. 1935 grassierte die Ruhr. Der Thurgauer Rehbestand hatte seine Kümmerphase erreicht.

Das stufenweise Bemühen seit den dreißiger Jahren, die Wald-Wildfrage zu lösen, gipfelte 1970 in der energischen Forderung, bis Ende der Jagdpachtperiode 1970–1978 die Rehbestände besonders im Winterhalbjahr vorübergehend auf die wirtschaftlich tragbare Dichte zu reduzieren.

Das Ziel wurde inzwischen auch erreicht. Das kann unschwer am Zustand des Waldes nachgewiesen werden. Naturverjüngungsflächen wachsen wieder auf. Der Bau neuer Zäune wurde in dieser Zeitspanne um die Hälfte verringert. Allein im Jahre 1978 wurden doppelt so viele alte Zäune abgebrochen wie neue errichtet. Zäune werden nur noch in kleinräumigen extensiv bewirtschafteten Privatwäldern gebaut. Ihre äsungsarmen Bestände zwingen das Reh an Nutzhölzer. Hier müssen die einschneidenden Schutzmaßnahmen so lange dauern, bis sich ein nachhaltiger Durchforstungs- und Verjüngungsrhythmus eingestellt hat, der dann auch den Lebensraum für das Reh verbessern wird. Dort, wo gute Reheinstände in Form von Randlinien (siehe Seite 41) unmittelbar an Jungwüchse stoßen, ist der Äsungsdruck ausgesprochen hoch. Wegen ihrer Größe und ungünstigen Form können solche Flächen nicht gezäunt werden. Hier helfen Einzelschutz aufwachsender Bäume und Abschuß des Wildes. Durch die straffe Handhabung ihrer Aufgabe haben die Thurgauer Revierjäger den Rehwildbestand angepaßt. Die Förster können sich an Stelle von aufwendiger Arbeit zur

Wildschadenverhütung mit der konsequenten Durchforstung beschäftigen. Sie hat die Bodenvegetation aktiviert und damit auf weiten Flächen zusätzliche Äsungsmöglichkeiten geschaffen. Im Kanton Thurgau sind die jagdlichen und forstlichen Ziele in einem freiheitlichen Rahmen und in enger Zusammenarbeit zwischen Jägern und Förstern erreicht worden. Dort werden nachhaltig 15 bis 20 Rehe pro 100 ha Waldfläche und Jahr gestreckt.

Anscheinend konnte dort die Wilddichte ebenso wenig wie in den anderen erwähnten Beispielen unter ein bestimmtes Minimum gesenkt werden (Abb. 76). Wie hoch sie in Wirklichkeit ist, kann nicht genau gesagt werden. Im Thurgau wird die Abschußquote nicht in erster Linie aufgrund einer fragwürdigen Bestandesschätzung festgelegt, sondern auf Grund der Verjüngungsfähigkeit des Waldes. Konkret heißt dies: Es wird beispielsweise solange vermehrt gejagt, bis sich etwa die Weißtanne natürlich verjüngt.

Ohne Liberalisierung der jagdlichen Vorschriften, ohne Verlängerung der Jagdperioden und ohne Ausbildung der Jäger hätten die erhöhten Abschüsse im Kanton Thurgau nicht durchgeführt werden können. „Es ist selbstverständlich, daß nach waidmännischen Grundsätzen gejagt wird", schreibt Forstmeister Rieder (1980): „Unter dem Begriff der Waidgerechtigkeit verstehe ich die unmißverständliche Forderung des Tierschutzes. Dazu gehört beispielsweise, daß vermieden wird, führende Geißen vor den Kitzen wegzuschießen oder dem Wild schußhitzig und aus Mangel an jagdlichem Können unnötige Qualen zuzufügen. Alle möglichen Einschränkungen unter dem Titel Wahlabschuß einerseits und das Erlegen ausgerechnet der stärksten Böcke andererseits kennzeichnen indessen eine Jagdethik, die bestenfalls unsere vordergründigen jägerischen Gelüste rechtfertigt, sich aber bei näherem Zusehen in hoffnungslose Widersprüche im undurchsichtigen Bereich von Selbstgerechtigkeit und vermeintlicher Wissenschaft verstrickt."

Wie sehen im Thurgau nun aber die finanziellen Aspekte des Wildschadens aus? Zwischen 1968 und 1975 stiegen die Gesamtausgaben von 448 auf 931 Franken pro 100 Hektar Wald rapide an. Dann fielen sie bis 1985 ab – wahrscheinlich infolge massiver Jagd, möglicherweise infolge des Effekts von Waldsterben, Dünger aus der Intensivbewirtschaftung der Felder, besserer Durchforstung der Wälder oder infolge aller dieser Veränderungen. In den letzten Jahren stiegen sie wiederum leicht (Abb. 77). Grob gesehen gab es aber keine Erhöhung der finanziellen Aufwendungen, seit sehr stark gejagt wurde. Allerdings liegen im Kanton Thurgau die Wildschadenkosten im Vergleich zu den meisten anderen Schweizer Kantonen ausgesprochen hoch.

Dieser scheinbare Widerspruch beruht auf der Tatsache, daß in der Schweiz die Lösung des Wildschadenproblems Sache der Kantone ist; und es bleibt jedem von ihnen überlassen, was er als Wildschaden anerkennen und vergüten, und wieviel er für Verhütungsmaßnahmen ausgeben will oder kann. In den letzten Jahren wurden, gesamtschweizerisch betrachtet, mit rund zwei Drittel der Wildschadengelder Wildschäden vergütet. Der Kanton Thurgau investierte dagegen in derselben Zeit rund 80 Prozent seiner Ausgaben für Wildschaden für teure Einzelschutzmaßnahmen. In Anbetracht steigender Löhne stehen seine verhältnismäßig hohen finanziellen Aufwendungen in keinem Widerspruch zu denen von Rieder beschriebenen Erfolgen natürlicher Waldverjüngung.

Betrachtet man von den anderen in diesem Bericht erwähnten Schweizer Kantonen diejenigen, die bis heute „hirschfrei" geblieben sind, bezüglich ihrer finanziellen Aufwendungen für Wildschäden, so folgt Zürich, wo der Rehbestand sogar sank, den Verhältnissen im Kanton Thurgau (Abb. 77). Eindeutig sanken aber die Wildschadenkosten im Kanton Solothurn. Hier verkleinerte sich der geschätzte Rehbestand nicht, obwohl das Rehwild stärker bejagt wurde.

Meiner Meinung nach schrumpften die Wildschäden, weil sich in dem kleinen Kanton am Südfuß des Juras, wo die Erschließung der Wälder gesetzlich stark eingeschränkt ist, die Jäger in vorbildlicher Weise mit den ansässigen Naturschutzorganisationen verbündeten. In unzähligen freiwilligen Arbeitsstunden halfen sie mit, Hecken, naturnahe Waldränder und Trockenrasen anzulegen. Sie unterstützten die Bemühungen, Bäche zu renaturieren. Derartig „grüne" Ideen fanden in der Solothurner Jägerschaft aber auch eine maßgebende politische Kraft.

In vier anderen Kantonen (Appenzell-Außerrhoden, Luzern, Baselland und Aargau) stiegen die finanziellen Aufwendungen für Vergütung und Verhütung von Wildschäden tendenziell sehr stark an (Abb. 77), obwohl der geschätzte Rehbestand sich nicht vergrößerte und zum Teil massiv gejagt wurde.

Bevor ich nun versuche, dieses Phänomen zu interpretieren, möchte ich zusammenfassen: Die Jagd, so kann man füglich behaupten, wird mit dem Rehwildproblem, will man es lediglich als Folge hoher Bestände betrachten, nur in seltenen Ausnahmen fertig. Dies beruht auf verschiedenen Ursachen: Man unterschätzt dabei auf der einen Seite ganz einfach das rasche Anpassungsvermögen des Rehes an die jagdliche Bedrohung durch den Menschen, ebenso seine Fähigkeit, mit erhöhter Zahl aufgezogener (weiblicher) Kitze entstandene Lücken in kürzester Zeit zu schließen. Andererseits fiel lange Zeit niemandem auf, daß Wildschaden auch durch Veränderungen der Umwelt und auf Ursachen, auf die ich noch zurückkommen will, zurückzuführen ist.

Zweifellos gelänge es, den Rehbestand arg zu dezimieren oder örtlich gar auszurotten. Das bewiesen Wilderer immer wieder bis in die Jahre nach dem Zweiten Weltkrieg. In Anbetracht der heute arg in Mitleidenschaft gezogenen Wälder hieße dies aber, sämtliche waidgerechten, tierschützerischen Regeln außer acht lassen. Das hieße Aufhebung sämtlicher zeitlicher Beschränkungen der Jagd, die Einführung der Nachtjagd mit Blendlampen und Schalldämpfern, wenn nicht gar die Legalisierung von Schlingen- und anderer Fallenjagd. An derartige Veränderungen denkt wohl niemand.

Es ist durchaus möglich, mit extrem strenger Bejagung und mit entsprechend naturfreundlicher Forstwirtschaft, wie im Kanton Thurgau, sowie mit Wiederherstellung naturnaher Lebensgemeinschaften, wie im Kanton Solothurn, den Wildschaden in ökologisch tragbarem Maß zu halten. Total ausgeschlossen kann er nie werden. „Wildschaden" durch Schlüsselarten wie das Reh war immer das Mittel der Natur, um die fortwährende Abfolge von Lebensgemeinschaften im Gange zu halten (siehe Seite 210).

Vorausgesetzt, der jagdliche Eingriff erfolgt zwischen Frühling und Frühwinter, so kann

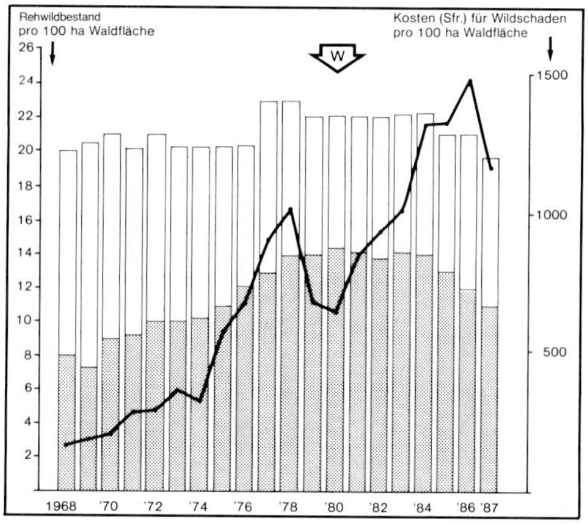

Abb. 77a: Kanton Aargau

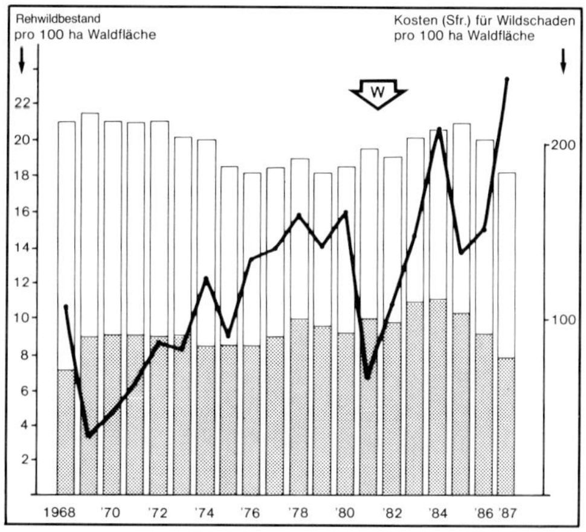

Abb. 77b: Kanton Baselland

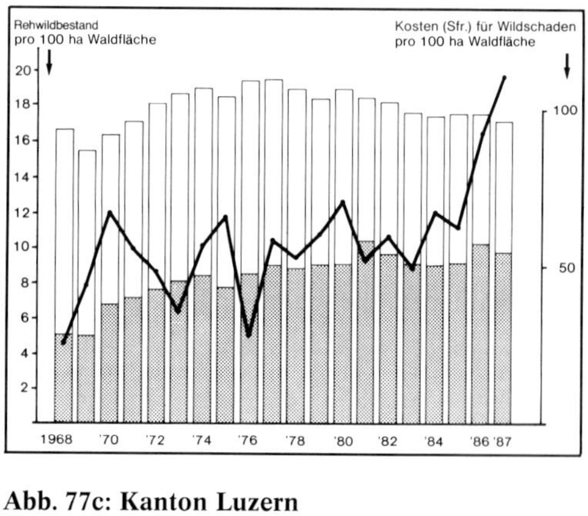

Abb. 77c: Kanton Luzern

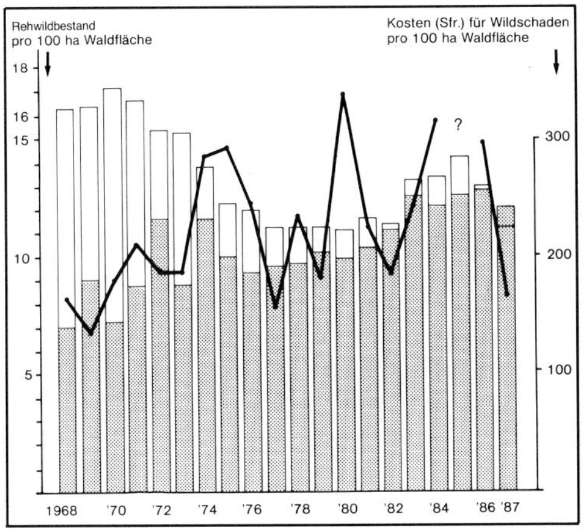

Abb. 77d: Kanton Appenzell-Außerrhoden

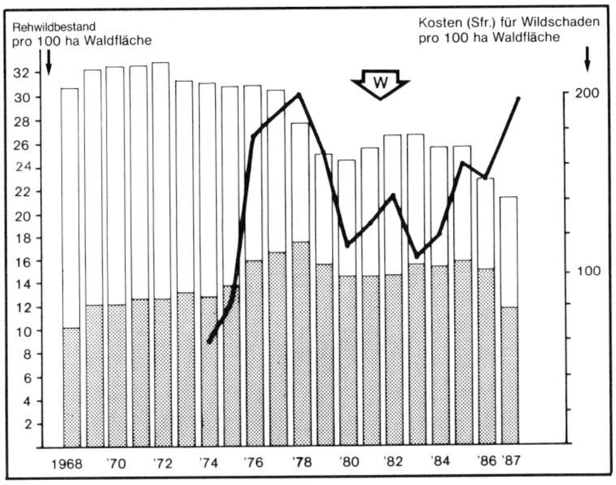

Abb. 77e: Kanton Zürich

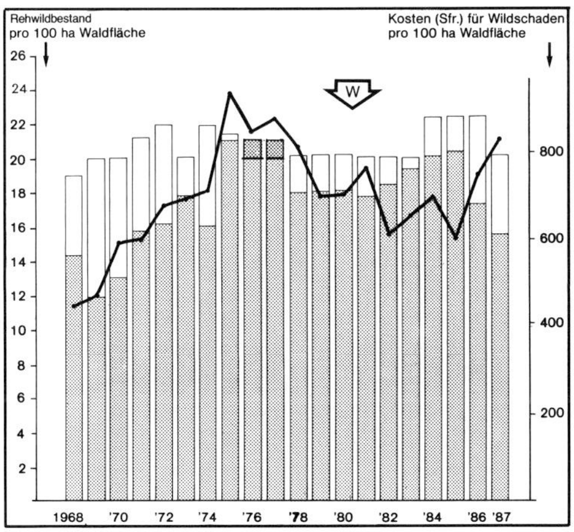

Abb. 77f: Kanton Thurgau

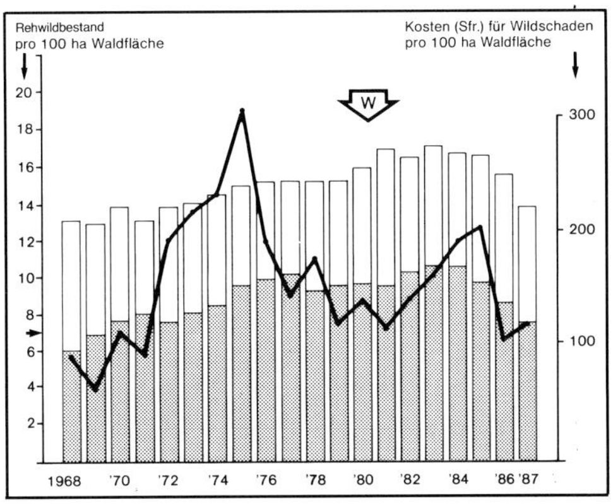

Abb. 77g: Kanton Solothurn

Abb. 77a–g: Entwicklung der geschätzten Rehwildbestände und der jährlichen Verluste (Jagdstrecke und Fallwild) und der Ausgaben für Wildschadenverhütung und -vergütung in den Kantonen Aargau, Baselland, Luzern, Appenzell-Außerrhoden, Zürich, Thurgau und Solothurn. Trotz gleichbleibenden oder sinkenden Rehbeständen steigen in den meisten Gebieten die Auslagen und damit wahrscheinlich auch die Wildschäden an. Im Kanton Thurgau bleiben sie, wahrscheinlich wegen massiver Bejagung, ziemlich konstant und im Kanton Solothurn sinken sie möglicherweise wegen tiefgreifender Maßnahmen zur Renaturierung der Landschaft. Zwischen 1979 und 1983 gingen die Ausgaben und damit wahrscheinlich auch die Wildschäden in den meisten Kantonen möglicherweise infolge des Waldsterbens und durch luftverfrachteten Dünger zurück (Pfeil W). Angaben nach Eidg. Jagdinspektorat, Berlin. Kosten für Wildschadenvergütung und -verhütung. Weiß: geschätzter Bestand pro 100 ha Waldfläche; schwarz: Jahresverluste (Jagdstrecke und Fallwild) pro 100 ha Waldfläche

vermehrte Jagd Wildschaden tatsächlich senken. Verhältnismäßig hohe Sommersterblichkeit bedingt auch starkes Wild im Winter. Das ging aus den Untersuchungen von STRANDGAARD (1977) in Dänemark hervor (siehe Seite 217). Je früher die Jagd innerhalb der freigegebenen Jagdzeiten erfolgt, desto höher ist die Strecke pro Zeiteinheit, und desto leichter fällt das Ansprechen von unterscheidbaren Altersklassen. Das trifft ebenso für Böcke wie für Ricken zu. Je mehr Abschüsse in den Winter verlagert werden, desto zeitaufwendiger und ökologisch problematischer werden sie. In einer Periode mit vermehrtem Ruhebedürfnis und geringerem Äsungsangebot können sie wesentlich zur Störung des Wildes beitragen.

Störungen durch den Menschen erhöhen, so meine ich, ganz wesentlich den Wildschaden. Diese vielleicht etwas absonderliche Meinung bedarf der Erklärung. Doch vorerst einige andere Erklärungsmöglichkeiten: Wie bereits erwähnt, nahmen in der Schweiz und wohl auch anderswo die Wildschäden zu, obwohl der geschätzte Rehbestand nicht anwuchs und stärker bejagt wurde. Einmal liegt es auf der Hand, daß die Kosten für Wildschadenverhütungen steigen, je mehr schadenanfällige Flächen eingezäunt und bedrohte Holzpflanzen mit Einzelschutz versehen werden. Dadurch steigen wahrscheinlich aber wiederum die Auslagen für Wildschadenverhütungen. Denn die Rehe sind ja jetzt zunehmend gezwungen, immer mehr Äsung in immer kleineren und ungünstigeren Flächen aufzunehmen.

Diese Annahme könnte für den Kanton Aargau zutreffen. Dort sind die jährlichen Ausgaben noch höher als im Kanton Thurgau (Abb. 77), und die Aufwendungen für Wildschadenverhütung sind, gemäß den allerdings unvollständig vorliegenen Angaben, etwa so hoch wie diejenigen für Vergütungen. Im Kanton Baselland, wo ähnlich wie im Aargau die Ausgaben stark anstiegen, werden aber gemäß den Angaben des eidgenössischen Jagdinspektorates vor allem Wildschäden vergütet (92 % der Gesamtaufwendungen), kaum aber verhütet. Hier trifft die Annahme, daß durch massive Verhütungsmaßnahmen die Wildschadenkosten steigen, nicht zu. Folglich sollte diese Annahme auch nicht verallgemeinert werden.

Man kann aber annehmen, daß der Schaden des Rehwildes an Nutzhölzern trotz gleichbleibendem Bestand laufend steigt. Dies trifft dann ein, wenn das (Winter-) Äsungsangebot geringer ist als die Nachfrage. Dann werden von Jahr zu Jahr immer weniger noch zur Verfügung stehende Pflanzen immer heftiger verbissen und damit lebensgefährlich geschädigt. Viele, z. T. auch in diesem Bericht erwähnte Studien sprechen für diese Annahme.

Schließlich könnte man auch argumentieren, daß die Rehbestände (und damit auch die Wildschäden) zugenommen haben, gleichzeitig aber infolge steigender menschlicher Störungen vorsichtiger wurden. Daher könnten die Zunahmen nicht abgeschätzt werden. Unter solchen Bedingungen sollten aber die Fallwildzahlen (z. B. die Zahl der ausgemähten Kitze oder die an natürlichen Ursachen gestorbenen Rehe) steigen. Dies ist nicht der Fall. Die Schätzungen liegen zwar weit unter den tatsächlichen Werten, sie geben aber auch heute noch den Trend der Bestandesentwicklung wieder, obwohl Rehe zunehmend durch die verschiedensten menschlichen Aktivitäten gestört werden.

10.8 Störungen durch menschliche Aktivitäten

Fluchtverhalten kostet ungemein viel Energie. Hofmann (1988) schätzt 400 Prozent im Vergleich mit dem Verbrauch beim Stehen bzw. Äsen. Er fährt fort: „Durch unsere eigenen Untersuchungen in Bayern und Hessen und durch die langjährigen Arbeiten A. v. Bayerns in der Steiermark hat sich gezeigt, daß bei weitgehender Ausschaltung des „Störfaktors Mensch“ selbst bei hohen Wilddichten (aufgrund ungehinderter Selektivität und Einhaltung des Tagesrhythmus) das Rehwild sich ohne negativen Einfluß auf Forstpflanzen artgerecht ernährt und seinen Jungen differenzierte Äsungsgewohnheiten einprägen kann.

In der Tat ist der menschliche Störfaktor beachtlich: Die siedlungsnahen Waldgebiete ziehen tagtäglich Abertausende von erholungssuchenden und naturhungrigen Menschen an, von Rentnern und Hundebesitzern, Pfadfindern, Schulklassen, Joggern, Pilzsuchern, Langläufern, Vogelkundlern und Jägern. Die Zahl der Menschen ist in Wäldern tagsüber oft höher als die Zahl des Wildes, das im Wald Schutz vor Störungen durch den Menschen sucht.

Längst finden Menschen aber auch in siedlungsfernen Gebirgswäldern Erholung. Allein in der kleinen Schweiz können 2000 Seilbahnen und Skilifte stündlich eine Million Menschen in die Höhe baggern. Für Skipisten wurden überall in den Alpen Schneisen in uralte Bergwälder geschlagen und Alpweiden aufgeschürft. Und just im Moment, wo das Angebot an präparierten Pisten der Nachfrage der Sportbegeisterten entspricht, macht sich ein neuer Trend breit: Das Alternativskifahren neben der Piste bringt wie der Flug mit dem Gleitsegler oder die Fahrt mit dem Mountainbike offenbar den Städtern ganz neue Freiheitsgefühle.

Die Naturnutzung durch Erholungssuchende und Freizeitsportler stieg in den letzten Jahren: In einem Revier des Hessischen Berglandes tauchte im Sommer 1970 tagsüber alle fünf Stunden ein Mensch auf – sechs Jahre später jede halbe Stunde. Das fand MÜLLER (1979) im Zusammenhang mit seinen Studien an Auer- und Birkwild. Im Naturschutzgebiet „Rotes Meer" in der Hochrhön zählte er im Winter 1973 im Mittel fünf Wanderer oder Langläufer pro Stunde, 1981 waren es 30.

Doch so harmlos die Absichten der meisten Waldbesucher auch sind, ihre Feindbedeutung haben sie für Wildtiere nicht verloren. „Der Zusammenhang zwischen dem Rückgang der ‚Küken-Produktion' einer deswegen inzwischen ausgestorbenen Auerhuhnpopulation im Hessischen Bergland und der Zunahme von Störungen im dortigen Biotop ist hochsignifikant", schreibt MÜLLER, „ebenso wie die rapide Zunahme der Störungen in dem Naturschutzgebiet ‚Rotes Meer' und die damit einhergehende Abnahme des dortigen Birkhuhnbesatzes."

Rehe sterben infolge menschlicher Störungen zwar nicht aus. Sie werden deswegen auch nicht seltener. Sie ändern aber zwangsläufig ihren Tagesablauf, brauchen, wie bereits erwähnt, mehr Energie und müssen dementsprechend mehr äsen, häufig just im Winterhalbjahr, in dem das Äsungsangebot ohnehin äußerst knapp ist und meist nur aus Knospen von Jungbäumen besteht.

Rehe zeigen gegenüber Menschen in der Regel viel größere Fluchtdistanzen als gegenüber Motorfahrzeugen oder Pferdefuhrwerken. Rehe finden sich allerdings besser mit Störungen ab, die in Raum und Zeit voraussagbar sind, als mit plötzlichen. So haben sie beispielsweise gegenüber Spaziergängern, die zu ganz bestimmten Tageszeiten an ganz bestimmten Orten erscheinen und sich an die Wege halten, geringere Fluchtdistanzen und kürzere Fluchtwege als gegenüber solchen, die die Wege verlassen haben.

In den Erholungsgebieten des Oberengadins fliehen Rehe vor Menschen, die sich an die zahlreichen Spazierwege halten, erst bei Annäherung auf etwa 20 Meter, und ihr Fluchtweg ist kaum 100 Meter. Vor einem Skifahrer flüchten sie, wie NÄSLUND (1978) feststellte, aber bereits auf 200 Meter Entfernung, und die Flucht verläuft über 400 Meter. Auch die Erscheinungsweise des Menschen wirkt sich auf das Fluchtverhalten aus. Unerwartetes Auftauchen einer sich rasch nähernden und entfernenden Gestalt mit der Geschwindigkeit, die der natürlicher Feinde entsprechen kann, wirkt sich besonders gravierend aus, findet MEILE (aus MAGGIO 1988). Zu solchen Schreckreaktionen kommt es besonders bei Alternativskilauf und ganz besonders beim Orientierungslauf. Unterstrichen werden sie noch durch auffallende Kleidung der Sportler, ungewohnte Laute mit besonderer Feindbedeutung wie lautes Atmen, Stimmen, Knistern der Äste und durch sich verhältnismäßig langsam verflüchtigenden Geruchskombinationen aus Schweiß, Creme, Gesichtswasser, Haarlacke, Parfums und dergleichen. Gerade bei einer Wildart wie dem Reh, das sich in hohem Maße geruchlich orientiert und mit entsprechend feinen Geruchssinnesorganen ausgestattet ist (siehe Seite 37), kommen solchen Störungen Langzeitwirkungen zu.

Orientierungsläufe, wie sie von einer winzigen Minderheit (0,05 % der Bevölkerung) unternommen werden, zählen zu den ärgsten Störfaktoren. Denn bei solchen Veranstaltungen wird das Wild durch kreuz und quer durch den Wald laufende Teilnehmer gleichzeitig von vielen Seiten „bedroht". Panische Schreckfluchten mit tödlichen Ausgängen sind dabei unvermeidlich. Dazu gibt MAGGIO (1988) eindrückliche Beispiele.

Das plötzliche Auftreten eines Menschen ist nicht ein kurzzeitiges Ereignis, das Rückzug und Flucht auslöst, sondern ein Eingriff in das Raum-Zeit-System des Rehwildes. Regelmäßige Störungen blockieren deshalb häufig wichtige Lebenszentren des Wildes, weil Menschen die genau gleichen Räume bevorzugen. Dazu zwei Beispiele:

Forststraßen, die in den Nutzwäldern zur

besseren Walderschließung in den letzten Jahrzehnten viel beigetragen haben, verlaufen häufig auf Hangterrassen oder auf Hangkuppen. Diese Raumausschnitte sind aber wichtige Ruhezentren für das Wild (siehe Seite 43). Wo immer aber Erschließungsstraßen gebaut werden, folgt der erholungsuchende Mensch unverzüglich. Zweifellos wächst entlang solcher Straßen mehr Nahrung, es dringt ja mehr Licht in den Wald. So etwa in Baden-Württemberg; dort baute allein die Staatsforstverwaltung zwischen 1953 und 1982 4334 Kilometer Fahrwege. „Unterstellen wir beidseitig des Weges eine mittlere Lichtschattentiefe von nur je vier Metern", meint HESPELER (1988), „auf denen auch Äsungspflanzen des Rehes wachsen, so entstanden im Staatswald Baden-Württembergs seit 1953 nicht weniger als 3467 Hektar zusätzliche Äsungsfläche." Aller Wahrscheinlichkeit nach kann sie aber nicht ungestört benutzt werden, weil die zusätzlichen Straßen auch vermehrte menschliche Aktivitäten anlocken.

In diesem Zusammenhang liefert JAHN (1979) aus dem berühmten Versuchs- und Forschungsrevier Weichselboden des Herzogs Albrecht v. Bayern eindrückliche Informationen: „Ein enormer Windwurf hat im November 1966 große Teile der damals noch vorhandenen Altbestände vernichtet. Auf 9000 Hektar sind aus dieser Waldkatastrophe 400 000 Festmeter Holz angefallen. – Das früher sehr ruhige Revier hat durch diesen Windwurf starke Veränderungen erfahren. Es wurden 54 Kilometer Straßen gebaut, und über 600 Arbeiter waren für die Räumung während rund zwei Jahren eingesetzt. Die Kahlflächen überwucherten bald mit üppiger Äsung, das Wild benützt diese jedoch nur wenig, offenbar aus Angst, die weitab liegenden Deckungen bei plötzlich auf den Straßen auftretenden Störungen nicht schnell genug zu erreichen."

Weitere wichtige Zentren im Lebensraum der Rehe sind Lichtungen und Waldränder. Hier wächst ein Großteil der Äsung. Hier konzentrieren sich aber auch menschliche Aktivitäten. Hier werden die Trimm-Dich-Pfade gebaut, die Rastplätze und Feuerstellen. Entlang von Waldrändern verlaufen die am häufigsten benutzten Spazierwege. Und wenn sich am Abend die Besucher endlich verzogen haben, stellt sich der Großbauer ein, um im Scheinwerferlicht seiner Maschinen zu mähen, zu pflügen oder anzusäen.

Dies alles ist mit ein Grund, wieso die Rechnung, die ich im letzten Kapitel aufgemacht habe, nicht aufgeht. Die Rechnung nämlich, daß die Kulturlandschaft einerseits nahrungsreiche Zentren den Rehen zu großen Teilen des Jahres offeriert, daß Reh diese aber offenbar nicht richtig nutzen kann. Werden durch den Menschen wichtige Äsungszentren selektiv „blockiert", so hält sich das Wild zwangsläufig an die zweitbeste Lösung, zum Beispiel an Jungbäume. Wird es beim Wiederkäuen gestört, so kommt der arttypische Rhythmus von Äsen und Aufbereitung des aufgenommenen Futters aus seinem Gleichgewicht. Das Reh nimmt zwangsläufig weniger Nahrung auf und verwendet die darin enthaltene Energie in erster Linie als „Fluchttreibstoff". Unter diesem Gesichtspunkt wundert's wohl kaum, daß die Körpergewichte und Geweihe der Rehe immer geringer werden, während die Wildschäden dauernd ansteigen.

Störungen durch den Menschen beeinflussen demnach das Wald-Wild-Problem. Mehr noch: „Wir brauchen heute," schreibt MAGGIO (1988), „weil die Beunruhigung des Wildes so groß ist, sechsmal mehr Zeit für die Erbeutung eines Stückes als vor zehn Jahren." Vom Jäger werden aber dauernd höhere Rehstrecken erwartet. Der wohl bedeutendste, natürliche Widersacher des Rehes, der Luchs, jagt u. a. aber deshalb verhältnismäßig erfolgreich, weil er laufend seine Jagdgründe wechselt, selten auftritt und damit der Beute kaum Gelegenheit bietet, ihn näher kennenzulernen (siehe Seite 227). Je häufiger aber menschliche Jäger und die ihnen äußerlich ja entsprechenden „harmlosen" Erholungsuchenden und Sporttreibenden im Lebensraum des Rehes erscheinen, desto besser lernt das Wild seinen Widersacher kennen und ihn erfolgreich zu vermeiden. In Revieren, wo auf Teufel komm' raus, bis spät in den Winter versucht wird, ein möglichst hohes Abschußziel zu erreichen, sind die Wildschäden wegen ungehemmter Störung des Wildes häufig gravierender als in ungestörten, höheren Beständen (vgl. HOFMANN 1979).

Bei der Lösung dieses Problemes ist es unumgänglich, daß sportliche Großanlässe wie etwa Orientierungsläufe zeitlich und räumlich eingeschränkt werden. Zu Einschränkungen des Waldbetretungsrechtes, so MAGGIO (1988), wären breite Bevölkerungsschichten bereit. Er bezieht sich dabei auf eine EMNID-Umfrage in Deutschland: „Da wurde statistisch signifikant nachgewiesen, daß eine beachtliche Mehrheit der Bundesbürger, nämlich 71 %, dafür plädieren, zum Schutze von Wild und Wald das gegenwärtige Waldbetretungsrecht einzuschränken. Interessant ist dabei, daß diese Meinung besonders stark bei jüngeren Befragten vertreten wird: 81 % der Teenager und 78 % der Twens tendieren eher in dieser Richtung, was auch bei Befragten mit höherem Bildungsabschluß zu 75 % der Fall ist. Nur für 22 % der Befragten ist der Erholungsraum Wald so wichtig, daß sie nicht auf das bestehende freie Betretungsrecht verzichten möchten, selbst wenn dadurch einige Tierarten aussterben müßten und Waldschäden entstünden."

Möglicherweise rekrutieren sich aus solchen Uneinsichtigen besonders viele Variantenskifahrer, die ihr Sportvergnügen abseits präparierter Pisten suchen und dabei das Wild in schwer zugängliche, besonders steile Waldgebiete, also Schutzwälder treiben. Just hier, wo der Wald ohnehin schon zu kämpfen hat, dabei aber eine Schutzfunktion für weite Landschaftsteile spielt, treten jetzt zwangsläufig Wildschäden auf, die kaum durch „vermehrte" Jagd, sondern lediglich durch rigorose Einschränkung des Skilaufes außerhalb markierter Pisten behoben werden können (vergl. REIMOSER et al. 1987).

So wie es heute bereits in Reservaten üblich ist (KURT und LIECKFELD 1985), wird es auch in wildreichen Waldgebieten unumgänglich werden, den Besucherstrom zu lenken. Dies verlangt allerdings Umdenken: Menschen, ganz besonders Tierbeobachter und -fotografen, sind es gewohnt, sich Wildtieren vor allem dort zu nähern, wo sie sie zahlreich und häufig sehen. Solche Stellen sind wichtige Zentren im Lebensraum des Wildes. Beim Reh sind es Ruhe-, Setz- und Aufzuchtzonen, aber auch Winterfutterstellen in Tiefschneeregionen. Dort haben die Rehe auch geringere Fluchtdistanzen als anderswo in ihrem Lebensraum, sei es, weil sie zur Erfüllung lebensnotwendiger Bedürfnisse hier so lange wie möglich aushalten müssen, sei es, weil sie mit der Umgebung dieser Orte so vertraut sind, daß sie die vorhandenen Rückzugsmöglichkeiten besser kennen. Die scheinbare Vertrautheit der Tiere verleitet Besucher zu größerer Annäherung.

Wenn Wildtiere an bestimmten Fixpunkten besonders kleine Fluchtdistanzen zeigen, heißt das noch lange nicht, sie seien dort weniger empfindlich gegen menschliche Störungen, also angstfreier. Vielmehr sind sie an solche Stellen existentiell gebunden. Doch die häufige Anwesenheit von Menschen kann sie in ihrem Wohlbefinden erheblich stören. Andererseits: Wo Rehe auf weiten Flächen, die ihnen meist lediglich Äsung bieten, gute Rückzugmöglichkeiten haben, kann der Mensch nicht so leicht ihren Lebensrhythmus stören, vorausgesetzt er verläßt die vorgeschriebenen Wege nicht. So lernen die Tiere wahrscheinlich sogar im Lauf der Zeit, daß Mensch nicht immer gleich Feind ist.

In einem klug verwalteten Rehrevier müßte der Erkenntnis der Verhaltensforschung in Sachen Fluchtverhalten Rechnung getragen werden, indem Ruhezonen und andere wichtige Fixpunkte vom Publikumsverkehr freigehalten werden. Das schließt nicht aus, daß interessierte Revierbesucher aus größerer Distanz Einblick in sensible Zonen erhalten sollen.

Die ausgetretenen Pfade verlassen, heißt die Devise. Dies gilt, um Gottes willen, nicht im wörtlichen, sondern im übertragenen Sinn für die naturschonende Gliederung eines Schutzgebietes. In diesem Zusammenhang geht es nicht darum, neue Fixpunkte für Rehe zu schaffen, sondern vielmehr darum, neue für den Menschen anzulegen. Schon ein stabiler Beobachtungsturm bietet dem erlebnishungrigen Naturfreund viel und schadet dem beobachteten Wild wenig.

Ferner: Wegplaner bevorzugen, wie bereits erwähnt, in freier Wildbahn Waldränder, Teich- und Flußufer und andere Grenzen zwischen verschiedenen Elementen der Landschaft und der Pflanzendecke. Solche Wege wirken „schön", weil sie kaum auffallen. Doch hier müßte im Interesse der wildlebenden Tiere und Pflanzen von erholungssuchenden Menschen ein gewisser Verzicht verlangt werden; denn Grenzräume zwischen verschiedenen ökologischen Teilsystemen sind meist besonders artenreich, vielfältig und damit häufig Fixpunkte für Wildtiere, besonders auch für das Reh, wie REIMOSER (1986) eindrücklich nachgewiesen hat (siehe Seite 41). Wanderweg und Erschließungsstraße, Trimm-Dich-Pfad und Feuerplatz sind außerhalb sensibler Grenzräume weniger störend für Flora und Fauna.

10.9 Zusätzliches Äsungsangebot

Lenkung des Besucherstroms im Rehrevier ist eine der möglichen hegerischen Maßnahmen, die mit der Jagd direkt nichts zu tun haben, Rehwildfütterung ist eine andere. Und damit sind wir bei einem der umstrittensten Punkte der Rehwildhege angelangt: Ohne Zweifel gelang es dem Herzog A. v. Bayern (1975) und den Jägern im St. Galler Stadtrevier Wattbach-Eggen (MAGGIO 1983), um nur zwei Beispiele zu erwähnen, durch richtige Kunstfütterung die Qualität des Rehwildes ebenso zu heben wie die Wildschäden zu senken.

Puristen unter den Wildbiologen und Naturschützern sehen in solchem Tun naturwidrige Eingriffe, sprechen vom „Rehzoo" und halten nur soviele Rehe für tragbar, wie die entsprechende Landschaft ohne menschliches Dazutun schadlos zu ernähren vermag. Nun gibt es aber kaum irgendwo einen Rehbestand, der ohne menschliches Dazutun lebt. Man denke nur an die gedüngten Äcker und Wiesen, die im Frühjahr und Sommer das Rehwild mit „unnatürlicher Zusatzäsung" versorgen. Längst werden durch gezielte, künstliche Eingriffe andere Wildtiere gehegt. Sei es durch das Anbringen von Nistkästen für höhlenbrütende Vögel, durch das Anlegen von Tümpeln auf Plastikfolien für bedrohte Amphibien, durch das Auslegen von Fleischbrocken für seltene Greifen oder frischbesetzte „Nahrungsteiche" für Graureiher. Konsequenterweise müßten aus dem erwähnten Grund auch solche Maßnahmen unterlassen werden.

Kunstfütterung wirke gegen die natürliche Selektion, heißt es; die Schwachen, von Natur aus zum Sterben Verurteilten, würden nur dank der Futteräsung im Trog überleben, die Bestände folglich unnatürlich anwachsen. Jedoch: Hohe Winterverluste bedeuten noch lange nicht Senkung des Bestandes. Das machten die Ausführungen in diesem Kapitel deutlich. Selbst in jenen Regionen, wo unter anderem auf Winterjagden 60 bis 100 Prozent des geschätzten Bestandes erlegt werden, erreichen die Rehe im nächsten Sommer wiederum die gleiche Bestandesstärke wie zuvor.

„Natürlich" ist bei jedem Selektionsvorgang, daß jene Lebewesen überleben und sich fortpflanzen, die den jeweiligen Umweltbedingungen am besten angepaßt sind. Zweifellos haben sich die Lebensbedingungen der Rehe verändert. Doch nach den heute vorliegenden Resultaten moderner genetischer Forschung kam es dabei keinesfalls zur Auslese besonderer Genotypen (siehe Seite 94). Höchste Ausprägung der immer noch reichen genetischen Vielfalt des Rehes stellt sich aber just bei richtiger Kunstfütterung ein, wie MEUNIER (1979) nachgewiesen hat.

Zweifellos ist der Fallwildverlust in richtig künstlich gefütterten Rehbeständen geringer als in ungefütterten Beständen. Das heißt, es überleben hier offenbar auch schwach veranlagte Tiere, die sonst eingegangen wären. Das heißt aber noch lange nicht, daß die sich im nächsten Jahr auch fortpflanzen und erfolgreich Junge aufziehen werden. HERM. ELLENBERG (1981), der ganz wesentliche Erkenntnisse über die durch Kondition bedingten Regulationsvorgänge beschrieb, bezog seine Daten von einem ad libitum künstlich gefütterten Bestand. Trotz geringer Winterverluste kamen auch hier nur die stärksten Böcke und Ricken zur erfolgreichen Fortpflanzung.

Gegner der künstlichen Fütterung – zu denen ich mich auch lange zählte, bis ich eines Besseren belehrt wurde – werfen dieser Hegemaßnahme auch Folgendes vor: Futterstellen konzentrieren das Rehwild. Wird falsch, das heißt ohne Rauhfutterbeilagen gefüttert, oder fällt die Fütterung zeitweise aus, so verbeißt das Wild in der Umgebung der Futterstellen besonders intensiv Jungwüchse (JUON 1963). Kunstfütterung kann auch zur völlig falschen Zeit erfolgen, nämlich als sogenannte Notfütterung zur Zeit extremer Schneefälle.

Ich mag mich noch an die sechziger Jahre in der Schweiz erinnern, als nach besonders starken Schneefällen am Alpennordrand durch das Radio Aufrufe zur Wildfütterung ergingen. Vom Muottatal der Innerschweiz bis ins Justistal im Berner Oberland warfen

Helikopter Heu ab. Wildhüter und freiwillige Helfer trugen es dann durch den meterhohen Neuschnee in die Bergwälder. Hier konnten sie dann auch gleich dutzendweise Rehe retten, die sie ohne die gutgemeinte Aktion gar nicht hätten retten müssen. Durch die massive Störung mußten die Tiere den schützenden Unterstand unter alten Wettertannen verlassen. Dort ruhten sie an praktisch schneefreiem Boden und ästen, wenn überhaupt, wenig von den durch schweren Schnee in ihre Reichweite gedrückten Ästen und Flechten. Flüchteten sie, als die Helfer nahten, blieben sie früher oder später erschöpft im Hochschnee stecken und wurden in die Siedlungen getragen, wo sie in Viehställen gefüttert wurden, bis sich die Verhältnisse besserten. Wohlweislich schwieg man über die doch hohe Zahl der Rehe, die trotz aller menschlicher Hilfe an Aufregung starben. Gut gemeint ist eben nicht immer gleich gut.

Auch die Verfechter einer modernen Kunstfütterung des Rehwildes halten derartige Notfütterungen für sinnlos. Sie beziehen sich bei ihren Maßnahmen auf die natürlichen Äsungsgewohnheiten des Rehes, auf seine physiologischen und anatomischen Anpassungen bei der im Jahresablauf unterschiedlichen Nahrungsbeschaffung (siehe Seite 48). Ausgehend von den beiden Tatsachen, daß Rehe nach Brunftende den niedrigsten Stand ihrer Energiereserven haben und daß just zu dieser Jahreszeit das Nahrungsangebot der Kulturlandschaft in Folge schlagartig eintretender Ernten stark verringert ist, beginnen sie die Kunstfütterung bereits Anfang September. Dabei ersetzen sie die feistbildende Äsung durch ein ausgewogenes, auf das Rehwild abgestimmtes Kraftfutter. Dieses ist so gewählt, daß selbst bei ausschließlicher Kunstfutteraufnahme das Wiederkäuen gewährleistet ist.

Im St. Galler Stadtrevier Wattbach-Eggen werden zwischen dem 1. September und Ende Dezember und zwischen 1. März und 30. April in Futterautomaten mit einem Fassungsvermögen von 75 kg pro geschätztes Stück und Tag 280 g Kraftfutter-Pellets angeboten. Die Futter-Komponenten dieser Würfel bestehen aus Hafer, Gerste, Weizen, Roggen, Mais, Sojaschrot, getrocknetem Apfeltrester, Zuckermelasse, Malzausputz, Fenchel, Leinsamen, Luzernen-Heumehl und Kornspreu. Beigemischt ist ein Vitamin-Mineralstoff-Konzentrat. Die pro geschätztes Reh verabreichten 280 g enthalten 48 g Roheiweiß, 40 g verdauliches Eiweiß (entspricht 80 % des täglichen Erhaltungsbedarfes), 40 g Rohfaser, 150 Stärkeeinheiten (entspricht 53 % des täglichen Erhaltungsbedarfes), 2 g Calcium und 1,9 g Phosphor.

Dem herbstlichen Äsungsschub, bei dem der an und für sich bescheidene Feist aufgebaut wird, folgt eine Ruhezeit während der Spätwintermonate. Die damit verbundene Verringerung der nährstoffaufnehmenden Pansenzotten, die Verkleinerung des Pansens sowie die Verhaltensänderungen sind u. a. wahrscheinlich auch mit der Bildung dieses Fettvorrates verbunden. Das heißt: Kann er früh aufgebaut werden, so beginnt die winterliche Erhaltungsphase früh. Fehlt aber die dazu nötige Äsung im Spätherbst, so sind Verbißschäden zu erwarten, „und zwar auch dann, wenn der Bestand drastisch abgesenkt wurde", meint MAGGIO (1988).

In seinem Rehrevier Wattbach-Eggen tragen er und seine Jagdkollegen dieser Tatsache Rechnung: Mit der ersten geschlossenen Schneedecke reichen sie pro geschätztes Reh und Tag ein Kilogramm Apfeltrester-Silage, aufgewertet mit einem Vitamin-Mineralstoff-Konzentrat. Dieses Erhaltungsfutter wird in der Zeit zwischen November und März gereicht.

Das Ergebnis läßt sich sehen. Der Rehbestand wuchs und mußte entsprechend stärker bejagt werden. Bei Versuchsbeginn entsprach der jährliche Abschuß elf Rehen auf 100 ha Wald; heute sind es 19. Die Durchschnittsgewichte der erwachsenen Rehe stiegen um drei Kilogramm. Die Zahl des Fallwildes ging von 14 auf 4 zurück und auch der Wildschaden wurde geringer.

Wildfütterungen von der Intensität, wie sie beispielsweise im St. Galler Stadtrevier von Wattbach-Eggen durchgeführt werden, sind nicht billig. MAGGIO rechnet beim Kraftfutter mit Kosten von 0,30 Franken pro geschätztes Stück und Tag, beim Erhaltungsfutter mit 0,35 Franken pro Stück und Tag. Alles in allem kostet die Fütterung pro Winter für ein geschätztes Reh rund 108 Franken. Zudem übernehmen die Jäger die Reinigung, Desinfektion und Füllung der Futterautomaten. Zu derartigen materiellen und ideellen Hilfeleistungen sind nicht alle Grünröcke bereit. Zudem sind die für Wildschadenvergütung und -verhütung erbrachten Aufwendungen bedeutend geringer.

Sie betragen für die mehr oder weniger hirschfreien Mittelland- und Voralpen-Kantone Zürich, Luzern, Solothurn, Basel-Land, St. Gallen, Aargau und Thurgau insgesamt 1 119 237,00 Franken (1986) oder 23,15 pro Reh. In den Kantonen Luzern, Solothurn und Zürich sind sie mit 5,40 bis 6,70 Franken pro geschätztes Reh erstaunlich niedrig. Im Thurgau mit 33,60 und in St. Gallen mit 71,30 Franken verhältnismäßig hoch.

Nicht nur durch Kunstfütterungen, sondern auch durch Anpflanzen von bestimmten Äsungspflanzen, besonders sogenannter „Weichhölzer", versuchen einzelne Jagdgesellschaften die Lebensgrundlagen für das Rehwild in ihren Revieren zu verbessern (vgl. z. B. WEINZIERL 1968, HESPELER 1988). Über den Erfolg dieser Bemühungen, die meist nur in verhältnismäßig kleinen Räumen vorgenommen werden können, gehen die Meinungen weit auseinander. Einig sind sich die Gewährsleute aber in einem Punkt: Die Jägerschaft muß vermehrt ihren politischen Einfluß, den man nicht unterschätzen sollte, wahrnehmen, damit die Wälder durch entsprechende forstwirtschaftliche Maßnahmen ihre Vielfalt der Arten und Altersklassen wieder zurückerlangen. Das gleiche gilt auch für das Kulturland. Brachflächen, Hecken und Feldgehölze tragen wesentlich zur Verbesserung der Lebensbedingungen für wildlebende Pflanzen und Tiere, unter ihnen auch Jagdwildarten bei, wie u. a. MÜLLER (1981) oder ITTIG und NIEVERGELT (1977) nachgewiesen haben. Zudem verbessern sie die Grundwasserverhältnisse, die Bodenqualität, brechen den Wind und verhindern so die Austrocknung und Abtragung der Erdkrume (vgl. KURT 1982, LEIBUNDGUT 1972).

Heute wird, besonders in der Bundesrepublik Deutschland und in Österreich, oft außerordentlich emotional über Flächenstillegungen diskutiert – mit dem Ziel, Agrarüberschüsse zu verhindern. Derartige Auseinandersetzungen dürfen den Jäger nicht kaltlassen, denn hier besteht doch die wirtschaftlich erzwungene Möglichkeit, wenigstens einen Teil der ökologischen Nachkriegssünden wiedergutzumachen.

Dieses Sündenregister ist erschreckend lang, reicht von Überdüngung bis zur Trokkenlegung der meisten Feuchtgebiete, von Gewässerkorrekturen bis zur Flurbereinigung. Im Zuge solcher „Meliorationen" wurden allein in Schleswig-Holstein 25 000 km Wallhecken, sogenannte Knicks, zerstört. In Österreich ist durch Grundstückszusammenlegungen in diesem Jahrhundert ein Verlust von Feldrainen im Ausmaß von rund 300 m je Hektar zu verzeichnen. „Dies entspricht", so KLANSEK (1988), „einer Gesamtlänge von 256 000 km bzw. der 6,4fachen Länge des Äquators. Im selben Zeitraum wurden 120 Tierarten ausgerottet. Weitere 350 Arten sind derzeit vom Aussterben bedroht und rund 600 stark gefährdet."

In den sich verstärkenden Bemühungen zur Renaturierung der Kulturlandschaft geht es unter anderem darum, neue, naturnahe Grenzräume zwischen Wäldern, Äckern, Feldern, Wasserläufen und Straßen anzulegen. Solche Bemühungen mögen in Anbetracht der enormen Umweltzerstörungen äußerst gering erscheinen, sind doch solche Streifen lediglich einige paar Meter breit. Aber immerhin: In der Schweiz, um nur ein Beispiel zu erwähnen, sollen entlang aller Geleise, Autobahnen, Straßen und Wege – so das Eidgenössische Bundesamt für Umweltschutz – wenigstens die Hälfte der einheimischen Wildpflanzen ein 259 374 km langes und ein bis 10 m breites Rückzugsgebiet erhalten. Das jetzt rasch entstehende „Reservat" mit einer Gesamtfläche von schätzungsweise 643 km^2 ist rund dreimal größer als der Schweizer Nationalpark im Unterengadin und ebenso groß wie die 400 vom Schweizer Bund für Naturschutz verwalteten Reservate zusammen.

Renaturierte Randzonen geben der Kulturlandschaft zweifellos einen Teil ihrer Vielfalt an Strukturen und Arten wieder. Sie bieten gerade dem Rehwild Äsung und vor allem Deckung, und sie verbinden hoffentlich die letzten Naturinseln, ganz besonders Wälder, in einem Maße, daß der den Artenschwund fördernde Inseleffekt ausgeschaltet oder zumindest gedämpft wird. Derartige heute in Deutschland, Österreich und der Schweiz großräumig vorangetriebene Maßnahmen verbinden hoffentlich auch die direkt an der Natur interessierten Kreise. Das sind Förster,

Naturschützer und – in unserem Zusammenhang besonders wichtig – Jäger.

Die Zeiten sind hoffentlich vorbei, in denen der Förster nur ein gewinnorientiertes Pflanzziel vor Augen hat und extreme Naturschützer schlicht alles Leben erhalten wollen, oft ohne zu wissen, daß eine Wildtierart wie das Reh unter bestimmten Umständen seltene Pflanzenarten nahezu ausrotten kann. Tierfreunde begreifen oft nicht, daß Jäger in solchen Fällen gerade dann das Fortbestehen einer Lebensform oder einer Lebensgemeinschaft garantieren können, wenn sie töten.

Die Zeiten sind hoffentlich auch vorbei, in denen der Jäger im Rehwild nichts anderes sieht als eine Beute, die ihm Trophäen liefert, deshalb versucht nach Prinzipien der Haustierzucht zu jagen, dabei zuwenig schießt und sich dem Vorwurf aussetzt, allein für die Wildschadenmiseren verantwortlich zu sein. Denn die schlichte Formel „wenig Abschüsse – massive Wildschäden, massive Abschüsse – keine Wildschäden" stimmt nicht. Sicher gelingt es, mit einer möglichst früh angesetzten, stärkeren Bejagung des Rehes Wildschäden zu mildern. Das haben zahlreiche Beispiele gezeigt. Was aber meines Wissens höchstens in Ausnahmefällen gelingt, ist eine langfristige Senkung des Rehbestandes. Denn jagdliche Eingriffe stimulieren die Nachwuchsrate.

Sehr starke jagdliche Eingriffe können aber – ganz besonders im Winter, wenn Äsung knapp ist und das Rehwild, einem artgemäßen Jahresrhythmus gehorchend, vor allem ruht und damit Energie spart – das Wild dermaßen beunruhigen, daß just wegen des als Reduktion gedachten Eingriffes mehr Schaden entsteht. Wenige hochgestreßte Tiere können nämlich durchaus mehr Nahrung aufnehmen als viele ungestreßte. Unter solchen Gesichtspunkten ist zu hoffen, daß die Zeiten nie kommen mögen, in denen sich Jäger zu schieren „Rehkillern" degradieren lassen.

Dabei bliebe nicht nur die Jagdethik auf der Strecke. Ein umfassender Naturschutz würde eines seiner bedeutendsten Talente verlieren, den Waidmann, und damit die Möglichkeit zum direkten, korrigierenden Eingriff bei Fehlentwicklungen in gestörten natürlichen Systemen.

11 Literaturverzeichnis

ALEXANDER, G., 1961: Energy expenditure and mortality in new born lambs. Porc. 4th. Int. Confr. Anim. Reproduction **3:** 630–637.

ANDERSEN, N. J., 1953: Analyses of a Danish Roedeer population. Danish Revue of Game Biology. **2:** 121–155.

—, 1961: Biology and management of Roe-deer in Denmark. La terre et la vie, **1:** 41–53.

BACCUS, R., RYMAN, N., SMITH, M. H., REUTERWALL, C. und CAMERON, D, 1983: Genetic variability and differentiation of large grazing mammals. J. Mamalogy **64:** 109–120.

BÄCHTOLD, J., 1966: Botanischer und zoologischer Naturschutz. In: Jagd und Naturschutz in der Schweiz (P. Schenk, ed.). Basel.

BALIS, M., 1970: Podiel rysa na stratach ratiocej zveri. Pol'ovnictovo a rybarstvo, **2** (8): 6–7.

BARASH, D. P., 1980: Soziobiologie. Hamburg und Berlin.

BARTH, D. GIMENEZ, T., HOFFMANN, B. UND KARG, H., 1976: Testosteronkonzentrationen im peripheren Blut beim Rehbock (Capreolus capreolus). Saisonale und rhythmische Veränderungen sowie Beziehungen zu einigen Verhaltensweisen und anderen saisonabhängigen Parametern. Z. Jagdwiss. **22:** 134–148.

BÄRTSCHI, R., 1981: Einfluß von Dunkelheit und Störfaktoren auf die Aktivität, Sprunggröße und Gebietsausnützung des Rehwildes. Z. Jagdwiss. **27** (3) 161–168.

BASTOCK, M. A., MORRIS, D. und MOYNIHAN, M., 1953: Some comments on conflict and twarding in animals. Behaviour **6:** 66–84.

BAUMANN, F., 1949: Die freilebenden Säugetiere der Schweiz, Bern.

BAYERN, A. und J. VON, 1975: Über Rehe in einem steirischen Gebirgsrevier. Hamburg.

BENZ, B., 1983: Die Beliebtheit einiger landwirtschaftlicher Nutzpflanzen bei Rehen im Verlauf der Wachstumsperiode: Versuche im Gehege mit den Rehen unbekannter Pflanzenarten. In: Das Rehprojekt in Staffelbach und Zizers (C. Mertens und C. D. Turner, ed.): 250–262.

BERG, F. C. v., SMITH, F. W. und WILKE, K., 1977: Funkortung zur Erfassung des räumlichen und zeitlichen Verhaltens von Rehen (Capreolus capreolus L.). Beitr. Jagd- und Wildforschung, Bd. X (H. Stubbe, ed.): 213–221.

BIEGER, W., 1932: Die Auswertung der Wildmarkenforschung. Allg. Deutscher Jagdschutzverein, Berlin.

BISCHOF, N., 1973: Die biologischen Grundlagen des Inzesttabus. In: Vergleichende Verhaltensforschung (W. Wickler und U. Seibt, ed.): 433–458. Hamburg.

BLANKENHORN, H.-J., 1974: Soziale Organisation einer Mischpopulation von Rana lessonae Camarano und Rana esculenta Linnaeus. Diss. Universität Zürich.

—, 1976: Kitzmarkierungsaktion. Jäger: 42–45.

—, 1978: Die Kitzmarkierungsaktion 1971–1977. Schweizerjäger **63** (8): 362–367.

—, GEIGER, C. und ROTH, P., 1975: Die Kitzmarkierungsaktion 1971–1974. Jagd und Hege **7** (3).

BLAXTER, K. L., 1962: The energy metabolism of ruminants. London.

BOBEK, B., BOROWSKI, S. und DZIECIOLOWSKI, R., 1975: Browse supply in various forest ecosystems. Polish Ecol. Studies **1:** 17–32.

—, DROZDZ, A., GRODZINSKY und WEINER, J., 1974: Studies on the productivity of the Roe deer population in Poland. XI. Congr. Game Biol. Stockholm. 115–123.

—, PERZANKOSWSKI, K., SADJAK, G. und SZULAKOSKA, G., 1974: Seasonal changes in Quality and quantity of deer browse in a deciduous forest. XI. th Int. Congr. Game Biol. Stockholm. Nat Swed. Env. Protect. Board: 545–552.

—, WEINER, J. und ZIELINSKI, J., 1971: Food supply for deer in the deciduous forests of Southern Poland. IUGB, Actes du X-Congr-Paris: 271–274.

—, WEINER, J. und ZIELINSKI, J., 1972: Food supply and its consumption by deer in a deciduous forest of Southern Poland. Acta Theriol. **17** (15): 187–202.

BONNER, J. T., 1983: Kultur-Evolution bei Tieren. Hamburg und Berlin.

BORG, K., 1970: On mortality and reproduction of Roe deer in Sweden during the period 1948–1969. Viltrevy **7:** 121–149.

BRAESTRUP, F. W., 1952. Hortje bogen. Kopenhagen.

—, 1953: Observations on the ethology of the Roe deer *(Capreolus)*. XIV th. Int. Zool. Congr. Copenhagen.

BRAMLEY, P. S., 1970: Territoriality and reproductive behaviour of Roe deer. J. Reprod. Fert. Suppl. **11:** 43–70.

BROWN, J. L., 1964: The evolution of diversity in avian territorial systems. Wilson Bull. **76:** 160–169.

— und ORIANS, G. H., 1970: Spacing patterns in mobile animals. Annual Rev. Ecology and Systematics **1:** 239–262.

BRÜGGEMANN, J., 1967: Beiträge zur Wildbiologie und vergleichenden Tierphysiologie. 1. Einführung. Zt. Tierphys., Tierern. u. Futtermittelkd. **23:** 425.

— und DRESCHER-KADEN, U., 1970: Anmerkungen zur Fütterung von Reh- und Rotwild. Wild u. Hund **72:** 1067.

BRÜGGEMANN, U., 1967: Untersuchungen über den Stickstoff-Stoffwechsel im Panseninhalt von Rotwild und Rehwild. Diss. München.

BUBENIK, A., 1959: Grundlagen der Wildernährung. Berlin.

—, 1960: Le rhythme nycthémeral er le régime journalier des ongulés sauvages; problèmes théoretiques, rhythme d'activité du chévreuil. Mammalia **24:** 1–59.

—, 1965: Beitrag zur Geburtskunde und zu den Mutter-Kind-Beziehungen des Reh- und Rotwildes. Z. Säugetierkd. **30:** 65–128.

—, 1966a: Das Geweih. Hamburg und Berlin.

—, 1966b: über den Einfluß des Luchses (*Lynx lynx* L.) und Wolfes auf die Populationsstruktur des Reh- (*Capreolus capreolus* L.) und Rotwildes (*Cervus elaphus* L.). Lynx **6:** 7–10.

BUCHLI, C., 1973: Konditionsuntersuchungen an Hirschen in der Umgebung des Schweizerischen Nationalparks. Rev. Suisse de Zool. **80:** 671–675.

—, 1979: Zur Populationsdynamik, Kondition und Konstitution des Rothirsches (*Cervus elaphus* L.) im und um den Schweizer Nationalpark. Diss. Universität Zürich.

BUECHNER, H. K. und SCHLOETH, R., 1965: Ceremonial mating behavior in Uganda Kob (*Adenota kob thomasi* Neumann). Z. Tierpsychol. **22:** 209–225.

BURCKHARDT, D., 1959: Über die biologischen Ursachen der Wildschäden im Wald. Schweiz. Z. f. Forstw. **110:** 598–616.

BÜTTNER, G. und LAMERSDORF, N., 1985: Depositionsraten in der Wingst im Vergleich zu anderen Waldökosystemen, Manus, Universität Göttingen.

CAMPLING, R. C., 1970: Physical regulation of voluntary intake. In: Physiology of digestion and metabolsim in the ruminant (A. T. Philipson, ed.) Newcastle.

CAUGHLEY, G., 1970: Eruption of ungulate populations, with emphasis on Himalayan Thar on New zealand.-Ecol. **51:** 53–73.

CHROUST, K., 1987: Parasitosen von Schalenwild und ihre Bekämpfung in der Tschechoslowakei. In: Wildtier und Umwelt (K. Onderscheka, ed.) Institut für Wildtierkunde, Med. Vet. Universität, Wien: 111–114.

CLUTTON-BROCK, T. H., 1988: Fortpflanzung beim Rothirsch: Kosten-Nutzen-Prinzip. In: Biologie des Sozialverhaltens: 144–151. Spektrum der Wissenschaft. Heidelberg.

—, 1988: Northern hemisphere deer population survey. In: Newsletter, IUCN Deer Specialist Group, Gland: **6:** 4–5.

—, GUINESS, F. E. und ALBON, S. D., 1982: Red deer. The behaviour and ecology of two sexes. Chicago.

COP, J., 1986: Der Luchs in Jugoslawien zwischen Wolf und Bär. In: Das Bärenseminar (W. d'Oleire-Oltmanns, ed.): 25–29. Berchtesgaden.

CUMMING, H. G., 1974: Fraying behaviour and management of Roe deer. In: The behaviour of ungulates and its relation to management (V. Geist und F. Walther, ed.) IUCN Publ. new series **24:** 813–829.

CURIO, E., 1975: Experimentelle Untersuchungen zur Öko-Ethologie von Räuber-Beute-Beziehungen. Verh. Dtsch. Zool. Ges., **68:** 81–89.

—, ERNST, V. und VIETH, W., 1978: Cultural transmission of enemy recognition: one function of mobbing. Science **202:** 899–901.

DICE, L. R., 1945: Measure of the amount of ecological association between species. Ecology **26:** 297–303.

DISSEN, J. und HARTFIEL, W., 1985: Beobachtungen zum Äsungsverhalten sowie Untersuchungen zur Nährstoffverdaulichkeit von Rehwild. Z. Jagdwiss. **31:** 83–91.

DOUGLAS-HAMILTON, I. und O., 1975: Among the elephants. London.

DRESCHER-KADEN, U., 1976: Untersuchungen am Verdauungstrakt von Reh, Damhirsch und Mufflon. Z. Jagdwiss. **22:** 184–190.

DROZDZ, A., 1975: Food habits and food assimilation in mammals. In: Methods for Ecological Bioenergetic (Grodinkski, Klekowski, Duncan, ed.). IBP-Handbook **24:** 325–329.

— und OSIECKI, A., 1973. Intake and digestibility of natural feeds in Roe deer. Acta. Theriol. **18:** 81–91.

—, WEINER, J., GEBCYNSKA, Z. und KRASSINSKA, M., 1975: Some bioenergetic parameters of wild ruminants. Polish Ecol. Studies **1** (2): 85–101.

EGOROV, O. V., 1967: Wild ungulates of Yakutia. Jerusalem.

EIBERLE, K., 1962: Beobachtungen über das Verhalten des Rehwildes. Schweiz. Z. Forstwesen, **113:** 660–668.

—, 1967: Wildverteilungsstudien am Rehwild. Schweiz. Z. Forstwesen **118:** 45–56.

—, 1972: Rehwildhege und Straßenverkehr. Schweiz. Z. Forstwesen **123:** 201–210.

—, 1978: Bestandesschätzungen beim Rehwild. In: Rehwild Projekt 78. Schaffhauser Jagdschutzverein.

EISENBERG, J. F., 1966: The social organisations of

mammals. In: Kückenthals Handb. der Zoologie. **10:** 1–92.

— und McKay, G. M., 1974a: Comparison of ungulate adaptations in the new world and the old world tropical forests with special reference to Ceylon and the rainforests of Central America. in: The behaviour of ungulates and its relation to management (V. Geist und F. Walther, ed.). IUCN Publ. new. series **24:** 585–602.

—, 1974b: Movement patterns and habitat utilization of ungulates in Ceylon. In: The behaviour of ungulates and its relation to management (V. Geist und F. Walther, ed.). IUCN Publ. new series **24:** 708–721.

— und Lockhart, M., 1972: An ecological reconnaissance of Wilpattu National Park, Ceylon. Smithonian Contrib. to Zoology **10:** 1–117.

Eisfeld, D., 1973: Protein requirements of Roe deer *(Capreolus capreolus)* for maintenance. Vortrag XIth Congr. IUGB, Stockholm.

—, 1974: Der Proteinbedarf des Rehes zur Erhaltung. Z. Jagdwiss. **20:** 43–48.

—, 1975a: Zusammenhänge zwischen Nahrungsqualität und Stickstoffgehalt im Panseninhalt und im Kot bei Rehen. XII. Int. Kongr. der IUGB, Lissabon (Manus).

—, 1975b: Zur Regulation der Rehdichte und Vorschlag zur Neugestaltung der Abschußplanung. Allg. Forstzschr. **30** (5). 123–1127.

—, 1976: Ernährungsphysiologie als Basis für die ökologische Beurteilung von Rehpopulationen. Rev. Suisse Zool. **83:** 914–928.

— und Ellenberg, Hermann, 1975: Rehwild-Abschußplanung ohne Zählung. Wild und Hund **77:** 541–543.

Ellenberg, Heinz, 1975: Vegetation Mitteleuropas mit den Alpen. Stuttgart.

—. 1979: Zeigerwerte der Gefäßpflanzen Mitteleuropas. Scripta Geobotanica 9.

Ellenberg, Hermann, 1972: Zur Biologie des Rehwildes in Schleswig-Holstein. Staatsexamensarbeit in Biologie. Universität Kiel.

—, 1974a: Beiträge zur Ökologie des Rehes (*Capreolus capreolus* L.). Daten aus dem Stammhamer Versuchsgehege. Diss. Universität Kiel.

—, 1974b: Wilddichte, Ernährung und Vermehrung beim Reh. Verh. Ges. f. Ökologie: 59–76.

—, 1975: Neue Ergebnisse der Reh-Ökologie: Zählbarkeit, Wachstum, Vermehrung. Allgem. Forstz. **30** (50): 1113–1118.

—, 1978: Zur Populationsökologie des Rehes (*Capreolus capreolus* L., Cervidae) in Mitteleuropa. Spixiana, Suppl. 2.

—, 1979: Frühjahrs- und Sommer-Nahrung bestimmen die Dynamik von Rehpopulationen. Verh. D. Ges. f. Ökologie **7:** 439–452.

—, 1980: Für und Wider der Wiedereinbürgerung von Großtieren in Mitteleuropa. Jahrb. Verein zum Schutz der Bergwelt, **45:** 43–76.

—, 1987: Eutrophierung – Veränderung der Waldvegetation – Folgen und Rückwirkungen durch Reh-Wildverbiß. In: Wildtier und Umwelt (K. Onderscheka, ed.), Institut für Wildtierkunde, Vet. med. Universität, Wien: 42–62.

Espmark, Y., 1969: Mother-young relations and development of behaviour in Roe deer. Viltrevy **6:** 461–540.

—, 1974: Dominance relationship as a possible regulating factor in Roe deer and Reindeer populations. In: The behaviour of ungulates and its relation to management (V. Geist und F. Walther, ed.). IUCN Publ. new series **24:** 787–796.

Esser, W., 1958: Beitrag zur Untersuchung der Äsung des Rehwildes Z. Jagdwiss. **4:** 1–41.

Estes, R. D., 1974: Social organization of the African Bovidae. In: The behaviour of ungulates and its relation to managment (V. Geist und F. Walter, ed.). IUCN Public. new series: **24:** 165–202.

Fatio, V., 1809: Faune des vértébrés. Berne

Flück, C., 1983: Vergleiche des Zeitbudgets zwischen „Waldreh" und „Feldreh", durchgeführt an den Rehpopulationen der Reviere Staffelbach und Zizers. In: Das Rehprojekt in Staffelbach und Zizers (C. Mertens und D. C. Turner, ed.): 262–274.

Flück, H. 1978: Unsere Heilpflanzen, Thun.

Frey, R., 1972: Zur Sprungauflösung beim Rehwild. Diplomarbeit, Universität Zürich.

Frisch, K. v., 1926: Vergleichende Physiologie des Geruchs- und Geschmacksinnes. Hdb. der normalen und pathologischen Physiologie **11**.

Geiger, C., 1972: Die Verteilung von Rehkot in einem Wald des Jagdreviers Humelberg, Kanton Thurgau. Semesterarbeit, Universität Zürich.

—, 1980: Bestandesschätzungen und Populationsdynamik beim Rehwild in den Zizerser Feldern. Feld-Wald-Wasser **8** (4): 19–21.

—, 1982: Rehe im Zizerser Feld. Terra Grischuna **41** (3): 158–160.

—, 1983: Zur sozialen Organisation von Rehen in einer Übergangslandschaft zwischen Wald und Ackergebiet. In: Das Rehprodukt in Staffelbach und Zizers (C. Mertens und D. C. Turner, ed.): 176–191.

— und Krämer, A., 1974: Rank-order of Roe deer at artificial winter feeding sites in a Swiss hunting district. XIth Internat. Congr. Game Biol. Nat. Swed. Env. Protect.

Geist, V., 1971a: Mountain sheep. A study in behaviour and evolution. Chicago.

—, 1971b: The relation of social evolution and dispersal in ungulates during the Pleistocene. Quaternary Research, **1:** 283–315.

—, 1971c: Tradition und Arterhaltung bei Wildschaf und Elch. Naturwissenschaft und Medizin, **8** (37): 25–35.

—, 1988: Trughirsche, Weiß- und Schwarzwedelhirsche, Pampas- und Sumpfhirsche, Elchhirsche. In. Grzimeks Enzyklopädie. Bd. V: 200, 212–242. München.

GEORGII, B., 1974: Corpora lutea and adrenal weight in Roe deer. XI. th Internat. Conr. Game Biol. Nat. Swed. Env. Protect. Board: 125–132.

—, 1976: Untersuchungen über das Nebennierengewicht des Rehes (*Capreolus capreolus* L.). Z. Jagdwiss. **22:** 85–97.

GERBER, U., 1983: Ethogramm und Sequenzanalyse bei handaufgezogenen Rehkitzen *(Capreolus capreolus)*. In: Das Rehprojekt in Staffelbach und Zizers (C. Mertens und D. C. Turner, ed.): 8–20.

GIEGER, P., 1983: Untersuchungen zum Zeitbudget führender Rehgeißen im Gehege. In: Das Rehprojekt in Staffelbach und Zizers (C. Mertens und D. C. Turner, ed.): 142–154.

GÖLDI, E. A., 1914: Die Tierwelt der Schweiz in der Gegenwart und in der Vergangenheit. Band I, Wirbeltiere. Bern.

GOODALL, J., 1986: The chimpanzees of Gombe. London.

GOSSOW, H., 1975: Tragfähigkeitskriterien und Schalenwildregulierung. Forstarchiv **46:** 254–258.

—, 1976: Wildökologie. Begriffe, Methoden, Ergebnisse, Konsequenzen. München.

—, 1983: Wald – Wildtier – Wechselbeziehungen in Mitteleuropa. Allgem. Forstz. **38** (15): 371–375.

GRZIMEK, B., 1944: Die „Radfahrer-Reaktion“. Z. Tierpsychol. **6:** 41.

GRZIMEKS ENZYKLOPÄDIE 1988, Bd. 6, München.

GRODZINSKI, W., 1975a: The role of large herbivore mammals in functionning of forest ecosystems – a general model. Polish Ecological Studies **1:** 5–15.

—, 1975b: Energy flow through a vertebrate population. In: Methods for Ecological Bioenergetics (Grodzinski, Klekowski, Duncan, ed.). IBP-Handbook **24.**

VAN HAAFTEN, J. L., 1968: Das Rehwild in verschiedenen Standorten der Niederlande und Sloweniens. ITBON-Mittlg., **76.**

HAGLUND, B., 1965: Winter habits of the Lynx *(Lynx lynx)* and the Wolverine *(Gulo gulo)* revealed by tracking in the snow. VIIth Congr. I.U.G.B. Beograd and Ljubljana.

HALLER, H. und BREITENMOSER, U., 1986: Der Luchs in der Schweiz – 14 Jahre nach seiner Rückkehr. In: Das Bärenseminar (W. d'Oleire-Oltmanns, ed.): 30–34. Berchtesgaden.

HARRINGTON, R., 1985: Evolution and distribution of the Cervidae. Biology of Deer production. The Royal Soc. of New Zealand, Bulletin **22:** 3–11.

HARTFIEL, W. und ENZINGER, W., 1987: Einfluß der Fütterungsintensität auf den Pansen von Dam- und Rehwild im Vergleich zu dem von Schaf und Ziege. In: Wildtier und Umwelt (K. Onderscheka, ed.), Institut für Wildtierkunde, Vet. med. Universität, Wien: 33–44.

HARTFIEL, W. und DISSEN, J.: 1987: Nährstoffverdauung und Energieverluste von Rehwild im Hinblick auf die Winterfütterung. In: Wildtier und Umwelt (K. Onderscheka, ed.), Institut für Wildtierkunde, Vet. med. Universität, Wien: 127–134.

HARTL, G. B., 1985: Auffällige Unterschiede in der genetischen Variabilität freilebender Großsäuger und ihre möglichen Ursachen. Z. Jagdwiss. **31:** 193–203.

—, 1988: Zur biochemischen und molekularen Genetik der Gemse *(Rupicapra rupicapra)* und verwandten Arten. CIC, 1988. Gamswild-Symposium.

— und REIMOSER, F., 1988: Biochemical variation in Roe deer (*Capreolus capreolus* L.): Are r-strategists among deer genetically less variable than K-strategists? Heredity **60:** 221–227.

—, SCHLEGER, A. und SLOWAK, M., 1987: Genetic variability in fallow deer, *Dama dama* L. Anim. Genetics **17:** 335–341.

— und WILLING, R., 1987: On the biochemical genetics of the Alpine Ibex (*Capra ibex ibex* L.). Tagungsbericht: Lo stambecco delle Alpi: Realta attuale e prospetive. Terme die Valdieri.

HARTMANN, D., 1972a: Standortwahl und Verhalten von Rehgeißen zur Setzzeit, Littenheid. Abschlußarbeit, Universität Zürich.

—, 1972b: Erste Ergebnisse der schweizerischen Rehkitzmarkierung. Bericht d. Arbeitsgruppe für Wildforschung, Universität Zürich.

HARTWIG, H., 1972: „Fegeverhalten“ bei einem gehörnlosen Rehbock. Z. Säugetierk. **18** (3): 166–168.

HAUSER, J., 1974: Konstitutionsmessungen am Rehwild im Spätherbst 1973 und Vergleich mit den Daten der letzten 20 Jahren. Abschlußarbeit, Universität Zürich.

HECHT, H., 1987a: Ergebnisse eines flächendeckenden Monitorings zur Erfassung der radioaktiven Belastung von Wildfleisch nach dem Unfall von Tschernobyl. In: Wildtier und Umwelt (K. Onderscheka, ed.), Institut für Wildtierkunde, Vet. Med. Universität Wien: 3–12.

—, 1987b: Welche Gründe sprechen für Wild als Bioindikator? In: Wildtier und Umwelt (K. Onderscheka, ed.), Institut für Wildtierkunde, Vet. med. Universität Wien: 67–72.

HECHT, W., FORSTER, M., KOPF, R., D'OLEIRE-OLTMANNS und PIRCHER, F., 1986: Elektrophoretische Untersuchungen an Gemsen (*Rupicapra rupicapra* L. 1758) aus dem Karwendel und dem Berchtesgadener Land. Manus Universitäten München und Salzburg.

HEDIGER, H., 1934a: Beitrag zur Herpetologie und Zoogeographie Neu-Britanniens und eini-

ger umliegender Gebiete. Zool. Jahrb. Abt. Syst., Oek. u. Geographie der Tiere. **65:** 389–582.
—, 1934b: Zur Biologie und Psychologie der Flucht bei Tieren. Biol. Zentralbl. **54:** 21–40.
—, 1942a: Zur Elchgeburt im Berner Tierpark. Zool. Garten (NF), **14:** 14–23.
—, 1942b: Wildtiere in Gefangenschaft. Basel.
—, 1966: Jagdzoologie auch für Nichtjäger. Basel.
—, 1984: Geburtsort Zoo. Zürich.
—, 1986: Angst und Panik bei Tieren. In: Angst und Panik (V. Faust, ed.),. Compendium Psychiatricum. Stuttgart.
—, 1987: „Wildtiere in Gefangenschaft" – einst und jetzt. Bongo **13:** 174–184.
HELL, P., 1974: Der Stand des Luchses in der Tschechoslowakei. Die Pirsch, **26** (8): 372–375.
HENNIG, R., 1961: Das Rehwildproblem in neuer Sicht. Bern.
—, 1962a: Über das Revierverhalten der Rehböcke. Z. Jagdwiss. **8:** 61–81.
—, 1962b: Über einige Verhaltensweisen des Rehwildes *(Capreolus capreolus)* in freier Wildbahn. Z. Tierpsychol. **19:** 223–229.
HERING, G., 1987: Veränderungen der floristischen Struktur von Wald-Ökosystemen in Schleswig-Holstein. Diplomarbeit. Universität Hamburg.
HERSCHER, L., RICHMOND, J. B. und MOORE, A. U., 1963: Maternal behavior in sheep and goats. In: Maternal behavior in Mammals (H. L. Rheingold, ed.). New York und London.
HESCHELER, K., 1924: Die Tierwelt der schweizerischen Pfahlbauten Mittlg. Antqu. Gesellsch. Zürich Bd XXIX (4).
HESPELER, B., 1988: Rehwild heute. Lebensraum, Jagd und Hege. München.
HINDE, R. A., 1974: Biological bases of human social behaviour. New York.
HIRTH, D. H., 1977: Social behavior of white-tailed deer in relation to habitat. Wildlife Monographs, **53**.
HOFFMEISTER, H., 1979: Untersuchungen über die Reaktion von Reh- und Damwild auf verschiedene Umwelteinflüsse unter Einsatz der telemetrischen Erfassung von Herzfrequenz und EKG. Diss. Tierärztl. Hochschule. Hannover.
HOFMANN, A. und NIEVERGELT, B., 1972: Das Jahreszeitliche Verteilungsmuster und der Äsdruck von Alpensteinbock, Gemse, Rothirsch und Reh in einem begrenzten Gebiet im Oberengadin. Z. Jagdwiss. **18** (4) 185–212.
HOFMANN, R. R., 1966: Zur Topographie und Morphologie des Wiederkäuermagens im Hinblick auf seine Funktion, nach vergleichenden Untersuchungen an Material ostafrikanischer Wildarten. Med. Vet. Habil. Schrift. Universität Gießen.
—, 1973: The ruminant stomach. East African Monographs in Biol. **2**.
— und GEIGER, G., 1974: Zur topographischen und funktionellen Anatomie der Viscera abdomnis des Rehes (*Capreolus capreolus* L.) Anat. Histol.Embryol. **3:** 63–84.
HOOGERWERF, A., 1970: Udjung Kulon, the land of the last Javan rhinoceroses. Leiden.
JANIK, M., 1986: Große Raubwildarten in den Westkarpaten (CSSR). In: das Bärenseminar (W. d'Oleire-Oltmanns, Ed.): 14–19.
JENKINS, D., WASTON, A und MILLER, G. R., 1963: Population studies on red grouse, *Lagopus lagopus scoticus,* in north-east Scotland, J. Animal. Ecol. **32:**, 317–376.
JUON, P., 1963: Über neue Erkenntnisse zur Frage der Rehwildernährung. Schweiz, Z. Forstw. **114:** 98–117.
KAULE,, G. und ELLENBERG, H., 1986: Ursachen und Folgen der Artendynamik in Mitteleuropa, dargestellt und diskutiert am Beispiel des Saarlandes. Verh. der Zool.-Bot. Ges. in Österreich **123:** 175–198.
KELLER, R., 1973: Einige Beobachtungen zum Verhalten des Dekkan-Rothundes im Kanha-Nationalpark. In: Zoologische Exkursionen in den Kanha-Nationalpark (F. Kurt, ed.). Nat. Forsch. Ges. Zürich: 129–136.
KLEIBER, H., 1974: Biotopansprüche und Wohnraumgrößen markierter Rehe (*Capreolus capreolus* L.) im Revier Staffelbach. Diplomarbeit, Universität Zürich.
KLEIBER, M., 1976: Der Energiehaushalt von Mensch und Tier. Hamburg und Berlin.
KLINGLER, K., 1973: Zusammenhänge zwischen Populationsdichte und Krankheitsbefall des Schalenwildes. In: Wald und Wild (H. Leibundgut, ed.) Beiheft z. Zeitschr. d. Schweiz. Forstvereins **53:** 213–222.
KLÖTZLI, F., 1965: Qualität und Quantität der Rehäsung. Veröff. Geobot. Institut der ETH, Zürich **38.**
KOCH, N., 1976: Über die Verbreitung von Vögeln in verschiedenen Waldgesellschaften des Albisriederberges. Diss. ETH, Zürich.
KOLB, A., 1974: Lichtmikroskopische Untersuchungen am Riechepithel des Rehes (Capreolus capreolus). Anat. Anz. **137:** 417–428.
—, 1979: Lichtmikroskopische Untersuchungen an der Riechschleimhaut des Hausschafes (Ovies aries L.). Anat. Anz. **146:** 444–455.
KRÄMER, A., 1967: Bestandesschätzung bei Gemsen mit Hilfe des Lincoln-Index. VIIth. Congr. IUGB, Helsinki: 294–296.
—, 1973: Interspecific behavior an dispersion of two symatric deer species. Journ. Wildlife Management, **37** (3): 228–300.
KRUUK, H., 1972: The spotted hyena. Chicago.
KUHN, N., AMIET, R. und HUFSCHMID, N., 1987: Veränderungen in Wald- und Grünlandschaften des Schweizer Mittellandes. Veröff. Geobot. Inst. der ETH Zürich, **38**.

KUMMER, H., 1968: Social organisation of Hamadryas baboons. Basel und New York.
—, 1973: Dimensionen einer vergleichenden Biologie der Primatengruppen. In: Vergleichende Verhaltensforschung (W. Wickler und U. Seibt, ed.): 350–368. Hamburg.
—, 1988: Gruppenführung bei Tier und Mensch in evolutionärer Sicht. In: Die Herausforderung der Evolutionsbiologie (H. Meier, ed.). München.
KUMMER, H. und KURT, F., 1963: Social units of free-living Hamadryas baboons. Folia primat. **1:** 4–19.
—, 1965: A comparison of social behavior in captive and wild Hamadryas baboons. In: The baboon in medical research. 65–80. Texas.
—, 1973a: Umwelteinflüsse auf das Verhalten einiger Wildtierarten. In: Wald und Wild (H. Leibundgut, ed.), Beiheft z. Zeitschr. des schweiz. Forstvereins **53:** 82–89.
—, 1973b: Ein Vergleich des Sozialverhaltens gefangener und freilebender Mantelpaviane *(Papio hamadryas)*. In: Vergleichende Verhaltensforschung (W. Wickler und U. Seibt, ed.): 331–349. Hamburg.
KURT, F., 1965: Mähunfälle bei Rehkitzen. Schweiz. Naturschutz, **31:** 40–41.
—, 1966: Feldbeobachtungen und Versuche über das Revierverhalten der Rehböcke (*Capreolus capreolus* L.). Rev. suisse Zool.: 408–422.
—, 1968a: Das Sozialverhalten des Rehes. Mammalia depicta. Hamburg und Berlin.
—, 1968b: Zusammenhänge zwischen Verhalten und Fortpflanzungsleistung beim Reh (*Capreolus capreolus* L.) Z. Jagdwiss. **14:** 97–106.
—, 1970a: Rehwild. München, Basel und Wien.
—, 1970b: Indiens Tierwelt in Gefahr. Freunde des Kölner Zoos **13** (2): 43–56.
—, 1970c: Final report to IUCN and WWF of the Leuser Survey, North Sumatra. IUCN und WWF, Morges.
—, 1973a: Zoologische Exkursionen in den Kanha-Nationalpark. Nat. Forsch. Ges. Zürich.
—, 1973b: Rehwildforschung in der Schweiz. Beitr. Jagd- und Wildforschung (H. Stubbe, ed.) VIII: 97–116, Berlin.
—, 1977: Wildtiere in der Kulturlandschaft. Zürich und Stuttgart.
—, 1978a: Kashmeer deer *(Cervus elaphus hanglu)* in Dachigam. In: Threatened deer, IUCN: 87–108.
—, 1978b: Socio-ecological organization and aspects of management in South Asian deer. In: Threatened deer, IUCN: 219–239.
—, 1979: Manipur brow-antlered deer. Management plan to IUCN and the Indian Forest Dept., Delhi.
—, 1982: Naturschutz – Illusion und Wirklichkeit. Hamburg und Berlin.
—, 1985: Das Management von Mutter Natur. München.
—, 1985b: Es gibt ein Leben vor dem Tod. Natur, **9:** 44–45.
—, 1986: Das Elefantenbuch. Hamburg und Zürich.
—, 1987a: Sozio-ökologische Anpassungsmechanismen des Rehes in der Kulturlandschaft. In: Wildtier und Umwelt (K. Onderscheka, ed.). Institut für Wildtierkunde. Vet. Med. Universität, Wien: 10–15.
— 1987b: Ökologie und Sozialverhalten südasiatischer Hirsche. In: Wildtier und Umwelt (K. Onderscheka, Ed.), Institut für Wildtierkunde, Vet. Med. Universität, Wien: 163–175.
—, 1988a: Echthirsche, Muntjakhirsche, Fleckenhirsche. In: Grzimeks Enzyklopädie. Säugetiere Bd. V (B. Grzimek, Ed.): 137–160. München.
—, 1988b: Rehe. In Grzimeks Enzyklopädie. Säugetiere Bd. V. (B. Grzimek, Ed.): 201–211. München.
— und LIECKFELD, C.-P., 1985: Die Donauauen von Hainburg – ein Streitfall. In: Die bitteren Leiden des süßen Wassers. Flüsse- und Seenporträts. München.
— und RUNGGER, D., 1965: Histologische Untersuchungen am Interdigitalorgan des Rehes. Unveröffentlichte Schlußarbeit. Universität Zürich.
— und ZHIWOTSCHENKO, V., 1987: Kragenbär. In: Grzimek Enzyklopädie, Säugetiere. Bd. II. (B. Grzimek, Ed.): 500–501. München.
KUSTER, A., 1966: Rückwanderung und Wiedereinbürgerung von Wildarten. In: Jagd und Naturschutz in der Schweiz (P. Schenk, ed.), Basel.
LARDI, O., 1983: Bewegungsmuster freilebender Rehe auf Nahrungssuche in einem landwirtschaftlich intensiv genutzten Gebiet. In: Das Rehprojekt in Staffelbach und Zizers (C. Mertens und D. C. Turner, Ed.): 226–236.
LEIBUNDGUT, H., 1975: Wirkungen des Waldes auf die Umwelt des Menschen. Zürich und Stuttgart.
—, 1978: Waldbaulich tragbare Wildbestände. In: Rehwild-Projekt 78. Schaffhauser Jagdschutzverein. Schaffhausen.
LENT, P. C., 1974: Mother-infant relations in ungulates. In: The behaviour of ungulates and its relation to management (V. Geist und F. Walther, ed.). IUCN Publ. new series **24:** 14–55.
LEUTHOLD, W., 1977: African ungulates. A comparative review of their ethology and behavioural ecology. Berlin, Heidelberg und New York.
LOHRMANN, R., 1952: Weshalb fressen die Rehe die Knospen des Türkenbundes? Kosmos, **48:** 574.
LORENZ, K., 1935: Der Kumpan in der Umwelt des Vogel. J. Ornith. **83:** 289–331.
—, 1963: Das sogenannte Böse. Wien.
MCARTHUR, R. H., 1972: Geographical ecology.

Pattern in the Distribution of species. New York, Evanston, San Francisco und New York.

MARTIN, C., 1975: Status und ecology of the Barasingha *(Cervus duvauceli branderi)* in Kanha-Nationalpark. Dissertation Universität Zürich.

MAYER, H., 1973: Möglichkeiten und Grenzen der Schalenwildhege im Gebirgswald. In: Wald und Wild (H. Leibundgut, ed.). Beiheft Zeitschrift des Schweiz. Forstvereins **52:** 90–118.

—, 1975: Der Einfluß des Schalenwildes auf die Verjüngung und Erhaltung von Naturwaldreservaten. Forstwiss. Centralbl. **94:** 90–118.

MECH, D. L., 1970: The wolf. The biology and behaviour of an endangered species. New York.

MEIER, E., 1983: Das Territorialverhalten der Rehböcke. In: Das Rehprojekt von Staffelbach und Zizers (C. Mertens und D. C. Turner, ed.): 21–35.

MEISTER, G., 1969: Ziele und Ergebnisse forstlicher Planung im oberbayerischen Hochgebirge. Forstwiss. Cbl., 1969.

MERTENS, C., 1983: Zur Verhaltens-Synchronisation bei gruppenweise gehaltenen Rehen. In: Das Rehprojekt von Staffelbach und Zizers (C. Mertens und D. C. Turner, Ed.): 155–174.

— und D. C. TURNER, 1983: Das Rehprojekt von Staffelbach und Zizers. Schlußbericht. Abt. Ethologie und Wildforschung, Universität Zürich.

MOEN, A. N., 1973: Wildlife ecology. San Francisco.

—, 1976: Energy conservation by white-tailed deer in the winter. Ecology **57:** 192–198.

MOSS, C., 1988: Elephant memories. London.

MOTTL, S., 1957: Die Ernährung des Rehwildes. Biologia **12.** 29–43 (Bratislava).

MÜLLER, K., 1972: Zur Ökologie der Liegezonen und Aufzuchtszonen des Rehwildes. Anhang: Rehkitzmarkierung 1971. Diplomarbeit, Universität Zürich.

MÜLLER, K., 1973: Ökologische Untersuchungen der Liegezonen beim Reh (*Capreolus capreolus* L.) Rev. Suisse de Zool. **8** (30): 667–670.

MÜLLER, H., 1951: Zur Biologie von Hermelin (*Mustela erminea* L.) und Mauswiesel (*M. nivalis* L.). Rev. suisse Zool. 58.

—, 1954: Zur Fortpflanzungsbiologie des Hermelins (*Mustela erminea* L.). Rev. suisse Zool. **61** (21): 451–453.

MÜLLER-USING, D., 1974: Diezels Niederjagd. Hamburg und Berlin.

MÜRI, H., 1978: Beobachtungen und Experimente zum Futterlernverhalten des Rehs *(Capreolus capreolus).* Z. Säugetierk. **43:** 17–186.

—, 1983a: Beobachtungen und Experimente zum Futterverhalten des Rehs. In: Das Rehprojekt von Staffelbach und Zizers (C. Mertens und D. C. Turner, Ed.): 44–60.

—, 1983b: Futter-Tradition beim Reh: Individuelle und soziale Lernmechanismen bei Annahme und Meiden unbekannter Futtermittel. In: Das Rehprojekt von Staffelbach und Zizers (C. Mertens und D. C. Turner, Ed.): 92–114.

NEI, M., 1972: Genetic distances between populations. Am. Naturalist, **106:** 283–292.

NEVO, E., 1983: Population genetics and ecology: their interface. In: Evolution from molecules to man (D. S. Bendall, ed.). Cambridge.

NIEVERGELT, B., 1973: Der Alpensteinbock in seinem Lebensraum. Ein ökologischer Vergleich, Mammalia depicta. Hamburg und Berlin.

NELLIS, C. H., 1972: Lynx-prey interactions in central Alberta. J. Wildl. Managem. **36** (2): 320–329.

NOVAKOVA, E. und R. HANZL, 1969: Beitrag zur Kenntnis der Rolle des Luchses in den Waldgesellschaften. Schweiz. Jagdz. **8/9.**

D'OLEIRE-OLTMANNS, W., 1987a: Die Verteilung von Wildtieren, eine Funktion komplexer öko-ethologischer Zusammenhänge. In: Wildtier und Umwelt (K. Onderscheka, ed.), Vet. med. Universität, Wien: 32–41.

—, 1987b: Telemetrische Beobachtungen – Radio tracking – von Wildtieren: Beitrag zum Erkennen der Bedürfnisse von Tieren an ihren Lebensraum. In: Wildtier und Umwelt (K. Onderscheka, ed.), Institut für Wildtierkunde, Vet. med. Universität, Wien: 64–72.

ONDERSCHEKA, K., 1975a: Wildtierernährung und Wildtierökologie aus der Sicht der Veterinärmedizin. Allg. Forstz. **86:** 5.

— und JORDAN, K., 1975: Einfluß der Jahreszeit, des Biotops und der Äsungskonkurrenz auf die botanische Zusammensetzung des Panseninhalts beim Gams-, Reh-, Muffel- und Rotwild. 1. Int. Gamswild-Treffen. Oberammergau: 53–80.

PADAIGA, V., 1975: Ökologie und Prinzipien der wirtschaftlichen Nutzung des Rehwildes *(Capreolus capreolus)* in den Wäldern des südlichen Teils der baltischen Sowjetrepubliken. In: Beiträge zur Jagd- und Wildforschung IX (H. Stubbe, ed.): 276–287, Berlin.

PANWAR, H., 1978: Decline and restoration success of the Central Indian Barasingha *(Cervus duvauceli branderi).* In: Threatened deer. IUCN: 143–158.

PASSARGE, H., 1974: Schwankungen des Rehwildabschusses und ihre jagdliche Bedeutung. In: Beiträge zur Jagd- und Wildforschung, Bd. VIII (H. Stubbe, ed.), Berlin.

PAULI, H. R., 1974: Zur Winterökologie des Birkhuhns *Tetrao tetrix* in den Schweizer Alpen. Orn. Beob. **71:** 247–278.

PEMBERTON, J. M. und SMITH, R. H., 1985: Lack of biochemical polymorphism in British fallow deer. Heredity, **55:** 199–207.

PERCO, F., 1974: La diffusione degli ungulati nei Friuli-Venezia Gjulia. „In alto", Cronaco della Societa Alpina Friulana **58:** 241–256. Udine.

PIANKA, E. R., 1970: On r- and K-selection. In: Reading in sociobiology (T. H. Clutton-Brock und P. H. Harvey, ed.). San Francisco.

PIELOWSKI, Z., 1977: Das Feldreh – Wild der Zukunft in der Agrarlandschaft. Beitr. Jagd- und Wildforschung, Bd. X (H. Stubbe, ed.): 193–200, Berlin.

—, 1987: Neues aus der Rehwildforschung in Polen. Zfsg. Vortrag. Symp. Wildtier und Umwelt, Institut für Wildtierforschung, Vet. Med. Universität, Wien.

PIMLOTT, D. H., 1969: Predation and productivity of game populations in North America. Transact. IXth Int. Congr. Game Biol. Moscow: 63–72.

POVILITIS, A., 1978: The Chilean humuel *(Hippocamelus bisculus)* project – A case history. In: Threatened deer. IUCN: 109–128.

PRIOR, R., 1968: The Roe deer of Cranborne Chase. An ecological survey. Oxford.

PROSSINAGG, H., 1987: Hunde als Element europäischer Jagdkultur. In: Wildtier und Umwelt (K. Onderscheka, ed.), Institut für Wildtierkunde, Vet. med. Universität, Wien: 186–192.

RAESFELD, F. v., LETTOW-VORBECK, G. v., und RIECK, W., 1970: Das Rehwild. Hamburg und Berlin.

REINHARDT, R., 1953: Wie lange saugen Kälber und Kitze? Wild u. Hund **55:** 385–386.

RIECK, W., 1955: Die Setzzeit bei Reh-, Rot- und Damwild in Mitteleuropa. Z. Jagdwiss. **2.**

REICHHOLF, J., 1983: Einleitung. In: Das Bärenseminar (W. d'Oleire-Oltmanns, ed.): 7–9. Berchtesgaden.

REIMOSER, F., 1984a: Waldaufbau und Rehwildjagd. In: Rehwild – Biologie und Hege. Bayerisches Staatsministerium für Ernährung, Landwirtschaft und Forsten: 58–62.

—, 1984b: Wildgerechte Waldwirtschaft – waldgerechte Wildbewirtschaftung. Österr. Weidw. **4:** 43–46.

—, 1986a: Wechselwirkungen zwischen Waldstruktur, Rehwildverteilung und Rehwildbejagbarkeit in Abhängigkeit von der waldbaulichen Betriebsform. Diss. Universität für Bodenkultur, Wien.

—, 1986b: Funktionen des Rehwildes im Wald-Ökosystem. AFZ **19:** 458–459.

—, 1986c: Intensivierung durch waldbauliches Habitatmanagment unter Berücksichtigung des „Standortfaktors Rehwild". AFZ **16/17:** 390–420.

—, 1986d: Waldaufbau und Rehwildjagd. AFZ **49:** 1217–1218.

—, 1986e: Anmerkungen zur Schalenwildbewirtschaftung im Zusammenhang mit dem Waldsterben. Allgem. Forstz. 66–68.

—, 1987a: Umweltveränderungen in Österreich, ihr Einfluß auf die Populationsentwicklung jagdbarer Wildtierarten und Konsequenzen für eine ökologisch orientierte Landeskultur. Verh. Ges. f. Ökol. XV: 129–144.

—, 1987b: Wie Forstleute zur Vermeidung von Wildschäden beitragen können. Österr. Forstz. **6:** 29–30.

—, 1987c: Über die Wirkung von Waldbestandesgrenzen (edge effect) auf Rehwild *(Capreolus capreolus)* in der Koralpe. In: Wildtier und Umwelt (K. Onderscheka, ed.) Institut für Wildtierkunde, Vet. med. Universität, Wien: 16–31.

—, MAYER, H., HOLZINGER, A. und ZANDL, J., 1987: Einfluß von Sommer- und Wintertourismus auf Waldschäden durch Schalenwild im Angertal (Badgastein). Cbl. f. Ges. Forstw. **104** (2): 95–118.

— und ZANDL, J., 1986: Zwischenergebnisse einer Rehwildmarkierung. Der Anblick **6:** 277–298.

—, 1987: Rehwildmarkierung. Österr. Weidw. **5:** 4–5.

—, 1988: Rehwildmarkierung in Niederösterreich. Der Anblick, **5:** 181–184.

REMMERT, H., 1978: Ökologie. Berlin, Heidelberg und New York.

—, 1988: Naturschutz. Heidelberg und New York.

RIEDER, M., 1980: Wenn der Wald lebt, leben die Rehe auch. Feld-Wald-Wasser. Schweiz. Jagdzeitung **8** (3): 39–42.

ROBIN, K., 1975: Räumliche Verschiebung von markierten Rehen (*Capreolus capreolus* L.) in einem voralpinen Gebiet der Ostschweiz. Z. Jagdwiss. **21:** 145–163.

—, 1972: Einfang und Sichtmarkierung von Rehwild im Revier Grabs-Ost. Semesterarbeit. Abt. Ethologie und Wildforschung, Universität Zürich.

—, 1973: Einfang und Markierung von Rehwild im Revier Grabs-Ost im St. Galler Rheintal. Z. Jagdwiss. **19:** 2–13.

—, 1979: Zum Verhalten des Kleinkantschils (*Tragulus javanicus* OSBECK 1765). Diss. Universität Zürich.

RODENWALDT, U., 1973: Waldbauliche Erfahrungen mit der Abschußregelung beim Rehwild. In: Wald und Wild (H. Leibundgut, ed.). Beiheft Zeitschr. Schweiz. Forstvereins **52:** 176–187.

RUSTERHOLZ, M., 1983: Versuche über die „Nährstoffweisheit" beim Reh. In: Das Rehprojekt von Staffelbach und Zizers (C. Mertens und D. C. Turner, Ed.): 115–126.

— und TURNER, D. C., 1978: Versuche über die Nährstoffweisheit beim Reh *(Capreolus capreolus).* Rev. suisse Zool. **85** (4): 718–730.

SADLEIR, R. M. F. S., 1969: The ecology of reproduction in wild and doemstic mammals. London.

SÄGESSER, H. und KURT, F., 1966: Über die Setzzeit beim Reh (*Capreolus capreolus* L.). Mittlg. Naturforsch. Ges. Bern. Neue Folge, **23:** 21–38.

SCHAFFER, J., 1940: Die Hautdrüsenorgane der Säugetiere. Berlin und Wien.

SCHAICH, K., 1976: Nachweis der Zeugungsfähigkeit eines Kitzbockes. Wild u. Hund, **76** (9): 402.

SCHAMS, D. und BARTH, D., 1987: Zur endokrinen Regulation des Geweih-Wachstums beim Rehbock *(Capreolus capreolus)*. In: Wildtier und Umwelt (K. Onderscheka, Ed.), Institut für Wildtierkunde, Vet. med. Universität, Wien: 142–150.

SCHERZINGER, W., 1974: Auerwild im Bayrischen Wald. Nationalpark **2**: 6–12.

SCHEIRING, H., 1987: Ökologische Weiserflächen für die Schalenwildbewirtschaftung – landeskulturelle Verträglichkeitsprüfung. In: Wildtier und Umwelt (K. Onderscheka, ed.), Institut für Wildtierkunde, Vet. med. Universität, Wien: 63–66.

SCHLOETH, R., 1961: Markierung und erste Beobachtung von markiertem Rotwild im Schweizerischen Nationalpark und dessen Umgebung. Ergeb. Schweiz. Nat. Part **7:** 199–227.

—, 1966: Verwandtschaftliche Beziehungen und Rudelbildung beim Rothirsch (*Cervus elaphus* L.). Rev. suisse Zool. **73:** 35–54.

SCHMID, E., 1961: Wildschaden als Krankheitsgeschehen. Schweiz. Z. f. Forstw.: 643–659.

—, 1962: Die Problematik der Wilddichte. Schweiz. Z. F. Fortstw.: 643–659.

—, 1976a: Zeitgemäße Schalenwildhege am Beispiel des Rehwildes. Ein paar grundsätzliche Gedanken. Der Anblick, **8:** 293–294.

—, 1976b: Bestandesschätzungen und Bestandesregulierung des Rehwildes im Revier Kestenholz. Vortragsmanuskript.

—, 1978: Ganzheitliche Hege. In: Rehwild Projekt 78. Schaffhauser Jagdschutzverein. Schaffhausen.

SCHMIDT, P., 1965: Das Jahr des Rehes. Basel.

SCHOENER, T. W., 1971: Theory of feeding strategies. Ann. Ref. Ecol. System **2:** 369–404.

SCHRÖDER, W., 1971: Untersuchungen zur Ökologie des Gamswildes in einem Vorkommen der Alpen. Z. Jagdwiss. **17:** 113–168, 177–235.

—, WOTSCHIKOWSKY, U. und GEORGII, B., 1984: Besser schonen durch klügeres Schießen. Natur: 12: 52–71.

SCHUMACHER V. MARIENFRIED., S., 1939: Jagd und Biologie. Berlin.

SCHWARZENBACH, F. H., 1982: Ansätze zur Lösung des Wildschadenproblems. Schweiz. Zschr. f. Forstw. **113** (11): 979–984.

SCHWERDTFEGER, F., 1968: Ökologie der Tiere. Demökologie. Hamburg und Berlin.

—, 1975: Ökologie der Tiere. Synökologie. Hamburg und Berlin.

SCRIBNER, K. und SMITH, K., 1988a: Mule deer in Colorado: Harvest strategy and genetic variability. In: Newsletter IUCN, Deer Specialist Group, **6:** 11–12.

—, 1988b: White-tailed deer: Genetic variability and antler development. In: Newsletter IUCN, Deer Specialist Group, **6:** 12.

SEDERJEI, A. M., 1972: Das Geheimnis des Weltrekords. Das Reh. Terra, Budapest.

SEIFERT, K., 1970: Die Ultrasturktur des Riechepithels beim Makrosmatiker. Stuttgart.

SHORT, R. V. und HAY, M. F., 1966: Delayed implantation of the Roe deer *(Capreolus capreolus)*. Comp. Biol. Reprod. Mammals, Symp. Zool, Soc. London, **15:** 173–194.

— und MANN, T., 1966: The sexual cycle of a seasonally breeding animal, the Roe buck *(Capreolus capreolus)*. J. Reprod. Fert. **12:** 337–351.

SMIDT, L., 1967: Wildabschußziffern, Wildverbreitungsarten und Wildbestände. Allg. Forstztg., 1967.

SMYTHE, N., 1970: On the existence of "pursuit invitation" signals in mammals. Am. Naturalist **104** (938): 491–494.

SPERBER, G., 1975: Einfluß der Altersstruktur und Mischungsform von Wäldern auf Bestand und Bejagbarkeit des Rehwildes. Allg. Forstzeitschr. **30:** 1119–1122.

SOMMER-HÜBSCHER, R., 1983: Wird beim Reh die Futterwahl des Muttertieres von ihrem Kitz nachgeahmt? In: Das Rehprojekt von Staffelbach und Zizers (C. Mertens und D. C. Turner, ed.): 127–141.

STEINBACHER, G., 1951: Kleine Beobachtungen am Hermelin, *Mustela erminea* L. Zool. Garten (NF): 18.

STERN, K. und TIGERSTEDT, P., 1974: Ökologische Genetik. Stuttgart.

STIEVE, H., 1950: Anatomisch-biologische Untersuchung über die Fortpflanzungstätigkeit des europäischen Rehes (*Capreolus c. capreolus* L.). Z. mikr.-anat. Forschg. **55:** 427–530.

STORZ, M., 1983: Experimente zur Erkundung von unbekannten Objekten und Feindattrappen durch Rehpaare. In: Das Rehprojekt von Staffelbach und Zizers (C. Mertens und D. C. Turner, ed.): 75–91.

— und TURNER, D. C., 1980: Experimente on role behaviour in roe deer *(Capreolus capreolus)* pairs. Rev. Suisse de Zool. **87** (4): 1001–1016.

STRANDGAARD, H., 1967: Reliability of the Peterson method, tested on a Roe deer population. J. Wildl. Management. **31:** 643–651.

—, 1972a: An investigation of corpora lutea, embryonic development, and time of birth of Roe deer, capreolus capreolus, in Denmark. Danish Rev. Game Biol. **6:** 1–22.

—, 1972b: The Roe deer *(Capreolus capreolus)* population at Kalö and the factors regulating its size. Danish Rev. Game Biol. **7:** 1–205.

—, 1977: Untersuchungen über dänisches Rehwild in seiner Beziehung zur Umwelt. Beitr. Jagd- u. Wildforschung Bd. X (H. Stubbe, Ed.): 234–243, Berlin.

STUBBE, C. und PASSARGE, H., 1979: Das Rehwild. Berlin.

STUBBE, C. und ZÖRNER, H., 1977: Zum Bevorzugungsgrad einiger Gemüse-, Gewürz- und Arzneipflanzen durch Rehwild. Beitr. Jagd- und Wildforschung, Bd. X (H. Stubbe, ed.): 222–226, Berlin.

SVIGELJI, L., 1967: The influence of the bear and the wolf on the intensive management of hoofed game. Transact VIII the Int. Congr. Game. Biol. Beograd/Ljubljana.

TATARUCH, F., SCHÖNHOFER, F. und ONDERSCHEKA, K.: Einfluß des Reaktorunfalls in der UdSSR auf die radioaktive Belastung der Wildtiere in Österreich. In: Wildtiere und Umwelt (K. Onderscheka, ed.), Institut für Wildtierkunde, Vet. med. Universität, Wien: 13–32.

TEMBROCK, G., 1964: Verhaltensforschung. Jena.

THENIUS, E., 1980: Grundzüge der Faunen- und Verbreitungsgeschichte der Säugetiere. Jena.

TOKIN, B. P., 1956: Phytonzide. Berlin.

TSCHIDERER, K., 1978: Zehnjährige Studie am Rehwild *(Capreolus capreolus)*. Beitr. Jagd- und Wildforschung, Bd. X (H. Stubbe, ed.): 201–212.

TUN YIN, U., 1967: Wild animals of Burma. Rangoon.

TURNER, D. C., 1978: Aktivitätsmuster freilebender Rehe im Verlauf des Frühjahrs: Optimale Ausnützung der Tageszeit. Rev. suisse Zool. **85:** 710–718.

—, 1979: An analysis of time-budgeting by roe deer *(Capreolus capreolus)* in an agricultural area. Behaviour **71:** 246–290.

—, 1980: A multi-variate analysis of roe deer *(Capreolus capreolus)* population activity. Rev. suisse Zool. **87** (4): 991–1002.

—, 1983a: Aktivitätsmuster freilebender Rehe im Verlauf des Frühjahrs: Optimale Ausnützung der Tageszeit. In: Das Rehprojekt von Staffelbach und Zizers (C. Mertens und D. C. Turner, ed.): 192–200.

—, 1983b: Eine multivariate Analyse der Populationsaktivität des Rehes. In: Das Rehprojekt von Staffelbach und Zizers (C. Mertens und D. C. Turner, ed.): 201–207.

—, 1983c: Zeitbudgetierung bei Rehen in einem landwirtschaftlich intensiv genutzten Gebiet. In: Das Rehprojekt von Staffelbach und Zizers (C. Mertens und D. C. Turner, ed.): 220–225.

—, 1983d: Nutzung eines Landwirtschaftsgebietes durch Rehe: Anpassung im Verhalten. In: Das Rehwildprojekt von Staffelbach und Zizers (C. Mertens und D. C. Turner, ed.): 237–242.

—, 1983e: Nahrungspräferenzen der Zizerser Rehe. In: Das Rehwildprojekt von Staffelbach und Zizers (C. Mertens und D. C. Turner, ed.): 244–249.

—, 1983f: Vergleich der Reaktionen von Rehböcken und Rehgeißen auf energetischen Streß. In: Das Rehprojekt von Staffelbach und Zizers (C. Mertens und D. C. Turner, ed.): 275–278.

ULBRICHT, F., 1974: Tod durch Unterkühlung – eine Deutung der Rehwildverluste in kalten Wintern. Beitr. Jagd- und Wildforschung, IX (H. Stubbe, ed.): 219–224.

VASILIU, G. D. und DECEI, P., 1964: Über den Luchs in den rumänischen Karpaten. Säugetierk. Mtt. **12.**

VERME, L. F., 1962: Mortality of white-tailed deer related to nutrition. Proc. 1st. Nat. Deer Disease Symp.: 15–38.

VODNANSKY, M., 1987: Futteraufnahme des Rehwildes im Winter in Abhängigkeit von der Witterung. In: Wildtier und Umwelt (K. Onderscheka, ed.), Institut für Wildtierkunde, Vet. Med. Universität, Wien: 135–141.

VOGT, F. und SCHMID, F., 1950: Das Rehwild. Wien.

VOSER-HUBER, M. L. und NIEVERGELT, B., 1975: Das Futterverhalten des Rehes in einem voralpinen Revier. Z. Jagdwiss. **21:** 197–215.

WANDELER, A. I., 1975: Die Fortpflanzungsleistung des Rehes (*Capreolus capreolus* L.) im Berner Mittelland. Jahrb. Naturhist. Museum Bern **5:** 245–301.

WALTHER, F., 1964: Verhaltensstudien an der Gattung Tragelaphus de Blainville (1816), unter besonderer Berücksichtigung des Sozialverhaltens. Z. Tierpsychol. **21:** 393–467.

—, 1965: Verhaltensstudien an der Grantgazelle (*Gazella granti* Brooke, 1872) im Ngorongoro-Krater. Z. Tierpsychol. **22:** 167–202.

—, 1979: Das Verhalten der Hornträger (Bovidae). Hdb. Zool. Bd. 8. **54:** 1–184. Berlin, New York.

WASICKY, R., 1936: Frühjahrskräuterkuren. In: Knolls Mitteilungen für Ärzt. Jubiläumsausgabe.

WEINER, J., 1975: Model of the energy budget of an adult Roe deer. Polish Ecological Studies 1: 103–119.

—, 1977: Energy metabolism of the Roe deer. Acta Theriol. **22** (1): 3–24.

WENDELBERGER, E., 1982: Grüne Wildnis am großen Strom. Die Donauauen. St. Pölten und Wien.

WESTOBY, M., 1974: An analyses of diet selection by large generalist herbivores. Am. Naturalist **108:** 290–304.

WILDERMUTH, H., 1980: Natur als Aufgabe. Basel.

WILSON, E. O., 1975: Sociobiology, the new synthesis. Cambridge.

WILZ, P., 1960: Der Einfluß gewisser Pflanzen auf die Rehbrunft. Z. Jagdw. **6:** 110–112.

WINDL, H. J., 1978: Die urzeitliche Jagd in Europa. In: Jagd einst und jetzt. Wien.

WINKLER, G., 1978: Zur Kulturgeschichte der Jagd in Österreich unter besonderer Berücksichtigung von Niederösterreich. In: Jagd einst und jetzt. Wien.

WIRTH, R. und GROVES, C., 1988: A new deer species in China. In: Newsletter of the IUCN **11:** 15.

WITHAKER, R. H. und FEENY, P. P., 1971: Allochemics: Chemical interactions between species. Sciences **171:** 757–770.

WOLF, G., 1988: Dauerflächen-Beobachtungen in Naturwaldzellen der niederrheinischen Bucht – Veränderungen in der Feldschicht. Natur und Landschaft, **63** (4): 167–172.

ZETTEL, J., 1974: Nahrungsökologische Untersuchungen am Birkhuhn in den Schweizer Alpen. Orn. Beob. **71:** 185–246.

ZIMEN, E., 1980: Der Wolf – Mythos und Verhalten. Frankfurt.

ZSCHETZSCHE, A., 1959: Über die Lebensansprüche des Rehwildes. Der Anblick, **14** (6): 177–179.

Register